江苏省地下水现代化管理研究

吴吉春　冯志祥　姚炳魁　等 编著

中国水利水电出版社
www.waterpub.com.cn
·北京·

内 容 提 要

　　本书全面概述了江苏省30多年来有关地下水资源量、环境质量、地下水开发利用以及由此引发的环境地质灾害等问题的调查评价研究成果，系统总结了江苏省围绕地下水现代化管理解决的一些关键技术难题和取得的经验与成就，突出介绍了江苏省地下水管理的先进举措。

　　本书可供水文地质、水利、国土、环保、城市规划与供水等部门科技人员和水资源的研究单位及相关院校师生研究、使用，也可供省市有关领导部门作经济规划决策参考。

图书在版编目（CIP）数据

　　江苏省地下水现代化管理研究 / 吴吉春，冯志祥，
姚炳魁等编著. -- 北京：中国水利水电出版社，
2016.12
　　ISBN 978-7-5170-5112-1

　　Ⅰ．①江… Ⅱ．①吴… ②冯… ③姚… Ⅲ．①地下水
资源－水资源管理－研究－江苏 Ⅳ．①P641.8

　　中国版本图书馆CIP数据核字(2016)第324261号

审图号：苏S（2015）134号

书　　名	江苏省地下水现代化管理研究 JIANGSU SHENG DIXIASHUI XIANDAIHUA GUANLI YANJIU	
作　　者	吴吉春　冯志祥　姚炳魁　等 编著	
出版发行	中国水利水电出版社 （北京市海淀区玉渊潭南路1号D座　100038） 网址：www.waterpub.com.cn E-mail：sales@waterpub.com.cn 电话：（010）68367658（营销中心）	
经　　售	北京科水图书销售中心（零售） 电话：（010）88383994、63202643、68545874 全国各地新华书店和相关出版物销售网点	
排　　版	中国水利水电出版社微机排版中心	
印　　刷	北京博图彩色印刷有限公司	
规　　格	184mm×260mm　16开本　28印张　664千字	
版　　次	2016年12月第1版　2016年12月第1次印刷	
印　　数	001—800册	
定　　价	**268.00元**	

编写人员名单

编著人员：吴吉春　冯志祥　姚炳魁　施小清

季红飞　黄晓燕　张秝湲　方　瑞

徐海波　祝晓彬　李　朗

　　江苏省地处黄海之滨，长江、淮河下游，长江三角洲平原、黄淮海平原、滨海平原构成了省域国土面积的主体，地势平坦开阔，土地肥沃，地表水系极为发育，自然环境条件优越，为江苏国民经济建设发展奠定了良好基础。但必须看到，人口众多、土地资源紧缺、环境污染日趋加剧已严重困扰着江苏经济建设的可持续发展。特别是20世纪70年代以来，伴随着大规模的城市建设和乡镇工业建设的高速发展、人民生活水平的提高，一方面人们对水资源尤其是地下水的需求量不断增加；另一方面由于工业生产中"三废"的任意排放，地表水普遍遭受污染，尤其是在工业发达的苏锡常地区，地表水体的污染日益加剧，有水不能吃、有水不能用已成为现实。为缓解日益紧张的供水矛盾，全省各地相继开始大规模开发利用深层地下水资源，由此引发了一系列严重的地质环境问题，如地下水资源日趋枯竭、水源污染、地面沉降、地裂缝、地面塌陷等，严重影响了区内的生态环境和投资环境，直接或间接制约江苏国民经济的可持续发展。

　　新世纪初，党中央提出了"人口、资源、环境"作为我国21世纪的奋斗目标，如何在保护人类赖以生存和发展的环境的前提下合理开发利用地下水资源，充分发挥地下水资源在经济建设中的作用和地位，是摆在江苏省水行政主管部门面前一项刻不容缓的任务。自2000年江苏省人大常委会通过并实施《关于在苏锡常地区限期禁止开采地下水的决定》，苏锡常地区通过建设区域供水工程，实施深层地下水禁采，使地下水位降落漏斗面积逐年减少，地面沉降得到有效控制，但该地区由于水污染突发事件又引发了对地下水源应急备用的迫切需求。此外，苏北、苏中地区由于地下水超采导致的地面沉降、咸水入侵等问题日益突出；同时全省地下水污染形势日趋严峻。如何妥善解决地下水开发利用中存在的问题，是江苏省实现"两个率先"，保持经济社会可持续发展和维护良好生态的迫切需要，也和国务院2015年4月16日发布的

"水污染防治行动计划"要求（到 2020 年，地下水超采得到严格控制，地下水污染加剧趋势得到初步遏制）相符。

地下水资源的科学利用和有效保护，是地下水现代化管理的基本任务。由于地下水资源既是基础性的自然资源，又是战略性的经济资源，这就决定了地下水现代化管理的发展，既要服从地下水资源的自然循环规律，保障地下水资源的可持续利用，又要满足经济社会发展对地下水资源的增长需求，保障经济社会与地下水环境的协调发展。自 2003 年以来，编写组秉承"保障地下水资源的可持续利用与经济社会的可持续发展有机结合"的理念，围绕"江苏省地下水现代化管理"开展了系统深入的研究，解决了区域地下水现代化管理中的一系列关键技术难题，同时创新和拓展地下水管理实践，在全省地下水开发利用管理、污染防治与环境保护等多方面的工程实践中取得了显著的经济、环境和社会效益，大大提升了地下水现代化管理的基础保障和社会服务能力。

本书的出版和成果的取得是与各级领导的关心和各位专家的倾力支持及鼓励分不开的，由于水平有限以及时间紧迫，本书中存在的不足之处，敬请各位领导、专家和同行批评指正。

编　者

2016 年 3 月于南京

目录
MULU

第一节 地理地质条件概述

一、自然地理概况

(一) 自然地理

1. 地形地貌

江苏地处我国大陆东部沿海，长江、淮河流域下游，在长期的地壳持续性上升、下降以及江河湖海的共同作用下，形成了以平原为主、低山丘陵为辅（低山丘陵面积占省域面积的14%）的地貌特征（图1-1）。

平原区按堆积物来源及地貌形态，可分为淮北黄泛冲洪积平原、里下河古潟湖湖沼积平原、滨海海积平原、长江三角洲冲积平原和太湖冲湖积平原。地面标高总体上由西往东渐低，西北部丰沛一带地面标高45m左右，至东南沿海一带降至2～4m。

低山丘陵区主要分布在省域北部和西南部，北部连云港、徐州地区低山丘陵标高一般在300～400m，云台山玉女峰标高为625.2m，为江苏第一高峰；西南部低山丘陵主要由宁镇山脉、茅山山脉、宜溧山脉组成，标高一般在100～400m。

2. 气象水文

江苏地处中纬度，全省气候具有明显的季风特征，处于亚热带向暖温带过渡地带，大致以淮河-灌溉总渠一线为界，以南属亚热带湿润季风气候，以北属暖温带湿润季风气候。因受地理环境特点和季风环流影响，形成冬季寒冷干燥、夏季炎热多雨、春季冷暖多变、秋季天高气爽，四季分明气候特征。年均气温13～16℃。2001—2010年降雨量多在900～1100mm，年均降雨量1004.2mm。

江苏跨江滨海，河湖众多，水网密布，素有"水乡"之称。水域面积占全省总面积的16.9%，计1.73万km²。主要河流有长江、淮河、沂河、京杭大运河、苏北灌溉总渠、通榆河、望虞河等，分属长江、淮河两大水系。主要湖泊有太湖、洪泽湖、高邮湖、邵伯湖、骆马湖、阳澄湖等，闻名于世的大运河纵贯南北，将上述河湖连成一体，形成极为便利的航运灌溉网。

(二) 社会经济

江苏自古便是富饶之地、鱼米之乡。改革开放以来，江苏经济社会发展取得了显著成

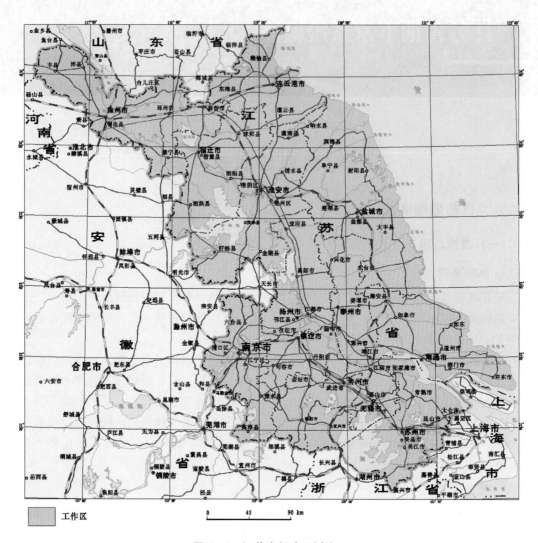

工作区　　　　0　　45　　90 km

图 1-1　江苏省行政区划略图

就，1992 年起，全省 GDP 连续多年保持两位数增长。在这片仅占全国 1% 的土地上，创造着约占全国 10% 的 GDP 总量。

近年来，在省委、省政府领导下，全省上下紧紧围绕富民强省、"两个率先"目标，坚持树立和落实科学发展观，坚决贯彻中央宏观调控政策措施，突出以人为本，创新发展思路，推进改革开放，强化富民优先，全省经济快速稳定增长。

据 2013 年《江苏统计年鉴》：2012 年全省地区生产总值 54058.22 亿元，占全国的比重达 10.4%。其中第一、第二、第三产业生产总值分别为 3418.29 亿元、27121.95 亿元、23517.98 亿元，工业总产值达 23907.50 亿元。2010 年末全省总人口 7919.98 万人，人均生产总值 68347 元，比全国人均生产总值高 29898 元。

二、区域地质概况

（一）地层

1. 前第四系

江苏省基岩出露面积约 10000km²，地层发育齐全，以海（州）-泗（阳）断裂为界分南、北两区，南为扬子地层区，北属华北地层区。

（1）北区。位于省域西北部，系华北地层区东南部，地层发育较全。太古界（泰山群）、太古界-下元古界（胶东群）区域中深变质岩系（以片麻岩为主）组成华北准地台的基底。胶东群仅在郯庐断裂以东的新沂县、东海县、赣榆县一带零星出露；中元古界缺失（或被超覆）；上元古界（淮河群、震旦系）-古生界（缺失奥陶系上统-石炭系下统），组成华北准地台的主要盖层，不整合在泰山群之上。以海相沉积为主，海陆交互相及陆相沉积次之。因受郯庐断裂切割，仅分布和出露于断裂西侧，在徐州市、铜山县、邳县及睢宁县一带组成淮阴山脉（主要由上元古界淮河群及寒武、奥陶系碳酸盐岩夹碎屑岩组成）；中、新生界为孤零内陆盆地，以陆相碎屑岩为主，伴有中基性、基性火山岩，在新沂县、宿迁县、泗洪县等地断续出露。

（2）南区。位于省域东南部，系扬子地层区东北部，地层发育齐全。中元古界海洲群（锦屏组、云台组）、张八岭群区域浅变质岩系组成扬子准地台的基底，在连云港市、灌云县一带出露较好，构成云台山、锦屏山、大伊山等低山丘陵，盱眙一带零星出露；震旦系-三叠系组成扬子准地台的主要盖层，不整合在张八岭群之上，以海相沉积为主。因受海-泗断裂、郯庐断裂切割，仅分布于断裂东侧，宁镇、苏锡、宜溧地区广泛出露，构成宁镇山脉、茅山山脉、苏锡、宜溧山地，此外江浦、常熟等地有零星出露；侏罗系以陆相碎屑岩和中、酸性火山岩为主，在溧水、溧阳等地出露较广，宁镇、苏州地区零星出露；白垩系为内陆盆地，红色碎屑岩为主，局部夹中性、碱性火山岩，主要在宁镇山脉、茅山山脉两侧山麓；第三系为内陆盆地，杂色碎屑岩为主，局部伴有基性岩喷发和侵入，零星出露于省域西南六合、盱眙、江浦、南京等地。

2. 第四系

全省平原面积约占全省总面积的 85%，第四系广泛分布发育，自下而上可划分为下更新统、中更新统、上更新统和全新统。下、中更新统零星出露在西部低山丘岭地带，上更新统主要出露在山麓地带和部分高亢平原地区，全新统广布。

由于第四纪气候周期性的冷暖变化，加之新构造运动差异性升降（西升东降），使得第四系沉积物成因类型复杂。早更新世早期，东部沉积了杂色黏土为主的地层，西南和西北地带由于处于继承性构造上升区，大部分地区缺失。晚期沉积了以河流相为主的粗碎屑夹黏土，除宁镇地区可能缺失外其他地区均有发育，其中长江下游区受长江古河道影响，沉积物较厚较粗；中早更新世早期，东部平原区以湖相沉积为主，岩性以杂色黏土为主，局部地区受河流作用，砂层发育。晚期东部平原区以海相、海陆过渡相沉积为主，岩性主要为粉细砂、中粗砂夹粉质黏土。丘陵区堆积了风化壳类型的网纹红土或红色土；晚更新世早期主要为河湖相沉积，岩性多为以粉质黏土为主的砂泥质，其中长江下游南通地区以河口相砂层为主。中期沿海地区以海相沉积为主，长江下游地区以三角洲相沉积为主（沉积物岩性较粗，厚度较大），丰沛地区以湖沼相沉积为主，沂沭河下游地带以滨海-河湖相沉积为主。晚期宁镇、茅山等山前、坡麓地带受暂时性流水的作用，沉积物以冲-洪积相为主。长江、淮河河谷两岸，受古河道影响，沉积物以河流相粉砂、粉质黏土为主。其他平原区沉积物以湖相粉质黏土为主。其后又发生一次规模较大的海侵，除山麓地带及丰沛地区仍为河湖相沉积外，沿海地区为海相沉积环境，远海地区为滨海-海陆过渡相沉积环境；全新世时期东部沿海地区以海相沉积为主，往西逐渐过渡为海陆过渡相、河湖相沉积，丰沛地区以河湖相、湖沼相沉积为主。长江三角洲地区以三角洲相、海相沉积为主。

受古地理和古气候的影响，第四纪地层厚度呈西薄东厚的变化趋势。平原区第四系发育齐全，厚度较大，一般为100~250m。在东部海安、如皋等地可达350m左右，岩性以粉质黏土、粉土和粉细砂、中细砂为主。在丘陵地区第四系厚仅数十米或数米不等，地层发育不全，岩性以粉质黏土、粉土和含砾粉质黏土为主。

3. 岩浆岩

江苏境内岩浆活动发育，岩浆喷发与侵入活动同时交替出现。喷出岩主要为上侏罗系和下白垩系火山碎屑岩、安山岩、凝灰岩以及新生代的玄武岩等，分布在江南山区和江北六合县北部及盱眙县南部。侵入岩中生代以酸性、中酸性岩为主，主要有花岗闪长岩、石英闪长岩、石英二长岩及花岗岩；新生代侵入岩少见，仅见有辉绿岩、辉长岩。侵入岩零星分布在东海、徐州、铜山、宁镇、宜兴、苏州等地，分布面积较小。

（二）地质构造条件

江苏省位于中国大陆东部，地壳演化历史漫长，强烈的构造运动，形成了跨越华北陆块、苏鲁造山带及扬子陆块（陈沪生，1993）等三大地质构造单元且构造分异明显的构造格局，三大构造单元之间分别以郯庐断裂、盱眙-响水断裂（嘉山-响水断裂）为界。

江苏省地处新华夏系构造体系第二巨型隆起带与淮阳"山"字形东翼反射弧所在地，构造形迹复杂。依据形态方向、力学性质等特征，可将全省构造形迹划分为七个构造体系（图1-2）。

1. 东西向构造

零散分布于北纬30°50′~35°10′之间，属秦岭纬向构造带延伸部分。其主要特点是以断裂与断裂之间隆起、凹陷为主，褶皱次之。断裂规模大，延伸长。力学性质以压性为主，并伴有扭动。自北而南可分为四带：丰沛-赣榆东西向构造带；洪泽-建湖东西向构造带；南京-南通东西向构造带和高淳-宜兴东西向构造带。

2. 华夏系及华夏式构造

华夏系为北东向多字型构造体系，开始于震旦纪，结束于三叠纪。构造形迹主要由一系列北东向褶皱、压性或压扭性断裂以及相对隆起与凹陷组成，由于受后期其他构造体系的迭加、复合、改造显得残缺不全。其中规模较大的断裂带有两条，即淮阴-响水口断裂带和湖州-苏州断裂带。

华夏式构造主要是侏罗纪以后生成的北东向构造。形迹为北东向凹陷和凸起以及其间的断裂，并伴有微弱褶皱，是继承了华夏系主压性结构面发育起来。

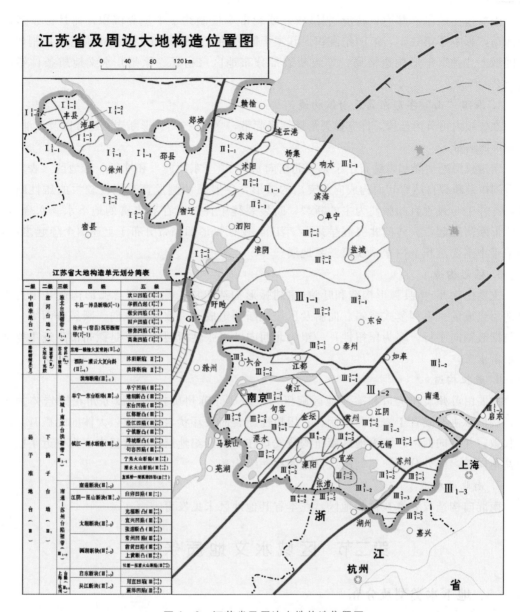

图 1-2　江苏省及周边大地构造位置图

3. 新华夏系构造

新华夏系构造形迹遍及全省,由断裂、褶皱以及断褶隆起和大型凹陷带构成。主要构造带有郯庐(新沂-泗洪段)断裂带;海洲-泗阳断裂带;茅山断褶带;宁芜断褶凹陷带;盱眙断褶隆起带;泰州-金坛凹陷带等。根据区内新华夏系在不同时期的活动特点,大体可分为早期、晚期及挽近期三期,早期新华夏系主要活动于侏罗纪-早白垩世,导致大规模的火山喷发和岩浆侵入活动;晚期新华夏系主要活动于晚白垩世-早第三纪,控制着该时期的凹陷带和盆地的成生发展;挽近时期的新华夏系主要活动于晚第三纪-第四纪,形成大量玄武岩喷发,并产生规模较大的断裂构造。

需要指出的是：郯庐（新沂-泗洪段）断裂带不仅制约了中生界沉积，而且由于多次的活动，影响了第三纪、第四纪沉积。其主干断裂的北北东向与北西西向构造的切割构成了区域上"井"字形构造格局，导致断裂带分布地区（宿迁、徐州）水文地质条件错综复杂。

4. 淮阳"山"字形东翼反射弧构造

在省域内可分为三段，即宁镇弧形断褶隆起带，六合-扬州弧形断褶隆起带以及江浦-仪征弧形凹陷带。

宁镇弧形断褶隆起带展布于宁芜（北东向）、宁镇（东西向）和埠盂一带地区，表现为一系列褶皱断裂自然弯转而构成向北突出的弧形，反射弧两侧发育有规模较大的压性断裂带，并伴生与弧垂直的张性为主的断裂，断裂裂缝中往往赋存有丰富的地下水。六合-扬州弧形断褶隆起带大体向北突起呈弧形。江浦-仪征弧形凹陷带分布于上述两个隆起之间，凹陷带中主要沉积上白垩系及第三系地层。

5. 弧形构造

主要由徐州-宿县弧形构造和盱眙-建湖弧形构造组成。徐州-宿县弧形构造是由古生界地层组成的一系列复式背斜、向斜及压扭性断裂组成，大致呈北东向。断裂分两组，一组与褶皱轴向平行，多为压扭性；一组为北西向，以张性断裂为主，是徐州市附近主要地下水富水带。

6. 旋扭构造

主要由苏州旋扭构造和溧潼地区旋扭构造组成。苏州旋扭构造以苏州花岗岩体为核心，旋回层主要发育于岩体西南侧，右压扭性断裂面及环状岩体组成，大体向北撒开，向南收敛，并突向西南。溧潼地区旋扭构造发育在老第三纪地层中，旋扭中心为一近乎圆形的盆地向斜，向外分布一系列围绕盆地的次一级构造。

7. 南北向构造

南北向构造仅发育在徐州地区，在本省其他地区未见发育。

第二节　区域水文地质条件

一、地下水类型及分布

根据地下水赋存介质，全省地下水可划分为孔隙水、岩溶水和裂隙水三大类型。

孔隙水是全省主要地下水类型，在广大平原地区广泛分布（分布面积约占全省80%），具有含水层次多、厚度变化大、水质复杂、富水性较好等特点；岩溶水主要分布在徐州市区及宁镇、宜溧山区；裂隙水主要分布于新沂-东海-赣榆、连云港云台山、宁镇山脉、宜溧、太湖沿岸等低山丘陵区。受岩性和构造的控制，多呈网状分布，富水性变化大，总体上较为贫乏。孔隙含水层按埋藏条件自上而下可划分为潜水、第Ⅰ承压、第Ⅱ承压、第Ⅲ承压、第Ⅳ承压、第Ⅴ承压含水层。

潜水及第Ⅰ承压含水层深度在40～100m以浅，时代多为全新世、晚更新世，该含水岩组除苏北徐宿一带有开采外，其他地区开采甚微。第Ⅰ承压含水层除低山丘陵区、丘陵岗地区以及茅东、西山前波状平原区外，平原区广泛发育，分布面积约8.2万km²。受海侵影响，第Ⅰ承压水在连云港-涟水-兴化-南通东部沿海地区为矿化度大于2g/L的微咸水、咸水，泰州南部、丰沛及苏州东南部地区矿化度多在1～2g/L，其他地区多为矿化度小于1g/L的淡水（图1-3）。

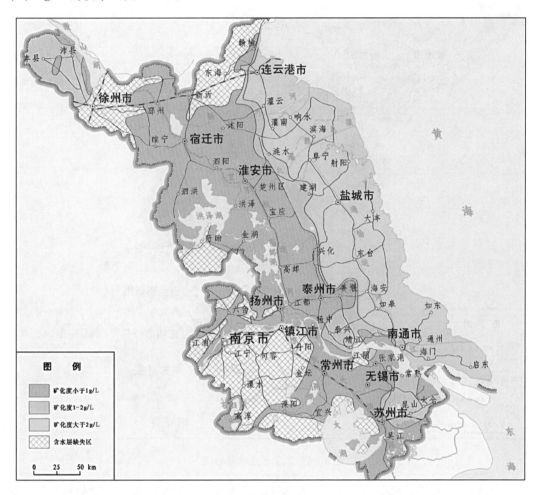

图1-3 第Ⅰ承压水分布图

第Ⅱ承压、第Ⅲ承压、第Ⅳ承压含水层时代为中、早更新世或新近纪上新世。目前，第Ⅱ承压、第Ⅲ承压含水层（组）是苏北广大平原区地下水主要开采层。其中第Ⅱ承压含水层（组）分布于长江三角洲北部平原、淮河下游苏中平原、淮北平原、南四湖平原和太湖平原，面积约7.1万km²。第Ⅱ承压水除南通东部沿海地区矿化度大于2g/L，盐城、泰州南部及丰沛部分地区矿化度在1～2g/L外，其他地区矿化度多小于1g/L（图1-4）；第Ⅲ承压含水层（组）分布于长江三角洲北部平原、淮河下游苏中平原、淮北平原、南四湖平原和太湖平原局部地区，面积约6.7万km²。第Ⅲ承压水除丰沛、泰兴、启东及盐城沿海地区局部矿化度达1～2g/L外，大部分地区均为矿化度小于1g/L的淡水（图1-5）；第Ⅳ承压含水层（组）分布于长江以北、响水-淮安-金湖以东平原地区，面积约3.7万

km²。第Ⅳ承压水多为矿化度小于1g/L的淡水（图1-6）。第Ⅴ承压含水层由于埋藏深，开发利用程度低，目前研究不多。

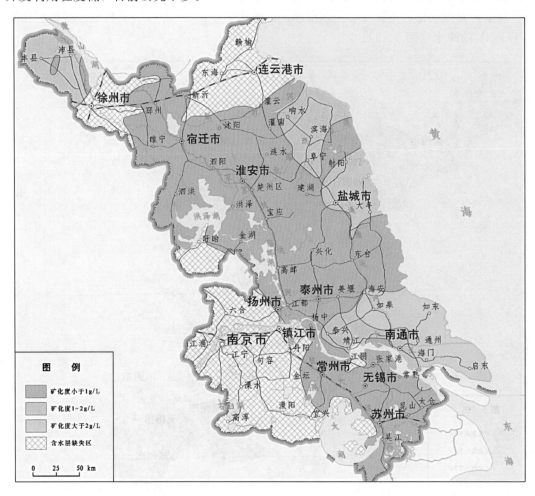

图1-4　第Ⅱ承压水分布图

图例

矿化度小于1g/L
矿化度1~2g/L
矿化度大于2g/L
含水层缺失区

0　25　50 km

总体而言，东部沿海平原含水岩组厚度大，层次多，水质变化复杂；西部和北部山前地带含水岩组厚度小，层次少，水质亦简单；南部宁镇扬丘陵区，含水介质多为下蜀组亚黏土，地下水贫乏。

二、水文地质分区

（一）分区概述

江苏地处长江、淮河、沂沭河下游，在漫长的地质历史演化过程中，由上述河流所挟带的大量泥沙堆积形成了长江三角洲平原、淮河下游苏中平原、淮北平原和南四湖平原，各平原区间虽然在不同时期中具有不同的展布空间，但总体上形成了相互独立、自成体系的地层沉积结构、含水层系统及地下水流场。

根据区域内地层沉积分布特征、含水层的空间分布规律、地下水流场及地下水循环中

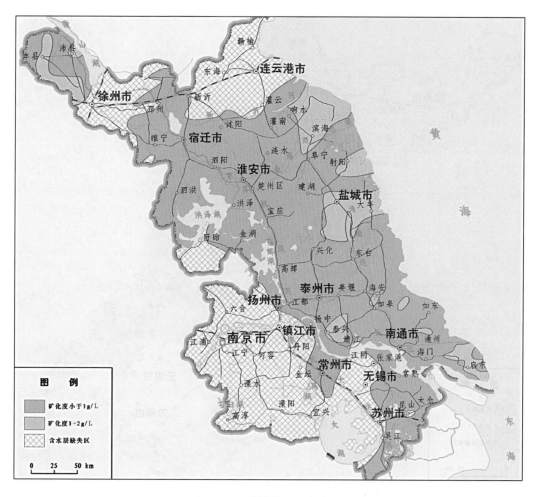

图 1-5　第Ⅲ承压水分布图

的径流条件等因素，将全省划分为 4 个水文地质区，19 个水文地质亚区，各水文地质区、水文地质亚区的分布区域见图 1-7，其地貌形态特征、水文地质条件及地下水的补径排条件见表 1-1。淮河下游和沂沭河下游水文地质区在省域内具有较完整的边界，长江下游水文地质区在苏南地区应包括上海市、浙江省的杭嘉湖平原地区，南四湖丰沛平原水文地质区主体在河南省，省域部分仅处于该区的东部边缘地带。

（二）各区水文地质特征

由于地下水资源分布不均，全省地下水开发利用主要集中在长江下游太湖水网平原、长江北部三角洲平原，淮河下游里下河低洼湖荡平原、盐城滨海平原，沂沭河下游徐州低山丘陵区、新沂-泗洪波状平原、淮泗连平原及丰沛黄泛冲积平原等水文地质亚区。地下水主要开采层为第Ⅱ承压、第Ⅲ承压含水层，盐城滨海平原包括第Ⅳ承压含水层。

1. 长江下游水文地质区（Ⅰ）

长江下游水文地质区包括宁镇低山丘陵区、茅山低山丘陵区、宜溧低山丘陵区、江浦

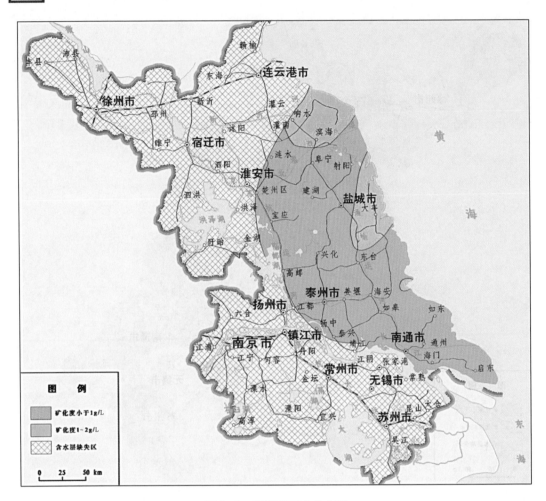

图 1-6　第Ⅳ承压水分布图

老山低山丘陵区、溧水-高淳丘陵区、仪征-六合丘陵岗地区、茅东西山前波状平原区、长江河谷漫滩平原区以及太湖水网平原区、长江北部三角洲平原区等 10 个水文地质亚区。由于富水性、水质、成井风险等原因，长江下游水文地质区地下水开发利用曾经或目前主要集中在太湖水网平原区及长江北部三角洲平原区，其他水文地质区地下水开发利用程度低。

（1）溧水-高淳丘陵水文地质亚区（I₁）。分布于南京市西南部的高淳、溧水地区，为宁芜火成岩盆地的一部分。区内地形波状起伏，丘陵与波状平原相间展布。区内地下水可分为两个含水层组，即松散岩类孔隙潜水含水层组和基岩构造裂隙含水岩组。

1）孔隙潜水含水层组：主要分布于波状平原地区，岩性以第四系上更新统下蜀组粉质黏土为主，单井涌水量一般小于 5m³/d。在沿秦淮河边滩地带，分布有顶板埋深 8～10m、厚 5～10m 的粉土及粉砂层，构成局部地段的微承压含水层组，但由于砂层颗粒细，单井涌水量一般小于 50m³/d。水质为矿化度小于 1g/L 的淡水。

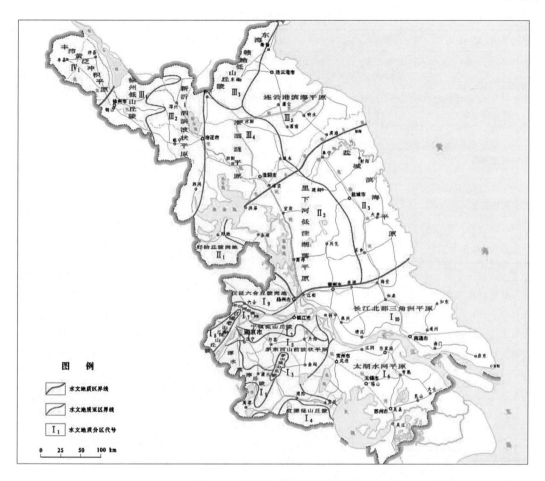

图 1-7 江苏省水文地质分区图

2）基岩构造裂隙含水岩组：分布于丘陵岗地地区。局部岗地地区分布出露的主要为白垩系"红层"，其岩性为一套泥岩和泥质粉砂岩，构造裂隙不发育，富水性差，单井涌水量一般小于 $50m^3/d$，大部分地段无水；丘陵地区则大面积分布有侏罗系上统的一套火山碎屑岩类，构造裂隙较为发育，在有利的北西向、北北东向张性断裂带内，往往形成良好的储水通道，赋存有较为丰富的地下水，单井涌水量可达 $500\sim1000m^3/d$，而一般地区单井涌水量在 $100\sim300m^3/d$。水质矿化度一般小于 $1g/L$，地下水水化学型为 $HCO_3-Ca \cdot Mg$ 型。东善桥至小丹阳公路以西地区，因受铁矿的影响，地下水中的铁离子一般超标，其他地区水质优良，局部可达到国家饮用天然矿泉水标准。

（2）宁镇低山丘陵水文地质亚区（I_2）。分布于南京至镇江沿江地带的宁镇弧形隆起构造的低山丘陵地区，区内山体大体呈近东西走向，自上元古代-新生代地层发育较为齐全，按地下水的赋存介质条件，可划分为碳酸盐岩类岩溶裂隙含水岩组、碎屑岩类构造裂隙含水岩组、岩浆岩类风化裂隙含水岩组三大类。

1）碳酸盐岩类岩溶裂隙含水岩组。由上元古代-中生代沉积的一套海相碳酸盐岩类所组成，较集中分布在南京东郊的汤山、仙鹤门、大连山地区，句容的宝华山、九华山、仑

表 1-1　　　　　　　　　　　　　江苏省水文地质分区一览表

水文地质区		水文地质特征		
区	亚区	地貌形态特征	主要含水层及其特征	水动力条件
长江下游水文地质区（Ⅰ）	溧水-高淳丘陵水文地质亚区（Ⅰ₁）	丘岗、波状平原	以火成岩类构造裂隙水为主，波状平原区发育有孔隙潜水、沿秦淮河发育分布有微承压含水砂层	潜水以大气降雨入渗为主，灌溉水回渗、地表水体侧向补给为辅，排泄方式为蒸发、人工开采、向下部承压水越流及补给地表水体。下部承压水主要接受上层越流补给及西部、中部基岩地下水侧向补给，人工开采为其主要排泄形式
	宁镇低山丘陵水文地质亚区（Ⅰ₂）	低山丘陵	主要分布有碎屑岩类构造裂隙和碳酸盐岩类裂隙岩溶含水岩组，沟谷内分布孔隙潜水含水岩组，汤山、韦岗分布有地下热水	
	茅山低山丘陵水文地质亚区（Ⅰ₃）	低山丘陵	分布有碎屑岩类构造裂隙和碳酸盐岩类裂隙岩溶两个含水岩组	
	宜溧低山丘陵水文地质亚区（Ⅰ₄）	低山丘陵	发育分布有碎屑岩类构造裂隙和碳酸盐岩类裂隙岩溶两个含水岩组，局部分布有火成岩类风化裂隙含水岩组	
	茅东、西山前波状平原水文地质亚区（Ⅰ₅）	山前波状平原	以松散岩类孔隙潜水为主，下伏基岩富水性极差，一般不含水	
	太湖水网平原水文地质亚区（Ⅰ₆）	水网平原	第四系松散层厚 80～240m，分布发育有潜水、第Ⅰ承压、第Ⅱ承压、第Ⅲ承压 4 个含水层组，其中第Ⅱ承压含水层组曾经为区内主采层	
	长江河谷漫滩平原水文地质亚区（Ⅰ₇）	河谷漫滩平原	松散层沉积厚 40～80m，发育有潜水、第Ⅰ承压两个含水层组，水质较差	
	江浦老山低山丘陵水文地质亚区（Ⅰ₈）	低山丘陵	发育分布有碳酸盐岩类裂隙岩溶和碎屑岩类构造裂隙两个含水岩组，沿老山北坡分布有地下热水	
	仪征、六合丘陵岗地水文地质亚区（Ⅰ₉）	丘陵、岗地	分布有碎屑岩类构造裂隙和玄武岩孔洞裂隙两个含水岩组，丘岗区分布有孔隙潜水、第Ⅰ承压两个含水层组	
	长江北部三角洲平原水文地质亚区（Ⅰ₁₀）	冲积平原	第四系松散层厚 100～320m，发育分布有潜水、第Ⅰ承压、第Ⅱ承压、第Ⅲ承压 4 个含水层组。下伏新近系上新统地层中发育有第Ⅳ承压含水层组	
淮河下游水文地质区（Ⅱ）	盱眙丘陵岗地水文地质亚区（Ⅱ₁）	丘陵岗地	分布发育有松散岩类孔隙潜水和玄武岩孔洞裂隙两个含水岩组	潜水主要接受大气降水和地表水、农业灌溉水入渗补给，排泄为蒸发、开采利用及向下部承压水越流；下部承压水主要接受上部越流和西部基岩地下水侧向补给，人工开采利用和向东径流为其主要排泄方式
	里下河低洼湖荡平原水文地质亚区（Ⅱ₂）	低洼平原	第四系松散层厚 120～300m，发育有孔隙潜水、第Ⅰ承压、第Ⅱ承压、第Ⅲ承压含水层组。下伏新近系上新统地层中发育有第Ⅳ承压含水层组	
	盐城滨海平原水文地质亚区（Ⅱ₃）	滨海平原	第四系松散层厚 200～350m，分布发育有孔隙潜水、第Ⅰ承压、第Ⅱ承压、第Ⅲ承压含水层组，下伏新近系地层中发育有第Ⅳ、第Ⅴ承压含水层组，其中第Ⅰ承压水、第Ⅱ承压水水质为微咸水、半咸水、咸水	

水 文 地 质 区			水 文 地 质 特 征		
区	亚 区	地貌形态特征	主要含水层及其特征	水动力条件
沂沭河下游水文地质区（Ⅲ）	徐州低山丘陵水文地质亚区（Ⅲ₁）	低山丘陵、岗地	以碳酸盐岩分布为主，发育有岩溶水；在沟谷及岗地内，发育有孔隙潜水	潜水以大气降雨入渗补给为主，地表水入渗和灌溉水回渗为辅，排泄方式为蒸发、开采利用及向下部承压水越流。下部承压水受北部、西部山区基岩地下水侧向径流补给和上部越流补给，人工开采为其主要排泄方式
	新沂-泗洪波状平原水文地质亚区（Ⅲ₂）	波状平原	松散层厚80～200m，发育有孔隙潜水、第Ⅰ承压、第Ⅱ承压、第Ⅲ承压4个含水层组	
	东海赣榆低山丘陵水文地质亚区（Ⅲ₃）	低山丘陵、岗地	以片麻岩出露为主，分布有基岩风化裂隙水，在冲沟内分布有孔隙潜水	
	淮泗连平原水文地质亚区（Ⅲ₄）	冲积平原	松散层厚80～250m，分布发育有孔隙潜水、第Ⅰ承压、第Ⅱ承压、第Ⅲ承压4个含水层组	
	连云港滨海平原水文地质亚区（Ⅲ₅）	冲积平原	灌云南部、灌南松散层厚100～250m，发育有第Ⅰ承压、第Ⅱ承压、第Ⅲ承压含水层组，其他地区松散层厚10～45m，发育有孔隙潜水、第Ⅰ承压含水层组。第Ⅰ承压水水质多为半咸水、咸水	
南四湖平原水文地质区（Ⅳ）	丰沛黄泛冲积平原水文地质亚区（Ⅳ₁）	黄泛冲积平原	松散层厚120～360m，分布发育有孔隙潜水、第Ⅰ承压、第Ⅱ承压、第Ⅲ承压、第Ⅳ承压5个含水层组	浅层地下水主要接受大气降水和地表水、农灌水入渗补给，排泄为蒸发、人工开采及向下部承压水越流。下部承压水则接受上层越流和基岩地下水侧补给，消耗于人工开采

山地区，镇江的九华山、马迹山地区。其中分布于南京东郊仙鹤门地区的中生代中统周冲组角砾状灰岩岩溶最为发育，单井涌水量可达1000～3000m³/d，古生代二叠系栖霞组硅质灰岩、中生代下统青龙组泥质灰岩、薄层灰岩岩溶发育较差，单井涌水量一般在100～300m³/d，其他时代地层灰岩岩溶发育一般，单井涌水量约500m³/d。由于受含水介质和边界的影响，水质变化较复杂。其主体水化学类型以HCO₃-Ca为主，矿化度小于1g/L，总硬度小于450mg/L，pH值为7.0～8.0，水质较好。但局部受膏盐影响，Ca·SO₄组分明显增高，水化学类型变为HCO₃·SO₄-Ca或SO₄·HCO₃-Na型，矿化度达1～2g/L，总硬度达450～2200mg/L。南京东郊仙鹤门、镇江侨家门等岩溶灰岩水源地的水文地质特征见表1-2。

2）碎屑岩类构造裂隙含水岩组。由古生代-中生代沉积的一套陆相碎屑岩类所组成，区内分布极为广泛，富水性差异较大。其中泥盆系石英砂岩、石英砾岩，侏罗系象山群长石石英砂岩岩性硬脆，构造裂隙发育，在张性断裂带往往形成良好的地下水富水带，单井

表 1-2   **南京-镇江主要灰岩富水块段水文地质特征一览表**

块段名称	含水层时代	分布面积 /km²	水位埋深 /m	单井涌水量 /(m³/d)	水质		可采资源量 /(万 m³/d)
					矿化度 /(g/L)	水型	
仙鹤门块段	T_{1-2}	45	5~12	500~3000	<1	$HCO_3 - Ca$	3.0
大港块段	Z_2	43	10~15	1000~1500	<0.4	$HCO_3 - Ca$	0.6
南山块段	T_{1-2}, P	28	2~5	1000	<0.6	$HCO_3 - Ca$	0.3
小力山块段	T_{1-2}	14	10	500~1000	<0.6	$HCO_3 - Ca \cdot Mg$	0.65

涌水量可达 300~1000m³/d，水质类型主要为 $HCO_3 - Ca \cdot Mg$ 型，矿化度一般在 0.5g/L 左右；其他时代的碎屑岩则主要由泥岩、泥质粉砂岩所组成，岩性软弱，构造裂隙不发育，富水性差，单井涌水量一般小于 100m³/d，在志留系泥页岩和白垩系"红层"分布区，其富水性更差，一般视为无水区。

（3）茅山低山丘陵水文地质亚区（Ⅰ₃）。分布于金坛市西部茅山地区，山体呈近南北向展布，出露分布的有古生代至新生代的一套基岩地层。依据地下水的赋存介质条件，主要分布发育有碎屑岩类构造裂隙水和碳酸盐岩类岩溶裂隙水两个含水岩组。

1）碎屑岩类构造裂隙含水岩组。由古生代至新生代沉积的一套陆相碎屑岩所组成，其富水性与地层岩性特征密切相关。泥盆系石英砂岩、粉砂岩岩性硬脆，构造裂隙较为发育，富水性较好，单井涌水量可达 300~500m³/d，在近北北东向和北西向张性断裂带内，往往形成良好的地下水富水带，单井涌水量可达 1000m³/d 左右。其他地层时代的碎屑岩类均由泥质砂岩和薄层粉砂岩所组成，岩性软弱，构造裂隙欠发育，富水性较差，单井涌水量一般小于 100m³/d。

2）碳酸盐岩类岩溶裂隙含水岩组。该区内碳酸盐岩主要由古生代-新生代海相、浅海相沉积形成，其地层呈条带状和块段状展布，且出露分布于山体的东西两侧，富水性受其构造发育程度及岩性特征所控制。一般而言，古生代石炭系灰岩岩溶发育稍好，单井涌水量可达 300~1000m³/d，其他时代灰岩地层则主要由一套泥质灰岩和薄层状灰岩所组成，岩溶欠发育，富水性稍差，单井涌水量仅在 100~300m³/d。

此外，山间洼地和山前冲沟地带堆积有 5~10m 厚的残坡积层和粉质黏土层，赋存有松散岩类孔隙潜水，但富水性较差，单井涌水量一般小于 5m³/d。

（4）宜溧低山丘陵水文地质亚区（Ⅰ₄）。分布于省域南部宜兴至溧阳南部一带，为天目山之余脉。区内基岩地层自泥盆系至白垩系均有分布出露，硬质的泥盆系砂岩构成了区内的低山地貌特征，其他时代地层则构成了丘陵岗地。按地下水的赋存介质条件，可划分为碳酸盐岩类岩溶裂隙水、碎屑岩类构造裂隙水、火成岩类风化裂隙水三大含水岩组。

1）碳酸盐岩类岩溶裂隙含水岩组。区内分布较广的碳酸盐岩类地层主要由奥陶系、石炭系、二叠系、三叠系灰岩组成，在构造断裂和地表水、地下水的作用下，岩溶裂隙较为发育，常形成岩溶洞穴及地下暗河，赋存有极为丰富的地下水资源，单井涌水量在 500~2000m³/d，局部可达 2000~3000m³/d，水质良好，矿化度一般在 0.5g/L 左右，水化学类型为 $HCO_3 - Ca \cdot Mg(Ca)$ 型。目前有多个乡镇开采利用岩溶地下水作为生活饮用水。该区内分布面积较大,具有较大供水意义的有两个岩溶富水块段,其水文地质特征见表1-3。

表1-3　　　　　　　　　主要灰岩富水块段水文地质特征一览表

块段名称	含水层时代	分布面积/km²	水位埋深/m	单井涌水量/(m³/d)	水质		可开采资源量/(万m³/d)
					矿化度/(g/L)	水型	
张渚盆地	T_{1-2}	68	2~5	500~1500	<0.5	$HCO_3 - Ca \cdot Mg(Ca)$	0.56
湖㳇盆地	$T_{1-2}P$	70	2~6	1000~2000	<0.5	$HCO_3 \cdot Cl - Ca \cdot Na$	0.58

2)碎屑岩类构造裂隙含水岩组。含水岩组由泥盆系、志留系、石炭系下统、二叠系下统、白垩系沉积的石英砂岩、粉细砂岩、泥质粉砂岩、泥岩和页岩所组成,富水性受岩性特征和构造所控制。泥盆系石英砂岩、含砾砂岩质硬坚脆,构造裂隙较为发育,有利于地下水的运移和富集,单井涌水量在500~1000m³/d,在张性断裂发育地带,往往形成地下水的富水带,单井涌水量可达1000m³/d以上,水化学类型以$HCO_3 - Ca \cdot Mg$型为主,矿化度一般小于0.5g/L。而其他不同时代的碎屑岩则主要由泥岩、粉砂质泥岩、页岩所组成,岩性软弱,构造裂隙不发育,富水性较差,单井涌水一般小于100m³/d。

3)火成岩类风化裂隙含水岩组。由侏罗系喷出岩和燕山期侵入岩所组成,其岩性为凝灰角砾岩、粗安岩、花岗岩、花岗闪长斑岩和闪长岩。地下水主要赋存于浅部的风化裂隙中,径流循环深度浅,富水性较差,单井涌水量一般小于50m³/d,水化学类型为$HCO_3 - Na$型,矿化度小于0.5g/L。

在沟谷和山间洼地地带堆积有第四系松散层,厚度5~15m,其间分布有孔隙潜水。潜水主要接受大气降水入渗和山体基岩面侧向径流补给,因含水层岩性是由黏性土和碎石类相混合,透水性较差,单井涌水量一般小于10m³/d。

(5)茅东、西山前波状平原水文地质亚区(I₅)。分布于茅山东部、宜溧低山丘陵北部的波状平原地区及茅山西部句容盆地波状平原地区。区内地形呈波状起伏,地面标高在10~35m,第四系松散层堆积厚度10~45m,岩性以第四系上更新统、全新统黏性土沉积为主,局部沟谷地带沉积有粉土薄层,下伏基岩均为白垩系"红层"和新第三系泥岩。据地下水赋存的介质条件和水力性质,区内分布发育有松散岩类孔隙潜水和第I承压两个含水层组。

潜水含水层组:区内广泛分布发育,岩性由粉质黏土、粉土层组成,单井涌水量一般小于10m³/d,水质类型为$HCO_3 - Ca \cdot Na(Ca \cdot Mg)$,矿化度小于1g/L。

第I承压含水层组:主要分布于自溧阳至宜兴沿南溪河条带,其他地区基本上缺失。含水砂层由上更新统堆积的1~2层粉砂、粉细砂组成,顶板埋深12~15m,厚5~15m,透水性和富水性一般,单井涌水量一般在50~200m³/d,水质类型为$HCO_3 - Ca \cdot Na$,矿化度小于1g/L。该层地下水开采利用主要集中于溧阳城区及宜兴南部的一些乡镇,水位埋深在主要开采点上达10~15m,区域面上一般小于5m。

(6)太湖水网平原水文地质亚区(I₆)。该区北依长江,东南接浙江、上海,西连茅山山前波状平原。地势平坦开阔,区内湖荡、河流密布,是我国典型的水网平原地区。环太湖带及中部腹地地区，分布有孤山残丘，主要分布出露有古生代泥盆系砂岩。区内第四系松散层广泛分布发育，沉积物厚度多在 80～240m（自西向东渐厚），其间发育有孔隙潜水、第Ⅰ承压、第Ⅱ承压、第Ⅲ承压 4 个含水层组（表 1-4）。

表 1-4　　　　　　　　　太湖平原区孔隙含水层水文地质特征一览表

含水层	地层时代	顶板埋深/m	底板埋深/m	厚度/m	含水层特征			水位埋深/m
					岩性	涌水量/(m³/d)	水化学类型	
潜水	Q₄	0.5～5	10～25	10～15	粉质黏土、粉土	小于 50	HCO₃-Ca	0.5～2.5
第Ⅰ承压	Q₃	10～30	50～85	5～35	粉土、粉砂、粉细砂	100～1000	HCO₃-Ca·Na(Ca·Mg)	3～20
第Ⅱ承压	Q₂	70～110	100～160	10～55	粉细砂、中细砂、含砾中粗砂	1000～3000	HCO₃-Ca·Na	10～70
第Ⅲ承压	Q₁	115～175	135～235	10～60	粉细砂、中细砂	300～2000	HCO₃-Ca·Na	

潜水和第Ⅰ承压水因富水性小、水质相对较差开发利用程度较低，第Ⅲ承压含水层埋藏较深，且仅在常州、苏州及沿江地区分布发育，无锡中部地区基本缺失。2000 年前也仅在常州及常熟-太仓沿江地带开采该层地下水。

第Ⅱ承压含水层为 2000 年以前苏锡常地区地下水主要开采层。该含水层组由中更新世时期长江的一支古河道流经区内堆积形成，岩性以粉细砂、中细砂、含砾中粗砂为主，顶板埋深在 70～110m，由西向东埋深增大，厚度在古河道分布区达 35～55m，边缘地带 10～25m。在锡西地段，古河道由常州北部向南进入常州市区，然后转向东流至无锡，在锡西洛社一带分为两支，一支沿运河流向苏州方向，另一支则转北经江阴南部流向常熟。该含水层组岩性颗粒粗，透水性和富水性好，单井涌水量多在 1000～3000m³/d，水质除在太仓鹿河、璜泾一带矿化度在 1～2g/L 之间，其他地区均为矿化度小于 1g/L 的淡水。自 2000 年实施地下水禁采令以来，除沿江及常州南部外，大部分地区第Ⅱ承压水水位明显回升，升幅多在 10m 以上，最大升幅近 40m（常熟市国棉纺织厂），苏州大部分地区水位埋深减至 20m 以浅。地下水降落漏斗缩至近 1200km²（水位埋深 40m 范围），中心最大水位埋深减至 71.4m（锡山洛社）。

第Ⅲ承压含水层组由属早更新世时期古长江流经区内沉积砂层组成。在常州、苏州及沿江地区均有分布发育，无锡中部地区基本缺失。含水层由 2～4 层粉细砂、中细砂层组成，顶板埋深 115～160m，厚 10～35m，单井涌水量在沿江地带砂层分布较厚的地区达 1000～2000m³/d，其他地区均在 300～500m³/d。水质均为矿化度小于 1g/L 的淡水。

此外，在苏锡常平原地区、环太湖带及平原腹地带分布有低山残丘，出露标高在 100～250m 间，组成的地层以泥盆系砂岩为主，零星分布有石炭、二迭、三迭系灰岩，发育有基岩构造裂隙水及局部岩溶裂隙水，同时在平原地区还分布有多处隐伏灰岩岩溶块段，蕴藏有较为丰富的地下岩溶水资源（图 1-8）。

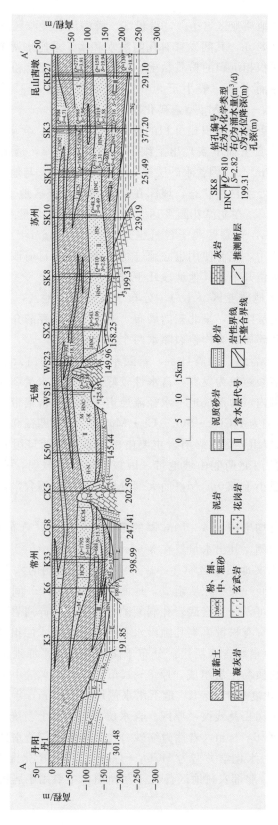

图 1 - 8　武进九里-昆山茜墩水文地质剖面图

（7）长江河谷漫滩平原水文地质亚区（I₇）。沿长江、滁河河谷漫滩区分布发育。区内第四纪松散层沉积物厚度 35～80m，其间发育有孔隙潜水和第 I 承压水两个含水层组。

潜水含水层组：由全新统冲积相沉积的粉质黏土、淤泥质粉质黏土、粉土、局部粉细砂层组成，厚度 8～15m，单井涌水量一般小于 50m³/d。水位埋深 1～2m，年变幅在 1.0m 左右，水化学类型为 $HCO_3 - Ca \cdot Mg$ 型，矿化度小于 1g/L。

第 I 承压含水层组：由中上更新统冲积相沉积的粉细砂、中细砂、含砾中粗砂组成，砂层厚度 15～60m，其沉积结构自上而下表现出上细下粗的沉积韵律，透水性和富水性良好，单井涌水量达 1000～3000m³/d。因含水砂层被长江河床所切割，与地表水的水力联系极为密切，地下水水位目前还处于自然状态，埋深在 2～3m 间。该区地下水水质较差，水中铁离子含量在 5～15mg/L，最高在龙潭花园乡达 30mg/L，砷离子含量在江心洲-上新河及龙潭一带达 0.07～0.88mg/L，个别锰离子含量也达 0.3～1.7mg/L，由于上述几项指标超标严重，一般不能直接饮用，工业使用也必须进行水质处理。目前该区内地下水仅在南京市河西地区由几家厂矿单位开采，其他地段几乎没有开发使用。

（8）江浦老山低山丘陵水文地质亚区（I₈）。分布于江浦老山地区，其山体由震旦系、寒武系、奥陶系及白垩系地层组成，呈北东向展布。据地下水赋存的介质条件，主要发育有碳酸盐岩类岩溶裂隙水和碎屑岩类构造裂隙水两个含水岩组。

1）碳酸盐岩类岩溶裂隙含水岩组。由震旦系、寒武系、奥陶系的白云质灰岩、灰质白云岩、硅质灰岩所组成，岩溶裂隙较为发育，富水性较好，单井涌水量 200～500m³/d，在北西向和北北东向张性断裂带内，常形成地下水径流通道与地下水富集带，单井涌水量可达 1000～2000m³/d，水质类型为 $HCO_3 \cdot SO_4 - Ca \cdot Mg$ 型，矿化度在 0.7～1.0g/L。

2）碎屑岩类构造裂隙含水岩组。区内碎屑岩主要由白垩系上统浦口组砂岩、泥质粉砂岩所组成，分布于老山山体的南北两侧山坡地带。因该地层岩性软弱，构造裂隙不发育，富水性差，单井涌水量一般小于 100m³/d，而大部分地段地层中不含水，其分布区可视为无水区。

此外，冲沟和山间洼地地段均堆积有 3～10m 厚的第四系松散物，分布有孔隙潜水，涌水量一般较小，以民井开采为例，其出水量仅在 3～5m³/d。

（9）仪征、六合丘陵岗地水文地质亚区（I₉）。分布于长江北侧的六合-仪征地区，区内地貌主要由丘陵岗地及岗地间残坡平原所组成，地面标高 30～200m 间。据地下水赋存的介质条件，区内基岩地下水可划分为玄武岩孔洞裂隙含水岩组、碎屑岩类构造裂隙含水岩组；岗地与残坡平原区则发育有松散岩类孔隙潜水和第 I 承压含水层组（图 1-9）。

1）松散岩类孔隙含水岩组。潜水含水层组：分布于岗地和残坡平原地区，含水层由第四系全新统冲洪积相堆积的粉质黏土层组成，厚 8～15m，单井涌水量小于 5m³/d。水化学类型为 $HCO_3 - Na$ 型，矿化度小于 1g/L。地下水水位埋深 1～3m，年变幅 1～2m。

第 I 承压含水层组：分布于岗丘及残坡平原区。含水层由第三系上新统六合组砂层组成，顶板埋深在 15～20m 间，厚 5～15m，岩性为细砂、含砾中粗砂，透水性、富水性良好，单井涌水量 300～1000m³/d，水化学类型为 $HCO_3 - Ca \cdot Na$ 型，矿化度均小于 1g/L。该层地下水水质优良，目前在六合北部农村地区普遍开发利用，主要用于居民生活供水和农业灌溉用水。

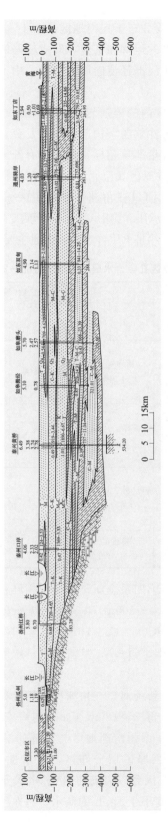

图1-9 仪征市区-如东丁店水文地质剖面图

2）玄武岩孔洞裂隙含水岩组。主要分布于丘岗地区，由1~3层玄武岩所组成。玄武岩中孔洞裂隙较为发育，有利于地下水的运移和富集，形成较好的含水岩组。但顶层玄武岩一般分布位置较高，地下水往往形成浅部径流向周边排泄，中下层玄武岩孔洞裂隙中蕴藏的地下水则易于富集。

3）碎屑岩类构造裂隙含水岩组。区内的碎屑岩由白垩系的一套泥质粉砂岩、泥岩所组成，分布于丘岗地带。因该套地层岩性软弱，构造裂隙不发育，其富水性差，单井涌水量一般小于100m³/d，且水中铁离子含量严重超标，几乎没有开采利用的价值。

（10）长江北部三角洲平原水文地质亚区（I_{10}）。广泛分布于扬州以东、长江北侧、江都-泰州-海安一线以南平原区，为长江河口三角洲平原沉积区。第四系沉积物厚度多在100~320m，其间发育有孔隙潜水、第Ⅰ承压、第Ⅱ承压、第Ⅲ承压4个含水层组（表1-5）。由于水质原因，扬泰主要开采第Ⅱ承压、第Ⅲ承压含水层，南通主要开采第Ⅲ承压含水层。

表1-5　　　　长江北部三角洲平原区孔隙含水层水文地质特征一览表

含水层	地层时代	顶板埋深/m	底板埋深/m	厚度/m	水文地质特征			水位埋深/m
					岩性	涌水量/(m³/d)	水化学类型	
潜水	Q₄		15~35	10~30	粉质黏土、粉土及粉砂	10~500	$HCO_3 - Ca \cdot Na$ $HCO_3 \cdot Cl - Ca \cdot Na$ $Cl - Na$	0.5~2.5
第Ⅰ承压	Q₃	15~35	40~140	25~120	粉细砂、中细砂、含砾中粗砂	1000~5000	$HCO_3 - Ca \cdot Na$ $Cl \cdot HCO_3 - Na \cdot Ca$ $Cl - Na$	1~10
第Ⅱ承压	Q₂	80~150	120~200	20~80	粉细砂、中粗砂、含砾中粗砂	1000~5000	$HCO_3 - Ca \cdot Na$ $Cl \cdot HCO_3 - Na \cdot Ca$ $Cl - Na$	5~20
第Ⅲ承压	Q₁	150~250	180~320	20~100	粉细砂、含砾中粗砂	1000~5000	$HCO_3 - Ca \cdot Na$	3~45

孔隙潜水含水层组：含水层主要由第四系全新统冲海积相堆积的粉质黏土、粉土、粉细砂组成，厚10~30m，单井涌水量10~500m³/d。大致以海安-如皋-南通平潮一线为界，该线以西多为矿化度小于1g/L的$HCO_3 - Ca$、$HCO_3 - Ca \cdot Na$型淡水；该线以东多为矿化度大于1g/L的$HCO_3 \cdot Cl - Ca \cdot Na$、$Cl - Na$型微咸水、咸水。水位埋深一般为1~3m，年变幅在1~2m间。

第Ⅰ承压含水层组：由第四系上更新统河口三角洲冲海相堆积的粉细砂、中细砂、含砾中粗砂所组成，顶板埋深15~35m，厚25~80m（如皋与海安之间可达100~120m），单井涌水量1000~3000m³/d，在扬中、泰州南部地区与上部的潜水含水砂层之间基本缺失了黏性土隔水层，如皋与海安之间巨厚砂层分布区，富水性更佳，单井涌水量可达3000~5000m³/d。水质变化较为复杂，大致以海安曲塘-泰州永安洲一线为界，以西地区水质类型为$HCO_3 - Ca \cdot Na$型，矿化度小于1g/L的淡水；以东至海安城区-如皋夏堡-南通平潮一线区间，水质类型为 $HCO_3 \cdot Cl - Na \cdot Ca(Cl \cdot HCO_3 - Na \cdot Ca)$ 型，矿化度多在 $1\sim2g/L$ 之间，该区东部多为矿化度大于 $2g/L$ 之间的微咸水至半咸水，其中李堡-岔河-石港-金沙一线以东的沿海地区，多为矿化度大于 $10g/L$ 的咸水，二甲镇地段矿化度达 $21.46g/L$。而南通市区及沿江局部地段，还分布有矿化度小于 $1g/L$ 的淡水体。

该层地下水在大部分地区由于水质原因基本未予开采利用，水位埋深多在 $2\sim3m$ 间。南通城区、泰兴、靖江地区地下水开采利用程度较高，但因补给条件好，水位埋深也多在 $10m$ 以浅。

第 Ⅱ 承压含水层组：由中更新世时期长江古河道河流相沉积的 $1\sim2$ 层粉细砂、中粗砂、含砾中粗砂所组成，含水层顶板埋深 $80\sim150m$，由西向东倾，厚 $20\sim80m$。该时期的古河道中心线主要位于扬州-江都-泰兴-如皋一线，含水层岩性以巨厚的中细砂、含砾中粗砂为主，透水性和富水性极佳，单井涌水量一般大于 $3000m^3/d$。古河道两侧边滩区岩性以粉细砂、中细砂为主，单井涌水量 $1000\sim3000m^3/d$。泰兴地区因与上伏含水层之间基本缺失隔水黏性土层，组成河口段巨厚砂层分布区，其富水性更佳，单井涌水量可达 $3000\sim5000m^3/d$。水质以海安-泰兴-靖江一线为界，以西地区以矿化度小于 $1g/L$ 的 $HCO_3 - Ca \cdot Na(Na \cdot Mg)$ 型淡水为主，局部见有微咸水体分布，以东地区则由 $Cl \cdot HCO_3 - Na \cdot Ca$ 型微咸水向东逐步过渡到 $Cl - Na$ 型微咸水、咸水。

该层地下水在东部微咸水、咸水分布区几乎没有开采利用，水位埋深仅 $1\sim3m$；西部地区则为城区和主要乡镇的地下水主采层，目前水位埋深在 $20\sim35m$ 间，江都市区、泰州城区水位埋深达 $10\sim25m$，其他地区水位埋深一般在 $5\sim10m$。

第 Ⅲ 承压含水层组：由早更新世时期长江古河道河流相沉积的 $1\sim2$ 层粉细砂、含砾中粗砂所组成，顶板埋深由西向东自 $150\sim250m$，厚 $20\sim100m$。该时期的古河道中心线为扬州-江都-泰兴-海安一线，但古河道进入南通后，位于中心线以南也发育有多条支线，且以海门至启东地区分布最广，含水砂层厚度在 $30\sim70m$ 间，扬中以西、扬州-仪征以南的沿江漫滩平原地区因下伏基底隆起而基本缺失。含水层岩性颗粒较粗，透水性和富水性良好，单井涌水量 $1000\sim3000m^3/d$，在古河道砂层巨厚分布地区，单井涌水量可达 $3000\sim5000m^3/d$，富水性由西向东逐渐变好，水质除在泰兴一带因受上伏微咸水体的影响，存在有矿化度大于 $1g/L$ 的 $HCO_3 \cdot Cl - Ca \cdot Na$ 型水外，其他地区均为矿化度小于 $1g/L$ 的 $HCO_3 - Ca \cdot Na$ 型淡水。

南通以西地区水位埋深一般小于 $10m$（扬州及江都、泰州市区较为集中开采地段，水位埋深可达 $10\sim35m$），南通地区由于主采第 Ⅲ 承压水，已形成区域性水位降落漏斗，中心最大水位埋深超过 $40m$。

第 Ⅳ 承压含水层组：江都-泰州口岸以东、泰兴-靖江-南通-海门-启东以西地区的第四纪松散层之下，广泛分布发育有第三系地层沉积，其厚度可从数百米至千余米，其间发育有 $6\sim9$ 层砂层，因地层胶结程度较差，砂层中也蕴藏有较为丰富的地下水资源，目前在泰州南部及南通地区，已有少量的深井开采利用此层地下水。

2. 淮河下游水文地质区（Ⅱ）

淮河下游水文地质区包括盱眙丘陵岗地区、里下河低洼湖荡平原区及盐城滨海平原区 3 个水文地质亚区。盱眙丘陵岗地区主要赋存基岩地下水，由于富水性等原因地下水鲜有开采。里下河低洼湖荡平原区及盐城滨海平原区主要赋存松散岩类孔隙水,自上而下发育有多个含水砂层,是全省地下水主要开发利用地区之一。

(1)盱眙丘陵岗地水文地质亚区(Ⅱ₁)。主要分布于盱眙县西南部地区,区内地势总体由西南部向北东方向倾。岗地区地面标高10～35m,丘陵区地面标高50～200m。依据区内地下水赋存的介质条件及水力学性质,可分为两个含水层(岩)组(图1-10)。

1)孔隙潜水含水层组。主要分布在丘岗低地及冲沟地带,含水层组由更新世中、晚期和全新世冲积相堆积的粉质黏土(局部粉土)组成,厚度在5～30m之间,单井涌水量一般小于5m³/d,水位埋深2～4m,年变幅1.5～2.5m,水化学类型为HCO₃-Ca·Na型,矿化度均小于1g/L。该层地下水主要为乡村居民作为生活饮用水源所开采利用。

2)孔洞裂隙含水岩组。广泛分布于区内的低山丘岗地区,在丘岗边缘的平原区内第四系地层中也见其分布。主要由新近纪时期喷发的洞玄观组、方山组玄武岩所组成,分布厚度40～200m,在玄武岩之下均为新近系黏性土层,构成了较好的隔水层,使玄武岩含水层构成了区内良好的储水结构。一般气孔之间相互不联通,但在构造作用下则联通形成良好的储水空间,单井涌水量100～1000m³/d,在有利的构造部位可达1000～2000m³/d。水化学类型为HCO₃-Ca·Mg型,矿化度均小于1g/L,水质优良,目前该层地下水有较多的乡镇作为居民饮用水源开采利用。

(2)里下河低洼湖荡平原水文地质亚区(Ⅱ₂)。该区位于苏中腹地,北界为灌溉总渠、东至通榆运河西侧,南为通扬运河,西至洪泽湖西侧。区内第四系地层分布发育齐全,由西向东厚自120～300m。其间发育有孔隙潜水、第Ⅰ承压、第Ⅱ承压、第Ⅲ承压4个含水层组(表1-6),其中第Ⅱ承压、第Ⅲ承压含水层是地下水主要开采层。

潜水含水层组:主要由全新统冲湖积相、泻湖相堆积的粉质黏土、粉土组成,厚5～35m,由西向东呈逐渐增厚趋势,区内仅在宝应一带分布有粉土和粉砂层,其他地区均以黏性土为主。单井涌水量一般小于5m³/d,局部可达10～50m³/d。水质除在宝应-兴化-小纪一线以东地区,分布有Cl·HCO₃-Na·Ca或Cl-Na型微咸水、半咸水外,其余均为HCO₃-Ca(Na·Ca)型淡水,水位埋深0.5～2.5m。

第Ⅰ承压含水层组:含水砂层由上更新统冲湖积、冲海积相沉积的粉土、粉细砂组成。顶板埋深35～60m,厚5～30m,单井涌水量50～500m³/d。水质以周庄-兴化-沙沟镇一线为界,以东地区为Cl·HCO₃-Na·Ca或Cl-Na型微咸水、半咸水,目前尚未开采利用,水位埋深仅在1～3m;以西地区则为HCO₃-Na型的淡水,局部地段乡镇有少量开采井开采利用,水位埋深在5～10m间。

第Ⅱ承压含水层组:由中更新世时期冲湖积相沉积的1～2层粉砂、粉细砂、细中砂组成,局部见有含砾中粗砂,含水层顶板埋深由西向东从70m加深至140m左右,厚5～30m,富水性稍好,单井涌水量100～1000m³/d,水质以HCO₃·Cl-Na·Ca型淡水为主。水位埋深在较为集中开采的兴化、宝应、金湖等城区多在15～35m,其他地区小于15m。

第Ⅲ承压含水层组:由早更新世时期冲湖相沉积的粉细砂、细砂、中砂、中粗砂组成,厚5～50m,顶板埋深150～250m,由西向东顶板埋深不断加大,在大运河以西地区,则由第三纪沉积的砂层组成。砂层颗粒较粗,透水性和富水性较好,单井涌水量300～2000m³/d,在其古河道砂层分布区,单井涌水量可达2000～3000m³/d,水质良好,均为

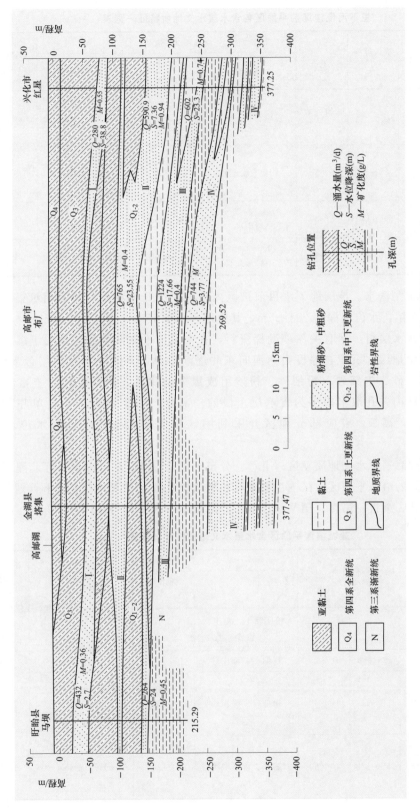

图 1-10 盱眙县马坝-兴化市红星水文地质剖面图

表 1-6　　　　　　里下河低洼湖荡平原区各含水层水文地质特征一览表

含水层	地层时代	顶板埋深/m	厚度/m	水文地质特征			水位埋深/m
				岩性	涌水量/(m³/d)	水化学类型	
潜水	Q_h		5～35	粉质黏土、粉土	<5.0	HCO_3-Ca(Na·Ca)	0.5～2.5
						Cl·HCO_3-Na·Ca	
						Cl-Na	
第Ⅰ承压	Q_p^3	35～60	5～30	粉土、粉细砂	50～500	HCO_3-Ca	3～10
						Cl·HCO_3-Na·Ca	
						Cl-Na	
第Ⅱ承压	Q_p^2	70～140	5～30	粉砂、粉细砂、细中砂	100～1000	HCO_3·Cl-Na·Ca	5～35
第Ⅲ承压	Q_p^1	150～250	5～50	粉细砂、细砂、中砂中粗砂	300～3000	HCO_3-Na·Ca	5～35

HCO_3-Na·Ca 型淡水。该层地下水目前被区内较为广泛开采利用，开采相对集中的高邮、兴化部分乡镇，水位埋深达 20～35m，其他地区小于 15m。

第Ⅳ承压含水层组：据有关深部勘探资料，在中东部平原区第四纪地层下沉积分布有巨厚的新近纪地层，沉积物厚度由西南向东北逐渐增厚，其间发育有多层含水砂层，岩性为含砾中粗砂、中细砂、粉细砂、粉砂组成数个韵律层，蕴藏有较为丰富的地下水资源。目前区内井孔取水段多为含水层上段的一部分，厚度 20m 左右，单井涌水量 500～1000m³/d，高邮、宝应部分地区开采利用该层地下水资源，目前水位埋深在 10～20m。

（3）盐城滨海平原水文地质亚区（Ⅱ₃）。分布于建湖-盐城-东台以东，苏北灌溉总渠以南、弶港以西的沿海平原区。区内主要赋存松散岩类孔隙地下水，自上而下可划分为潜水、第Ⅰ、第Ⅱ、第Ⅲ、第Ⅳ、第Ⅴ承压 6 个含水层组（表 1-7 和图 1-11）。

表 1-7　　　　　　盐城滨海平原区含水层水文地质特征一览表

含水层	顶板埋深/m	底板埋深/m	厚度/m	含水层特征			水位埋深/m
				岩性	涌水量/(m³/d)	水化学类型	
潜水		15～35	15～30	粉质黏土、粉土、粉砂	10～100	HCO_3·Cl-Na·Ca	0.5～2.5
						Cl-Na	
第Ⅰ承压	15～60	55～110	10～25	粉细砂、细中砂	100～500	Cl-Na	2～3
第Ⅱ承压	60～140	100～180	10～40	粉细砂、中粗砂	500～3000	HCO_3·Cl-Na	10～30
						HCO_3·Cl-Na·Ca	
						HCO_3-Na	
第Ⅲ承压	120～220	160～350	10～60	中细砂、含砾中粗砂	500～3000	HCO_3·Cl-Na	10～35
						Cl·HCO_3-Na·Ca	
						HCO_3-Na	

含水层	顶板埋深/m	底板埋深/m	厚度/m	含水层特征			水位埋深/m
				岩　性	涌水量/(m³/d)	水化学类型	
第Ⅳ承压	180～370	250～430	20～60	细砂、中粗砂	1000～2000	Cl·HCO₃-Na HCO₃·Cl-Na·Ca HCO₃-Na	10～45
第Ⅴ承压	>450	>800	20～60	细砂、中砂、中粗砂	1000～2000	HCO₃·Cl-Na	5～20

　　潜水含水层组：由一套全新世时期的滨海相沉积物所组成，沉积厚度15～35m。含水层组岩性在北部由粉质黏土、粉土组成，东部沿海地区则由粉质黏土、粉砂互层组成，单井涌水量一般在10～100m³/d，水位埋深0.5～2.5m，水质可分上下两个带：近地表2.0～2.5m以浅为潜水淡化带，水化学类型为HCO₃·Cl-Na·Ca型，矿化度为1～2g/L；下部水质较差，均为Cl-Na型水，矿化度均大于2g/L，向沿海带矿化度可达10g/L以上，由微咸水向咸水呈过渡趋势。

　　第Ⅰ承压含水层组：为晚更新世时期海陆交互相沉积的1～2层粉细砂、细中砂组成，顶板埋深15～60m，厚10～25m，单井涌水量100～300m³/d，局部砂层稍厚地段可达500m³/d左右，水位埋深2～3m。水质多为Cl-Na型微咸水至咸水，矿化度由西向东具有不断增高趋势，至沿海地带矿化度达10g/L以上。因该含水层水质差，区内几乎没有开采利用该层地下水。

　　第Ⅱ承压含水层组：由中更新世时期冲湖积沉积形成的1～2层粉细砂、中粗砂层组成，顶板埋深60～140m，厚度在盐城东北侧古河道分布区达20～40m，其他地区10～20m。单井涌水量一般在500～2000m³/d，大丰三仓-川东、建湖-上岗-方强、上岗-通洋、滨海-废黄河口一线古河道含水砂层巨厚分布地段，富水性更佳，单井涌水量可达2000～3000m³/d。水质较为复杂，大丰-盐都以北地区以HCO₃·Cl-Na、HCO₃·Cl-Na·Ca型为主，其他地区以HCO₃-Na型为主。该层地下水开采主要集中于城镇地区，现状水位埋深20～35m，外围地区水位埋深在10～15m。

　　第Ⅲ承压含水层组：由早更新世时期冲湖积相堆积的1～2层中细砂、含砾中粗砂层所组成，顶板埋深100～250m，厚10～60m。由于因受古地貌形态的制约，古河道在平面上展布具特定的区间位置，使砂层的变化很大。自北向南分别由陈集-北场、建湖-上岗及盐都、富安-三仓四条呈东西向相间分布的古河道组成，含水砂层厚度在40～60m，单井涌水量大于2000m³/d，而在古河道相间两侧的边滩地带，砂层厚度明显变薄，厚10～25m，单井涌水量500～1000m³/d。水化学类型主要为HCO₃·Cl-Na型、Cl·HCO₃-Na·Ca型为主，局部为HCO₃-Na型。在盐城市区、盐都、大丰地区及响水、滨海、射阳等主要开采城镇，水位埋深一般在20～35m间，外围区域则在10～20m。

　　第Ⅳ承压含水层组：区内第四纪地层之下，沉积分布有厚度达800～1500m的第三纪地层，其间发育有6～9个层次的砂层，因砂层胶结程度差，孔隙极为发育，蕴藏有较为丰富的地下水资源。含水层顶板埋深在160～370m，在450m以浅可揭露到2～4层砂层，

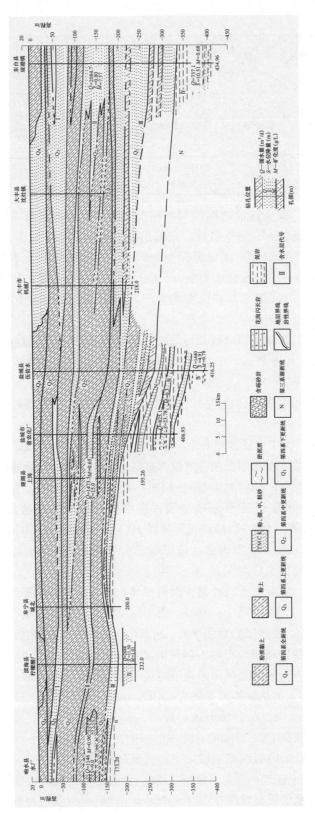

图 1-11 响水县水厂—东台琼港镇水文地质剖面图

岩性为细砂、中粗砂，厚度 20～60m，单井涌水量 1000～2000m³/d，水化学类型以 HCO_3 - Na 型为主，北侧分布有 $Cl \cdot HCO_3$ - Na、$HCO_3 \cdot Cl$ - Na · Ca 型，目前区内已有大量深井开采利用该层地下水，水位埋深多在 10m 以上，较为集中开采点则达 20～45m。

第Ⅴ承压含水层组：由新第三系河湖相沉积物所组成，岩性以厚层粉质黏土、黏土夹细砂、中砂、中粗砂为主，因胶结程度较差，结构呈松散状，透水性和富水性较好。从盐城、南通沿海地区收集到的钻孔及开采井资料来看，第Ⅴ承压含水层埋藏较深，顶板埋深一般大于 450m，含水层厚度在 20～60m 之间，以盐城城区厚度最大，富水性较好，单井涌水量一般在 1000～2000m³/d。

3. 沂沭河下游水文地质区（Ⅲ）

沂沭河下游水文地质区包括东海赣榆及徐州两个低山丘陵区以及三个平原区（新沂-泗洪波状平原区、淮泗连平原区、连云港滨海平原区）。

（1）徐州低山丘陵水文地质亚区（Ⅲ₁）。分布于徐州市区和铜山县境内，北界与丰沛南四湖水文地质区相接，东以车辐山-岱山-占城-八路-岚山一线为界。区内大面积分布出露有古生界和上元古界碳酸盐岩和碎屑岩组成的低山丘陵，地面标高 100～200m 间，在山间沟谷及残丘岗地区，地面标高 40～80m，区内地质构造线方向呈北东向，由徐州复式背斜、七里沟、拾屯复式向斜组成区内的主要构造骨架，北东向压扭性断裂和北西向张性断裂较为发育，为岩溶的发育和地下水运移富存提供了良好空间。区内主要赋存有第四纪松散岩类孔隙潜水、碳酸盐岩类岩溶裂隙水两个含水层（岩）组。

1）孔隙潜水含水层组。近地表分布发育于山间谷地和残丘岗地区，含水层岩性以粉质黏土为主，局部间夹粉砂，在废黄河道带，则以粉土和粉砂为主，厚 10～40m。富水性变化较大，在黏性土分布区，单井涌水量一般小于 5m³/d，而在废黄河道分布区单井涌水量可达 50～300m³/d，水质以 HCO_3 - Na 型淡水为主，水位埋深多在 1.5～2.5m。

2）岩溶裂隙含水岩组。区内大面积裸露和隐伏分布有古生界、新元古界灰岩地层，由于受多期地质构造活动的作用和影响，灰岩体的完整性受到破坏，溶沟、溶隙和溶洞极为发育，为地下水的运移、富集提供了良好空间，赋存有极为丰富的地下水资源。据已有的勘探资料，徐州市区和铜山境内，其发育分布有 7 处岩溶地下水水源地（表 1-8），而其中茅村、丁楼、七里沟三个水源地已成为徐州城市供水的主要水源地。

表 1-8　　　　　　徐州市灰岩水源地水文地质特征一览表

水源地名称	分布位置	面积/km²	蓄水类型	主要含水地层	可采资源量/(万 m³/d)
利国水源地	利国一带	168.23	向斜	奥陶、寒武系中上统	10.37
茅村水源地	茅村-大山	153	背斜断裂	奥陶、寒武系中下统	8.72
丁楼水源地	九里山-丁楼	148	背斜断裂	奥陶、寒武系中上统	12.54
青山泉水源地	青山泉-大房上	132.1	背斜	奥陶系中下统	10.84
汴塘水源地	北许阳-汴塘	129.8	褶皱断裂	震旦系顶山组及倪山组	6.36
七里沟水源地	大黄山-二堡	262.1	向斜断裂	奥陶、寒武系	14.49
张集水源地	邓楼-崔贺庄	356.4	断裂	震旦系灰岩	12.02

（2）新沂-泗洪波状平原水文地质亚区（Ⅲ$_2$）。分布于洪泽湖西北部新沂-泗洪波状平原地区，地势由西向东微倾，区内零星分布有白垩系地层组成的残丘，标高在 15～60m 间，平原区地势高亢平坦，地面标高为 13～17m。区内松散层沉积明显，受郯庐断裂构造的影响，沉积物厚度变化较大。据地下水的赋存介质及埋藏条件，区内分布发育有孔隙潜水、第Ⅰ、第Ⅱ、第Ⅲ承压数个含水层组。

潜水含水层组：由第四纪全新世、更新世萨拉乌苏期冲湖积相沉积的粉质黏土、粉土组成，厚 10～20m。因含水层岩性颗粒细，透水性和富水性较差，单井涌水量 5～10m³/d，水位埋深 1.5～3.0m，年变幅在 2.0m 左右，水质多为矿化度小于 1g/L 的 HCO$_3$ - Na·Ca 型淡水。

第Ⅰ承压含水层组：含水层组主要由第四纪更新世冲湖积相沉积的粉土、中细砂组成，顶板埋深 25～60m，厚 5～30m，单井涌水量 100～1000m³/d，水质以矿化度小于 1g/L 的 HCO$_3$ - Mg·Na 型水为主。水位埋深一般小于 10m，在主要开采使用该层地下水的乡镇，水位埋深达 10m 以上。

第Ⅱ、Ⅲ承压含水层组：为新近纪上新世冲湖积相沉积的细中砂、含砾粗砂层组成，顶板埋深一般为 40～90m，在断裂带中埋深浅，向两侧不断加深，厚 20～80m，以往统称为深层承压含水层，本次为全省统一，将 90～120m 以下含水层划为第Ⅲ承压含水层组。

该含水层组岩性胶结差，呈松散状，透水性和富水性良好，单井涌水量 2000～3000m³/d，为区内地下水的主要开采层位。水质以矿化度小于 1g/L 的 HCO$_3$ - Na·Ca 型水为主，水位埋深一般小于 10m，但在一些主要乡镇集中开采区内，水位埋深达 10～25m，已经形成具有一定面积的水位降落漏斗区。

（3）东海赣榆低山丘陵水文地质亚区（Ⅲ$_3$）。分布于省域东北部的东海-赣榆的低山丘陵区，区内主要赋存第四系松散岩类孔隙潜水和基岩风化裂隙水两个含水层（岩）组。

1）孔隙潜水含水层组。分布于山前丘岗地带，由中上更新统堆积的粉质黏土、含砾粉质黏土组成，厚 10～25m，下伏基岩均为震旦系片麻岩。因黏性土透水性较差，单井涌水量小于 5m³/d。水位埋深随地形起伏变化于 2～4m 间，水化学类型以 HCO$_3$ - Ca·Na 型为主，矿化度多小于 1g/L。区内农户主要开采利用该层地下水作为生活饮用水源。

2）基岩构造裂隙含水岩组。在丘陵山区内裸露分布的是震旦系片麻岩，主要构造方向为一组北东向的压扭性断裂，北西向张性断裂欠发育，地下水主要赋存于浅部的风化裂隙和构造裂隙中，在山前冲沟地带，常形成小型浅层水汇水带（区），单井涌水量一般小于 100m³/d，水质为 HCO$_3$ - Ca·Na 型淡水。该区因水文地质条件复杂，富水性差，通常被视为贫水区。而在局部北北东或北西向张性断裂较发育的地段，常形成地下水富水带，单井涌水量可达 100～200m³/d，具有一定的供水意义。水化学类型以 HCO$_3$ - Na 型水为主。

（4）淮泗连平原水文地质亚区（Ⅲ$_4$）。隶属于沂沭河下游的淮泗连冲积平原，地势由北向南、由西向东倾，地面标高在西北部为 30～35m，东南部仅在 5～10m 间。因受下伏基底隆起的影响，第四系松散层堆积由西部的 80m 向东部增至 200m 左右。其间发育有孔隙潜水、第Ⅰ、第Ⅱ、第Ⅲ承压 4 个含水层组（图 1-12）。

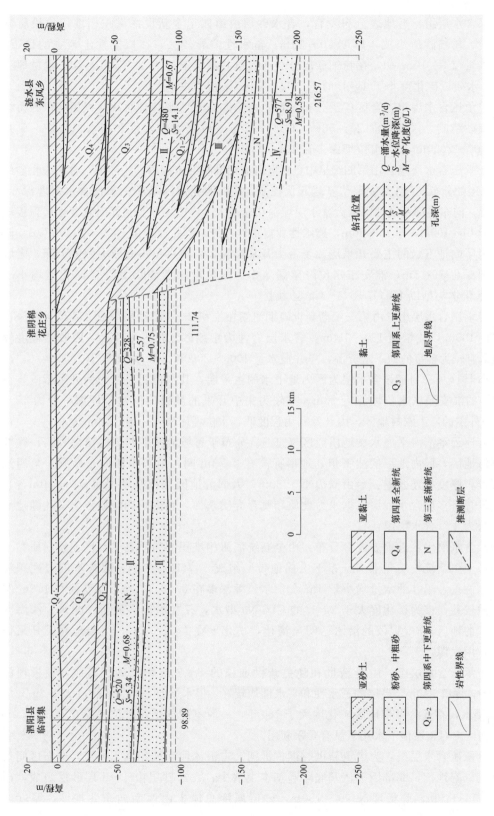

图 1-12　泗阳临河-涟水东凤水文地质剖面图

潜水含水层组：近地表分布发育，含水砂层由第四纪全新世冲洪积相堆积的粉质黏土、粉土、粉细砂所组成，厚度 $10\sim15m$，富水性差异较大，在以黏性土为主的地带，单井涌水量仅 $5\sim10m^3/d$，在粉细砂层分布区，单井涌水量可达 $30\sim100m^3/d$，水位埋深 $1\sim3m$，水质以矿化度小于 $1g/L$ 的 $HCO_3-Na\cdot Ca$ 型为主。

第 I 承压含水层组：全区广泛分布发育，由第四纪晚更新世时期冲湖积相堆积的粉细砂、中细砂组成，顶板埋深 $20\sim50m$，厚 $15\sim40m$，砂层的透水性和富水性较好，单井涌水量 $500\sim2000m^3/d$，水位埋深多在 $10m$ 以浅。

第 II 承压含水层组：由第四纪早中更新世河流相堆积的中细砂、中粗砂、含砾中粗砂组成，含水层的分布发育主要受下伏基岩起伏控制，区内西北部因基底抬起使含水层埋深浅，厚度稍薄，向东南部基底埋深增大含水层埋深相应增大，厚度增厚。自西向东含水层顶板埋深变化于 $40\sim100m$，厚 $15\sim50m$，透水性和富水性良好，单井涌水量 $1000\sim2000m^3/d$。该含水层为区内地下水的主要开采层，受人为开采影响，目前水位均有较大幅度下降，区域上水位埋深在 $5\sim15m$，淮安市水位降落漏斗中心水位埋深达 $30m$ 以上。矿化度均小于 $1g/L$，水化学类型以 $HCO_3-Na\cdot Ca$ 型为主。

第 III 承压含水层组：由第三纪渐新世晚期河湖相堆积 $2\sim3$ 层砂层组成。其顶板埋深自西往东由 $100m$ 以浅增至 $130\sim150m$，含水层岩性为中细砂、含砾中粗砂，因胶结程度较差，蕴藏有较为丰富的地下水资源，单井涌水量 $1000\sim2000m^3/d$，局部大于 $2000m^3/d$，矿化度均小于 $1g/L$。目前该含水层为区内地下水的主采层，其水位明显受人为开采影响，在开采集中的淮安城区水位埋深近 $50m$，在较为集中开采的城镇地区水位埋深一般为 $15\sim25m$，而外围的广大农村地区，因开发利用程度低，水位埋深浅，一般在 $10m$ 左右。

（5）连云港滨海平原水文地质亚区（III_5）。分布于省域沿海带北部的滨海-灌云-赣榆以东滨海地区，区内地形低洼平坦，地形标高在 $2\sim3m$ 间，地势由西向东微倾，第四纪松散层堆积厚度在连云港云台山周边小于 $80m$，大部分地区堆积厚度可达 $80\sim250m$，其间分布发育有多层含水砂层，据水力性质和赋存介质条件，区内第四纪松散岩类孔隙地下水可划分为 4 个含水层组：

潜水含水层组：近地表发育分布，由全新统滨海相堆积的粉质黏土、淤泥质粉质黏土及第四系上更新统粉质黏土（分布于山前地带）组成，厚 $10\sim20m$。因含水层岩性颗粒细，透水性差，单井涌水量均小于 $5m^3/d$，水位埋深多在 $0.5\sim1.5m$，年变幅在 $1.5m$ 左右。水质较差，多为矿化度大于 $2g/L$ 的 $Cl-Na$ 型水，仅在灌南、灌云、响水、滨海离海岸稍远的地区，$3m$ 以浅的潜水已明显淡化，矿化度在 $1g/L$ 左右，为当地村民开采作为生活饮用水源。

第 I 承压含水层组：由全新世和晚更新世堆积的 $1\sim2$ 层粉细砂层组成，顶板埋深 $15\sim30m$，厚 $5\sim40m$，砂层的透水性和富水性均较好，但水质差，均为矿化度大于 $2g/L$ 的 $Cl-Na$ 型水，在近海岸带地区矿化度大于 $10g/L$，一般不能饮用，水位埋深在 $0.3\sim3.0m$ 间，目前区内对该层地下水几乎没有开采利用。

第 II 承压含水层组：为中更新世时期古淮河、古沂沭河河流相堆积形成，分布区间仅为灌南县以南地区，北部因下伏基底隆起基本上缺少，含水砂层由 $1\sim3$ 层砂层组成，顶板埋深 $80\sim110m$，底板埋深 $90\sim150m$，砂层厚度总体上由西南向东北增厚，厚度在

$5\sim30$m间，单井涌水量在$300\sim1000$m^3/d，沿海带砂层大于20m的地段单井涌水量可达$1000\sim2000$m^3/d，矿化度$1\sim2$g/L。

第Ⅲ承压含水层组：由早更新世时期古河流相沉积的$1\sim3$层粉细砂、中粗砂组成，顶板埋深$100\sim150$m，底板埋深$160\sim200$m，砂层厚度$10\sim40$m，该含水砂层也仅分布于灌南县以东南地区，北部缺失。砂层的透水性和富水性良好，单井涌水量$1000\sim2000$m^3/d，矿化度多小于1g/L，局部为$1\sim2$g/L。水化学类型以$HCO_3 \cdot Cl - Na$型和$Cl \cdot HCO_3 - Na$型。目前区内绝大部分的深井均开采利用该层地下水，水位埋深在县城及一些主要开采乡镇可达$25\sim30$m，外围及沿海地带则在$10\sim15$m间。

响水以南第四纪地层之下，分布发育有新第三纪地层沉积物，厚度$800\sim1500$m，其间发育有多个层次的砂层，因胶结程度低，富含有较为丰富的地下水资源，含水层顶板埋深$300\sim350$m，在450m以上可揭露到$2\sim4$层砂层，岩性为细中砂、含砾中粗砂，厚度$30\sim60$m，单井涌水量$1000\sim2000$m^3/d，水质主要为$HCO_3 - Na$型淡水，在北侧分布有$HCO_3 \cdot Cl - Na \cdot Ca$型微咸水，目前区内已有少量深井开采利用该层地下水，水位埋深一般在10m左右，较为集中开采点则达$25\sim45$m。

此外，下伏基岩由古生界的片麻岩和白垩系"红层"组成。白垩系"红层"以泥质胶结为主，构造裂隙不发育，富水性差；古生界的片麻岩中地下水则赋存于风化裂隙中，一般而言其富水性也较差，但在有利的北西向张性断裂带内，则蕴藏有较为丰富的地下水源，单井涌水量可达$300\sim500$m^3/d。

4. 南四湖平原水文地质区（Ⅳ）

丰沛黄泛冲积平原水文地质亚区（Ⅳ$_1$）。分布于徐州的西北部地区。区内地势平坦高亢，地面标高$20\sim35$m间，地貌上属黄泛冲积堆积平原区，第四纪松散层沉积厚度达$180\sim220$m，其间分布发育有多层含水砂层。据地下水赋存介质及水动力条件，将区内松散岩类孔隙含水层划分为4个含水层组（表1-9和图1-13）。

表1-9 丰沛平原各含水层水文地质特征一览表

| 含水层 | 顶板埋深/m | 厚度/m | 水文地质特征 | | | 水位埋深/m |
			岩性	富水性/(m³/d)	水化学类型	
潜水、第Ⅰ承压		$40\sim60$	粉质黏土、粉土、粉细砂	$10\sim200$	$HCO_3(Cl)-Na \cdot Ca$	$2\sim6$
第Ⅱ承压	$50\sim70$	$15\sim25$	粉细砂	$100\sim300$	$HCO_3(HCO_3 \cdot Cl)-Na(Na \cdot Ca, Mg \cdot Na)$	$5\sim10$
第Ⅲ承压	$120\sim150$	$20\sim35$	中细砂、中粗砂	$1000\sim2000$	$HCO_3 \cdot (Cl)-Na(Ca \cdot Na)$	$10\sim40$

潜水、微承压含水层组：近地表浅部分布发育，由全新世和更新世萨拉乌苏期沉积的粉质黏土、粉土、粉细砂组成，厚$40\sim60$m。上部潜水含水层厚$10\sim20$m，岩性为粉质黏土、粉土，局部粉砂组成，单井涌水量$10\sim50$m^3/d，水位埋深$1\sim3$m；下部微承压含水层由粉细砂组成，砂层厚$3\sim10$m，结构呈松散状，透水性稍好，单井涌水量多在$100\sim200$m^3/d，

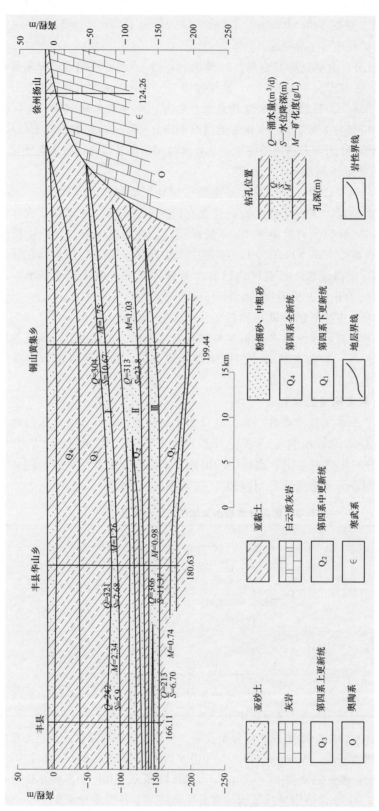

图 1 - 13　丰县-徐州扬山水文地质剖面图

凤城等部分地区大于 $500m^3/d$，水位埋深 $3\sim6m$。水化学类型主要为 $HCO_3(Cl)-Na\cdot Ca$ 型，矿化度一般小于 $1g/L$，局部达 $1\sim2g/L$。

第Ⅱ承压含水层组：由更新世周口店期堆积的 $3\sim5$ 层粉细砂组成，顶板埋深 $50\sim70m$，厚 $15\sim25m$，但单层砂层在平面上分布变化较大，延续性较差，透水性和富水性一般，单井涌水量 $100\sim300m^3/d$，水质类型比较复杂，有 $HCO_3-Mg\cdot Na$、HCO_3-Na、$HCO_3\cdot Cl$ $(HCO_3\cdot SO_4)-Na$ 型等，矿化度一般为 $1\sim2g/L$。该层水开采主要集中于县城，漏斗中心水位埋深超过 $20m$，外围地区的水位埋深多在 $5\sim15m$ 间。

第Ⅲ承压含水层组：由更新世泥河湾期堆积的中细砂、中粗砂层组成。含水层顶板埋深 $120\sim150m$，砂层厚 $20\sim35m$，局部达 $48m$，透水性和富水性良好，单井涌水量 $1000\sim2000m^3/d$。该含水层组为区内地下水的主要开采层位，目前已形成丰沛两县城的水位降落漏斗区，中心水位埋深达 $25\sim35m$。矿化度多小于 $1g/L$，水质类型主要为 $HCO_3\cdot Cl-Na(Ca\cdot Na)$ 型。

第Ⅳ承压含水层组：为新近纪上新世堆积的含砾粉土、含砾粗砂组成，顶板埋深 $170\sim210m$，厚 $10\sim20m$，单井涌水量小于 $100m^3/d$，水质类型以 $Cl\cdot SO_4-Na\cdot Ca(Na)$、$HCO_3\cdot Cl-Na(Ca\cdot Na)$ 型为主。目前开采井主要分布在铜山，水位埋深多在 $10m$ 以浅。

第二章
江苏省地下水资源量评价

第一节　地下水资源量概况

一、地下水资源量评价范围与内容

地下水是指赋存于岩土空隙中的饱和重力水。本次全省评价的地下水资源量是指全省地下水体中参与水循环且可以逐年更新的动态水量。

二、地下水资源分布特征

大气降水与地下水有密切联系，是地下水的主要补给来源。分析地下水资源分布特征，必须重视大气降水因素，同时还须重视水文地质条件因素。如果降水量大，但地层入渗条件不好，降水将较快产流形成地表径流汇入河川。如果入渗条件好，而没有储水地质构造，入渗的地下水将成为地下径流汇入外区的储水地质构造，成为外区的地下水资源。在降水量不大，表土入渗条件不好，但有良好储水地质构造的地区，也可能成为地下水的富集带，储存较丰富的地下水资源。因此在评价地下水资源分布特征时，将大气降水与水文地质条件统一研究。

全省地下水资源量模数总体分布特点为：平原区大于山丘区，平原区中砂性土中水资源量模数大于黏性土中的水资源量模数。

1. 平原区地下水资源分布特征

全省平原区多年平均矿化度≤1g/L 的地下水资源量为 1032028 万 m³，其中淮河流域为 677881 万 m³，占资源量的 65.7%，长江流域为 141545 万 m³，占资源量的 13.7%，太湖流域为 212602 万 m³，占资源量的 20.6%。地下水资源模数分布规律如下：

（1）在相同地貌单元，地下水资源量模数分布总趋势是南部大、北部小。如赣榆一带模数为 16 左右，太湖平原区为 18。

（2）在包气带变幅为 0～4m 的条件下，山前冲、洪积层倾斜平原区、河谷平原区比其他平原区资源量模数大。

（3）第三系黏土的土质致密、坚硬，不易入渗，为平原区中资源量模数最小地区。如安河区为 12.46，邻近平原为 19～25，差两个模数级。

（4）在相同岩性条件下，地下水埋深浅的地区比地下水埋深较深的地区资源模数小。

（5）大、中城市与大型工矿区超量开采地下水，造成地下水位下降，出现不同面积地下水位降落漏斗区，漏斗范围内地下水水力坡降加大，地下水从漏斗四周流向漏斗中心，使资源量模数比相邻地貌单元大。如丰沛区、新沂等地模数为 18～21，邻近为 16～18，相差一个模数级。

2. 山丘区地下水资源分布特征

山丘区地下水资源量模数与水汽来源、降雨量大小、地形、地貌、岩性、植被、地质构造等有关。一般迎风山坡比背风山坡、高山区比丘陵区雨量大，资源量模数也大。在降雨量相等的条件下，构造破碎带比非构造破碎带、沟谷比山脊、石灰岩比非石灰岩地区资源量模数要大。全省山丘区多年平均地下水资源量模数为 8.63，山丘区中最大模数为10.36，分布在青弋江和水阳江及沿江诸河区，最小的为 4.88，分布在蚌中区间南岸，差两个模数级。全省水资源区地下水资源量模数见表 2-1。

表 2-1　　　　　　　　江苏省水资源区地下水资源量模数成果表

水资源三级区	山 丘 区			平 原 区		
	计算面积/km²	地下水资源量/万 m³	模 数/[万 m³/(a·km²)]	计算面积/km²	地下水资源量/万 m³	模 数/[万 m³/(a·km²)]
蚌中区间北岸	0	0		5495	86026	15.66
蚌中区间南岸	889	4334	4.88	171	2608	15.21
湖西区	0	0		3093	56250	18.19
中运河区	0	0		4784	108467	22.67
日赣区	519	4281	8.24	656	10170	15.51
沂沭河区	1701	14018	8.24	9407	179954	19.13
高天区	1240	7624	6.15	2685	48960	18.24
里下河区	0	0		10122	185447	18.32
巢滁皖及沿江诸河	1917	14638	7.64	960	15195	15.83
青弋江和水阳江及沿江诸河区	3625	37551	10.36	962	18244	18.96
通南及崇明岛诸河区	0	0		5322	108106	20.31
湖西及湖区	2720	26435	9.72	4343	70567	16.25
武阳区	0	0		6120	132993	21.73
杭嘉湖区	0	0		419	9042	21.59
合 计	12610	108882	8.63	54538	1032028	18.92

3. 地下水资源量年内分配特征

年内地下水资源量中，大气降水天然补给地下水量，在平原区占 80% 以上，山丘区占到 100%，各水资源三级区大气降水天然入渗水量与资源量之比见表 2-2。全省汛期雨量集中占年降雨量 67%，这就决定了汛期有大量的降水入渗补给地下水，使地下水在汛期的补给量占到年补给量的 70% 以上。

表 2 - 2　　　　　　　　　江苏省地下水资源量补给量成果分析表　　　　　　　单位：万 m³

地　区	山丘区	平　原　区		地下水资源量/万 m³	地下水资源量/万 m³	降水入渗补给占资源量比例/%
	地下水资源量（即：降水入渗补给量）/万 m³	补给量/万 m³				
		降水入渗补给量	地表水体补给量			
蚌中区间北岸	0	71519	14507	86026	84633	0.85
蚌中区间南岸	4334	2382	226	2608	6920	0.97
湖西区	0	41856	14393	56250	54868	0.76
中运河区	0	87750	20716	108467	106478	0.82
日赣区	4281	8312	1858	10170	14272	0.88
沂沭河区	14018	143695	36259	179954	190492	0.83
高天区	7624	35534	13426	48960	55296	0.78
里下河区	0	134400	51047	185447	180547	0.74
巢滁皖及沿江诸河	14638	12415	2780	15195	29555	0.92
青弋江和水阳江及沿江诸河区	37551	14856	3389	18244	55456	0.95
通南及崇明岛诸河区	0	82003	26102	108106	105495	0.78
湖西及湖区	26435	54661	15906	70567	95411	0.85
武阳区	0	89614	43379	132993	128655	0.70
杭嘉湖区	0	6452	2590	9042	8783	0.73
合　计	108882	785450	246578	1032028	1116862	0.80

4. 地下水资源量计算

全省水资源计算区为水资源四级分区套市级行政区，其中包括地下水资源量间存在着相互转化关系的山丘区和平原区。计算地下水资源量时，扣除山丘区与平原区地下水资源量的重复计算量，多年平均地下水资源量采用以下公式计算：

$$Q_资 = Pr_山 + Q_{平资} - Q_{基补} \tag{2-1}$$

式中　　$Q_资$——计算分区近期多年平均地下水资源量；

　　　　$Pr_山$——山丘区多年平均降水入渗补给量，亦即山丘区多年平均地下水资源量；

　　　　$Q_{平资}$——平原区多年平均地下水资源量；

　　　　$Q_{基补}$——本水资源一级区河川基流量形成的多年平均地表水体补给量。

第二节　地下水天然补给资源量及其分布

江苏省地下水资源评价工作始于 20 世纪 60—70 年代，在 1：10 万区域农田供水和 1：20 万区域水文地质普查工作的基础上，系统评价计算了地下水的天然资源补给量和地下水可采资源量，为城市规划和国民经济建设发展规划提供了大量的科学基础资料。进入 80 年代初期之后，全省经济进入一个高速发展阶段，开发利用地下水资源也进入了一个全面发展时期，开采区域及开采规模不断扩大，开采层次也由浅层向深层发展，特别是苏锡常地区，至 90 年代中期最高峰时，开采深井达到 5000 余眼，年开采地下水量达 4.9 亿 m³；苏北沿江地区及沿海中心城市地区，地下水的开发利用强度也日益提高，其发展态势不亚于苏锡常地区。全域性开发利用地下水资源，改变了地下水的天然流场和水化学场，使整个水循环系统发生了根本性的转化。鉴于这种变化，21 世纪初，全省开展了新一轮地下水资源评价工作，在充分收集利用已有的水文地质普查、城市水工环地质综合勘察、区域水工环综合勘察、市县地下水资源调查评价、地下水动态长期监测等资料的基础上，对全省的水文地质条件及地下水资源分布、地下水天然补给资源、潜水、基岩裂隙水可采资源进行了较为详细的计算评价。本次全省地下水天然补给资源量、潜水、基岩裂隙水可采资源量直接引用该次评价结果。

一、地表水资源概述

1. 境内水资源

江苏地处长江、淮河下游河口地带，国土面积中平原区约占总面积的 80% 以上。省域内降水量较为丰沛，但在时空分布上存在着一定的差异，降水量自北向南不断递增，而降水量则主要集中于 6—9 月的梅雨季节。据气象水利部门的多年统计资料，江苏省多年平均降水总量（不包括长江水面）为 998 亿 m³，折合年降雨量 996mm，全省地表水资源分布情况见表 2-3。

表 2-3　　　　　　　　江苏省地表水资源要素一览表

项　　　目	淮河流域部分	长江流域部分	全　省
多年平均降水总量/亿 m³	608	390	998
多年平均降雨量/mm	964	1050	996
多年平均年径流总量/亿 m³	150	98	21.3
多年平均径流深/mm	237	263	248
多年平均蒸发量/亿 m³	458	292	750

省内地表径流具有较为明显的分区特点，山区大于平原，南部大于北部，沿海大于腹地，多年平均年径流深的变化在 100～400mm 之间。东北部赣榆山区和南部宜溧山丘区是省径流高值区，年径流深度约为 300～400mm；西北部丰沛地区是全省径流深低值区，年径流深一般小于 150mm，其他平原地区年径流深在 250mm 左右（表 2-4）。

表 2-4　　　　　　江苏省多年平均降水量、年径流量分布一览表

中心城市	面　积 /km²	年降雨量 /mm	年径流深 /mm	年降水量 /亿 m³	年径流量 /亿 m³	年径流系数
南京市	6597	1085.8	271.0	71.6	17.9	0.20
无锡市	4650	1079.0	282.3	50.3	13.1	0.26
常州市	437.5	1084.8	280.3	47.5	12.3	0.27
苏州市	8488	1090.0	268.5	92.5	22.8	0.25
徐州市	11258	842.2	210.0	94.8	23.6	0.24

续表

中心城市	面　积 /km²	年降雨量 /mm	年径流深 /mm	年降水量 /亿 m³	年径流量 /亿 m³	年径流系数
南通市	8001	1046.5	230.0	83.7	18.4	0.22
连云港市	7444	898.4	290.0	66.9	21.6	0.31
淮安市	10072	938.9	230.0	94.6	23.2	0.24
盐城市	14983	1009.9	248.0	151.3	37.2	0.24
扬州市	6638	1023.4	240.0	67.9	15.9	0.23
镇江市	3843	1078.7	257.0	41.5	9.9	0.23
泰州市	5790	1024.2	240.0	59.3	13.9	0.23
宿迁市	8555	908.6	230.0	77.7	19.7	0.24
长江水面	1876	1071.7	95.41	20.1	1.8	
总　计	102075	1013.0	240.9	1019.7	251.3	0.243

据江苏省 40～50 年来的降雨量监测统计资料分析，年际间降雨量的变化极大，丰水年份可达 1500～1800mm，严重枯水年份仅在 400～450mm，极值之比达到 3.5～4 倍，其变化在地域上也反映出北部大、南部小的特点。

1956 年特大降水年份，年径流总量达 471 亿 m³，而 1978 年是最为干旱年份，径流量仅为 6.65 亿 m³，丰枯相差达 71 倍。据水利部门的统计分析资料，中等干旱年份（保证率 75%），全省地表水资源量为 193.6 亿 m³，而严重干旱年份（保证率 95%）仅为 25 亿 m³。

2. 外来水资源

江苏省地处长江、淮河、沂河、沭河、泗河 5 大河流的下流，上游来水面积近 200 万 m³，约为本省面积的 20 倍，过境来水量约为江苏省当地径流量的 40 倍，极为丰富的上游水量为工农业生产用水提供了良好基础保证，同时也给特大降水年份的抗洪排涝带来了极大的危害。

本省外来的过境来水量主要由长江、淮河、沂沭泗河及其他小河流下泄水量组成，据水利部门的监测资料，全省多年平均过境水量约为 10254 亿 m³，其中长江流域部分约为 9825 亿 m³，占总过境量的 95.7%，淮河流域部分为 439 亿 m³，占总量的 4.3%，各流域过境量见表 2-5。

表 2-5　　　　　　　　全省不同保证率过境水量比较表

统　计　项　目		长江干流	淮河干流	沂沭泗河	长江流域 诸小河	淮河流域 诸小河	全　年
多年平均 过境水量 /亿 m³	P=20%		418	157	102	9.3	
	P=50%		265	96	85	7.9	
	P=75%	9730	168	60	61	7.7	10254
	P=95%		28	25	45	4.3	
	多年平均		325	106	85	8.0	

二、水文地质参数的选取

水文地质参数是各项补给量、排泄量以及地下水蓄变量计算的重要依据，由于水文地质参数与水文地质条件、地形地貌、气候、水系、土壤岩性存在密切关系，与地下水资源有关的水文地质参数主要有：渗透系数 K，导水系数 T，弹性释水系数（或释水系数 μ_s），给水度 μ，降水入渗系数 α，以及含水层的越流系数 B、潜水蒸发系数 C 等。

水文地质参数的测定方法主要有两种：一种是试验方法，如抽水试验、注水试验等；另一种是观测方法，如地下水的动态长期观测等。

江苏省水文地质参数的研究开始于 20 世纪 60 年代初，当时主要用试验方法求取，即水文地质野外试验。20 世纪 70 年代逐渐采用动态求参数方法，并逐步在全省范围内建立地下水动态观测网，同时在野外试验方面也采用多种方法，如非稳定流抽水试验、大型群孔抽水、包气带土壤含水量测定等，并初步建立了水文地质参数系列。

本次地下水资源评价因不投入实物工作量，所以计算时主要有选择性地采用前人的计算成果。

1. 降水入渗补给系数 α

降水入渗补给系数 α 值，是指潜水接受降水入渗补给量与相应降水量的比值，主要受包气带岩性、地下水埋深、降水量大小和强度、土壤前期含水量、微地形地貌、植被等因素的影响。本次 α 值确定是在考虑 μ 值的基础上，在单井上计算逐年平均 α 值，在不同岩性分区取各井逐年平均的 α 值，并采用算术平均推求面平均 α 值。部分岩性参照实验及科研成果，定出不同岩性的降水入渗补给系数 α -地下水埋深 Z -降水量 P 之间的关系曲线，根据曲线得出不同埋深、不同降水量下的 α 值，详见表 2-6。灌溉总渠以南地区 α 值，详见表 2-7。

表 2-6　　　　　江苏省北方片平原区不同岩性降水入渗补给系数取值表

岩 性	降水量 /mm	不同埋深降水入渗系数 α 值			
		$Z\leqslant1$	$1<Z\leqslant2$	$2<Z\leqslant3$	$3<Z\leqslant4$
黏土	500～600	0.06	0.09		
	600～700	0.09	0.09～0.10		
	700～800	0.09～0.10	0.10～0.12		
	800～900	0.09～0.10	0.10～0.13		
	900～1000	0.09～0.11	0.10～0.13		
	＞1000	0.08～0.10	0.09～0.10		
黏土亚黏互层	500～600	0.10	0.10		
	600～700	0.11	0.12		
	700～800	0.12	0.13		
	800～900	0.13	0.14		
	900～1000	0.13	0.14		
	＞1000	0.12	0.12		

续表

岩 性	降水量 /mm	不同埋深降水入渗系数 α 值			
		$Z\leqslant1$	$1<Z\leqslant2$	$2<Z\leqslant3$	$3<Z\leqslant4$
亚黏土	<500	0.14			
	500~600	0.10	0.13~0.14	0.15	0.15
	600~700	0.12	0.13~0.15	0.20	0.16
	700~800	0.13	0.14~0.15	0.21	0.18
	800~900	0.14	0.14~0.16	0.22	0.20
	900~1000	0.15	0.15~0.16	0.19	0.19
	>1000	0.13	0.13~0.14	0.17	0.17
亚砂亚黏互层	500~600		0.13~0.14	0.19~0.21	0.16~0.19
	600~700		0.15~0.18	0.21~0.22	0.18~0.20
	700~800		0.17~0.20	0.23~0.25	0.21
	800~900		0.18~0.22	0.24~0.27	0.23~0.24
	900~1000		0.19~0.22	0.22~0.23	0.20~0.24
	>1000		0.17~0.19	0.20~0.22	0.20
亚砂土	500~600		0.20	0.21	
	600~700		0.21	0.22	
	700~800		0.22	0.23	
	800~900		0.24	0.24	
	900~1000		0.23	0.25	
	>1000		0.21	0.22	

表 2-7　　　　江苏省南方片平原区不同岩性降水入渗补给系数取值表

岩 性	降水量 /mm	不同埋深降水入渗系数 α 值				
		$Z\leqslant1$	$1<Z\leqslant2$	$2<Z\leqslant3$	$3<Z\leqslant4$	$4<Z\leqslant5$
亚砂土	≤600	0~0.12	0.10~0.16	0.14~0.20	0.16~0.24	0.16~0.22
	600~800	0~0.14	0.12~0.18	0.16~0.22	0.20~0.26	0.18~0.24
	800~1000	0~0.12	0.10~0.16	0.14~0.20	0.16~0.24	0.16~0.22
	1000~1500	0~0.11	0.09~0.14	0.12~0.18	0.14~0.22	0.15~0.20
	1500~2000	0~0.10	0.08~0.12	0.10~0.16	0.12~0.18	0.14~0.16
	>2000	0~0.09	0.06~0.10	0.08~0.14	0.10~0.16	0.12~0.15
亚黏土	≤600	0~0.11	0.09~0.15	0.13~0.18	0.15~0.22	0.14~0.20
	600~800	0~0.13	0.11~0.16	0.14~0.20	0.18~0.25	0.16~0.22
	800~1000	0~0.11	0.09~0.15	0.13~0.18	0.15~0.22	0.14~0.20
	1000~1500	0~0.10	0.08~0.13	0.11~0.18	0.12~0.20	0.12~0.18
	1500~2000	0~0.09	0.06~0.11	0.08~0.14	0.11~0.16	0.10~0.15
	>2000	0~0.08	0.04~0.09	0.06~0.12	0.07~0.14	0.09~0.14

岩　性	降水量 /mm	不同埋深降水入渗系数 α 值				
		$Z\leqslant1$	$1<Z\leqslant2$	$2<Z\leqslant3$	$3<Z\leqslant4$	$4<Z\leqslant5$
黏土	≤600	0～0.10	0.08～0.14	0.12～0.16	0.14～0.20	0.12～0.18
	600～800	0～0.12	0.10～0.15	0.13～0.18	0.16～0.22	0.14～0.20
	800～1000	0～0.10	0.08～0.14	0.12～0.16	0.14～0.20	0.12～0.18
	1000～1500	0～0.09	0.07～0.12	0.10～0.14	0.11～0.18	0.10～0.16
	1500～2000	0～0.08	0.05～0.10	0.07～0.12	0.10～0.15	0.08～0.14
	>2000	0～0.07	0.03～0.08	0.05～0.10	0.06～0.12	0.07～0.13

降水入渗补给系数 α 取值的总体规律为：①对于同一埋深、降水量，α 值随包气带岩性颗粒的增大而增大；②对于同一岩性、降水量，α 值先随埋深的增大而增大，但到一定埋深（最佳埋深）后，则 α 值随埋深的增大而缓缓减少，到达稳定埋深后，α 值趋于稳定。一般最佳埋深不会大于 3.5m，稳定埋深不大于 6m；③对于同一岩性、埋深，通常情况下降水小于 1000mm 时，α 值随降水的增大而增大，当降水大于 1000mm 时，α 值随水的增大而略有减小。

2. 渗透系数 K

渗透系数 K 为地下水水力坡降等于 1 时的渗流速度，影响其大小的主要因素是岩性及其结构特征。全省根据以往历年抽水试验成果进行分析，其采用值见表 2-8。

表 2-8　　　　　　　　　　**江苏省渗透系数 K 值采用值表**　　　　　　　单位：m/d

岩性	黏　土	黏土亚黏互层	亚黏土	亚砂亚黏互层	亚砂土
K 值	0.01～0.09	0.1～0.169	0.23～0.33	0.34～0.4	0.56～0.59

3. 给水度 μ

给水度 μ 是浅层地下水资源评价的主要参数，指饱和岩土在重力作用下自由排出的重力水的体积与该饱和岩土体积的比值。μ 值大小主要与岩性及其结构特征有关，全省根据本省主要的 5 种岩性，在每种岩性上分别取资料质量较好的逐日井 2～4 口，用地下水动态分析法计算 μ 值，计算结果与以往的实验成果综合对比分析后，确定 μ 的取值，μ 值随着岩性颗粒的增大而增大。计算成果见表 2-9。

表 2-9　　　　　　　**江苏省北方片平原区不同岩性给水度 μ 值成果表**

岩性	黏土	黏土亚黏互层	亚黏土	亚砂亚黏互层	亚砂土
μ 值	0.020	0.025	0.030	0.035	0.040

4. 潜水蒸发系数 C

潜水蒸发系数 C 是指计算时段内潜水蒸发量与相应时段的水面蒸发量的比值，主要受水面蒸发量、包气带岩性、地下水埋深、植被状况的影响。全省根据地下水动态资料及水面蒸发量，推求不同岩性的埋深 Z -潜水蒸发系数 C 关系曲线，具体取值见表 2 - 10（江苏基本都有植被覆盖，故没考虑无植被情况），灌溉总渠以南地区潜水蒸发系数 C 值见表 2 - 11。

表 2 - 10　　　　　江苏省北方片平原区潜水蒸发系数 C 值表

岩　性	地 下 水 埋 深 /m						
	$Z{\leqslant}0.5$	$0.5{<}Z{\leqslant}1.0$	$1.0{<}Z{\leqslant}1.5$	$1.5{<}Z{\leqslant}2.0$	$2.0{<}Z{\leqslant}2.5$	$2.5{<}Z{\leqslant}3.0$	$3.0{<}Z{\leqslant}4.0$
黏土	0.25～0.60		0.10～0.25		0.01～0.10		0.005～0.01
黏土亚黏互层	0.35～0.66	0.2～0.45	0.09～0.28	0.04～0.16	0.01～0.08	0.01～0.04	0.01～0.02
亚黏土	0.30～0.65		0.13～0.45		0.05～0.25		0.01～0.05
亚砂亚黏互层	0.33～0.47		0.154～0.33		0.044～0.15		0.02～0.04
亚砂土	0.40～0.86	0.20～0.73	0.15～0.41		0.09～0.30	0.03～0.20	0.01～0.10

表 2 - 11　　　　　江苏省南方片平原区潜水蒸发系数 C 值表

岩　性	年均浅层地下水埋深/m					
	$Z{\leqslant}0.5$	$0.5{<}Z{\leqslant}1.0$	$1.0{<}Z{\leqslant}1.5$	$1.5{<}Z{\leqslant}2.0$	$2.0{<}Z{\leqslant}3.0$	$3.0{<}Z{\leqslant}4.0$
亚砂土	1.15～0.65	0.65～0.40	0.40～0.20	0.20～0.15	0.15～0.05	0.05～0.01
亚黏土	1.10～0.55	0.55～0.30	0.30～0.15	0.15～0.10	0.10～0.05	0.05～0.01
黏土	1.05～0.50	0.50～0.20	0.20～0.15	0.15～0.10	0.10～0.05	0.05～0.02

从率定的关系曲线上看出：潜水蒸发系数随埋深的增大而减小，当埋深为 $0{\sim}2m$ 时，潜水蒸发系数变幅较大，但随着埋深的逐渐加大，潜水蒸发系数变化趋于变缓，埋深在 $>6m$ 时，潜水蒸发系数基本为零。同一埋深下，包气带岩性颗粒越大，潜水蒸发系数越大。

5. 渠系渗漏补给系数 m

渠系渗漏补给系数 m 是指渠系渗漏补给量与渠首引水量的比值，即 $m=Q_{渠系}/Q_{渠首引}$。m 值的主要影响因素是渠道衬砌程度、渠道两岸包气带和含水层岩性特征、地下水埋深、包气带含水量、水面蒸发强度以及渠系水位和过水时间。本次评价 m 值采用以往成果，其取值为 0.02。

三、地下水天然补给量

根据地下水均衡原理，地下水资源在某一时段内储存量的变化，是补给总量与排泄总量的代数和，即

$$\mu F\Delta h = \sum Q_{补} - \sum Q_{排} \qquad (2-2)$$

式中　μ——给水度；

$\quad$　F——计算面积；

$\quad$　Δh——某一时段内的地下水水位变幅；

$\quad$　$\sum Q_{补}$——地下水的总补给量；

$\quad$　$\sum Q_{排}$——地下水的总排泄量。

本省在均衡区内具体补给项有：降雨入渗补给量 Q_P，河渠侧渗补给量 Q_C，山区对平原地下水侧向补给量 Q_S，田间灌溉入渗补给量 Q_h，人工回灌补给量 Q_r 等，即总补给量为

$$\sum Q_\text{补} = Q_P + Q_C + Q_S + Q_h + Q_r \qquad (2-3)$$

从本省均衡区消耗的排泄项有：开采量 Q_d，潜水蒸发量 Q_E，河渠排泄地下水量 Q_{-c}，地下径流排泄量 Q_{-s} 等，即总排泄量为：

$$\sum Q_\text{排} = Q_d + Q_E + Q_{-c} + Q_{-s} \qquad (2-4)$$

地下水补给量从另一角度可分为天然补给量、开采补给增量和人工补给量 3 部分。根据地下水均衡原理，地下水的天然资源即为地下水总补给量，包括大气降水入渗补给量、地下水径流补给量（上游省份对江苏的侧向径流量很少，基本可忽略不计）、灌溉回渗补给量、地表水体入渗补给量以及人工回灌量（江苏基本没有人工回灌工程，可不计）。故本次共计算大气降水入渗补给量、灌溉入渗补给量、地表水体入渗补给量 3 个方面。

1. 大气降水入渗补给量

大气降水入渗补给量利用入渗补给系数法进行计算：

$$Q_\text{降雨} = 10^{-5} \alpha \chi F \qquad (2-5)$$

式中　$Q_\text{降雨}$——天气降雨入渗量，亿 m^3/a；

α——大气降水入渗补给系数；

χ——多年平均降水量，mm；

F——计算区面积，km^2。

平原、丘陵区都按本公式计算。

由表 2-12 可知，省域内 20 世纪 70—90 年代多年平均全省大气降水入渗补给量分别为 171.51 亿 m^3/a、175.46 亿 m^3/a、181.22 亿 m^3/a、178.49 亿 m^3/a，降水入渗补给量呈较缓慢的增长趋势。

在夏季降水过程中，由于稻田土壤因灌溉含水量极高，实际上并没有雨水入渗至地下，这部分多计算的降水入渗量应予扣除。在区域上，稻田灌溉时期的实际降水量难以确定，本次只简单地应用 7—9 月 3 个月的降水量总和进行概算。计算过程和结果见表 2-13，江苏省实际的大气降水入渗补给量 20 世纪 70 年代、80 年代、90 年代和多年平均分别为152.32 亿 m^3/a、152.33 亿 m^3/a、160.4 亿 m^3/a、157.43 亿 m^3/a（表 2-14）。

2. 农田灌溉水入渗补给量

农田灌溉水的入渗补给量（用地下水灌溉时，也可称为回归量）按下式计算：

$$Q_\text{灌} = \beta Q F \times 10^{-4} \qquad (2-6)$$

式中　$Q_\text{灌}$——灌溉水入渗量，亿 m^3/a；

β——灌溉水入渗系数；

Q——定额灌溉水量，$m^3/$亩；

F——灌溉亩数，万亩。

计算结果见表 2-15。由此可知，江苏省 20 世纪 70 年代、80 年代、90 年代的灌溉入渗补给量分别为 32.13 亿 m^3/a、21.89 亿 m^3/a、21.84 亿 m^3/a，80 年代、90 年代入渗补给量基本相等，70 年代入渗补给量较大是因为当时采用漫灌的方式，灌溉定额较高所致。

表2-12　　　　江苏省降水入渗补给量计算表（按地下水系统）

水文地质块段	陆域面积/km²	饱气带岩性	面积/km²	入渗补给系数	降水量/(mm/a)				入渗补给量/(亿m³/a)			
					70年代	80年代	90年代	多年平均	70年代	80年代	90年代	多年平均
宁镇宜溧山地水文地质块段（I₁₋₁）	6540.0	火成岩	1118	0.2	1048	1071	1100	1082	2.34	2.39	2.46	2.42
		碎屑岩	876	0.25	1048	1071	1100	1082	2.30	2.35	2.41	2.37
		碳酸盐岩类	355	0.3	1048	1071	1100	1082	1.12	1.14	1.17	1.15
		亚黏土	4191	0.12	1048	1071	1100	1082	5.27	5.39	5.53	5.44
六合、仪征丘陵水文地质块段（I₁₋₂）	2160.5	碳酸盐岩类	234	0.3	1041	1049	1097	1086	0.73	0.74	0.77	0.76
		碎屑岩	24	0.25	1041	1049	1097	1086	0.06	0.06	0.07	0.07
		亚黏土	1902.5	0.12	1041	1049	1097	1086	2.38	2.39	2.50	2.48
句容盆地水文地质块段（I₁₋₃）	1358.7	亚黏土	1359	0.12	1055	1093	1103	1079	1.72	1.78	1.80	1.76
长江河谷平原水文地质块段（I₁₋₄）	653.1	亚黏土	653.1	0.15	1041	1049	1097	1086	1.02	1.03	1.07	1.06
山前波状平原水文地质块段（I₂₋₁）	2589.0	亚黏土	2589	0.17	1031	1068	1145	1085	4.67	4.70	5.04	4.77
水网平原水文地质块段（I₂₋₂）	10050.5	亚黏土	6334	0.17	1026	1090	1179	1085	11.05	11.74	12.70	11.68
		亚黏土	110	0.23	1026	1090	1179	1085	0.26	0.28	0.30	0.27
		粉砂	303	0.3	1026	1090	1179	1085	0.93	0.99	1.07	0.99
		亚砂土、亚黏土	1120	0.18	1026	1090	1179	1085	2.07	2.20	2.38	2.19
		亚砂土、粉砂	1898	0.28	1026	1090	1179	1085	5.45	5.79	6.27	5.77
		碎屑岩	285.5	0.2	1026	1090	1179	1085	0.59	0.62	0.67	0.62
三角洲平原水文地质块段（I₃）	13044.1	粉砂	972	0.3	990	1056	1062	1032	2.89	3.08	3.10	3.01
		亚黏土	864	0.26	990	1056	1062	1032	2.22	2.37	2.39	2.32
		亚黏土	1172.2	0.13	990	1056	1062	1032	1.51	1.61	1.62	1.57
		亚黏土、黏土	675	0.12	990	1056	1062	1032	0.80	0.86	0.86	0.84
		亚砂土、亚黏土	2612	0.18	990	1056	1062	1032	4.65	4.96	4.99	4.85
		亚黏土、粉砂	3042	0.28	990	1056	1062	1032	8.43	8.99	9.05	8.79
		亚黏土、粉砂	3707	0.25	990	1056	1062	1032	9.17	9.79	9.84	9.57

续表

水文地质块段	陆域面积/km²	饱气带岩性	面积/km²	入渗补给系数	降水量/(mm/a)				入渗补给量/(亿m³/a)			
					70年代	80年代	90年代	多年平均	70年代	80年代	90年代	多年平均
盱眙丘岗水文地质块段（II₁₋₁）	956.1	玄武岩	758	0.25	965	946	995	981	1.83	1.79	1.89	1.86
		亚黏土	198.1	0.12	965	946	995	981	0.23	0.22	0.24	0.23
盱眙山前平原水文地质块段（II₁₋₂）	1363.8	亚黏土	1311.8	0.12	965	946	995	981	1.52	1.49	1.57	1.54
		玄武岩	52	0.25	965	946	995	981	0.13	0.12	0.13	0.13
里下河洼地平原水文地质块段（II₂₋₁）	13329.0	亚黏土	11143	0.15	897	1052	981	1010	14.99	17.58	16.40	16.88
		亚黏土、亚砂土	1436	0.18	897	1052	981	1010	2.32	2.72	2.54	2.61
		亚砂土	750	0.24	897	1052	981	1010	1.61	1.89	1.77	1.82
射阳、大丰滨海平原水文地质块段（II₂₋₂）	8171.4	亚砂土	5369.4	0.24	897	1052	981	1010	11.56	13.56	12.64	13.01
		亚黏土、亚砂土	2802	0.18	897	1052	981	1010	4.52	5.31	4.95	5.09
徐淮低山丘陵水文地质块段（III₁₋₁）	3505.0	火成岩	25	0.20	821	808	866	842	0.04	0.04	0.04	0.04
		碳酸盐岩类	1170	0.40	821	808	866	842	3.84	3.78	4.05	3.94
		亚砂土	2310	0.23	821	808	866	842	4.36	4.29	4.60	4.47
徐淮平原水文地质块段（III₁₋₂）	3720.1	亚砂土、亚黏土	2350	0.23	880	810	896	872	4.76	4.38	4.48	4.71
		亚砂土	1370	0.28	880	810	896	872	3.38	3.11	3.44	3.34
新东赣丘岗水文地质块段（III₂₋₁）	2230.8	片麻岩	873	0.15	959	809	884	898	1.26	1.06	1.16	1.18
		亚黏土	1357.8	0.12	959	809	884	898	1.56	1.32	1.44	1.46
丘岗台地水文地质块段（III₂₋₂）	1979.0	片麻岩	66	0.15	959	809	884	898	0.09	0.08	0.09	0.09
		亚黏土	1913	0.12	959	809	884	898	2.20	1.86	2.03	2.06
洪泽湖湖畔丘岗水文地质块段（III₃₋₁）	2904.5	亚黏土	2904.5	0.12	924	854	957	939	3.22	2.98	3.34	3.27
沭宿平原水文地质块段（III₃₋₂）	8069.5	亚砂土	4333	0.25	932	833	941	939	10.10	9.02	10.19	10.17
		亚黏土	3736.5	0.18	932	833	941	939	6.27	5.60	6.33	6.31
东部滨海平原水文地质块段（III₃₋₃）	7134.6	亚砂土	1730	0.24	959	809	884	898	3.98	3.36	3.67	3.73
		亚黏土	5404.6	0.15	959	809	884	898	7.77	6.56	7.17	7.28
云台山孤山丘陵水文地质块段（III₃₋₄）	631.2	片麻岩	151	0.15	959	809	884	898	0.22	0.18	0.20	0.20
		亚黏土	480.2	0.12	959	809	884	898	0.55	0.47	0.51	0.52
丰沛平原水文地质块段（III₃₋₅）	3319.5	亚砂土	2241.5	0.30	821	808	866	842	5.52	5.43	5.82	5.66
		亚砂土、亚黏土	1078	0.23	821	808	866	842	2.04	2.00	2.15	2.09
合　计	93710.5								171.51	175.46	181.22	178.49

表2－13　与灌溉入渗重复计算的降水入渗补给量一览表

水文地质块段	面积/km²	稻田面积/万亩 70年代	稻田面积/万亩 80年代	稻田面积/万亩 90年代	降水量/(mm/a) 70年代	降水量/(mm/a) 80年代	降水量/(mm/a) 90年代	入渗补给系数	入渗补给量/(亿m³/a) 70年代	入渗补给量/(亿m³/a) 80年代	入渗补给量/(亿m³/a) 90年代	入渗补给量/(亿m³/a) 多年平均
宁镇宜溧山地水文地质块段（I_{1-1}）	6806	204.00	269.38	266.15	385.4	422.7	381.7	0.12	0.63	0.91	0.81	0.78
六合、仪征丘陵水文地质块段（I_{1-2}）	2161	103.73	136.15	136.96	368.9	410.1	381.3	0.12	0.31	0.45	0.42	0.39
句容盆地水文地质块段（I_{1-3}）	1359	40.35	53.23	53.13	385.4	422.7	381.7	0.12	0.12	0.18	0.16	0.16
山前波状平原水文地质块段（I_{2-1}）	2679	179.83	218.09	213.72	373.7	404.1	362.4	0.17	0.76	1.00	0.88	0.88
水网平原水文地质块段（I_{2-2}）	10376	517.80	544.25	524.57	334.9	414.4	396.7	0.17	1.97	2.56	2.36	2.29
		152.69	142.04	139.39	334.9	414.4	396.7	0.18	0.61	0.71	0.66	0.66
		6.00	5.60	5.40	334.9	414.4	396.7	0.23	0.03	0.04	0.03	0.03
		153.58	142.84	132.46	334.9	414.4	396.7	0.28	0.96	1.10	0.98	1.02
三角洲平原水文地质块段（I_3）	13044	68.49	75.71	75.67	369.2	441.9	380.5	0.13	0.22	0.29	0.25	0.25
		25.66	30.47	29.66	369.2	441.9	380.5	0.12	0.08	0.11	0.09	0.09
		104.95	102.45	102.60	369.2	441.9	380.5	0.28	0.72	0.85	0.73	0.77
		284.83	264.41	265.15	369.2	441.9	380.5	0.18	1.26	1.40	1.21	1.29
		43.98	46.90	45.13	369.2	441.9	380.5	0.3	0.32	0.41	0.34	0.36
		170.86	167.33	168.32	369.2	441.9	380.5	0.25	1.05	1.23	1.07	1.12
		40.74	46.47	46.19	369.2	441.9	380.5	0.26	0.26	0.36	0.30	0.31
盱眙山前平原水文地质块段（II_{1-2}）	1364	42.03	54.43	80.99	417.9	451.8	398.3	0.12	0.14	0.20	0.26	0.20
里下河洼地平原水文地质块段（II_{2-1}）	14188	67.36	85.00	85.00	403.7	448.1	389.7	0.24	0.44	0.61	0.53	0.52
		44.70	51.75	49.72	403.7	448.1	389.7	0.18	0.22	0.28	0.23	0.24
		593.09	686.03	673.97	403.7	448.1	389.7	0.15	2.39	3.07	2.63	2.70

续表

水文地质块段	面积/km²	稻田面积/万亩			降水量/(mm/a)			入渗补给系数	入渗补给量/(亿m³/a)			
		70年代	80年代	90年代	70年代	80年代	90年代		70年代	80年代	90年代	多年平均
射阳、大丰滨海平原水文地质块段（II_{2-2}）	8171	89.80	100.00	90.00	408.5	569.9	435.5	0.18	0.44	0.68	0.47	0.53
		101.36	112.87	129.42	408.5	569.9	435.5	0.24	0.66	1.03	0.90	0.86
徐淮低山丘陵水文地质块段（III_{1-1}）	3505	95.13	75.56	79.43	433.8	444.6	459.2	0.23	0.63	0.52	0.56	0.57
徐淮平原水文地质块段（III_{1-2}）	3720	73.53	58.40	63.25	469.4	437.6	453.6	0.23	0.53	0.39	0.44	0.45
		50.69	40.26	39.58	469.4	437.6	453.6	0.28	0.44	0.33	0.34	0.37
新东赣丘岗水文地质块段（III_{2-1}）	2231	67.87	77.57	77.76	559.8	437.5	483.5	0.12	0.30	0.27	0.30	0.29
		70.80	69.08	66.87	559.8	437.5	483.5	0.12	0.32	0.24	0.26	0.27
丘岗台地水文地质块段（III_{2-2}）	1979	50.59	47.50	45.62	445.4	469.4	425.2	0.12	0.18	0.18	0.16	0.17
洪泽湖畔丘岗水文地质块段（III_{3-1}）	2905	156.39	156.23	147.81	427	519.7	441.8	0.18	0.80	0.97	0.78	0.85
		155.72	191.09	195.83	427	519.7	441.8	0.25	1.11	1.66	1.44	1.40
沭宿平原水文地质块段（III_{3-2}）	8070	46.00	52.57	66.80	559.8	437.5	483.5	0.15	0.26	0.23	0.32	0.27
东部滨海平原水文地质块段（III_{3-3}）	7135	45.62	50.80	62.88	559.8	437.5	483.5	0.24	0.41	0.36	0.49	0.42
云台山孤山丘岗水文地质块段（III_{3-4}）	631.2	7.75	8.86	10.21	559.8	437.5	483.5	0.12	0.03	0.03	0.04	0.04
丰沛平原水文地质块段（IV）	3320	58.10	46.17	35.78	433.8	444.6	459.2	0.3	0.50	0.41	0.33	0.41
		2.80	2.20	0.80	433.8	444.6	459.2	0.23	0.02	0.01	0.01	0.01
合　计		3916.8	4211.7	4206.22					19.13	23.07	20.78	20.97

注　1亩≈0.067hm²。

表 2 - 14　　　　　　　　　　降 雨 入 渗 量 一 览 表

水文地质块段	山区入渗补给量 /（亿 m³/a）				平原区入渗补给量 /（亿 m³/a）			
	70 年代	80 年代	90 年代	多年 平均	70 年代	80 年代	90 年代	多年 平均
宁镇宜溧山地水文地质块段（I₁₋₁）	5.75	5.88	6.04	5.94	4.64	4.48	4.72	4.66
六合、仪征丘陵水文地质块段（I₁₋₂）	0.75	0.75	0.79	0.78	2.07	1.95	2.09	2.09
句容盆地水文地质块段（I₁₋₃）					1.60	1.60	1.64	1.60
长江河谷平原水文地质块段（I₁₋₄）					1.02	1.03	1.07	1.06
山前波状平原水文地质块段（I₂₋₁）					3.91	3.70	4.16	3.90
水网平原水文地质块段（I₂₋₂）	0.59	0.62	0.67	0.62	16.19	16.60	18.68	16.88
三角洲平原水文地质块段（I₃）					25.77	27.01	27.84	26.76
盱眙丘岗水文地质块段（II₁₋₁）	1.95	1.91	2.02	1.99	0.23	0.22	0.24	0.23
盱眙山前平原水文地质块段（II₁₋₂）					1.38	1.29	1.31	1.35
里下河洼地平原水文地质块段（II₂₋₁）					15.88	18.24	17.30	17.84
射阳、大丰滨海平原水文地质块段（II₂₋₂）					14.98	17.15	16.21	16.71
徐淮低山丘陵水文地质块段（III₁₋₁）	3.88	3.82	4.10	3.98	3.73	3.78	4.04	3.91
徐淮平原水文地质块段（III₁₋₂）					7.16	6.76	7.50	7.24
新东赣丘岗水文地质块段（III₂₋₁）	1.26	1.06	1.17	1.18	1.26	1.05	1.14	1.17
丘岗台地水文地质块段（III₂₋₂）	0.09	0.08	0.09	0.09	1.88	1.61	1.77	1.79
洪泽湖畔丘岗水文地质块段（III₃₋₁）					3.04	2.80	3.18	3.10
沭宿平原水文地质块段（III₃₋₂）					14.45	11.99	14.30	14.23
东部滨海平原水文地质块段（III₃₋₃）					11.09	9.33	10.02	10.33
云台山孤山丘陵水文地质块段（III₃₋₄）	0.22	0.18	0.20	0.20	0.52	0.43	0.47	0.48
丰沛平原水文地质块段（N）					7.03	7.01	7.46	7.32
合　计	14.49	14.30	15.08	14.78	137.83	138.03	145.32	142.65

表 2 - 15　　　　　　　　　　江苏省灌溉入渗补给量计算表

水文地质块段	灌溉定额 /(t/hm²)		回归系数	稻田面积 /万 hm²			入渗补给量 /（亿 m³/a）			
	70年代	80—90年代		70年代	80年代	90年代	70年代	80年代	90年代	多年平均
宁镇宜溧山地水文地质块段（I₁₋₁）	50	30	0.08	13.60	17.96	17.74	1.22	0.97	0.96	1.05
六合、仪征丘陵水文地质块段（I₁₋₂）	50	30	0.08	69.15	9.08	9.13	0.62	0.49	0.49	0.54
句容盆地水文地质块段（I₁₋₃）	50	30	0.08	2.69	3.55	3.54	0.24	0.19	0.19	0.21
山前波状平原水文地质块段（I₂₋₁）	43.3	30	11.99	14.54	14.25	14.25	1.17	0.98	0.96	1.04
水网平原水文地质块段（I₂₋₂）	43.3	30	0.10	55.34	55.65	53.45	5.40	3.76	3.61	4.25
三角洲平原水文地质块段（I₃）	43.3	30	0.12	49.30	48.92	48.85	5.77	3.96	3.96	4.56
盱眙山前平原水文地质块段（II₁₋₂）	56.67	30	0.08	28.02	3.63	5.40	0.29	0.20	0.29	0.26
里下河洼地平原水文地质块段（II₂₋₁）	43.3	26.67	0.15	47.01	3.63	54.85	53.91	4.94	4.85	5.55
射阳、大丰滨海平原水文地质块段（II₂₋₂）	50	30	0.12	12.14	14.19	14.63	1.72	1.15	1.18	1.35
徐淮低山丘陵水文地质块段（III₁₋₁）	56.67	33.33	0.12	6.34	5.04	5.30	0.97	0.45	0.48	0.63
徐淮平原水文地质块段（III₁₋₂）	56.67	33.33	0.12	82.80	6.58	6.68	1.27	0.59	0.62	0.83
新东赣丘岗水文地质块段（III₂₋₁）	56.67	33.33	0.12	45.25	5.17	5.18	0.69	0.47	0.47	0.54
丘岗台地水文地质块段（III₂₋₂）	56.67	33.33	0.12	4.72	4.61	4.46	0.72	0.41	0.40	0.51
洪泽湖畔丘岗水文地质块段（III₃₋₁）	56.67	33.33	0.10	3.37	3.17	3.04	0.43	0.24	0.23	0.30
沭宿平原水文地质块段（III₃₋₂）	56.67	33.33	0.12	20.81	23.15	22.91	3.18	2.08	2.06	2.44
东部滨海平原水文地质块段（III₃₋₃）	50	33.33	0.12	6.11	6.89	8.65	0.82	0.62	0.78	0.74
云台山孤山丘陵水文地质块段（III₃₋₄）	50	33.33	0.08	0.52	0.59	0.68	0.05	0.04	0.04	0.04
丰沛平原水文地质块段（N）	50	33.33	0.15	4.06	2.89	2.44	0.69	0.36	0.27	0.44
合　计				261.12	280.45	280.41	32.13	21.89	21.84	25.28

3. 地表水体侧向补给量

（1）河道、湖库渗漏补给量。当河道、湖库水位高于两岸地下水位时，地表水渗漏补给地下水。全省北方片计算了此量的多年均值，采用地下水动力学法进行计算，公式如下：

$$Q_{河补} = KIALt \times 10^{-4} \qquad (2-7)$$

式中　$Q_{河补}$——河道、湖库渗漏补给量，万 m^3；

$\quad\quad K$——渗透系数，m/d；

$\quad\quad I$——垂直于剖面的水力坡降；

$\quad\quad A$——单位长度垂直于地下水流向的剖面面积，m^2/m；

$\quad\quad L$——河道或湖库长度，m；

$\quad\quad t$——河道或湖库过水（或渗漏）时间，d。

（2）渠系渗漏补给量。渠系水位一般均高于其岸边的地下水水位，故渠系水一般均补给地下水。本次评价只计算干、支两级渠道的渗漏补给量，全省北方片进行了此项量的多年均值计算，采用系数法进行计算，公式为

$$Q_{渠系} = mQ_{渠首引} \qquad (2-8)$$

式中　$Q_{渠系}$——渠系渗漏补给量，万 m^3；

$\quad\quad Q_{渠首引}$——渠首引水量，万 m^3；

$\quad\quad m$——渠系渗漏补给系数，无因次。

江苏省域内80%以上的面积为河网平原区，地表水与地下水之间呈互补关系，大多数湖泊、河流枯水期由地下水补给地表水，丰水期则地表水补给地下水。如长江高潮期补给浅层地下水，低潮期浅层地下水补给江水。又如洪泽湖泗洪段地下水补给湖水，洪泽段则为湖水补给地下水，形成一种互补关系，达到一种局部的均衡，故本书一般不予计算。区内真正有意义的地表水补给为大运河（地上悬河）侧向补给、长江侧向补给第Ⅰ承压水（因开采地下水，地下水位下降，为开采补给增量），补给量计算结果见表2-16。在20世纪70年代、80年代、90年代的侧向补给总量分别为0.68亿 m^3/a、1.74亿 m^3/a、4.1亿 m^3/a，侧向补给量有明显增大趋势，是与区域上地下水开采不断增大，地下水水位逐年下降密切相关。

表 2-16　　　　　　　　　　地表水侧向补给一览表

河湖名称			含水层类型	断面长度/km	含水层厚度/m	渗透系数/(m/d)	水力坡度			补给量/(亿 m^3/a)			
							70年代	80年代	90年代	70年代	80年代	90年代	多年平均
大运河	淮北		潜水	250	9	0.5	0.12	0.12	0.12	0.55	0.55	0.55	0.55
	里下河	高邮	潜水	43	15	0.1	0.2	0.2	0.2	0.05	0.05	0.05	0.05
		宝应	潜水	41	15	0.24	0.1	0.1	0.1	0.05	0.05	0.05	0.05
		江都	潜水	16	20	0.15	0.15	0.15	0.15	0.03	0.03	0.03	0.03

河湖名称			含水层类型	断面长度/km	含水层厚度/m	渗透系数/(m/d)	水力坡度			补给量/(亿 m³/a)			
							70年代	80年代	90年代	70年代	80年代	90年代	多年平均
长江	南岸	常州	Ⅰ承压	45	20～85	35～45	0	0.0006	0.0026	0	0.20	0.86	0.35
		常熟	Ⅰ承压	50	40～80	35～45	0	0.0005	0.0022	0	0.22	0.96	0.39
	北岸	南通	Ⅰ承压	32	40～60	39.1	0	0.0003	0.0013	0	0.07	0.30	0.12
		靖江	Ⅰ承压	52	40～60	34～45	0	0.0015	0.0034	0	0.57	1.30	0.62
合　计										0.68	1.74	4.1	2.16

依照上述三个计算公式计算得到 20 世纪 70 年代、80 年代、90 年代各水文地质亚区的地下水天然资源补给量，进而计算出全省地下水多年平均天然资源补给量，结果见表 2-17、表 2-18。

表 2-17　　　　　　　江苏省各水文地质区地下水天然资源补给量一览表

水文地质分区		天然资源补给量/(亿 m³/a)			
区	亚　区	70年代	80年代	90年代	多年平均
长江下游水文地质区（Ⅰ）	溧水-高淳丘陵水文地质亚区（Ⅰ₁）	3.14	3.21	3.30	3.22
	宁镇低山丘陵水文地质亚区（Ⅰ₂）	2.74	2.80	2.87	2.81
	茅山低山丘陵水文地质亚区（Ⅰ₃）	0.71	0.73	0.75	0.73
	宜溧低山丘陵水文地质亚区（Ⅰ₄）	2.71	2.77	2.85	2.78
	茅东、西山前波状平原水文地质亚区（Ⅰ₅）	9.08	7.83	8.48	8.46
	太湖水网平原水文地质亚区（Ⅰ₆）	22.15	21.36	24.75	22.75
	长江河谷漫滩平原水文地质亚区（Ⅰ₇）	1.47	1.48	1.54	1.50
	江浦老山低山丘陵水文地质亚区（Ⅰ₈）	1.01	1.03	1.06	1.03
	仪征、六合丘陵岗地水文地质亚区（Ⅰ₉）	2.70	2.67	2.80	2.73
	长江北部三角洲平原水文地质亚区（Ⅰ₁₀）	31.54	31.61	33.39	32.18
淮河下游水文地质区（Ⅱ）	盱眙丘陵岗地水文地质亚区（Ⅱ₁）	2.82	2.69	2.86	2.79
	里下河低洼湖荡平原水文地质亚区（Ⅱ₂）	23.39	23.76	22.78	23.31
	盐城滨海平原水文地质亚区（Ⅱ₃）	16.70	18.30	17.40	17.47
沂沭河下游水文地质区（Ⅲ）	徐州低山丘陵水文地质亚区（Ⅲ₁）	9.26	8.58	9.22	9.02
	新沂-泗洪波状平原水文地质亚区（Ⅲ₂）	10.07	8.77	9.72	9.52
	东海赣榆低山丘陵水文地质亚区（Ⅲ₃）	5.10	4.04	4.35	4.50
	淮泗连平原水文地质亚区（Ⅲ₄）	20.15	16.36	18.80	18.44
	连云港滨海平原水文地质亚区（Ⅲ₅）	12.69	10.60	11.51	11.60
南四湖平原水文地质区（Ⅳ）	丰沛黄泛冲积平原水文地质亚区（Ⅳ₁）	7.72	7.38	7.91	7.67
全 省 合 计		185.15	175.97	186.34	182.49

表 2-18 江苏省地下水天然资源补给量一览表

计算项目	70 年代/(亿 m³/a)	80 年代/(亿 m³/a)	90 年代/(亿 m³/a)	多年平均/(亿 m³/a)
大气降水入渗量	152.32	152.33	160.40	155.02
农田灌溉入渗量	32.13	21.89	21.84	25.28
地表水侧向补给量	0.70	1.75	4.10	2.18
合 计	185.15	175.97	186.34	182.49

第三节 浅层地下水可采资源量及其分布

一、浅层地下水排泄量

1. 平原区浅层地下水各项排泄量及总排泄量

计算排泄量是为了进行均衡分析、合理性分析及地表地下水资源重复量的计算，只有矿化度≤1g/L 的资源量才作均衡分析和参与水资源总量计算，因此，只计算矿化度≤1g/L 的各项排泄量、总排泄量。

（1）潜水蒸发量。潜水蒸发量是指潜水在毛细作用下，通过包气带岩土向上运动造成的蒸发量（包括棵间蒸发量和被植物根系吸收造成的叶面蒸发量两部分）。全省潜水蒸发量，采用潜水蒸发系数法，根据不同的岩性、不同的埋深分别计算各个评价类型区的潜水蒸发量，公式为

$$E = E_0 CF \times 10^{-1} \tag{2-9}$$

式中　E——潜水蒸发量，万 m³；

$\quad\quad E_0$——水面蒸发量，mm，采用 E601 型蒸发器的观测值或换算成 E601 型蒸发器的蒸发量；

$\quad\quad C$——蒸发潜水蒸发系数，无因次；

$\quad\quad F$——水蒸发计算面积，km²。

全省平原区浅层地下水潜水蒸发量多年平均为 629285 万 m³。淮河、长江、太湖分别为 457324 万 m³、76223 万 m³、95738 万 m³。

（2）河道排泄量。河道排泄量是指河水位低于两岸地下水位时，地下水对河道排泄的地下水量。方法与河湖库渗漏补给量一致，再根据降水入渗量占资源量的比例，计算出由降水入渗引起的河道排泄量。全省北方片计算了此量的多年平均值。计算结果为 47988 万 m³，其中降水形成的河道排泄量为 39888 万 m³。

（3）浅层地下水实际开采量。实际开采量是通过调查得出，根据 2000 年水资源公报，全省的浅层地下水实际开发利用量为 36000 万 m³。

（4）平原区浅层地下水总排泄量。全省北方片平原区浅层地下水总排泄量为以上各项多年平均排泄量之和，为 442539 万 m³；南方片只计算了潜水蒸发量，总计为 270733 万 m³。

2. 山丘区浅层地下水各项排泄量及总排泄量

山丘区浅层地下水各项排泄量包括河川基流量、山前泉水溢出量、山前侧向流出量、浅层地下水实际开采量和潜水蒸发量（指发生在未单独划分为山间平原区的蒸发量）。根

据全省的具体情况，除河川基流量外，其他各项的量非常小，可以忽略不计，全省排泄项只计算河川基流量。

河川基流量是指河川径流量中由地下水渗漏补给河水的部分，即河道对地下水的排泄量。通过分割河川径流量过程线的方法计算，由于全省没有具备分割基流的天然径流站，所以借用与全省相邻的、具有相近的水文地质条件山丘区分割的基流成果，采用类比法进行全省 1956—2000 年河川基流量的计算。全省多年平均河川基流量为 108882 万 m³，总排泄量也为 108882 万 m³。

二、浅层地下水可采资源量计算方法

浅层地下水在省域内广泛分布发育，开采利用具有悠久的历史，现状中大部分农村地区村民均以开采浅层地下水作为生活洗涤用水水源，在进行可采资源计算中，必须考虑到大部分平原区浅部地层松软，过大的水位降深会产生地面形变等环境因素。因此，本次浅层地下水可开采资源计算主要根据近 20 年来的地下水年变幅进行。

1. 孔隙潜水可采资源量

$$Q_{可采} = F(S+H)\mu \times 10^{-2} \tag{2-10}$$

式中　$Q_{可采}$——可采资源量，亿 m³/a；

F——分布面积，km²；

H——水位变幅，m；

S——水位降深，m；

μ——给水度。

2. 山区基岩裂隙水、岩溶水、火成岩类裂隙水可采资源量

$$Q_{可采} = FQ_{径} \times 10^{-4} \tag{2-11}$$

式中　$Q_{可采}$——浅层水可采资源量，亿 m³/a；

F——分布面积，km²；

$Q_{径}$——地下水径流模数，L/(S·km²)。

20 世纪 70—80 年代因资料的缺乏，采用转化数求得，系数采用综合法求取：即利用 90 年代实际转化率（$Q_{可采}/Q_{补给}$）及参数《江苏省地下水资源研究》的数据综合确定，一般苏南转化率 60%～70%，苏中 70%～80%，苏北 80%～90%。

3. 孔隙承压水及岩溶水可采资源量

2005 年江苏省水利厅在全省范围内开展了一次地下水资源开发利用规划工作，其中全省承压水及岩溶水可开采量的核定在遵循保护和促进生态环境向良性方向发展、水位控制等原则的前提下，根据各地实际情况，采用不同方法计算得到。对水工环地质研究程度较高、水位变化较大的苏锡常地区、盐城地区采用国际较为流行的数值法（Modflow）计算，其他地区则在上一轮各市（县）地下水资源调查评价结果的基础上，通过分析研究区域水文地质条件及近 3 年来的地下水开采动态变化等资料进行适当调整。

三、浅层地下水可采资源计算结果分析

全省地下水可采资源量为 145.76 亿 m³/a，其中潜水、孔隙承压水、岩溶水、裂隙水可

采资源量分别为 126.75 亿 m³/a、13.92 亿 m³/a、3.71 亿 m³/a、1.37 亿 m³/a（表 2-19、表 2-20）。

表 2-19　　　　　江苏省各水文地质区地下水可采资源量一览表

水文地质分区		可采资源量/(亿 m³/a)			
区	亚　区	孔隙水		岩溶水	裂隙水
		潜水	承压水		
长江下游水文地质区（Ⅰ）	溧水-高淳丘陵水文地质亚区（Ⅰ₁）	1.28	0	0	0.21
	宁镇低山丘陵水文地质亚区（Ⅰ₂）	0.78	0	0.55	0.12
	茅山低山丘陵水文地质亚区（Ⅰ₃）	0.18	0	0	0.06
	宜溧低山丘陵水文地质亚区（Ⅰ₄）	0.64	0	0.04	0.20
	茅东、西山前波状平原水文地质亚区（Ⅰ₅）	6.70	0.09	0	0
	太湖水网平原水文地质亚区（Ⅰ₆）	14.34	0.78	0.08	0.10
	长江河谷漫滩平原水文地质亚区（Ⅰ₇）	1.22	1.15	0	0
	江浦老山低山丘陵水文地质亚区（Ⅰ₈）	0.51	0	0.10	0.02
	仪征、六合丘陵岗地水文地质亚区（Ⅰ₉）	1.52	0.14	0	0.13
	长江北部三角洲平原水文地质亚区（Ⅰ₁₀）	23.12	3.91	0	0
淮河下游水文地质区（Ⅱ）	盱眙丘陵岗地水文地质亚区（Ⅱ₁）	0.73	0.03	0.03	0.23
	里下河低洼湖荡平原水文地质亚区（Ⅱ₂）	16.65	1.76	0	0
	盐城滨海平原水文地质亚区（Ⅱ₃）	11.93	1.18	0	0
南四湖平原水文地质区（Ⅳ）	丰沛黄泛冲积平原水文地质亚区（Ⅳ₁）	6.51	1.32	0	0
全　省　合　计		126.76	13.92	3.71	1.37

表 2-20　　　　　　　江苏省各市地下水可采资源量一览表

地　区	地下水可采资源量/(亿 m³/a)				
	孔隙水		岩溶水	裂隙水	总量
	潜水	承压水			
南京	5.38	1.28	0.39	0.37	7.42
无锡	3.60	0.10	0.08	0.18	3.96
徐州	17.77	2.87	2.91	0.05	23.60
常州	4.18	0.07	0.01	0.15	4.41
苏州	10.01	0.67	0.03	0.05	10.76
南通	15.83	1.72	0	0	17.55
连云港	6.94	0.14	0	0.26	7.34
淮安	11.60	1.32	0.03	0.23	13.18
盐城	21.07	1.34	0	0	22.41
扬州	6.62	1.13	0	0	7.75
镇江	3.97	0.37	0.26	0.08	4.68
泰州	8.58	1.60	0	0	10.18
宿迁	11.22	1.32	0	0	12.54
全省	126.76	13.92	3.71	1.37	145.76

　　各地下水资源区、各市（县）的可采资源量情况具体见表 2-21、表 2-22。

表 2 - 21

江苏省地下水资源量统计表（按地下水资源区）

水文地质块段	地形	地下水多年天然补给资源量/(亿 m³/a)				补给模数/[亿m³/(km²·a)]	地下水 90 年代可采资源量/(亿 m³/a)					
		计算面积/km²	矿化度				计算面积/km²	矿化度				
			<1g/L	1~3g/L	>3g/L			<1g/L	计算面积/km²	1~3g/L	计算面积/km²	>3g/L
宁镇宜溧山地水文地质块段（I₁₋₁）	山区	2349	5.94			25.29	2349	1.16				
	平原	4191	5.71			13.62	4191	4.73				
	合计	6540	11.65			17.81	6540	5.89				
六合、仪征丘陵水文地质块段（I₁₋₂）	山区	258	0.78			30.23	258	0.12				
	平原	1902.5	2.62			13.77	1902.5	2.04				
	合计	2106.5	3.40			15.74	2160.5	2.16				
句容盆地水文地质块段（I₁₋₃）	平原	1359	1.58	0.23		13.32	1179	180.0	0.19			
长江河谷平原水文地质块段（I₁₋₄）	平原	653.1	1.06			16.23	653.1	0.85				
山前波状平原水文地质块段（I₂₋₁）	平原	2589	4.93			19.04	2589	3.39				
水网平原水文地质块段（I₂₋₂）	山区	286	0.62			21.72	286	0.1				
	平原	9765	21.61	0.27		21.65	9655	14.18	110	0.19		
	合计	10050.5	22.23	0.27		21.65	9940.5	14.28	110	0.19		
三角洲平原水文地质块段（I₃）	平原	13044.2	7.04	7.58	17.45	24.02	3191.6	4.48	2770.4	5.73	7082.2	12.92
盱眙丘岗水文地质块段（II₁₋₁）	山区	758	1.86			24.54	758	0.26				
	平原	198.1	0.23			11.61	198.1	0.19				
	合计	956.1	2.09			21.86	956.1	0.45				
盱眙山前平原水文地质块段（II₁₋₂）	山区	52	0.13			25.00	52	0.02				
	平原	1311.8	1.60			12.20	1311.8	1.25				
	合计	1363.8	1.73			12.69	1363.8	1.27				

续表

水文地质块段	地形	地下水多年天然补给资源量/(亿 m³/a) 计算面积/km²	矿化度 <1g/L	矿化度 1~3g/L	矿化度 >3g/L	补给模数/[亿 m³/(km²·a)]	地下水 90 年代可采资源量/(亿 m³/a) 计算面积/km²	<1g/L	计算面积/km²	1~3g/L	计算面积/km²	>3g/L
里下河洼地平原水文地质块段（Ⅱ$_{2-1}$）	平原	13329	14.08	4.93	4.52	17.56	7928	9.90	2715	3.24	2686	3.15
射阳、大丰滨海平原水文地质块段（Ⅱ$_{2-2}$）	平原	8171.4			18.06	22.10					8171.4	11.93
徐淮低山丘陵水文地质块段（Ⅲ$_{1-1}$）	山区	1195	3.98			33.31	1195	1.1				
	平原	2310	4.54			19.65	2310	3.99				
	合计	3505	8.52			24.31	3505	5.09				
徐淮平原水文地质块段（Ⅲ$_{1-2}$）	平原	3720.1	8.06			21.67	3720.1	6.81				
新东赣丘岗水文地质块段（Ⅲ$_{2-1}$）	山区	873	1.18			13.52	873	0.24				
	平原	1358	1.71			12.59	1358	1.45				
	合计	2231	2.89			12.95	2231	1.69				
丘岗台地水文地质块段（Ⅲ$_{2-2}$）	山区	66	0.09			13.64	66	0.02				
	平原	1913	2.12	0.18		12.02	1743	1.75	170	0.17		
	合计	1979	2.21	0.18		12.08	1809	1.77	170	0.17		
洪泽湖湖畔丘岗水文地质块段（Ⅲ$_{3-1}$）	平原	2905	3.40			11.70	2905	2.83				
沭宿平原水文地质块段（Ⅲ$_{3-2}$）	平原	8069.5	15.55	1.38	0.30	20.67	7291.5	12.47	610	1.22	168	0.21
东部滨海平原水文地质块段（Ⅲ$_{3-3}$）	平原	7134.6			11.07	15.52					7134.6	9.37
云台山孤山丘陵水文地质块段（Ⅲ$_{3-4}$）	山区	151	0.2			13.25	151	0.04				
	平原	480			0.52	10.83					480	0.39
	合计	631	0.20		0.52	11.41	151	0.04			480	0.39
丰沛平原水文地质块段（Ⅳ）	平原	3319.5	7.22	0.54		23.38	3041.5	6.06	278	0.45		

表 2－22　　　　江苏省地下水资源量统计表（按行政区划）

市（县）	地形	地下水多年天然补给资源量/(亿 m³/a)				补给模数/[亿 m³/(km²·a)]	地下水 90 年代可采资源量/(亿 m³/a)					
		计算面积/km²	矿化度 <1g/L	1~3g/L	>3g/L		计算面积/km²	矿化度 <1g/L	计算面积/km² 1~3g/L		计算面积/km² >3g/L	
南京市区	山区	59	0.16			27.12	59	0.03				
	平原	901.9	1.32			14.64	901.9	1.09				
	合计	960.9	1.48			15.40	960.9	1.12				
江宁县	山区	572	1.44			25.17	572	0.28				
	平原	960.7	1.32			13.74	960.7	1.07				
	合计	1532.7	2.76			18.01	1532.7	1.35				
溧水县	山区	353	0.78			22.10	353	0.12				
	平原	574	0.78			13.59	574	0.65				
	合计	927	1.56			16.83	927	0.77				
六合	山区	117	0.3			25.64	117	0.04				
	平原	1193	1.62			13.58	1193	1.27				
	合计	1310	1.92			14.66	1310	1.31				
高淳县	山区	50	0.14			28.00	50	0.03				
	平原	623	0.85			13.64	623	0.70				
	合计	673	0.99			14.71	673	0.73				
江浦	山区	184	0.58			31.52	184	0.1				
	平原	540.7	0.76			14.06	540.7	0.60				
	合计	724.7	1.34			18.49	724.7	0.7				
苏州市区	平原	556	1.03			18.53	556	0.59				
吴县市	山区	149.5	0.32			21.40	149.5	0.05				
	平原	765.4	1.53			19.99	765.4	0.89				
	合计	914.9	1.85			20.22	914.9	0.94				
吴江	平原	993	1.91			19.23	993	1.05				

续表

市（县）	地形	地下水多年天然补给资源量/（亿 m³/a）				补给模数/[亿 m³/(km²·a)]	地下水90年代可采资源量/（亿 m³/a）					
		计算面积/km²	矿化度 <1g/L	1~3g/L	>3g/L		计算面积/km²	<1g/L	计算面积/km²	1~3g/L	计算面积/km²	>3g/L
昆山市	平原	812	1.64			20.20	812	1.33				
太仓	平原	620	1.75			28.23	620	1.43				
常熟市	平原	1094	3.31			32.72	984	2.58	110	0.19		
张家港市	平原	772	2.21			28.63	772	1.95				
无锡市区	山区	60	0.13			21.67	60	0.02				
	平原	272	0.5			18.38	272	0.29				
	合计	332	0.63			18.98	332	0.31				
锡山区	山区	18	0.04			22.22	18	0.01				
	平原	947	1.8			19.01	947	1.00				
	合计	965	1.84			19.07	965	1.01				
江阴市	山区	58	0.13			22.41	58	0.02				
	平原	900	1.71			19.00	900	0.95				
	合计	958	1.84			19.21	958	0.97				
宜兴市	山区	481	1.35			28.07	481	0.25				
	平原	1177	2			16.99	1177	1.36				
	合计	1658	3.35			20.21	1658	1.61				
常州市区	平原	280	0.52			18.57	280	0.30				
武进市	平原	1454	3.12			21.46	1454	1.56				
溧阳市	山区	401	0.88			21.95	401	0.15				
	平原	1048	1.68			15.50	1048	1.29				
	合计	1485	2.56			17.24	1458	1.44				
金坛市	山区	68	0.18			26.47	68	0.02				
	平原	758	1.49			18.98	785	1.03				
	合计	853	1.67			19.58	853	1.05				

续表

市（县）	地形	地下水多年天然补给资源量/(亿 m³/a)				补给模数/[亿 m³/(km²·a)]	地下水90年代可采资源量/(亿 m³/a)					
		计算面积/km²	<1g/L	1~3g/L	>3g/L		计算面积/km²	<1g/L	计算面积/km²	1~3g/L	计算面积/km²	>3g/L
镇江市区	山区	41	0.12			29.27	41	0.03				
	平原	135	0.18			13.33	135	0.15				
	合计	176	0.3			17.05	176	0.18				
丹徒县	山区	29	0.09			31.03	29	0.04				
	平原	729	0.99			13.58	729	0.81				
	合计	758	1.08			14.25	758	0.85				
丹阳县	山区	28	0.09			32.14	28	0.04				
	平原	1043	1.98			18.98	1043	1.37				
	合计	1071	2.07			19.33	1071	1.41				
句容市	山区	276	0.71			25.72	276	0.17				
	平原	1109	1.26	0.23		13.44	929	0.99	180	0.19		
	合计	1385	1.97	0.23		15.88	1205	1.16	180	0.19		
扬州市	平原	221.5	0.62			27.99	221.5	0.46				
扬州市区	平原	148	0.21			14.19	148	0.14				
邗江	平原	825	1.15			13.94	825	0.72				
江都市	平原	1332	2.22			16.67	1332	1.49				
仪征市	平原	910	1.21			13.30	910	0.93				
高邮市	平原	1541.5	2.67			17.32	1541.5	1.77				
宝应县	平原	1371.8	2.37			17.28	1371.8	1.57				
南通市区	平原	224	0.12	0.68		35.71	28.7	0.06	224	0.63		
启东市	平原	1280	0.08			28.89					1179.3	2.46
海门市	平原	939				28.12					939	1.96
通州市	平原	1605		1.59		24.98			546.1	1.28	1058.9	1.87
如东县	平原	1861				21.44					1861	3.1
海安县	平原	1108		0.74		22.38			327	0.54	781	1.31

续表

市（县）	地形	地下水多年天然补给资源量/(亿 m³/a)				补给模数/[亿 m³/(km²·a)]	地下水90年代可采资源量/(亿 m³/a)					
		计算面积/km²	矿化度				计算面积/km²	矿化度	计算面积/km²		计算面积/km²	
			<1g/L	1~3g/L	>3g/L			<1g/L		1~3g/L		>3g/L
如皋市	平原	1492	0.09	1.29		25.60	35.8	0.06	504.2	0.89	952	1.67
姜堰市	平原	1331	1.8	0.68		18.63	1035.3	1.3	295.7	0.47		
泰州市	平原	148	0.3			20.27	148	0.21				
靖江市	平原	551.9	1.42	0.84		40.95	270	0.72	281.9	0.79		
泰兴市	平原	1328	1.19	2.28		26.13	464	0.82	864	1.52		
兴化市	平原	2393	3.35			17.43			1853	2.13	540	0.62
淮安市区	平原	347	0.81		0.82	23.34	347	0.72				
楚州区	平原	1560	3.28			21.03	1560	2.65				
金湖县	平原	1003.5	1.64			16.34	1003.5	1.15				
淮阴区	平原	1264	2.59			20.49	1264	1.99				
洪泽县	平原	662.3	1.11			16.76	662.3	0.76				
盱眙县	山区	758	1.86			24.54	758	0.26				
盱眙县	平原	1382	1.71			12.37	1382	1.35				
盱眙县	合计	2140	3.57			16.68	2140	1.61				
涟水县	平原	1670	1.4	1.3	0.68	20.24	604	1.25	562	1.16	504	0.57
宿豫县	平原	1583	3.63			22.93	1583	2.71				
泗洪县	平原	2216	2.62			11.82	2216	2.16				
泗阳县	平原	1874.8	4.02			21.44	1874.8	3.56				
沭阳县	平原	2300	3.44	0.08	0.3	16.61	2084	2.52	48.0	0.06	168	0.21
阜宁县	平原	1443.4	0.65	0.31	2.31	22.65	261.5	0.50	151.5	0.22	1030.4	1.6
建湖县	平原	1140	0.45	0.28	1.4	18.68	252	0.29	157.0	0.18	731	0.91
盐都县	平原	1728	0.47	0.47	2.54	17.42			281.0	0.32	1447	1.67
东台市	平原	2276			4.32	18.98					2276	2.82
大丰县	平原	2014			4.4	21.85					2014	2.92
滨海县	平原	1880			4.13	21.97					1880	3.41
射阳县	平原	2774.4			6.65	23.97					2774.4	4.49

续表

市(县)	地形	地下水多年天然补给资源量/(亿 m³/a) 计算面积/km²	矿化度 <1g/L	矿化度 1~3g/L	矿化度 >3g/L	补给模数/[亿 m³/(km²·a)]	地下水90年代可采资源量/(亿 m³/a) 计算面积/km²	<1g/L	矿化度 1~3g/L 计算面积/km²	1~3g/L	>3g/L 计算面积/km²	>3g/L
响水县	平原	1363			2.04	14.97					1363	1.75
徐州市区	山区	26	0.09			34.62	26	0.02				
	平原	150	0.29			19.33	150	0.26				
	合计	176	0.38			21.59	176	0.28				
铜山县	山区	1169	3.9			33.36	1169	1.08				
	平原	1694	3.65			21.55	1694	3.13				
	合计	2863	7.55			26.37	2863	4.21				
丰县	平原	1446	2.95	0.54		24.14	1168	2.48	278	0.45		
沛县	平原	1349	2.94			21.79	1349	2.46				
睢宁县	平原	1767	3.93			22.24	1767	3.32				
邳州	平原	2088	4.28			20.50	2088	3.68				
新沂县	山区	133	0.18			13.53	133	0.04				
	平原	1438	2.36			16.41	1438	2.00				
	合计	1571	2.54			16.17	1571	2.04				
连云港	山区	151	0.2			13.25	151	0.04				
	平原	693			0.83	11.98					693	0.66
	合计	844	0.2		0.83	12.20	151	0.04			693	0.66
灌云县	平原	1878			2.56	13.63					1878	2.1
灌南县	平原	1027			1.44	14.02					1027	1.16
赣榆县	山区	199	0.27			13.57	199	0.05				
	平原	1209	1.1		0.35	12.49	891.6	0.91	60	0.06	257.4	0.29
	合计	1408	1.37		0.35	12.64	1090.6	0.96	60	0.06	257.4	0.29
东海县	山区	607	0.82			13.51	607	0.17				
	平原	1644	1.51	0.12	0.5	12.96	1166.2	1.23	110	0.11	367.8	0.42
	合计	2251	2.33	0.12	0.5	13.11	1773.2	1.4	110	0.11	367.8	0.42

第四节　深层承压水可开采量评价

一、深层承压水的容积储存量和弹性储存量计算

孔隙水静储存量按下式计算：

$$Q'_{储} = \mu FM \times 10^{-2} \qquad (2-12)$$

式中　$Q'_{储}$——孔隙水静储存量，亿 m^3；

　　　　F——含水层分布面积，km^2；

　　　　M——含水层平均厚度，m；

　　　　μ——给水度。

孔隙水弹性储存量按下式计算：

$$Q''_{储} = \mu_s FH \times 10^{-2} \qquad (2-13)$$

式中　$Q''_{储}$——孔隙水弹性储存量，亿 m^3；

　　　　F——含水层分布面积，km^2；

　　　　H——承压水位高度，m；

　　　　μ_s——弹性释水系数。

结果表明，江苏省孔隙地下水含水砂层巨厚，储存量很大，经计算深层孔隙水静储存量达 4363.9 亿 m^3，弹性储存量也达 46.1 亿 m^3（表 2-23）。

表 2-23　　　　　　　　　　江苏省地下水储存量计算表

水文地质块段	含水层	面积 /km^2	释水系数	允许降深 /m	厚度 /m	岩　性	给水度 μ	储存量/亿 m^3		
								弹性储存量	静储存量	合计
宁镇宜溧低山丘陵水文地质块段	Ⅰ	1912	8.7×10^{-4}	10	20	粉砂、粉细砂	0.09	0.2	34.4	34.6
太湖水网平原水文地质块段	Ⅰ	1930	5	20	30	粉砂、粉细砂	0.11	0.4	63.7	64.1
	Ⅱ	4860	3	25	40	粉细砂、含砾中粗砂	0.15	0.7	291.6	292.3
沿江新三角洲水文地质块段	Ⅰ	2250	1	20	40	粉细砂、中细砂	0.16	0.9	144	144.9
	Ⅱ+Ⅲ	1110	1	40	60	粉细砂、含砾中粗砂	0.2	1	132	133
山前波状平原水文地质块段	Ⅰ	590	6	20	15	亚砂土、粉细砂	0.1	0.1	8.9	9
三角洲平原水文地质块段	Ⅰ	3154	6.8	25	60	中细砂、含砾中粗砂	0.15	1	283.9	284.9
	Ⅱ	1552	3.84	40	40	粉细砂、含砾中粗砂	0.16	0.6	99.3	99.9
	Ⅲ	10576	1.14	45	45	粉细砂、中细砂、含砾粗砂	0.16	2.2	761.5	763.7

水文地质块段	含水层	面积/km²	释水系数	允许降深/m	厚度/m	岩 性	给水度 μ	储存量/亿 m³		
								弹性储存量	静储存量	合计
里下河水文地质块段	Ⅰ	7017	5.6	20	15	亚砂土、粉细砂	0.1	0.2	105.3	105.5
	Ⅱ	11601	7.5	45	15	粉细砂	0.1	8.7	174	182.7
	Ⅲ	11329	5.54	45	25	粉细砂、含砾中粗砂	0.2	11.3	566.5	577.8
大丰、射阳水文地质块段	Ⅱ	3442	6.9	45	30	粉细砂、中粗砂	0.16	2.1	1	167.3
	Ⅲ	4590	1.1	45	20	粉细砂、含砾中粗砂	0.2	6.6	0.1	190.2
洪泽湖畔水文地质块段	Ⅰ	2323	1.5	5	10	亚砂土、中细砂	0.11	0	25.6	25.6
	Ⅱ	1742	1.5	15	40	细中砂、含砾粗砂	0.16	0.1	111.5	111.6
宿沭平原水文地质块段	Ⅰ	5648	4	20	30	中粗砂、含砾中粗砂	0.16	0.7	271.1	271.8
	Ⅱ	4841	4	20	45	中粗砂、含砾中粗砂	0.22	0.8	479.3	480.1
滨海平原水文地质块段	Ⅱ	3100	6.9	35	15	中细砂、细砂	0.15	1.3	69.8	71.1
	Ⅲ	4133	1.1	40	20	细中砂、中粗砂	0.2	5.5	165.3	170.8
丰沛平原水文地质块段	Ⅱ	2774	4	35	20	粉细砂	0.11	0.6	61	61.6
	Ⅲ	2774	4	40	30	中细砂、中粗砂	0.2	1.1	166.4	167.5

二、可开采量计算

自 1993—1999 年，全省各市（县）均开展过地下水资源调查与评价工作，这项工作是由省水利部门委托开展，按各市（县）进行调查评价，省内共有 5 家单位参与这项工作。本次深层地下水可开采储存量计算，基本上采用了已有的调查评价结果，同时又分析研究了区域水文地质条件及开发利用现状，地下水动态变化等资料进行适当调整。计算结果为：全省深层孔隙水可开采储存量为 150823 万 m³/a，岩溶水可开采资源量为 46661 万 m³/a，裂隙水可开采资源量为 11189 万 m³/a（表 2 - 24）。

表 2 - 24　　　　　　　　江苏省深层水可开采资源量一览表

市（县）	可采资源量/(万 m³/a)	市（县）	可采资源量/(万 m³/a)	市（县）	可采资源量/(万 m³/a)
南京市区	6303	徐州市区 △	15300	泰州市区	2193.7
南京市区 △	1260	丰县	4002.8	泰州市	6978.8
江宁县 △	1803	沛县	6269.5	靖江市	3686.5
江浦县 △	850	铜山县 △	18800	姜堰市	3104
六合县	3385	铜山县	1000	兴化市	722.7
溧水县 ▲	625	睢宁县	3322.1	南通市区	730

续表

市（县）	可采资源量 /(万 m³/a)	市（县）	可采资源量 /(万 m³/a)	市（县）	可采资源量 /(万 m³/a)
高淳县▲	1668	新沂县	4310.6	海门市	2559
苏州市区	500	邳州市	3880	启东市	3063.8
吴县市	1650	扬州市区	400.3	如东县	1658.9
吴江市	996	邗江县	1192.7	通州市	2390.8
昆山市	1310	仪征	313.7	如皋县	1903.1
太仓市	3610	江都市	4105.5	海安县	3232.4
常熟市	3425	高邮市	3935.2	镇江市区 △	1320
张家港市	5420	宝应县	4133.5	丹徒县 △	970
无锡市区	80	盐城市区	664.9	丹徒县	4000
锡山市	1020	盐都县	913.2	丹阳市 △	920
江阴市	1944	东台市	4101.5	丹阳市	400
宜兴市 △	3737.6	建湖县	1323.8	扬中市	2656
常州市区	1500	响水县	1060.1	句容县 △	1200
武进市	3407	阜宁县	1734	句容县▲	500
金坛市▲	200	大丰市	1994.4	淮安市区	1041
溧阳市 △	500	滨海县	2335.2	淮阴县	1896
溧阳市▲	1000	射阳县	2379.2	涟水县	2505
连云港市区▲	540.6	宿迁市区	547.54	洪泽县	2091
赣榆县▲	1974.3	宿豫县	2409	盱眙县▲	2600
东海县▲	2622	沭阳县	1309.8	金湖县	1969.9
灌云县	247.4	泗阳县	1357.1	楚州区	2340
灌南县	798.2	泗洪县	4368.3		

注　表中 △ 为岩溶水可开采量，▲为裂隙水可开采量，未标的为孔隙承压水可开采量。

江苏省的可开采储存量实际上应该称为可开采量，由越流补给、侧向径流补给组成，基本上不动用弹性储存量、压密释水量。

三、三水转化及水资源变化趋势

江苏省多年平均降水量 998 亿 m³/a，其中形成地表水径流量 251.3 亿 m³，地下水天然资源补给量为 184.85 亿 m³，其中大气降水转化成地下水量为 157.43 亿 m³，转化率为15.8%。由于江苏省地表水与地下水大多数为互补关系，故基本上未计算地表水对地下水的补给量（长江、大运河对地下水多年平均补给量为 2.16 亿 m³。属于过境水量，可不算作重复量）。

在大气降水量中，除形成地表水径流和入渗补给地下水外，约有 589.27 亿 m³ 的降水量为地面蒸发量，即降水量转入蒸发的转化系数为 59.0%。

因江苏省以地势低平的水网平原为主，除分布发育浅层含水层外，下伏均分布有承压含水层，其可开采储存量均有上覆浅层水下渗补给，浅层水转为深层地下水的理论转化率为 11.3%，为 20.88 亿 m^3；深层水主要以开采的方式进行排泄，故浅层水转化为深层水的实际入渗量即为深层水的年开采量 10.09 亿 m^3，现状中全省潜水和第 I 承压地下水年开采量为 8.25 亿 m^3，仅占可采资源量的 4.46%，其余量均为就近补给地表水或转入蒸发，为 166.51 亿 m^3，约占总补给资源量的 90.08%。

第一次全国地下水资源评价时江苏省的天然补给资源量、可开采资源量分别为 207.94 亿 m^3/a、114.13 亿 m^3/a，本次评价的量分别为 184.86 亿 m^3/a、129.84 亿 m^3/a，天然补给资源量减少的原因是本次评价中计算大气降雨入渗补给量时扣除了稻田里的入渗补给量，共 20.99 亿 m^3/a，开采造成地下水水力坡度的加大，地表水体向地下水补给增量为 2 亿～3 亿 m^3/a。可开采资源量的变化原因是本次计算与上次计算的方法不一样，本次计算基于积累了二三十年长观监测资料，根据多年来的地下水年变幅和设定有效降深进行的，结果更趋合理。

第五节　地下水资源潜力分析

一、主要城市地下水资源分布概况

江苏境内除南京、镇江、连云港 3 个城市的地下水开发利用程度低外，其余 10 个中心城市的地下水的开采利用强度最大。城市地区地下水开采利用以深层地下水为主，在一般的城市区，开采量中大部分应用于工业，仅徐州、常州市区地下水开采量中主要用于城市的生活供水，各主要城市地下水资源分布情况见表 2-25。

表 2-25　　　　　　　　　各中心城市地下水资源分布一览表

中心城市区	面积 /km^2	地下水类型	含水层代号	浅层地下水天然补给资源量 /（万 m^3/a）	深层地下水可采资源量 /（万 m^3/a）	浅层地下水可采资源量 /（万 m^3/a）	备 注
常州	280	承压孔隙水	I、II、III	5160	1500	5162	可采量为 II 承压量
无锡	517	承压孔隙水	II	10400	80	12188	II 承压分布面积约 100km²
苏州	392	承压孔隙水	I、II	7264	500	8707	
南通	224	承压孔隙水	I、II	3046	730	6690	III 承压可采资源量
泰州	428	承压孔隙水	I、II、III	11395	2193.7	12525	
扬州	148	承压孔隙水	I、II	1968	400.3	2335	
盐城	423	承压孔隙水	II、III、IV	7683	664.9	6401	矿化度 1～3g/L
淮安	423	承压孔隙水	I、II、III、IV	7493	1041	5637	
徐州	963	岩溶水	岩溶水	23425	15300	22450	丁楼、茅村、七里沟水源地
宿迁	136	承压孔隙水	I、II	3087	547.5	2544	

据 1999 年度城市区地下水开采量（深层地下水）调查统计资料，全省 13 个中心城市地下水年开采量为 24687 万 m³/a，占全省深层地下水总开采量的 24.5％。13 个中心城市区 1999 年度总供水量为 269379 万 m³/a，所采地下水占总供水量的 9.2％，而 90.8％的量利用地表水供水，在城市地下水开采量中，生活饮用水为 12851.31 万 m³/a，生产用水量为 11824.71 万 m³/a，分别占地下水总开采的 52％和 48％，各中心城市区水资源的开发利用状况见表 2-26。

表 2-26　　　　　　　　　　中心城市区水资源开发利用一览表

城市	全年供水量/万 m³	用水量/万 m³			用水比例/%			使用比例/%		地下水开采量/万 m³			地下水用水比例/%	
		生活	生产	农业及绿化	生活	生产	农业	地表水	地下水	总量	生活	工业	生活	工业
苏州	25698	9308	9947	6443	36.2	38.7	25.1	92.0	8.0	2047	614.10	1432.90	30	70
常州	15291	7008	7036	1247	45.8	46.0	8.2	68.6	31.4	4797	2638.35	2158.65	55	45
无锡	24368	11587	8883	3898	47.6	36.5	15.9	99.5	0.5	117.8	35.34	82.46	30	70
徐州	12859	6958	4031	1870	54.1	31.3	14.5	14.5	85.5	11000	6963.00	4026.00	63.3	36.6
淮阴	6723	1887	2518	2318	33.0	44.0	40.5	76.7	23.3	1563.1	547.09	1016.02	35	65
南通	8393	4759	3634		56.7	43.3	0.0	90.5	9.5	796	318.40	477.60	40	60
盐城	7408	2909	2892	1607	39.3	39.0	21.7	83.1	16.9	1250	625.00	625.00	50	50
扬州	10792	3654	4641	2497	33.9	43.0	23.1	95.5	4.5	484.5	145.35	339.15	30	70
南京	132235	49674	81978	583	62.0	37.6	0.4	99.1	0.9	1143.8	457.52	686.28	40	60
镇江	12130	4391	6719	1020	36.0	55.0	9.0	96.5	3.5	422	168.80	253.20	40	60
连云港	6931	3875	3056		56.0	44.0		99.4	0.6	43.7	13.11	30.59	30	70
宿迁	856	453	259	144	53.0	30.0	17.0	85.5	14.5	124.1	55.85	68.26	45	55
泰州	5695	3073	1858	764	54.0	32.6	13.4	84.2	15.8	898	269.40	628.60	30	70

二、剩余量分析

省域内除徐州市、宿迁市主要开采利用岩溶水和第四系浅层孔隙地下水外，其他各市均以开采利用深层地下水为主。20 世纪 80 年代进行的地下水资源评价，着重计算地下水资源的天然补给资源量，对深层地下水的可采资源量及储存量作了概略估算。自 20 世纪 90 年代后开始进行的市县地下水资源调查评价工作，是依据水利部门的委托，完全按行政区划开展工作，且各项目的工作任务和目标各不相同，工作的重点在于评价各市县行政区内地下水主采层的可开采资源量，其边界划定及定性、地下水流场变化分析、地下水动态资料的利用也有较大的差距，所获得的成果同样也不尽如人意。全省 80％以上为平原区，地表水系发育，浅层地下水含水层因其岩性以细颗粒的亚黏土、亚砂土、粉砂为主，透水性和富水性均较差，虽然蕴藏的资源量很丰富，但形成规模开采存在较大的难度。在以往的水文地质工作中（除局部地区外），都没有进行详细的工作和研究，在资料的分析研究方面留下了较大的空缺，同时，有许多专家认为如果大规模开采利用浅层地下水所带来的环境地质问题将更加严重化。因此，本次的地下水资源剩余量分析，重点针对平原区深层地下水及徐州地区的岩溶地下水展开。各市（县）深层地下水开采剩余量及开采潜力分析见表2-27、表2-28。

表 2-27　　　　　　各市（县）深层地下水开采潜力统计一览表

市（县）		面积/km²	开采层次	可采资源量/（万 m³/a）	现状开采量/（万 m³/a）	剩余量/（万 m³/a）	开采潜力指数 p
苏州市	市区	392	Ⅱ	500	2047.0	−1547	0.24
	吴县市	1258	Ⅱ	1650	2190.1	−540.1	0.75
	吴江市	1093	Ⅱ	996	1432.2	−436.2	0.70
	昆山市	865	Ⅱ Ⅲ	1310	1553.1	−243.1	0.84
	太仓市	620	Ⅱ Ⅲ	3610	3619.0	−9.0	0.998
	常熟市	1094	Ⅱ Ⅲ	3425	3336.8	88.2	1.03
	张家港市	772	Ⅱ	5420	5214.0	206.0	1.04
常州市	市区	280	Ⅱ	1500	4797	−3297	0.31
	武进市	1584	Ⅱ	3407	3746.4	−339.4	0.91
	金坛市	976	裂隙水	200			
	溧阳市	1535	裂隙水	1500			
南通市	市区	224	Ⅰ Ⅲ	730	795.7	−65.7	0.92
	海门市	939	Ⅲ	2559	2566.9	−7.9	1.00
	启东市	1208	Ⅲ	3063.8	2524.9	538.9	1.21
	如东县	1733	Ⅲ Ⅳ	1658.9	1039	619.9	1.60
	通州市	1297	Ⅲ	2390.8	1467.9	922.9	1.63
	如县	1492	Ⅰ Ⅱ	1903.1	144.3	1758.8	13.19
	海安县	1108	Ⅰ Ⅱ	3232.4	1425.7	1806.7	2.27
南京市	市区	1026	岩溶水	7563	1143.8	6419.2	6.61
	江宁县	1573	岩溶水	1803	523.1	1279.9	3.45
	江浦县	746	岩溶水	850	62	788	13.71
	六合县	1383	Ⅰ	3585	456.9	3128.1	7.85
	溧水县	1067	裂隙水	625	15.4	609.6	40.58
	高淳县	802	裂隙水	1668	42.8	1625.2	38.97
镇江市	市区	273	裂隙水	1320	421.6	898.4	3.13
	丹徒县	810	岩溶水Ⅰ	4970	490	4480	10.14
	丹阳市	1043	岩溶水	1320	72.4	1247.6	18.23
	扬中市	332	Ⅰ Ⅱ	2656	590	2066	4.50
	句容县	1385	裂隙水	1700	160	1540	10.63
	市区	517	Ⅱ	80	117.8	−37.8	0.68

续表

市（县）		面积/km²	开采层次	可采资源量/(万 m³/a)	现状开采量/(万 m³/a)	剩余量/(万 m³/a)	开采潜力指数 p
无锡市	锡山市	1114	Ⅱ	1020	2379.4	−1359.4	0.43
	江阴市	980	Ⅱ	1944	3300.8	−1356.8	0.59
	宜兴市	2039	岩溶水	3737.6	139.5	3598.1	26.79
	市区	423	Ⅲ Ⅳ	664.9	1250	−585.1	0.53
盐城市	盐都县	1305	Ⅲ Ⅳ	913.2	1214	−300.8	0.75
	东台市	2267	Ⅲ Ⅳ	4101.5	1909.3	2192.2	2.15
	建湖县	1140	Ⅲ Ⅳ	1323.8	1150	173.8	1.15
	响水县	1363	Ⅲ Ⅳ	1060.1	840.6	219.5	1.26
	阜宁县	1443	Ⅲ Ⅳ	1734	932.9	801.1	1.86
	大丰市	2367	Ⅲ Ⅳ	1994.4	1917.6	76.8	1.04
	滨海县	1880	Ⅲ Ⅳ	2335.2	1225	1110.2	1.91
	射阳县	2795	Ⅲ Ⅳ	2379.2	1214.6	1164.6	1.96
	市区	347	Ⅱ Ⅲ Ⅳ	1041	1563.1	−522.1	0.67
淮阴市	淮阴县	1264	Ⅱ Ⅲ	1896	43.8	1852.2	43.29
	涟水县	1670	Ⅱ Ⅲ Ⅳ	2505	1637.9	867.1	1.53
	洪泽县	1394	Ⅰ Ⅱ Ⅲ	2091	936.2	1154.8	2.23
	盱眙县	2493	裂隙水	2600	138.4	2461.6	18.79
	金湖县	1344	Ⅰ Ⅱ Ⅲ	1969.9	629.7	1340.2	3.13
	淮安市	1560	Ⅱ Ⅲ Ⅳ	2340	1690.2	649.8	1.38

表 2−28　　　　　　　　　　各市深层地下水开采潜力统计一览表

城　市	矿化度	可采资源量/(万 m³/a)	现状开采量/(万 m³/a)	剩余量/(万 m³/a)	开采潜力指数 p
苏州市	$M<1$	98700	5244.9	93455.1	18.82
	$1 \leqslant M \leqslant 3$	1900		1900	
无锡市	$M<1$	39000	3775.8	35224.2	10.33
常州市	$M<1$	43500	3121	40379	13.94
南通市	$M<1$	600	36.5	563.5	16.44
	$1 \leqslant M \leqslant 3$	33400	1616.2	31783.8	20.67
	$3<M<5$	124300	5600.3	118699.7	22.20
泰州市	$M<1$	30500	2031.5	28468.5	15.01
	$1 \leqslant M \leqslant 3$	49100	2905.5	46194.5	16.90
	$3<M<5$	6200	389.6	5801.4	15.55
扬州市	$M<1$	66200	4646	61554	14.25

续表

城　　市	矿化度	可采资源量 /(万 m³/a)	现状开采量 /(万 m³/a)	剩余量 /(万 m³/a)	开采潜力指数 p
盐城市	$M<1$	7900	436.2	7463.8	18.11
	$1\leqslant M\leqslant 3$	7200	427.4	6772.6	16.85
	$3<M<5$	195700	7473.4	188226.6	26.19
淮安市	$M<1$	101300	4985.5	96314.5	20.32
	$1\leqslant M\leqslant 3$	11600	494.5	11105.5	23.46
	$3<M<5$	5700	243	5457	23.46
宿迁市	$M<1$	109500	5731	103769	19.11
	$1\leqslant M\leqslant 3$	600		600	
	$3<M<5$	2100		2100	
连云港市	$M<1$	23600	1543.4	22056.6	15.29
	$1\leqslant M\leqslant 3$	1700	109	1591	15.60
	$3<M<5$	46700	506.3	46193.7	92.24
徐州市	$M<1$	184700	9508	175192	19.43
	$1\leqslant M\leqslant 3$	4500		4500	
南京市	$M<1$	59800	3660	56140	16.34
镇江市	$M<1$	40600	2537.1	38062.9	16.00
	$1\leqslant M\leqslant 3$	1900		1900	

三、有待进一步查明的地下水资源

1. 太湖平原区浅层地下水资源

苏锡常太湖平原区，是江苏省域内深层地下水开采强度最大、超采最为严重的地区。由于长期超量开采，已形成几乎覆盖全区的地下水水位降落漏斗区，其降落漏斗分别与上海市和浙江的杭嘉湖平原区相连，漏斗中心水位埋深达 87m（无锡市洛社镇 2000 年 8 月）。随着水位埋深不断加深，引发了一系列地面沉降、地裂缝地质灾害。为此，省政府于 2000 年年底下达了深层地下水的禁采令，在 2005 年全面禁采深层地下水。该区内浅层含水层广为分布发育，岩性以粉细砂为主，厚度变化较大，在沿江地区及苏州东部地区，砂层厚度可达 15~35m，平原腹地地区厚度一般在 10~15m，且水质良好，易接受大气降水的入渗补给，所蕴藏的资源量较丰富。在以往多次的水文地质工作中，因没有解决好该含水层岩性颗粒细、出水量较小的难题，往往忽视了对该含水层勘察研究，导致到目前为止对该层地下水资源尚未很好地开发利用。随着省政府禁采令的全面实施，在区域供水一时难于形成的条件下，迫切需要开展对区内浅层地下水资源开发利用方面的试验研究工作，以解决停采深层地下水后在一些偏远城市供水网的农村地区生活供水的水源问题。

2. 苏北深层地下水资源

苏中地区是新生代沉降盆地，在新近系时期，沉积了一套内陆湖泊相的堆积物，堆积厚度达 500～2000 余 m，顶板埋深 250～350m。地层胶结程度较差，呈半胶结状，其间发育分布有 6～12 层砂层，蕴藏有水质良好、水量较丰富的地下水资源。据盐城、南通地区已有的 500～1000m 开采深井资料，如成井 1～2 个含水砂层，单井涌水量可达 1000～2000m³/d，其水温也随深度加深不断升高，在地温异常带内，在上述深度内已揭露有 40～50℃的中低温热水。苏北沿海地区，是江苏沿海经济的重要发展地带，由于浅部均分布有微咸水和半咸水，第Ⅲ、Ⅳ承压淡水含水层目前已有较大面积超量开采，淡水资源紧缺一直困扰着该区内的建设和发展。如果采用从长江引水，其工程量十分巨大，沿途所经的城镇较多，水质难于保证。因此，对该地区内深部地下水资源勘察研究工作，有着十分重要的意义。

第六节 地热与矿泉水

一、地热基础资料

1. 地面表层地温和异常

地表面的热状态是地球温度场的有机组成部分。地面温度的高低随所处纬度、季节而异，同时也受深度的影响。取自南京信息工程大学（原南京气象学院）的本省累计年平均气温及 0m、0.2m、1.6m 累计年平均地温数据，为我们认识江苏地表热状态提供了依据。由图 2-1 可看出，地温等值线多呈北西西向，显示了江苏东部海域水温低于大陆同纬度地温，局部地段出现等值线向北凸出或自形圈闭成异常，如，1.6m 深地温等值线，16℃在沭阳-泗阳、建湖-阜宁-射阳两地，17℃线在泰州-泰县附近均向北凸出，17.5℃线和18.5℃线在宜兴-常州一线亦向北凸出。此外，在邳州-新沂-沭阳-东海-宿迁一带、洪泽-盱眙一带、兴化-高邮一带出现三个局部异常，由于上述温度数据均为多年累计平均值，同一纬度上各点所受辐射热影响应近似相等，加之东海、深阳、泰州、常州等地异常均有深部异常与之对应，故地表异常可能是深部固有热异常在地表的反映，可以作为寻找深部热异常的间接依据之一。

2. 恒温带埋深及温度

目前省内这方面的资料较少，仅南京、徐州、东海地区进行过实测。恒温带温度因地而异，如南京地区 20m 深地温为 18℃，徐州地区 25～30m 深的地温 16.6～16.8℃，而汤庙温泉区缺失恒温带，地表以下地温急剧升高，显示出地温异常状态。

3. 岩石热导率

热导率是地热研究中最基本的热物性参数，此次共收集到 24 口井及部分露头区 100多块岩样的热导率数据。其中 1 口位于东海，3 口分布于苏南地区，其余均集中在苏中地区。岩样的地层时代从古生代、中生代到新生代均有，且新生界岩样数量居多，岩性有泥岩、砂岩、碳酸盐岩类以及火成岩等。这些热导率数据取自南京大学地球科学与工程学院和江苏省地质矿产勘查局第一、第二水文队等单位。现汇集建立江苏地区地层热导率柱（表 2-29）。它总体反映了从新生界至古生界岩石热导率逐渐增大，但是戴南组砂岩相对偏高，赤山组砂岩、浦口组砂岩及奥陶系碳酸盐岩热导率偏低。一般情况下，碳酸盐岩热

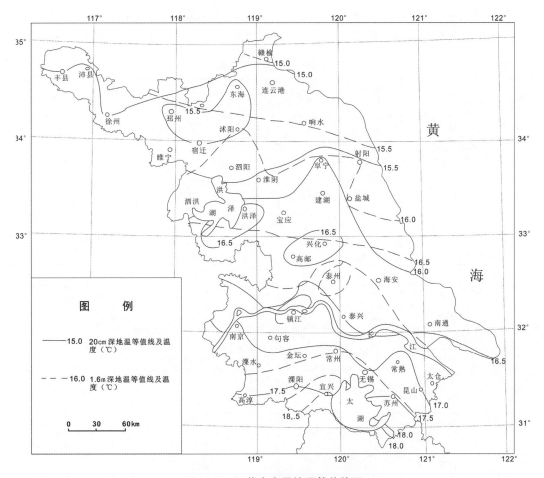

图 2-1　江苏省表层地温等值线图

导率高于碎屑岩，火成岩类岩石偏低；变质岩比其相应原岩的热导率低，砂岩在富水条件下的热导率值比干燥条件下的高。

4. 大地热流特征

大地热流是地球内热在地表单位面积上和单位时间内向太空散发的热量，它的计算是根据傅里叶定理：

$$q = -k \frac{dT}{dH} \tag{2-14}$$

式中　q——地表热流量，mW/m^2；

　　　k——岩石热导率，$W/(m \cdot k)$；

　dT/dH——地温梯度，$℃/100m$；

　　　——热流方向与地温梯度方向相反。

一般而言，相应井段的岩石热导率和地温梯度的乘积即为该井段的热流值。理论上，在同一钻孔中，上部井段的热流值应高于下部井段，因为上部井段除传递下部热流外，还有其自身的放射性生成热，实际上，由于岩石热导率和地温梯度测量误差的共同影响，实际计算结果无法反映上大下小这一微小变化。目前，一般取不同井段的平均值来代表全井大地热流值。实测热流值，要求在专为热流研究的钻孔中进行地温测量和采取岩样。

表 2 - 29　　　　　　　　　　　　　　江苏地区地层热导率柱

地层	主要岩性	热导率/[W/(m·k)]	测试块数	地层	主要岩性	热导率/[W/(m·k)]	测试块数
Q_4	黏土	2.206	1	Ef^1	砂岩	2.461	4
Q_3	黏土-粉砂土	2.596	7	Et	泥岩	2.49	1
Q_{1+2}	黏土、亚黏土	2.809	3		砂、砾岩	2.787	3
	细砂	1.858	2	K_2c	砂岩	1.33	6
N	黏土-亚砂土	2.478	27	K_2p	泥岩	2.35	1
	中粗、中细砂	2.09	8		砂岩	2.156	3
E_s	泥岩	1.435	2	J	火山岩	2.21	1
	砂岩	1.59	2		石英细砂岩	2.344	3
E_d	泥岩	2.12	1		泥质粉砂岩	1.591	2
	砂岩	3.047	4	T_{1-2}	灰岩	3.091	3
Ef^4	泥岩、泥灰岩	1.72	2	P_{1s}	灰岩	3.25	5
	砂岩	1.856	2	C	碳酸盐岩	3.36	3
Ef^3	泥岩	1.68	1	D	砂岩	3.737	4
	砂岩	2.854	2	O	碳酸盐岩	2.64	2
Ef^2	泥岩	1.81	2		二长花岗岩	2.67	22
	砂岩	3.128	1		次安山斑岩	1.655	4
Ef^1	泥岩	3.172	2		石英闪长斑岩	1.824	3

大地热流的分布与地质构造背景有关，不同构造单元热流值各异。在同一构造单元内，热流值的离散度也较大，这可能是由于在近地表带内进行热流测量时，受到各种因素，如地下水运动、结晶基底起伏、断裂等影响所致。

苏南隆起区上的 8 个热流点中，最低值为南京 R097 孔的 41.9mW/m²，最高值为苏 108 孔的 74.7mW/m²，其余 6 个点除苏 133 孔偏高外，其余 5 个均在 50～80mW/m² 之间。造成 R097 孔热液值低的原因可能是南京地区构造稳定并缺少新生界盖层，而苏 108 和苏 133 两孔热流值偏高则可能是由于所取井段的地层热导率高所致，如苏 108 孔的 1340～1600m 井段，泥盆系砂岩的热导率值为 3.74W/(m·k)；苏 133 孔的 2900～3400m 井段为下青龙组灰岩，其热导率值为 3.053W/(m·k)。本区的大地热流平均值为 58.2mW/m²，略低于全省平均值 60.6mW/m²。

苏中坳陷区：该区的热流点最多，达 49 个，热流值的离散程度也最高，最低值为盐城凹陷中 R041 孔的 38.0mW/m²，最高值为位于吴堡低凸起上 R070 孔的 83.0mW/m²。区内热流值多变化在 50～80mW/m² 之间，平均值为 65.2mW/m²，高于全省平均值。本区为一中新生代坳陷盆地，新生界盖层厚从数百米至数千米不等，基底起伏形成的次级凸起、凹陷呈 NE 向展布。热流分布明显受基底起伏影响。一般情况下，凸起区热流值高于凹陷区，例如泰州低凸起、吴堡低凸起，其热流平均值分别为 71.5mW/m² 和 67.5mW/m²，高邮凹陷平均值为 64.1mW/m²，海安凹陷、金湖凹陷、漆渔凹陷的热流平均值分别为 64.8mW/m²、63.4mW/m²、62.4mW/m²，盐城凹陷为 38.0mW/m²（R041 孔），涟水凹陷为 62mW/m²（苏 80 孔），至于洪泽凹陷，其热流平均值为 72.1mW/m²，比其他凹陷区均高，且高于凸起区，这可能是由于该凹陷内的 3 个热流点 R050、R051、R052 的位置偏向苏鲁隆起和淮阴-响水口断裂一侧，受深部断裂形成的局部凸起影响。

华北准地台区：本省郯庐断裂以西的广大地区，仅有一个热流点，其热流值为 45.5mW/m²，低于本省平均值，也低于华北地区平均大地热流值 61.5mW/m²。

苏鲁隆起区：仅有存村 1 孔，其热流值为 66.1mW/m²，略高于全省平均值。

5. 地温随深度的变化特征

江苏地区地温的纵向变化总体上遵循随深度加大而增高的基本规律。不同构造单元，地温随深度的变化有所差别（图 2-2）。

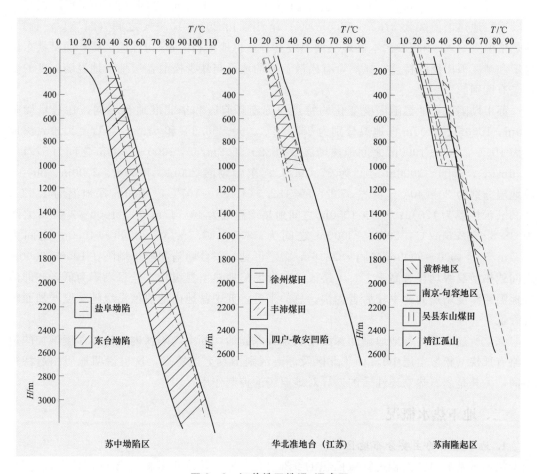

图 2-2 江苏地区地温-深度图

华北准地台，其中的徐州煤田 200m 和 1000m 深地温分别在 20～24℃ 和 35～47℃ 之间，200～1000m 深地热增温级为 34.8～53.3m/℃；丰沛煤田 200m 和 1000m 深地温分别为 20～28℃和 33.5～46℃，200～1000m 地热增温级为 44.4～59.2m/℃；四户-敬安凹陷 200m、1000m、2000m、2600m 深地温分别为 31℃、49℃、75℃、89℃，200～1000m 之间地热增温级为 44.4m/℃，1000～2000m 之间为 38.5m/℃，2000～2600m 之间为 42.8m/℃。可见，徐州煤田的地热增温级略低于丰沛煤田，即地温随深度增加的速率前者较后者为快，四户-敬安凹陷则介于前两者之间。另外，四户-敬安凹陷 1000～2000m 之间地热增温级比上部和下部井段均低，说明地温随深度增加的速率比其上部和下部井段为快。

苏南隆起区，其上不同部位地温及地热增温级的变化较大。黄桥地区，200～1000m 之间（38～42℃，51～54℃）的地热增温级为 61.5～66.7m/℃，1000～2000m 之间（51～54℃，68～75℃）为 47.6～58.8m/℃，2000～3000m 之间（75℃，92℃）为 58.8m/℃；南京-句容地区，200～1000m 之间（22～35℃，36～50℃）地热增温级为 53.3～57.1m/℃，1000～2000m 之间（50℃，67.5℃）为 57.1m/℃，2000～2400m 之间（67.5℃，75℃）为 53.3m/℃；吴县东山煤田，200～1000m 之间（25～26℃，41.5～47.5℃）地热增温级为 37.2～48.5m/℃；靖江孤山 200～1000m 之间（21.5℃，40℃）地热增温级为 43.2m/℃。本区地热增温级具有黄桥地区和南京-句容地区高，而吴县东山煤田和靖江孤山低的特点，显然，有松散盖层的地段与缺少松散盖层地段地温随深度的变化是有区别的。

苏中坳陷区，地温随深度变化的特点与苏南隆起区和华北准地台不同，在盐阜坳陷 200m、1000m、2000m 深地温分别为 25～42℃、50～56.5℃和 67.5～73℃，3000m 深地温为 105℃，200～1000m 之间地热增温级为 32～55.2m/℃，1000～2000m 之间为 57.1～60.6m/℃，2000～3000m 之间为 37.0m/℃；东台坳陷 200m、1000m、2000m、3000m 深地温分别为 20～40℃、40～57℃、59～82.5℃、85～107℃，4000m 深地温为 135℃，5000m 深地温为 170℃；200～1000m 之间地热增温级为 40～47m/℃，1000～2000m 之间为 38.5～52.6m/℃，2000～3000m 之间为 38.5～41.7m/℃，3000～4000m 之间为 35.7m/℃，4000～5000m 之间为 28.6m/℃。可见，东台坳陷和盐阜坳陷在 1000～2000m 之间地热增温级均显著高于上、下层段；东台坳陷地热增温级较之盐阜坳陷为低，亦即前者地温随深度增加的速率较后者为快。总的来看，苏中盆地内地热增温级随深度增加而略有降低。

综上所述，区内各地地温随深度增长是有差异的，苏中坳陷区内地温随深度增加的速率略有加快（松散盖层中），而华北区及苏南区则不具上述特点，这也说明地质构造特征不同，尤其是岩石热物理性质的差异对地温场的控制作用。

二、地下热水概况

1. 地下热水的主要分布地区

江苏省基岩出露面积占省域面积的 9% 左右，地下热水天然露头较少，且多数为中、低温热水，全省曾进行省域范围的热水调研及有关地段的地热勘察及开发工作。主要分布在以下地区：

（1）东海县汤庙温泉的温度为 47.5℃。钻孔深 30m 处，水温 82℃；孔深 250m 处，水温 90℃；孔深 545m 处，水温 94℃。本质类型为氯化物钙钠水，矿化度为 1.18g/L，含氡 13.2em/L。

（2）南京市汤山温泉开有 2 口井，井口温度分别为 72℃、73℃，水化学类型为硫酸钙水，矿化度为 1.7g/L，含氡 20em/L，气体成分中氮气占 93.64%，氧气占 3.4%，酸性气体占 2.8%。取水层岩性为碳酸盐岩，取井地点及地理坐标分别为：美泉路以南、泉都大街以西，坐标 $X = 146285.025$，$Y = 154225.677$（南京地方坐标）；圣汤大道以东、泉都大街以南，坐标 $X = 145711.662$，$Y = 155088.770$（南京地方坐标）。井在大降深条件下出水量分别为 2268.72m^3/d（61.38m 降深）、418.08m^3/d（61.28m 降深）；核定可开采量分别为 411m^3/d、274m^3/d。井深分别为 1501m、2005.68m，井的取水层位分别为 460～1400m、700～1900m 井段。

（3）南京浦口区汤泉共由 29 处泉眼组成，最高温度为 43℃，钻孔孔口水温达 52℃，全区热水天然露头总流量约为 6500t/d，水化学类型为硫酸钙水，矿化度为 2.3g/L。在利用天然温泉的基础上，开凿了人工热水井，水温 42℃，其水化学类型为 $SO_4 - Ca$ 型，矿化度 2.6g/L，属于氟医疗热矿水，取水层的岩性为灰质白云岩、灰岩，取井地点为汤浦堰天然温泉浴室西北侧约 50m。井的出水量估测在 500m^3/d 以上，井深为 450m，取水层位 250～450m 井段，厚度约 200m。

（4）南京市浦口区琥珀泉水温 32.2℃，水化学类型为硫酸重碳酸钙镁水，矿化度为 1.8g/L，自流量约 500m^3/d。

（5）南京市浦口区响水泉水温 30.4℃，水化学类型为硫酸重碳酸钙镁水，矿化度为 1.35g/L，自流量约 3000m^3/d。

（6）南京市浦口区浦镇珍珠泉水温 22.3℃，水化学类型为重碳酸硫酸钠镁水，矿化度为 59g/L，泉水自流量达 1 万 m^3/d。

经过钻探揭露的部分热水有：

（7）大丰县小海温泉孔口水温 48℃，水化学类型为氯化物重碳酸钠水，矿化度为 1.75g/L，成井后自流量为 72m^3/d。

（8）东台市台南凤凰泉石油钻井揭露后 1973 年成井，井口水温 38.6℃，可开采量 400m^3/d，水化学类型为重碳酸钠水，矿化度小于 1g/L。

2008 年在东台市中心开凿新的深井抽取地下热水进行利用，水温 41℃，其水化学类型为 $HCO_3 \cdot Cl - Na$ 型，矿化度小于 1g/L，属于偏硅酸热矿水，取水岩性为砂岩，取井地点为东台市东园路附近。井的最大出水量超过 1000m^3/d，井深 800m，取水层位为 560m 以下的第 V 承压含水层。

2014 年在东台市弶港镇开凿新井，水温 50℃，其矿化度类型为 $HCO_3 - Na$ 型，矿化度 0.6g/L，取水岩性为泥岩、砂质泥岩夹粉细砂岩。取井地点及地理坐标：东台市弶港镇新曹社区永丰林生态园内；地理坐标：东经 120°44′12.25″，北纬 32°51′48.13″。可开采量为 3096m^3/d，井深 1474.2m，取水层位 1187.1～1456m 井段，厚度 100m。

（9）盐城市纺织分厂热水井地热勘探成井，井口水温 48℃，自流水量达 432m^3/d，抽水试验单井涌水量为 1308m^3/d，水化学类型为重碳酸氯化钠水，矿化度为 0.86g/L。

（10）丹徒县韦岗热水为铁矿勘探所揭露，水温 45℃，当时自流量为 700m^3/d，水化学类型为硫酸钙水，矿化度为 1.48g/L。

（11）泰县采菱桥热水井为石油钻探后成井，水温 70℃，单井出水量 4000m³/d，水化学类型为氯化物重硫酸钠水，矿化度为 2.5g/L 左右。

（12）泰县港口热水井亦为石油钻探后成井，水温 38℃，水化学类型为氯化物重碳酸钠水，矿化度约 2g/L。

（13）南京市汤山镇西古泉大队热水井为 1985 年凿井发现，井口水温 35.2℃，水化学类型为硫酸钙镁水，可采水量为 1200m³/d，含锶、硼等多种微量元素。

（14）南京江宁区谷里镇温泉水温 48℃，其水化学类型为 Cl·SO₄－Na·Ca 型，矿化度 3g/L，取水层岩性为砂岩。取井地点及地理坐标：南京市江宁区谷里镇西石坝小方村；地理坐标：北纬 31°52′34″，东经 118°39′37″。井的最大出水量 510m³/d（47.78m 降深），核定可开采量为 521m³/d（50m 降深），井深为 1968m，取水层位 1100～1868m 井段的多个裂隙发育带，累计厚度 70m。

（15）溧阳市戴埠镇温泉水温 48℃，其水化学类型为 SO₄－Na 型，矿化度 1.2g/L，取水层岩性为花岗岩、石英砂岩。取井地点及地理坐标为：溧阳市戴埠镇南村；东经 119°30′37″，北纬 31°15′24″。井的最大出水量 507.80m³/d，井深 1788m，取水层位 902～908m、1080～1090m、1230～1250m、1530～1535m、1600～1610m、1760～1765m 井段，厚度 56m。

（16）溧阳市溧城镇温泉水温 58℃，其水化学类型为 HCO₃·SO₄－Na 型，矿化度 1.4g/L，取水层岩性为火山岩。取井地点及地理坐标：溧阳市溧城镇西郊沙仁村；东经 119°24′29.07″，北纬 31°24′30.94″。井在大降深条件下的最大出水量 809.98m³/d（80.1m 降深），核定可开采量为 280m³/d（20m 降深），井深 2008m，取水层位 1234.3～1381.3m 及 1721～1893m 两段，厚度 319m。

（17）无锡市马山温泉水温 32℃，其水化学类型为 HCO₃－Na 型，矿化度 1g/L，属于氟、偏硅酸医疗热矿水，取水层岩性为砂岩。取井地点及地理坐标：无锡市马山圣芭芭拉小区内，紧靠马山梅梁路；东经 120°07′21″，北纬 31°26′56.7″。井的最大出水量 402m³/d，核定可开采量为 280m³/d，井深 3013m，取水层位 858.7～884.9m 及 1241.5～1406.6m 两段，厚度 191m。

（18）苏州市孙坞温泉水温 36℃，其水化学类型为 HCO₃·Cl－Na·Ca 型，矿化度 0.6g/L，属于偏硅酸热矿水，取水层岩性为砂岩，取井地点及地理坐标：苏州市吴中区金庭镇西山岛缥缈路孙坞附近；东经 120°15′29″，北纬 31°07′21″。井的最大出水量 411.87m³/d（26m 降深），可开采量为 458m³/d（30m 降深），井深 2100m，取水层位 911～1979m 井段裂隙发育的八段，厚度 29m。

苏州市大龙山温泉水温 45℃，其水化学类型为 HCO₃－Na·Ca 型，矿化度 0.6g/L，取水层岩性为石英砂岩，取井地点及地理坐标：苏州市吴中区金庭镇缥缈村大龙山；东经 120°15′14.26″，北纬 31°04′59.42″。井的最大出水量 3486.59m³/d（54.2m 降深），可开采量 3217m³/d（50m 降深），井深 1501.91m，取水层位 820.52～1417.58m 井段，共计 14 处破碎带，厚度 30m。

（19）吴江市横扇镇温泉水温 45℃，其水化学成分中锶离子达到命名矿水浓度，溴、锂、偏硼酸含量均达到矿水浓度，氟离子含量达到医疗价值浓度，命名为锶型温热矿水。取水层岩性为角砾熔岩、安山岩、凝灰岩，取井地点及地理坐标：吴江市横扇镇城新村；东经 120°34′57″，北纬 31°04′51″。井的最大出水量 383m³/d（55.84m 降深），可开采量 350m³/d（50m 降深），井深 1830m，取水层位 697～1714m 井段。

松陵镇温泉水温 56℃，其水化学成分中氟离子达到命名矿水浓度，偏硅酸达到矿水浓度，命名为氟型温热矿水。取水层岩性为粉砂岩、细砂岩，取井地点及地理坐标：吴江市松陵镇区以南 7km；东经 120°36′14.5″，北纬 31°06′5.87″。井的最大出水量 509.77m³/d（56m 降深），可开采量 462m³/d（50m 降深），井深 3000m，取水层位 1204～1800m 井段。

（20）宿迁市宿城区温泉水温 52℃，其水化学类型为 $SO_4 - Na$ 型，矿化度 7.8g/L，取水层岩性为角闪斜长片麻岩，取井地点及地理坐标：宿迁市宿城区黄河南路项王故里景区内；东经 118°17′49″，北纬 33°56′33″。井的最大出水量 509.77m³/d（48.74m 降深），可开采量 517m³/d（50m 降深），井深 2503.5m，取水层位 1116.29～1126m、1139～1169m、1830～1867m 井段，厚度 77m。

（21）丹阳市后巷镇温泉水温 45℃，其水化学类型为 $HCO_3 - Ca \cdot Mg$ 型，矿化度 0.7g/L，取水层岩性为白云岩、灰质白云岩，取井地点及地理坐标：丹阳市后巷镇尖山村南约 1.5km；东经 119°42′30.67″，北纬 32°02′31.55″。井的最大出水量 1503.12m³/d，可开采量 1000m³/d，井深 2200.5m，取水层位 1636.21～1825m 井段，厚度 188.79m。

（22）如东县小洋口温泉水温 91℃，其水化学类型为 $SO_4 \cdot Cl \cdot HCO_3 - Na$ 型，矿化度 1.6g/L，取水层岩性为灰岩、砂岩，取井地点及地理坐标：南通市如东县洋口镇小洋口国际温泉城；东经 121°00′7.93″，北纬 32°32′49.81″。井的最大出水量 2480.7m³/d（49.2m 降深），可开采量 1375m³/d（20m 降深），井深 2806.68m，取水层位 1909.66～2803.68m 井段。

2. 梯度值所显示的区域水温场

收集到的温度资料主要为抽水试验时的孔口水温。当含水层的水被抽到地表时，必定要散失部分热量，涌水量越大，孔口水温越接近含水层水温，这样，所测水温比实际值小，因此使用"水温梯度"的概念，定义为含水层水温的相对增温率，计算公式如下：

$$G' = \frac{T' - T_0'}{H'} \tag{2-15}$$

式中 G'——水温梯度；

　　T'——含水层孔口水温；

　　T_0'——全省 0.2m 深地温累计年平均值；

　　H'——含水层中间点埋深。

根据上述公式，分别计算了各钻孔的水温梯度值，并编制了全省水温梯度等值线图，如图 2-3～图 2-5 所示。

江苏省水温梯度主要取决于构造环境及构造活动性，还与中新生代地层发育程度、承压含水层的埋深有关。从图 2-3～图 2-5 可以看出，省内隆起区受工作程度影响，Ⅱ、Ⅲ、Ⅳ承压水层分布局限，面上规律不明显，其水温梯度或高于坳陷区（Ⅱ、Ⅲ），或低

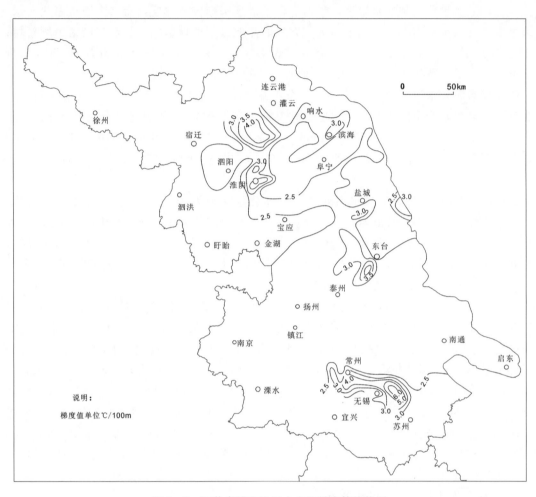

图 2-3 江苏省第Ⅱ承压水水温梯度等值线图

于坳陷区（Ⅳ）。但在苏中坳陷区内部，各承压含水层的水温梯度值，具有次级隆起高于次级坳陷，更次级凸起高于凹陷的特点。如，坳陷区内Ⅱ、Ⅲ、Ⅳ承压含水层的水温梯度分别为 2.28℃/100m、2.48℃/100m、2.62℃/100m，均小于隆起上的相应值 2.50℃/100m、2.72℃/100m、3.40℃/100m；凹陷区内Ⅱ、Ⅲ、Ⅳ承压含水层的水温梯度分别为 2.16℃/100m、2.07℃/100m、2.44℃/100m，凸起上的相应值分别为 2.67℃/100m、3.53℃/100m、2.98℃/100m，显然凸起高于凹陷。凸起上的地温梯度值为 3.22℃/100m，凹陷内的地温梯度值为 2.79℃/100m，同样是凸起高于凹陷。坳陷区内水温梯度值变化之所以呈现上述规律，是因为在坳陷区范围内，当深部热量向地表传递过程中遇到基底与盖层的分界面时，必将发生热流的再分配，热流向凸起或隆起处汇集，从而使凸起（或隆起）上地温增高，而凹陷（或坳陷）内相对较低。另外，在凸起或隆起之上以及其边缘，断裂构造发育，深部热流或深循环热水沿断裂破碎带上升，出现梯度值增高现象，也是造成上述分布的一个原因。

有趣的是水温梯度及地温梯度随深度的变化，在隆起区，随深度的增加而逐渐减小。

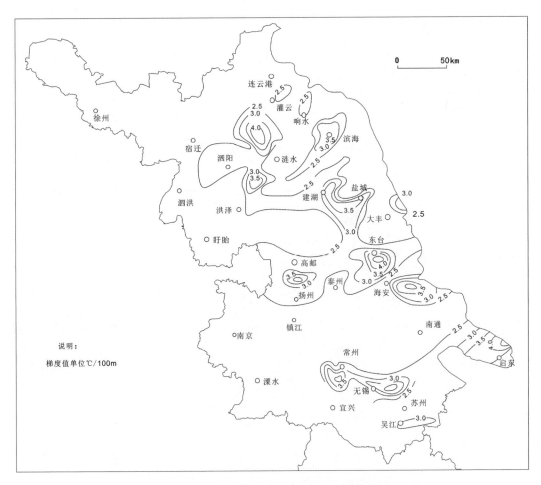

图 2-4　江苏省第Ⅲ承压水水温梯度等值线图

坳陷区的情况则正好相反，随深度的增加，呈加大趋势。这与岩石热导率有关，在隆起区一般松散盖层较薄，热导率较大的基岩层作用较为突出，越向深部传热越快，于是其梯度值相应减小。而在坳陷区正好相反，由于覆盖层热传导率较低，且厚度较大，深部热量向上传递较慢，因此梯度值得以加大。在坳陷区内部，次级隆起和坳陷水温梯度均随深度而增加，但增加的速度不同，隆起快于坳陷。从第Ⅱ到第Ⅳ承压含水岩组，隆起上的水温梯度从 2.5℃/100m 增加到 3.4℃/100m，增长了 36%，坳陷中的水温梯度从 2.28℃/100m 增加到 2.62℃/100m，增长了 14.9%。坳陷中的地温梯度为 2.97℃/100m。坳陷内的次级凸起和凹陷其水温梯度亦具有随深度增加而增大的趋势，如凸起上的水温梯度从 2.67℃/100m（Ⅱ）增加到 2.98℃/100m（Ⅳ），凹陷内的水温梯度从 2.16℃/100m（Ⅱ）增加到 2.41℃/100m（Ⅳ）凸起和凹陷上的地温梯度分别为 3.22℃/100m 和 2.79℃/100m，这反映出在盖层的保护下，次级隆起和凸起更宜积聚热量。

以上为江苏地区水温梯度的统计分布规律，基本上反映了区内水温梯度的分区变化及纵向变化特点。在水温梯度等值线图上（图 2-3、图 2-4、图 2-5），水温梯度高值区一般多分布在坳陷区中的次级隆起和次级坳陷内的凸起之上，以及隆起区上的局部新生界盖

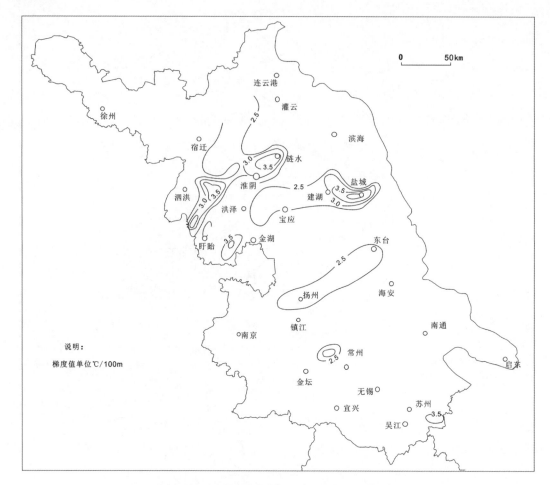

图2-5 江苏省第Ⅳ承压水水温梯度等值线图

层分布区。如，常州-无锡高值区，它位于苏南隆起区上，新生界盖层厚从数十米至数百米不等，第Ⅱ、Ⅲ承压含水岩组的水温梯度等值线呈NWW向展布，水温梯度一般在3～5℃/100m之间。启东第Ⅲ承压含水岩组水温梯度高值区，呈NE向展布，最高水温梯度达6.1℃/100m，一般多高于3.4℃/100m。该高值区除直接反映隆起区高水温梯度背景外，深部隐伏断裂还控制其展布形态，前者受NWW向、NE向和NNE向断裂控制，后者则受NE向和NNE向断裂控制。苏鲁隆起区沭阳东南的周集一带，第Ⅱ、Ⅲ承压含水层也分别构成上、下对应的水温梯度高值区。盐城水温梯度高值区和泰州水温梯度高值区除了受基底凸起控制外，基底断裂，凸起与凹陷边界断裂也是重要的控制因素。其余，如洪泽湖一带第Ⅳ承压含水岩组水温梯度高值区主要受断裂和局部凸起构造控制，而在凹陷内，水温梯度值均较低，未出现水温梯度高值区。

上述水温梯度高值区的范围大小与背景值的选取有关，本区第Ⅱ、Ⅲ、Ⅳ承压含水层的水温梯度平均值分别为2.52℃/100m、2.62℃/100m、2.63℃/100m，因而水温梯度背景值取3℃/100m是可行的。下文圈定的地热异常均以此为依据。当然，在具体圈定异常时还必须考虑许多其他方面的因素。

三、地热异常区概况

地热异常系指地壳热状态异常。省内地热异常与地温场高值区有关。按异常表现形式可划分为地温异常和地下热水异常两类：前者是由深孔测温及地温梯度值、热流值所圈定的地热异常；后者简称水温异常，系由温泉和浅孔出水口水温及换算的水温梯度值圈定的地热异常，两者的含义不同。

1. 地热异常圈定

目前一般认为，地壳平均地温梯度为 3℃/100m，平均热流值为 62.8mW/m²。参考上述标准并结合省内地热地质具体特点，确定以下圈定（异常）原则：

（1）以地温梯度 3℃/100m（少数以 2.8℃/100m）和（或）大地热流值 63mW/m² 作为地温异常的下限值。水温异常以水温梯度≥3℃/100m 和孔口水温必须大于低温热水的最低值 20℃作为圈定依据，在泉群出露区，则以多数泉温在 25℃以上圈定。

（2）地热异常范围的圈定，必须具备控热构造、热储（层）和保温隔热条件。孤立出现的异常点，一般作为异常高值点，但地质构造条件有利时，可作为圈定异常的依据。

2. 地热异常空间分布特征

省内圈定出各类地热异常 35 个，其中地温异常 7 个，水温异常 28 个。在水温异常之中又可按热水赋存条件，含水介质物理性质分为新生界承压孔隙水水温异常和基岩裂隙水、岩溶裂隙水水温异常，后者又常与断裂裂隙水相伴出现。

上述异常分布在本省东部的 21 个地区，这些异常大小不等，外形呈长卵状、团块状，少数呈弯月状和不规则状，大者长达数十公里，小者仅数公里。异常在空间上重叠，即上部出现承压孔隙水水温异常，下部则出现地温异常，或者水温异常呈"多层"产出。其平面投影范围大体相同，或者相距不远，它反映在一定地区，受同一构造条件影响，地温场显示出垂向延续性。此外，限于资料，区内也有呈"单层"出现的地温或水温异常。

现有的 21 个地区地热异常主要出现在江苏东部，其中大部分分布在扬子区，少数在苏鲁区，郯庐断裂西侧华北区的徐州、丰沛地区，包括郯庐断裂沿线，迄今尚未发现明显的地热异常。可见，扬子区是本省地热异常的主要分布区。此外，各地都有一些异常高值点出现。

已知地热异常主要反映了燕山运动以来，特别是挽近地质时期仍在活动的构造体系控制。其中以新华夏系与华夏式构造最为显著，也有东西向构造乃至弧形构造的作用。

受控于新华夏系构造的有汤庙异常、岔河镇异常、伏牛山煤矿异常、韦岗异常（NWW）、海丰农场异常（NNW）、常州-无锡异常（NWW）、沭阳-华冲异常；受控于华夏式构造的异常有洪泽湖异常、淮阴异常、滨海异常、盐城异常、穆农堡异常、泰州异常、海安异常、启东异常；受控于东西向构造的有闵桥异常、罗墅湾-利港异常、吴江异常；以及受控于宁镇弧形构造的江浦汤泉镇异常、汤山异常。有时同一异常同时受到两个构造体系的制约。毋庸置疑，它们反映了上述构造体系及其伴生成分在挽近时期的控热活动。

如若将上述地热异常总体延伸方向结合区域构造考虑，又可发现其中大部分地热异常可归纳为 5 个异常带（图 2-6）。

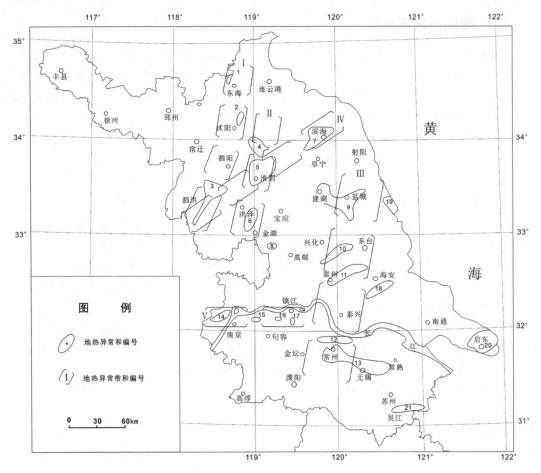

图 2-6　江苏省地热异常带分布图

（1）郯庐断裂东侧异常带。包括东海汤庙异常（1）、洪泽湖异常（3）、沭阳-华冲异常（2）、它们西距郯庐断裂15～20km。

（2）淮阴-金湖异常带。包括周集异常（4）、淮阴异常（5）、岔河镇异常（6）。

（3）常州-盐城异常带。包括盐城异常（9）、穆家堡异常（10）、泰州异常（11）、罗墅湾-利港异常（12）、常州-无锡异常（13）。

（4）洪泽湖-滨海异常带。包括洪泽湖异常（13）、淮阴异常（5）、滨海异常（7）。

（5）江浦-镇江南异常带。包括汤泉镇异常（14）、汤山异常（15）、韦岗异常（16），以及伏牛山煤矿异常（17）。

其中Ⅰ～Ⅲ异常带总体呈NNE向，有可能揭示了地壳较深部位的NNE向（局部近SN向）隐伏构造作用。尤其是Ⅲ带，在盐城、东台、泰州等地重力等值线，单个异常为NE向，却雁行排列为NNE向。Ⅳ带反映了NE向淮阴-响水口断裂的挽近活动，Ⅴ带总体成EW向，揭示了宁镇地区可能存在着EW向的隐伏断裂活动。

此外，滨临江苏东部海岸发育了海安异常（18）、海丰农场异常（19）、盐城异常（9）、滨海异常（17），它们能否构成NNW向异常带，进而揭示了NNW向断裂凸起带的制约作用，有待进一步研究。

　　3. 地热异常分述

　　南京市区：东郊有汤山温泉出露，西边有江浦汤泉出露，市区处于两大温泉中间，从南京市人防工程地质等项目的勘察及物探工作的成果看，找到热水的希望是存在的。市区位于宁镇隆起与宁芜凹陷交界处，宁镇隆起的一侧有钟山岩体及蒋王庙、玄武湖岩体，市区鼓楼以北有几组北西向断裂与北东向断裂交汇，构造导热等可能性存在。玄武湖环洲的水文工程地质勘探钻孔的冬季井口水温达 23℃。模范马路化工学院勘探钻孔，其井口水温 24～25℃。市区宁芜凹陷一侧，有较厚的中生界红层、火山岩及碎屑岩、碳酸盐岩地层覆盖，其下的有利构造部位也存在找热的可能性，故南京市区可作为地热异常地段。

　　盐城地区：在构造上处于苏北坳陷区东部，由一系列凹陷凸起构成，目前发现热异常的有盐城凹陷、阜宁凹陷、大丰凹陷等，盐城凹陷沉积了 1800～4000 余 m 第三纪地层。凹陷呈北东走向，向南倾伏的一箕状沉积盆地，与盐城断裂与建湖隆起接触。20 世纪 70 年代 1：20 万水文地质普查即发现地热异常，目前已有钻孔验证深 630m 处含水层的热水，井口水温 48℃。阜宁凹陷其构造与盐城凹陷类同，没有做过地热地质工作，但已陆续发现地热异常现象，阜宁县新沟镇及阜宁县养殖场部呈地热异常，新沟的水井仅 200m，井口水温 24℃。大丰凹陷也发现小海温泉地热异常，故大丰凹陷、阜宁凹陷同样是有希望的热异常地段。

　　苏州地区：岩浆岩较发育，苏州花岗岩体总面积 56km²，并以岩株等形式侵入有关地层，该区虽无天然热水露头，但钻孔不断揭露到地下热水。如东山煤田勘探时，不少钻孔井口水温在 30℃左右，其中有一勘探钻孔，孔口水温 34℃。光福玉屏山矿泉水井 202m 深，井口水温 22℃，这一地区没有专门进行地热地质工作，但寻找地下热水的前景较好。

　　徐州地区：没有发现地下热水露头，也没有进行过地热地质工作，在石油勘探孔中揭露到热水，这一地区不同时期的岩浆活动较频繁，如有斑井岩体、狼山岩体、马山岩体及利国一带的土山、墓山岩体，在复背斜两侧的次级向斜构造盆地，一般有煤系地层或中生界地层覆盖，在有利的构造部位寻找地下热水是有希望的。

　　地下热水与构造的关系十分密切，江苏地热出露的特点证实了这一点，凡有地下热水出露或揭露到的部位，均与地质构造相关，构造起到了控水与导热等作用。

　　连云港东海县温泉位于横淘乡汤庙村。20 世纪 70 年代，温泉地区可见有 3 个水温在44～48℃的自流温泉，自流量基本稳定在 15m³/h。20 世纪 80—90 年代后期，为进一步开发利用区内的地热资源，陆续增打了 8 眼深井，地下热水的开采规模逐渐增大，目前，年开采量达 36.2877 万 m³。泉水是在郯庐断裂带东侧结晶岩地区略高的大地热流背承下，发育有近南北向、北东向和北西向 3 组断裂带 7 条断层，形成于燕山期花岗岩侵入体（罗庄岩体）的风化带。温泉区地热系统是一个独立完整的、在燕山晚期二长花岗岩岩体中发育起来的裂隙保持深循环对流型地热系统。温泉区内的西晓庄-竹墩断裂是区内延伸远、切割深的区域性断裂，具有良好的控热、控水性。该断裂在温泉区，穿过脆性岩体，形成一定宽度的断裂破碎带，该断裂破碎带在浅部与北西向断裂相互交汇，与地表勾通，在局部地区存在地热异常，在构造破碎带中心，地热水温度较高，向两侧随着混入冷水逐渐增多，地热水温逐渐降低。

盐城地区沿海各县近年来不断揭露到地热异常，这主要由构造引起，沿海地区处于南黄海与苏北盆地连为一体的上地幔隆起区，在北纬 32°～34°、东经 121°～123°范围内，地震频度高，中、小族十分活跃，1981 年 5 月 21 日和 1987 年 2 月 17 日分别发生的 6.2 级和 5.1 级地震，均受北东-北北西向断裂控制，震中在中、新生代盆地中次级断凸、断凹交接处，新构造运动的频繁是沿海地热得以存在的主要原因。

盐城市：盐城地热位于盐城次凹陷之上，凹陷为北东走向、向南倾伏的箕状，南缘与建湖隆起为断层接触，走向东北 55°倾向南西，倾角 55°，构成盐城断裂，地下水经断裂受到热源加温。下面的例子说明地热与断裂构造的关系：1976 年溧阳地震时，盐城制药厂 200m 深井两天大量涌砂，井口水温上升到 50℃，尔后水温又趋正常。1985 年 4 月 18 日，制药厂另一个 400m 深井水温突然升高至 42℃，几小时后，水温下降恢复至 25.3℃，当时恰巧云南昆明北部发生 6.3 级地震。

盐城东台县凤凰泉及大丰县小海温泉均与构造关联。如台南凤凰泉位于苏北坳陷的东台次凹陷上，处于东北向断裂与西北北向断裂的交接部位。平时井口水温 38.6℃，1985 年 5 月 2 日南黄海地震时，井口水温升高至 42℃，说明地震时断裂受到影响，传热途径加大，震后，水温恢复正常。

南京汤山温泉主要分布在汤山山体东侧的汤山镇区和西侧的侯家塘附近，据资料记载，汤山温泉原有泉眼 7 处，1961 年泉的自流量为 1500m³/d。20 世纪 70 年代以后，根据实际需要而开挖了一些浅井，至 1993 年各浅井基本干涸，1994 年南京大旱，各浅井都无地热水可抽。受汤山短轴背斜核部褶皱与断裂控制，组成山体的奥陶系-寒武系上统灰岩、白云岩是本区的主要热储层位。据栾光忠等人研究，汤山温泉受断裂控制，东端跌落，西端下落倾伏，断裂发育，既导通深部热源，又有较好的储水空间。目前，江苏省地质调查研究院在汤山地区的地热勘查工作，进一步解释了汤山温泉的成因，汤山地区地热温泉点、地热井的展布呈北东东向带状展布，且位于北侧隆起与南侧白垩纪盆地的结合部，北北东向断裂构造是汤山温泉控制性断裂。温泉地下水露头的分布与山前隐伏断裂的方向基本一致，不论是平面上还是剖面上都显示与山前隐伏断裂有密切的关系，且温泉出露部位又多分布在次级北北西向断裂附近。

汤泉地热资源位于江浦县汤泉镇，地热泉呈北东东向带状分布，东端转为北东向，长约 23km，宽约 3.5km。汤泉地区共 28 个温泉，4 个热水孔。其中 25℃以上的热水孔 3 个、温泉 27 处，主要集中在西南部汤泉陈庄地段，其次是东北部浦镇地段。汤泉镇-陈庄地段泉群总流量为 6500m³/d。汤泉处于宁镇隆起西端龙洞山复背斜的北缘和东端，北与滁河中新生代盆地毗邻。复背斜呈北东东向分布，轴面向南东倒转，褶皱轴向东倾斜，主要由震旦系组成核部，南翼因断层断失且被白垩系覆盖，北翼受滁河隐伏断裂影响。复背斜主要由灯影组白云岩、白云质灰岩和硅质岩组成，其上覆寒武纪幕府山组白云质灰岩。白云岩、白云质灰岩溶洞裂隙发育，据钻孔揭露，滁河断裂带附近白云岩内尚见角砾岩，上述岩溶裂隙和构造裂隙为地下热水的赋存提供了热储条件。

镇江韦岗热水、江浦琥珀泉、浦镇响水泉及珍珠泉、苏州揭露到的热水点都与构造有联系，受断裂控制。

四、矿泉水

(一) 矿泉水的形成条件

矿泉水的形成条件比较复杂，概括起来讲主要有地质构造条件，岩石化学条件，地下水富水性条件及水化学条件等，这些条件在矿泉水的形成过程中是相互影响的。

1. 地质构造条件

江苏地层发育齐全，地质构造也有不同期次、不同类型。不同的地层岩性其化学成分、水文地质条件等均存在差异，不同的地层岩性构成了基岩裂隙含水岩组、玄武岩裂隙孔洞含水岩组、岩溶裂隙含水岩组、松散岩类孔隙含水岩组及隔水岩组。在地质构造的有利部位，地下水易于得到补给、径流、富集，岩石的有益化学组分得以溶于地下水中。例如玄武岩具有多次喷发呈层状特点，由于喷发熔岩中大量挥发水分的泄出，形成气孔构造，在每层垂直方向上，一般分为气孔少的底气孔带、气孔多的顶气孔带，中部则为较致密的柱状裂隙发育带。在每次溢流的间隔期间，顶气孔带受到一定程度的风化破碎，其上一次玄武岩流的底气孔带与之相通，加之与柱状裂隙相组合，形成玄武岩中完整的导储水系统。在玄武岩分布区，如有张性断裂及派生构造裂隙存在，导水、富水性则更好。苏北盱眙、六合玄武岩分布区的矿泉水应归属这一成因类型。

2. 岩石化学条件

不同的地层、岩石其化学成分存在差异，在各类岩石中，岩浆岩的化学成分较复杂，含有丰富的微量元素及特殊组分，故矿泉水多与岩浆岩有较密切的关系。

省内岩浆岩出露面积 4400 多 km^2，隐伏岩浆岩面积较广，岩浆活动从太古代至新生代，可划分为五个岩浆活动期，即五台期、武陵期、扬子期、燕山期及喜马拉雅期。岩浆岩种类繁多，岩相变化大，构成不同的岩石组合，并常有与之相应的次生岩体伴生，岩浆岩同其他岩（土）石一样，在一定的物理及水化学条件下其物质组分能不同程度的溶解于水，因此，矿泉水的物质组分常与所赋存的岩石的物质组分相似。如赣榆县龙泉山矿泉水与出露区的二长花岗岩的物质组十分近似，二长花岗岩化学成分中 SiO_2 的含量平均为 65.5%，并含有锶、锂、钴、钒等数十种微量元素。而矿泉水所含可溶性 SiO_2 为 34.8～43.4mg/L，即含偏硅酸 45.24～56.42mg/L，还含有锶、锂、钒、钴、锌、铜等多种微量元素。盐城地区深层地下水含有较丰富的微量元素及有益组分亦主要与该区第三纪时期玄武岩活动频繁，有数层玄武岩地层分布有关。

(二) 饮用天然矿泉水的分布及类型

1. 饮用天然矿泉水的定义

饮用天然矿泉水是来自地下深部循环的天然露头或经人工揭露的深部循环的地下水，含有一定量的矿物盐或微量元素，或二氧化碳气体为特征，在一般情况下，其化学成分、流量、温度等动态均相对稳定。国家标准局 1987 年 12 月 29 日发布的《饮用天然矿泉水水质标准》（GB 8537—1987）对饮用天然矿泉水的技术要求及检验规则等都作了具体规定。

2. 饮用天然矿泉水的分布及类型

从江苏省已发现的饮用天然矿泉水的分布看，主要分布于南京、盱眙、六合、连云港、苏州、南通等地区（图 2-7）。盐城地区的地下深部揭露有数层玄武岩层，通常在这

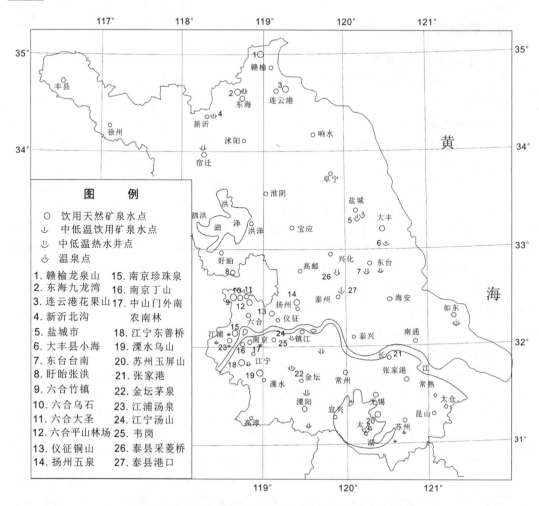

图例

○　饮用天然矿泉水点
↓　中低温饮用矿泉水点
↓　中低温热水井点
↓　温泉点

1. 赣榆龙泉山
2. 东海九龙湾
3. 连云港花果山
4. 新沂北沟
5. 盐城市
6. 大丰县小海
7. 东台台南
8. 盱眙张洪
9. 六合竹镇
10. 六合乌石
11. 六合大圣
12. 六合平山林场
13. 仪征铜山
14. 扬州五泉
15. 南京珍珠泉
16. 南京丁山
17. 中山门外南
　　农南林
18. 江宁东善桥
19. 溧水乌山
20. 苏州玉屏山
21. 张家港
22. 金坛茅泉
23. 江浦汤泉
24. 江宁汤山
25. 韦岗
26. 泰县采菱桥
27. 泰县港口

图 2-7　江苏省饮用天然矿泉水与地下热水分布图

些地区发现的引用天然矿泉水也较多。尤其是南京、盱眙、六合、连云港地区已发现的饮用天然矿泉水约占全省已发现的 80% 左右。

（1）南京地区：泉水温度一般为 22.3～32.2℃，赋存于震旦系灰岩、白云岩和白垩系钙质角砾岩中，属于低钠的重碳酸钙型水。如南京市丁山宾馆深井地下水含偏硅酸 43.7mg/L、锶 0.850mg/L；南京南郊东善桥发现的矿泉水含偏硅酸 48.36mg/L、锶 1.21～1.31mg/L；西善桥梅山铁矿地下水所含偏硅酸 28.6～37.4mg/L、锶 0.56～1.35mg/L。东郊钟山地区地下水所含偏硅酸、锶一般符合饮用矿泉水标准，并含有丰富的微量元素，如南京农业大学深井水含偏硅酸 32.8mg/L、锶 1.58mg/L；南京体育学院深井水含偏硅酸 34.84mg/L、锶 0.387mg/L，省地震局深井水及中山陵园一带的侏罗系石英砂岩裂隙水多属此类饮用矿泉水。在与岩浆岩有接触关系的碳酸盐岩含水岩组地下水也存在低钠低矿化含锶及偏硅酸的饮用天然矿泉水，如其林门省地质矿产局技工学校的深井地下水，其矿化度为 0.31mg/L，含锶 0.2mg/L，偏硅酸 40.6mg/L。

在南京地区长江两岸的第四系孔隙含水岩组赋存的地下水含铁量一般较高，偏硅酸含量一般也较高，可视为特殊需要的饮用矿泉水。

（2）盱眙、六合及仪征地区：盱眙、六合地区是江苏省玄武岩分布面积最大的地区，也是我国东部沿海地区新生代玄武岩主要发育地区之一，该区玄武岩孔洞裂隙发育，其中富存地下水，据不完全统计，仅泉水的自流量每年就超过 300 万 m³。此孔洞裂隙地下水水质特优，居省内饮用天然矿泉水之首。其中所含偏硅酸 55mg/L 以上，平均含量为 64mg/L，最高达 21mg/L，钠的含量不超过 30mg/L，锶的含量为 3mg/L 左右，均含有一定量的氡。如六合平山玄武岩饮用天然矿泉水的偏硅酸含量为 41～44mg/L，含有丰富的微量元素，人体必需的 F、Sr、Sn、Zn、Fe、Ge、Co、Ni、Cu、Cr 等均有检出，且含量适中。六合大圣乡采石场饮用天然矿泉水的偏硅酸、锶的含量均符合饮用天然矿泉水标准，氡的含量为 5.22 马谢，接近氡矿泉水的标准。在盱眙东南微倾斜平原及六合北部平原的埋藏型玄武岩分布区蕴藏有大型玄武岩饮用天然矿泉水田，其面积逾上千平方公里，矿泉水资源丰富，仅其中四处玄武岩矿泉水：盱眙县古桑乡大龙潭、六合县大圣乡采石场、乌石乡公局子和竹镇林场，其天然流量达 6000～7000m³/d 以上。

（3）连云港地区：饮用天然矿泉水分布较广。经调查，已发现的饮用天然矿泉水点约 150 处，已有 5 处以上被开发利用，矿泉水的偏硅酸含量普遍较高，另外还有氡及铁含量高的矿泉水，水温 20～21℃，属重碳酸钠型。含偏硅酸饮用天然矿泉水主要分布在赣榆县西部及西北部、东海县、云台山及锦屏山等地。东海县九龙湾饮用天然矿泉水含偏硅酸 50.7～71.5mg/L、锌 0.4mg/L 左右、锂 0.14～0.3mg/L，赣榆县龙泉山饮用天然矿泉水的偏硅酸含量为 45.24～56.42mg/L，花果山矿泉水偏硅酸含量为 33.02～43.18mg/L，东海县房山乡发现的数处矿泉水其偏硅酸含量多在 34mg/L 以上，其中一矿泉水点偏硅酸含量高达 84.24mg/L。氡含量高的矿泉水主要在东海县桃林等地的燕山期花岗闪长岩侵入体分布范围内，如桃林饮用天然矿泉水的氡含量为 13.29～14.56em/L。含铁质的特殊饮用矿泉水主要分布在沙河流域，如东海县黄川发现一矿泉水点，其含铁量为 88mg/L。

（4）盐城地区：饮用天然矿泉水源于六百公尺以下的含水层，温度较高，孔口最高水温可达 48℃，为 HCO₃·Cl-Na 型水，水质好，资源丰富。如盐城市 600m 深含水层组中地下水的偏硅酸含量高于 34mg/L，含锶 0.35mg/L，还含有锗、锂、钼、锌等微量元素。东台县台南凤凰泉，其地下水来自盐城群 1266～1421m 的含水岩组，含偏硅酸 41.72～72.54mg/L，锶 0.3mg/L，硒 0.036mg/L，还含有铜、锌、钛、钴、钒、钼等微量元素。大丰县小海温泉含偏硅酸 57.2mg/L，锶 10.0mg/L，溴 5mg/L，碘 1.65mg/L，及多种微量元素。

（5）苏州、无锡地区：主要是碳酸盐岩及碎屑岩类与花岗岩类有接触关系的裂隙-岩溶含水岩组的偏硅酸饮用天然矿泉水，已发现的有吴县光福玉屏山低矿化、低钠含锗偏硅酸饮用天然矿泉水，含偏硅酸 26mg/L，含锗 0.025mg/L，矿泉水出自 109m 以下的灰岩夹闪长玢岩地层，水资源丰富，稳定自流量达 400m³/d。

在平原地区也发现第四系深层含水层中有符合饮用天然矿泉水标准的地下水存在，如张家港市泗港饮用天然矿泉水赋存于深部松散岩类孔隙中，属于该地区第二承压含水层，埋藏深度在 75～100m，水温 29℃，水质良好，含有多种人体必需的微量元素，其中锶含量 0.21～0.24mg/L，偏硅酸含量为 34～36mg/L，属于含锶及偏硅酸的饮用天然矿泉水，此矿泉水水井的水量很丰富，经抽水试验，水位下降值 6m，每天出水量可达 2400m³。

此外，淮阴、泗阳、涟水、新沂、沭阳等地区的深部第三纪中新统含水岩组的地下水，据此经钻孔的水质资料分析，可知其水质好、偏硅酸含量一般较高，水化学类型主要为重碳酸钠钙镁水及重碳酸钙镁水。

（6）南通地区：矿泉水水温 22.0～32.5℃，赋存于下更新统（Q_1）第Ⅲ承压含水层中，水中含有人体所需的多种微量元素，其中，偏硅酸含量在 39～43.9mg/L，锶含量 0.54～0.77mg/L。某些井的涌水量可达 1500t/d。

上述地区的饮用天然矿泉水均有多处经过省级以上鉴定，并陆续投入生产、开发利用，在省内的大城市已形成了矿泉饮料及矿泉水热，随着人们经济文化生活水平的提高，对饮用天然矿泉水的需求将进一步增加，反过来将激发饮用天然矿泉水的扩大开发利用及饮用天然矿泉水的研究工作。

（三）医用矿泉水的分布及类型

医用矿泉水指地下自然涌出或人工开采的矿水，含有大于 1g/L 可溶固体，或含有一定量的特殊气体、放射性元素、微量活性元素，或具有 34℃ 以上的温度，或经临床实践证明具有一定医疗作用的矿泉水。

省内对矿泉水在疗病治病方面的研究及推广没有系统进行，一般用在浴疗方面，其类型主要有含偏硅酸的氯化钠水、含氡、锶、偏硅酸的硫酸钙水及含氟、氡、偏硅酸的硫酸钙水等，分布在全省南北约 6 处：连云港市东海县汤庙温泉、南京江宁区汤山温泉、南京江浦县汤泉温泉、盐城东台县凤凰泉、盐城市大丰县小海温泉以及镇江韦岗铁矿温泉。这几处浴疗矿泉水点，除凤凰泉、小海温泉及铁矿温泉系深井揭露外，其余皆为泉的形式自然出露。

上述浴疗矿泉水除具有较特殊的化学成分及气体成分，更主要的是含有丰富的微量元素及放射性氡等有益组分，对人体的心血管病、消化系统疾病、皮肤病有一定的防治及保健作用。现举例如下：

东海汤庙温泉：含氡 16.17em/L，含铀为 $8.8×10^{-5}$mg/L，含钍 0.04～0.08mg/L，含氟 7mg/L 及偏硅酸、锌、铜、锶、锂等多种微量元素。

汤山温泉：矿化度 1.7g/L，含氡 20em/L，含有较高气体成分，其中氮气 93.64%，氧气 3.40%，酸性气体 2.8%。还含有锶、锂、铯等多种微量元素。

汤泉温泉：矿化度 2～2.5g/L，氟离子含量 3～4.5mg/L，水温在 38～58℃，属低中温氟水型水，H_2S 气体每升 0.3mg，另含有偏硅酸等有益组分。

凤凰泉：矿化度近 1g/L，水温 38.6℃，含锶达 0.42mg/L，偏硅酸 72.54mg/L，硒 0.36mg/L 及铜、锌、钛、钴、钒、钼等微量元素。

大丰县小海温泉：矿化度 1.75g/L，水温 48℃，含氟 1.4mg/L，偏硅酸 57.2mg/L，锶 10.0mg/L，溴 2.5mg/L，碘 0.65mg/L 及多种微量元素。

此外，在近些年的地热地质及矿区水文地质等项目勘察中发现了几处具有医疗价值的矿水尚待开发利用及医疗方面的专门研究。如镇江韦岗铁矿热水为硫酸钙水，含偏硅酸 70.2～91.0mg/L、氟 3.7mg/L，含有放射性氡及较丰富的微量元素。盐城地热矿泉水，水温 48.℃，含偏硅酸 34.1mg/L，锶 0.353mg/L 及锌、锗、锂、钽等 20 余种微量元素。

第一节　地下水环境背景值

地下水环境背景值是与一定时间、地点相联系的相对概念，理论上为该点（地区）地下水水化学的初始含量，与最新化验资料相比较即可得出地下水污染状况。为使地下水污染评价更符合工作区的实际情况，一般分区确定地下水环境背景值。限于以往水质资料的密度差异和测试项目的不同，地质环境背景类似地区采用类比法来推定。

确定地下水中各元素的天然含量及其地下水环境背景值，研究地下水环境背景的形成与元素运移机制及其生成模式。在此基础上，进行地下水环境质量评价，提出相应的水质标准，从而为区域环境地质评价、维护生态平衡、加强地方病防治、施行国土整治、实现工农业合理布局提供一定的科学依据。

一、地下水环境背景的成因

（一）水文地球化学环境

水文地球化学环境，是在漫长的地质历史时期中逐步发展演化的。对于表生开启时期的现今地下水都存在过一段浅层水性质的过程。当时的水文地球化学环境特点是以表生作用为主。当表生带经受物理、化学风化后，大量水土流失，提供了丰富的物源，其不同级配的粗细颗粒及黏粒成分，矿物元素也相应随之运移，组成不同成因类型的沉积相，形成不同相变的含水层。大气中的氧可以随时补充于孔隙介质中，同时 CO_2 也可溶解于水，加之碳酸盐的溶解，可呈现弱重碳酸型的水化学环境，当局部氧化还原条件相互转化时，相应以水解作用为主并伴有其他的水化学作用，即可改变潜水的背景元素的含量变化和分布状况。形成地下水背景元素的自然环境背景。此外，不同期的海侵海退过程中，海相层的形成，导致咸淡水的混合作用占主导地位。海水的盐度、矿化度的变化构成淡水、微咸水、咸水不同的水化学环境，可以直接影响地下水水化学成分的含量变化与分布状况，从而又改变地下水背景元素的自然背景，显示不同地域上的差异性。

随着水流携带沉积物的累积推进，致使大陆相组、过渡相组发生变化。晚更新世孔隙承压含水层对中更新世孔隙承压水含水层、早更新世孔隙承压水含水层的依次叠加，致使不同时期的地下水的总体环境由表生开启系统向埋藏封闭系统转化，相应氧化条件也向弱还原（或还原）条件递变。形成全域孔隙承压水的弱还原（或还原）环境。

在巨厚的含水介质环境中，由于大量有机物的存在，水文地球化学反应和生物化学反应都会不断地消耗氧，且又处于相对隔绝封闭状态，消耗的氧不能得到有效的补充，致使溶解氧变得相当贫乏。消耗地下水中溶解氧的氧化作用有：硫化氢氧化、铁的氧化、硝化作用、锰的氧化、硫化铁的氧化以及有机物氧化等。

有机物质是最强的还原剂，尤其是在淤泥质的沉积和海相淤泥层位中，有机物质成分会导致一系列的还原作用。还原环境将会出现一些标志，首先是酸碱度（pH）偏碱性且不断增高，CO_2 分压的变化，氧化还原电位（Eh）因缺氧而不断降低；其次是矿化度逐渐增高和化学元素的含量趋向饱和。此外，尚有某些矿物学标志，表现为铁离子价态的变化及其比值关系。

（二）水文地球化学作用

1. 表生开启系统

不同时期的含水层均有其相对的表生开启阶段。

（1）水解作用。不同期表生带物源组成的松散岩类其矿物组合特征表现为：早更新世重矿物系列，Q_1^1 为赤铁矿-钛铁矿-角闪石-绿帘石，Q_1^2 为电气石-锆石-铁铁矿-赤铁矿，Q_1^3 为绿帘石-角闪石-褐铁矿-软锰矿；硅酸盐矿物系列，Q_1 为石英-绿泥石-伊利石；中更新世重矿物系列，Q_2^{1-1} 为绿帘石-绿泥石-菱铁矿-黄铁矿，Q_2^{1-2} 为赤铁矿-褐铁矿-白云石；Q_2^{2-1} 为赤铁矿-绿帘石-角闪石，Q_2^{2-2} 为菱铁矿-黄铁矿；硅酸盐矿物系列，Q_2 为石英-绿泥石-长石；晚更新世重矿物系列，Q_3^1 为赤铁矿-磁铁矿-石榴石，Q_3^{2-1} 为绿帘石-角闪石-绿泥石，Q_3^{2-2} 为屑石-白云石-绿泥石，Q_2^{2-3} 为白云石-角闪石-磁铁矿-赤铁矿；硅酸盐矿物系列 Q_3 为石英-伊利石-绿泥石。

以上松散岩类的矿物组合、百分含量以及经透视电镜、探针扫描分析，显示一般砂粒表面均有一层"黏土膜"。在水与硅酸盐矿物长期交融接触过程中，水与孔隙介质间易于发生水解作用为主的水文地球化学作用。

钠长石水解生成高岭石：

$$NaAlSi_3O_8（固）+H^+ +H_2O \, Na+2Si(OH)_4 +Al_2Si_2O_5(OH)_4（固）$$

钠长石水解生成蒙脱石：

$$NaAlSi_3O_8（固）+H^+ +H_2O \, Na_{0.33}Al_{4.33}Si_{3.67}O_{10}(OH)_2（固）+Na+Si(OH)_2$$

因此，表生开启时期，一般处于弱酸环境的浅层水，即会使孔隙介质中的硅酸盐矿物系列产生不全等溶解。致使孔隙水中的不同元素离子含量不断增加，形成不同元素的自然背景。

（2）阳离子交换吸附作用。处于表生开启时期的阳离子交换吸附作用也是客观存在的一种水化学作用，其阳离子交换吸附是服从质量守恒定律的，一般说来，阳离子电价愈高，交换能力愈强，吸附剂表面积愈大（黏土层）可交换的阳离子当量愈高，在离子浓度相同情况下，高价的阳离子要交换吸附剂表面的低价阳离子，从而形成阳离子间的新的平衡。

其阳离子交换顺序为：$Na^+ <K^+ <NH<Mg^{2+} <Ca^{2+} <Fe^{3+} <Cr^{3+}$，而这些阳离子的交换性能均低于 H^+。具体发生的阳离子吸附反应作用是：Na_2（吸附）$+Ca^{2+} \, Ca$（吸附）$+2Na^+$、Na_2（吸附）$+Mg^{2+} \, Mg$（吸附）$+2Na^+$、Na（吸附）$+K^{2+} \, K$（吸附）$+2Na^+$ 等。

阳离子交换吸附反应作用的平衡变化，与地层岩性中的黏性土、砂性土之"胶膜"所含的矿物成分富 Na^+ 具有强吸附性，有着密切的关系。至于处于表生开启系统兼具氧化、还原条件的不同环境，各种元素及有机物成分随着条件的变化，必然伴有氧化、还原两系列的水化学作用的发生，形成不同化学元素的自然背景。

2. 埋藏封闭系统

（1）混合作用。随着孔隙承压水含水层埋藏封闭系统的形成，地下水水文地球化学环境由表生开启时期的多元环境特点转化为较高、低矿化中-弱碱性弱还原环境，其水文地球化学作用反应不仅有着不同水化学作用，而且随时间的推移，还有程度上的差异性，同时起主导因素的水解作用逐步为受海水影响的咸淡水混合作用所取代。

长江三角洲（江苏地区）更新世时期的海侵海退旋回、不同层次孔隙承压水咸淡水的形成、空间展布特征、时空变化，直接受咸淡水混合作用的控制。混合反应含物理混合、化学混合，作用的方式：一是海侵时，咸水通过各种途径入侵含水层，使其不同层次含水层的淡水咸化，滨海相、河口相等不同成因类型沉积物中所赋存的同生咸水，当海退后受大气降水及地下水的入渗而稀释、淡化；二是沿海潮间带受到海水影响，反映不同浓度梯度的变化，在弥散作用下驱使咸水向内陆运动，发生过渡区的咸淡水混合。

混合作用的直接反应，考虑阳离子 Ca^+、Mg^{2+}、Na^+、K^+ 容易发生交换反应，以易迁移的 Cl^- 为标型离子，计算微咸水中淡水和咸水所占 Cl^- 的比例，并进而用总溶解盐计算进行对比。

运用氯离子为依据计算出的淡水，混合比小于 TDS 计算出的结果，矿化度愈高，淡水混合比愈小。这就说明，较高矿化度的微咸水中，溶解盐类物质来源，与其有机物分解、碳酸盐矿物的水解等有关。矿化度显著增高，致使溶解度增大，其反映为水中离子浓度的增高、离子力增强，活度系数值降低。为了保持水溶态与固态的平衡，必然提高离子的浓度，故而增大了固相物质的溶解度，使其各种元素不断从固相中向地下水转移，从而增加地下水的离子浓度。

处于水文地球化学环境演化和共存于不同水化学作用之中的硅酸盐矿物的不全等溶解，随之弱酸性、弱碱性条件的改变，这种水化学反应实际上一直是存在的，只不过水化学作用程度不同而已。绘制水体系活度-活度图解（图 3-1）反映的长石-三水铝石-高岭石-二氧化硅-水体系活度-活度系列资料，揭示 Ca^{2+} 样点均分布在高岭石的蒙脱石稳定区，说明各层次孔隙承压水中化学成分与高岭石、蒙脱石处于平衡状态，此种性状特点除了反映不同时期表生开启系统的短期水化学作用行为外，随着向埋藏封闭系统转化，Ca^{2+} 活度变化，呈现第Ⅱ承压 $\log(Ca^{2+})/(H^+)^2$ 值＞第Ⅰ承压水 $\log(Ca^{2+})/(H^+)^2$ 值，而第Ⅲ承压水 $\log(Ca^{2+})/(H^+)^2$ 又略有减低，同理 Na^+、K^+ 活度变化仅第Ⅲ承压水 $\log(Na^+)/(H^+)$、$\log(K^+)/(H^+)$ 略有增高外，第Ⅱ、第Ⅰ承压水的对数比值变化关系与 Ca^{2+} 是一致的。相应酸碱度也呈递增变化，反映铝硅酸盐矿物溶解作用既是共存的，也是贯穿始末的，只是水化学作用程度不同而已。

至于碳酸盐矿物的溶解，反映在第Ⅲ承压水的局部地段，第Ⅱ、第Ⅰ承压水，由于咸淡水的分布，矿化度的递变规律由西向东呈现逐步增高的趋势，相应地下水对碳酸盐矿物的溶解作用也随之共存，且有不断增强之势，根据国家"七五"科技攻关项目——《长江三角洲南部地区地下水环境背景值调查研究》——采样资料 Ca^{2+} 含量高达 1106mg/L，Ca/Cl 比为 0.112，相对海水而言 Ca^{2+} 含量为 400mg/L，Ca/Cl 比为 0.21，离子含量超过 1.77 倍，Ca/Cl 比也超过 5 倍。

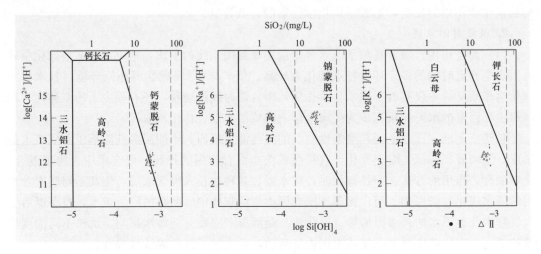

图3-1　长石-三水铝石-高岭石-二氧化硅-水体系活度-活度图解

（2）阳离子吸附交换作用。至于阳离子交换吸附作用，地下水在含水层运动的过程中，遇弱透水层，即发生黏土（吸附剂）对水之间的离子吸附反应（含物理吸附和化学吸附），水与介质的接触时间愈长，水中的离子的含量相应便有所减少，以 r_{Na}/r_{Cl} 比作为判别依据：一般海水的比为0.85，而海水波及范围内的咸水入渗淡水咸化，淡水入渗咸水淡化，所影响的微咸或半咸水其 r_{Na}/r_{Cl} 比均小于0.85，最小值才达0.28，分析原因，除了咸水在向含水层入侵过程中，受到"盐筛"效应，Cl^- 在含水层中迁移能力较强外，阳离子的交换吸附则是一个重要的作用。

（3）脱硫酸作用。硫酸盐含量大都偏低，有些尚未检出。而毫克当量百分数只占26.69%，仅有少量样品毫克当量百分数超过10%。究其原因，这与弱还原条件下，地下水脱硫酸作用有关。区内第四纪滨海相沉积物中淤泥层和海相层的存在，含有较丰富的有机质成分，在还原条件下，脱硫酸细菌可还原出 H_2S、CH_4、NH_4。反应式为

$$SO^- + CHO + H_2OH_2S + 2HCO_3^-$$

$$2CH_2O + 2H_2OCH_4 + HCO_3^- + H^+$$

$$R - CHN_2 - COOH + 2H_2OR - COOH - COOH + NH_4$$

以上这些作用的结果，不仅使地下水中 HCO_3^- 含量增加，含量降低，同时还使地下水中含有 H_2S、CH_4、NH_4。

根据水化学资料表明，在埋藏封闭环境下确实存在脱硫酸作用和有机质的分解与还原。这些水化学作用的结果不仅影响常量组分的含量变化，分布性状，也是改变背景元素（特别是变价元素）自然环境背景的重要作用因素。

以上种种水化学作用，尤以水解作用为主的水化学作用，考虑含水介质矿物有不全等溶解，饱和度对溶解能力的影响存在其不可逆性反应，一般水化学作用均受吉布斯自由能的平衡导向：

表达式为 $G^0 = G_1$ 生成物 $-(G_1)$ 反应物

当 $G^0 = 0$ 时，上式处于动态平衡状态，正向、逆向反应速率均等。

而 $G^0 < 0$ 时，化学反应向左进行。

而 $G^0 > 0$ 时，化学反应向右进行。

如 $FeS_2 + O_2 + H_2O$ $FeSO_4 + H_2SO_4$、$Fe(OH)_3 + H_2O$、$FeSO_4 + H_2SO_4$、$Fe(OH)_3 + HS^- + H_2O$。

第一化学反应式所指示的正向、逆向反应系受吉布斯自由能平衡导向所致。而 $Fe(OH)_3 + H_2O$ 含量增加。若外界条件处于封闭环境下，则 Fe 元素以 Fe^{2+} 胶体存在地下水中。而在微生物分解作用下产生 H_2S。以上两种水化学演化过程，反映在山前地带地下水中含量较高，但 Fe 离子含量较低；而在东部沿海含量低，而 Fe^{2+} 含量却较高。这说明水化学环境的改变可以影响水化学反应，但总的水化学平衡趋向，仍受吉布斯自由能的控制。

二、长江三角洲（江苏地区）地下水环境背景

长江三角洲（江苏地区）地下水环境背景形成的制约因素较复杂。不同地质时期孔隙介质的沉积过程，介质与水的相互作用时间、程度，最终反映为地下水的水文地球化学环境，而属于特定的水文地球化学环境中的背景元素，随着表生开启、埋藏封闭环境的演变，氧化、还原条件的相互转化，显然要发生不同的水化学作用，从而直接控制地下水环境背景元素的形成机制及其含量变化。

（一）地下水环境背景值的确定方法

1. 基础数据

地下水环境背景值是指天然状况下（未受或基本未受人为活动污染）的地下水中各种化学组分的含量或其界限。在人类的长期活动，特别是现代化工农业生产活动影响下，要找到一个绝对未受污染的区域地下水背景值是很困难的。因此地下水环境背景值实际是指相对不受直接污染的情况下的地下水水质状况，具有相对性。

地下水背景值数据基础：本次主要收集了 1986 年之前水质监测数据，其中苏锡常地区采用的是 1978 年、1982 年的数据，南京采用的是 1986 年的数据，江北主要是 1978—1982 年水质数据，共 348 份。由于当时检测只要以简分析为主，因此简分析指标的背景值主要采用前人检测数据，而其余元素在江苏地区地下水污染调查评价（2006 年 5 月—2010 年 6 月）项目中所检测的数据基础上进行背景值计算。

2. 背景值确定方法

为了获得真实的背景值，除了布点、采样以及测试过程中保证质量，避免人为污染外，还要对数据质量进行校验。

（1）剔除离群数据。在无污染的情况下，对于一个相对区域，其背景值是变化的，有一个正常的变化范围，对于离散程度较大的数据，根据现场实际情况的调查，综合分析污染存在的可能性或采取汤姆森（Tompson）法和格拉斯（Grubbs）法剔除离群数据，或加以修正。

（2）各元素分布类型的判定。确定背景值的前提是必须确定出各离子服从的分布类型，不同分布类型对应不同的背景值计算方法。

采用 X^2 检验法和最大累计频率绝对差检验法（科尔莫哥洛夫-斯米尔诺夫准则）两种方法检验地下水中化学组分的分布类型。

地下水中有关组分的含量，或符合正态分布，或符合对数正态分布；否则，均作偏态分布处理，不再考虑其他分布类型。

（3）低于检测下限值的处理及背景值区间的划分。区内各环境单元化学组分的测试数据经过异常值的提出，分布类型的判别，利用均值（包括算数平均数、几何平均值）、标准差 S（包括算数标准差、几何标准差）等参数，从而制定背景值及背景值区间的标准。

1）低于监测下限的数据背景值的处理：①当低于监测下限的报出率＞50％时，取其检测下限为背景值；②当报出率为 20％～50％，取中位数作为背景值；③当报出率＜20％时，用替代值（一般用一批数据的最小值的 7/10 为替代值），替代进行分布类型判别，再按不同分部类型的方法确定背景值。

2）背景值区间的划分。以均值为集中值，95％置信区间为本研究区地下水的背景区间：①30％～70％的概率区间为背景区；②5％～95％的概率区间为较低、较高背景区，即 5％～30％为较低背景区，70％～95％为较高背景区；③2.5％～97.5％的概率区间为低、高背景区，即 2.5％～5％为低背景区，95％～97.5％为高背景区；④＜2.5％及＞97.5％为低、高含量异常区。

（4）计算背景值时出现的问题。通过上述背景值计算后发现，计算所获得的少数背景值数据与该分区的经验值、污染现状有一定的误差，经分析主要有以下几个原因：

1）由于历史的原因，往年的水质资料来源于不同的水文地质调查报告，时间序列较长，取样手法的差异、送样时间的长短、实验室水平的差距、仪器设备的偶然误差都可能造成差别。

2）不均匀性。不同地区资料差异很大。当分区数据足够多时，计算所获得的数据往往能代表该地的背景值，资料较少的地区往往不能满足计算需求，部分水质数据与其周围的水质表现为离散点时，也难有充分的理由将其剔除。

鉴于此原因，在确定背景值时增加比拟法。

（5）比拟法：

1）分区内缺乏足够的资料计算背景值时，水文地质条件接近的区域可以认为其背景值基本一致。

2）缺乏足够的资料、水文地质条件又有一定的差别的区域，通过其上、下游区域的背景值进行分析对比，以此获得背景值。

（二）浅层地下水环境背景值

浅层地下水环境背景值分区的依据主要是第四纪沉积相及沉积物。工作区第四纪沉积相根据其沉积相及沉积物可分为以下几个亚环境沉积相，从海向陆地过渡，可分为 16 个区，如图 3-2 所示。相关浅层地下水的背景值见表 3-1。

（三）深层地下水环境背景值

1. 深层地下水环境分区

根据工作区实际情况，按照水文地质特征、水动力条件（开启阶段）、水文地球化学特征（封闭阶段）、古地理环境的不同进行划分，长江三角洲（江苏地区）自下而上可划分三个单元，其中第一、二环境单元分别内含咸淡水亚单元。

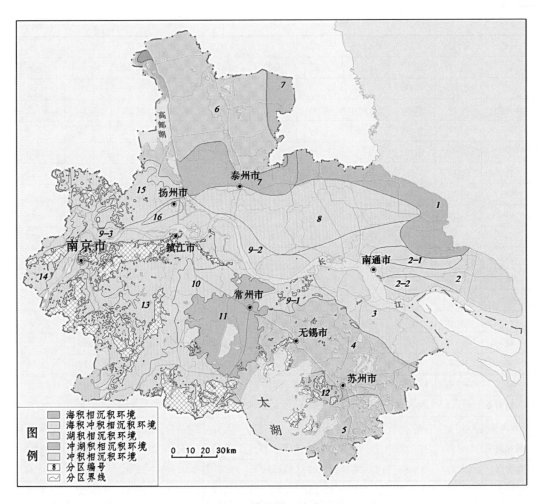

图 3-2 浅层地下水分区图

表 3-1 浅层地下水环境背景值

分区	1 区	2 区	2-1 区	2-2 区	3 区	4 区	5 区	6 区	7 区	8 区
钾＋钠离子	6371.40	292.37	95.22	114.99	89.18	89.50	91.37	185.28	230.43	237.60
总铁离子	0.48	1.21	0.78	0.45	0.05	0.05	0.03	0.10	0.00	0.16
氯化物	11985.50	360.33	93.63	101.60	129.47	109.64	90.86	173.40	414.45	264.00
硫酸盐	829.63	20.97	94.50	97.90	87.81	74.76	44.74	125.46	36.98	20.20
硝酸盐	4.13	1.24	38.16	31.40	14.72	19.34	33.32	0.21	0.00	0.46
亚硝酸盐	0.00	1.33	0.01	0.00	0.01	5.77	0.14	0.01	0.01	0.04
氨	17198.84	4.27	0.06	0.00	0.04	0.02	0.10	0.23	0.12	5.00
化学需氧量	251.91	3.47	1.07	1.06	1.93	1.33	2.94	0.73	0.60	2.90
氟化物	0.13	0.00	0.28	0.23	0.14	0.18	0.16	0.79	0.46	0.24
TDS	0.00	1185.00	800.34	726.05	873.69	678.92	562.79	960.85	1190.00	823.67
总硬度	0.19	23.94	419.42	354.34	30.66	21.64	16.49	25.45	33.95	22.77

续表

分区	1 区	2 区	2-1 区	2-2 区	3 区	4 区	5 区	6 区	7 区	8 区
锰	1.37	0.40	0.35	0.53	0.22	0.09	0.49	0.44	0.53	0.25
铝	0.00	0.00	0.00	0.00	0.03	0.04	0.10	0.00	0.00	0.00
硫化物	0.19	0.15	0.00	0.00	0.00	0.61	0.00	0.00	0.21	0.12
砷	1.37	1.94	4.51	4.46	4.00	0.92	1.71	2.63	0.66	0.83
汞	0.00	0.00	0.00	0.00	0.00	0.00	0.00	0.00	0.00	0.00
铬	11.66	7.21	12.74	13.03	11.20	8.65	12.25	6.37	12.56	9.72
镉	0.00	0.00	0.00	0.00	0.00	0.00	0.00	0.00	0.00	0.00
铜	1.58	1.38	2.44	1.35	0.87	0.58	0.36	1.23	1.64	0.63
铅	0.00	0.21	0.30	0.26	0.00	0.00	0.00	0.06	0.00	0.00
锌	34.14	16.26	19.40	22.00	8.18	8.82	2.27	6.40	12.93	21.02
硒	3.79	3.78	3.28	1.97	1.84	1.35	0.94	1.97	1.05	1.75
铍	0.00	0.00	0.00	0.00	0.00	0.00	0.00	0.00	0.00	0.00
钡	15.97	57.42	28.56	26.40	82.48	59.44	63.71	79.20	78.59	27.72
镍	1.33	3.22	4.80	0.67	4.59	2.68	1.40	3.23	4.19	3.20
钼	1.56	1.56	0.44	0.57	0.51	0.54	1.71	0.90	0.76	0.78

分区	9-1 区	9-2 区	9-3 区	10 区	11 区	12 区	13 区	14 区	15 区	16 区
钾+钠离子	76.14	50.44	90.12	105.95	73.56	71.43	57.98	60.31	87.23	91.86
总铁离子	0.13	1.29	0.37	0.00	0.21	0.01	0.14	0.14	0.08	2.53
氯化物	148.52	61.12	73.62	164.05	104.27	122.05	106.10	70.92	93.74	88.60
硫酸盐	57.27	19.20	65.71	97.27	64.36	77.59	134.50	93.05	74.14	70.48
硝酸盐	38.16	0.00	20.17	55.01	45.02	80.49	31.59	37.84	28.02	7.37
亚硝酸盐	0.16	0.00	0.13	0.30	1.57	0.29	0.02	0.00	0.01	0.04
氨	0.06	12.40	0.43	0.20	0.06	0.05	0.11	0.03	0.01	6.50
化学需氧量	1.20	3.92	2.06	1.00	1.94	1.59	0.97	1.42	1.31	3.40
氟化物	0.19	0.10	0.07	0.04	0.05	0.11	0.16	0.39	0.35	0.14
TDS	663.92	658.20	596.28	846.00	777.29	614.00	658.19	647.00	692.09	727.00
总硬度	22.41	27.64	19.63	27.36	21.13	19.76	23.86	313.40	309.05	329.11
锰	0.19	0.48	0.24	0.12	0.11	0.06	0.02	0.22	0.10	0.65
铝	0.00	0.00	0.00	0.00	0.00	0.12	0.00	0.00	0.00	0.00
硫化物	0.00	0.00	0.00	0.10	0.10	0.15	0.31	0.00	0.00	0.00
砷	0.00	74.00	3.16	1.33	1.42	1.75	2.25	2.32	2.12	5.32
汞	0.00	0.00	0.00	0.00	0.00	0.00	0.00	0.00	0.00	0.00
铬	7.98	6.09	11.16	6.01	4.84	9.12	8.53	6.94	6.34	6.85
镉	0.00	0.00	0.00	0.00	0.00	0.00	0.00	0.00	0.00	0.00
铜	60.00	0.98	2.33	20.00	60.00	0.09	1.87	2.51	2.21	1.21

续表

分区	9-1区	9-2区	9-3区	10区	11区	12区	13区	14区	15区	16区
铅	1.40	0.15	0.23	0.11	0.00	0.00	0.15	0.18	0.16	0.20
锌	93.30	11.79	20.65	17.77	49.60	4.60	14.80	31.90	26.85	18.00
硒	1.48	2.26	0.51	0.81	1.41	3.32	1.38	1.00	0.39	0.62
铍	0.00	0.00	0.00	0.00	0.00	0.00	0.00	0.00	0.00	0.00
钡	57.58	172.57	88.95	74.06	77.89	71.05	96.36	67.20	76.38	182.17
镍	3.65	3.27	5.98	3.69	5.45	1.15	5.10	4.23	3.93	4.23
钼	0.44	1.80	2.73	0.54	0.39	5.98	0.87	2.02	1.41	1.06

注 1. 钾+钠、总铁、氯化物、硫酸盐、硝酸盐、亚硝酸盐、铵根、化学需氧量、氟化物、TDS、总硬度、锰、铝、硫化物测试数据单位为 mg/L；砷、汞、铬、镉、铜、铅、锌、硒、铍、钡、镍、钼测试数据单位为 μg/L。

2. 浅层地下水环境背景值的元素种类及数值均为近年来的新测值，后文深层地下水背景值则受限于相关条件无法获取足够的元素背景值。

第Ⅲ环境单元系早更新世以河流冲积沉积为主的陆相环境，仅东部沿海局部地段为滨海河口过渡相环境。相对应可分为较高矿化中-弱碱性、低矿化中-弱碱性两种不同水文地球化学环境，南通以南至东海岸为较高矿化中-弱碱性还原环境；太湖丘陵山区周围及冲积、冲湖积大陆相和三角洲过渡相区为低矿化中-弱碱性弱还原环境。其水化学特征：矿化度整体分布为 1~3g/L，大多部分小于 1g/L。水化学类型为 Cl·HCO₃ 型、Cl-Na 型、HCO₃-Na 型、HCO₃·Cl-Na 型、HCO₃·Cl-Na·Cl 型。主要水文地球化学特征参数：Fe^{2+}/Fe^{3+} 比值为 2~46，元素迁移系数（主要微量元素 Cu、Pb、Zn、Cd、Hg、Cr、Ni、As）<0.01，酸碱度为 7.4~8.0，CO_2 分压变化范围 $1.98×10^{-5}~8.9×10^{-4}$ bar，溶解氧小于 1.0mg/L，Eh 范围为 -257~266。两种不同水文地球化学环境涉及的高背景元素有着明显的差异性。

第Ⅱ环境单元由于中更新世海侵范围扩大，滨海沉积向陆相区推进，较高矿化、较低矿化中-弱碱性还原环境就地域范围而言也有扩大，以南通-太仓-松江为分区界线，大体和第Ⅱ环境单元亚单元界线趋于一致。其水化学特征：咸水亚单元矿化度为 1~20g/L，淡水亚单元大体上则小于 1g/L。水化学类型为 Cl-Na 型、HCO₃-Na 型、HCO₃·Cl-Na·Cl、HCO₃·Cl-Na 型、HCO₃·Cl-Na·Ca 型。主要水文地球化学特征参数：Fe^{2+}/Fe^{3+} 比值为 4~57，元素迁移系数（主要微量元素 Cu、Pb、Zn、Cd、Hg、Cr、As、Ni）<0.01，酸碱度为 7.3~7.7，局部可达 8.7，CO_2 分压为 $1.17×10^{-2}$ bar，Eh 范围为 -165~285，不同水文地球化学环境，涉及高背景元素为 Fe^{2+}、Fe^{3+}、Mn，局部 As 亦为高背景。

第Ⅰ环境单元海侵规模更大，波及范围更广，滨海河口环境逼近太湖山丘东缘，中-弱碱性还原环境呈现较高矿化-低矿化-较高矿化的变化。其分布界线为南通-花溪-青浦-全公亭一线以东三角洲前缘相及部分滨海相区，低矿化中-弱碱性还原环境居中西部，大体界线与第Ⅰ环境单元亚单元界线趋于一致。其水化学特征：咸水亚单元矿化度略有差异，大致处于 1~7g/L 或大于 7g/L，淡水亚单元小于 1g/L。水化学类型为 Cl-Na·Ca 型、HCO₃·Cl-Na·Ca·Mg 型、HCO₃-Na·Ca 型、Cl·HCO₃-Ca·Na-Mg 型、

Cl－Na·Ca 型。主要水文地球化学特征参数：Fe^{2+}/Fe^{3+} 比值分别为 20、14，元素迁移系数（主要微量元素 Cu、Pb、Zn、Cd、Hg、Cr、As、Ni）＜0.01，酸碱度为 7.0～7.7，局部可达 8.0。CO_2 分压为 $1.63×10^{-3}$ bar，溶解氧（DO）平均为 3.53mg/L，Eh 范围分别为－237～247、－188～269。其不同水文地球化学环境所涉及高背景元素有明显的差异性。

2. 地下水环境背景值的形成模式

重碳酸根（HCO_3^-）：带负电荷的碳酸氢根是孔隙承压水中的一重要阴离子。尤其在以古河流为孔隙承压水层分布特征的淡水分布范围，其离子含量占有相对优势。主要系由各种成因的游离 CO_2 溶于地下水或由碳酸盐矿物成分的溶解而成，一般水化学反应为

$$CO_2 + H_2O \xrightarrow{\text{水中二次分解}} HCO_3^- + H^+$$
$$CaCO_3 + H_2O \rightleftharpoons + HCO_3^- + OH^-$$

HCO_3^- 的迁移和富集主要与地下水环境密切相关，处于表生开启系统强径流条件氧化环境下，伴随地下水的循环过程，可以使 HCO_3^- 大量地迁移、流失，形成不同相应部位含量偏低或偏高。而与埋藏封闭系统弱径流条件还原环境下，厌氧有机质分解所产生的 CO_2 很有利于 HCO_3^- 的形成。省内淡水分布范围的 HCO_3^- 的背景变化即为这一规律性的反映，相应随着含水层的埋深增大，则出现 HCO_3^- 含量增高的变化趋势。从全域观之，微咸、半咸水中 HCO_3^- 的分布特点是随着矿化度增高，HCO_3^- 含量呈现降低的趋势。这种变化反映当矿化度增至 0.6ppm 以上，水中 Ca^{2+} 与 HCO_3^- 浓度达到了 $CaCO_3$ 的浓度积时，氯化物的溶解度开始增强，Cl^- 含量逐渐增多，相应 HCO_3^- 含量减少，出现两者的消长关系，所以往往过渡范围与咸水区呈现 HCO_3^- 低背景-较低背景，而淡水分布范围则呈较高背景的分布规律。

氯（Cl^-）、硫酸根（SO_4^{2-}）：从全域孔隙承压水 Cl^-、SO_4^{2-} 含量特点来看，尤其 Cl^- 则是咸水分布范围内的主要阴离子，并表征为高背景和高含量，主要原因系含 Cl^-、SO_4^{2-} 的海水混合作用所致。至于淡水分布范围的 Cl^-、SO_4^{2-} 低背景和较低背景，分析其原因：一为区内含氯化物、硫化物矿床较少，含水层粗细颗粒矿物成分为石英、长石及少量重矿物，缺乏 Cl^-、S^- 元素的补给来源；另一为地下水中 Cl^-、S^- 元素的迁移性能强，迁移系数＞1，易于流失。处于埋藏封闭还原环境下，虽有利于 Cl^-、S^- 元素的富集，但由于低矿化弱-中碱性水受 Ca^{2+} 的制约。溶解作用较弱，孔隙介质中的含 Cl^-、S^- 元素成分不易被溶解，故而自然背景含量较低。

阳离子（K^+、Na、Ca^{2+}、Mg^{2+}）：接受表生带造岩矿物风化（含物理风化、化学风化）物源的本区孔隙承压水 K^+、Na、Ca^{2+}、Mg^{2+} 元素转移至地下水中的过程，即为氧化条件下，含 Na、Ca^{2+}、Mg^{2+} 物质的铝硅酸盐类及碳酸盐类。经水解作用，释放 K^+、Na^+、Ca^{2+}、Mg^{2+} 的化学反应过程。

$$2NaAlSi_3O_8(钠长石) + 2H_2O + CO_2 = H_2Al_2Si_3O_8·H_2O + 2Na^+CO_3^{2-} + 4SO_2$$
$$CaAl_2Si_2O_8(斜长石) + CO_2 + 3H_2O = Ca^{2+} + HCO_3^- + Al_2Si_2O_5(OH)_4$$
$$MgSiO_4(橄榄石) + 4H_2O + 4CO_2 = Mg^{2+} + HCO_3^- + H_4SiO_4$$

由此阳离子 K^+、Na^+、Ca^{2+}、Mg^{2+} 组成的背景值数量特征为：$Na^+＞Ca^{2+}＞Mg^{2+}$，

且与矿化度呈明显相关，研究其成因：

一般 Na^+ 之所以成为淡水分布范围的主要阳离子，在于阳离子交换吸附作用的结果，离子间的交换吸附性能与交换容量，除取决不同性质的吸附体外，离子的化合价与原子量大小也是内在的重要因素。具有高价离子大于低价离子，原子过大的离子大于原子量小的离子的特性（即 K^+ 原子量＝39.112＞Na^+ 原子量＝22.9898；Ca^{2+} 原子量＝40.08＞Mg^{2+} 原子量＝24.312）故 Ca^{2+} 首先被吸附，Na^+ 首先从固态中交换出来，从而使地下水中 Na^+ 含量逐渐增加，Ca^{2+} 相应减少。沿地下水径流方向，其环境条件不变，这种化学作用则将继续进行，相应 $(Na^++K^+)/(Ca^{2+}+Mg^{2+})$ 之比值也随之不断递增。此外海侵期海水的入侵，咸淡水的混合作用，使微咸水和咸水分布范围的 K^+、Na^+、Ca^{2+}、Mg^{2+} 显著增高。其递增速度为 $Na^+>Ca^{2+}>Mg^{2+}>K^+$，除 Mg^{2+} 外，与海水中的丰度存在一致性的变化特点，在较高矿化度与弱碱性的地下水环境中，Ca^{2+}、Mg^{2+} 与形成碳酸盐类（$CaCO_3$、$MgCO_3$）沉淀，从而降低了 Ca^{2+}、Mg^{2+} 在地下水中的丰度，至于钾（K）元素由于在表生带的丰度较低，且又属生物性元素，其从岩石中释放迁移的过程中已被植被、土壤大量所吸收。同时，黏性土对 K^+ 的吸收亲和性较强，一般 $K^+>Na^+$（K^+ 原子量＞Na^+ 原子量），所以不易交换出来，故而地下水中之 K^+ 的背景值含量显著偏低。

处于同一地下水文地球化学环境与相同的水文地球化学作用下的微量元素，由于其各自的地球化学特性不同，所反映出的背景含量有元素的贫化与富集之分。

从总体上看，微量元素铜铅锌（Cu、Pb、Zn）、铬镍（Cr、Ni）、镉汞（Cd、Hg）在各层次孔隙承压水中其含量变化反映为低背景、低含量特点，分析原因如下：

（1）上述元素的地球化学性质均较稳定，不如 Fe、Mn 性质活泼，唯有在强酸条件下才能发生元素的迁移，一般中性还原环境，大部分元素显示惰性特征，特别在富含有机质和富 Cl 的条件下更为稳定。

（2）无机与有机的络合作用与螯合作用：天然水体中存在着众多的无机与有机的络合物与螯合物（Cl^-、HCO_3^-、OH^-、CN^- 等），尤以 Cl^- 与有机质是地下水环境中最强的稳定剂，其稳定作用表现为：Cl^- 在天然水体中是以络合作用反映稳定特性的。据研究资料表明水体中 Cl^- 浓度仅为 35×10^{-6} ppm 时，Cl^- 就与 Hg 生成 $HgCl_2$，而 Cl^- 增至 35ppm 的情况下，Cl^- 与 Pb、Zn、Cd 形成 $PbCl_2$、$ZnCl_2$、$CdCl_2$ 等络合物。当 Cl^- 浓度继续增至 350ppm 时，其络合作用更强，生成的络合物处于难溶的状态。至于地下水水文地球化学环境改变为中性-弱碱性，相应微量元素更趋稳定。值得指出的一点是其中 Cu 元素处于一般地下水中显示极不稳定。而一旦生成 $CuCl_2$ 络合物后，情况相反，则很稳定，不易水解。有机质在地下水中为强还原剂，也是强螯合剂。无论某一种有机质均能产生一定螯合配位体，并与金属元素生成一系列螯合物（如 Cu），其特性要比络合物更趋稳定。

此外，地壳表生带之各微量元素丰度偏低，无较大和较多的金属矿床提供物源。由此转移至松散沉积物中的各元素，其平均含量仅介于 $0.038\sim63.45$ ppm（表 3-2）。不仅反映出孔隙介质中微量元素的丰度也相当低，从而亦证实了本区总体环境中微量元素是处于一种贫化状态。

表 3－2   松散沉积物微量元素一览表   单位：ppm

元素	Cu	Pb	Zn	Cd	Hg	Cr	Ni
含量范围	12～29	16～30	16～88	0.5～2.40	0.35～82.4	28.6～82.4	16～56
平均值	20.73	22.91	63.45	0.77	50.84	50.84	38.73

铁锰（Fe、Mn）元素是本区第Ⅰ、Ⅱ、Ⅲ孔隙承压水中背景含量高、分布范围广的微量元素。其成因主要与地质环境以及 Fe、Mn 自身特殊的地球化学特性密切相关，铁（Fe）在地壳中的丰度为 5％，仅次于氧（O）、硅（Si）、铝（Al）居第四位。松散沉积物孔隙介质中铁（Fe）的含量为 2.05％～3.05％，锰（Mn）的含量为 4.98ppm，显著高于其他微量元素。铁（Fe）、锰（Mn）均属还原性变价元素。以铁（Fe）为例：

在氧化环境下，铁（Fe）以高价态 Fe^{3+} 发生沉淀，而在还原环境中，铁（Fe）以低价态 Fe^{2+} 进行迁移。基于第Ⅰ、Ⅱ、Ⅲ孔隙承压水均存在表生开启、埋藏封闭的过程，相对由氧化→还原环境，有利于铁的富集。隔水层中因地而异含有一定有机成分，腐殖酸与厌氧菌的活动致使高价铁成为有机物的氧化受氢体，以低价 Fe^{2+} 的形式进入地下水中。

$$CH_2O + 4Fe(OH)_固 + 7H^+ = 4Fe^{2+} + HCO_3^- + 10H_2O$$
$$CH_2O + Fe_2O_3 + 2H^+ = 2Fe^{2+} + CO_2 + 2H_2O$$

由于分解产生大量 CO_2，导致高价 Fe^{3+} 继续还原并形成重碳酸铁而溶于水。

$$Fe_2O_3 + 3H_2S = 2FeS + 3H_2O + S$$
$$FeS + 2CO_2 + 2H_2O = Fe(HCO_3)_2 + H_2S$$
$$Fe(HCO_3)_2 = Fe^{2+} + 2HCO_3^-$$

以上水化学作用过程中，离子交换吸附，"盐"效应也往往共存之。表现为海水中 $Fe = 0.002～0.02ppm$，远低于地下水，由于地下水受海侵作用后，矿化度相应增高，随之"盐"效应对 Fe 离子产生较大的影响，致使地下水中的 Fe 离子浓度增大，造成有关电性相同的 Na^+、Ca^{2+} 向吸附体交换 Fe 离子。与此同时，许多电性相反的离子则争夺 Fe 离子，从而脱离固体表面转入地下水中，反映矿化度愈高"盐"效应愈强，不同电性离子交换吸附作用愈大。总之，这些水文地球化学作用以及伴随的盐效应过程，是构成本区微咸水、咸水分布范围内 Fe 离子高背景、高含量分布的原因。基于铁（Fe）、锰（Mn）呈现显著性相关的特性，锰（Mn）之成因分析与铁（Fe）有着同理的成因过程，不仅如此，自然背景的分布与变异亦存在地域上的一致性。

3. 第Ⅰ孔隙承压水环境单元

（1）地下水环境背景值的形成物源。

1）常量组分背景值形成的物源。

a. 淡水亚单元区。

Ca^{2+}、Mg^{2+}、K^+、Na^+：Ca^{2+}、Mg^{2+} 的矿物来源甚少，自西向东，其含量由低背景向背景过渡，于该区含量偏低，辅之说明：一是基岩山区碳酸盐岩矿物贫乏；二是河流在搬运过程中从区外携带的矿物质少；区内 K^+、Na^+ 含量较低，大多形成较低背景，因为山区侵入岩系多为花岗岩、闪长石英岩，铝硅酸盐类矿物少，提供物源有限。

SO_4^{2-}、Cl^-、HCO_3^-：SO_4^{2-} 主要来源于石膏、硫铁矿等的风化溶滤，经河流较长距离搬运而来，进入古河床上游段，形成较高背景，向中下游地区逐渐扩散，含量相对减少。由于大规模海侵的影响，淡水区向西收缩，范围变小，咸水区向西扩大，范围增大。在海侵过程中，部分地区一度时期曾被淹没，大部分地区受到咸水的入渗影响，致使含水层不同程度被咸化，而 Cl^- 的矿物来源甚少，自西向东，其含量由低背景向背景过渡。HCO_3^- 的物质主要来源于山区围岩碳酸盐岩矿物的溶解，太湖环湖地带 HCO_3^- 呈较高背景，表明难溶的碳酸盐岩矿物经历了一个不断被溶解的过程。

b. 咸水亚单元区。

SO_4^{2-}、HCO_3^-：西部山区碳酸盐岩类矿物风化溶解后，经过长距离搬运、扩散，抵达东部地区，含量相对减少。区内长江沉积区多形成较高背景，为水流携带至下游河口区富集。SO_4^{2-} 主要来源于石膏、硫铁矿等风化溶滤物质运移，至淡水亚单元区中下游含量已相对减少，进入本区内含量更趋减少。由于海水含量丰度的影响，大多处于背景水平，局部地段含量高低悬殊，则与其地球化学作用有关。

Cl^-、Ca^{2+}、K^+、Na^+、Mg^{2+}：满湖及冰后期的镇江海侵，致使该区长期沦为浅海、滨海环境，环境转化为原生性环境，等元素大多来自海水的同生沉积，多形成较高背景-高含量。

2）微量元素背景值的形成物源。

a. 淡水亚单元区。

Fe^{2+}、Fe^{3+}、As、Hg、Ni、Cu、Zn：区内基岩山区大面积分布碎屑岩类、侵入岩和碳酸盐岩类。岩石中含铁矿物（黄铁矿、赤铁矿、褐铁矿等），因风化、分解和溶滤作用，多释放出作离子，其反应式：

$$2FeS_2 + 7O_2 + 2H_2O = 2FeSO_4 + 2H_2SO_4$$

$$FeSO_4 \xrightarrow{\text{水解}} Fe^{2+} + SO_4^{2-}$$

由于开启阶段的强氧化作用，Fe^{2+} 易氧化为 Fe^{3+}，且易形成难溶的氢氧化物沉淀，再经过后期的弱还原环境高价铁还原成低价铁易溶盐的离解反应，使得 Fe^{2+} 含量增高。区内地下水中 Fe（Fe^{2+}、Fe^{3+}）均形成较低背景。

砷（As），常与铁、硫共生。如砷黄铁矿（FeAsS）。砷铁矿（$FeAs_2$）等。Fe - As 形式是土层中存在的形式之一。As 的吸附能力与氧化铁的含量相关，As 的解析能力又与水溶液的酸碱性有关。区内 As 多形成较低背景，局部地区因地下水的矿化度较高，形成背景。Ni 系亲铁亲硫元素，亲硫性更强。区内 Ni 多形成较低背景，显示其不仅因山区物源少，且迁移能力强。基岩山区各类岩石中，多以硫化物的形式赋存，经风化、氧化形成硫酸盐，从而分解出 Ni 离子：

$$NiFeS_4 + 16H_2O = Ni^{2+} + Fe^{2+} + 32H^+ + 4SO_4^{2-}$$

Cu 于基性岩浆岩中含量较高，碎屑岩与碳酸盐岩含量最少。区内古河流中上段多形成较高背景，中下段多形成较低背景，反映了其物质来源于基岩山区硫化矿物的氧化和溶滤。木渎分布高含量异常点，其原因：一为岩浆侵入围岩提供了物源；二为山间洼地水交替滞缓，富含有机质，保持了铜的相对稳定性。Hg 系亲铜元素，其主要矿物是辰砂，区内多形成背景，主要来源于山区含汞矿物的分解，由于汞化合物的溶解度低，胶体吸附性强，在水动力强的情况下，易随悬浮物迁移。Zn 常与 Cu 元素共生，Zn 大多集中在硫化矿物中，因氧化作用而形成锌硫酸盐，溶解度大，迁移能力强。区内 Zn 多形成背景，主要来源于硫化矿物的分解、氧化，如：

$$ZnS(闪锌矿) + 2O_2 \longrightarrow ZnSO_4$$

继而产生溶滤作用，其含量变化与迁移能力受控于酸碱度和水动力条件。Pb 亲硫性强，常与 Cu 元素共生。Pb 主要以硫化物的形式存在，Pb 的硫酸盐溶解度小，迁移能力弱。区内 Pb 多形成背景，主要来源于硫化物的分解、氧化，如：

$$PbS(方铜矿) + 2O_2 \longrightarrow PbSO_4$$

继而产生溶滤作用，其背景值高低变化均与迁移能力受控于酸碱度和水动力条件有关。

Mn、Cr、Cd：主要为河流上游基岩山区含锰矿物的风化、分解、溶滤。由于该区开启阶段，以及开启向封闭阶段转化的过程中，始终是一个以氧化作用为主体的化学环境。锰多以高价 Mn^{4+} 的形式存在，且易形成氢氧化物（难溶）沉淀。故区内多形成较低背景。Cr 系两性元素，区内多形成背景。开启时期的表生条件下，以重铬酸络阴离子 $Cr_2O_7^{2-}$ 和铬酸络阴离子 $Cr_2O_4^{2-}$ 化合物的形式存在，易溶解。常州古河床上段形成较高背景、中段背景、河口区为较低背景的分布特点。表明其物源主要来自于区外基岩山区，在随水流搬运的过程中由于扩散、沉淀和被吸附作用，含量趋向减少。Cd 系亲硫元素，碎屑岩中的硫化物由于强氧化作用，形成硫酸盐，即：$CdS + 2O_2 = CdSO_4$。镉的硫酸盐溶解度较大，多以离子形式进入冲洪积平原地下水。区内 Cd 物源较为贫乏，多形成较低背景。

b. 咸水亚单元区。

Hg、Cd、Ni、Cr、Fe^{2+}、As、Cu、Pb、Zn、Fe^{3+}、Mn：Hg、Cd、Ni、Cr 在淡水亚单元区物源虽不尽相同，含量大都偏低，进入咸水亚单元区内，东部三角洲前缘相区及其沿海一带，大多形成背景、较高背景，并分布高含量异常点。其物源主要来自两方面：一是来自山区硫化矿物风化溶解后离子的迁移；二是借助于古长江含水介质的运移。Fe^{2+}、As 基岩山区物质来源少，主要来自古长江所携带的含铁矿物，并吸附较多的砷。由于咸水对介质中吸附砷的解吸力增强，地下水中砷含量增高区，内多形成高含量。Cu、Pb、Zn 显示了相伴共生的特性，其物源多来自河流上游山区硫化矿物的溶解。易被负胶体吸附，迁移能力受到限制，海水入侵，有机质增多、增强了铜的稳定性，区内多形成背景、较高背景。Pb 与 Zn 相比，更易被介质所吸附，Pb 的硫酸盐溶解度很低，在地下水中主要以络合物、悬浮颗粒吸附态形式迁移，区内河流下游及其河口地区多形成背景、较低背景。与 Cu、Pb 相反，Zn 的硫酸盐溶解度大，迁移能力强。但海水中富含有机质的还原环境，有利于 Zn 富集，区内局部形成高含量。Fe^{3+}、Mn 主要来源于古长江所携带的 Fe、Mn 离子。尤其海侵形成的海相淤泥层，有利于 Mn^{2+} 的富集。

（2）地下水环境背景值的运移机制：

1）常量组分的迁移与富集。HCO_3^-、SO_4^{2-}、Cl^-：其含量在不同的地质历史时期呈现了不同的贫乏与富集的变化特点。HCO_3^- 作为淡水水体中的主要阴离子，在地下水含水介质的迁移的过程中，其含量总的变化趋势是沿水流运动方向扩散，多于河口区或河流汇水地带富集，淡水区、湖沼相区，其含量多大于冲洪积相区。SO_4^{2-} 在地下水中的含量变化取决于河流所携带的硫酸盐物质，流经基岩山区的古河床，含量明显产生增高的趋势。在河口地区较高矿化弱还原环境。其含量可出现突变性剧增。其主要因素表现在两方面：一是物源的不断补充；二是大量有机质的存在。低矿化的淡水区，作为其主要物质形态的 $CaSO_4$，其溶解度较小，在河流搬运过程中，SO_4^{2-} 的溶滤扩散微乎其微，区内古河床上下游段，其含量大多不发生大的变化。Cl^- 是海水中含量最高的阴离子，与矿化度的变化呈正比例关系，淡水区低矿化、较低矿化区，Cl^- 的含量沿水流运动方向逐渐降低，河口滨岸区及湖沼区，可出现不同程度的增高，河流汇水区由于水面积增大、借助于富水环境的稀释作用，使含量迅速减少。分析区内各主要河流 HCO_3^-、SO_4^{2-}、Cl^- 的含量变化特征，可以从一个侧面反映其迁移与富集的规律（表3-3）。

表3-3　　　区内西部第 I 承压水环境单元常州古河床阴离子含量对比表　　　单位：ppm

河床区段	上游段	下游段	河口区
HCO_3^-	288.7	345.1	324.6
SO_4^{2-}	26.9	28	38.8
Cl^-	40.1	72.6	37.2

从表中可以看出，河床上下段含量增加，Cl^- 于河床局部地段富集，阴离子出现上述含量变化之原因，第 I 孔隙承压水环境单元古河床河流流程长，水流缓慢，水溶液与含硫氯矿物的相互作用时间亦长，因而其含量由低增高，且受下游受微咸水影响。

古长江南北支流自早更新世至晚更新世不断演变的过程中，阴离子的含量在较低矿化与较高矿化的弱还原环境中，其变化特点见表3-4。

表3-4　　　区内东部第 I 承压水环境单元古长江南北支流阴离子含量变化表　　　单位：ppm

环境单元及河床支段　　　阴离子	古长江南支					古长江北支		
	上段 ★	中上段 ★	中段 ★	中下段 ★	下段 ▲	上段	中段	下段
HCO_3^-	333.6	307.5	346.9	355.8	424.41	709.7	685.4	582.3
SO_4^{2-}	2.10	0.04	0.04	1.00	3.41	1.90	1.50	1.69
Cl^-	1.26	22.4	327.1	16.0	52.66	1677.7	2439.9	2589.4
备注	★较高矿化区，▲淡水点							

第 I 孔隙承压水环境单元古长江南支含量，总的变化趋势由低增高，但不明显，SO_4^{2-} 较低矿化区与 Cl^- 不构成正比例增长，Cl^- 在古河床中段呈现剧增的趋势表明，咸水的入渗影响是由北东向南西呈舌状楔入，于较低矿化区东缘其影响已达到极限。而古长江北支古河床于较高矿化区 HCO_3^- 含量渐次衰减，SO_4^{2-} 含量变化不甚明显，Cl^- 则显著增高。

K^+、Na^+、Ca^{2+}、Mg^{2+} 和阴离子一样，区内不同水环境单元的古河流沉积区，其含量的变化呈现不同的规律性。K^+ 由于在岩石、海水中的含量丰度偏低，无论淡水区和咸水区，沿古河床水流运动方向，其含量并无明显的高低变化差异。Na^+ 迁移能力较强的碱金属元素，于较低矿化区的古河床上下游段，其含量的变化往往受制于古河流流程、水动力条件及其沉积环境。早更新世时期，长江古河床 Na^+、Ca^+、Mg^{2+} 含量沿水流运动方向多呈递减的变化趋势，反映该期地势高差大，径流强烈。中、晚更新世时期，由于沉积环境的演变，古河流水系格局的改变，加之海侵规模的不断扩大，从较低矿化区-较高矿化区，长江古河床的含量则呈现不同的变化特征。第Ⅰ孔隙承压水环境单元，由于海侵的影响，淡水区相对缩小，微咸水、咸水区相应地扩大，中部、东部及其南部均曾沦为滨海、浅海域。这对于改变古河床上下游段阳离子的含量变化，起了决定性的作用（表3-5）。

表3-5　　　　区内第Ⅰ孔隙承压水环境单元长江古河床阳离子含量变化表　　　　单位：ppm

河床支段 阳离子	北　支			南　支					常州古河床		
	上段*	中段*	下段*	上段	中上段	中段	中下段	下段▲	上段	中段	下段
K^+	7.0	7.0	6.0	0.80	1.60	2.0	2.8	2.3	0.4	0.8	0.4
Na^+	700.0	1080.0	942.0	44.8	48.4	83.0	27.2	105.0	36.0	50.4	53.6
Ca^{2+}	317.9	342.6	518.9	54.5	145.3	171.6	72.6	46.37	73.3	89.3	68.1
Mg^{2+}	120.7	158.7	151.0	10.0	24.7	33.4	16.7	22.02	14.3	20.5	18.8
备注	*较高矿化区，▲淡水点										

　　同样长江古河流阳离子的迁移与富集存在明显的差异性。长江古河床于较低、较高矿化区，阳离子K^+、Na^+、Ca^{2+}、Mg^{2+}含量呈现增高的趋势，北支河床Na^+、Mg^{2+}含量于上、中段增高，于下段稍有降低，呈同步增减关系。Ca^{2+}含量从上段至下段则持续增高，表明咸淡水体的混合作用控制阳离子的含量变化。

　　南支古河床上段至中段，K^+、Na^+、Ca^{2+}、Mg^{2+}含量递增，中下游段Na^+、Ca^{2+}、Mg^{2+}含量骤减，长江南支古河床主要流经低矿化区，但不同程度受到东部较高矿化区咸水的侧渗影响，中段河床位于较高矿化区西缘，亦位于太仓-莘庄支汉道河床后缘，K^+、Na^+、Ca^{2+}、Mg^{2+}含量因而均呈高值。中下段因古河床开始形成南汉流，Na^+、Ca^{2+}、Mg^{2+}含量显著降低。下段古河床流经较高矿化区，Ca^{2+}明显减少，Na^+、Mg^{2+}含量有所增加，但由于后期黏土层隔水封闭条件好，形成淡水区，咸水的入渗影响甚微。如上所述，阳离子于长江古河床的迁移与富集，与海水的入侵作用关系密切。海水阳离子的含量丰度，对于改变淡水阳离子的含量变化，其影响甚为明显（表3-6）。

表3-6　　　　　　　　四种阳离子在海水中的含量一览表

阳离子元素	K^+	Na^+	Ca^{2+}	Mg^{2+}
含量/ppm	380.0	10560.0	400.0	1272.0

　　2）微量元素的迁移与富集，见表3-7。

　　长江南北支古河床上游段至下段Fe^{3+}、Fe^{2+}、Mn、Cu、Zn、Pb含量多呈现递增的变化趋势，南支古河床下段进入淡水区，各元素含量多有所减少。

　　长江北支古河床较高矿化区，Fe^{3+}、Fe^{2+}、Mn含量随着盐度的增加而增高，Fe^{2+}尤为明显。区内长江北支古河床上段，南支古河床中上段与中下段，Zn富集形成高含量，最高值达532.5ppb。其形成机制：一是古河流入海受到海水的顶托水流受阻，导致流速骤减，Zn与泥沙物质共同沉淀；二是生物、微生物、细菌、有机物质大量富存，Zn与水中的有机质结合形成有机络合物，在地下水中富集。

表 3－7　　　　　　区内第 I 孔隙承压环境单元古河床微量元素含量变化表

河床名称支段\微量元素	长江古河床							
	北　支			南　支				
	上段	中段	下段	上段	中上段	中段	中下段	下段
*Fe³⁺	1.3	0.8	4	0.028	0.028	0.28	0.08	0.71
*Fe²⁺	10.3	15	28.4	0.27	0.26	0.94	1.86	0.95
*Mn	0.17	0.21	0.9	0.11	0.15	0.36	0.12	0.05
Cu	0.82	1.04	3.47	0.25	1.28	0.28	5.04	0.88
Zn	96.2	0.22	32.7	0.41	85.3	16.2	532.5	3.3
Pb	2.43	0.3	3.46	0.336	0.0623	0.4	2.1	0.42
Cb	0.011	0.006	0.47	0.0005	0.00025	0.002	0.006	0.002
Ni	0.38	0.26	8	0.044	0.34	0.13	0.02	0.11
Hg	0.011	0.021	0.062	0.019	0.014	0.019	0.008	0.005
As	178	227.5	285.8	2.6	2.23	27.1	27.7	15.18
Cr	1.28	1.22	6.35	0.33	0.22	0.16	0.13	0.18

注　*含量单位为 ppm。

Cd、Ni、Hg、As、Cr、Cd 与 Zn 具有相似的化学特征，常与 Zn 共生。Cd 多以硫酸盐或氯盐溶于水中迁移，Cl^- 超量存在时，Cd 化合物均呈水溶性状态。Cd 不仅可随浮悬物大量迁移，亦具有较强的吸附交换能力，Ni 元素主要富集于硫化矿物中，硫化物经氧化多形成硫酸盐，在地下水中易于溶解而分离出 Ni，Ni 的含量多与 SO_4^{2-} 含量成正相关，氧化条件下迁移，还原条件下沉淀，其亲合性仅次于 Pb。Hg 元素与 Cd 具有相似的化学性质，结合在沉积物中的 Hg 被河流携带至下游，无解吸现象。在地下水中多随悬浮迁移沉淀。As 元素在地下淡水中的含量一般 <0.001ppm。其迁移富集与氧化还原环境关系密切，As 与 Hg 相反，可以产生解吸、吸附、沉淀等地球化学作用，Cr 元素与酸碱度呈正相关，与碳元素成负相关。其浓度较为恒定。弱碱性环境可解离 $H_2Cr_2O_7$ 产生大量的 Cr^{6+}。区内各古河床上下游段，Cd、Ni、Cr 含量多呈减少的变化趋势。Hg、As 含量多呈增高的变化趋势。Cd、Ni、Hg、As、Cr 的迁移与富集，因地球化学环境的差异，呈现不同的含量变化特征。

长江北支古河床下段较高矿化区，随着矿化度不断增高（4388.2～4532.45g/L），在 Cl^- 过量存在的情况下，Cd 化合物溶解度亦不断增大，Cd 含量骤然增高富集（达 0.470ppb），跃居区内含量之首。该区下段 Ni、Cr 含量亦急剧增高。含 Ni 物质随河床从上段向下段迁移的过程中，由滨岸进入浅海环境，在还原条件下，硫酸盐大量溶解，形成 Ni 高度富集。Cr 元素于该区河床中上段，由于有机物大量存在的吸附作用，其含量已相对增高。有机物中碳元素的存在，其富集则又受到某种程度的抑制，河床进入浅水环境，碳元素减少，Cr 含量增高至 6.35ppb，亦居区内含量之首。As 从该区下段至下段，随着矿化度的增高，其含量呈大幅度递增过 285.8ppm，其含量递增变化规律与地层中 As 的丰富物源及其还原环境中的不断解吸密切相关。

4. 第Ⅱ孔隙承压水环境单元

（1）地下水环境背景值的形成物源。

1）常量组分背景值形成的物源。

a. 淡水亚单元区。

Mg^{2+}、Ca^{2+}、K^+、Cl^-、HCO_3^-：来自围岩中碳酸盐岩分布区，其中主要是方解石（$CaCO_3$）和白云石（$MgCO_3$），这两种矿物难溶于水，由于 $CO_2 + H_2O$ 对其溶解作用，导致 Ca^{2+}、Mg^{2+} 进入地下水中。区内多形成较低背景区。HCO_3^- 物源一部分由基岩山区碳酸盐岩矿物溶解而成，一部分由古长江支流常-芦-金段提供，另一部分因 CO_2 溶于水生成 HCO_3^-，经电离形成 $HCO_3^- + H^+$。该区为低矿化区（小于 0.5g/L），大多形成较高背景。Cl^- 多来自含氯矿物的溶解，多形成较低背景，局部含水层因受第Ⅰ孔隙承压水半咸水入渗补给，形成较高背景。

SO_4^{2-}、Na^+：SO_4^{2-} 来自区外基岩山区硫化矿物的溶解，由河流搬运至区内。作为 SO_4^{2-} 主要来源的 $CaSO_4$，其溶解度极低，限制了 SO_4^{2-} 向地下水中的迁移，区内多为背景与较低背景分布。Na^+ 亦主要系区外基岩山区岩浆岩、变质岩中硅酸盐矿物（$NaAlSi_3O_3$）的风化溶解，为水流携带搬运而来。地下水与介质中的黏土矿物接触，产生交替吸附作用，置换出 Na^+，亦能使 Na^+ 含量增高，这是区内以 Ca^{2+}、Mg^{2+} 较低背景、Na^+ 背景形成的原因之一。

b. 咸水亚单元区。

Cl^-、Na^+、Mg^{2+}、SO_4^{2-}、K^+、Ca^{2+}：元素随水流向沿海地区输送，成为次生性因素。即弱次生性转为强原生性，其主导因素为海侵期间咸淡水相混合作用，次为局部地区海水同生沉积，上述元素的物源均受海水含量丰度所控制，其局部含量变化为地球化学环境所影响，各元素由较高背景向高含量过渡变化。

HCO_3^-：HCO_3^- 的物源来自两方面，一是由西部碳酸盐岩矿物溶解后随地下水迁移扩散，二是由古长江搬运至河口区。其背景值自西向东由高到低的递减规律充分证明，随着氧化-还原环境的相对改变，CO_2 的补充减少，加之海水中的含量亦低，其背景值必然降低。

2）微量元素背景值的形成物源。

a. 淡水亚单元区。

Fe^{2+}、Zn、Mn：Fe^{2+} 多来自区内基岩山区含铁矿物的风化和溶滤，Fe^{2+} 背景含量低。Zn 物源与第Ⅰ环境单元淡水亚单元区相类似，Zn 的硫酸盐在溶滤作用下以离子形式随河流迁移。区内基岩山区锰矿含量少。地下水 Mn 多形成较低背景。

Cd、Hg、AS：Cd 多为硫酸盐溶解以离子状态进入地下水，随河流搬运迁移至区内，多形成背景。Hg 形成的物源主要来自河流上游含汞矿物的分解，区内主要形成较高背景，为古长江搬运携带所致。As 物源主要来自古长江水体，在区内多形成较高背景。

Cu、Pb、Ni、Cr、Fe^{3+}：Cu、Pb、Ni、Cr 多来自硫化矿物的氧化、溶滤。Ni、Cr 长江古河床物源相对贫乏，多形成较低背景。Cu、Pb 物源与 Ni、Cr 相反。Fe^{3+} 多为氧化环境中含铁（Fe^{2+}）硅酸盐氧化形成。还原环境中，水中较稳定的高价铁氧化物（Fe_2O_3）还原为低价铁的易溶盐，并离解出 Fe^{2+}，导致 Fe^{3+} 含量相对减少。区内多形成背景、较低背景区。

b. 咸水亚单元区。

Fe^{2+}、Cu、Zn、Pb：Fe^{2+} 物源主要来自于古长江含水介质的搬运沉积。再者，从淡水进入咸水环境，相对由氧化进入还原环境。其中一系列水化学作用，有利于 Fe^{2+} 的富集。盐效应是区内 Fe^{2+} 形成高背景、高含量的一个重要原因。Cu、Zn、Pb 主要来自两方面：一部分来自于南部山区硫化矿物的分解，溶滤后的迁移；一部分来自古长江水系。Cu、Zn 以溶滤迁移为主，古河流搬运携带次之。Pb 古河流搬运携带为主，溶滤迁移次之。

Cr、As、Ni：Cr、As 主要来自河流的搬运，尤其 As 多为黏土矿物、有机质及钙氧化物等的吸附携带至区内，物源较为贫乏，海水虽然使解吸性增强，仍多形成较低背景。Ni 与 Zn 相类似，其物源一部分来自南部基岩山区，一部分来自长江古河流搬运。前者物源较丰富，后者较为贫乏。

（2）地下水环境背景值的运移机制。

1）常量组分的迁移与富集。

HCO_3^-、SO_4^{2-}、Cl^-：这些离子的主要运移与富集特征和第 I 环境单元描述类似，第 Ⅱ 孔隙承压水环境单元古河床阴离子的含量变化，又有与其他水环境单元不同的制约机制与特点（表 3-8）。

表 3-8　　　第 Ⅱ 承压水环境单元古长江常州-芦墟支流阴离子含量变化表

河床支段 阴离子	河床主支流						吴县-安亭汊流	
	上游段		中游段		下游段		上段	下段
HCO_3^-	291.1	421.5	488.8	476.4	473.3	470.5	365.1	396.0
SO_4^{2-}	0.8	2.3	0.6	0.2	7.8	0.28	0.60	0.6
Cl^-	7.38	1.26	19.7	16.8	36.1	49.1	10.6	6.6

古长江水中阴离子的平均含量并不高，主支水流沿河床进入区内后，除 SO_4^{2-} 外，均有不断累积增高的趋势。Cl^- 尤为明显。而在进入汊流段，则又趋向减少。如此则表明河床流经基岩山区，碳酸盐、岩盐物质的溶滤不断加强，河流拐向平原区后，物质来源相对减少，更主要由于稀释作用，其含量必然相对降低。

古长江南支流阴离子的含量变化见表 3-9。第 Ⅱ 孔隙承压水环境单元古长江南支 HCO_3^- 含量，随着矿化度的增高而迅速降低，SO_4^{2-} 则与 Cl^- 呈同步效应增加。反映矿化度增加到一定程度 HCO_3^- 与 Cl^- 之间出现的消长关系。

表 3-9　　　第 Ⅱ 承压水环境单元古长江南支流阴离子含量变化表

环境单元及 河床支段 阴离子	古 长 江 南 支			
	中上段 ★	中上段 ▲	下　　段	
HCO_3^-	485.7	450.93	261.2	218.8
SO_4^{2-}	4.40	6.51	27.2	1329.7
Cl^-	337.4	44.6	1280.5	9846.2
备注	★较高矿化区，▲淡水点			

K^+、Na^+、Ca^{2+}、Mg^{2+}在第Ⅱ环境单元中的古河流沉积区，其含量的变化亦呈现可循的规律性。由于海侵的影响，淡水区相对缩小，微咸水、咸水区相应地扩大，这对于改变古河床上下游段阳离子的含量变化，起了决定性的作用（表3-10）。

表3-10　　　　　第Ⅱ孔隙承压水环境单元长江古河床阳离子含量变化表　　　　单位：ppm

河床名称 支段 阳离子	常州-芦墟-金山段					吴县-安亭段		南　支			
	上段	中段		下段	汇水区	中上段	中下段	中段	中下段	下段	河口区
K^+	0.3	0.4	0.28	1.3	2.4	1.78	1.6	0.4	2.5	2	6.54	25.07
Na^+	27.2	69.6	105.2	128.8	133.6	127.5	48.4	74.2	232	88.4	477.3	5099.6
Ca^{2+}	60.3	54.5	50.2	42.8	37.7	59.9	57	46.6	90.8	54.53	309.4	1106.1
Mg^{2+}	10	15.4	13.7	14.1	13.9	26.6	17.3	15.2	34.5	21.52	78.7	493.6

第Ⅱ孔隙承压水环境单元长江古河床西支常州-芦墟-金山段，流程最长。横贯区内南北。其上游段除Ca^{2+}外、K^+、Na^+、Mg^{2+}含量均较低。阳离子随水流的运动过程。其含量则产生不同的变化趋势，K^+、Na^+、Mg^{2+}递增，以Na^+最为显著，Ca^{2+}含量由高到低渐次衰减。

2）微量元素的迁移与富集。微量元素与常量元素的变化特征异同点在前文已经叙述，下面进行具体分析，见表3-11。

表3-11　　　　　区内第Ⅱ孔隙承压水环境单元古河床微量元素含量变化表

河床名称区段 微量元素	长 江 古 河 床								
	常州-芦墟-金山段					南　支			
	上段	中段		下段	汇水区	中段	中下段	下段	河口区
* Fe^{3+}	0.28	0.028	0.4	0.028	0.04	1.67	0.16	0.1	0.69	1.331
* Fe^{2+}	0.16	24	2.04	1.08	1.56	0.11	0.68	0.97	2.81	21.41
* Mn	0.12	0.18	0.059	0.083	0.425	0.05	0.11	0.05	0.45	1.61
Cu	2.67	0.58	0.08	6.68	4.96	10.1	4.04	2.94	0.18	2.03
Zn	4.73	0.59	0.85	1.87	33.98	2.11	69.1	0.14	16.96	19.71
Pb	0.74	0.67	0.93	0.34	0.14	0.97	0.9	0.23	0.15	0.34
Cd	0.008	0.007	0.002	0.002	0.025	0.029	0.006	0.003	0.027	0.009
Ni	0.028	0.068	0.1	0.13	0.25	0.85	0.03	0.08	0.007	0.1
Hg	0.022	0.023	0.024	0.035	0.018	0.97	0.014	0.005	0.008	0.008
As	1.13	21.9	4.72	14.3	36.4	15.6	0.36	2.33	5.3	1.89
Cr	0.1	0.1	0.27	0.27	0.49	0.56	0.099	0.18	0.22	0.12

注　＊含量单位为ppm，其他含量单位为ppb。

Fe^{3+}、Fe^{2+}、Mn于长江古河床自上段至下段含量多呈递增变化趋势，Cu、Pb于河床下游其含量均明显增高。长江南支古河床，从较低矿化区进入较高矿化区中下段Fe^{3+}、

Fe^{2+}、Mn、Cu、Zn、Pb 含量不同程度减少，Zn、Cu、Pb、Mn 尤为显著，河床进入河口区弱还原环境，其含量均明显增高，Fe^{2+} 含量增高尤甚。表明 Fe^{3+} 于还原条件下，大多转化为二价铁，因处于河口环境，不利于其产生大量的化学迁移，从而使 Fe^{2+} 含量骤增。Zn 含量变化高低较悬殊，长江古河床局部地段 Zn 含量增高富集之原因，主要受控于水动力条件及其沉积物颗粒级配、区内常州-金山古河床下段位于边滩相区东缘，河床于此段拐弯向东与古钱塘江北支合流，径流减弱，河床颗粒物质由粗变细，极有利于 Zn 元素富集。古长江南支中段。河床于此段呈 45°向东拐向崇明方向，流速急骤减缓，泥沙大量沉积，亦形成 Zn 元素大量富集。

Cd、Ni、Hg、As、Cr 的迁移与富集，呈现多种复杂的制约因素。区内古河床上下游段 Ni、Cr 含量均呈增高的变化趋势，长江南支古河床河口区 Ni 含量显著增高，与该区段含量呈同步增高的变化特征。长江古河床常-金段，Hg 含量呈现增高的变化趋势，这与古河床的水力坡度，径流量呈比例关系。水力坡度大，径流快，悬浮物不易沉淀，多被迁移至下游，因而汇水区 Hg 含量骤增。长江古河床下段 As 多富集，As 的氧化物易溶于水分离出 As，还原环境下易沉淀也易解吸。

5. 第Ⅲ孔隙承压水环境单元

（1）地下水环境背景值的形成物源。

1）常量组分背景值形成的物源。Cl^-、Na^+、Ca^{2+}、Mg^{2+}、SO_4^{2-}、K^+、HCO_3^-：早更新世时期，区内山涧水系发育，Cl^-、Na^+ 主要来自基岩山区含氯矿物和硅酸盐矿物的风化、溶解，多形成较低背景，局部高背景、高含量，因遭受海侵为海水中含量丰度所控制。碳酸盐岩矿物风化溶解后，随山涧水系搬运形成冲湖积相堆积，Ca^{2+}、Mg^{2+} 多形成高背景、较高背景。区内含量亦存在地域上的差异性，山区古河床沉积区因物源丰富，形成高含量。物质来源于三方面：一是山区基岩供给；二是开启时期强氧化环境，CO_2易于补充；三是古长江携带的碳酸盐物质不断在河口区富集，形成较高背景。

2）微量元素背景值的形成物源。Fe^{2+}、Zn、Hg：Fe^{2+} 亦多来自区内基岩山区含铁矿物的风化和溶滤。由于当时水动力条件强，Fe 多被迁移至河流下游及其河口、沿海一带富集形成高背景、高含量，长江古河床 Fe^{2+} 含量不甚丰富。Zn 主要来自基岩山区含 Zn 矿化物的分解、氧化和溶滤、迁移。Hg 区内西部冲湖积平原地下水中，多形成较高背景，多来自基岩山区含汞矿物随山溪古河床搬运沉积。古长江物源较为贫乏，多形成较低背景。

Mn、Pb、Cu、Ni、As：区内西部冲湖积平原中含有大量软锰矿物，为山区溪流搬运所致，多形成高背景和高含量。古长江物源相对贫乏，多形成较低背景。Pb 古长江含量相对较大，山区基岩物源较为贫乏。Cu 物源较丰富，主要来自两方面：一为山区溪流搬运形成；二为古长江含水介质的迁移。As 物源来自山涧水系，黏性土的地下水中砷含量偏高。而当 Fe^{2+}、Fe^{3+} 含量较高时，会形成铁盐沉淀或 $Fe(OH)_3$，As 含量相对减少，区内多形成背景、较低背景。

Fe^{3+}、Cd、Cr：西部 Fe^{3+} 多为氧化所致，多形成背景。东部于开启阶段由氧化环境过渡至相对的弱还原环境，产生还原作用和离解反应，Fe^{3+} 含量相对减少。Cd 背景值的形成与南部基岩山区碎屑岩中硫化物的氧化有关，山溪河流相对较多，古长江物源贫乏。

区内西部基岩山区含铬矿物少，古长江 Cr 的物源不甚丰富，多形成较低背景、背景。

（2）地下水环境背景值的运移机制。

1）常量组分的迁移与富集。HCO_3^-、SO_4^{2-}、Cl^-：其具体变化特征不再赘述，下面具体分析第Ⅲ水环境单元的特性，见表 3-12 和表 3-13。

表 3-12 第Ⅲ孔隙承压水环境单元常州古河床阴离子含量变化表 单位：ppm

河床区段	上 游 段	下 游 段
HCO_2^-	414.9	444.5
SO_4^{2-}	940	24.8
Cl^-	40.1	15.3

表 3-13 第Ⅲ孔隙承压水环境单元古长江南北支流阴离子含量变化表 单位：ppm

阴离子　　　河床支段	北支流			南支流					太仓-莘庄汊流	
	上段 *	中段	下段	上段			中段	下段	中段	下段
HCO_2^-	489.2	460.7	514.3	445.5	470.2	447.98	459.77	434.4	460.8	487.4
SO_4^{2-}	19.55	18.1	17.2	13.9	13.2	18.98	7.84	2.1	8.26	15.35
CO^-	417.5	323.9	213	236.7	261.1	135.84	49.24	28.1	190	205.3

注 ＊ 较高矿化区。

从表 3-12 中可以看出，第Ⅲ孔隙承压水环境单元 HCO_3^- 在河床随水流迁移过程中，其含量从上段至下段稍有增加，SO_4^{2-}、Cl^- 则有所减少。阴离子出现上述含量变化之原因，是该水环境单元区河流流程短，水流急，水溶液与含硫氯矿物的相互作用时间亦短，故而其含量的变化趋势由多至少。

从表 3-13 中可以看出，古长江北支流古河床上段为较高矿化区，受到海水入侵之影响，Cl^- 含量相对增高。但亦反映出海水的盐度与海水入侵影响的程度较低，Cl^- 的含量自河床上游至下游呈明显递减的趋势，同样佐证了海水入侵的方向和范围比较狭窄，局部于大洋港-高枝港段沿南西方向伸入内陆。海水对 SO_4^{2-} 的含量变化稍有影响，但不明显，含量亦呈递减的规律。太仓-莘庄汊流下段 SO_4^{2-} 与 Cl^- 之所以同呈递增的变化趋势，是因为含量受到咸水的影响，SO_4^{2-} 与湖沼相沉积区有机物质的富集有关。

第Ⅲ水环境单元不同的古河床沉积区，K^+、Na^+、Ca^{2+}、Mg^{2+} 的含量变化多表现为不平衡性，同一古河床上下游段其增减的变化趋势亦不尽相同。由表 3-14 可知，无锡-常州古河床中段至中下段，K^+、Ca^{2+}、Mg^{2+} 含量均呈现减少的变化趋势，Na^+ 不仅含量偏高，且由低到高呈现递增变化。依据水溶液中离子的平衡分配规律，Ca^{2+}、Mg^{2+} 与 Na^+ 含量之间亦呈现消长关系。再者表明 Na^+ 元素主要来自岩浆岩和变质岩的风化溶解，物源丰富。其次古河床流程短，水动力较强，Na^+ 迁移至中下段接近河口区开始富集。

长江古河床北支区内上段至下段，由较高矿化区至较低矿化区，K^+、Ca^{2+}、Mg^{2+} 含量均呈现递减变化，反映河床上段 Na^+、Mg^{2+} 受海水影响明显，Ca^{2+} 次之。南支中至下段 Na^+ 含量呈递减变化趋势，Ca^{2+}、Mg^{2+} 于中下游段含量有所增加，Ca^{2+} 于古河床下游段含量达 73.9ppm，反映古长江淡水体标型阳离子的富集特征及其丰富的物质来源。

表 3-14　　　　　第Ⅲ孔隙承压水环境单元古河床阳离子含量变化表　　　　单位：ppm

河床名称 支段 阳离子	锡常古河床		长江古河床										
			北支			南支					太仓-蒂庄汉流		
	中段	中下段	上段	中段	下段	中段			中下段	下段	中段	中下段	汇水区
K^+	2.1	1.6	1.8	1.2	0.8	2.4	0.4	1.2	1.7	2.87	2.25	2	1.63
Na^+	110.4	114	265.5	251.4	248.5	332	260	194	95.1	60.6	201.6	224	191.9
Ca^{2+}	78.4	43.9	96.4	63.6	39.9	53.5	51.2	37.3	58.46	73.9	53.9	51.9	35.6
Mg^{2+}	17.5	14	43.7	29.3	17.1	19.2	20	17.74	25.69	23	21.2	20.6	17.07

　　太仓-莘庄汉流与古钱塘江主支流汇水区，K^+、Na^+、Ca^{2+}、Mg^{2+} 含量均明显减少。处于河口区 K^+、Ca^{2+}、Mg^{2+} 含量增加，Na^+ 则显著降低，亦表明咸淡水相混合的过程中，河流水动力大于海水入渗作用，淡化强于咸化。

　　2）微量元素的迁移与富集。从表 3-15 可以看出，Fe^{3+}、Fe^{2+}、Mn、Cu、Pb 于河床上游段至下游段，其含量多呈增加的变化趋势，长江北支古河床从较高矿化区至较低矿化区，Fe^{3+} 含量呈微量递减，Fe^{2+} 含量呈微量递增，从淡水环境过渡至咸水环境，因缺乏活性含量降低，再过渡到淡水环境，含量复又增高。长江南支古河床中段至下段；Fe^{3+} 含量从低到高，由迁移趋向富集，表明其局部地球化学环境由封闭性还原环境向开启性氧化环境过渡变化。

表 3-15　　　　　　孔隙承压水环境单元古河床微量元素含量变化表

河床名称 区段 微量元素	锡常古河床		长江古河床										
			北支			南支					太仓-蒂庄汉流		
	中段	中下段	上段	中段	下段	中段			中下段	下段	中段	中下段	汇水区
* Fe^{3+}	0.028	0.028	0.06	0.04	0.028	0.028	0.028	0.1	0.19	0.3	0.27	0.22	0.13
* Fe^{2+}	0.056	0.08	0.71	0.87	1.32	0.69	1.53	0.18	0.41	0.76	0.54	1.47	0.92
* Mn	0.26	0.34	0.044	0.048	0.064	0.072	0.04	0.02	0.03	0.05	0.38	0.09	0.05
Cu	0.89	4.43	0.15	1.57	1.19	0.052	0.21	0.14	0.13	0.05	0.28	4.48	1.73
Zn	11.9	2.82	11.13	15.6	1.89	0.3	3.27	12.12	0.44	15.7	0.96	7.88	5.1
Pb	0.7	0.91	0.039	0.276	0.5	0.1	0.226	0.07	2.42	0.1	0.28	0.16	0.38
Cd			0.0016	0.007	0.008	0.004	0.05	0.003	0.031	0.034	0.041	0.01	0.015
Ni			0.115	0.087	0.19	0.03	0.02	0.06	0.05	0.02		0.26	0.08
Hg			0.0175	0.0135	0.015	0.006	0.001	0.003	0.003	0.006	0.003	0.007	0.003
As			1.07	3.22	5.36	1.73	1.75	0.97	0.25	8.22	6.12	8.46	6.53
Cr			0.175	0.125	0.26	0.098	0.073	0.08	0.07	0.06	1.93	0.2	0.16

　　注　　* 含量单位为 ppm，其他含量单位为 ppb。

　　Cu、Zn 与 Pb 的含量变化之间多形成一种互补关系，Cu 或 Zn 含量增加的古河床段，Pb 则相对减少，Zn 沿河床的含量变化，其规律性不甚明显，富集机制多与河床水径流减弱，有机质含量增高有关。

古河主床上下游段，Cd、Ni 含量多呈现增高的变化趋势，长江古河床局部地段 Cd、Ni 含量多有波动变化。

Hg、Cr 于古河床上下游段，其含量多呈现微量减少的变化趋势，局部河床下段略有增高，其变化幅度不甚明显。含 Hg 悬浮物随水流长距离搬运的过程中，由于不断沉淀，Hg 含量必然相对减少，抵达河床下段，径流减弱趋于停滞，悬浮物大量积聚，其含量则又相应增高。

As 于河床下含量增高，其富集规律与 As 地球化学性质密切相关，亦受还原环境与水动力条件控制。

6. 深层地下水背景值

（1）全域背景值。将整个区域三个层次孔隙承压水作为一个总体（即全域）进行统计。全域的含义是：一为 $III_1 + III_2 + III_3$ 三层次孔隙承压水环境单元的叠加；另一为 $III_{1-1} + III_{2-1} + III_3$ 淡水环境亚单元或 $III_{1-1} + III_{2-1}$ 咸水环境亚单元的叠加，并由此构成相应的全域背景值。

（2）各环境单元背景值。将调研区内三个层次孔隙承压水环境单元分别视为一个总体进行统计。由此构成相应的 III_1、III_2、III_3 环境单元中样品总数所反映的背景值。

上述地下水环境背景值见表 3-16。

表 3-16　　　　　　　长江三角洲地区深层地下水环境背景值一览表

区　号	$III_1 + III_2 + III_3$（全域）	$III_{1-1} + III_{2-1} + III_3$（淡水）	$III_{1-1} + III_{2-1}$（咸水）	III_1	III_2	III_3
*固形物	474.93	482.59	2675.844	579	434.45	511.37
*HCO_3^-	442.28	424.48	382.396	408	431.19	462.6
*Cl^-	292.04	47.8	1585.527	161.78	23.7	52.1
*SO_4^{2-}	45.92	6.075	24.52	1.42	0.6	8.05
*K^+	2.052	1.864	7.917	2.65	2.048	1.87
*Na^+	454.36	105.694	538.129	113.2	106.88	136
*Ca^{2+}	82.21	51.264	345.249	91.73	52.5	42.9
*Mg^{2+}	30.56	16.406	127.652	31	17.15	15.81
Cu	0.414	0.405	0.419	0.484	0.643	0.31
Pb	0.331	0.242	0.27	0.353	0.212	0.228
Zn	11.191	6.734	3.685	7.46	0.256	8.95
Cd	0.00784	0.00613	0.0154	0.0077	0.0074	0.0074
Hg	0.0112	0.0137	0.00772	0.0107	0.0125	0.0093
Cr	0.23	0.229	0.232	0.2127	0.24	0.22
Ni	0.104	0.0947	0.183	0.151	0.1036	0.089
As	9.939	9.317	21.225	10.144	8.279	5.36
*Mn	0.128	0.0887	0.618	0.263	0.118	0.066
*Fe^{2+}	1.66	0.561	55.463	1.75	0.745	0.52461
*Fe^{3+}	0.451	0.0532	0.8	0.055	0.08	0.028

注　*含量单位为 ppm，其他含量单位为 ppb。

三、淮河流域（江苏北部平原）地下水环境背景

对淮河流域（江苏北部平原）的调查是基于地下水污染评价（淮河流域）项目采集的水样。野外工作地下水采样密度约为 2～3 组/100km²，采样井类型以潜水为主，并辅以少量承压水及地表水，主要包括：潜水 1023 组，深层承压与基岩水 522 组，另外，序列样和异常点复查样共 41 组，南京地质矿产研究所在徐州采样 154 组，也加入此次评价工作中。

经采样时间比对、筛选，剔除异常点以及有机、无机分析综合考虑，参与评价地下水质量数据主要包括：潜水 603 组、微＋Ⅰ承压水 294 组、深层承压水 322 组、基岩水 144 组。

此外，我们也参考了 20 世纪 80 年代对该区域进行的水文地质调查。该区域位于江苏省的北部，总面积为 6.37 万 km²，行政区划上包含徐州、连云港、宿迁、淮安、盐城、扬州、泰州市（图 3-3）。

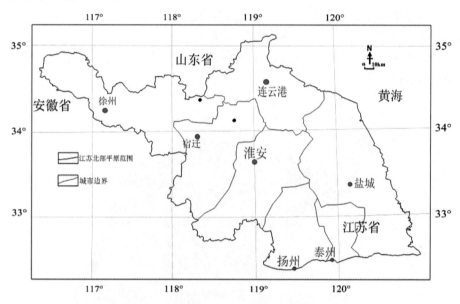

图 3-3 淮河流域（江苏北部平原）示意图

（一）地下水环境背景值的成因研究

历史上区域水化学特征、TDS 等呈梯级变化取决于原生沉积、地形、黄河泛滥等多种原因。这里主要关注原生沉积的成因。

原生沉积是全区浅层地下水水质演化、形成的物质基础，包括原生沉积时封存的原生态水及原生态水所处的含水层介质或运移通道介质间的溶滤作用等多种因素。

在以滨海相、浅海相、河口相为主的东部沿海地区，其海相、海陆交互相沉积的特点使浅层地下水中封存了大量的海水，TDS 含量普遍较高，甚至大于 10000mg/L，而以冲积、冲湖积、冲洪积为主的地区往往小于 1000mg/L；区域上浅部地层中含大量的铁锰质结核，经过长时间的溶滤、离子交换作用，水中 Fe^{2+}、Mn^{2+} 含量普遍大于 0.11mg/L，

面积分别超过 40000km² 和 44000km²。

（二）浅层地下水环境背景值

淮河流域（江苏北部平原）的地下水环境背景值确定方法与长江三角洲（第三章第一节）基本类似，在此不重复叙述。

地下水环境背景值是与一定时间、地点相联系的相对概念，理论上为该点（地区）地下水水化学的初始含量，与最新化验资料相比较即可得出地下水污染状况，限于资料数量与精度，一些文献、报告一水文地质单位进行评价，每一地区、每一含水层至确定一组背景值，这不符合淮河流域（江苏段）的实际情况，淮河流域（江苏段）地域广阔，不同地区离子浓度变化很大。为使地下水污染评价更符合淮河流域（江苏段）的实际情况，先采用讲条件相对近似的地区放在一起分区进行确定，限于以往水质资料的密度差异和测试项目不同，环境地质背景类似但资料却缺乏的区域采用比拟法来确定。分区具体遵循以下原则：

同一区内具有相似的水化学性质、具有一定的水力联系。

分区时以 TDS 为主要确定依据，以梯级进行分区，同时适量参考其他因子为评价依据，避免同一区内离子含量差异太大而造成的污染现状失真。

区内个别点数据异常，不参与分区而作为异常点剔除。

依照上述原则，潜水环境背景值共分为 14 个区，如图 3 - 4 所示。淮河流域潜水环境背景值见表 3 - 17。

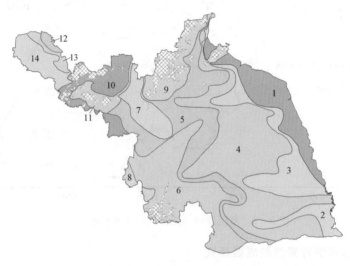

图 3 - 4　潜水环境背景值分区图

表 3 - 17　　　　　　　　　　　　　　淮河流域潜水环境背景值

区号	1	2	3	4	5	6	7	8	9	10	11	12	13	14
pH值	7.51		7.3	7.5	7.33	7.2	7.56	7.2	7.5	7.4		7.2		7.5
TDS	18694	4418	3347.9	1362.2	623.24	368.73	1074.7	999.33	313.4	478.9	890	909	1407.4	781.75
总硬度	4456.8	161.4	935.9	633.99	371.89	248.72	635.15	678.2	174.74	368.47	656.1	587.69	902.56	470.84
K＋Na	5293	1159.6	922.2	283.67	96.57	49.57	120.02	119.67	49.03	46.66	91.84	122.22	204.95	130.1

区号	1	2	3	4	5	6	7	8	9	10	11	12	13	14
Cl	10632	1956	1439.7	444.28	85.43	32.12	177.85	340.69	51.4	41.16	154.74	106.93	320.57	105.45
SO_4^{2-}	905.3	251	302.9	139.33	35.35	17.14	123.07	25.97	15.44	66.52	98.92	128.82	156.33	60.28
NO_3^-			35	80.23	0.17	1	16.34	0	28.98					0.5
NO_2^-	2.33		0.39	0.63	0.19	0.15	1.7	0.14	0.03					0.39
氨氮	7.36		1	0.29	0.27		0.72	0.32	0.13			0.1		1.99
COD	4.6		1.1	1.35	0.49	0.7	34.83		1.12	1.2		0.3	0.6	1.83
F	0.594	1.0963	0.64	0.503	1.036	0.76	0.743	0.87	0.48	0.67	0.383	0.95	1.77	1.066
Fe	0.3086	0.4815	0.59	0.44	0.644	0.43	0.7083	0.162	0.122	0.231	0.221	2.04	0.234	1.009
As	0.004		0.015	0.01					0.001	0.002				
Ba	0.1319	0.0196	0.045	0.068	0.18153	0.1927	0.1145							
Cd	0	0	0	0	0	0	0	0	0	0	0	0	0	0
Cr	0.0015	0.0009	0.002	0.001	0.00346	0.0034	0.0061							
Cu	0.0041	0.0096	0.007	0.0059	0.00237	0.0017	0.002							
Hg	0	0	0	0	0.00001	0.0004	0.00001					0	0	0
Mn	0.1861	0.1518	0.2378	0.4828	0.49	0.000001	0.31095	0.0524	0.22	0.257	0.51	1.88	0.45	0.731
Mo	0.0106	0.0065	0.0078	0.0025	0.00029	0.2850	0.0009							
Ni	0.0017	0.0028	0.0019	0.0025	0.00157	0.0006	0.0032							
Pb	0.0003	0	0.0003	0.0006	0.00008	0.0004	0.004	0				0	0	0
Se	0.0008	0.0002	0.0003	0.0005	0.00022	0.0003	0.003							
Zn	0.0079	0.04	0.0633	0.0513	0.00947	0.0429	0.011225							

（三）深层地下水环境背景值

依据上述浅层地下水的分区原则，可把深层地下水背景值划分为以下 11 个区（图 3 - 5）。其对应的地下水背景值可见表 3 - 18。

图 3 - 5　深层地下水背景值分区图

表 3-18　　　　　　　　　　　　　淮河流域深层地下水背景值

区号	1	2	3	4	5	6	7	8	9	10	11
pH 值	7.9	8	7.8	8.1	8	7.9	7.8	7.85	7.9	8.1	7.9
TDS	2617.9	841.02	1154	539	2156.5	409.76	602.89	1034	386.5	1391.6	2617.9
总硬度	880.55	270.28	361.53	158.4	819.1	216.82	252.93	374.8	207.44	437.25	880.55
K+Na	659.25	253.06	303.94	157.1	500.8	72.96	124.49	177.9	49.85	320.28	659.25
Cl	1220.6	239.08	363.12	66.94	1057.9	22.71	67.86	81.65	31.55	232.01	1220.6
SO_4^{2-}	182.77	72.36	110.66	11.9	112.73	18.92	55.22	173.4	41.9	396.07	182.77
NO_3^-	0.086		0	0.02	0.18	0.39	0.58	0.93	1.1	0.22	0.086
NO_2^-	0.01		0.002	0.006	0.004	0.016	0.006	0.005	3	0.004	0.01
氨氮	0.36	0.36	0.26	0.54	1.055	0.057	0.066	0.02	0	0.03	0.36
COD	1.58	0.62	0.86	1.61	0.78	0.51	1.91	0.25	0.32	1.068	1.58
F	0.83	0.64	0.68	0.534	0.38	0.56	0.52		0.475	0.665	0.83
Fe	0.25	0.37	0.37	0.4207	0.43	0.16	0.35		0.0715	0.5575	0.25
As	0.001	0.002	0.0004	0.03	0.006	0.0015	0.001	0.001		0.048	0.001
Ba	0.0693	0.0931	0.1365	0.1842	0.25	0.14	0.1098				0.0693
Cd	0	0	0	0	0	0	0		0	0	0
Cr	0.0002	0.0001	0	0.0001	0.0002	0.0008	0.0007				0.0002
Cu	0.0008	0.0037	0.0013	0.0058	0.0056	0.0017	0.005				0.0008
Hg	0	0	0	0	0	0	0		0	0	0
Mn	0.0774	0.0688	0.0719	0.044	0.0458	0.1057	0.0856		0.0191	0.05	0.0774
Mo	0.0062	0.0031	0.0025	0.0027	0.0019	0.0008	0.0021				0.0062
Ni	0.0001	0.0003	0	0.0007	0.001	0.0013	0.0001				0.0001
Pb	0.0002	0.0002	0.001	0.0004		0.0004	0.0006		0		0.0002
Se	0.0778	0.005		0.005		0.0023					0.0778
Zn	0.0595	0.0778	0.1471	0.0884	0.0601	0.0739	0.2166				0.0595

第二节　地下水质量评价

一、长江三角洲（江苏地区）地下水质量评价

（一）指标选取和评价数据的筛选

1. 指标选取

地下水的组成成分复杂，为适用于各种目的，需要规定出各种成分含量的一定界限，这种数量界限称为水质标准。国家或地方有关部门规定的各项用水标准，都是依据各种实际需要制定的，是水质评价的依据。对于同一水体，采用不同的方法，会得出不同评价结果，甚至对水质是否污染，结论也不同。因此，应根据评价水体的用途和评价目的选择相应的评价标准。此次对长江三角洲（江苏地区）地下水进行的质量评价采用标准为《地下水质量标准》（GB/T 14848—2007）和《地下水污染调查评价规范》（DD 2008—01）。

依据测试结果，此次参与评价的指标共 72 项，其中无机测试指标 33 项，有机测试指标 39 项。

2. 评价数据筛选

参与地下水质量评价的数据包括前文地下水背景值确定中所用的资料，共 1134 组，主要包括浅层地下水 968 组（潜水 911 组，微承压 57 组），深层地下水 166 组（Ⅰ承压 21 组，Ⅱ承压 40 组，Ⅲ承压 76 组，Ⅳ承压 20 组，基岩水 9 组）。

（二）评价方法

1. 质量分级

遵从"从优不从劣"原则。依据我国地下水质量状况和人体健康基准值，参照生活、工业、农业等用水水质要求，将地下水质量划分为 5 类：Ⅰ类地下水化学组分含量低，原则上适用于各种用途；Ⅱ类地下水化学组分含量较低，原则上适用于各种用途；Ⅲ类以人体健康基准值为依据，适用于生活饮用水、农业用水和大多数工业用水；Ⅳ类以农业和工业用水质量要求以及人体健康风险为依据，适用于农业和部分工业用水，适当处理后可作生活饮用水；Ⅴ类不宜作生活饮用水，其他用水可根据使用目的选用。

2. 评价类别

为了准确反映地下水质量状况，地下水质量评价类别分为单指标地下水质量评价、分类指标地下水质量评价和地下水综合质量评价 3 种：

（1）单指标评价。按指标值所在的指标限值区间确定地下水质量类别，不同地下水质量类别的指标限值相同时，从优不从劣。例如氨氮类Ⅰ、Ⅱ类标准值均为 0.02mg/L，若水质分析结果为 0.02mg/L，应定为Ⅰ类，不定为Ⅱ类。

（2）分类指标评价。将地下水指标按无机一般化学指标、无机毒理指标、毒性重金属指标、挥发性有机指标、半挥发性有机物指标划分为五类（表 3-19）。运用确定地下水样品综合水质等级方法，分别采用每类所有参评指标对地下水样品进行分类指标质量评价，掌握地下水各类指标在地下水质量中的作用。

表 3-19　　地下水质量评价分类指标表

指标类别	指　标　名　称
一般化学指标 （15 项）	pH、溶解性总固体、总硬度、硫酸盐、氯化物、铁、锰、铜、锌、铝、化学耗氧量、钠、氨氮、硒、硫
无机毒理指标 （6 项）	碘、氟、硝酸盐、亚硝酸盐、铍、硼
毒性重金属指标 （12 项）	汞、砷、镉、铬、铅、锑、钡、镍、钼、银、钴、铊
挥发性有机指标 （24 项）	三氯甲烷、四氯化碳、1，1，1-三氯乙烷、三氯乙烯、四氯乙烯、二氯甲烷、1,2-二氯乙烷、1,1,2-三氯乙烷、1,2-二氯丙烷、溴仿、氯乙烯、1,1-二氯乙烯、1,2-二氯乙烯、氯苯、邻二氯苯、对二氯苯、总三氯苯、苯、甲苯、乙苯、二甲苯、苯乙烯、溴二氯甲烷、一氯二溴甲烷
半挥发性有机指标 （15 项）	六氯苯、总六六六、γ-BHC、总滴滴涕、七氯、敌敌畏、甲基对硫磷、马拉硫磷、乐果、苯并（a）芘、萘、蒽、荧蒽、苯并（b）荧蒽、多氯联苯总和

（3）地下水综合质量评价。运用确定地下水样品综合水质等级方法，采用所有参评指标对地下水样品进行综合质量评价，确定地下水综合质量等级。综合地下水质量类别按单指标最高类别确定，并指出最高类别的指标。

（三）区域地下水质量评价

1. 浅层地下水

浅层地下水水质综合评价结果表明，总体水质较差（图3-6），Ⅰ类水缺失，Ⅱ类水仅1组占0.1%，Ⅲ类水共138组占14.3%，Ⅳ类水405组占41.8%，Ⅴ类水424组占43.8%。

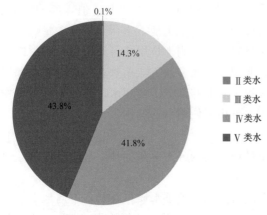

图3-6 浅层地下水综合质量评价统计饼状图

分析结果显示，区内浅层地下水水质不容乐观，绝大多数水质为Ⅳ类以上占到样品数的85.6%，分布在全区范围内。

Ⅱ类水。全区Ⅱ类水较少，面积约9.7km²，仅南京六合新集镇东部有小面积分布。

Ⅲ类水。全区Ⅲ类水范围比Ⅱ类水稍广，面积约2834.3km²，以长江以南分布为主，主要分布在宁镇低山丘陵区和太湖水网平原区。在南京六合附近山区和苏州相城区-张家港南部一线有较大面积的分布，其他地区有零散分布，断断续续，延续性较差。山前波状平原Ⅲ类水主要分布在北部丹阳市附近呈条带状。里下河洼地平原和长江三角洲北部平原地区，Ⅲ类水分布极少，在江都、泰兴和通州有零散分布。

Ⅳ类水。全区Ⅳ类水分布最为广泛，面积约22260.7km²。宁镇低山丘陵区、山前波状平原和太湖水网平原地区大部分为Ⅳ类水。里下河洼地平原和长江三角洲北部平原Ⅳ类水分布较广，高邮湖南岸扬州-江都地区、泰兴-姜堰市、通州市和启东市有较大面积的连续分布，兴化-宝应地区有小面积的条带状分布。

Ⅴ类水。全区Ⅴ类水面积约15095.3km²。长江以北，里下河洼地平原和长江三角洲平原区大部分地区为Ⅴ类水，呈大面积的连续分布。宁镇低山丘陵区Ⅴ类水主要分布在浦口-东山-后白镇一线。山前波状平原Ⅴ类水相对较少，在司徒镇东北方向和金坛市周围有小面积的分布。太湖水网平原地区，在张家港东部沿江地区、常熟市区-白茆镇一带、苏州郭巷-斜塘-昆山地区、太仓地区和吴江南部南麻-盛泽地区均有较大面积的Ⅴ类水分布，其中以苏州郭巷-斜塘-昆山地区面积最大。

2. 深层地下水

工作区深层地下水质统计结果显示（图3-7），Ⅰ类水缺失，Ⅱ类水共1组占0.6%，Ⅲ类水共22组占13.3%，Ⅳ类水86组占51.8%和Ⅴ类水57组占34.3%，Ⅳ类水以上占到80%。

除扬州局部地区外，Ⅳ类和Ⅴ类水广泛分布于全区。Ⅱ类水仅1组在句容鬐山西侧为基岩水。Ⅲ类水主要集中分布在扬州-江都-高邮中间的邵伯湖周围，另外南京、苏州、镇江有零星分布。Ⅳ类水全区均有分布，在常州-无锡地区、泰州地区和南通市区分布较集中。Ⅴ类水主要分布在南京-仪征-镇江-扬中沿江地区、泰兴-如皋-如东海边一线、海门-启东地区、苏州市区和昆山南部。

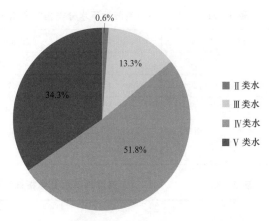

图3-7 深层地下水综合质量评价统计饼状图

（四）区域地下水影响指标分析

按照各个化学指标对地下水的不同作用，将化学指标分为以下五类：无机一般化学指标、无机毒理指标、毒性重金属指标、挥发性有机指标和半挥发性有机物指标。按照不同的类别对地下水样进行分类质量评价，浅层地下水统计结果见表3-20。

表3-20 浅层地下水分类指标质量评价结果统计表

指标类别	Ⅰ类水		Ⅱ类水		Ⅲ类水		Ⅳ类水		Ⅴ类水	
	数量	百分比	数量	百分比	数量	百分比	数量	百分比	数量	百分比
一般化学指标	0	0.0%	27	2.8%	187	19.3%	506	52.3%	248	25.6%
无机毒理指标	3	0.3%	18	1.9%	371	38.3%	241	24.9%	335	34.6%
毒性重金属指标	16	2.2%	388	40.1%	418	43.2%	118	12.2%	23	2.4%
挥发性有机指标	899	92.9%	24	2.5%	32	3.3%	11	1.1%	2	0.2%
半挥发性有机指标	760	78.5%	122	12.6%	79	8.2%	4	0.4%	3	0.3%

为了方便分析，这里首先定义地下水质量贡献率的概念：某项指标在确定地下水质量级别中所起的作用或贡献。本文中按下式确定：

$$G = E_i / E$$

式中 G——某项指标在确定地下水质量评价级别中的贡献率（广义贡献率）；

E_i——某项指标达到地下水质量评价级别的样品数量；

E——达到地下水质量评价级别的样品总数量。

一般化学指标质量评价结果以Ⅳ类和Ⅴ类水为主，无机毒理指标质量评价结果以Ⅲ、Ⅳ、Ⅴ类水为主，毒性重金属指标质量评价结果以Ⅱ类和Ⅲ类水为主，有机指标分类质量评价结果基本为Ⅰ类水。

依据地下水质量综合评价结果，对各类水中不同指标类别进行贡献数统计（表3-21）。Ⅴ类水中无机毒理指标和一般化学指标的贡献数较多，Ⅴ类水的形成受这两个指标类别的影响比较大。Ⅳ类水中主要是一般化学指标的贡献数较多，Ⅳ类水的划分受一般化学指标的影响比较大。Ⅲ类水主要是受无机毒理指标和一般化学指标的影响。

深层地下水一般化学指标质量评价结果主要以Ⅳ水为主（表3-22），无机毒理指标质量评价结果以Ⅲ类水为主，毒性重金属指标质量评价结果也是以Ⅲ类水为主，有机指标分类质量评价结果基本为Ⅰ类水。

表 3 - 21　　　　　　浅层地下水分类指标质量评价结果贡献数统计表

指 标 类 别	Ⅱ类水	Ⅲ类水	Ⅳ类水	Ⅴ类水
一般化学指标	1	120	349	248
无机毒理指标	1	129	191	335
毒性重金属指标	1	49	26	23
挥发性有机指标	0	3	4	2
半挥发性有机指标	0	5	1	3

表 3 - 22　　　　　　深层地下水分类指标质量评价结果统计表

指 标 类 别	Ⅰ类水		Ⅱ类水		Ⅲ类水		Ⅳ类水		Ⅴ类水	
	数量	百分比	数量	百分比	数量	百分比	数量	百分比	数量	百分比
一般化学指标	1	0.6%	12	7.2%	32	19.3%	91	54.8%	30	18.1%
无机毒理指标	2	1.2%	3	1.8%	75	45.2%	40	24.1%	46	27.7%
毒性重金属指标	0	0.0%	25	15.1%	104	62.7%	26	15.7%	11	6.6%
挥发性有机指标	145	87.3%	14	8.4%	6	3.6%	1	0.6%	0	0.0%
半挥发性有机指标	160	96.4%	3	1.8%	3	1.8%	0	0.0%	0	0.0%

依据地下水质量综合评价结果，对各类水中不同指标类别进行贡献数统计（表 3 - 23）。深层地下水中各类指标对综合评价结果划分的影响和浅层地下水基本一样，Ⅴ类水受无机毒理指标和一般化学指标这两个指标类别的影响比较大，Ⅳ类水受一般化学指标的影响比较大，而Ⅲ类水主要是受无机毒理指标的影响。

表 3 - 23　　　　　　浅层地下水分类指标质量评价结果贡献数统计表

指 标 类 别	Ⅱ类水	Ⅲ类水	Ⅳ类水	Ⅴ类水
一般化学指标	1	14	69	30
无机毒理指标	1	21	35	46
毒性重金属指标	1	15	13	11
挥发性有机指标	0	1	0	0
半挥发性有机指标	0	0	0	0

（五）区域地下水质量分布规律

1. 不同水文地质单元浅层地下水质量分布规律浅析

由于各水文地质单元面积及条件不同，其采样情况如下：长江三角洲平原区共 297 组样，里下河洼地平原区共 110 组样，宁镇低山丘陵区共 167 组样，山前坡状平原区共 74 组样，太湖水网平原区共 320 组样。

不同水文地质单元浅层地下水质量综合评价结果中（表 3 - 24），宁镇低山丘陵区和山前坡状平原区以Ⅳ类水为主，太湖水网平原区以Ⅳ类和Ⅴ类水为主，而长江三角洲平原区和里下河洼地平原区是以Ⅴ类水为主。

表 3-24　　　　　　　　　浅层地下水不同水文地质单元质量综合评价结果统计表

地下水系统	Ⅰ类水	Ⅱ类水	Ⅲ类水	Ⅳ类水	Ⅴ类水
宁镇低山丘陵区	0	0.60%	23.35%	49.70%	26.35%
山前坡状平原区	0	0	18.92%	58.11%	22.97%
太湖水网平原区	0	0	17.50%	41.88%	40.63%
长江三角洲平原区	0	0	7.07%	37.37%	55.56%
里下河洼地平原区	0	0	7.27%	30.91%	61.82%

　　工作区各水文地质单元水质统计结果中（图3-8），里下河洼地平原区单指标达到Ⅴ类的样品比例明显多于其他水文地质单元，其中比较突出的指标有碘、钠、氯化物、溶解性总固体、总硬度等。长江三角洲平原区是Ⅴ类水的指标种类最多的区，共19种指标有Ⅴ类水，主要影响指标为硝酸盐和亚硝酸盐。太湖水网平原区总体水质状况优于长江三角洲平原区，该区主要影响指标是氨氮。

　　宁镇低山丘陵区和山前坡状平原区总体水质状况相对较好，山前坡状平原区是有Ⅴ类水的指标种类最少的区，共9种指标有Ⅴ类水，且每一项指标的所占比例均较小。

　　地下水质量主要受自然地理（如气候、地质地貌等）、水文地质条件、地质构造、物理化学作用等的控制，这些因素之间的相互作用非常复杂。工作区人口众多，自然地理因素和地质、水文地质条件变化较大，再加上人类活动的影响，诸多因素共同作用，形成工作区当前地下水质量的分布特征。

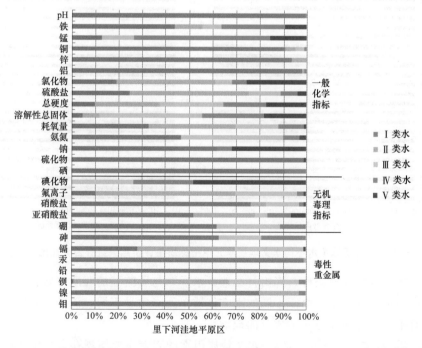

图 3-8　浅层地下水不同水文地质单元单指标质量评价结果统计百分比图（一）

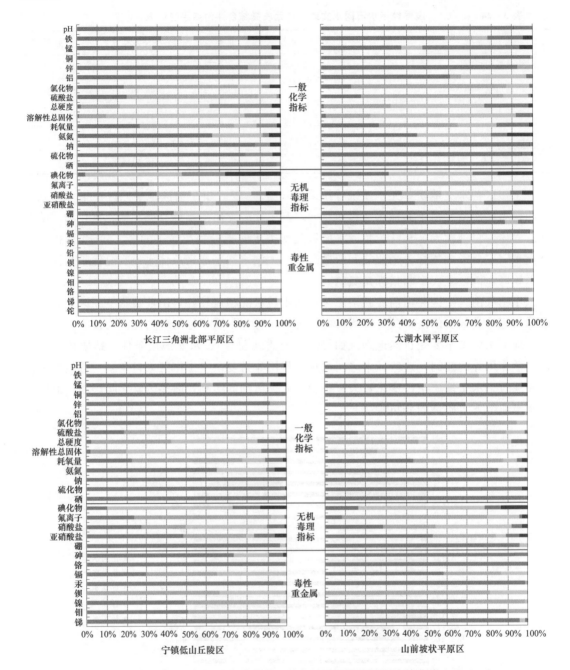

图 3-8　浅层地下水不同水文地质单元单指标质量评价结果统计百分比图（二）

（1）气候因素与地质条件。降雨补给地下水后，与所流经的介质（岩石）发生水岩作用的同时进入地下水系统。由于不同的水文地质单元降雨量不同，流经的介质不同，因此形成了具有不同物理性质与化学成分的地下水。

（2）地质-水文地质条件。地质-水文地质因素的影响主要体现在含水层介质与地下水补、径、排条件的不同。工作区浅层地下水主要补给来源为大气降水和地表水，排泄方式主要为径流、蒸发蒸腾及人工开采。

工作区水质状况按水文地质条件分区明显。里下河洼地平原区因地势低洼，地下水埋深浅，浅层地下水蒸腾作用比较明显，土壤的盐渍化现象比较严重，各种化学物质在该区富集，导致水质较差。长江三角洲平原区浅层地下水含水层主要由粉土和粉细砂层组成，含水层介质颗粒由粗至细，流通性较强，水质相对较好。而太湖水网平原区降雨充沛，地下水交替速度快，盐分很难积聚，同时由于浅层地下水含水层主要由湖积相粉质黏土、粉土组成，流通性较差，污染物运移条件弱，水质较好，所发生的污染也是局部现象。

（3）人为因素。人类活动对地下水质量影响分为直接污染和间接污染。由于环保意识的缺乏和利益驱动，地下水超采严重，导致海水入侵、咸水入侵、硬度升高等间接污染；而工业布局不合理，工矿业三废与生活垃圾乱排乱放，农业上大量施用对环境污染严重的化肥农药等造成了对地下水的直接污染。对地下水过量开采，是地下水环境发生了变化，例如，弱还原环境由于水位下降变为氧化环境，氧化-还原反应得以发生，从而使得某些污染物（如重金属）以易迁移的价态随着降雨等从包气带进入地下水，地下水的超采还会使地下水动力场发生改变。

工作区地属长三角经济区，经济发达，各种工厂、企业林立，各种污水不经处理就随便排放的情况严重，针对这一情况，近两年苏锡常地区加强污水排放管理，各市均建立了统一排水管道，尽管仍有部分企业随意排放，但总体水质状况有了明显改善。而长江三角洲平原区和里下河洼地平原区污水排放管理系统几乎没有，污水随意排放，导致地下水质明显劣于其他地区。

2. 不同层位深层地下水质量分布规律浅析

工作区共 166 组深层地下水，其中Ⅰ承压水 21 组主要分布在扬州-江都一带，Ⅱ承压水 38 组主要分布在苏州-无锡-常州地区和兴化地区，Ⅲ承压水 76 组主要分布在宝应-高邮-泰州-如皋-通州-海门-启东一线，Ⅳ承压水 20 组主要分布在如东地区，基岩水共 11 组主要分布在南京、镇江地区。

深层地下水不同层位质量综合评价结果中（表 3-25），Ⅰ承压水Ⅴ类水较多，Ⅱ承压水和Ⅲ承压水以Ⅳ类水为多，Ⅳ承压水以Ⅴ类水为多，基岩水水质较平均，Ⅱ、Ⅲ、Ⅳ和Ⅴ类水都有。

表 3-25　　　　　　　　深层地下水不同层位质量综合评价结果统计表

地下水层位	Ⅰ类水	Ⅱ类水	Ⅲ类水	Ⅳ类水	Ⅴ类水
Ⅰ承压水	0	0	5	3	13
Ⅱ承压水	0	0	3	28	7
Ⅲ承压水	0	0	9	46	21
Ⅳ承压水	0	0	0	7	13
基岩水	0	1	5	2	3

工作区Ⅰ承压水单指标达到Ⅴ类的指标种类和样品比例明显多于其他层位，其中比较突出的有砷、碘、氨氮、铁等。Ⅳ承压水单指标达到Ⅴ类的样品比例仅次于Ⅰ承压水，其中亚硝酸盐和碘影响比较大。Ⅱ承压水和Ⅲ承压水总体水质状况相对较好，Ⅱ承压水是所

有层位中Ⅴ类的指标种类和样品比例最少的，Ⅲ承压水尽管检出Ⅴ类水种类较多，但样品比例明显较少。基岩水单指标达到Ⅴ类的指标种类和样品比例均处于中间程度，其中总硬度相对较差。形成深层地下水不同层位水质状况差异较大的原因，主要有以下两点：

（1）Ⅰ承压水与浅层地下水水力联系相对较大，受浅层地下水污染的影响，Ⅰ承压水的水质也较差。

（2）Ⅳ承压水主要位于如东地区，如东东部沿海，受海水入侵影响，导致这一层水质较差。

二、淮河流域（江苏北部平原）地下水质量评价

（一）指标选取和评价数据的筛选

1. 指标选取

淮河流域江苏平原地区地下水质量评价采用标准为《地下水质量标准》（GB/T 14848—2007）和《地下水污染调查评价规范》（DD 2008—01）。

依据测试结果，参照中国地质调查局的《地下水污染调查评价技术要求》，此次参与评价的共 59 项指标，其中无机测试指标 32 项，有机测试指标 27 项。

2. 评价数据的筛选

此次评价所用数据与第三章第一节中数据相同。

（二）评价方法

1. 地下水质量分级

对水质的划分依据与第三章第二节中相同，此处不再赘述。

2. 评价类别

评价首先是对单一水样化验结果进行分层评价，其次进行分类指标地下水质量评价；在此基础上进行地下水综合质量评价。

（1）单指标评价。根据地下水质量标准，按指标值所在的指标限值区间确定地下水质量类别，不同地下水质量类别的指标限值相同时，从优不从劣。例：铵氮类Ⅰ、Ⅱ类标准值均为 0.02mg/L，若水质分析结果为 0.02mg/L，定为Ⅰ类。另外，以总铬代替六价铬评价。

（2）地下水综合质量评价。按单指标评价结果的最高类别确定，并指出最高类别的指标。例：某地下水样氯化物含量 400mg/L，四氯乙烯含量 350μg/L，这两个指标属Ⅴ类，其余指标均低于Ⅴ类。则该地下水质量综合类别定为Ⅴ类，Ⅴ类指标为氯离子和四氯乙烯。

（三）区域地下水质量评价

1. 潜水

潜水各项指标检测比较齐全的样品共 603 组，水质综合评价结果表明，无Ⅰ类水，符合饮用水标准的Ⅱ、Ⅲ类水分别为 1 组、36 组，仅约为样品总数的 6%，Ⅳ、Ⅴ类水分别为 170 组、396 组，约占 94%（图 3-9）。

Ⅲ类水。36 组Ⅲ类水样品主要呈零星分布状，面积 1649km²，主要分布于以下三个区域内：①盱眙丘岗水文地质块段、新东赣丘岗台地水文地质块段等地区的山前倾斜平原；②高

邮湖-邵伯湖以西以南地区；③阜宁至东台沿通榆运河一线的古砂堤带附近地区。以上三类地区有一个共同特点，即地下水径流条件较好。

Ⅳ类水。区内仅次于Ⅴ类水的类型，面积15745km²，主要分布在以下两个区域内：①以洪泽湖-白马湖-高邮湖-邵伯湖为中心，广泛分布于淮安市区以南、里下河平原以西的广大地区，面积7212km²，为Ⅳ类水总面积的近一半；②以丘岗台地区为主，主要包括徐淮低山丘陵及倾斜平原、新东赣丘岗台地等地区，面积2779km²。其他地区则为零星分布。

Ⅴ类水。区内分布最广泛的类型之一，面积达41023km²（表3-26），总体可概括为两

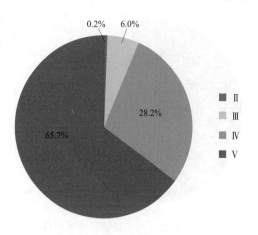

图3-9　潜水综合质量评价统计饼状图

部分，即沿海地区、徐宿地区，其中沿海地区特别是盐城地区零星点缀少量的Ⅲ、Ⅳ类水，而徐宿地区除丘陵部分外，基本为清一色的Ⅴ类水。

表3-26　　　　　　　　　潜水、深层地下水综合质量评价面积一览表

类　别		Ⅱ类水/km²	Ⅲ类水/km²	Ⅳ类水/km²	Ⅴ类水/km²
潜水	面积	点状分布	1649	15745	41023
	样品数	1	36	170	396
深层水	面积	点状分布	17872	29589	13867
	样品数	无	162	187	117

注　表中潜水无基岩水，深层地下水包括岩溶水及裂隙水。

2. 微+Ⅰ承压地下水

各项指标检测较齐全的样品294组。

Ⅲ类水。仅有43组，占样数的12.9%，但区域分布却富有规律，主要分布在徐淮平原水文地质块段以及盱眙沿淮地区，山前倾斜平原往往零星点状分布。

Ⅳ类水。样品74组，研究表明，Ⅳ类水与Ⅴ类水间分界线位于灌南-宝应-高邮一线，以西的沭宿平原、环洪泽湖地区为大片的Ⅳ类水分布区，面积17600km²。

Ⅴ类水。177组样品，主要分为三个部分，即：①灌南-宝应-高邮以东地区为大片的Ⅴ类水分布区，面积28000km²；②丰沛平原检测结果全部为Ⅴ类水样品；③沿废黄河条带Ⅴ类水样品点较多，在睢宁、淮安市已成片分布，宿豫、泗阳等水采样密度不足以确定，暂认为以Ⅳ类水为主，该地区有零星Ⅴ类水超标点出现。

3. 深层地下水

各项指标检测较齐全的样品466组。

深层地下水综合评价结果表明，符合饮用水标准的样品仅有Ⅲ类水，共162组，Ⅳ、Ⅴ类水样品分别为187组、117组（图3-10）。

Ⅲ类水。分布面积为17872km²，其主要分布在三个区域：①沿新沂河-骆马湖一带，

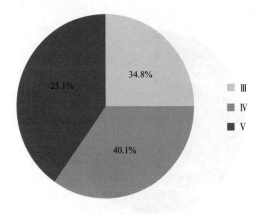

图 3-10 深层水综合质量评价统计饼状图

至沭阳以南、泗阳-淮安以北、涟水以西的广大地区，面积 8000km²；②以洪泽湖、高邮湖为轴线，分布于泗洪、盱眙、金湖、高邮、扬州市区等地，面积 4800km²；③新东赣丘岗台地区的裂隙地下水，在徐州市岩溶地下水中Ⅲ类水则与Ⅳ、Ⅴ类水相间出现。其他Ⅲ类水样品多出现在东台、建湖、宝应等地，为零星分布。

Ⅳ类水。为区内主要水质类型，分布面积最大，达 29589km²。与Ⅴ类水的分界线位于东台市-盐城市区-滨海-响水一带，以西至Ⅲ类水之间为大片的Ⅳ类水分布区；徐淮丘陵水文地质块段也分布有大量的岩溶类Ⅳ类水，这两处主要Ⅳ类水分布区经泗阳南部-泗洪北部已连成一体。

Ⅴ类水。共 134 组样品，分布在 13867km² 的范围内，该类水在区域上可分为两部分：①丰沛地区，面积 3000km²；②东台市台城镇-盐城市区-滨海坎北镇-响水长茂镇一线以东的沿海地区，面积 8800km²。另外，邳州、睢宁以及徐州市区等地也存在小范围的Ⅴ类水。

（四）区域地下水影响指标分析

主要分析一般化学指标、毒性重金属、无机毒理（表 3-27），挥发性有机物和半挥发性有机物等 5 类指标对地下水质量影响或所占比重。

关于贡献率的定义及计算问题在第一节中已经给出，这里不再赘述。以下是具体的评价结果。

（1）潜水。潜水水质综合质量评价结果中，Ⅱ、Ⅲ、Ⅳ类、Ⅴ类水分别为 1、36、170、396 组，不同指标类别影响如下：

Ⅴ类水：对各类水中不同指标类别进行贡献数统计结果表明，达Ⅴ类水的 396 组样品主要由无机毒理指标和一般化学指标贡献，分别达 358 组、203 组（表 3-27），贡献率分别达 90.4%、51.3%，两指标同为Ⅴ类水的样品共 167 组，占Ⅴ类水样品总数的 42.2%。

表 3-27 潜水分类指标质量评价结果贡献数统计表

类 别		Ⅱ类水	Ⅲ类水	Ⅳ类水	Ⅴ类水
一般化学指标	样品/组	1	26	134	203
	贡献率	100.0%	72.2%	78.8%	51.3%
	单独贡献率	0.0%	0.0%	28.8%	8.6%
毒性重金属	样品/组	1	7	20	20
	贡献率	100.0%	19.4%	11.8%	5.1%
	单独贡献率	0.0%	0.0%	0.0%	0.5%
无机毒理	样品/组	1	36	113	358
	贡献率	100.0%	100.0%	66.5%	90.4%
	单独贡献率	0.0%	19.4%	19.4%	46.7%

类 别		Ⅱ类水	Ⅲ类水	Ⅳ类水	Ⅴ类水
挥发性有机	样品/组	0	4	1	3
	贡献率	0.0%	11.1%	0.6%	0.8%
	单独贡献率	0.0%	0.0%	0.6%	0.0%
半挥发性有机	样品/组	0	1	0	3
	贡献率	0.0%	2.8%	0.0%	0.8%
	单独贡献率	0.0%	0.0%	0.0%	0.0%

注 同一样品仅计入最高类别，以下同。

此为两者共同作用而形成的Ⅴ类水，在此我们将某地下水类型由两者或两者以上指标共同贡献的，定义为共同贡献，反之，某一类型水是由某一指标单独贡献的，则称为单独贡献，单独贡献的样品占样品总数的比重，称之为单独贡献率，反之为共同贡献率。单独贡献率越高，说明该级别地下水主要由某项指标单独影响而形成的，反之则说明由多种指标共同作用而形成的。

潜水Ⅴ类水样品中无机毒理指标和一般化学指标的单独贡献率分别为46.7%、8.6%，其他指标中毒性重金属的单独贡献率为0.5%，半挥发性、挥发性有机物皆为0%，因此共同贡献率为44.2%，说明工作区无机毒理指标在Ⅴ类水级评价中起主导作用，一般化学指标属于从属地位，44.2%的Ⅴ类水是由两种或两种以上指标贡献而形成的。

Ⅳ类水：无机毒理指标和一般化学指标的单独贡献率分别为19.4%、28.8%，另外挥发性指标为0.6%，其余51.2%的样品为共同作用形成的。

Ⅲ类水：无机毒理指标贡献率达100%，其次一般化学指标贡献率72.2%，其余均不足20%，仅无机毒理指标有19.4%的单独贡献率，其余均为共同作用形成的，说明大部分Ⅲ类水是由两种或两种以上指标共同作用形成的。

Ⅱ类水：仅1组，无机毒理指标、一般化学指标、毒性重金属的贡献率均达到100%，这说明Ⅲ类水是由多种指标共同作用形成的。

（2）微＋Ⅰ承压水。微＋Ⅰ承压水水质综合质量评价结果中，Ⅰ、Ⅱ类水缺失，Ⅲ、Ⅳ、Ⅴ类水分别为43组、74组、177组。依据地下水质量综合评价结果，对各类水中不同指标类别进行贡献数统计。

Ⅴ类水：177组Ⅴ类水样品，无机毒理贡献率87.6%，一般化学指标也达57.6%，46.9%的Ⅴ类水样品由两种或两种以上指标贡献而形成的，单独贡献率53.1%。

Ⅳ类水：对Ⅳ类水贡献指标主要为一般化学指标、无机毒理两种，贡献率分别为66.2%、51.4%，其他指标贡献率都很低。

该类水中的单指标贡献率较高，共计74.3%，即有55组样品仅由一种指标超标而形成的。

Ⅲ类水：结果表明，无机毒理对Ⅲ类水的贡献率达100%（表3-28），其次为一般化学指标，贡献率为66.1%，基本为多种指标共同作用而形成Ⅲ类水，仅无机毒理指标中的F、I分别单独贡献1组样品。

表 3 - 28　　　　　　　　　微 + Ⅰ 承压水分类指标质量评价一览表

类　　别		Ⅲ类水	Ⅳ类水	Ⅴ类水
一般化学指标	样品/组	28	49	102
	贡献率	65.1%	66.2%	57.6%
	单独贡献率	0.0%	40.5%	10.7%
毒性重金属	样品/组	7	3	18
	贡献率	16.3%	4.1%	10.2%
	单独贡献率	0.0%	1.4%	0.0%
无机毒理	样品/组	43	38	155
	贡献率	100.0%	51.4%	87.6%
	单独贡献率	27.9%	27.0%	42.4%
挥发性有机	样品/组	2	4	0
	贡献率	4.7%	5.4%	0.0%
	单独贡献率	0.0%	5.4%	0.0%
半挥发性有机	样品/组	2	0	0
	贡献率	4.7%	0.0%	0.0%
	单独贡献率	0.0%	0.0%	0.0%

（3）深层水。深层地下水水质综合质量评价结果中，Ⅰ、Ⅱ类水缺失，Ⅲ、Ⅳ、Ⅴ类水分别为 162 组、187 组、117 组。依据地下水质量综合评价结果，对各类水中不同指标类别进行贡献数统计，结果如下：

Ⅲ类水：分析数据可以看出，深层Ⅲ类水中无机毒理、一般化学指标对综合评价结果的贡献率分别达到 94.4%、56.2%，其他指标较少，说明这两种指标对Ⅲ类水的形成起到决定性作用；单独贡献率分别为 35.2%、4.3%，其他指标为零，说明有 1/3 的Ⅲ类水样品由无机毒理单独贡献，60.5% 的样品由两种或两种以上指标共同作用形成的。

Ⅳ类水：对Ⅳ类水影响最大的是一般化学指标，达 72.2%，其次为无机毒理，为 41.2%，其他指标影响较小，与Ⅲ类水不同的是，Ⅳ类水共同贡献率为 30.5%（表 3 - 29），说明大部分Ⅳ类水由单指标独立贡献的。

表 3 - 29　　　　　　　　　深层地下水分类指标质量评价结果统计表

类　　别		Ⅲ类水	Ⅳ类水	Ⅴ类水
一般化学指标	样品/组	91	136	42
	贡献率	56.2%	72.7%	35.9%
	单独贡献率	4.3%	43.9%	7.7%
毒性重金属	样品/组	25	9	1
	贡献率	15.4%	4.8%	0.9%
	单独贡献率	0.0%	2.1%	0.9%

类 别		Ⅲ类水	Ⅳ类水	Ⅴ类水
无机毒理	样品/组	153	77	103
	贡献率	94.4%	41.2%	88.0%
	单独贡献率	35.2%	15.0%	31.6%
挥发性有机	样品/组	15	22	4
	贡献率	9.3%	11.8%	3.4%
	单独贡献率	0.0%	8.6%	3.4%
半挥发性有机	样品/组	3	0	0
	贡献率	1.9%	0.0%	0.0%
	单独贡献率	0.0%	0.0%	0.0%

Ⅴ类水：由无机毒理所主导，贡献率为88%，单独贡献率高达31.6%，说明区内1/3深层Ⅴ类水是由无机毒理形成的，单独贡献率合计为43.6%。

（五）区域地下水质量分布规律

1. 潜水质量分布规律浅析

此次调查各水文地质单元采样情况及质量综合评价结果见表3-30，表中可以看出北部丘岗地下水资源亚区和盱眙丘陵地下水资源亚区等丘陵岗地、山前倾斜平原地区潜水质量明显要好于沂沭平原、里下河沿海平原、丰沛平原等地区，其中，丰沛地区Ⅴ类水出现频率达100%，具体情况如下：

表3-30　　　　　潜水不同水文地质单元质量综合评价结果统计表

地下水资源亚区	样品总数/组	Ⅱ类水		Ⅲ类水		Ⅳ类水		Ⅴ类水	
		样品/组	比例	样品/组	比例	样品/组	比例	样品/组	比例
盱眙丘陵地下水资源亚区	7	0	0.0%	2	28.6%	1	14.3%	4	57.1%
里下河沿海平原地下水资源亚区	205	0	0.0%	11	5.4%	67	32.7%	127	62.0%
北部丘岗地下水资源亚区	46	1	2.2%	8	17.4%	17	37.0%	20	43.5%
沂沭河平原地下水资源亚区	196	0	0.0%	7	3.6%	66	33.7%	123	62.7%
徐淮丘陵地下水资源亚区	118	0	0.0%	8	6.8%	19	16.1%	91	77.1%
丰沛平原地下水资源亚区	31	0	0.0%	0	0.0%	0	0.0%	31	100%

（1）首先，碘、锰为工作区潜水的2种标志性元素，超标率分别达到66.4%、62.6%，也决定了区内绝大部分潜水为Ⅳ、Ⅴ类水。

这两种指标都明显表现为丘陵岗地区低、平原区高的特点，不同的是锰在平原地区分布均匀，大多为Ⅳ类水，碘平原区则以Ⅴ类水为主，丰沛地区超标率100%，以废黄河为轴线向下游逐渐下降。沿海地区以Ⅴ类水为主。

（2）以综合性指标溶解性总固体为代表的Na、Cl等一批指标质量与当地的水文地质条件密切相关，如溶解性总固体，大丰射阳水文地质块段、沂沭泗平原东部滨海平原水文地质块段等沿海地区样品超标率分别达 78.2%、72.9%，而全区超标率仅 31%，这与该地区三角洲相、海相沉积等相关，部分地区已经淡化，由Ⅴ类水演绎为以Ⅳ类水为主；该类指标质量在里下河洼地区、废黄河故道附近等地仅次于沿海地区，这是由这些地区潜水径流条件较差，经反复补给、蒸发浓缩所导致的，经过人们大规模的旱改水工作，黄泛区潜水溶解性总固体含量已大幅度下降，目前仅有零星超标样点分布。

2. 微+Ⅰ承压地下水质量分布规律浅析

此次调查共采集 294 组微+Ⅰ承压地下水样品，以水文地质块段为单位水质质量差别明显，其中丰沛平原最差，Ⅴ类水率达 100%（表 3-31），沿海其次，射阳、大丰滨海平原、沂沭泗东部滨海平原等都超过了 88%，地势低洼、地下水径流不畅的里下河洼地平原也达到 81.8%，沭宿平原稍低，为 56.5%，Ⅲ类水样品主要分布在丘陵区、岗地、山前倾斜平原以及其临近的徐淮平原等地，单指标质量具有以下分布特点：

表 3-31　　　　　微+Ⅰ承压水质量综合评价结果水文地质块段分布统计表

水文地质块段	样品数 /组	Ⅲ类水		Ⅳ类水		Ⅴ类水	
		样品/组	比例	样品/组	比例	样品/组	比例
全　部	294	43	14.6%	74	25.2%	177	60.2%
射阳、大丰滨海平原	10	0	0.0%	1	10.0%	9	90.0%
里下河洼地平原	55	3	5.5%	7	12.7%	45	81.8%
沂沭泗东部滨海平原	9	0	0.0%	1	11.1%	8	88.9%
沭宿平原	23	0	0.0%	10	43.5%	13	56.5%
洪泽湖岗地	62	13	21.0%	19	30.6%	30	48.4%
徐淮平原	38	12	31.6%	10	26.3%	16	42.1%
徐淮丘陵	52	7	13.5%	19	36.5%	26	50.0%
其他丘陵区	19	8	42.1%	7	36.8%	4	21.1%
丰沛平原	26	0	0.0%	0	0.0%	26	100.0%

首先，微+Ⅰ承压水与潜水一样，超标率最高的仍为碘、锰，分别达到 60.8%、49.0%，其中碘的分布与潜水基本相似，丰沛平原、射阳-大丰滨海平原达 100%，丘陵区往往较低，新东赣、盱眙山前倾斜平原等地超标率为 0%，徐淮平原、沭宿平原也较低，低于 40%。锰质量分布与潜水稍有不同，最明显的是丰沛地区潜水超标率达 100%，而微+Ⅰ承压水仅 34.6%；徐淮丘陵地下水资源亚区潜水超标率达 63.6%，而微+Ⅰ承压水仅为 21%，其中徐淮平原水文地质块段仅 13.5%，为低碘区，揭示潜水与微承压水两个不同水文地质系统间差别。

其次，以溶解性总固体为代表的氯、钠、总硬度含量在沿海地区明显高于其他地区，超标率大于 88%，明显超过潜水，这是由于区内沿海地区潜水系统虽然也以海相、海陆交互相沉积为主，但经过自然演变与人类活动的强烈作用，已发生了大规模的淡化，而微+Ⅰ承压水则封存于地下，变化较小。微+Ⅰ承压水在沂沭泗东部滨海平原硒含量明显偏高，超标率达 44.4%，与潜水的 47.4% 接近。

3. 深层承压地下水质量分布规律浅析

此次调查共采集 466 组深层水，其中Ⅱ、Ⅲ承压水部分地区连通、为全区深层地下水的主采层，现作为整体评价，不同层位质量综合评价结果见表 3-32。

表 3-32　　　　　　　深层水不同类别质量综合评价结果统计表

含水层类别	样品数/组	Ⅲ类水		Ⅳ类水		Ⅴ类水	
		样品/组	百分比	样品/组	百分比	样品/组	百分比
Ⅱ、Ⅲ承压	172	51	29.7%	72	41.9%	49	28.5%
Ⅳ、Ⅴ承压	150	51	34.0%	54	36.0%	45	30.0%
裂隙水	14	8	57.1%	2	14.3%	4	28.6%
岩溶水	130	52	40.0%	59	45.4%	19	14.6%

（1）水质调查结果表明，全区以基岩水水质最好，但容易遭受各种污染

1）基岩裂隙水。裂隙水主要存在于新东赣丘岗台地、盱眙丘陵、云台山等地区，是唯一Ⅲ类水比例超过 50% 的地下水系统，达 57.1%，水质较好。

多项证据表明，裂隙水与上覆浅层水关系密切：

a. 基岩裂隙水最大的特点是铵氮、亚硝酸氮含量较高，平均达 0.42mg/L、0.03mg/L，超标率为 21.4%，深层水均值 0.05mg/L、0.016mg/L，其中铵氮相差 8 倍以上，裂隙水分布区必须具有较为丰富的 NO_3 来源，才有可能形成大量的铵氮、亚硝酸氮，而基岩本身并不产生 NO_3。从前文可知，该地区上覆潜水 NO_3 含量全区最高，以Ⅳ、Ⅴ类水为主，在合适的条件可以补给深层裂隙水。裂隙水系统接受地表补给，属于不完全的封闭系统，这种反硝化作用不可能彻底，中间过渡性指标亚硝酸氮同时大量超标也印证了这一论据。

b. 多项指标证明裂隙水与潜水的一致性。在深层裂隙水中铁、硒等指标的超标率为 7.1%，其中铁两个超标样品分别位于赣榆县青口镇、连云港市花果山乡前云村矿，上覆潜水全部为Ⅳ类水，硒超标样品位于东海县南辰、白塔，这也是新东赣地区的高硒潜水分布区，说明潜水与裂隙水的关联性较强。

c. 以赣榆县青口镇金山化工厂井为例，该井位于化工厂内，主要开采片麻岩，上覆地层为亚黏土夹砂，位于赣榆县工业废水排放渠旁，超标项达 8 个，包括铵氮、亚硝酸氮、铁、溶解性总固体、Na、Cl、I、F，说明裂隙水水质极易与地表发生关联。

2）岩溶水。符合饮用水标准的样品比例达 40%，其极易被地表污染源污染：超标最严重的指标为四氯化碳，超标率 20.8%，经查明完全由嘉诚化工厂污染所引起，滴滴涕、六六六、苯并（a）芘等指标，在农药厂附近也时有检出；碘的超标率 16.9%，也非岩溶地下水系统自身所产生，与地表高碘潜水密切相关。岩溶水中总硬度超标率 18.5%，则主要由其所处碳酸钙围岩环境所决定。

（2）孔隙深层地下水。Ⅱ、Ⅲ承压水与Ⅳ、Ⅴ承压水相比，两类别水所占百分率相近，Ⅴ类水率分别为 28.5%、30%，Ⅳ类水率分别为 41.9%、36%，误差在 6% 左右，因此不同孔隙含水层间质量总体差异不大；地下水超标指标都以 I、Mn 为主，其中Ⅱ、Ⅲ承压水超标率分别为 41%、33.1%，Ⅳ、Ⅴ承压水分别为 51.1%、30.7%，两者间的

超标率相近。

深层孔隙水质量地区间具有以下分布特点：

1）深层孔隙水质量以丰沛平原最差，超标率达 100%。

a. 不论深层还是浅层，丰沛地区 I 的超标率全部为 100%，南京所实验室的化验结果与江苏地调院的基本一致，表明由实验室衍生的误差可能性很小。

b. 该区深层水 F 普遍较高，超标率平均 73.7%，大于潜水的 54.8%，其中 II、III 承压达到 81.8%，因此该地区不能使用深层地下水来改造地氟病。

c. 该区另一个超标大项为常规阴阳离子，其中以 Na 为最，全部 19 组深层地下水中仅一组符合饮用水标准；II、III 承压超标率明显高于 IV 承压，以 SO_4 最突出，II、III 承压水超标率达到 90.9%，水中 SO_4 毫克当量超过 25%，IV、V 承压超标率仅为 25%，其他指标如溶解性总固体、Na、Cl、Fe、Mn 等也皆如此。

2）质量次差的为沿海地区，射阳-大丰滨海平原、沂沭泗东部滨海平原等水文地质块段分别达到 91.7%、96.2%。

a. 与丰沛地区相近的是，该地区碘的超标率除射阳-大丰滨海平原 II、III 承压为 37.5% 外，沿海其他地区、含水层全部大于 87%。

b. 以溶解性总固体为代表的主要阴阳离子超标率除 Na 基本相近外，沂沭泗东部滨海平原明显大于射阳-大丰滨海平原，例如，沂沭泗东部滨海平原区 II、III 承压水与 IV、V 承压水溶解性总固体超标率分别为 50%、31.3%，射阳-大丰滨海平原仅有 8.3%、12.5%。

c. 沂沭泗东部滨海平原硒含量超标率全区最高，达 60%，超标点分布所在的滨海、响水等区域，也为潜水唯一大片分布硒 IV 类水的地区，上覆浅层水缓慢补给深层地下水的可能性较大。

3）其他平原地区深层地下水质量较好，与岩溶水、裂隙水接近，往往有一半左右的样点符合饮用水标准，超标指标以 I、Fe、Mn 等为主，其他指标超标率多小于 10%。

第四章
江苏省地下水开发利用

第一节　地下水开发利用状况

一、2000 年以前地下水开采历史

全省深层地下水开采始于 20 世纪初，70 年代以前限于中心城市内零星开采，80 年代后伴随着省内城市建设和乡镇工业的迅猛发展、环境污染的不断加剧和人民生活水平的日益提高，人们对地下水的需求量不断增加，深层地下水的开采也从城市向乡村发展，形成了区域性开发利用的格局，在一些地区地下水源已成为城市、农村生活供水水源中的主要组成部分。

总体而言，全省各地区地下水的开发利用先后经历了发展阶段、高峰阶段、控制阶段三个阶段。但各地区历经地下水开发利用的发展、高峰及控制三个阶段的时间不尽相同，苏锡常地区地下水开采的高峰阶段在 20 世纪 90 年代中期，此后进入控制压缩开采阶段，2000 年后开始实施地下水禁采。苏北地区地下水开采高峰多在 20 世纪 90 年代中后期，2000 年前后进入地下水控制开采阶段，逐步实施地下水开采总量控制、计划管理、目标考核。

（一）浅层地下水开采量

潜水的开采利用可追溯到区内有人类活动时期，大量的考古资料表明我们的祖先早就开采利用潜水作为生活供水。在 1949 年解放初期，除南京市有一个规模较小的自来水厂外，其余各城市均无水厂，城镇居民供水主要依托采取潜水。之后，随着城市建设的发展，都陆续建立以地表水源为主的自来水厂，用于城市居民的生活供水，但原有的潜水井继续利用，其用水目的转为洗涤，开采利用可延续到近期。广大农村地区，潜水的大规模开发利用起始于 20 世纪 80 年初，特别是苏锡常地区，由于乡镇工业的发展，导致地表水的污染不断加剧，村民用水被迫由地表水转向潜水，而苏北地区大量开采利用潜水的历史要比苏南地区晚 10 年左右的时间，其开采强度丘陵地区要比平原地区大。据近几年来的调查资料，苏南地区、苏北的丘陵地区，几乎家家都有潜水井，仅在苏中的里下河平原地区，地表水的污染轻微，广大村民还继续利用地表水为供水的主要水源，开采民井较少，在城市地区，虽然自来水供水已经普及，但大量的民井还在继续开采利用，据初步统计分析，在全省的农业人口中，约有 1/3 的农户利用潜水，全省现有农户 1380.3 万户，约有 460 万眼民井在开采利用潜水（城市地区民井尚未计算在内），户均人数现有 3.8 人，按每人每天 100L 计，则每天开采的潜水量为 175 万 m^3，年开采利用潜水量达 6.69 亿 m^3，

如加上城市地区开采潜水量，年开采潜水量可达近 7 亿 m³。

微承压水和 I 承压水的开采利用，明显地受区域性水资源的丰枯程度所控制。省内最早大规模开采利用浅层地下水的是徐州地区及泗沭河地区，自 20 世纪 50 年代初开始打机井开采利用地下水作为农田供水水源，其他地区则在 20 世纪 70—80 年代之后，在一些城镇和厂矿单位打浅井开采地下水作为生产及生活用水水源，据水利部门的统计资料，在 1952—1955 年间，仅徐州丰县就打机井 3539 眼，井深一般在 6～7m，1956 年徐州地区大旱，就新凿机井达 13.32 万眼。从 1957 年后，开始凿建井深 10～20m 深的浅井，仅徐州地区成井 1516 眼，实现机灌面积 120 万亩。至 1989 年，全省机电井达 55453 眼，配套 32373 眼，机灌面积为 229.08 万亩，年开采浅层地下水约 7 亿 m³。在 1990 年后，随着长江引水工程的全面实施，机井数量不断地减少，至 1999 年年底，全省有机井 47800 眼，与最多年份相比，净减少了 7653 眼，并在一些丘陵地区实施地表水和地下水互用的灌溉方式，地下水的开采利用最有了较大幅度地减少，据徐州、宿迁两市 1999 年度浅层地下水开采量的统计资料，年开采量仅有 22473 万 m³，与 1989 年最高峰时期相比约减少 70%。省域内各中心城市地区浅层地下水（微承压和 I 承压水）开采量见下表 4-1。

表 4-1　　　　　江苏省潜水、I 承压水开采量一览（1999 年）　　　　单位：万 m³/a

城市	南京市	无锡市	徐州市	常州市	苏州市	南通市	连云港	淮阴市	盐城市	扬州市	镇江市	宿迁市	泰州市	合计
潜水	3660	3668	9508	3121	5245	7253	2159	5723	8337	4646	2537	5731	5336	66932.4
I 承压水	532	667	3965	374	1666	1303	2288	62.2	528	246.2	22	3269	608	15530.7

（二）深层地下水开采量

省域内深层地下水的开采利用历史最早可追溯到新中国成立之前，在徐州、南京、常州、苏州已有多眼深井开采利用岩溶水和深层孔隙地下水。形成具有一定规模开采利用的是在 20 世纪 70 年代初，地下水的开采利用也主要集中于苏州、无锡、常州、徐州、南通等中心城市区，其开采量在 37 万～40 万 m³/d，年开采量约 2.8 亿 m³。在这些开采量中，约占 45% 的水量为城市居民生活用水。至 20 世纪 80 年代初，省内深层地下水的开采同样也是集中于中心城市地区，仅有个别县城如太仓县城存 6 眼深井开采深层地下水作为城镇居民的生活用水。到了 20 世纪 80 年代中期，苏锡常地区乡镇工业迅猛发展，地表水污染不断加剧，地下水的开采利用在广大的农村地区有了大力发展，形成了农村包围城市的开采局面。而在苏北地区，除中心城市扩大开采利用外，在沿江和沿海的一些较为发达的市（县），也陆续开始打深井开采利用深层地下水。至 90 年代后，苏锡常地区深层地下水的开采利用进入了一个高峰时期，城市开采量有了较为明显的减少，而乡村地区还在扩大，特别在锡西地区和江阴南部地区，几乎每个乡镇都有数十眼深井开采利用地下水。到了 1995 年年底，全区的深井数达 5000 余眼，开采量 4.9 万 m³/a，并形成了几乎覆盖全区的地下水水位降落漏斗，其漏斗面积达 8000km²。水位中心由城市转移到了乡村，在锡西的前洲镇形成了新的水位中心，其水位埋深达 81m，使地面沉降灾害不断加剧，还诱发了地裂缝地质灾害，严重地影响了区域内国民经济建设的持续发展。为此省政府对苏锡常地区地下水的开采实行了限制，进行定量压缩开采，使地下水的开采强度得到了一定的缓解。苏北的沿江沿海地区，深层地下水的开采利用也进入了一个相对的高潮时期，如南通的海门、启东、如东、通州、盐城的大丰、盐都、滨海等市（县），都在较大规模开采利用深层地下水，至 20 世纪 90 年代后期，上述的每个市（县）的深井数都超过了 250 眼，其中海门、启东、如东、大丰的深井数均达 350～460 眼，已形成了具有一定分布面积的地下水超采区，也引发地面沉降和淡水咸化等环境地质问题。在北部的淮阴、宿迁、徐州地区，则以开采浅层地下水为主，深层地下水的开采利用则主要集中于扬州、泰州、淮阴及淮安地区，开采强度较大的是淮阴和淮安城市地区，开采量达 3253 万 m^4/a，两市的水位降落斗已联结在一起，其中心水位埋深 50 余 m。各市不同时期的地下水开采量及 1999 年度开采量见表 4-2。

表 4-2　　　　　　　主要城市区不同时期地下水开采量一览表　　　　　单位：万 m^3/d

城市	苏州市区	常州市区	无锡市区	南通市区	扬州市区	盐城市区	淮阴市区	徐州市区	合计
1970	7.7	10.4	5.5	2.0	0.58	2.0	5.99	5.5	39.67
1980	18.0	28.0	11.0	2.5	1.8	3.0	7.0	10.0	81.3
1990	10.0	23.6	2.0	3.23	2.93	3.3	9.0	35.0	89.06

根据江苏省 1999 年度浅层地下水及深层地下水开采统计资料（表 4-3），江苏省地下水的总开采量达 183374.9 万 m^3/a，其中深层地下水年开采量为 10091.8 万 m^3/a，占总开采量的 55%；Ⅰ承压地下水年开采量为 15530.7 万 m^3/a，占总开采量的 8.5%；潜水年开采量 66932.4 万 m^3/a，占总开采量的 36.5%（表 4-4）。孔隙承压水的开发利用状况在上表中已明述，而潜水的开采使用，从连云港市东海县及苏锡常地区的调查资料表明，主要是作为乡村居民的生活供水和洗涤用水水源，仅在徐州市、宿迁市采用地下水进行农业灌溉的地区，潜水的开采量中约占 50% 以上的量使用于农业灌溉。

表 4-3　　　　　　　　1999 年各城市深层地下水开采量一览表

城市	土地面积 /km^2	开采井数 /眼	开采量 /(万 m^3/a)	生活用水		生产用水	
				用水量 /万 m^3	用水比重 /%	用水量 /万 m^3	用水比重 /%
南京市	6516	303	1712	599.2	35	1112.8	65
镇江市	3843	243	1712	513.6	30	1198.4	70
常州市	4371	893	8174.4	3269.76	40	4904.64	60
无锡市	4650	1100	5378.5	1936.26	36	3442.24	64
苏州市	8488	2798	17726.2	6026.908	34	11699.29	66
南通市	9140	1060	8661.4	3031.49	35	5629.91	65
泰州市	5793	315	2707.3	812.19	30	189111	70
扬州市	6638	944	6291.8	2202.13	35	4089.67	65
盐城市	14983	2206	11126	5563	50	5563	50
淮阴市	10645	653	657711	2959.695	45	3617.405	55
连云港	7368	355	1066.8	426.7	40	640.1	60
徐州市	11258	4442	28632	15747.6	55	12884.4	45
宿迁市	7862	771	1155	519.75	45	635.25	55
合　计	94187	16069	100911.8	43604.82	43	57306.98	57

注　井数为Ⅰ、Ⅱ、Ⅲ承压井及基岩井总数。

表4-4　　　　　　　　　　　　江苏省1999年地下水开采利用一览表

城　市	潜　水 /(万 m³/a)	微承压水和Ⅰ承压水 /(万 m³/a)	深层水 /(万 m³/a)	合　计 /(万 m³/a)	开采井数 /眼
南京市	3660	532	1712	5904	303
镇江市	2537	22	1712	4271	243
常州市	3121	374	8174.4	11669.4	893
无锡市	3668	667	5378.5	9713.5	1100
苏州市	5245	1666	17726.2	24637.2	2798
南通市	7253	1303	8661.4	17217.4	1060
泰州市	5336	608	2707.3	8651.3	315
扬州市	4646	246.2	6291.8	11184	944
盐城市	8337	528	11126	19991	2206
淮阴市	5723	62.2	6577.1	12362.3	653
连云港市	2158.7	2288.4	1066.8	5513.9	822
徐州市	9508	3964.5	28632	42104.5	4442
宿迁市	5731	3269.4	1155	10155.4	771
合　计	66932.4	15530.7	100911.8	183374.9	16550

注　据1999年度全省地下水开采调查统计资料。

二、2000年之后地下水开采历史

1. 2001—2010年全省地下水开采量年际变化

2001—2010年，全省地下水开发利用大致可分为两个阶段：2001—2005年开采量持续减小，全省年开采总量由10.14亿 m³减少到8.99亿 m³（主要是由于2001年起，苏锡常开始实施地下水禁采，该区年开采量急剧减小所致）；2006年后，全省地下水开采总量基本稳定在8.37亿～8.57亿 m³（图4-1）。

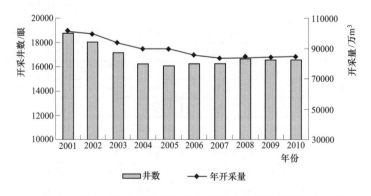

图4-1　2001—2010年江苏省地下水开采井数及开采量变化图

2. 2010 年地下水开采量

（1）全省地下水开采总量。2010 年江苏省共有地下水开采井 16552 眼，年开采总量为 8.47 亿 m³。从开采层次看，全省主要开采第Ⅲ承压水，2010 年开采量为 2.70 亿 m³，占总量的 31.9%，其次是第Ⅱ承压水和岩溶水，2010 年第Ⅱ承压水开采量为 2.03 亿 m³，占总量的 24.0%；岩溶水受地域分布限制，主要在徐州和南京有开采，年开采量 2.13 亿 m³，占总量的 25.1%，见图4-2。

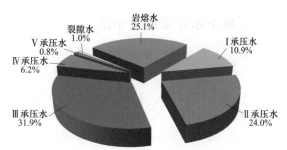

图 4-2 2010 年江苏省各含水层地下水开采比例图

（2）各地级市地下水开采差异。从地域分布看，江苏省地下水开采主要集中在苏北，尤以徐州为甚，2010 年徐州地区年开采量达 3.94 亿 m³，占全省开采总量的 46.6%，开采模数高达 3.5 万 m³/(a·km²)，远大于全省其他地区。其次是盐城地区，年开采量达 1.16 亿 m³，占全省开采总量的 13.7%。但盐城地区面积为全省各地区之首，开采模数为 0.68 万 m³/(a·km²)，低于徐州、南通、淮安、扬州等地。

苏南地下水开采规模明显小于苏北。苏锡常地区自 2000 年实施深层地下水禁采以来，随着区域供水工程的逐步推广、封井工作的有序推进，地下水开采规模逐年压缩，到 2010 年地下水开采量仅 1111 万 m³（主要开采浅层地下水），开采规模不足 0.1 万 m³/(a·km²)；宁镇地区由于地下水资源贫乏，开发利用程度历来为全省最低，见表 4-5。

表 4-5　　　　　江苏省各地级市地下水开采情况一览表（2010 年）

地 级 市	面积/km²	开采井数/眼	年开采量/万 m³
南京市	6587	194	595.48
无锡市	4627	421	434.81
徐州市	11259	6688	39449.16
常州市	4372	129	310.44
苏州市	8488	74	365.6
南通市	8001	1300	8555.65
连云港市	7500	746	1795.03
淮安市	10072	1493	7584.48
盐城市	16972	2694	11588.47
扬州市	6591	1151	5828.81
镇江市	3847	70	124.46
泰州市	5797	402	3393.78
宿迁市	8555	1190	4638.5
全省合计	102668	16552	84664.67

三、地下水开采历史小结

1. 地下水开采的阶段性特征

纵观全省地下水的开采历史，不同时期对地下水的开发利用程度存在明显差异。总体而言，各地区地下水的开发利用均先后经历了三个阶段：发展阶段（20世纪80年代以前）、高峰阶段（80—90年代中期）、控制阶段（90年代中期后）。80年代以前限于中心城市地区内开采；80年代后，伴随着省内城市建设和乡镇工业迅猛发展、环境污染不断加剧和人民生活水平的日益提高，深层地下水的开采从城市向乡村发展，形成了区域性开发利用的格局；90年代中期以后，实行以控采、限采、禁采为目标的地下水管理，地下水利用实现了计划开采。

但各地区历经地下水开发利用的发展、高峰及控制三个阶段的时间不尽相同，苏锡常地区的发展、高峰及控制阶段普遍比长江以北地区早5年左右。

2. 地下水开采的地域性特征

就同一时期而言，全省各地区对地下水的开发利用程度也存在地区差异。大体上以20世纪90年代中期至2000年为界。

（1）20世纪90年代中期至2000年以前。总体而言，20世纪90年代中期至2000年以前全省地下水的开发利用程度主要取决于本地区国民经济发展程度，此外还受制于该地区的地表水资源的丰富程度、水质污染状况及地下水开采条件。经济发达的苏锡常地区、南通地区地下水的开采模数高达1.7万~3.7万 $m^3/(a \cdot km^2)$，明显高于盐城等地区［开采模数多小于1万 $m^3/(a \cdot km^2)$］。毗邻高宝湖、洪泽湖、长江，地表水丰富的扬泰地区地下水的开采模数为0.59万~0.92万 $m^3/(a \cdot km^2)$，低于周边的淮安地区［开采模数1.1万 $m^3/(a \cdot km^2)$］。地下水资源相对匮乏的南京地区、镇江地区、连云港地区地下水的开采量明显低于其他地区。徐州地区开采模数居全省之首，主要是由于该地区地表岩性以砂土、壤土为主，加之地表水贫乏，旱季大量的地下水用于农业灌溉。全省地下水开采基本呈现需要多少开采多少的局面。

（2）20世纪90年代中期至2000年以后。20世纪90年代中期至2000年以后，全省地下水开采实施粗放式的有序开采管理，基本上扭转前一阶段时期内无序开采的局面，使地下水不合理开采的局面得到了初步的控制。

苏锡常地区由于长期超量开采地下水所引起的地面沉降、地裂缝等环境地质问题逐渐暴露并不断严重化，自1996—2000年间，省政府采取了控制压缩开采措施，地下水开采总量平均以3000万 m^3/a 的速率递减（但因主采层水位埋深还是过深，地质环境恶化趋势尚未得到有效控制），2000年苏锡常地区开采模数为1.24万~2.53万 $m^3/(a \cdot km^2)$（除徐州地区以外，苏锡常地区地下水开采模数仍然明显高出其他地区）。地面沉降初露端倪的盐城、南通等地区也于20世纪90年代末开始压缩地下水开采量，2000年地下水开采模数为1.08万~1.29万 $m^3/(a \cdot km^2)$。

3. 地下水开采的水化学特征

早期人们开采地下水主要用于生活生产以及工业，主要为淡水的开采。而江苏沿海平原地区，因海相沉积地层发育及受多次海侵的影响，广为分布有微咸水、半咸水资源，其资源的蕴藏量十分丰富，如何合理地开发利用这些资源，对促进江苏沿海地区的经济发展具有重大的现实意义。

苏北地区的地下水微咸水-半咸水资源，大致分布于泰兴-姜堰-兴化-建湖-灌南-连云港一线以东的滨海平原地区，分布面积约 27000km²。在该区内微承压、Ⅰ承压水均为微咸水和半咸水，在沿海带则为咸水，含水砂层厚度为 25～85m，岩性由粉细砂、细中砂、局部中粗砂组成，所蕴藏的资源量极其丰富，据初步估算其可采资源量达 20.1 亿 m³/a，目前，对该层地下水的开采利用极少。第Ⅱ承压微咸、半咸水资源主要分布于三泰地区及南通中东部地区，分布面积约 6000km²，含水层岩性由粉细砂、中细砂、含中粗砂，厚 40～80m，估算的可采资源量达 4.3 亿 m³/a。

苏南的太湖平原区，在常熟梅李以东至太仓沿江带、昆山市的北部地区，也分布有一定面积的Ⅰ承压微咸水，Ⅱ承压微咸水仅分布于常熟的徐市-何市一带较小的区间内，所蕴藏的微咸水资源也较丰富。

对微咸水、半咸水地下水资源的开发利用，以往的研究和试验工作做得较少，其开采利用也仅局限于个别厂矿企业作为工业冷却用水。在南通及盐城沿海地区，目前也有少量水产养殖场开采利用半咸水和咸水资源用为咸水鱼类的养殖水源，已获得了较好的经济效益。从地下水开采利用现状可知，沿海地区主要开采深部的淡水资源，在已有的开采量中，占 60% 以上的开采量为工业所利用，水资源浪费现象较为严重，如果将这部分工业用水改用浅部的咸水资源，不但可以极大地提高沿海地区供水的保证程度，还可以降低目前沿海带深层地下水的开采强度，解决沿海地区在工农业生产发展中的水资源供需矛盾，以确保沿海地区经济建设的可持续发展。

第二节　地下水水位动态状况

地下水水位埋深监测数据来自水利及国土两个部门，共统计 906 眼地下水监测井 2001—2010 年水位埋深动态监测资料，其中地下水主要开发利用地区主采层水位埋深监测点 721 个。

一、2010 年地下水水位埋深

以每个监测井 2010 年年均水位埋深监测值为依据（资料空白地区参考 2009 年、2008 年监测点水位埋深监测值），采用插值的方法划出水位埋深等值线与变化速率图。

1. 第Ⅱ承压水

长江以北第Ⅱ承压水水位埋深多在 20m 以浅，但在盐城市区、淮安市区、宿迁市区、扬州市区北部、泰州市区北部、大丰、滨海、涟水、灌南、丰县等地水位埋深超过 20m，形成多个规模不等的地下水降落漏斗，漏斗中心位置及水位埋深详见表 4-6。苏锡常地区地下水降落漏斗面积缩至近 1200km²（水位埋深 40m 范围），中心最大水位埋深为 71.4m（锡山洛社）。

2. 第Ⅲ承压水

长江以北水位埋深多在 20m 以浅，但在开采程度较高的南通、盐城、涟水、灌南等地，水位埋深超过 30m，形成多个地下水降落漏斗区，累计面积约 6450km²，最大水位埋深为 54.4m（丰县城区），见表 4-7。

表 4-6　　　　　　　　　　江苏省第Ⅱ承压地下水降落漏斗特征一览表

序号	地下水降落漏斗名称	分布范围	面积/km²	形态	漏斗中心位置	最大水位埋深/m	备注
1	苏锡常	张家港-常熟-苏州城区以西、常州奔牛-龙虎塘以东南	3447.9	椭圆形	无锡惠山区洛社	71.4	
2	苏州南部	苏州吴江大部分地区	1143.5	半椭圆形	金家坝	23.4	
3	苏州昆山	昆山城区	183.3	半圆形	新镇	20.9	
4	连云港-盐城北	涟水、灌南大部分地区及灌云、阜宁、滨海、响水部分地区	3536.1	不规则形	四个：灌南城区、涟水城区、涟水石湖、灌云燕尾港	分别为34.2、36.3、34.7、41.9	面积为20m等埋深线圈定范围
5	盐城	大丰及盐城市区大部分地区	1973.0	椭圆形	盐都龙冈	34.4	
6	宿迁	宿迁城区-泗阳城区	1082.3	不规则形	宿迁洋河	42.0	
7	丰县	丰县县城及其周围	693.4	不规则形	丰县城区	54.4	
8	淮安	淮安城区	591.5	圆形	南方市场	28.5	
9	射阳	射阳城区-临海-通洋一带	588.7	不规则形	射阳大兴	29.0	
10	扬州	扬州城区-公道-高邮邵伯一带	441.5	半椭圆形	扬州城区	32.5	
11	泰州-姜堰	姜堰罡杨-泰州城北-淤溪	111.4	椭圆形	淤溪	21.1	
12	金湖	金湖县城、戴楼一带	61.2	椭圆形	戴楼	36.7	
13	姜堰	姜堰娄庄	56.7	椭圆形	娄庄	26.8	
14	铜山	黄集-郑集	56.6	椭圆形	郑集水厂	25.0	
15	兴化	兴化唐刘	47.7	圆形	唐刘水厂	23.6	
16	东台	东台县城	29.8	圆形	城东养鸡场	29.2	
17	沛县	沛县县城	13.7	椭圆形	沛县炭化厂	28.9	
合计			14058.3				

表 4-7　　　　　　　　　　江苏省第Ⅲ承压地下水降落漏斗特征一览表

序号	地下水降落漏斗名称	分布范围	面积/km²	形态	漏斗中心位置	中心水位埋深/m	备注
1	南通	南通市区天生港-西亭-如东岔河-洋口以东，启东城区-吕四港以西	3507.9	不规则形	海门三厂、如东马塘	46.3、44.4	面积为30m等埋深线圈定范围
2	盐城市区	盐城市区西南部	916.2	不规则形	永丰	40.2	
3	响水-滨海	响水县城-滨海通榆	772.9	不规则形	滨海城区	34.7	
4	阜宁	阜宁城区-益林	401.7	椭圆形	施庄	38.6	
5	丰县	丰县县城及其周围	234.1	不规则形	丰县城区	54.4	
6	淮安	淮安城区	170.8	圆形	淮安市委西大院、减速机厂一带	42.5	

序号	地下水降落漏斗名称	分　布　范　围	面积/km²	形态	漏斗中心位置	中心水位埋深/m	备注
7	宿迁	洋河、洋北	132.9	椭圆形	洋河	42.0	面积为30m等埋深线圈定范围
8	涟水	城区及其周边	63.9	圆形	涟水城区	36.3	
9	射阳长荡	射阳长荡	107.6	椭圆形	长荡	33.8	
10	灌南	灌南城区	35.0	圆形	南圩门外	34.2	
11	灌云燕尾港	灌云燕尾港-灌南堆沟	78.4	椭圆形	燕尾港	41.9	
12	淮安金湖	金湖县城、戴楼一带	28.4	椭圆形	戴楼	36.70	
	合　计		6449.8				

3. 第Ⅳ承压水

水位埋深多在 10～20m，开采井较集中的盐城局部地区，水位埋深超过 20m，最大为 47.1m（盐城城区），地下水降落漏斗（水位埋深 40m 范围）分布于盐城市区北部，面积约118km²，见表 4-8。

表 4-8　　　　　　　江苏省第Ⅳ承压地下水降落漏斗特征一览表

地下水降落漏斗名称	分布范围	面积/km²	形态	漏斗中心位置	中心水位埋深/m	备　注
盐城	盐城市区青墩、永兴一带	118.0	椭圆形	盐城市区盐城江动厂	47.1	面积为 40m 等埋深线圈定范围

4. 岩溶水

岩溶水主要分布于省域的西北（徐州）、西南部（宁镇、宜溧）的低山丘陵区。目前全省岩溶水开采主要集中在徐州。徐州市岩溶水开采主要集中于茅村、七里沟、丁楼和张集水源地，由于开采井布局不合理，已形成一定规模的地下水降落漏斗（图 4-3）。

其中徐州丁楼水源地平均水位埋深 29.4m，最大水位埋深为 44.9m（小山子水厂），是全省形成时间最早、分布面积最大的岩溶水降落漏斗。徐州东南部（七里沟水源地）平均水位埋深 12.0m，最大水位埋深为 23.8m，见表 4-9。

表 4-9　　　　　　　　徐州岩溶水水源地水位埋深对比一览表

徐州水源地名称	面积/km²	2001 年水位埋深/m		2010 年水位埋深/m		变幅/m		备　注
		平均	最大	平均	最大	平均	最大	
利国水源地	168.23	1.2	1.2	5.0	6.1	-3.8	-4.9	2001 年仅 1 个监测点
茅村水源地	153	12.3	15.9	13.7	17.9	-1.4	-2.1	
丁楼水源地	148	27.7	51.1	29.4	44.9	-1.7	6.2	
青山泉水源地	132	10.1	22.1	8.6	19.4	1.5	2.7	
七里沟水源地	262	16.1	27.0	12.0	23.8	4.1	3.2	

续表

徐州水源地名称	面积/km²	2001年水位埋深/m		2010年水位埋深/m		变幅/m		备注
		平均	最大	平均	最大	平均	最大	
卞塘水源地	130	3.4	5.0	5.3	6.0	−1.9	−1.0	
张集水源地	353	5.6	9.9	3.5	7.6	2.1	2.3	

注 1. 年均变幅为负，表示水位埋深下降；反之表示上升。

2. 年均变幅为各监测点年均水位埋深变幅除以监测点数求得。

3. 最低变幅为2010年最大水位埋深与2001年最大水位埋深的变幅除以年数求得。

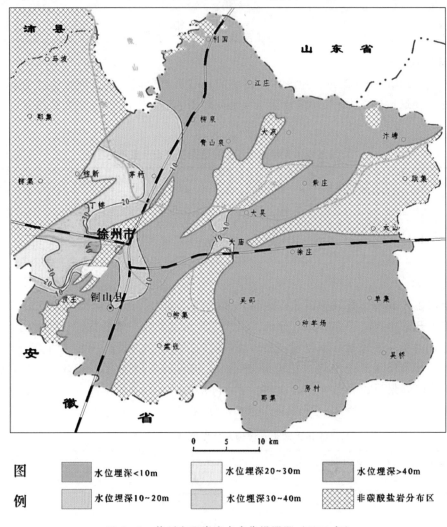

图4-3 徐州市区岩溶水水位埋深图（2010年）

二、2001—2010年地下水水位埋深动态变化

由于全省已有地下水监测点中仅一半监测点有2001—2010年10年持续监测资料，部分地区2001年和2010年监测点个数、位置变化较大。为更充分地了解全省地下水流场变

化，尽可能地利用已有水位监测点资料，在计算年均水位埋深变化速率时，对于评价期持续监测的水位监测点，对比 2010 年水位埋深与 2001 年初始水平年水位埋深数据计算得到年均水位埋深变化速率，其余监测点根据其监测期间的水位埋深变化计算得到年均水位埋深变化速率。在绘图时，优先采用持续监测点资料，其余监测点作为补充。

1. 第Ⅱ承压水

2001—2010 年，苏南大部分地区呈快速回升趋势（图 4-4），除沿江及常州南部外，大部分地区水位埋深升幅多在 10m 以上，最大升幅近 40m（常熟市国棉纺织厂）。原区域地下水降落漏斗面积（水位埋深 20m 范围）大幅度减小，苏州大部分地区水位埋深减至 20m 以浅。苏北地区以基本稳定为主（水位埋深变幅小于 0.5m/a），但在淮安北部-灌云灌南及丰沛局部地区水位埋深呈下降趋势，年降幅大于 0.5m/a，其中涟水及灌南年降幅大于 1m；原彼此独立的多个中小型地下水降落漏斗已扩展成一个大型地下水降落漏斗。

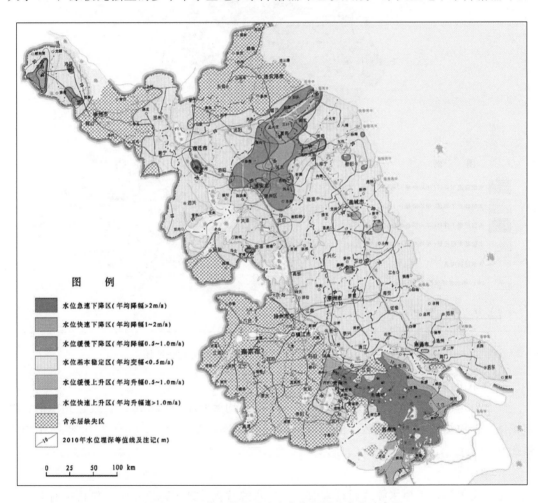

图 4-4 江苏省第Ⅱ承压水水位埋深及变化速率图

2. 第Ⅲ承压水

由于丰沛、连云港地区第Ⅱ承压水及第Ⅲ承压水混采，第Ⅲ承压水水位下降区也主要分布在丰沛及连云港的灌云、灌南、涟水地区，此外，盐城北部的阜宁、滨海、响水及盐都部分地区水位也呈下降趋势，年均降幅多在 0.5～1m，其余地区水位基本稳定，见图 4-5。

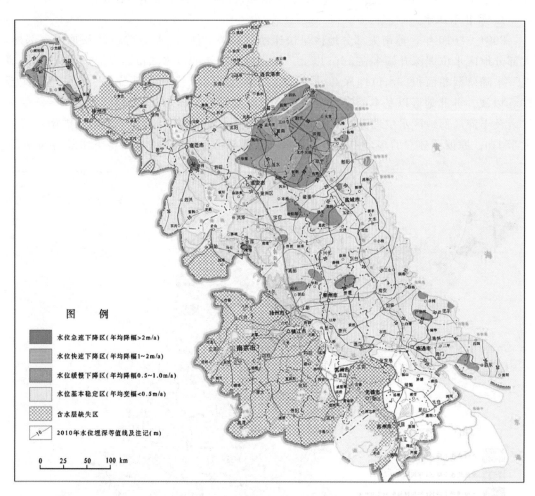

图 4-5 江苏省第Ⅲ承压水水位埋深及变化速率图

3. 第Ⅳ承压水

大部分地区第Ⅳ承压水水位基本稳定（水位年均变幅小于 0.5m/a），仅建湖中部、射阳城区、滨海城区、如皋城区、海门城区等局部地段缓慢下降，2001—2010 年间年均降幅在 0.5～1m/a，见图 4-6。

4. 岩溶水

徐州七里沟、丁楼水源地通过采取封井、水源替代等措施，近年来水位稳中有升。七里沟水源地明显上升，与 2001 年相比，2010 年平均水位上升了 4.1m，最低水位上升了 3.2m。丁楼水源地总体基本稳定，2001—2010 年间水源地平均水位下降了 1.7m，但漏斗中心最低水位上升了 6.2m。

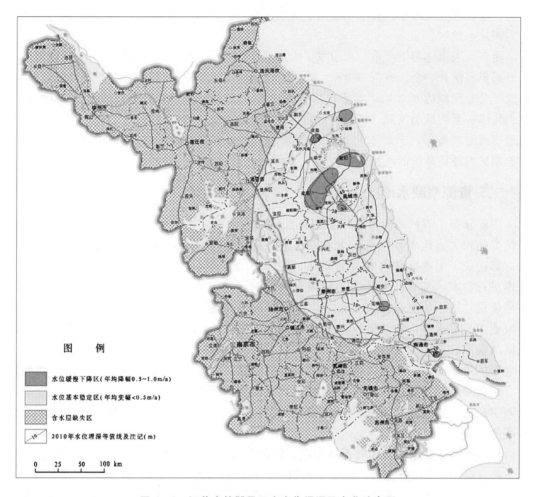

图4-6 江苏省第Ⅳ承压水水位埋深及变化速率图

图 例

水位缓慢下降区(年均降幅0.5~1.0m/a)

水位基本稳定区(年均变幅<0.5m/a)

含水层缺失区

2010年水位埋深等值线及注记(m)

0   25   50   100 km

第三节 缺水情况分析

　　从全省的地表水、地下水资源总量（包括过境水量）分析而言，江苏省的水资源应属于较为丰富的省份，但由于地理位置的差异水资源量分布不均，地区内工业生产发展中"三废"排放所形成的水环境差异，省内同样也存在着两种不同类型的缺水情况。

一、水质型缺水地区

　　苏锡常地区地处太湖平原区，是我国典型的"水乡"地区，地下水和地表水资源均较为丰沛，仅从资源总量上分析，该区内不存在缺水问题。随着对外改革开放，苏锡常地区的城市工业和乡镇工业有了迅猛发展，在全国一直处于领先的地位，据1999年度统计，全区国内生产总值达3035.164亿元，占全省总值的39.4%。经济是有了很大的发展，但环境污染问题也十分突出，据有关监测资料，区内主要河网中的水体水质均在Ⅲ级水以下，一般在Ⅳ～Ⅴ级水，有水不能喝、有水不能用已成为苏锡常地区的现实，成为典型的水质型缺水地区。

由于地表水体污染严重，就引发了大量开采利用深层地下水。据1999年度区内地下水开采资料统计，全区有深井4791眼，年开采地下水量达3.36亿 m³，持续超量开采，形成了分布面积达8000km²的水位降落漏斗区，其中心水位埋深达87m（无锡洛社镇），还引发了一系列地面沉降、地裂缝地质环境问题。为此，省政府于2000年10月下达了全区地下水的禁采令，于2005年前全区禁采地下水，区域供水准备采用长江引水，从根本上控制区内地质环境的继续恶化。

二、资源型缺水地区

主要分布于省域内西部和西北部的丘岗地区及丰沛黄泛平原地区。该地区由于地势起伏变化较大或地表砂性土较为发育，大气降水容易流失，同时降水在时空上分布不均，都造成了上述区域内水资源紧缺。自新中国成立后，在这些地区建造了许多人工水库进行蓄水，基本上解决了一般降水年份的工农业生产和生活供水问题，但在较为干旱年份，缺水情况就比较突出，除大量开采浅层地下水用于解决生活用水和部分的工农业生产用水外，往往还在较大的范围内产生旱灾。自20世纪90年代以来，对徐州地区加快了长江引水工程，通过江都翻水站引长江水经大运河调水，基本上缓解了这些地区的供水矛盾。宁镇及高淳、溧水丘岗地区，在正常年份的用水主要依靠大气降水、沟荡和水库容积水来解决农业灌溉用水及乡村居民生活用水，在干旱年份也是通过调引长江水解决缺水问题，而在特大干旱年份，因调引能力的限制往往会发生较大面积的旱灾。

江苏省西北部地区，又处于微山湖、淮河下游，每年山东省、安徽省向下游排污季节，都对徐州市及丰沛地区、盱眙县和泗洪县的地表水体造成严重的污染，在干旱排污季节内，生产生活供水几乎依靠地下水和实施从外地拉水以解决受污染区内的城镇和乡村居民的生活饮水问题，同时又对洪泽湖的水产养殖业带来毁灭性的灾害。

第四节 地下水开发利用中存在的问题

尽管各级政府在地下水开采方面采取了一系列的举措，但由于历史原因，目前全省在地下水开发利用中仍然存在以下问题。

一、地下水开采中的主要问题

（1）"三集中"开采。全省地下水开采井多集中在城镇厂矿密集分布区（城区开采井密度达0.7眼/km²，开采模数高达7.96万 m³/(a·km²)，而全省平均开采井密度不足0.3眼/km²，开采模数仅为1.22万 m³/(a·km²)，开采时间集中在每年夏季用水高峰期，同时受水文地质条件制约，同一城镇地下水井多开采同一层承压地下水（如南通地区，70％的开采井开采第Ⅲ承压水）。这种开采井位集中、时间集中、层位集中的"三集中"开采现象在全省苏中、苏北地区普遍存在。

（2）未贯彻优水优用。地下水开采中未贯彻优水优用原则。2002 年度全省共开采地下水 12.41 亿 m³，其中 50％以上用于工业及农业，造成优质地下水资源的严重浪费。

二、地下水开采引发的环境地质问题

（一）地面沉降

地面沉降主要发生在开采孔隙承压水的平原地区。由于地下水水位下降，导致地层内部压力失衡，含水层本身及顶板、底板黏性土层失水压密而引起的。目前全省苏锡常、沿海平原、丰沛等区域地下水降落漏斗分布区多发生了不同程度的地面沉降，其中以苏锡常最为严重，其次为大丰市和盐城市。

1. 苏锡常地区

苏锡常地区地面沉降主要发生在最近 30 多年，中心城区稍早，外围市（县）区稍晚，时间上与地下水开采史一致。20 世纪 80 年代中期以前主要发生在三个中心城市及锡西地段，1986 年已形成了苏州、无锡、常州三城市为中心各自独立的局部地面沉降漏斗，累计沉降量大于 200mm 范围约 350km²；20 世纪 80 年代中期以后，随着地下水开采区的扩大和开采强度逐年骤增，三城市局部地面沉降漏斗不断发展扩大，1991 年形成沿京杭大运河分布的区域性地面沉降漏斗以及南部吴江盛泽为中心的局部地面沉降漏斗，面积（沉降 200mm 范围）达 1600km²，比 1986 年扩展了 1250km²；1999 年，苏州、无锡、常州三市城区、无锡锡西地区以及吴县黄埭等地累计地面沉降量均已超过 1000mm，总面积达 350km²，累计地面沉降量 200mm 范围已扩至常州前黄、礼河、小新桥、三河口、江阴峭枝、张家港乘航、妙桥、吴县渭塘、车坊、跨塘、斜塘以及吴江同里、莼坪一线，并在东南部形成以昆山、太仓为中心的局部地面沉降漏斗，面积逾 4500km²，沉降范围是 1991 年的 3 倍，1986 年的 13 倍，平均以 300 多 km²/a 的速度扩展。至 2010 年苏锡常地区已形成特大型地面沉降漏斗，沉降中心最大累计沉降量逾 2m，累计沉降量在 200mm 以上的地区逾 4700km²，见图 4-7。随着地面沉降范围的不断扩大，地面沉降幅度也不断增加（图 4-8、图 4-9）。

2000 年实施地下水禁采以后，苏锡常地区沉降漏斗扩展速度显著减小，地面沉降速率明显减缓。禁采之前，苏锡常地区地面沉降速率以 10～40mm/a 为主，局部地区高达 80～120mm/a。禁采后苏锡常地区地面沉降形势明显好转，全区出现不同程度的减缓特征。2000—2003 年间，东部大部地区年沉降量缩小至 10mm 以内，伴随着地下水水位由东向西的逐步抬升，苏州至无锡区间的一些沉降漏斗趋于稳定，常州-无锡地区年均沉降速率从 26mm/a 减少至 16mm/a。原来三市连成一片的沉降格局发生改变，由集中转向分散，一些人口集中、经济发达的中心镇正以地面沉降"孤岛"或"岛链"的形态渐渐显现出来。2003 年后，大于 5mm/a 的沉降区面积由 4000km² 缩减到 1200km²，减小幅度达 70％。原先以锡西（洛社、玉祁、前洲）为核心的沉降区平均沉降速率由大于 20mm/a 减少到 10mm/a 以内，而常州南部、江阴南部、吴江南部沉降控制相对较慢，依然大于 20mm/a，成为新的沉降控制重点区。2010 年除常州市区南部、吴江南部、江阴南部-无锡东北部等局部地段以外，大部分地区地面沉降速率小于 5mm/a。

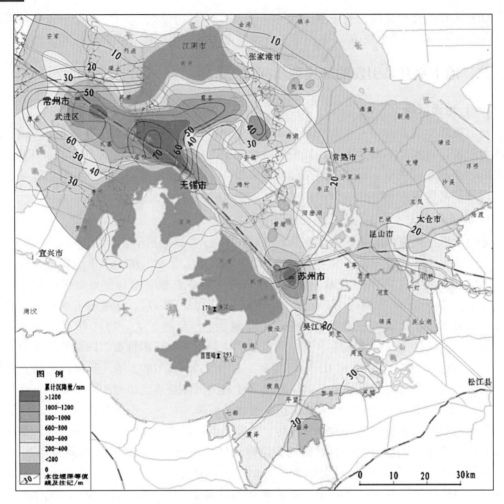

图 4-7 苏锡常地区地面沉降图（2010 年）

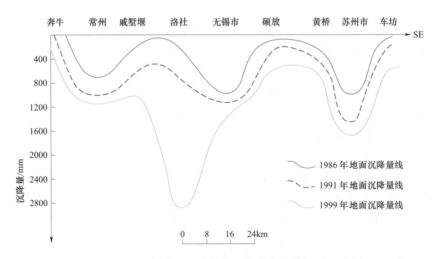

图 4-8 常州-无锡-苏州地面沉降发展势态剖面图

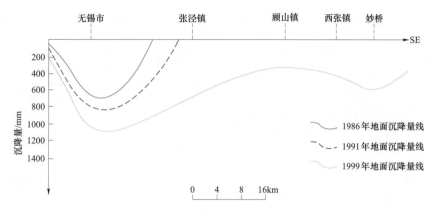

图 4-9 无锡市区-妙桥地面沉降发展势态剖面图

2. 盐城-南通沿海平原地区

与苏锡常地区一样，苏北沿海地区地面沉降也是出现在大量开采地下水后。20 世纪 80 年代，地面沉降仅局限在大丰、盐城、南通、东台等城区，累计沉降量多小于 100mm，其中大丰城区地面沉降量较大（累计沉降量在 300mm 以上），形成沉降洼地。此后，随着地下水的区域性和多层次开采，地面沉降也从城市区向周边乡镇发展，沉降程度也由轻微趋向严重化方向发展。

目前，沿海平原地区分布有大小不等 8 个地面沉降区（盐城市 5 个，南通市 3 个，表 4-10、图 4-10）。其中盐城南部（盐城城区-大丰城区）沉降区分布面积达 1142.9km²，累计地面沉降量多在 200～600mm，居盐城市之首。此外，响水城区、滨海城区、射阳城区、阜宁城区、东台城区等多个县城也出现地面沉降，累计地面沉降量多在 200～400mm。南通市分布有 3 个地面沉降区，最大的沉降区位于南通中部，包括海门大部分地区、通州东南部及启东西部，面积达 1061.2km²，累计地面沉降量在 200～300mm。如东及启东城区也发生轻度地面沉降，累计地面沉降量在 200～300mm。

表 4-10　　　　　　江苏省地面沉降区（累计地面沉降量大于 200mm）一览表

序号	地面沉降区名称	分 布 范 围	地市级行政区	面积/km²	2010 年地面沉降速率/mm	累计地面沉降量/mm
1	苏锡常沉降区（苏州）	张家港西部、常熟西部、昆山东部、太仓东南部及苏州市区除环太湖带外大部分地区	苏州市	2742.4	吴江南部 5～20，其余地区多小于 5	多在 200～800，苏州城区 800～1400
2	苏锡常沉降区（无锡）	江阴南部及除太湖沿岸外大部分无锡市区	无锡市	1191.2	江阴南部-无锡西北部一带在 5～20，其余地区多小于 5	多在 200～1000，城区及其西北部在 1000～1400
3	苏锡常沉降区（常州）	除安家以北沿江带外大部分常州市区	常州市	805.0	常州市区南部一带 5～25，其余地区多小于 5	多在 200～1000，城区及其东南部在 1000～1400

续表

序号	地面沉降区名称	分 布 范 围	地市级行政区	面积/km²	2010年地面沉降速率/mm	累计地面沉降量/mm
4	盐城南部沉降区	盐城城区及其周边龙岗、永丰、新兴、潘黄、伍佑、便仓等乡镇,大丰城区及其周边刘庄、西团、龙堤等乡镇	盐城市	1142.9	<10	多在200~400,盐城城区多在400~600,大丰城区400~800
5	盐城北部沉降区	盐城北部响水城区-滨海城区	盐城市	557.5	多在5~15	多在200~300,响水城区及滨海城区在300~400
6	盐城阜宁沉降区	盐城阜宁城区及其周边	盐城市	138.9	<10	200~300
7	盐城射阳沉降区	盐城射阳城区及其周边	盐城市	280.4	<5	200~300
8	盐城东台沉降区	盐城东台城区及其周边	盐城市	83.2	<5	200~400
9	南通如东沉降区	南通如东中部	南通市	773.8	<10	200~300
10	南通海门沉降区	南通海门大部分地区、通州东南部及启东西部	南通市	1061.2	多在5~15	200~300
11	南通启东沉降区	南通启东城区	南通市	44.9	<10	200~300
12	徐州丰县沉降区	徐州丰县城区及其周边	徐州市	122.5	城区大于10	200~300
13	徐州沛县沉降区	徐州沛县城区	徐州市	35.6	10~15	200~300
14	连云港灌南沉降区	连云港灌南城区	连云港	33.3	<10	200~300

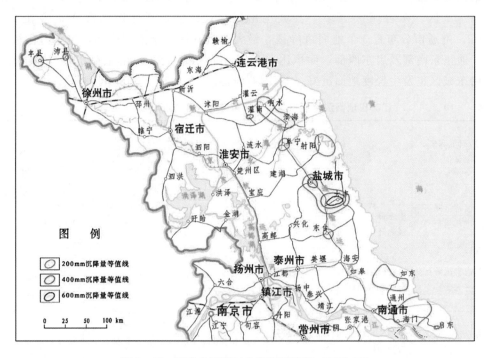

图4-10 江苏省长江以北地面沉降图(2010年)

据《长江三角洲北部环境地质调查报告》及江苏省测绘局 2010—2011 年 92 处 CORS 站年沉降量拟合等值线图，目前该区地面沉降速率多小于 10mm/a。但在盐城市滨海城区、南通海门等地年沉降量超过 10mm。同时，南通市国土资源局近期完成的地面沉降监测工程中，2011—2012 年海门城区（BTHM）及常乐（00114）监测点地面沉降速率分别达 15mm/a、10mm/a。

3. 其他地区

目前，丰沛、淮安市区等地虽已形成较大规模的地下水降落漏斗，漏斗中心水位埋深超过 40m，已经具备了发生区域性地面沉降的基本诱发条件，但由于地面沉降监测工作的滞后，鲜有地面沉降方面的报告。

据江苏省国土资源厅《江苏省地质灾害防治规划（2011—2020 年）》，徐州丰县城区、沛县城区及连云港灌南城区也已发生轻度地面沉降，累计地面沉降量多大于 200mm。地面沉降速率多小于 10mm/a，丰沛城区、淮安市涟水县城区、连云港市东南部燕尾港临港工业区一带年沉降量超过 10mm。此外，淮安等市（县）地面沉降也初露端倪，局部地区出现井管上升、井台下陷、泵房开裂现象，累计地面沉降量大于 100mm。

（二）地裂缝

全省地下水开采引发的地裂缝主要发生在苏锡常地区，主要由地面的不均匀沉降引起。

至目前为止，苏锡常地区已先后在武进市横林镇、江阴市河塘镇、长泾镇、锡山市东安镇、钱桥镇、石塘湾镇、洛社镇以及查桥镇等地发生了 20 余处严重地裂缝灾害（图 4-11），其中集中发生于 1990—1996 年间，其间也正是地面沉降发展的高峰期，地裂缝多分布在古河道边缘位置，呈北东走向，地面迹象一般长达几百米至上千米不等，多以地裂缝簇的形式并列出现。地裂缝两侧均具有明显的地形差异，即含水层发育一侧地势相对较低，应为地面沉降积累所致。在众多地裂缝中，以石塘湾、长泾、河塘、横林、钱桥等地最为典型，大致集中在无锡市区北部、江阴南部、常州东部三个沉降区。

自 2000 年苏锡常地区实施地下水禁采后，地面沉降发展趋缓，地裂缝活动明显减弱。一是新增地裂缝发生频度减小，2002 后未发现新增地裂缝，见图 4-12。二是已有地裂缝活动性趋缓。通过对其中 7 条地裂缝的定期监测发现，地裂缝与区域地面沉降活动规律相一致，活动性逐步趋稳。以石塘湾地裂缝为例，禁采前平均每年发生的差异性沉降＞20mm。2000 年后，随着禁采措施的执行到位，地裂缝活动也逐年减弱（2004—2007 年间，年垂向差异性运动分别是：5.5mm、3mm、2.5mm，而 2008 年全年的活动量接近零）。

（三）岩溶地面塌陷

岩溶地面塌陷主要是由于人为大量开采岩溶地下水使水流不断带走碳酸盐岩裂隙中的充填物，形成新的空隙，且塌陷区第四系薄（20m 左右），岩性（粉土）结构松散，最终使上覆土体失去平衡形成塌陷。

全省由于地下水开采引发的岩溶地面塌陷主要分布在徐州市区，始发于 1986 年 5 月 27 日，2000 年以前共发生塌陷 10 次，有 17 个塌陷坑（表 4-11），均属于小型塌陷。2000 年后，徐州市区又发生两起岩溶地面塌陷，与 20 世纪 90 年代相比，岩溶地面塌陷发生频率明显减少。

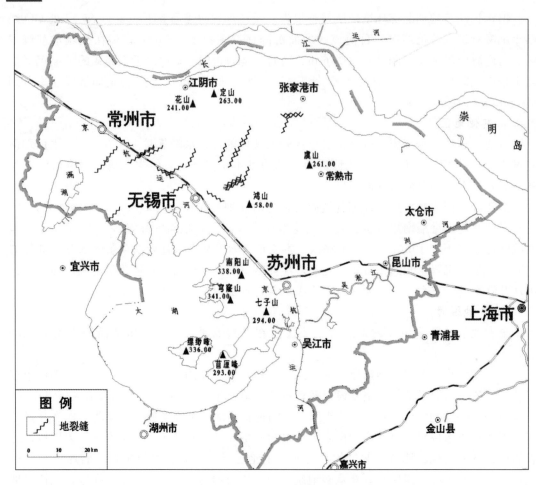

图 4-11 苏锡常地区地裂缝分布示意图

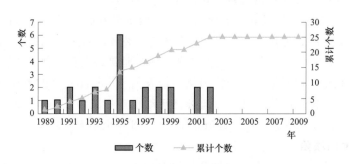

图 4-12 苏锡常地区地裂缝发生频度图

表 4-11 徐州市岩溶地面塌陷一览表

序号	发生时间	位 置	长度/m	宽度/m	深度/m	后 果
1	1986.5.27	溶剂厂西南角	13	12	9	铁路运输中断 22h
2	1986.6.2	电业局宿舍	11	11	0.5	三层楼房中部断裂

序号	发生时间	位　　　置	长度/m	宽度/m	深度/m	后　　果
3	1992.4.12	新生街民安一巷 3 号	8	8	3	形成南北长约 190m，东西宽约 110m 的大面积塌陷区。直接倒塌民房 96 户，房屋 224 间。其余民房严重开裂，自来水管道、下水道等生活设施全部损坏
4	1992.4.12	新生街 128 号	25	15	4.5	
5	1992.4.13	新生街民安一巷 2 号	4	4	1.5	
6	1992.4.13	新生街民安二巷 28 号	7	7	3	
7	1992.4.13	新生街民安一巷 19 号	5	5	1.5	
8	1992.4.13	新生街民安二巷 20 号	6	6	2.5	
9	1992.4.13	新生街 98 号	10	6.5	2.5	
10	1992.4.13	二轻幼儿园对面	3	3	1.5	
11	1992.10.10	民主北路五交化门前	5	5	3	
12	1993.5.10	开明市场门前	3	3	3	
13	1994.8.27	朝阳村	5	4	1	
14	1997.7.17	新生街民安巷 28 号、29 号	7	4	3.5	倒塌民房 6 间
15	1997.7.24	新生街 67 号门前	5	5	3	损坏民房 1 间
16	1998.8.16	朝阳村 29 号	5	4	2	损坏民房 4 间
17	2000.5.1	下洪村 141~143 号	6	2	3	损坏民房 20 间
18	2003.8.29	下洪村 150 号	1.3	1	1.9	
19	2006.7.10	下洪村 152 号院内	0.3	0.2		出现 3 处塌坑，深度不详

注　序号 3~10 属于同一次塌陷，表中的地址为原地名。

（四）水质咸化

1990 年以来，在苏北沿海地区，由于地下水强烈开采导致水位持续下降，出现水质咸化趋势。以南通地区深层地下水为例说明。

1. 第Ⅲ承压含水层的水质演化

主要采用 20 世纪 60—70 年代水文地质普查钻孔的水质测试资料及 1997 年、2001—2002 年、2007 年三次水质调查的系统检测成果，从中选取相同样点不同时期的检测数据进行对比，以矿化度、氯离子（Cl^-）、总硬度、水化学类型、γ_{Na}/γ_{Cl} 等指标为评价对象，分三个阶段对南通地区第Ⅲ承压地下水水质变化特征进行描述。

（1）20 世纪 60—70 年代至 1997 年。20 世纪 60—70 年代，南通地区第Ⅲ承压地下水矿化度大多小于 1.0g/L，大于 1.0g/L 的仅局限于启东寅阳、东海和海门三阳等地，呈孤岛状分布。随着深井数量增多，开采量加大，水位下降，出现了以氯离子（Cl^-）含量增高为标志的咸水污染，矿化度普遍增高，见表 4-12。至 1997 年，启东境内除北部的吕四，大部分区域及相毗邻的海门悦来、三阳等地第Ⅲ承压地下水矿化度均超过了 1.0g/L，东部地区水质咸化现象呈现出片状分布的特征。20 世纪 60—70 年代以后由于相同水样点较少，除矿化度和水化学类型外，其他指标值的可比性不强。表 4-12 显示，全区分布的 12 个相同水样点中，除海门四甲和三阳外的 10 个点的矿化度值呈非常突出的逐年增高趋势，水化学类型也显示出其水质呈现出明显的咸化特征。

表 4 - 12　　　20 世纪 60—70 年代与后期第Ⅲ承压含水层水化学特征对比表

地 点	时 间	pH 值	矿化度/(g/L)	Cl⁻/(mg/L)	总硬度/(mg/L)	水化学类型	$\frac{\gamma_{Na}}{\gamma_{Cl}}$
启东向阳	1960—1970 年	8.3	0.65	65	124	HCO₃ - Na	4.36
	1997 年	8	0.92	70	114	HCO₃ - Na	4.73
启东东元	1960—1970 年		0.62				
	1997 年	8	0.96	224	197	HCO₃ · Cl - Na	1.52
启东寅阳	1960—1970 年		0.98			Cl · HCO₃ - Na	
	1997 年	7.6	1.82	773	520	Cl - Na	0.87
	2001—2002 年	7.8	2.10	835	621	Cl - Na	0.84
	2007 年	8.1	2.30	956	723	Cl - Na	0.87
启东东海	1960—1970 年		1.19			Cl · HCO₃ - Na	
	1997 年	8.2	1.48	549	255	Cl · HCO₃ - Na	1.15
	2001—2002 年	7.8	1.53	536	344	Cl · HCO₃ - Na	1.14
	2007 年	8.2	1.80	669	417	Cl · HCO₃ - Na	1.06
海安白甸	1960—1970 年		0.55			HCO₃ - Na · Ca	
	1997 年	8.2	0.63	72	152	HCO₃ - Na	2.73
	2007 年	8.3	0.69	64	135	HCO₃ - Na	3.13
海门四甲	1960—1970 年	7.6	0.66	110	238	HCO₃ · Cl - Na	2.33
	1997 年	7.9	0.60	34	177	HCO₃ - Na · Ca	4.19
海门三阳	1960—1970 年	8.1	1.65	735	624	Cl - Na	0.78
	1997 年	8	1.07	377	257	Cl · HCO₃ - Na · Ca	0.87
南通骑岸	1960—1970 年	7.3	0.81	238	353	HCO₃ · Cl - Na · Ca	1.29
	1997 年	7.6	1.38	330	258	Cl · HCO₃ - Na	1.36
	2001—2002 年	7.5	1.04	228	387	HCO₃ · Cl - Na · Ca	1.04
	2007 年	8.1	3.27	1413	357	Cl - Na	1.09
如东马塘	1960—1970 年	8.3	0.70	149	267	HCO₃ · Cl - Na	1.71
	2001—2002 年	7.9	0.83	111	219	HCO₃ · Cl - Na	2.01
	2007 年	8.1	0.89	34	181	HCO₃ - Na	7.19
如东双甸	1960—1970 年	8.3	0.33	8	205	HCO₃ - Na · Ca	13.60
	2007 年	8.3	0.57	6	194	HCO₃ - Na · Ca	15.31
薛窑农科所	1960—1970 年		0.78			HCO₃ · Cl - Na	
	2001—2002 年	7.6	1.25	316	364	Cl · HCO₃ - Na · Ca	1.05
如皋磨头	1960—1970 年	7.8	0.43	51	194	HCO₃ - Na · Ca	2.56
	2001—2002 年	7.8	0.63	50	272	HCO₃ - Na · Ca	2.11

（2）1997 年、2001—2002 年。取两次成果中相同水样点 35 个，分布于南通地区各县，见表 4 - 13。这个阶段区内第Ⅲ承压地下水水质指标的变化特点是：矿化度值增高趋

势明显，35 个水样点中除 7 个外均为升高，且有 7 个点的增高幅度超过 0.3g/L，说明此一阶段第Ⅲ承压地下水呈现出水质严重恶化的特征；氯离子（Cl^-）含量也表现出明显的增高特征，25 个点为增长点，且多数点增高幅度超过 50%，Cl^- 含量未增高的样点基本分布在西部的海安如皋和海门沿江一带，显示出深层水咸化的分带性，即由东部沿海地区向中西部推进；此阶段共有 25 个点的总硬度值增高，与矿化度和氯离子（Cl^-）的变化特征基本一致；水化学类型，东部地区 $HCO_3 \cdot Cl - Na$ 或 $Cl - HCO_3 - Na$ 趋势明显，西部地区除个别点（如皋杨桥）外多数点渐变为 $HCO_3 \cdot Cl - Na \cdot Ca \cdot Mg$ 或 $HCO_3 - Na \cdot Ca \cdot Mg$ 型水。

表 4-13　　1997 年、2001—2002 年第Ⅲ承压含水层水化学特征对比一览表

地　点	时　间	pH 值	矿化度/(g/L)	Cl^-/(mg/L)	总硬度/(mg/L)	水化学类型	$\dfrac{\gamma_{Na}}{\gamma_{Cl}}$
海安老坝港	1997 年	7.7	0.62	33	153	$HCO_3 - Na \cdot Ca$	5.25
	2001—2002 年	8.0	0.81	33	204	$HCO_3 - Na$	7.20
海安角斜	1997 年	7.7	0.68	76	224	$HCO_3 - Na$	2.22
	2001—2002 年	8.1	0.76	21	200	$HCO_3 - Na$	11.02
海安曲圹	1997 年	7.7	0.51	92	219	$HCO_3 \cdot Cl - Na \cdot Ca$	1.08
	2001—2002 年	8.0	0.58	15	168	$HCO_3 - Na$	11.39
海安雅周	1997 年	7.7	0.48	30	191	$HCO_3 - Na \cdot Ca$	2.75
	2001—2002 年	7.6	0.66	138	238	$HCO_3 \cdot Cl - Na \cdot Ca \cdot Mg$	1.00
海安北凌	1997 年	7.9	0.34	7	166	$HCO_3 - Na \cdot Ca$	6.78
	2001—2002 年	7.9	0.40	4	204	$HCO_3 - Na \cdot Ca \cdot Mg$	17.79
如皋肉联厂	1997 年	7.8	0.78	93	211	$HCO_3 - Na \cdot Ca$	2.29
	2001—2002 年	7.7	0.73	105	179	$HCO_3 \cdot Cl - Na$	2.71
如皋杨桥	1997 年	7.8	1.10	299	353	$Cl \cdot HCO_3 - Na$	1.04
	2001—2002 年	7.8	3.75	1917	1239	$Cl - Na$	0.72
如皋雪岸	1997 年	7.8	0.77	81	261	$HCO_3 - Na$	2.16
	2001—2002 年	8.0	0.77	71	224	$HCO_3 - Na$	3.40
如东岔河	1997 年	7.9	0.65	28	164	$HCO_3 - Na \cdot Ca$	6.00
	2001—2002 年	7.8	0.71	46	196	$HCO_3 - Na$	5.55
南通乳品厂	1997 年	7.5	1.12	449	495	$Cl - Na$	0.63
	2001—2002 年	7.6	1.30	305	308	$Cl \cdot HCO_3 - Na \cdot Ca$	1.28
制药厂	1997 年	7.8	0.56	14	290	$HCO_3 - Ca \cdot Na$	3.50
	2001—2002 年	7.5	1.80	244	427	$HCO_3 \cdot Cl - Na \cdot Ca$	1.13
第二制药厂	1997 年	7.6	0.23	21	109	$HCO_3 - Na \cdot Ca$	1.57
	2001—2002 年	7.7	1.60	437	258	$Cl \cdot HCO_3 - Na \cdot Ca$	1.28

续表

地 点	时 间	pH 值	矿化度 /(g/L)	Cl^- /(mg/L)	总硬度 /(mg/L)	水化学类型	$\dfrac{\gamma_{Na}}{\gamma_{Cl}}$
农药厂	1997 年	7.5	0.62	74	206	$HCO_3 \cdot Cl - Na$	1.74
	2001—2002 年	7.7	0.60	71	268	$HCO_3 \cdot Cl - Ca \cdot Na$	1.25
海门江心沙	1997 年	8.1	0.58	86	176	$HCO_3 \cdot Cl - Na \cdot Ca$	1.78
	2001—2002 年	7.9	0.68	77	200	$HCO_3 - Na \cdot Ca$	2.65
海门三厂	1997 年	8.1	0.72	148	206	$HCO_3 \cdot Cl - Na \cdot Ca$	1.32
	2001—2002 年	7.8	0.69	49	146	$HCO_3 - Na$	3.96
海门其林	1997 年	7.9	0.63	65	168	$HCO_3 \cdot Cl - Na$	2.66
	2001—2002 年	7.6	0.89	66	200	$HCO_3 - Na$	4.14
海门悦来	1997 年	7.5	1.11	402	404	$Cl \cdot HCO_3 - Na \cdot Ca$	0.81
	2001—2002 年	7.6	1.68	639	543	$Cl \cdot HCO_3 - Na$	0.90
海门王浩	1997 年	7.8	0.64	46	205	$HCO_3 - Na \cdot Ca$	3.11
	2001—2002 年	7.9	0.75	23	248	$HCO_3 - Na \cdot Ca$	7.63
海门刘浩	1997 年	7.8	0.79	98	217	$HCO_3 \cdot Cl - Na$	2.23
	2001—2002 年	7.8	0.98	170	263	$HCO_3 \cdot Cl - Na$	1.91
盐场	1997 年	7.8	0.87	210	264	$HCO_3 \cdot Cl - Na$	1.22
	2001—2002 年	7.7	1.18	295	399	$HCO_3 \cdot Cl - Na \cdot Ca$	1.18
启东向阳	1997 年	8.0	0.92	70	114	$HCO_3 - Na$	4.73
	2001—2002 年	7.7	0.83	76	212	$HCO_3 - Na$	3.61
启东近海	1997 年	7.8	1.13	274	187	$HCO_3 \cdot Cl - Na$	1.58
	2001—2002 年	7.8	1.13	305	260	$Cl \cdot HCO_3 - Na$	1.48
启东东元	1997 年	8.0	0.96	224	197	$HCO_3 \cdot Cl - Na$	1.52
	2001—2002 年	7.7	1.12	291	236	$Cl \cdot HCO_3 - Na$	1.54
启东秦潭	1997 年	7.9	1.03	278	208	$Cl \cdot HCO_3 - Na$	1.38
	2001—2002 年	7.9	1.18	325	292	$Cl \cdot HCO_3 - Na$	1.31
启东久隆	1997 年	7.9	0.65	238	160	$Cl \cdot HCO_3 - Na$	1.03
	2001—2002 年	8.3	1.50	545	466	$Cl \cdot HCO_3 - Na$	0.88
启东北新	1997 年	7.9	0.77	116	165	$HCO_3 \cdot Cl - Na$	2.14
	2001—2002 年	7.8	0.88	147	264	$HCO_3 \cdot Cl - Na$	1.76
启东志良	1997 年	7.7	1.45	576	445	$Cl \cdot HCO_3 - Na$	0.86
	2001—2002 年	7.7	1.85	692	571	$Cl \cdot HCO_3 - Na$	0.87
启东新义	1997 年	7.5	1.93	875	657	$Cl \cdot HCO_3 - Na$	0.75
	2001—2002 年	7.5	1.93	875	657	$Cl - Na$	0.75
如东汤园	1997 年	7.7	0.77	155	214	$HCO_3 \cdot Cl - Na$	1.48
	2001—2002 年	7.9	0.88	195	288	$HCO_3 \cdot Cl - Na$	1.45

地　点	时　间	pH 值	矿化度 /(g/L)	Cl⁻ /(mg/L)	总硬度 /(mg/L)	水化学类型	$\dfrac{\gamma_{Na}}{\gamma_{Cl}}$
如东曹埠	1997 年	7.6	0.71	77	222	HCO₃·Cl-Na·Ca	2.20
	2001—2002 年	7.9	0.86	96	284	HCO₃·Cl-Na	2.57
如东丁店	1997 年	7.6	0.44	26	126	HCO₃-Na	3.05
	2001—2002 年	7.7	0.72	57	34	HCO₃-Na·Ca	2.80
通州刘桥	1997 年	7.8	0.75	217	309	Cl·HCO₃-Na	0.84
	2001—2002 年	7.8	0.95	284	336	Cl·HCO₃-Na·Ca	1.17
通州平潮	1997 年	7.8	0.84	185	197	HCO₃·Cl-Na	1.49
	2001—2002 年	7.7	0.95	241	344	HCO₃·Cl-Na·Ca	1.17
海晏	1997 年	7.7	0.70	19	167	HCO₃-Na	9.99
	2001—2002 年	7.8	0.71	36	288	HCO₃-Na·Ca	4.78
通州二甲	1997 年	7.7	0.54	45	189	HCO₃-Na·Ca	2.59
	2001—2002 年	7.7	0.71	49	196	HCO₃-Na·Ca	4.41

（3）2001—2002 年、2007 年。取本阶段区内相同水样点 22 个，分布于区内各县，见表 4-14。这个阶段第Ⅲ承压地下水水质指标的变化特点：22 个样点中有 12 个点的矿化度有小幅度增高，10 个没有增高的样点中有三个样点出现较大幅度的回落，如启东志良、启东海复、如东北渔等；氯离子（Cl⁻）含量只 5 个样点增高，其中海门江心沙、王浩和南通染化厂样点增值幅度较大，此阶段氯离子（Cl⁻）含量值普遍回落，启东海复尤其突出；总硬度值的回落更为明显，仅 2 个样点值为增高；水化学类型显示，2 个样点的水质由"咸"变"淡"，（启东海复、曹埠），2 个样点的水质由"淡"变"咸"（海门江心沙及南通染化厂），其他样点无明显变化。

表 4-14　　2001—2002 年、2007 年第Ⅲ承压含水层水化学特征对比一览表

地　点	时　间	pH	矿化度 /(g/L)	Cl⁻ /(mg/L)	总硬度 /(mg/L)	水化学类型	$\dfrac{\gamma_{Na}}{\gamma_{Cl}}$
海安角斜	2001—2002 年	8.1	0.76	21	200	HCO₃-Na	11.02
	2007 年	8.2	0.74	21	170	HCO₃-Na	9.14
如东岔河	2001—2002 年	7.8	0.71	46	196	HCO₃-Na	5.55
	2007 年	8.3	0.74	28	136	HCO₃-Na	8.13
海门江心沙	2001—2002 年	7.9	0.68	77	200	HCO₃-Na·Ca	2.65
	2007 年	8.2	0.76	166	223	HCO₃·Cl-Na	1.28
海门三厂	2001—2002 年	7.8	0.69	49	146	HCO₃-Na	3.96
	2007 年	8.4	0.71	42	143	HCO₃-Na	4.87
海门悦来	2001—2002 年	7.6	1.68	639	543	Cl·HCO₃-Na	0.90
	2007 年	8.1	1.57	579	499	Cl·HCO₃-Na	0.85

地 点	时 间	pH	矿化度 /(g/L)	Cl⁻ /(mg/L)	总硬度 /(mg/L)	水化学类型	$\dfrac{\gamma_{Na}}{\gamma_{Cl}}$
海门王浩	2001—2002 年	7.9	0.75	23	248	$HCO_3 - Na \cdot Ca$	7.63
	2007 年	8.4	0.78	53	230	$HCO_3 - Na \cdot Ca$	3.48
启东近海	2001—2002 年	7.8	1.13	305	260	$Cl \cdot HCO_3 - Na$	1.48
	2007 年	8.3	1.23	311	238	$Cl \cdot HCO_3 - Na$	1.44
启东秦潭	2001—2002 年	7.9	1.18	325	292	$Cl \cdot HCO_3 - Na$	1.31
	2007 年	8.1	1.17	290	241	$Cl \cdot HCO_3 - Na$	1.42
启东北新	2001—2002 年	7.8	0.88	147	264	$HCO_3 \cdot Cl - Na$	1.76
	2007 年	8.4	0.88	117	154	$HCO_3 \cdot Cl - Na$	2.63
启东志良	2001—2002 年	7.7	1.85	692	571	$Cl \cdot HCO_3 - Na$	0.87
	2007 年	8.2	1.38	471	335	$Cl \cdot HCO_3 - Na$	1.04
如东汤园	2001—2002 年	7.9	0.88	195	288	$HCO_3 \cdot Cl - Na$	1.45
	2007 年	8.1	0.92	170	222	$HCO_3 \cdot Cl - Na$	1.59
如东曹埠	2001—2002 年	7.9	0.86	96	284	$HCO_3 \cdot Cl - Na$	2.57
	2007 年	8.2	0.80	60	178	$HCO_3 - Na$	3.58
如东丁店	2001—2002 年	7.7	0.72	57	34	$HCO_3 - Na \cdot Ca$	2.80
	2007 年	8.1	0.64	11	214	$HCO_3 - Na \cdot Ca \cdot Mg$	9.44
通州刘桥	2001—2002 年	7.8	0.95	284	336	$Cl \cdot HCO_3 - Na \cdot Ca$	1.17
	2007 年	8.0	0.96	235	278	$HCO_3 \cdot Cl - Na$	1.16
通州平潮	2001—2002 年	7.7	0.95	241	344	$HCO_3 \cdot Cl - Na \cdot Ca$	1.17
	2007 年	8.3	0.99	207	283	$HCO_3 \cdot Cl - Na$	1.33
启东海复	2001—2002 年	7.4	2.33	1050	629	$Cl - Na$	0.88
	2007 年	8.3	0.98	141	156	$HCO_3 \cdot Cl - Na$	2.43
如东环港	2001—2002 年	7.8	1.15	447	216	$Cl \cdot HCO_3 - Na$	1.17
	2007 年	8.0	1.24	375	291	$Cl \cdot HCO_3 - Na$	1.12
如东北渔	2001—2002 年	8.0	1.21	351	227	$Cl \cdot HCO_3 - Na$	1.24
	2007 年	8.4	0.99	119	115	$HCO_3 \cdot Cl - Na$	3.05
长青沙	2001—2002 年	7.8	0.67	131	312	$HCO_3 \cdot Cl - Na \cdot Ca$	1.56
	2007 年	8.2	0.74	89	270	$HCO_3 \cdot Cl - Na \cdot Ca$	1.81
海安白蒲	2001—2002 年	7.9	0.73	105	220	$HCO_3 - Na$	3.01
	2007 年	8.3	0.64	57	149	$HCO_3 - Na$	3.01
南通姜灶	2001—2002 年	7.9	0.72	56	148	$HCO_3 - Na$	3.70
	2007 年	8.2	0.74	64	147	$HCO_3 - Na$	3.42
南通染化厂	2001—2002 年	7.7	0.71	61	318	$HCO_3 - Ca \cdot Na$	1.53
	2007 年	8.1	0.79	132	211	$HCO_3 \cdot Cl - Na$	1.66

（4）第Ⅲ承压地下水水质演化。由以上分析可知，第Ⅲ承压地下水水质变化有阶段性和区域性的差异，从 20 世纪 60—70 年代以来，矿化度、氯离子（Cl⁻）、总硬度三项指标一路走高，东部沿海地区尤为明显，到 2002 年前后达到峰值，以后（除个别水井水质咸化加重外）多数井点有不同程度回落，但回落后的各项指标值大多高于 1997 年时的水

平，其水化学类型也表现为东部地区逐渐"咸化"，西部地区大多数渐变为 Na•Ca•Mg 复合型水。第Ⅲ承压地下水各阶段水化学类型评价图（图 4-13～图 4-15）亦有明显地反映。

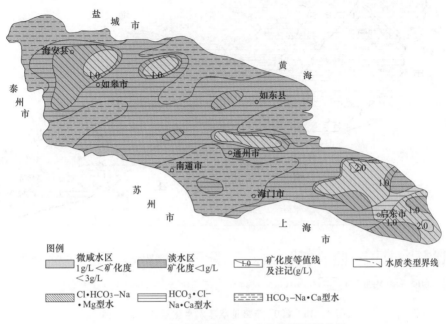

图 4-13　1997 年第Ⅲ承压水水化学类型评价图

图 4-14　2001—2002 年第Ⅲ承压水水化学类型评价图

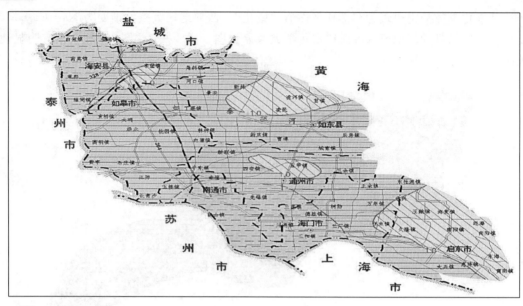

图例

微咸水区
(矿化度＞1g/L)　　淡水区
(矿化度＜1g/L)　　水质类型界线　　矿化度等值线及注记(g/L)

Cl·CHO₃−Na·Mg型水　　HCO₃·Cl−Na·Ca型水　　HCO₃−Na·Ca型水

图 4−15　2007 年第Ⅲ承压水水化学特征评价图

　　为进一步分析各项指标的变化特点，还搜集了各期中相同水点样品 16 组，对上述三项指标进行纵向的对比，从而可以更清晰地展现南通地区深层地下水水质演化的过程（表 4−15）。在 16 组相同水点样品中，三个指标的变化情况见表 4−16，说明南通地区地下第Ⅲ承压地下水水质演化的大体趋势。

表 4−15　　　（第Ⅲ承压含水层）16 个相同水点主要指标情况对比一览表

地　点	时　间	pH	矿化度/(g/L)	Cl⁻/(mg/L)	总硬度/(mg/L)	水化学类型	$\frac{\gamma_{Na}}{\gamma_{Cl}}$
启东东海	1997 年	8.2	1.48	549	255	Cl·HCO₃−Na	1.15
	2002 年	7.8	1.53	536	344	Cl·HCO₃−Na	1.14
	2007 年	8.2	1.80	669	417	Cl·HCO₃−Na	1.06
启东寅阳	1997 年	7.6	1.82	773	520	Cl−Na	0.87
	2002 年	7.8	2.10	835	621	Cl−Na	0.84
	2007 年	8.1	2.30	956	723	Cl−Na	0.87
启东近海	1997 年	7.8	1.13	274	187	HCO₃·Cl−Na	1.58
	2002 年	7.8	1.13	305	260	Cl·HCO₃−Na	1.48
	2007 年	8.3	1.23	311	238	Cl·HCO₃−Na	1.44
启东北新	1997 年	7.9	0.77	116	165	HCO₃·Cl−Na	2.14
	2002 年	7.8	0.88	147	264	HCO₃·Cl−Na	1.76
	2007 年	8.4	0.88	117	154	HCO₃·Cl−Na	2.63

续表

地　点	时　间	pH	矿化度 /(g/L)	Cl⁻ /(mg/L)	总硬度 /(mg/L)	水化学类型	$\frac{\gamma_{Na}}{\gamma_{Cl}}$
启东秦潭	1997 年	7.9	1.03	278	208	Cl·HCO₃ – Na	1.38
	2002 年	7.9	1.18	325	292	Cl·HCO₃ – Na	1.31
	2007 年	8.1	1.17	290	241	Cl·HCO₃ – Na	1.42
海门悦来	1997 年	7.5	1.11	402	404	Cl·HCO₃ – Na·Ca	0.81
	2002 年	7.6	1.68	639	543	Cl·HCO₃ – Na	0.90
	2007 年	8.1	1.57	579	499	Cl·HCO₃ – Na	0.85
海门三厂	1997 年	8.1	0.72	148	206	HCO₃·Cl – Na·Ca	1.32
	2002 年	7.8	0.69	49	146	HCO₃ – Na	3.96
	2007 年	8.4	0.71	42	143	HCO₃ – Na	4.87
海门王浩	1997 年	7.8	0.64	46	205	HCO₃ – Na·Ca	3.11
	2002 年	7.9	0.75	23	248	HCO₃ – Na·Ca	7.63
	2007 年	8.4	0.78	53	230	HCO₃ – Na·Ca	3.48
江心沙	1997 年	8.1	0.58	86	176	HCO₃·Cl – Na·Ca	1.78
	2002 年	7.9	0.68	77	200	HCO₃ – Na·Ca	2.65
	2007 年	8.2	0.76	166	223	HCO₃·Cl – Na	1.28
如东丁店	1997 年	7.6	0.44	26	126	HCO₃ – Na	3.05
	2002 年	7.7	0.72	57	34	HCO₃ – Na·Ca	2.80
	2007 年	8.1	0.64	11	214	HCO₃ – Na·Ca·Mg	9.44
如东汤园	1997 年	7.7	0.77	155	214	HCO₃·Cl – Na	1.48
	2002 年	7.9	0.88	195	288	HCO₃·Cl – Na	1.45
	2007 年	8.1	0.92	170	222	HCO₃·Cl – Na	1.59
如东岔河	1997 年	7.9	0.65	28	164	HCO₃ – Na·Ca	6.00
	2002 年	7.8	0.71	46	196	HCO₃ – Na	5.55
	2007 年	8.3	0.74	28	136	HCO₃ – Na	8.13
通州骑岸	1997 年	7.6	1.38	330	258	Cl·HCO₃ – Na	1.36
	2002 年	7.5	1.04	228	387	HCO₃·Cl – Na·Ca	1.04
	2007 年	8.1	3.27	1413	357	Cl – Na	1.09
通州平潮	1997 年	7.8	0.84	185	197	HCO₃·Cl – Na	1.49
	2002 年	7.7	0.95	241	344	HCO₃·Cl – Na·Ca	1.17
	2007 年	8.3	0.99	207	283	HCO₃·Cl – Na	1.33
通州刘桥	1997 年	7.8	0.75	217	309	Cl·HCO₃ – Na	0.84
	2002 年	7.8	0.95	284	336	Cl·HCO₃ – Na·Ca	1.17
	2007 年	8.0	0.96	235	278	HCO₃·Cl – Na	1.16

续表

地 点	时 间	pH	矿化度/(g/L)	Cl⁻/(mg/L)	总硬度/(mg/L)	水化学类型	$\dfrac{\gamma_{Na}}{\gamma_{Cl}}$
海安角斜	1997 年	7.7	0.68	76	224	$HCO_3 - Na$	2.22
	2002 年	8.1	0.76	21	200	$HCO_3 - Na$	11.02
	2007 年	8.2	0.74	21	170	$HCO_3 - Na$	9.14

表 4-16　　　　　　　　　　矿化度、氯离子（Cl⁻）、总硬度变化趋势表

指 标	持续升高	高-低-高	低-高-低	持续降低
矿化度/(g/L)	10	3	3	0
氯离子（Cl⁻）/(mg/L)	2	4	8	2
总硬度/(mg/L)	3	1	10	2

1) 启东东海 20 世纪 60—70 年代矿化度为 1.19g/L，1997 年矿化度上升到 1.48g/L，2002 年为 1.53g/L，2007 年上升到 1.80g/L；氯离子（Cl⁻）含量由 1997 年的 549mg/L 下降到 2002 年的 536mg/L，2007 年又上升为 669mg/L；总硬度由 255mg/L 增加到 344mg/L，2007 年变为 417mg/L，呈一直上升的趋势；水质类型一直为 $Cl \cdot HCO_3 - Na$，属微咸水。

2) 启东寅阳 20 世纪 60—70 年代矿化度为 0.98g/L，1997 年的矿化度上升为 1.82g/L，2002 年、2007 年又分别上升为 2.10g/L、2.30g/L，年均增加 0.05g/L；氯离子（Cl⁻）含量由 1997 年的 773mg/L 变为 2002 年的 835mg/L，2007 年又上升为 956mg/L，呈阶梯上升的趋势；总硬度由 1997 年的 520mg/L 增加到 2002 年的 621mg/L 及 2007 年的 723mg/L；水质类型由 20 世纪的 $Cl \cdot HCO_3 - Na$ 变为 $Cl - Na$，咸化程度逐年加深。

3) 启东近海 1997 年及 2002 年的矿化度均为 1.13g/L，2007 年上升为 1.23g/L，年均增加 0.02g/L；氯离子（Cl⁻）含量由 1997 年的 274mg/L 变为 2002 年的 305mg/L，2007 年又上升为 311mg/L，呈缓慢上升的趋势；总硬度由 1997 年的 187mg/L 增加到 2002 年的 260mg/L，2007 年下降到 238mg/L；1997 年水质类型为 $HCO_3 \cdot Cl - Na$，2002 年后则变为 $Cl \cdot HCO_3 - Na$，呈咸化趋势。

4) 启东北新 1997 年矿化度为 0.77g/L，2002 年上升为 0.88g/L，2007 年时矿化度未变化，为 0.88g/L；氯离子（Cl⁻）含量由 1997 年的 116mg/L 变为 2002 年的 147mg/L，在 2002 年达到峰值之后逐渐降低，2007 年回落到 1997 年的水平，为 117mg/L；总硬度由 1997 年的 165mg/L 增加到 2002 年的 264mg/L，2007 年下降到 154mg/L，稍低于 1997 年时的水平；水质类型一直未发生变化，为 $HCO_3 \cdot Cl - Na$。从以上数据可知，北新的水质一直为淡水，在 2002 年达到最差，但此后逐渐变好。

5) 启东秦潭 1997 年矿化度为 1.03g/L，2002 年上升为 1.18g/L，2007 年时基本未变化，为 1.17g/L；氯离子（Cl⁻）含量由 1997 年的 278mg/L 变为 2002 年的 325mg/L，至 2007 年有所回落，为 290mg/L，依然高于 1997 年的水平；总硬度由 1997 年的 208mg/L 增加到 2002 年的 292mg/L，2007 年下降到 241mg/L，高于 1997 年的水平；水质类型未发生变化，为 $Cl \cdot HCO_3 - Na$，属微咸水。秦潭的水质一直为微咸水，2002 年

前后最咸，以后有淡化的趋势。

6) 如东丁店的矿化度一直在 0.44~0.72g/L 范围内波动，处于淡水范围内；氯离子（Cl⁻）含量也一直处于较低水平，1997 年为 25.9mg/L，2002 年上升为 57mg/L，2007 年下降为 11.3mg/L；总硬度由 1997 年的 126mg/L 下降到 2002 年的 34.4mg/L，2007 年上升到 214mg/L；水质类型 1997 年为 $HCO_3 - Na$，2002 年变为 $HCO_3 - Na \cdot Ca$，2007 年为 $HCO_3 - Na \cdot Ca \cdot Mg$。丁店的水质总体上属于优质的淡水，长期的观察表明水质并没有明显咸化的趋势。

7) 如东汤园的矿化度一直处于上升的趋势，2007 年时为 0.92g/L，已经接近咸淡水的分界值（1g/L）；氯离子（Cl⁻）含量由 1997 年的 155mg/L 上升为 2002 年的 195mg/L，2007 年则下降为 170mg/L；总硬度由 1997 年的 214mg/L 上升到 2002 年的 287.7mg/L 后回落，2007 年接近 1997 年的水平，为 222mg/L；水质类型一直属于 $HCO_3 \cdot Cl - Na$ 型。

8) 如东岔河的水质总体上属于优质的淡水，水质类型由 1997 年为 $HCO_3 - Na \cdot Ca$ 变为 2002 年 $HCO_3 - Na$，以后一直未变，长期的观察表明水质并没有明显的咸化趋势。矿化度 1997 年为 0.65g/L，后稍有上升，分别为 0.71g/L 和 0.74g/L；氯离子（Cl⁻）含量水平较低，1997 年为 28mg/L，2002 年小幅上升为 46mg/L，2007 年又下降为 1997 年的水平；总硬度由 1997 年的 164mg/L，2002 年上升至 196mg/L，2007 年回落到 136mg/L。

9) 海门悦来 2007 年时第 III 承压含水层水位埋深达 43m，1997 年以来矿化度由 1.11g/L 上升到 2002 年的 1.68g/L，2007 年略有下降，为 1.57g/L，总体上属于微咸水的范围；氯离子（Cl⁻）由 402mg/L 增到 639mg/L，2007 年下降到 579mg/L；总硬度由 404mg/L 增到 543mg/L，2007 年下降到 499mg/L；水质类型由 1997 年的 $Cl \cdot HCO_3 - Na \cdot Ca$ 变化为 2002 年和 2007 年的 $Cl \cdot HCO_3 - Na$。由此可知，海门悦来的第 III 承压含水层水质从 1997 年以后一直逐渐变咸，早期的优质淡水已变成半咸水。悦来水点水质急剧变化很可能是三阳咸水扩散的结果，根据地层结构和水位动态分析，海门三阳上下层之间隔水层很薄或者缺失，造成咸水下渗，大量开采条件下矿化度加速升高，1965 年为 1.65g/L，1986 年为 2.3g/L，1997 年为 1.07g/L，咸水不断扩散，导致悦来的水质咸化。但在 2002 年以后水质有所改善，咸化程度有所减轻，故主要的评价指标值在 2007 年都呈现下降的趋势。

10) 海门三厂的矿化度一直在 0.69~0.72g/L 范围内；氯离子（Cl⁻）含量由 1997 年的 148mg/L 下降为 2002 年的 49mg/L，2007 年为 41.5mg/L，呈一直下降的趋势；总硬度由 1997 年的 206mg/L 下降到 2002 年的 264mg/L，2007 年到达最低值 143mg/L；1997 年的水质类型为 $HCO_3 \cdot Cl - Na \cdot Ca$，2002 年、2007 年为 $HCO_3 \cdot Cl - Na$。由此可知，三厂水质一直为淡水，矿化度、氯离子（Cl⁻）、总硬度的含量一直处于较低的水平。

11) 海门王浩水质类型一直为 $HCO_3 - Na \cdot Ca$，1997 年矿化度为 0.64g/L，2002 年上升为 0.75g/L，2007 年为 0.78g/L，处于缓慢上升的势态；氯离子（Cl⁻）含量由 1997 年 46.4mg/L 下降为 2002 年的 22.7mg/L，2007 年则上升为 52.8mg/L；总硬度由 1997 年的 205mg/L 上升到 2002 年的 248mg/L，2007 年回落到 230mg/L。

12) 海门江心沙 1997 年矿化度为 0.58g/L，2002 年上升 0.68g/L，2007 年为 0.76g/L；氯离子（Cl⁻）含量由 1997 年的 85.8mg/L 下降为 2002 年的 76.7mg/L，2007

年则上升为 166mg/L；总硬度由 1997 年的 176mg/L 上升到 2002 年的 199.8mg/L，2007 年为 223mg/L，呈一直上升的趋势；水质类型 1997 年为 $HCO_3 \cdot Cl - Na \cdot Ca$，2002 年改善为 $HCO_3 - Na \cdot Ca$，2007 年变为 $HCO_3 \cdot Cl - Na$，呈继续咸化趋势。

13）通州骑岸矿化度 20 世纪 60—70 年代为 0.81g/L，属于淡水。1997 年矿化度上升到 1.38g/L，2002 年下降为 1.04g/L，2007 年又大幅上升到 3.27g/L；氯离子（Cl^-）含量由 60—70 年代的 238mg/L 增到 1997 年的 330mg/L，2002 年下降为 228mg/L，2007 年大幅上升为 1413mg/L；总硬度除了 1997 年下降为 258mg/L 外，大部分时间在 353～387mg/L 范围内变动；水质类型 60—70 年代为 $HCO_3 \cdot Cl - Na \cdot Ca$，1997 年咸化为 $Cl \cdot HCO_3 - Na$，2002 年又变回为 $HCO_3 \cdot Cl - Na \cdot Ca$，2007 年则彻底变为咸水，水质类型为 $Cl - Na$，水质类型呈现波动变化。该地区第Ⅱ承压含水层位置为 145.92～198.30m，层厚 52.38m，第Ⅲ承压含水层位置为 212.45～258.46m，层厚 46.01m。两承压水层之间的隔水层最薄处仅 14m，致使两含水层极易发生水力联系，第Ⅱ承压含水层咸水下渗，导致第Ⅲ承压含水层水质咸化严重。

14）通州平潮和通州刘桥两样点水质变化大体一致，矿化度从 1997 年以来一直升高，2002 年后增幅明显放缓，氯离子（Cl^-）含量和总硬度在 2002 年达到峰值后回落，通州刘桥回落较明显，2007 年的总硬度已低于 1997 年的水平，水质类型由 2002 年的 $Cl \cdot HCO_3 - Na \cdot Ca$ 变为 2007 年的 $HCO_3 \cdot Cl - Na$，淡化明显。平潮的回落幅度逊于刘桥，其水化学类型一直为 $HCO_3 \cdot Cl - Na \cdot Ca$ 或 $HCO_3 \cdot Cl - Na$，变化不明显。

15）海安角斜的矿化度一直在 0.68～0.76g/L 范围内波动，处于淡水范围内；氯离子（Cl^-）含量也一直处于较低水平，1997 年为 75.9mg/L，此后一直处于下降的状态，2002 年、2007 年均处于 21mg/L 左右；总硬度由 1997 年的 224mg/L 下降到 2002 年的 199.8mg/L，2007 年为 170mg/L；水质类型一直为 $HCO_3 - Na$ 型。虽然矿化度有所上升，但角斜的第Ⅲ承压含水层的水质仍属于淡水，氯离子（Cl^-）含量也较低。

由上述分析可知，氯离子（Cl^-）含量和总硬度持续下降的两个点为海安角斜和海门三厂，分别位于区域西部和沿江地区。全区除了部分井点的咸化程度加剧外，大部分样点的咸化程度自 2001—2002 年后均有所回落。

2. 第Ⅳ、第Ⅴ承压含水层的水质演化

由于第Ⅳ承压含水层检测水点较少，不具备进行相同水点纵向比较的条件，但是从 1997 年第Ⅳ承压含水层水化学特征（表 4-17）与 2007 年第Ⅳ承压含水层水化学特征（表 4-18）比较的总体情况可以看出，2007 年的矿化度平均值有上升的趋势，氯离子（Cl^-）和总硬度的数值也是呈上升的现象，但变化没有第Ⅲ承压含水层明显，因为第Ⅳ承压含水层的开采井数较少，同时埋深较大，与第Ⅲ承压含水层直接受第Ⅱ含水层强烈影响相比，受上覆含水层影响还比较小。但如东苴镇、海门树勋矿化度已经大于 1g/L，说明第Ⅳ承压含水层水质已经受到影响，如果不采取措施，第Ⅳ承压含水层将不可避免地出现大面积的咸化，应及早采取措施。

对第Ⅴ承压水取样分析，发现有一眼井矿化度较高，但从区域资料看，第Ⅳ、第Ⅴ承压含水层都为陆相沉积，不存在矿化度大于 1g/L 的水，疑是因打井工艺问题造成上部咸水渗漏，引起水质恶化，则应及时采取修复措施，避免淡水资源遭受破坏。

表 4 - 17　　　　　　　　　　1997 年第Ⅳ承压含水层水化学特征一览表

地　点	pH	矿化度 /(g/L)	Cl⁻ /(mg/L)	总硬度 /(mg/L)	水化学类型	$\frac{\gamma_{Na}}{\gamma_{Cl}}$
海安水产公司	7.9	0.58	33	128	$HCO_3 - Na$	5.43
原种场	7.6	0.40	2	196	$HCO_3 - Ca \cdot Na$	25.62
仁桥	8.5	0.66	96	159	$HCO_3 \cdot Cl - Na$	2.18
大公	7.8	0.40	6	180	$HCO_3 - Ca \cdot Na$	8.76
如皋远宏	7.6	0.71	48	271	$HCO_3 - Na \cdot Ca$	2.70
邓园	7.6	0.70	85	184	$HCO_3 \cdot Cl - Na$	2.28
如东农药厂	7.6	0.73	33	185	$HCO_3 - Na$	5.78
奔驰公司	7.7	0.66	59	186	$HCO_3 - Na \cdot Ca$	2.79
水产	7.6	0.52	135	184	$Cl \cdot HCO_3 - Na \cdot Ca$	1.02
丰利	8.1	0.85	196	104	$HCO_3 \cdot Cl - Na$	1.76
北渔	7.7	0.96	233	165	$HCO_3 \cdot Cl - Na$	1.54
三信	8.0	0.72	102	90	$HCO_3 \cdot Cl - Na$	2.63
环港	8.2	0.95	313	163	$Cl \cdot HCO_3 - Na$	1.22
海汇公司	7.8	1.22	516	275	$Cl - Na$	0.93

表 4 - 18　　　　　　　　　　2007 年第Ⅳ承压含水层水化学特征一览表

地　点	pH	矿化度 /(g/L)	Cl⁻ /(mg/L)	总硬度 /(mg/L)	水化学类型	$\frac{\gamma_{Na}}{\gamma_{Cl}}$
海安王垛自来水厂	8.42	0.73	118	102	$HCO_3 \cdot Cl - Na$	2.20
海安华艺服饰公司	8.59	0.72	79	51	$HCO_3 - Na$	3.77
海安三港养殖公司	8.25	0.89	155	236	$HCO_3 \cdot Cl - Na$	1.55
海门树勋自来水厂	8.26	1.16	279	335	$Cl \cdot HCO_3 - Na$	1.28
海门三厂镇自来水厂	8.25	0.71	40	142	$HCO_3 - Na$	5.11
丰利自来水有限公司	8.57	0.93	231	125	$Cl \cdot HCO_3 - Na$	1.64
洋口水产冷冻厂	8.18	0.84	155	222	$HCO_3 \cdot Cl - Na$	1.56
如东新洋自来水厂	8.42	0.90	146	135	$HCO_3 \cdot Cl - Na$	2.22
如东苴镇自来水厂	8.26	1.15	433	205	$Cl \cdot HCO_3 - Na$	1.06

　　南通地区第Ⅳ、第Ⅴ承压水的水文地质条件尚未查清，缺乏勘探资料。从现状开采量、水位埋深及其变化情况看，在海门沿江水位降落漏斗区，第Ⅳ承压水应属于超采区，应采取压缩措施，防止其水位继续下降，其他地区可列为控制开采区，视水位埋深确定其开采量。

　　第Ⅳ、第Ⅴ承压水水质很好，水中元素含量很低，属于低背景值元素含量的优质水，不少地区水质达到饮用天然矿泉水标准，也说明第Ⅳ、第Ⅴ承压水的形成时间很早，在地质年代形成，因而要十分珍惜，要用于生活饮用，禁止工业生产用此层水。

地下水由于其特殊的赋存条件和优良的水质，使其成为人类优先开发的重要淡水资源。目前，我国地下水的年开采量已超过 1000 亿 m³，许多地区出现了地下水严重超采的问题，全国已形成 70 多万 km² 的地下水位降落漏斗，许多地区出现地面沉降、地裂缝、地塌陷等环境地质问题。在江苏省经济较为发达的苏锡常地区，由于地面沉降严重，引发了防洪效益降低、房屋开裂严重危及人身安全、圩区排水日益困难等问题。因此，在地下水资源开发利用管理上必须有大的突破。江苏省从 2000 年起在苏锡常地区全面禁止开采深层地下水，至 2005 年 4745 眼深井按规定进行封填，有效防止了地质灾害的进一步发展。

地下水资源的科学管理可分为技术管理和行政管理两个方面。由于地下水埋藏于地下，其运动规律只能根据动态监测资料和统计开采量加以判断，对地下水运动规律及其赋存介质缺乏比较系统的感性认识，这给地下水资源的科学管理带来较大难度。如果将地下水的开采量、水位动态变化过程和赋存介质进行可视化表达，使地下水开采-地下水位下降-地下水位降落漏斗形成的时间过程和赋存地下水的地质体生动地展现在地下水资源管理工作者的眼前，为管理提供辅助决策支持，则对地下水合理开发利用和保护具有重要的意义。

已建成覆盖全省三级（省、地、县）的支持多媒体信息和 Internet 技术的地下水数据

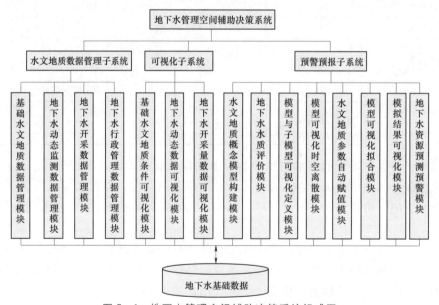

图 5-1　地下水管理空间辅助决策系统组成图

库系统，信息预处理与入库、维护系统。所有的信息处理、存储、共享与服务均通过数据库系统来实现。系统所保有的信息量和信息类型基本满足防汛、防旱、水工程规划设计、水资源管理、水环境保护等方面的需要。

"地下水管理空间辅助决策系统"主要由地下水基础数据库和水文地质数据管理子系统、地下水系统可视化子系统、地下水资源预测预警子系统三个子系统组成，如图5-1所示。

第一节　地下水基础数据库

在分析地下水管理所涉及的数据的基础上，参照国家、行业与地方相关的数据标准，完善与建立"地下水管理空间辅助决策系统"的数据标准。包括基础水文地质条件、地下水动态监测、地下水开采与地下水管理涉及的属性数据、空间数据的数据标准。

数据由属性数据与空间数据两部分组成，其中属性数据包括水文地质钻孔数据、地下水动态监测数据、地下水开采量数据等；空间数据包括基础地理信息数据、每个含水层的水文地质参数分区、水位动态监测井空间分布图、地下水开采井空间分布图、水文地质钻孔空间分布图、水质因子监测井空间分布图等数据。

一、属性数据库

（一）外部设计

1. 统一编码设计方案

（1）水文地质钻孔统一编码设计方案。水文地质钻孔采用混合编码方案，共12位。第1位至第6位为行政区编码（国家行政区统一编码），第7位至第8位为类型识别码（01—水文地质钻孔），第9位至第12位为顺序码。水文地质钻孔统一编码方案如图5-2所示。

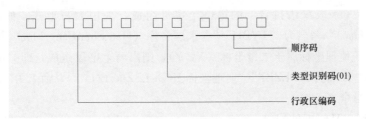

图5-2　水文地质钻孔统一编码方案

（2）地下水动态监测井统一编码方案。地下水动态监测井统一编码采用混合编码方案，共12位。第1位至第6位为行政区编码（国家行政区统一编码），第7位至第8位为类型识别码（02—地下水动态监测井），第9位至第12位为顺序码。地下水动态监测井统一编码方案如图5-3所示。

（3）地下水开采井统一编码方案。地下水开采井统一编码采用混合编码方案，共12位。第1位至第6位为行政区编码（国家行政区统一编码），第7位至第8位为类型识别码（03—地下水开采井），第9位至第12位为顺序码。地下水开采井统一编码方案如图5-4所示。

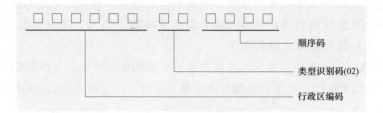

图 5-3　地下水动态监测井统一编码方案

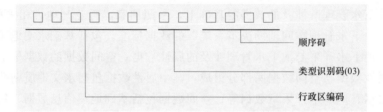

图 5-4　地下水开采井统一编码方案

2. 表标识命名方案

地下水管理数据库中数据表标识设计方案为："GW _ ××××"，其中"××××"为表的中文说明的汉语拼音的首字符。如"水文地质钻孔基本信息表"的标识为"GW _ swdzzkjbxxb""水文地质钻孔地层信息表"的标识为"GW _ swdzzkdcxxb""地下水动态监测井基本信息表"的标识为"GW _ dtjcjjbxxb""地下水位监测数据表"的标识为"GW _ swjcsjb""地下水质监测数据表"的标识为"GW _ szjcsjb""地下水开采量数据表"的标识为"GW _ kclsjb"。

3. 字段命名方案

字段命名由"字段汉语拼音"的第一个字母组成，采用大写形式。如："统一编号(Tong Yi Bian Hao)"命名为"TYBH""含水层名称（Han Shui Ceng Ming Cheng）"命名为"HSCMC"。由于地理坐标属于二维坐标（X，Y），则由两个字段组成，即"地理坐标 X(Di Li Zuo Biao X)"命名为"DLZBX""地理坐标 Y(Di Li Zuo Biao Y)"命名为"DLZBY"。

4. 数据类型命名方案

（1）字符型：VARCHAR2。

（2）数值型：NUMBER。

（3）日期型：DATE。

（二）结构设计

1. 概念结构设计

（1）水文地质钻孔数据概念设计。

1）水文地质钻孔数据记录表结构。水文地质钻孔常采用水文地质钻孔柱状图或水文地质钻孔卡片的形式记录。本系统采用的水文地质钻孔卡片的结构与记录内容如表 5-1 所示。

2）水文地质钻孔卡片概念模型。水文地质钻孔卡片概念模型如图 5-5 所示。

表 5-1　　　　　　　　　　　　水文地质钻孔标准化卡片

统一编号		钻孔位置		地理坐标	X:	地面高程/m	
原始编号		钻孔时间		/m	Y:	钻孔深度/m	
地层时代	层底深度/m	地层厚度/m	含水层名称	含水层代码	地层剖面（比例尺:　　　）		地层岩性描述

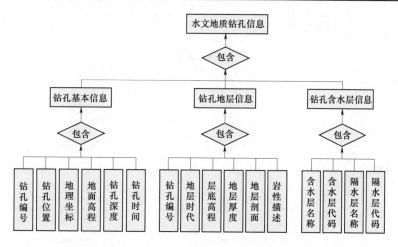

图 5-5　水文地质钻孔卡片概念模型

（2）地下水动态监测数据概念设计。

1）地下水动态监测数据记录表结构。地下水动态监测数据包括监测井基本信息与动态监测数据两个部分，因此，数据记录表也由动态监测井基本信息、动态（水位、水质）监测数据记录 3 张表组成。表结构分别见表 5-2～表 5-4。

表 5-2　　　　　　　　　　　地下水动态监测井基本信息表

行政区名称			经　度		
监测井位置			纬　度		
监测井原编号			监测井统一编号		
监测井级别		省级	地面高程/m		基准类型
地下水类型	按埋藏条件分		监测井深/m		
	按介质分		监测深度/m		
监测频率		监测起始时间			监测井类型
监测项目	□水位　□水质				

填写说明（以盐城市为例）：

行政区：市值、东台、大丰、射阳、盐都、亭湖、建湖、阜宁、滨海、响水。

按埋藏条件分：潜水、第Ⅰ、第Ⅱ、第Ⅲ、第Ⅳ承压水。

按介质：孔隙水、裂隙水。

基准类型：黄海高程系、吴淞高程系。

监测井类型：生活、生活与生产。

表 5－3　　　　　　　　　　　　　　地下水位监测数据表

监测井统一编号						监测年份				单位		m
监测月份 监测日期	1月	2月	3月	4月	5月	6月	7月	8月	9月	10月	11月	12月
15日												
30日												
月平均值												
年最大值	最大值出现时间					年最小值			最小值出现时间			

表 5－4　　　　　　　　　　　　　　地下水质监测数据表

监测井统一编号		监测时间		监测层位	
监测指标值					
pH 值		HCO_3^- /(mg/L)		总碱度/(mg/L)	
矿化度/(mg/L)		SO_4^{2-} /(mg/L)		高锰酸钾指数/(mg/L)	
总硬度/(mg/L) (以 $CaCO_3$ 计)		Cl^- /(mg/L)		挥发酚/(mg/L)	
Na^+ /(mg/L)		CO_3^{2-} /(mg/L)		氰化物/(mg/L)	
K^+ /(mg/L)		NH_4^+ /(mg/L)		汞/(mg/L)	
Ca^{2+} /(mg/L)		NO_3^- /(mg/L)		砷/(mg/L)	
Mg^{2+} /(mg/L)		NO_2^- /(mg/L)		六价铬/(mg/L)	
总 Fe/(mg/L)		F^- /(mg/L)		细菌总数/(个/mL)	

2）地下水动态监测数据概念模型。地下水动态监测数据概念模型如图 5－6 所示。

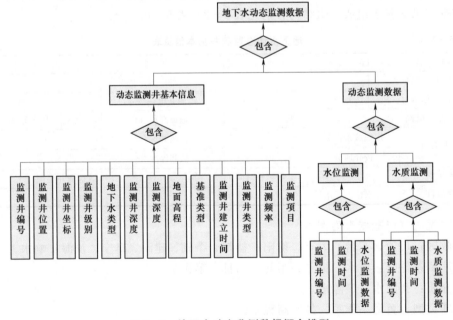

图 5－6　地下水动态监测数据概念模型

（3）地下水开采量数据概念设计。

1）地下水开采量数据记录表结构。为了有利于地下水开采量的统计，地下水开采量记录最小行政区级别为"镇（乡）或同等级别的行政区"，每个"镇（乡）或同等级别的行政区"概化为一个"地下水开采大井"，开采量数据记录表的结构见表5-5。

表5-5 地下水开采量数据记录表结构

行政区统一编号		地理坐标/m	X：	
行政区名称			Y：	
开采层位		开采井数		眼
开采年份		开采量		万 m³
工业用水量	万 m³	农业用水量	万 m³	生活用水量	万 m³

填写说明：

开采层位：第Ⅰ、第Ⅱ、第Ⅲ、第Ⅳ承压含水层、裂隙水与岩溶水含水层。

2）地下水开采量数据概念模型。

地下水开采量数据概念模型如图5-7所示。

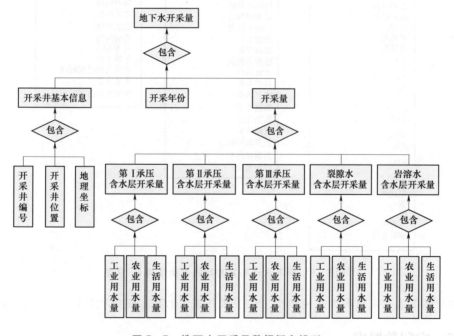

图5-7 地下水开采量数据概念模型

2. 逻辑结构设计

地下水管理数据的逻辑结构采用E-R模型表达。

（1）水文地质钻孔数据逻辑结构。水文地质钻孔数据的逻辑结构如图5-8所示。

（2）地下水动态监测数据逻辑结构。地下水动态监测数据逻辑结构如图5-9所示。

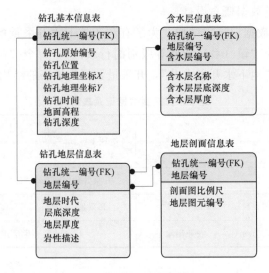

图 5-8 水文地质钻孔数据的逻辑结构 E-R 图

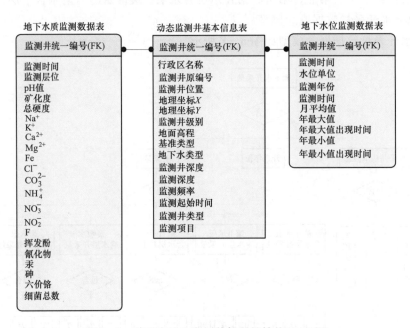

图 5-9 地下水动态监测数据逻辑结构 E-R 图

（3）地下水开采量数据逻辑结构。地下水开采量数据逻辑结构如图 5-10 所示。

二、空间数据库

空间数据主要由基础地理信息数据与水文地质专题空间数据组成，其中基础地理信息数据采用 1∶1 万基础地理信息数据，水文地质专题空间数据包括水文地质钻孔空间分布图、地下水动态监测井空间分布图、单个含水层的水文地质图、地下水超采区分布图、地下水开采强度分布图、水文地质计算参数空间分布图以及图元数据等。空间数据的具体组成如图5-11所示。

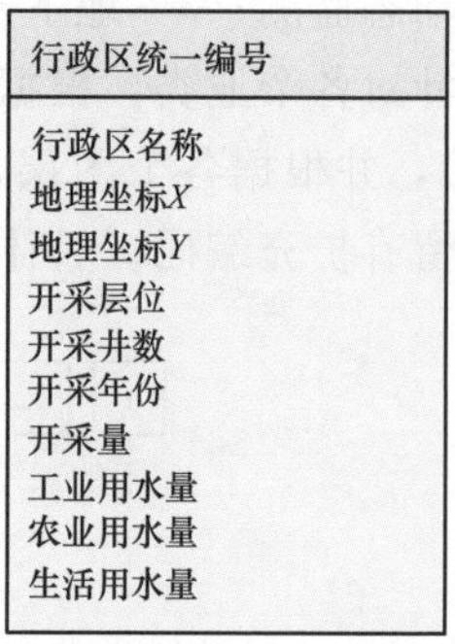

（一）空间数据库的技术标准和编码规则

1. 地图数字化的要求及标准

（1）数字化图层配准方案：

1）坐标系：西安1980。

2）投影类型：高斯-克吕格投影。

3）分度带：3N度带。

（2）配准工具：ArcGIS 10G。

（3）数字化工具：ArcGIS 10G。

（4）数字化时将相同图素分在同一图层。

2. 图层命名规则

每个图层以该图层图素名称的首字母命名，例如河流，HL；高程点，GCD。这种命名方式清楚明了，便于日常管理及使用。

行政区统一编号
行政区名称 地理坐标X 地理坐标Y 开采层位 开采井数 开采年份 开采量 工业用水量 农业用水量 生活用水量

图5-10 地下水开采量数据
逻辑结构E-R图

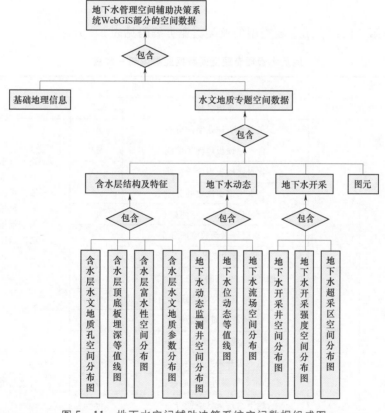

图5-11 地下水空间辅助决策系统空间数据组成图

3. 编码规则

本系统中除基础地理信息编码执行国家1:1万基础地理信息编码标准外，地下水管理专题图层参照以下编码规则进行编码。首先，将地下水管理专题空间数据图层划分为三大类，即"水文地质结构类、地下水动态类与地下水开采类"（1—水文地质结构；2—地下水动态监测；3—地下水开采）；然后根据各个大类的空间数据类型再划分专题类型的亚类，针对各个亚类，根据图层的主次关系再划分数据子集（1—主层；2—辅助层；3—注记层），并根据各个图层反映的地理对象的几何特征进行编码（1—点；2—线；3—面）；最后留有扩充编码。具体编码规则如图5-12所示。

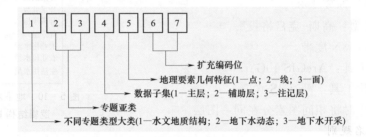

图5-12　地下水管理专题空间数据图层编码规则

第1位：表示不同的专题类型大类（1—水文地质结构；2—地下水动态；3—地下水开采）。

第2位、第3位：表示专题类型的亚类。亚类编码见表5-6。

表5-6　　　　　　　　地下水管理专题空间数据亚类编码一览表

大　类		亚　类		
大类名称	编码	亚类名称	编码	说明
水文地质结构类	1	水文地质钻孔空间分布	$n1$	n—0，1，2，3，…，m 0—整个含水层系统 1—潜水含水层 2—第一承压含水层 3—第二承压含水层 4—第三承压含水层 5—第四承压含水层
		含水层顶板埋深等值线	$n2$	
		含水层底板埋深等值线	$n3$	
		含水层富水性空间分布	$n4$	
		含水层渗透系数空间分布	$n5$	
		含水层导水系数空间分布	$n6$	
		含水层储水系数空间分布	$n7$	
地下水动态类	2	地下水动态监测井空间分布	$n1$	n—含义与上相同
		地下水位等值线	$n2$	
		地下水质等值线	$n3$	
		地下水流场	$n4$	
地下水开采类	3	地下水开采井空间分布	$n1$	n—含义与上相同
		地下水开采强度空间分布	$n2$	
		地下水超采区空间分布	$n3$	

第4位：表示数据子集（1—主层；2—辅助层；3—注记层）。

第5位：表示要素的几何特征（0—注记；1—点；2—线；3—面）。

第6位、第7位：留做以后扩充的编码。

例如，地下水动态监测井专题图中，监测井点图层的编号为：2011100（2—地下水动态类；01—地下水动态监测井；1—主层；1—点图层）。

（二）空间图层划分

1. 基础地理图层

（1）行政区图层。包括省、地、县、镇行政区以及界线。

（2）居民点图层。包括地、乡、镇及地、乡、镇以上等级居民地。

（3）交通图层。包括铁路、公路及其类别和名称。

（4）水系图层。包括河流、湖泊、水库、沟渠等。

（5）地貌图层。包括高程点、水深点、等高线、等深线等。

（6）地理格网图层。包括经纬线等。

2. 地下水管理空间数据专题图层

在地下水管理空间辅助决策系统中，涉及的专题空间数据主要有：水文地质钻孔空间分布、含水层顶底板埋深等值线、含水层富水性空间分布图、地下水动态监测井空间分布图、含水层水文地质参数空间分布图、地下水动态监测井空间分布图、含水层地下水位（质）等值线图、地下水流场空间分布图、地下水开采井空间分布图、地下水开采强度空间分布图、地下水超采区空间分布图等。上述地下水管理专题空间数据组成的概念模型见表5－7。

表5－7　　　　　　　　　　　　地下水管理专题空间数据组成一览表

数据大类名称	数据亚类名称	数据子集名称	特征类型
地下水管理专题空间数据	水文地质钻孔空间分布数据	主层	点
		注记层	注记
	含水层顶底板埋深等值线数据	主层	线
		注记层	注记
	含水层富水性空间分布数据	主层	面
		注记层	注记
	水文地质参数空间分布数据	主层	面
		注记层	注记
	地下水动态监测井空间分布数据	主层	点
		注记层	注记
	地下水位（质）等值线数据	主层	线
		注记层	注记
	地下水流场数据	主层	面
		注记层	注记
	地下水开采井空间分布数据	主层	点
		注记层	注记
	地下水开采强度空间分布数据	主层	面
		注记层	注记
	地下水超采区空间分布数据	主层	面
		注记层	注记

（三）空间图层编码

1. 基础地理图层编码

地下水管理空间辅助决策系统采用万分之一的基础地理信息，共分为下列九种类型的信息：测量控制点、居民地、工矿建（构）筑物及其他设施、交通及附属设施、管道与垣栅、水系及附属设施、境界、地貌与土质、植被。图层划分及其代码设计参照国家万分之一基础地理信息标准。其中层名称及其代码、要素代码的编码规则见表 5-8 和表 5-9。

表 5-8　　　　　　　　　　　万分之一要素层名及其代码表

序号	类 别	代码	主题词英语
1	测量控制点	CSP	Control Survey Point [Production]
2	居民地和垣栅	RES	RESidential Area
3	工矿建（构）筑物及其他设施	IND	INDustry
4	交通及附属设施	TRA	TRAffic
5	管线及附属设施	PIP	PIPeline
6	水系及附属设施	WAT	WATer System
7	境界	BOU	BOUndary
8	地貌和土质	REF	RElieF
9	植被	VEG	VEGetation

表 5-9　　　　　　　　　　　要素类层名及代码表

基础地理要素大类名	数据子集名称及代码	特征类型	图层代码	说 明
测量控制点	主层 01	点	CSP_P	测量控制点及其注记，注记中的分数线等
	辅助层 02	线	CSP_L	
	注记层 03	注记	CSP_T	
居民地及垣栅	主层	面	RES_A	居民地及垣栅、辅助线划层及其注记
		线	RES_L	
		点	RES_P	
	辅助层	面	RES_A_AP	
		线	RES_L_AP	
		点	RES_P_AP	
	注记层	注记	RES_T	
工矿建（构）筑物及其他设施	主层	面	IND_A	工矿建（构）筑物、公共设施及辅助线划层、注记
		线	IND_L	
	辅助层	线	IND_L_AP	
		点	IND_P_AP	
	注记层	注记	IND_T	

续表

基础地理要素大类名	数据子集名称及代码	特征类型	图层代码	说　明
交通及附属设施	主层	面	TRA_A	交通道路
		线	TRA_L	
	辅助层	点	TRA_P_AP	
		线	TRA_L_AP	
	注记层	注记	TRA_T	
管线及辅助设施	主层	线	PIP_L	管线及辅助设施
	辅助层	点	PIP_P	
	注记层	注记	PIP_T	
水系及辅助设施	主层	面	WAT_A	水系及附属设施
		线	WAT_L	
	辅助层	点	WAT_P_AP	
		线	WAT_L_AP	
	注记层	注记	WAT_T	
境界	主层	面	BOU_A	境界
		线	BOU_L	
		点	BOU_P	
	注记层	注记	BOU_T	
地貌和土质	主层	面	REF_A	地貌和土质，包括等高线、高程点等地形要素及其他地貌辅助要素
		线	REF_L	
		点	REF_P	
	辅助线	线	REF_L_AP	
		点	REF_P_AP	
	注记层	注记	REF_T	
植被	主层	面	VEG_A	植被
		线	VEG_L	
		点	VEG_P	
	辅助层	线	VEG_L_AP	
	注记层	注记	VEG_T	

2. 专题图层编码

地下水资源专题空间数据层名及代码见表5-10。

（四）图层内部属性定义

1. 基础地理信息图层

基础地理信息图层内部属性定义分别见表5-11～表5-15。

（1）行政区属性表，见表5-11。

表 5-10 地下水资源专题空间数据层名及代码表

专题大类		专题亚类		数据子集名称		特征类型		最终编码	备注
名称	代码	名称	代码	名称	代码	名称	代码		
水文地质结构类	1	水文地质钻孔空间分布数据	n1	主层	1	点	1	1n11100	
				注记层	3	注记	0	1n13000	
		含水层顶板埋深等值线	n2	主层	1	线	2	1n21200	
				注记层	3	注记	0	1n23000	
		含水层底板埋深等值线	n3	主层	1	线	2	1n31200	
				注记层	3	注记	0	1n33000	
		含水层富水性空间分布数据	n4	主层	1	面	3	1n41300	
				注记层	3	注记	0	1n43000	
		含水渗透系数空间分布数据	n5	主层	1	面	3	1n51300	
				注记层	3	注记	0	1n53000	
		含水导水系数空间分布数据	n6	主层	1	面	3	1n61300	
				注记层	3	注记	0	1n63000	
		含水储水系数空间分布数据	n7	主层	1	面	3	1n71300	
				注记层	3	注记	0	1n73000	
地下水动态类	2	地下水动态监测井空间分布数据	n1	主层	1	点	1	2n11100	
				注记层	3	注记	0	2n13000	
		地下水位等值线	n2	主层	1	线	2	2n21200	
				注记层	3	注记	0	2n23000	
		地下水质等值线	n3	主层	1	线	2	2n31200	
				注记层	3	注记	0	2n33000	
		地下水流场	n4	主层	1	面	3	2n41300	
				注记层	3	注记	0	2n43000	
地下水开采类	3	地下水开采井空间分布数据	n1	主层	1	点	1	3n11100	
				注记层	3	注记	0	3n13000	
		地下水开采强度空间分布数据	n2	主层	1	面	3	3n21300	
				注记层	3	注记	0	3n23000	
		地下水超采区空间分布数据	n3	主层	1	面	3	3n31300	
				注记层	3	注记	0	3n33000	

表 5-11 行政区图层属性一览表

序号	字 段 名	类 型	备 注
1	行政区划代码	S	
2	行政区名称	S	

（2）居民地属性表，见表 5-12。

表 5-12 居民地图层属性一览表

序号	字 段 名	类 型	备 注
1	居民地代码	S	
2	居民地名称	S	

（3）线、面状水系属性表，见表5-13。

表5-13　　　　　　　　线、面状水系属性一览表

序号	字段名	类型	备注
1	水系类型	S	
2	河流代码	S	
3	河流名称	S	

（4）等高线、高程点属性表，见表5-14。

表5-14　　　　　　　　等高线、高程点属性一览表

序号	字段名	类型	备注
1	等高线代码	S	
2	高程值	N	

（5）地理格网属性表，见表5-15。

表5-15　　　　　　　　地理格网图层属性一览表

序号	字段名	类型	备注
1	格网线的类型	S	
2	经纬度值	N	

2.水文地质专题图层

水文地质专题图层内部属性定义见表5-16～表5-29。

表5-16　　　　　　水文地质钻孔空间分布图层属性一览表

序号	字段名	类型	单位	备注
1	水文地质钻孔编码	S		

表5-17　　　　　　含水层顶板埋深等值线图层属性一览表

序号	字段名	类型	单位	备注
1	含水层顶板埋深等值线编码	S		
2	等值线注记值	N	m	

表5-18　　　　　　含水层底板埋深等值线图层属性一览表

序号	字段名	类型	单位	备注
1	含水层底板埋深等值线编码	S		
2	等值线注记值	N	m	

表5-19　　　　　　含水层富水性空间分布图层属性一览表

序号	字段名	类型	单位	备注
1	富水性分区编码	S		
2	富水性值	N	m^3/d	

表 5－20　　　　　　　　含水层渗透系数空间分布图层属性一览表

序号	字　段　名	类　型	单　位	备　注
1	渗透系数分区编码	S		
2	渗透系数值	N	m/d	

表 5－21　　　　　　　　含水层导水系数空间分布图层属性一览表

序号	字　段　名	类　型	单　位	备　注
1	导水系数分区编码	S		
2	导水系数值	N	m^2/d	

表 5－22　　　　　　　　含水层储水系数空间分布图层属性一览表

序号	字　段　名	类　型	单　位	备　注
1	储水系数分区编码	S		
2	储水数值	N		

表 5－23　　　　　　　　地下水动态监测井空间分布图层属性一览表

序号	字　段　名	类　型	单　位	备　注
1	动态监测井编码	S		

表 5－24　　　　　　　　地下水位等值线图层属性一览表

序号	字　段　名	类　型	单　位	备　注
1	地下水位等值线编码	S		
2	水位等值线值	N	m	

表 5－25　　　　　　　　地下水质等值线图层属性一览表

序号	字　段　名	类　型	单　位	备　注
1	地下水质等值线编码	S		
2	等值线值	N	mg/L	

表 5－26　　　　　　　　地下水流场图层属性一览表

序号	字　段　名	类　型	单　位	备　注
1	地下水流场编码	S		

表 5－27　　　　　　　　地下水开采井空间分布图层属性一览表

序号	字　段　名	类　型	单　位	备　注
1	地下水开采井编码	S		

表 5－28　　　　　　　　地下水开采强度空间分布图层属性一览表

序号	字　段　名	类　型	单　位	备　注
1	开采强度分区编码	S		
2	开采强度值	N	万 $m^3/(km^2 \cdot a)$	

表 5 – 29　　　　　　　　　　地下水超采区空间分布图层属性一览表

序号	字 段 名	类 型	单 位	备 注
1	地下水超采区编码	S		
2	超采区级别	N		
3	可开采资源量		万 m^3/a	
4	实际开采量		万 m^3/a	
5	控制水位		m	

第二节　水文地质数据管理子系统

水文地质数据管理子系统主要由基础水文地质管理模块、地下水动态监测数据管理模块、地下水开采数据管理模块、地下水行政管理数据管理模块组成。

水文地质数据管理子系统是"地下水管理空间辅助决策系统"的重要组成部分，也是基础部分，它为拟建的"地下水管理空间辅助决策系统"的正常运行提供了数据及其数据模型支撑。其管理内容是基于制定的地下水基础数据库的数据标准，将水文地质基础数据、地下水动态监测数据、地下水开采数据与地下水行政管理数据录入或导入到地下水管理数据库中，实现水文地质数据的标准化与信息化管理；同时还需对水文地质数据进行维护，包括新增数据的添加与数据的更新等。

一、基本功能

（1）数据录入与导入。通过数据录入界面，录入基础水文地质数据（控制性水文地质钻孔的基本信息及其含水层结构、水文地质参数等属性数据、原始钻孔卡片、水文地质剖面图）、地下水动态监测数据（地下水动态监测井基本信息及其结构、监测井柱状图、动态监测数据等）、地下水开采数据（地下水开采井基本信息及其结构、地下水开采数据等）、地下水行政管理数据（地下水用水计划、地下水开采规划、地下水超采数据）。

对于数字化的水文地质图、水文地质剖面图、水文地质单元分区图、水文地质参数分区图、地下水开采规划图、地下水超采区分布图等空间数据，系统具有导入与入库功能。

（2）信息查询。具有 MIS 和 GIS 查询功能，其中可通过输入查询条件（行政区、时间、查询项目类型等）实现 MIS 查询；GIS 查询是基于地理底图，按行政区和水文地质分区等查询水文地质钻孔、地下水动态监测井、地下水开采井、水文地质要素与地下水动态特征、地下水开采强度与超采程度的空间分布情况及其相关的属性，并可进行模糊查询；具有图形到属性和属性到图形互查功能。

（3）地图加载功能。基于水文地质数据管理子系统，根据地下水行政管理业务的需求，可将需要的专题水文地质图层加载到系统的地图窗口，组成满足日常管理的水文地质专题图，并能通过系统提供的电子地图的基本操作功能进行地图的浏览、放大缩小与地质对象的属性查询。

（4）专题数据添加功能。基于水文地质专题空间数据，利用系统提供的空间数据编辑功能，能在地图窗口添加地下水动态监测井、地下水开采井数据，修改权限范围内的空间数据，同时能将添加或修改的数据保存到数据库。

（5）自动汇总统计与报表自动生成。通过输入统计条件（行政区、水文地质单元、水文地质层、地下水超采区等），可自动汇总统计，生成统计报表与统计专题图，并具有基于GIS的自动统计与报表自动生成功能。统计表单的主要内容为：某一行政区或某一水文地质单元控制性水文地质钻孔、地下水动态监测井、地下水开采井的基本情况，即钻孔（或监测井、开采井）的统一编码、原始编码、钻孔所在位置名与经纬度、钻孔深度、钻探单位、钻机型号、钻孔起止时间、地面高程、含水层总厚，水位、水质与水量的汇总统计报表的生成。

（6）制图与输出。根据水文地质专题图的制图标准与地下水行政管理业务的需求，可以任意配置水文地质专题图层，形成所需要的水文地质空间专题图，实现地图自动整饰。并能自动生成空间统计专题图（饼状图、直方图等）。

系统能够输出与打印各类统计报表、专题图等。

二、各功能简介

（1）控制性钻孔（监测井与开采）数据录入。基于水文地质数据管理子系统，可将标准化的控制性水文地质钻孔、地下水动态监测与地下水开采井数据录入到水文地质数据库中，通过输入钻孔编号或者钻孔位置、钻孔名称、所在行政区等可查询钻孔的基本信息，为钻孔所在位置或附近区域的相关水文地质条件的认识提供规范化的钻孔、动态监测数据。图5-13～图5-20为控制性钻孔数据标准化录入与管理的部分界面示意图（以控制性水文地质钻孔地下水动态监测井、地下水开采井为例）。

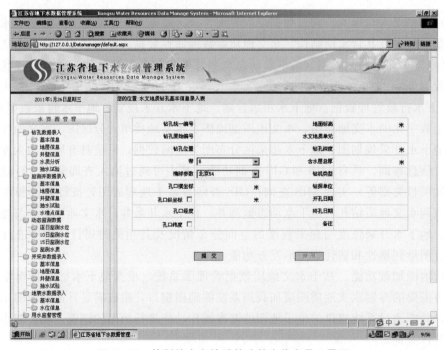

图5-13　控制性水文地质钻孔基本信息录入界面

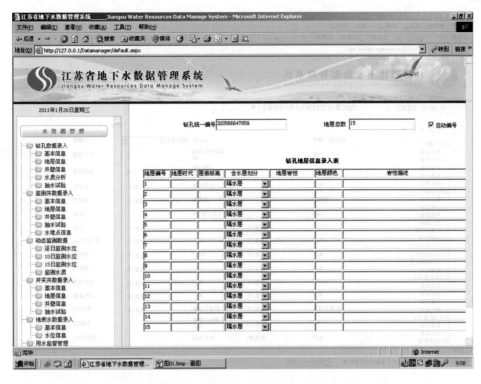

图 5-14　水文地质钻孔地层信息录入界面

图 5-15　水文地质钻孔的套管、滤水管与填料层信息录入界面

图 5-16　水文地质钻孔水文分析数据录入界面

图 5-17　水文地质钻孔抽水试验数据录入界面

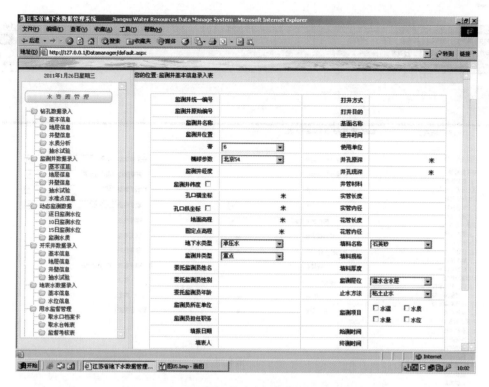

图 5 - 18　地下水动态监测井基本信息录入界面

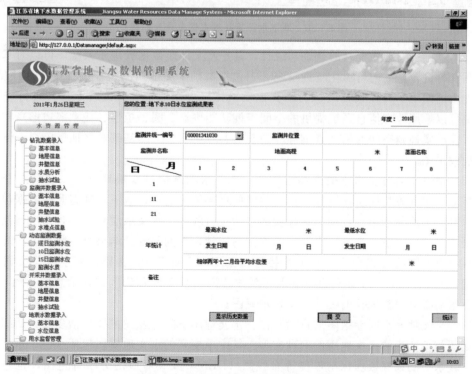

图 5 - 19　地下水动态监测数据录入界面

图 5-20 地下水开采井基本信息录入界面

（2）基础水文地质资料的查询与统计。基于水文地质数据管理子系统，可以对基础水文地质资料进行全面的可视化查询与统计，包括基础水文地质图、控制性水文地质钻孔、水文地质剖面等。可以按行政区、水文地质单元（水文地质分区或含水层）进行查询统计，也可以按照地理信息系统提供的空间查询功能（点、圆、矩形、任意多边形）实现空间到属性或属性到空间的相互查询等。图 5-21 为基于 GIS 的基础水文地质资料一体化查询显现效果图。

（3）地下水动态监测数据查询与统计。地下水动态信息反映地下水系统动态变化情况，是地下水资源与地质环境保护措施制定的重要依据之一，地下水动态监测数据包括水位、水量、水质与水温。查询与统计功能包括按行政区、水文地质单元、含水层与监测要素类型（水位、水质、水量、水温）的查询与统计，查询与统计结果可以数据表、时间过程曲线与直方图的形式表达，并可直接导出到 Excel 或 Word 文档，便于有关文档的编制。图 5-22、图 5-23 分别为地下水开采井查询和水文地质分区查询示意图，图 5-24 为地下水动态监测数据查询统计的实现示意图。

（4）水文地质空间专题图的自动制作。水文地质空间专题图主要包括多要素的综合水文地质图与单要素的水文地质图两种类型。其中单要素的水文地质图包括水位、水质、富水性、含水层的顶底板埋深与厚度等直线图（DEM）及其对应的分层饰色图，也包括控制性水文地质钻孔、地下水动态监测井、地下水开采井等空间分布图。水文地质管理子系

186

统提供上述水文地质专题图的自动生成功能。图 5-25、图 5-26 为部分水文地质专题图自动生成效果图。

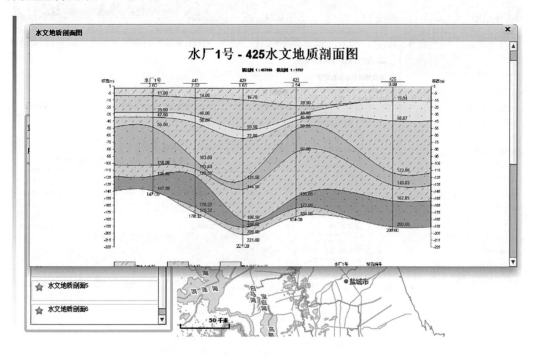

图 5-21 水文地质剖面图查询

图 5-22 地下水开采井查询

图 5‑23　水文地质分区查询

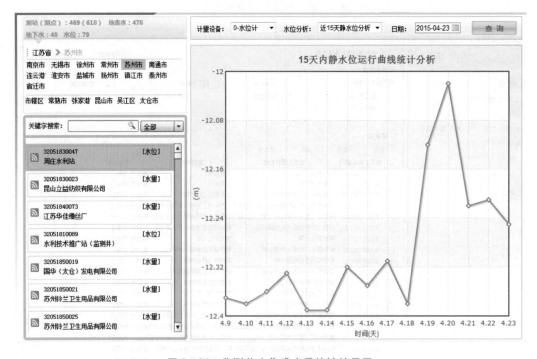

图 5‑24　监测井水位或水量统计结果图

图 5-25 地下水动态监测井查询

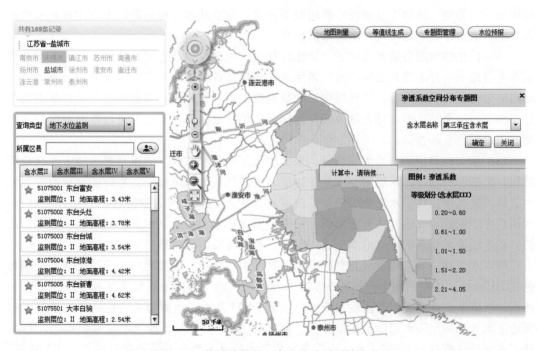

图 5-26 盐城第Ⅲ承压含水层渗透系数分区图

第三节　地下水系统可视化子系统

地下水系统可视化建模子系统主要由基础水文地质条件可视化模块（控制性水文地质钻孔柱状图自动生成、水文地质剖面图自动生成、水文地质要素等值线图与分层饰色图、DEM 自动生成、水文地质结构三维模型构建、地下水流场的三维可视化）、地下水动态监测数据可视化模块（地下水动态监测井柱状图自动生成、各种条件下的地下水动态过程曲线的自动生成、地下水位等值线与分层饰色图、DEM 的自动生成、地下水流场二维与三维可视化）、地下水开采量数据可视化模块（地下水开采井柱状图的自动生成、各种条件下的地下水开采量过程曲线的自动生成、地下水开采强度等值线与分层饰色图、DEM 的自动生成）组成。

水文地质可视化建模是从一维、二维与三维的视角揭示地下水管理区域的水文地质结构，它能够较直观地表达地下水系统中静态与动态水文地质要素的空间分布情况与动态变化规律。可视化建模子系统管理的内容主要有：水文地质钻孔柱状图（包括地下水动态监测井与地下水开采井的柱状图）的自动生成、水文地质剖面图的自动生成、三维水文地质结构模型构建、二维与三维地下水流场的自动生成。其中钻孔柱状图、水文地质剖面图、三维水文地质结构模型是反映地下水管理区域静态水文地质特征，二维与三维地下水流场是反映地下水管理区域动态水文地质特征。

一、基本功能

（1）可视化建模数据模型构建。根据钻孔柱状图、水文地质剖面图、三维水文地质结构模型、二维与三维地下水流场建模的数据要求，能够从水文地质数据库中挖掘相关的建模数据，重新组成满足建模要求的数据模型。

（2）钻孔柱状图自动生成功能。钻孔柱状图（包括控制性水文地质钻孔、地下水动态监测井与地下水开采井）是从"点"揭示水文地质条件的重要手段，系统能够根据各类柱状图的结构及反映的内容、柱状图构建的数据模型与知识规则，当利用鼠标选择各类钻孔分布图上的每个钻孔时，可直接生成符合标准的钻孔柱状图，并能够进行各种地层与含水层、隔水层信息的查询。

（3）水文地质剖面自动生成功能。水文地质剖面是从"线"的视角揭示地下水文地质结构，包括含水层与隔水层的空间分布特征、岩性特征与水位特征。系统能够根据控制性水文地质钻孔中反映的水文地质信息，按照水文地质剖面绘制的数据模型、知识与规则，当用户在控制性水文地质钻孔分布图上按一定方向选择参与绘制水文地质剖面钻孔时，能够自动生成满足要求的水文地质剖面，并能对水文地质剖面中属性信息进行查询。

（4）水文地质要素等值线与分层饰色图自动生成功能。水文地质要素等值线与分层饰色或 DEM 是"面"的视角揭示地下水文条件特征。由于水文地质要素都具要空间分布的特点，所以水文地质要素等值线与分层饰色或 DEM 是水文地质要素表达的主要手段，包括地下水含水层与隔水层的顶底板埋深、厚度等值线与 DEM、地下水位等值线与 DEM、地下水水质等值线与 DEM、水文地质参数与含水层富水性、开采强度等值线与 DEM 等。静态的水文地质要素（含水层顶底板埋深、厚度、水文地质参数、富水性等）的等直线与

DEM 系统能够根据控制性水文地质钻孔中的属性数据，按照自动绘制的数据模型、算法、知识与规则，则可自动生成满足条件的水文地质要素等值线与 DEM；动态的水文地质要素（地下水水位、水质与水量）的等值线与 DEM 系统能够根据地下水监测井与开采井的监测与开采量数据，按照自动绘制的数据模型、算法、知识与规则进行自动绘制。并具有属性查询功能。

（5）三维水文地质结构模型自动生成功能。三维水文地质结构模型是从"三维"的视角反映地下水管理区域的水文地质结构，它能够从真三维的角度弥补水文地质条件一维、二维可视化的不足。系统具有以控制性水文地质钻孔、水文地质剖面等为数据源，通过三维插值算法，构建管理区域水文地质结构的三维体数据场，自动对三维体数据场进行渲染，生成三维水文地质结构模型，并能对三维模型中的属性信息进行查询。

基于三维水文地质结构模型可以进行突切剖面、栅栏图的自动生成。

（6）地下水流场自动生成功能。地下水流场是反映某个地下水系统地下水渗流规律与动态特征的主要表达方式，有二维与三维地下水流场之分。系统能够根据地下水位动态监测数据与地下水位动态模拟数据，按照地下水流场二维与三维可视化的算法以及知识与规则自动生成满足要求的二维与三维地下水流场。

（7）专题图输出功能。系统能够将自动生成的钻孔柱状图、水文地质剖面、等值线或 DEM 图、三维水文地质结构模型与二维、三维地下水流场图等自动导出与打印输出。

二、各功能简介

（1）水文地质钻孔柱状图自动生成与导出。水文地质钻孔通常用水文地质钻孔柱状图形式的表达，水文地质钻孔柱状图是含水层结构、岩性及其物理力学性质表示的重要方法，其中既有反映含水层属性数据，也含有反映含水层结构空间数据，它们是实现属性数据与空间数据一体化管理的综合性图件，也是水文地质概念模型构建过程中最基本的信息单元。水文地质钻孔柱状图系统实现的效果示意如图 5-27 所示。

将生成的控制性水文地质钻孔柱状图导出到 Microsoft Word（图 5-28），形成控制性水文地质钻孔柱状图的 Word 文档。

（2）水文地质剖面图自动生成。水文地质剖面图它表达的内容是在一定方向剖面线上的含水层的垂向结构以及有关的属性。根据控制性水文地质钻孔中反映的水文地质信息，按照水文地质剖面绘制的数据模型与规则，用户在控制性水文地质钻孔分布图上按一定方向选择参与绘制水文地质剖面钻孔，自动生成满足要求的水文地质剖面如图 5-29 所示。

（3）水文地质要素等值线与 DEM 自动生成。等值线是地下水含水层与隔水层内部属性的二维表达的主要形式。系统能够根据控制性水文地质钻孔中的属性数据，按照等值线自动绘制的数据模型、算法、知识与规则，则可自动生成满足条件的水文地质要素等值线。图 5-30 为某一含水层顶板高程等值线自动绘制示意图。

水文地质要素的 DEM 表达，实际上是准三维（2.5维）的可视化表达方式。系统根据控制性水文地质钻孔中的属性数据，按照 DEM 自动绘制的数据模型、算法、知识与规则，则可自动生成满足条件的水文地质要素 DEM。图 5-31 为某一含水层顶板高程 DEM自动绘制示意图。

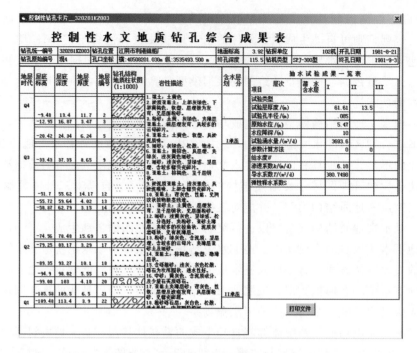

图 5－27　自动生成的地质钻孔卡片

图 5－28　控制性水文地质钻孔柱状图 Word 文档

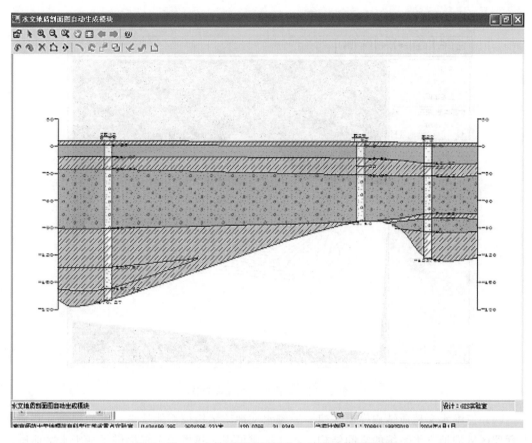

图 5 - 29　水文地质剖面可视化自动生成效果示意图

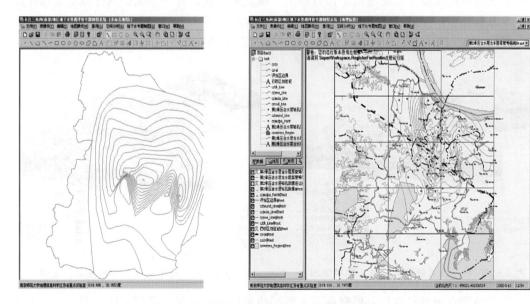

图 5 - 30　某一含水层顶板高程等值线图

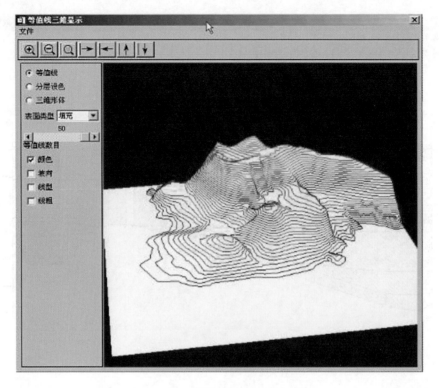

图 5-31　含水层顶板高程 DEM

（4）三维水文地质结构模型构建。三维水文地质结构模型能从真三维的视角反映地下水管理区域的地下水系统的空间结构。水文地质可视化建模子系统提供了基于水文地质钻孔、水文地质剖面图与水文地质平面数据的三维建模功能，自动生成管理区域地下水系统的三维结构模型，并能基于三维结构模型自动生成任意方向上的水文地质剖面图、栅栏图等。图 5-32～图 5-37 为地下水系统三维结构模型生成与剖切功能实现效果图。

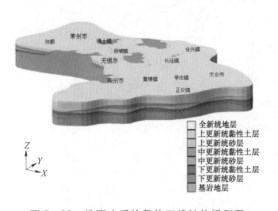

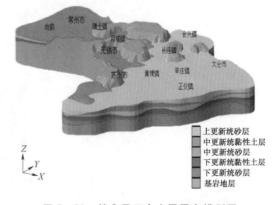

图 5-32　地下水系统整体三维结构模型图　　　图 5-33　第 I 承压含水层展布模型图

（5）地下水流场可视化。根据地下水流场绘制的数据模型，采用立体绘制算法，常州地区某一时间地下水流场实现效果如图 5-38 和图 5-39 所示。

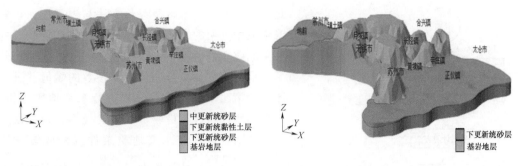

图 5-34　第Ⅱ承压含水层展布模型图　　　图 5-35　第Ⅲ承压含水层展布模型图

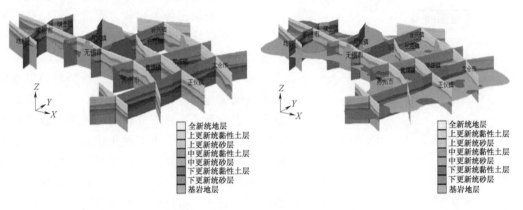

图 5-36　含水层立体结构图　　　图 5-37　含水层形态展布与地层立体结构组合图

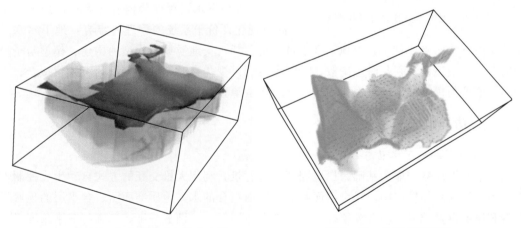

图 5-38　地下水降落漏斗空间分布图　　　图 5-39　地下水流场图

第四节　地下水资源预测预警子系统

地下水资源评价，需要考虑地下水资源的形成特点，地下水和地表水及大气降水的相互联系及转化；也要考虑不同的地下水勘探阶段和研究程度、不同供水对象开采地下水的特点。由于地下水资源评价过程中需考虑的影响因素较多，需解决较为复杂的问题。因

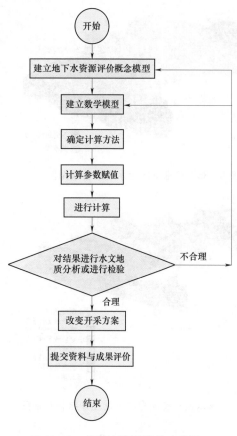

图5-40 地下水资源评价流程框图

此，在常规地下水资源评价方法与过程中，首先需要根据查明的水文地质条件，建立评价区域的水文地质概念模型；其次建立相应的数学模型；第三步是确定计算方法与计算参数的赋值并进行计算；第四步是对计算结果进行水文地质分析，或用实测资料进行检验，如果发现不合理或误差太大，则必须复查水文地质条件或修改数学模型，重新进行计算，直至两者基本一致为止；第五步是改变地下水开采方案，对每一方案进行计算；第六步是根据各个比较方案的计算结果，提交地下水资源评价成果。上述地下水资源的评价流程如图5-40所示。

地下水资源可视化评价系统就是将地下水资源评价模型与地理信息系统（GIS）进行有机集成而形成的系统，它充分利用了地理信息系统的空间分析与二维、三维可视化功能，自动提取水资源评价模型的计算参数，实现评价模型的可视化前处理与后处理。它不但大大提高了区域水资源的评价效率，而且可为水资源的科学管理提供空间辅助决策支持。

根据地下水资源评价内容与流程，地下水资源可视化评价子系统的管理内容有：地下水水质评价与地下水水量评价。其中地下水水量评价包括水文地质概念模型的构建、模型与子模型的定义、模型的可视化时空离散、模型参数的可视化自动赋值、模型的可视化拟合、模型运行管理与模拟结果的可视化表达与地下水资源预测预警模块组成。

一、功能组成

1. 含水层和地下水动态可视化

以水文地质数据库为基础，以地理底图为背景，利用人机交互的方式自动生成控制性水文地质钻孔结构柱状图、单个剖面和多个剖面组合的水文地质剖面图、含水层的顶底板高程和厚度以及地下水动态等值线图、三维立体图等，分别从一维、二维与三维角度显示地下水评价区域内的基础水文地质条件，以便地下水行政管理人员充分了解管理区域地下水赋存、运移的规律。

2. 模型的可视化定义

地下水资源评价模型由一个主微分方程与若干个表达约束条件的方程组成的微分方程组，相应地，地下水资源评价模型可划分为一个主模型和若干个子模型。在地下水资源可视化评价系统中，可通过对话方式与基于GIS方式可视定义各个模型是否参与水资源的评价。包括边界条件的定义、初始条件的定义、越流条件的定义等。

3. 模型的可视化时空离散

地下水流模型属于分布式参数的机理过程模型，描述地下水运动的有关参数是时间和空间坐标的函数，含水介质无论是在水平方向还是在垂直方向都存在不均匀性。因此，地下水流模拟过程中，首先需将空间分布不均匀的模拟区域，剖分成相对均匀的矩形或三角形计算单元，以便计算参数的赋值。模拟区域的可视化剖分功能则是基于模拟区域的地理底图，通过对话框输入剖分条件，自动生成剖分网格。

分布式参数机理过程模型主要采用数值方法求其近似解，模拟过程除涉及对模拟区域的空间剖分外，还需对模拟的时间进行离散。可视化模拟系统可按照地下水流模拟实际要求，通过对话框输入模拟的起始时间、终止时间、时间步长、时间单位等，则可达到时间离散的目的。

4. 计算参数的可视化自动赋值

水文地质计算参数是地下水流模拟中不可缺少的数据，地下水流模拟系统中所需输入的参数信息有水文地质层的基本信息、初始条件信息、边界条件信息、地下水开采信息和计算参数信息。可视化评价系统可通过模型的空间离散网格于各个参数值空间分布图层进行叠加分析，自动提取计算单元中心节点或计算单元节点上的参数值，按照模型数据文件组织结构的要求，生成符合条件的数据文件。

5. 模型的可视化拟合

"模型拟合"也称"模型的校正与验证"，它实质上是对真实系统的一种仿真过程，模型的仿真性则是模型是否有效的关键所在。模型的拟合是将计算节点上的模拟数据与实测数据进行比较，其误差在控制许可的精度范围之内。模型的可视化拟合包括参与拟合监测井的可视化定义、计算节点地下水位动态的事件过程曲线的自动生成、模拟区域特定时段的地下水位等值线的自动生成等。

6. 模拟结果的可视化

地下水流模拟的目的主要了解地下水位动态随时间的变化过程及其空间分布特征，从而制定模拟区域地下水的合理开采方案。模拟模型中反映地下水位动态的要素主要有水位、水位降深与流量，相应的地下水流模拟的输出结果也应是各个计算节点上的水位、水位降深与流量。由于水位、水位降深与流量是空间与时间的函数，因此，其可视化的表达形式不仅有单个点上的动态过程曲线，还有 2D 与 2.5D 上的等值线与 DEM 以及地下水流场的 3D 表达。具体的可视化表达内容主要有单个节点上的地下水位（或水位降深、流量）动态过程曲线（$H-t$ 或 $h-t$、$q-t$）；地下水位（或水位降深）的平面等值线图及其 DEM；地下水流场三维可视化。

7. 水均衡分析功能

根据水均衡原理，实时分析模拟区域每一个模拟时步的水均衡情况。

8. 空间辅助决策功能

通过地下水资源评价模型和 GIS 的集成，实现地下水资源评价过程的可视化，对某一管理方案下的地下水位动态和地下水流场的变化与发展趋势以二维（2D）和三维（3D）形式表达，为地下水管理决策人员提供空间辅助决策支持，为地下水资源合理开发利用的优化配置以及地下水动态的预测预警提供依据。

9. 模拟结果输出

能将模拟结果以专题图、报表的形式输出。

二、实现效果

1. 系统框架初步实现效果

地下水资源可视化评价系统属于典型的地理信息系统，它是将地下水资源评价模型与 GIS 集成而形成的地下水资源管理的空间辅助决策支持系统。在该系统中既涉及对地下水资源评价模型的管理，也需对评价区域的基础地理信息与水文地质专题空间信息进行管理。

从地下水资源可视化评价系统的性质与管理内容分析，整个系统界面主要由三部分组成，即菜单栏与工具栏、图层管理窗口、图形显示窗口。其中菜单栏由文件管理、概念模型构建、模型离散、模型参数赋值、模型运行、预测模块、专题制图、数据集管理、工具和帮助菜单组成，工具栏包括了 GIS 的图形基本操作与编辑工具菜单。地下水资源可视化评价系统总体界面及其部分主菜单实现初步效果分别如图 5-41～图 5-45所示。

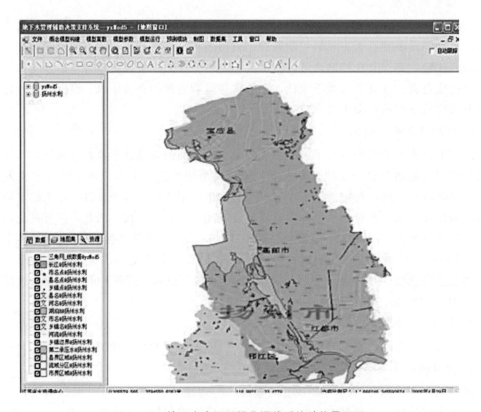

图 5-41 地下水资源可视化评价系统总体界面图

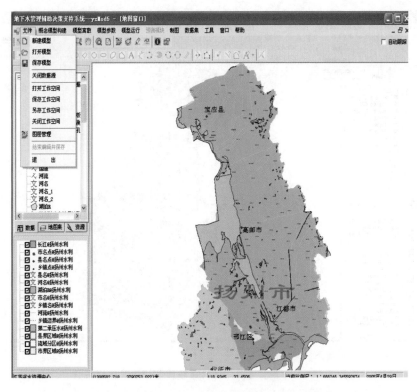

图 5-42　地下水资源可视化评价系统文件管理菜单组成图

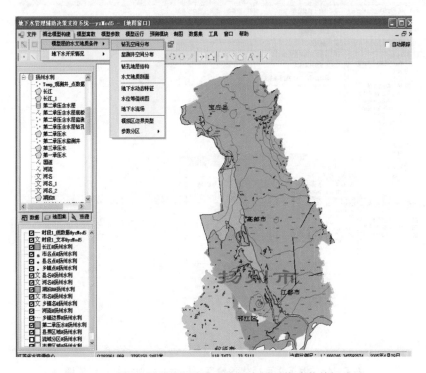

图 5-43　地下水可视化评价系统概念模型构建菜单组成图

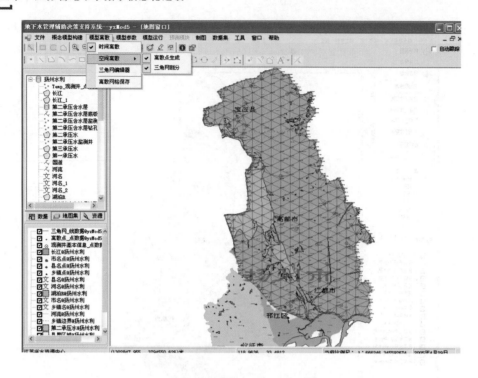

图 5-44　地下水可视化评价系统模型离散菜单组成图

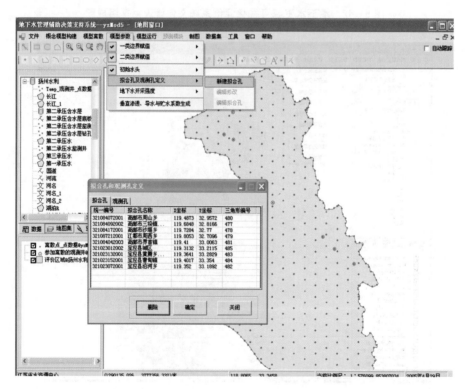

图 5-45　地下水可视化评价系统模型参数赋值菜单组成图

2. 水文地质概念模型可视化构建

揭示含水层结构手段为水文地质钻探、地球物理勘探（电法、重力与人工地震等），通过上述手段获取含水层系统点状与线状信息。然而含水层系统空间分布是连续的，含水层结构以及内部富水性、导水性等存在有机的联系。为了反映含水层系统的面状和垂向剖面特征信息，水文地质技术人员通过对钻孔点信息数据的分析，以水文地质剖面图和有关属性的平面等值线图件的形式构建含水层系统的概念模型。但是，以此形式构建的概念模型反映的信息量有限，而且在地下水流模拟计算过程中，可视化程度较低，导致对含水层系统内部各种特性的认识不足。因此，需要利用计算机技术和GIS空间分析功能，根据钻孔点的勘察信息，从"点、线、面、体" 4个方面可视化自动构建含水层系统的概念模型，将有助于全面了解含水层系统、岩性以及有关水理性质。

3. 模型时空离散

地下水流模拟模型和地理信息系统（GIS）的集成是通过两者之间的数据交换实现，GIS的显著特点是其数据模型具有空间性，而地下水流模拟模型属于分布式参数的机理过程模型，模型参数的分布同样具有空间性，这个共性构成了地下水流模拟模型与GIS集成的基础。每个GIS应用软件对地理实体的空间分析及其可视化表达实质上是通过对地理空间的离散与重采样实现的；分布式参数机理过程模型通常是采用数值方法求解，其理论基础也是将连续的问题离散化（包括空间和时间的离散），利用有限差分或者有限单元法对研究区域进行空间离散，形成网格数据文件提供给模型。

模拟模型的时间离散是地下水流数值模拟基础工作，它是根据地下水不同的开采历史时期，将具有相同开采特征和地下水位动态特征的时期划分为一个阶段，然后将每个阶段按照模拟的实际情况再离散成若干个时步。

地下水资源可视化评价系统时空离散初步实现效果分别如图 5-46～图 5-48 所示。

4. 模型可视化拟合

"模型拟合"也称"模型的校正与验证"，它实质上是对真实系统的一种仿真过程。地下水流模拟模型属于分布式机理过程模型，地下水位动态特征在点、线、面三种空间上的分布状态存在差异，因此，基于GIS的地下水流模拟模型的拟合应从点、线、面空间上分别进行，相应的模型拟合方法有基于点、线、面的三种拟合方法。模型可视化拟合初步实现效果分别如图 5-49～图 5-52 所示。

5. 模拟结果的可视化表达

地下水流模拟的目的主要是了解地下水位动态随时间的变化过程及其空间分布特征，从而制定模拟区域地下水的合理开采方案，有效地遏止与地下水开采有关的地质灾害发生与发展。反映地下水位动态的要素主要有水位、水位降深，相应的地下水流模拟的输出结果也应是各个计算节点上的水位、水位降深。由于水位、水位降深是空间与时间的函数，因此，其可视化的表达形式不仅有单个点上的动态过程曲线，还有 2D 与 2.5D 上的等值线与 DEM 以及地下水流场的 3D 表达。具体的可视化表达内容主要有：单个节点上的地下水位（或水位降深）动态过程曲线（$H-t$ 或 $h-t$）；地下水位（或水位降深）的平面等值线图及其 DEM；地下水流场三维可视化。模拟结果的可视化表达初步实现效果分别如图 5-53～图 5-58 所示。

图 5-46 模拟时间的离散界面

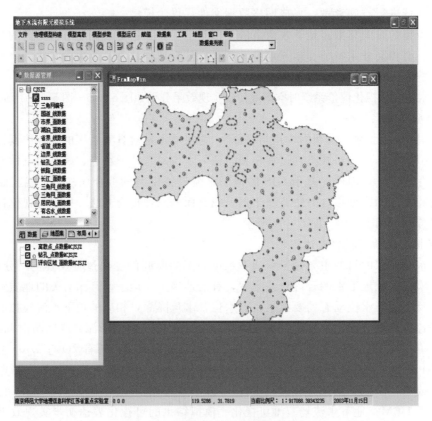

图 5-47 剖分节点采样密度定义图

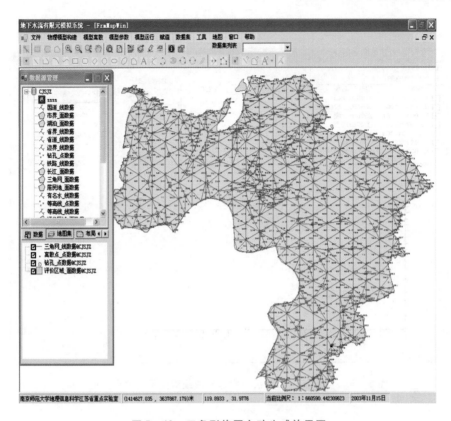

图 5-48　三角形格网自动生成效果图

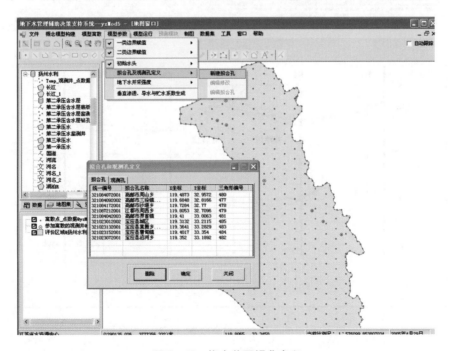

图 5-49　拟合井可视化定义

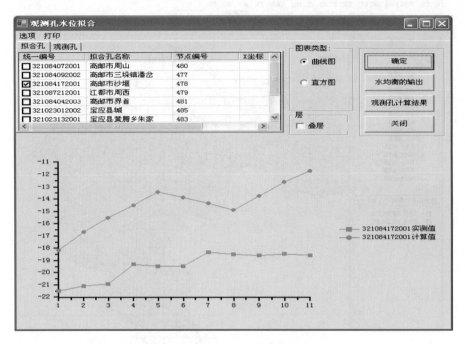

图 5-50 实测值与计算值时间过程曲线对比图（"点"拟合）

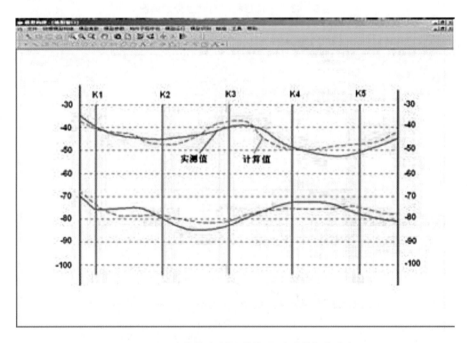

图 5-51 水位拟合剖面曲线图（"线"拟合）

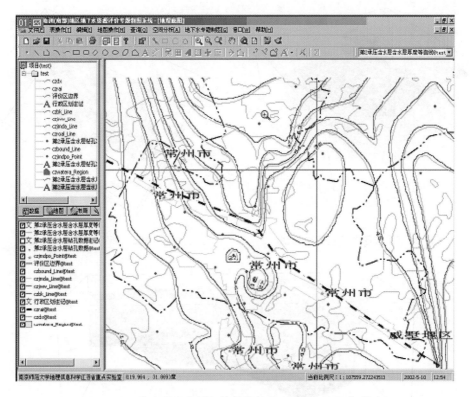

图 5-52 拟合要素监测与计算等值线对比图（"面"拟合）

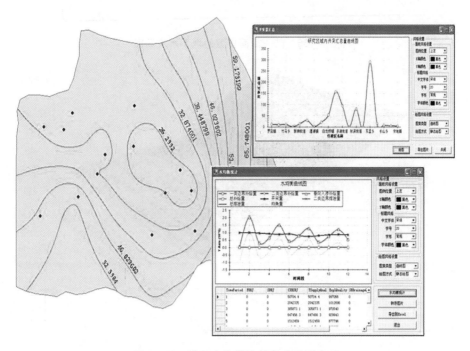

图 5-53 地下水位模拟结果表达示意图

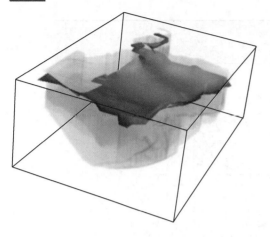 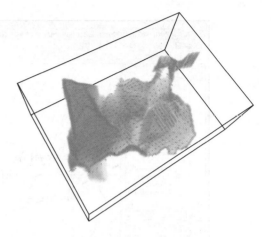

图 5 - 54 地下水降落漏斗空间分布图   图 5 - 55 地下水流场图

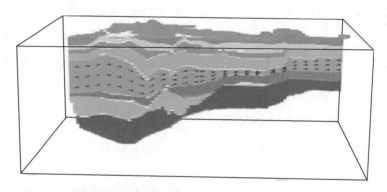

图 5 - 56 某一剖面位置的地下水流场图

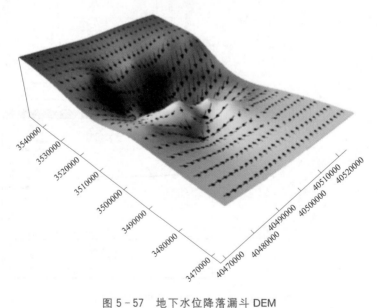

图 5 - 57 地下水位降落漏斗 DEM

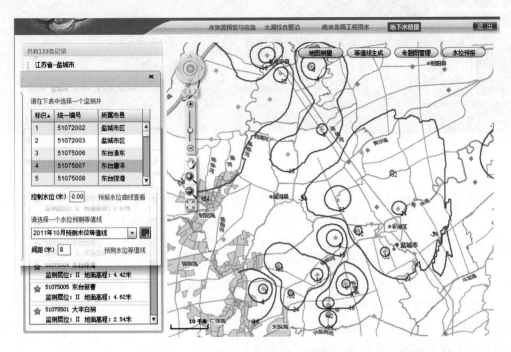

图 5 - 58　地下水预报水位等值线分布图（用于预警预报）——以盐城市为例

第六章
地下水资源开发利用管理

江苏是以水网平原为主的一个省份，地表水系发育，河流湖泊密布，降水丰沛，长江、淮河等河流的过境水量极其丰富，使江苏省在水资源的开发利用上有着很大的潜力和优势。自 1949 年新中国成立以来，大量的水利工程建设，彻底改变了以往易涝易灾的水患局面，确保了工农业生产和国民经济建设的持续发展。

据江苏省水利部门的有关资料，全省多年平均可利用的水资源量为 307.06 亿 m³（自产），长江-太湖等诸河流的过境量为 10254 亿 m³，各项水利工程建设的总供水能力为 689.1 亿 m³，一般干旱年份缺水 24 亿 m³，特殊干旱年份缺水 102 亿 m³，这种缺水情况主要分布于西部及北部低山丘陵区和徐州地区。

按照江苏省国民经济建设发展规划及环境治理保护规划，在水资源的开发利用上主要采用极为丰富的地表水资源，而地下水资源仅作为乡村及特殊行业的辅助供水水源，在整个水资源利用中，地下水资源仅占极小的比例，加强水体环境保护和治理，将是确保江苏省水资源开发利用的关键，目前省内已对所有的排污企业实施达标排放，城市污水进行处理排放，以保护水环境并向良好方向发展。

苏锡常地区因长期超量开采深层地下水，诱发了一系列的环境地质问题，为此省政府下达了深层地下水禁采令。在 2001—2005 年间，全面封采区内深层地下水开采井。经实施以来，有较大面积地区水位明显回升，地面沉降速率也明显减缓，其禁采工作已取得初步成效。目前区内正在按区域供水的总体规划，北侧依托长江，南侧利用滆湖、太湖及东部的阳澄湖，实施新建和扩建地表水，在 2010 年已基本实行全区域联网供水，达到区内需供水的要求。

徐州地区、沿海带将是江苏省经济建设在今后一段时间内的重点发展地区，在正常的降水年份一般也不缺水，随着建设发展和需水量的增加，在一般干旱年份就会出现缺水情况，针对这些地区，在水资源的开发利用上，应充分保护和利用好本区内的地表水资源，适当开采利用地下水资源，实施资源的优化配置使用。对于沿海地区，必须实施运河和长江两个方向的调引水工程方案，严格控制和压缩深层地下水的开采量，以确保区内的地质环境和建设环境的良好循环。徐州地区现状地下水资源的开采利用程度较高，扩大开采的潜力有限，需充分利用骆马湖及丘陵地区已建成的地表水库，实施有效的供水、调水策略，在干旱年份可通过江都翻水站进行调引水，总体原则也是充分利用地表水源。此外，对区内水环境的治理和保护是关键，将是直接影响到该区内水资源的开发利用及国民经济建设发展的需水要求。

综合上述，江苏省的水资源丰富，充分开发利用地表水资源符合特定的自然环境优势，经数十年来大量的水利工程建设，调、引、蓄的总供水能力较大，已初步形成了区域性的供水能力，这十分有利于确保在今后一段时间内国民经济建设发展的需供水要求。

第一节 地下水开采技术条件与开发利用方向

一、松散岩类孔隙承压水

1. 开采分区

以水文地质条件为基础，将松散岩类孔隙承压水开采区分成十个大区，每个大区结合规划开采量及目前已有开采井布局，划分若干小区。各区在水量、水质能满足用水需求的前提下，本着先浅后深的原则确定主采层次。

2. 各区开采技术条件与开发利用方向

各区地下水开采以管井开采为主，井深的确定以揭露主要含水层为原则，开采井井距应大于两倍的影响半径（影响半径据区内抽水试验结果结合松散岩石影响半径经验数值确定），井径以 $0.2\sim0.4m$ 为宜。开采后各承压水静水位埋深不宜突破控制目标（对多层承压水开采区，第Ⅰ、Ⅱ、Ⅲ、Ⅳ承压水水位埋深控制目标分别为 15m、20m、30m、40m；对单层承压水开采区，水位埋深控制目标比多层承压水开采区相应增大 5m，如南通地区单独开采第Ⅲ承压水，则控制目标为 35m）。

（1）Ⅰ区：分布在丰沛及铜山西部，为Ⅰ、Ⅱ、Ⅲ多层承压水开采区（农业用水、工业用水以Ⅰ、Ⅱ承压水为主，生活用水以Ⅱ、Ⅲ承压水为主）。宜井深度 $20\sim210m$，最小井间距视含水层岩性而定，一般变化于 $100\sim1200m$，预计单井出水量在 $100\sim2000m^3/d$ 不等。

（2）Ⅱ区：分布在徐州东部邳州、睢宁、新沂一带，为Ⅰ、Ⅱ承压水开采区（农业用水、工业用水以Ⅰ承压水为主，生活用水以Ⅱ承压水为主）。宜井深度 $30\sim100m$，最小井间距 $100\sim2000m$，预计单井出水量 $100\sim3000m^3/d$。

Ⅰ区及Ⅱ区 2010 年前适度控制开采量，2010 年后逐步压缩开采量。同时逐步调整开采井布局及用水结构，开采方式以相对集中开采为主（区域供水盲区作为居民生活的主要供水水源，区域供水管网到达区作为区域供水的补充水源），分散开采为辅（作为农业、城镇工业补充供水水源），逐步压缩农业用水及工业用水，提高生活用水比例。

（3）Ⅲ区：分布在宿迁及苏北灌溉总渠以北的淮安市区一带，为Ⅱ、Ⅲ承压水开采区。宜井深度 $60\sim240m$，最小井间距 $400\sim2000m$，预计单井出水量多在 $1000\sim3000m^3/d$。除宿豫县、淮阴区、楚州区等区（县）区域供水盲区内为解决居民生活供水，在 2010 年前可适度扩大开采外，其他地区均需逐步压缩开采量。

（4）Ⅳ区：

Ⅳ₁区：分布于赣榆-连云港沿海平原区，受海侵影响，地下水多为 $Cl-Na$ 型半咸水、咸水，水质差，目前开采技术条件下不宜用于生活及工业，为地下水非开采区。

Ⅳ₂区：分布于连云港灌云、灌南，为Ⅱ、Ⅲ承压水开采区。宜井深度 $70\sim210m$，最小井间距 200～2000m，预计单井出水量 100～2000m³/d。区域供水盲区为解决居民生活供水，在 2010 年前可适度扩大开采，其他地区均需逐步压缩开采量。

Ⅳ₃区：分布于涟水、响水，为Ⅱ、Ⅲ承压水开采区。涟水县区域供水盲区内在 2010 年前可适度扩大开采，以解决居民生活供水，其他地区均需逐步压缩开采量。宜井深度 80～250m，最小井间距 200～2000m，预计单井出水量 100～2000m³/d。

Ⅳ₄区：分布于盐城滨海-东台，为Ⅱ、Ⅲ、Ⅳ承压水开采区。本区规划逐步压缩开采量。局部区域供水盲区为解决居民生活供水，可适当扩大开采。宜井深度 80～450m，最小井间距 200～2000m，预计单井出水量 100～3000m³/d。上部Ⅱ、Ⅲ、Ⅳ承压水水量、水质无法满足用水需求的地段，可考虑适度开采深部Ⅴ承压水。沿海地区规划建设 2 个中-大型水源地（东台弶港及大丰东南部），作为区域供水的应急备用水源地。

（5）Ⅴ区：分布于淮安南部及扬泰北部里下河地区，为Ⅱ、Ⅲ承压水开采区。宜井深度 80～280m，最小井间距 200～1200m，预计单井出水量 100～2000m³/d。区域供水盲区在 2010 年前为解决居民生活供水可适当扩大开采（扬泰北部上部Ⅱ、Ⅲ承压水水量、水质无法满足用水需求的地段，可考虑适度开采深部第Ⅳ承压水），其他地区均需逐步压缩开采量。

（6）Ⅵ区：

Ⅵ₁区：分布于扬州南部，为Ⅱ、Ⅲ承压水开采区。宜井深度 100～280m，最小井间距 800～3000m，预计单井出水量 100～3000m³/d。区域供水盲区内 2010 年前可适当扩大开采，其他地区均需逐步压缩开采量。

Ⅵ₂区：分布于泰州南部，为Ⅰ、Ⅱ、Ⅲ承压水开采区（大部分地区Ⅰ、Ⅱ、Ⅲ承压水连通）。泰兴及姜堰区域供水盲区内 2010 年前可适当扩大开采，作为居民生活的主要供水水源（上部Ⅰ、Ⅱ、Ⅲ承压水水质无法满足用水需求的地段，可考虑适度开采深部第Ⅳ承压水），其他地区均需逐步压缩开采量。宜井深度 80～290m，最小井间距 600～2000m，预计单井出水量多大于 3000m³/d。

Ⅵ₃区：分布于南通一带，为Ⅲ承压水开采区。本区规划逐步压缩开采量。沿江地区规划建设 4 个中-大型水源地，作为区域供水的应急备用水源地。宜井深度 230～340m，最小井间距 600～2000m，预计单井出水量大于 1000m³/d。

Ⅲ-Ⅵ区域供水盲区以相对集中开采为主，作为区内居民生活的主要供水水源，区域供水管网到达区在 2020 年前以分散开采为主，作为城镇工业及生活补充供水水源，2020 年后以零星开采为主，主要用于食品、饮料、医药、精细化工、酿酒等特殊行业用水。

（7）Ⅶ区：

Ⅶ₁区：分布于仪征，为Ⅰ承压水开采区。宜井深度 50～80m，最小井间距 400～2000m，预计单井出水量 100～1000m³/d。除局部区域供水盲区在 2010 年前为解决居民生活供水可适当扩大开采外，其他地区均需逐步压缩开采量（2020 年前作为城镇工业及生活补充供水水源，2020 年后主要用于特殊行业用水）。

Ⅶ₂区：分布于六合北部，为新第三系的砂砾层中孔隙水与玄武岩孔洞裂隙水开采区。宜井深度 40～200m，最小井间距 600～3000m，预计单井出水量 500～1000m³/d。本区以扩大开采为主，开采方式以相对集中开采为主（作为区域供水盲区内居民生活的主要供水水源），以分散开采为辅（作为农业用水的补充水源）。

（8）Ⅷ区：分布于宁镇长江河谷漫滩平原及长江三角洲顶部，受沉积环境影响，地下水中铁、砷等多项离子超标严重，水质较差，目前开采技术条件下不宜用于生活及工业为地下水非开采区。

（9）Ⅸ区：为地下水禁采区。

Ⅸ₁区：位于苏锡常腹地。在全面禁采的同时，对于区内现有的一些必须开采利用地下水的食品、饮料、医药、精细化工、酿酒等特殊行业用水及极少数居民生活用水，在确保经济建设发展和资源科学合理开发的原则下，依照相关管理规定进行地下水资源开发利用论证，实行严格的审批和限量开采控制制度。

Ⅸ₂区：分布于苏锡常长江沿岸，2007—2015 年规划建设 6 个中-大型水源地，突发长江水危机事件时作为区域供水的应急备用水源；因区内承压地下水与现代长江有直接水力联系，入渗补给条件好，2020 年后可适当开采，主要用于特殊行业用水以及符合我国节能、环保等产业政策的高附加值产品的生产用水。宜井深度 120～260m，最小井间距 400～2000m，预计单井出水量大于 1000m³/d。

（10）Ⅹ区：分布于宜兴、金坛、溧阳等地，为Ⅰ承压水开采区（宜兴北部为Ⅰ、Ⅱ承压水开采区）。宜井深度 20～120m，最小井间距 100～800m，预计单井出水量 50～500m³/d。开采方式以分散开采为主，作为当地生活及工业补充供水水源。

各区开采技术条件详见表 6-1。

二、碎屑岩类构造裂隙水

碎屑岩类构造裂隙水主要分布在江苏省北部、西南部的低山丘陵及山前波状平原区，含水地层岩性主要由砂岩、粉砂岩、粉砂质泥、泥岩、火山碎屑岩所组成，富水性明显地受岩性的硬脆程度、构造发育程度控制，一般富水性较差，而这些地区受地形地貌限制，区域供水难度也相对较大。在有条件的地带，应充分开发利用构造裂隙地下水资源，作为中小企业供水及农村供水补充水源，但构造裂隙水富水性很不均一，找水难度大，开采方式也只能以零星分散开采为主。同时开采构造裂隙水一般不会引发环境地质问题，且大部分地带的地下水水质较好，其开采量一般可以用水需求为限，取水用途也相对放宽，可用于生活饮用，也可用于工农业生产。

但碎屑岩类构造裂隙水的开采技术条件复杂，井深在数十至数百米不等，单井涌水量很不均一，在有利构造部位一般可达 300～500m³/d，局部可达 1000m³/d，而在软质岩分布区或断裂构造不发育地段，往往出水量很小甚至无水。

开凿碎屑岩类构造裂隙水深井前，必须认真做好前期论证工作，投入一定的地面调查及地球物理勘探等工作，研究其地质构造及地下水的富集变化规律，在确有把握后再上钻。

三、碳酸盐岩类岩溶水

江苏省岩溶水水源地主要分布在徐州、宜兴及南京。因岩溶水超量开采后可能引发岩溶地面塌陷等环境地质问题，故岩溶水水源地的开发利用应实行严格控制。开采量严格控制在可开采量的范围之内，取水用途以生活用水为主。开采井布局不宜过渡集中。

表6-1

各区开采技术条件一览表

分区		分布	主要开采层	水文地质条件				开采技术条件			
大区	小区			含水层岩性	富水性	顶板埋深/m	厚度/m	宜井深度/m	最小井间距/m	单井出水量/(m³/d)	水位埋深控制目标/m
I区	I₁区	徐州丰沛及铜山西部	I	以粉细砂为主	弱-中等	10~20	3~10	20~60	100~500	100~500	15
			II	以粉细砂为主	弱-中等	50~70	15~25	80~130	200~600	100~500	20
			III	以中细砂、中粗砂为主	中等-富	120~150	20~35	150~210	400~1200	500~2000	30
II区	II₁区	徐州东部邳州、睢宁、新沂一带	I	粉土、粉细砂	弱-中等	25~50	5~30	30~70	100~800	100~1000	15
			II	以细砂、含砾粗砂为主	富-极富	40~90	20~80	70~100	400~2000	2000~3000	20
III区	III₁区	宿迁及苏北灌溉总渠以北的淮安市区一带	II	以中细砂、中粗砂、含砾中粗砂为主	富-极富	40~100	15~50	60~150	400~2000	1000~3000	20
			III	以中细砂、含砾中粗砂为主	富-极富	90~150	20~100	150~240	600~3000	1000~3000	30
IV区	IV₁区	赣榆-连云港沿海平原区	非开采区								
	IV₂区	连云港灌云、灌南	II	粉砂、中粗砂、局部含砾	弱-富	50~100	15~40	70~140	200~1800	100~2000	20
			III	细砂、中砂、含砾中粗砂	弱-富	90~120	15~50	120~210	400~2000	300~2000	30
	IV₃区	涟水、响水	II	以粉细砂、细砂为主	弱-中等	60~110	5~40	80~180	200~800	100~1000	20
			III	细砂、中细砂、局部含砾	弱-富	100~180	10~50	120~250	400~2000	300~2000	30
	IV₄区	盐城滨海-东台	II	粉细砂、中细砂	弱-富	60~140	10~40	80~200	200~1200	100~2000	20
			III	细砂、中细砂、局部含砾	弱-富	100~250	10~60	140~340	400~2000	100~3000	30
			IV	细砂、中砂、粗砂	中等-富	160~370	20~60	200~450	400~2000	500~3000	40
V区	V₁区	淮安南部及扬泰北部里下河地区	II	以粉砂、细砂为主	弱-中等	70~140	5~30	80~200	200~800	100~1000	20
			III	粉细砂、细砂、中粗砂	弱-富	150~250	5~50	160~280	400~1200	300~2000	30

续表

分区		分布	水文地质条件					开采技术条件			
大区	小区		主要开采层	含水层岩性	富水性	顶板埋深 /m	厚度 /m	宜井深度 /m	最小井间距 /m	单井出水量 /(m³/d)	水位埋深控制目标 /m
VI区	VI₁区	扬州南部	II	以粗砂砾石、中粗砂为主	富-极富	80~140	20~40	100~200	800~3000	1000~3000	15
			III	以粗砂砾石、中粗砂为主	弱-富	150~200	5~40	160~280	800~3000	100~3000	25
	VI₂区	泰州南部	I	以中粗砂为主、局部含砾	极富	30~60	>50	80~130	600~2000	>3000	10
			II	以细中砂、含砾中粗砂为主	极富	80~140	>50	130~200	800~2000	>3000	15
			III	以含砾中细砂	极富	150~210	>50	200~290	800~2000	>3000	25
	VI₃区	南通一带	III	以中细砂、含砾中粗砂为主	富-极富	180~240	20~80	230~340	600~2000	>1000	35
VII区	VII₁区	仪征	I	以泥质含砾中粗砂为主	弱-中等	10~60	5~50	50~80	400~2000	100~1000	20
	VII₂区	六合北部	I	由新第三系的砂砾层与玄武岩组成	中等-富	5~50	30~50	40~200	600~3000	500~1000	
VIII区	VIII₁区	南京长江河谷漫滩平原	非开采区								
IX区	IX₁区	苏锡常腹地	禁采区								
	IX₂区	苏锡常长江沿岸	I、II	以细砂、中砂、粗砂、含砾中粗砂为主	极富	50~60	>80	120~180	400~2000	>3000	15
			III	以中粗砂、中粗砂为主、局部含砾	富-极富	120~180	20~60	160~260	600~2000	>1000	25
X区	X₁区	宜兴、金坛、溧阳等地	I	粉土、粉细砂、粉细砂	弱	10~30	5~15	20~50	100~500	50~300	15
	X₂区		II	粉细砂、细砂、局部细中砂	弱-中等	50~80	5~15	70~120	200~800	100~500	20

岩溶水富水性受岩性、地质构造、可溶岩层厚度以及地形地貌等多种因素影响,在不均一中又有相对均一的地段。仙鹤门水源地单井涌水量一般在 2000m³/d 以上,局部可达 5000m³/d;宜兴胡氵父、张渚水源地单井涌水量一般在 500~1000m³/d,局部可达1000~2000m³/d;徐州水源地单井涌水量在 500~5000m³/d 不等。但也存在成井风险,打井前必须做好前期论证工作。

仙鹤门、宜兴胡氵父、张渚水源地作为城镇补充供水水源,用于生活用水、食品、饮料、医药、精细化工、酿酒等特殊行业用水以及符合我国节能、环保等产业政策的高附加值产品的生产用水;徐州 7 个水源地主要作为区域供水补充水源,其次作为区域供水盲区居民生活的主要供水水源。

四、重点地区地下水开发利用规划

(一)沿江地区

长江是江苏省的主要供水水源,为充分保障人民群众的饮水安全,未雨绸缪,除了要进一步严格贯彻落实一系列水资源保护、污染防治的法律法规,采用多种手段治理水污染、改善水体质量外,参照国外发达国家的普遍做法,利用江苏省沿江地区孔隙地下水含水层厚、补给丰富、水质优异、可采资源量大的优势,规划建设沿江地带的应急备用地下水水源地。这对建立水资源保障供给体系和水资源安全体系,有效地预防水污染及特干旱年缺水等突发事件,确保沿江地区经济建设可持续发展具有重大的现实意义。2006 年松花江、黄河、沱江特大水污染事件再次提醒我们,建立应急备用地下水水源地刻不容缓。

根据已有水文地质勘察资料,常州北部的圩塘-江阴夏港、张家港、常熟王市-吴市,太仓沙溪北部沿江带;泰州高港-泰兴-靖江、海门-启东沿江地带,均为第四纪不同时期古河道沉积区,松散含水砂层堆积厚度一般在 80~200m,且在大部分地段因现代长江河床的切割作用,主泓线均已切穿了浅部第Ⅰ承压含水砂层的顶板,地下水与地表水之间的水力联系极为密切,富水性极佳,单井涌水量一般大于 3000m³/d,在开采条件下易获得长江水的激化补给。水化学类型主要为 HCO_3 - $Ca \cdot Na$ 型,矿化度在 0.5~0.8g/L,为优质淡水。局部地区地下水中富含较为丰富的矿物盐组分和微量元素,达到国家饮用天然矿泉水标准。多年来的开采动态资料也证实沿江带内地下水受长江水侧向补给能力极强,一般不会因大量开采地下水导致水位大幅度下降从而引发环境地质等问题。

已有资料表明,镇江以下沿江两岸可在 8 个市(县)建立 11 个中-大型地下水供水水源地,其中常州市-江阴沿江及张家港港区东侧两个水源地已做过详勘工作,其余 9 个水源地有待于在下一步工作中查明。

本着先江北后江南、先大后小的原则,应分批分期(表 6-2)对各水源地开展 1:2.5 万地下水水源地详勘工作,工作重点是查明第四系松散含水砂层厚度、岩性、富水性、水化学特征及水位动态,并进行井群大流量长时间抽水试验,获取水文地质系列参数。在全面分析研究水文地质条件的基础上,建立地下水流场的模拟模型,采用国际上最先进的地下水计算模型进行评价计算,获取各地下水水源地最佳的可开采资源量,提出各地下水水源地的开发利用前景及保护规划，并建设沿江地带地下水资源开发利用规划和管理地理信息系统。

表 6-2　　　　　　　　　　　　　沿江带主要水源地一览表

编号	位　置		开采层次	规　模 /（万 m³/d）	规划详勘时间
1	长江北岸	泰州港区沿江带	Ⅰ、Ⅱ、Ⅲ	10	2007—2010 年
2		泰兴沿江带	Ⅰ、Ⅱ、Ⅲ	10	2008—2012 年
3		靖江沿江带	Ⅰ、Ⅱ、Ⅲ	10	2008—2012 年
4		海门沿江带	Ⅲ	5～10	2010—2015 年
5	长江南岸	常州市-江阴沿江	Ⅰ、Ⅱ、Ⅲ	10	已详勘
6-1		张家港港区东侧	Ⅰ、Ⅱ、Ⅲ	5	已详勘
6-2		张家港东沙	Ⅰ、Ⅱ、Ⅲ	10	2007—2010 年
7		常熟王市-赵市	Ⅰ、Ⅱ	5～10	2010—2015 年
8-1		太仓沙溪	Ⅰ、Ⅱ、Ⅲ	5	2010—2015 年
8-2		太仓浏家港	Ⅰ、Ⅱ、Ⅲ	10	2008—2012 年

2003 年江苏省省委、省政府大力实施沿江开发战略，沿江地区在充分发挥利用长江黄金水道大力发展港口工业区的同时，城市的规划建设也逐步向沿江带推进发展，形成了以港口工业为主体，大型的化工、钢铁、电力工业为支撑的密集型城市化工业群带。但未来水资源的丰沛程度和优劣状况将制约着经济建设的可持续发展，建设沿江地带应急战略性备用地下水水源地，开展水源地勘察和开发利用规划工作既能有效地预防水污染与特干旱年缺水等突发事件，又能建立起可靠安全水资源保障供给体系，以保障沿江地区经济建设可持续发展的需要，对江苏省全面实行"两个率先"具有重大的社会经济意义和战略意义。

（二）沿海地区

江苏省政府在"九五"计划和 2010 年远景规划中将建设"海上苏东"列为全省发展的重点工程，主要是加快发展滩涂农林牧业、海洋渔业，积极培育滨海旅游业、海洋食品、海洋医药工业，着力改善基础设施条件，全方位开发海洋产业。"海上苏东"战略的实施离不开地下水资源。

1. 沿海带

沿海地区水文地质研究程度相对较低，区域上仅开展过 1:20 万区域水文地质普查工作。总体而言，沿海地区水文地质条件明显较沿江地区差，各承压含水层单井涌水量多小于 2000m³/d，且浅部第Ⅰ承压水和局部第Ⅱ承压水水质较差，一般为微咸水至半咸水。但在大丰东南部及东台弶港一带古长江河口分布区，含水砂层岩性由一套中细砂、含砾中粗砂组成，第Ⅱ、Ⅲ承压砂层累计厚度达 50～100m，单井涌水量多在 2000m³/d 以上，水化学类型主要为 $HCO_3 \cdot Cl - Na \cdot Ca$ 型、$HCO_3 \cdot Cl - Na$ 型，矿化度一般小于 1g/L。多年来第Ⅱ、Ⅲ承压水位埋深基本稳定在 10m 以浅，可规划建立两个大型的地下水供水水源地。宜在 2007—2010 年间开展 1:2.5 万地下水水源地详勘工作（表 6-3），并利用国际上流行的 GMS（Groundwater Model System）软件包中的 Modflow，通过创建水文地质概念模型，建立数学模型评价计算各地下水水源地最佳的可开采资源量，提出各地下水水源地的开发利用前景及保护规划。

表6-3 沿海带主要水源地一览表

编号	位　置	开采层次	规　模 /（万 m³/d）	规划详勘时间
1	东台弶港	Ⅱ、Ⅲ、Ⅵ	10	2007—2010 年
2	大丰东南部	Ⅱ、Ⅲ、Ⅵ	10	2007—2010 年

沿海带水源地的开发建设，既可为"海上苏东"战略的实施提供宝贵的地下水资源，同时也可作为苏北区域供水的应急备用水源。

2. 沿海滩涂

江苏省大陆海岸线长954km。目前全省沿海滩涂总面积1031万亩，约占全国滩涂总面积的1/4，其中潮上带443万亩（已围364万亩），且每年以净2万多亩的速度淤长。苏北沿海滩涂是江苏省主要的土地后备资源，大规模开发利用必将成为江苏经济发展中的一个新增长点。

根据已有的勘探资料，苏北沿海地区松散堆积层由西向东不断增厚，陆域内赋存的第Ⅰ、Ⅱ、Ⅲ、Ⅳ承压含水层向海域方向延伸，而以往沿海各市地下水资源评价中均未计算沿海滩涂地下水可开采量，上述沿海各市（县）地下水的开发利用规划也未涵盖沿海滩涂地区地下水。随着"海上苏东"战略的实施，开发利用沿海滩涂带地下水（目前已围垦的潮上带中已有部分开采井存在）必将成为事实，为防止开采过程中出现水位持续下降、地面沉降等环境地质问题，本次工作将通过比拟法对沿海各市潮上带提出不同规划水平年的建议开采模数。

由于目前对沿海滩涂的水文地质研究程度较低，沿海各市潮上带不同规划水平年的规划开采模数只能以沿海各市（县）平均可采模数［上述沿海各市（县）核定出的可开采量/面积］为依据，比拟确定2010年沿海各市潮上带建议开采模数为各市（县）的平均可开采模数，2010年后随着区域供水规划的实施，内陆地下水开发利用程度进一步降低，沿海各市潮上带开采模数可扩大到各市（县）的平均可开采模数的1.5倍［海安县因可采模数高达 2.86 万 m³/(a·km²)，2020年及2030年开采模数扩大为平均可开采模数的1.2倍］。据此初步估算，则沿海各市潮上带不同规划水平年的建议开采模数见表6-4。

表6-4 沿海各市（县）潮上带不同规划水平年开采模数一览表

市（县）	规划开采层次	平均可采模数 /［万 m³/ (a·km²)］	建议开采模数/［万 m³/(a·km²)］		
			2010 年	2020 年	2030 年
启东市	Ⅲ、Ⅳ	1.47	1.47	2.21	2.21
海门市	Ⅲ	1.35	1.35	2.03	2.03
通州市	Ⅲ、Ⅳ	1.08	1.08	1.62	1.62
如东市	Ⅲ、Ⅳ	0.88	0.88	1.32	1.32

市（县）	规划开采层次	平均可采模数/[万 m³/（a·km²）]	建议开采模数/[万 m³/（a·km²）]		
			2010 年	2020 年	2030 年
海安县	Ⅲ、Ⅳ	2.86	2.86	3.43	3.43
东台市	Ⅱ、Ⅲ、Ⅳ	1.30	1.30	1.95	1.95
大丰市	Ⅱ、Ⅲ、Ⅳ	0.89	0.89	1.34	1.34
射阳县	Ⅱ、Ⅲ、Ⅳ	0.33	0.33	0.50	0.50
滨海县	Ⅱ、Ⅲ、Ⅳ	0.65	0.65	0.98	0.98
响水县	Ⅱ、Ⅲ、Ⅳ	1.38	1.38	2.07	2.07
灌云县	Ⅱ、Ⅲ、Ⅳ	0.60	0.60	0.90	0.90

在各市（县）沿海滩涂地下水开发利用中除控制开采总量外，还需注意：井群布局不宜过于靠近，最小井距在 200～2000m 不等（据当地含水层岩性而定）。一般Ⅰ承压中心水位埋深应控制在 15m 以浅，Ⅱ、Ⅲ、Ⅳ承压分别控制在 20m、30m、40m 以浅，以不形成明显的区域降落漏斗为宜。一旦发现水位超过控制目标，则应及时调整开采方案。

建议在 2007—2012 年间开展沿海滩涂水文地质详勘工作，以查明沿海滩涂的水文地质条件，核定其可采资源量，开展沿海滩涂开发利用前景及保护规划，为"海上苏东"战略的顺利实施提供水资源保障供给体系。

3. 徐州岩溶水水源地

20 世纪 60—70 年代，江苏省地矿部门曾在徐州丘陵山区进行水源地专项勘察工作。经论证，徐州地区寒武、奥陶系灰岩中岩溶裂隙发育，蕴藏有丰富的地下水资源，可作为水源地集中开采地下水。

（1）水源地概况。徐州地区现已探明的 7 个水源地位于徐州市区及铜山县。各水源地赋存的地下水类型均为岩溶水，分布面积在 120～360km² 。主要含水层由奥陶系和寒武系中、上统组成，大部分裸露，局部被第四系覆盖，盖层厚度多小于 30m。岩性以白云岩、灰岩为主，单井涌水量多在 500～5000m³/d，水质以 HCO_3-Ca·Mg 型淡水为主。以大气降水入渗、孔隙水越流及地表水的渗漏为主要补给源。可采资源量为 27500 万 m³/a。

（2）开发利用现状及存在问题。徐州市地下水的开发利用历史已久，20 世纪 80 年代以前开发利用程度较低，80 年代后，随着城市建设和工农业的迅猛发展、地表水污染的不断加剧，地下水开采井数迅速增加（主要分布在茅村、丁楼、七里沟水源地），开采量多在 12000 万 m³/a 以上。至 2002 年，徐州地区 7 个水源地共计有 1551 眼岩溶水开采井，年开采岩溶地下水 18075 万 m³，其中茅村水源地、丁楼水源地、七里沟水源地年开采量在 3500 万 m³ 以上，各水源地开采情况详见表 6-5。

徐州市岩溶水开采井主要集中在茅村、丁楼和七里沟水源地，三水源地现状开采量超过可开采量，属超采水源地。由于过量开采，茅村、丁楼和七里沟水源地水位普遍下降，已形成一定规模的水位降落漏斗，漏斗中心最大水位埋深已降至 55.80m（苗莆水厂）。其中七里沟水源地自 20 世纪 80 年代中期以来，先后在市电业局宿舍、新生街等地发生 10 多起岩溶塌陷。

表 6-5　　　　　　　　　徐州市岩溶水水源地开采利用情况一览表

代号	名　称	面积/km²	开采井数/眼	2002年开采量/万m³	可开采量/(万m³/a)	超采程度	水位埋深/m
1	利国水源地	168.23	83	1008	3785	未超采	5.52
2	茅村水源地	153.00	129	3842	3183	一般超采	26.57（平均） 34.6（最大）
3	丁楼水源地	148.00	212	5614	4577	一般超采	33.62（平均） 55.8（最大）
4	青山泉水源地	132.10	119	649	3957	未超采	
5	七里沟水源地	262.10	401	6410	5290	严重超采	18.85（平均） 27.98（最大）
6	汴塘水源地	129.80	536	166	2323	未超采	1.59
7	张集水源地	356.40	71	386	4386	未超采	1.56
	合　计	1349.63	1551	18075	27501		

（3）开发利用建议。徐州水源地开发利用规划是以地下水可采资源量为前提，以区域供水条件为基础，以满足市（县）属水厂的地下水取水量及区域供水盲区乡镇居民生活用水量为核心，以改善地下水超采引发的环境地质问题、实现涵养水源为最终目标。

针对水源地开发利用现状及存在问题，徐州7个水源地主要作为区域供水补充水源，其次是区域供水盲区居民生活的主要供水水源。本次规划对于地处人口密集地带（城区及近郊）且水位已普遍下降或已引发地面塌陷地质灾害的水源地，地下水资源以保护为主，下一阶段将逐步压缩地下水开采、调整开采井布局以实现改善地下水超采引发的环境地质问题、涵养水源的目标。对于地处远郊且目前水位基本处于原始状态的水源地，地下水资源以控制、适当扩大为主。

据区域供水规划，徐州市需开采1亿～1.3亿m³/a的岩溶水用于区域供水及区域供水盲区居民生活供水，和现状开采量相比，压缩开采5000万m³/a以上。应逐步压缩七里沟、茅村、丁楼水源地开采量（2010年压缩到可开采量，2020年压缩到可开采量的80%，2030年压缩到可开采量的60%），适当扩大青山泉、汴塘、张集、利国水源地开采量（在可开采量的前提下以满足区域供水对地下水的取水量及区域供水盲区乡镇居民生活用水量为限）。

第二节　地下水超采区的划定和管理

一、概述

《地下水超采区评价导则》（SL 286—2006）对地下水超采区进行了明确定义。地下水超采区是指在某一范围内，在某一时期，地下水开采量超过了该范围内的地下水可开采量，造成地下水水位持续下降的区域；或指某一范围内，在某一时期，因过量开采地下水而引发了环境地质灾害或生态环境恶化现象的区域。由此而见，判断一个地区地下水是否超采主要看两个方面：一是是否造成地下水水位持续下降，二是是否由于地下水开采引发了环境地质灾害或生态环境恶化现象。

超采区划分方法主要采用水位埋深动态法、开采系数法和诱发问题法 3 种。地下水水位埋深动态变化情况是地下水是否超采最直接、最客观的反映，而且本次工作收集了水利、国土两个系统多年来的地下水监测资料，资料的数量和质量均有一定保证。故超采区划分时，首选水位埋深动态法划分结果，诱发问题法及开采系数法划分结果则根据具体情况综合考虑。

二、超采区划分标准

根据《全国地下水超采区评价技术大纲》，结合江苏省实际，确定江苏省地下水超采区划分标准如下。

1. 水位埋深动态法

按含水层次，以评价期内各监测井地下水水位埋深年均变化速率及水位埋深现状作为评判指标进行超采区划分。现状水位埋深超过限采水位埋深，且评价期内地下水水位埋深年均下降速率大于 0.5m/a，划为超采区。其中，孔隙承压水水位埋深年均下降速率大于 2m/a，岩溶水水位埋深年均下降速率大于 1.5m/a 为严重超采区。

2. 诱发问题法

以地下水开采引发的生态与环境地质问题作为评判指标进行超采区划分。

地面沉降：由于地面沉降具有不可逆性，为保护地质环境，凡由于地下水开采引发了地面沉降，现状累计地面沉降量大于 200mm 或地面沉降速率大于 10mm/a，均划为超采区（现已全面禁采的苏锡常地区也不例外）。其中，2010 年地面沉降速率大于 10mm/a 为严重超采区。

地裂缝：评价期内由于地下水开采引发地裂缝的区域划为超采区。其中，100km² 面积上年均地裂缝多于 2 条，或同时满足长度大于 10m、地表面撕裂宽度大于 0.05m、深度大于 0.5m 的地裂缝年均多于 1 条的区域为严重超采区。

岩溶地面塌陷：评价期内由于地下水开采引发岩溶地面塌陷的区域划为超采区。其中，100km² 面积上的年均地面塌陷点多于 2 个，或坍塌岩土的体积大于 2m³ 的地面塌陷点年均多于 1 个的区域为严重超采区。

水质污染：由于地下水超采引发了地下水水质污染，且在评价期内污染后的地下水水质劣于污染前 1 个类级以上的区域为严重超采区。

3. 开采系数法

以地下水开采系数为评判指标进行超采区划分。评价期内年均地下水开采系数大于 1.0 为超采区，其中，开采系数大于 1.3 为严重超采区。

超采区内未达到严重超采区标准的区域，均为一般超采区。

三、水位埋深动态法

1. 水位埋深年均变化速率

各监测井地下水水位埋深年均变化速率按式（6-1）计算：

$$v = \frac{H_1 - H_2}{T} \tag{6-1}$$

式中 v——年均地下水水位埋深变化速率，m/a；

    H_1——初始年地下水水位埋深，m；

    H_2——现状年地下水水位埋深，m；

    T——时间段，a。

2. 工作分区

以水位埋深动态法划分地下水超采区的工作分区为平原区和徐州低山丘陵区。前者评价对象为孔隙承压水，后者为岩溶水。

3. 初步划分结果

据上述划分标准，全省约有 4454.6km² 为地下水超采区（现状水位埋深超过限采水位埋深且评价期内地下水水位埋深年均下降速率大于 0.5m/a），主要分布在盐城市、淮安市，其次是连云港市、徐州市、南通市，此外，宿迁及泰州也有小范围分布，见图 6-1 和表 6-6。其中宿迁市洋河-洋北及连云港市灌云燕尾港-灌南堆沟水位埋深年均下降速率大于 2m/a，为严重超采区。

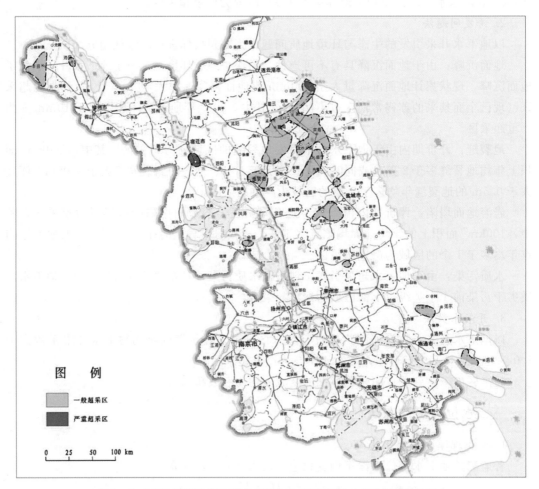

图 6-1 2013 年江苏省地下水超采区分布示意图（水位埋深动态法）

表 6 - 6　　　　　　　　　　　　水位埋深动态法初步划分结果表

地级市	超采面积 /km²	主要超采层次	超采区内水位埋深			备　注
			2001 年平均值 /m	2010 年平均值 /m	各点年均变幅平均值 /(m/a)	
徐州市	470.6	第Ⅱ承压 第Ⅲ承压	22.8	32.2	−1.1	
南通市	335.6	第Ⅲ承压	35.7	42.4	−0.7	
连云港市	599.1	第Ⅱ承压 第Ⅲ承压	18.3	32.8	−1.6	
淮安市	1012.7	第Ⅱ承压	20.4	30.4	−0.9	
		第Ⅲ承压	30.1	34.4	−0.3	
盐城市	1856.1	第Ⅱ承压	12.7	24.6	−1.0	
		第Ⅲ承压	25.3	33.2	−1.0	
		第Ⅳ承压	17.4	32.7	−1.3	
泰州市	47.7	第Ⅱ承压	11.8	23.6	−1.3	
宿迁市	132.8	第Ⅱ承压 第Ⅲ承压	无数据	37.6	−2.9	2009 年开始监测
合计	4454.6					

四、引发问题法划分结果

江苏省地下水开采引发的生态与环境地质问题主要是地面沉降、地裂缝与岩溶地面塌陷。

据划分标准，江苏省采用引发问题法划分的地下水超采区面积达 9494.3km²，主要分布在苏锡常、盐城、南通及徐州，见表 6 - 7 和图 6 - 2。除苏锡常局部、徐州市丰沛城区、淮安市涟水城区、连云港市灌云燕尾港一带、盐城市滨海城区、南通市海门城区及其周边等地 2010 年地面沉降速率大于 10mm/a，为严重超采区外，其余均为一般超采区。

表 6 - 7　　　　　　　　　　　　引发问题法划分结果一览表

地级市	超采区面积 /km²	引　发　问　题
无锡市	1191.2	地面沉降：累计地面沉降量在 200mm 以上，最大逾 2m。自 2000 年苏锡常实施地下水禁采以来，区内地面沉降速率明显减缓，至 2010 年除江阴南部外大部分地区地面沉降速率已减至 5mm/a 以内。 地裂缝：2001—2002 年在无锡市区、江阴等地发生 3 起地裂缝
徐州市	420.1	岩溶地面塌陷：2002 年在徐州市区七里沟水源地发生两起。 地面沉降：丰沛两县城区累计地面沉降量超过 200mm，2010 年地面沉降速率超过 10mm/a
常州市	991.8	地面沉降：累计地面沉降量在 200mm 以上，最大超过 1.2m。自 2000 年苏锡常实施地下水禁采以来，区内地面沉降速率明显减缓，至 2010 年除武进南部外大部分地区地面沉降速率已减至 5mm/a 以内

续表

地级市	超采区面积 /km²	引发问题
苏州市	2742.4	地面沉降：累计地面沉降量在200mm以上，最大超过1.2m（苏州城区）。自2000年苏锡常实施地下水禁采以来，区内地面沉降速率明显减缓，至2010年大部分地区地面沉降速率已减至5mm/a以内。 地裂缝：2001—2002年在常州武进区发生2起地裂缝
南通市	1879.9	累计地面沉降量超过200mm，2010年地面沉降速率多在5～10mm/a，海门局部大于10mm/a
连云港市	73.1	灌南城区以及和盐城市响水城区交界处累计地面沉降量在200～300mm。灌云燕尾港一带2010年地面沉降速率超过10mm/a
淮安市	32.7	淮安市涟水城区2010年地面沉降速率超过10mm/a
盐城市	2163.1	累计地面沉降量超过200mm，盐城城区逾400mm，大丰城区逾600mm。滨海城区2010年地面沉降速率大于10mm/a，其余地区现状地面沉降速率多小于10mm/a
合计	9494.3	

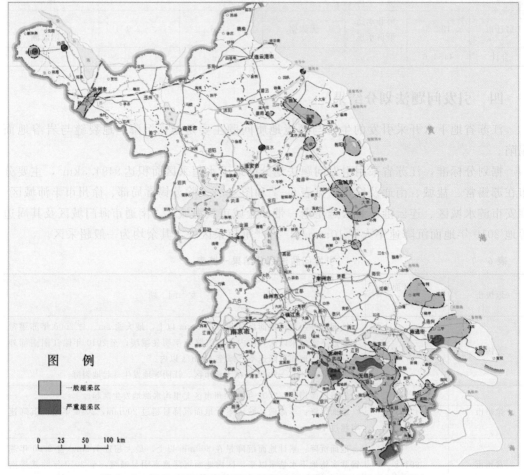

图6-2 2013年江苏省地下水超采区分布示意图（引发问题法）

从引发问题分析，徐州市区地下水超采区是由于 2002 年引发了岩溶地面塌陷，其余超采区均是由于曾经或现在地下水超量开采引起地面沉降所致。

五、开采系数法划分结果

1. 计算单元

由于地下水开采管理的基层管理单位为县（市）级水行政主管部门，所以开采系数法划分超采区时以县（市）级为基本计算单元。

此外，对于徐州岩溶水，以水源地为计算单元计算其地下水开采系数。

2. 开采系数计算

地下水开采系数采用式（6-2）计算：

$$k = \frac{Q_{实采}}{Q_{可采}} \tag{6-2}$$

式中　k——年均地下水开采系数；

　　$Q_{实采}$——2001—2010 年年均地下水开采量，万 m^3；

　　$Q_{可采}$——地下水可开采资源量，万 m^3。

3. 初步划分结果

计算结果显示：除连云港市灌南、淮安市涟水及盐城市区、响水地下水开采系数达 1.1～1.3 外，江苏省大部分县（市）地下水开采量均控制在可开采量范围内，其中徐州市的沛县、邳州，南通市的海安、如皋，淮安市的洪泽、盱眙，扬州市的市区、高邮、江都，泰州市区，宿迁市区及泗阳地下水开采量不足可开采资源量的 50%。江苏省地下水主要开发利用地区各县（市）开采系数详见表 6-8。

表 6-8　　　　　　　　江苏省地下水主要开发利用地区开采系数一览表

地级市	县（市）	主采层	可开采量 /（万 m^3/a）	评　价　期	
				年均开采量 /（万 m^3/a）	开采系数
徐州市	市区	岩溶水	28545.00	18889.12	0.7
	丰县	Ⅰ、Ⅱ、Ⅲ	5306.00	5199.29	1.0
	沛县	Ⅰ、Ⅱ、Ⅲ	6372.00	2844.03	0.4
	邳州	Ⅰ、Ⅱ、Ⅲ	5806.00	1477.10	0.3
	睢宁	Ⅰ、Ⅱ、Ⅲ	5320.00	4483.69	0.8
	新沂	Ⅰ、Ⅱ、Ⅲ	4335.00	3020.04	0.7
南通市	市区	Ⅲ	2021.00	1582.50	0.8
	海安	Ⅲ	3233.00	1251.30	0.4
	海门	Ⅲ	1520.00	1314.21	0.9
	启东	Ⅲ	2145.00	1626.00	0.8
	如东	Ⅲ	1640.00	967.78	0.6
	如皋	Ⅲ	4551.00	497.60	0.1

地级市	县（市）	主采层	可开采量 /（万 m³/a）	评 价 期	
				年均开采量 /（万 m³/a）	开采系数
连云港市	灌南	Ⅱ、Ⅲ	900.00	1006.35	1.1
	灌云	Ⅱ、Ⅲ	461.00	388.70	0.8
淮安市	市区	Ⅱ、Ⅲ	6312.00	3335.42	0.5
	洪泽	Ⅱ、Ⅲ	1895.00	590.94	0.3
	金湖	Ⅱ、Ⅲ	1911.00	1019.55	0.5
	涟水	Ⅱ、Ⅲ	1659.00	2116.67	1.3
盐城市	市区	Ⅱ、Ⅲ、Ⅳ	1753.00	1960.24	1.1
	大丰	Ⅱ、Ⅲ、Ⅳ	2098.00	1923.73	0.9
	射阳	Ⅱ、Ⅲ、Ⅳ	846.00	852.19	1.0
	阜宁	Ⅱ、Ⅲ、Ⅳ	1057.00	1058.64	1.0
	东台	Ⅱ、Ⅲ、Ⅳ	2954.00	2143.23	0.7
	建湖	Ⅱ、Ⅲ、Ⅳ	1570.00	1518.26	1.0
	响水	Ⅱ、Ⅲ	1112.55	1380.36	1.2
	滨海	Ⅱ、Ⅲ、Ⅳ	1215.00	1147.43	0.9
扬州市	市区	Ⅱ、Ⅲ	2339.00	968.22	0.4
	宝应	Ⅱ、Ⅲ	2687.00	1613.12	0.6
	高邮	Ⅱ、Ⅲ	2318.00	928.90	0.4
	江都	Ⅱ、Ⅲ	3560.00	1264.00	0.4
泰州市	市区	Ⅱ、Ⅲ	1486.00	432.08	0.3
	姜堰	Ⅱ、Ⅲ	1902.00	1448.49	0.8
	兴化	Ⅱ、Ⅲ	723.00	692.74	1.0
宿迁市	市区	Ⅱ、Ⅲ	4219.00	505.79	0.1
	沭阳	Ⅱ、Ⅲ	1600.00	1441.55	0.9
	泗洪	Ⅱ、Ⅲ	4877.00	2390.68	0.5
	泗阳	Ⅱ、Ⅲ	2500.00	387.70	0.2

徐州七个岩溶水水源地中，只有丁楼水源地年均开采系数大于 1.0（表 6-9）。

表 6-9　　　　　　　徐州水源地岩溶水开采系数一览表

名　　称	面积/km²	可开采量/(万 m³/a)	评价期	
			年均开采量/(万 m³/a)	开采系数
利国水源地	168	3784.80	611.86	0.2
茅村水源地	153	3182.70	2322.51	0.7
丁楼水源地	148	4577.00	5106.40	1.1
青山泉水源地	132	3956.80	563.64	0.1
七里沟水源地	262	5290.10	5315.67	1.0
卞塘水源地	130	2322.50	239.25	0.1
张集水源地	353	4386.10	1407.08	0.3

根据上述划分标准，江苏省采用开采系数法划分的地下水超采区面积达 6168.0km²，主要分布在盐城、淮安及连云港，如图 6-3 所示。

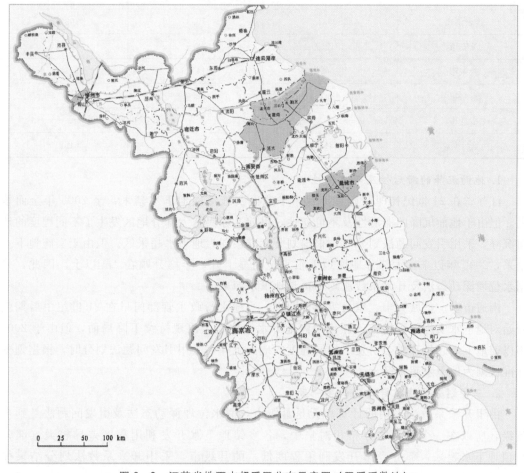

图 6-3　江苏省地下水超采区分布示意图（开采系数法）

六、超采区划分结果

(一) 初步划分结果对比分析

从初步划分结果看，采用水位埋深动态法、开采系数法、引发问题法3种不同方法分别划分地下水超采区，得到的结果不尽相同（表6-10）。主要原因有几下几点。

表6-10　　　　　　　　　　采用不同划分方法得到的初步划分结果对比表

地级市	超采区面积/km²		
	水位埋深动态法	引发问题法	开采系数法
无锡市		1191.2	
徐州市	470.6	420.1	148.0
常州市		991.8	
苏州市		2742.4	
南通市	335.6	1879.9	
连云港市	599.1	73.1	1027.0
淮安市	1012.7	32.7	1670.0
盐城市	1856.1	2141.1	3323.0
泰州市	47.7	22.0	
宿迁市	132.8		
合　计	4454.6	9494.3	6168.0

1. 地面沉降的滞后性及不可逆性

江苏省在21世纪初即开始在苏锡常平原区实施深层地下水禁采，至2005年全面禁采。但由于地面沉降的滞后性及不可逆性，目前，苏锡常大部分地区发生了不同程度的地面沉降，采用引发问题法划分时，根据划分标准被划为地下水超采区。但由于实施地下水禁采，2000年以来，大部分地区地下水水位明显上升，年均升幅在1m以上。因此，采用水位埋深动态法及开采系数法均不再是地下水超采区。

南通市区、盐城大丰、东台等地也同样，当地水行政主管部门早在21世纪中后期就开始对地下水实施限采措施，评价期内地下水水位尚未出现持续下降局面，但由于2000年以前地下水超量开采，引发了不同程度的地面沉降，采用引发问题法划分时，根据划分标准被划为地下水超采区。

2. 三种划分方法统计口径的不一致

由于开采系数法采用的计算单元是县级市，而水位埋深动态法及引发问题法是到乡镇级，所以在一个开采井分布相对集中，各乡镇地下水开发利用程度差异较大（部分乡镇地下水超采，部分乡镇开发利用程度低）的县级市，采用开采系数法划分结果往往不是超采区，而采用水位埋深动态法及引发问题法因为精确到乡镇，就可能有部分乡镇划为超采区。而对于开采系数大于 1 的连云港市灌南、淮安市涟水及盐城市区、响水等地，实际上也只是部分开采井集中的乡镇有超采现象，并不是全县所有乡镇都超采。

3. 各地区地面沉降研究程度的差异

江苏省地面沉降调查监测与防治工作首先由苏锡常地区开始，目前已将长江三角洲地区全部覆盖，沿海地区地面沉降调查监测与防治工作正在不断推进，江苏省内其他地区鲜有地面沉降方面的工作成果。所以采用引发问题法划分的超采区多分布在苏锡常地区及苏北沿海平原地区。

（二）边界调整与修正

据《全国地下水超采区评价技术大纲》，当采用三种方法均被划为超采区的区域确定为超采区，对于三种方法划分结果不一致的区域，综合考虑水文地质条件、开采条件、超采区划分精度、基础资料可靠性、评价期前地下水超采情况等因素确定是否超采。根据此原则，江苏省超采区最终划分结果调整如下：

（1）对于水位埋深动态法、开采系数法、引发问题法 3 种划分方法均为超采区的区域一概划为地下水超采区。

（2）对于水位埋深动态法划为超采区的区域一概划为地下水超采区。

（3）引发问题法划为超采区的区域一概划为地下水超采区；苏锡常地区采用引发问题法划分只有 4925.4km² 为地下水超采（主要因 2000 年以前地下水超采引发地面沉降所致）。但为了进一步涵养水源，保证苏锡常区域地下水降落漏斗中心水位继续回升（目前漏斗中心最大水位埋深为 71.4m，和 2001 年相比减小了 16.5m，但仍然远大于该区 25m 的限采水位埋深），漏斗面积继续缩小。同时自 2000 年开始该区被省人大以法律的形式确定为地下水禁采区，本着从严的原则，本次超采区划分仅对于含水层厚度大、岩性颗粒粗、补给条件佳、水位埋深始终未超过 25m 且累计地面沉降量小于 200mm 的常州魏村-圩塘-江阴利港-夏港以北及张家港晨阳-南丰-常熟福山-海虞-东张-太仓浮桥以北的沿江地区划为非超采区（仅限于作为应急备用水源），其余地区仍为超采区。

（4）开采系数法划出的孔隙承压水超采区，要分析其评价期内水位埋深动态变化，对于其中引起了地下水水位持续下降的区域，也就是满足水位埋深动态法划分标准的区域，才最终确定为地下水超采区；开采系数法划出的岩溶水超采区出于防止岩溶地面塌陷的目的也一概划为地下水超采区。

（三）超采区划分结果

据统计，全省评价期年均开采地下水 8.96 亿 m³，从总量上讲未超过可开采量。但由于开采井多集中在城区、苏北沿海地区，局部地区地下水开采强度远远大于江苏省平均开采强度 [0.87 万 m³/(a·km²)]，造成地下水水位持续下降，并引发地面沉降等环境地质问题。

依据前述划分原则及标准，江苏省地下水超采区总面积约 16596.8km²，其中一般超采区面积约 7683.0km²，主要位于盐城市、南通市、淮安市及徐州市；严重超采区面积约 8913.8km²，主要位于苏锡常地区及南通海门，此外，徐州市丰县、沛县，淮安市涟水，盐城市滨海等多个城区及连云港灌云、灌南局部地段也为严重超采区，见图6-4。

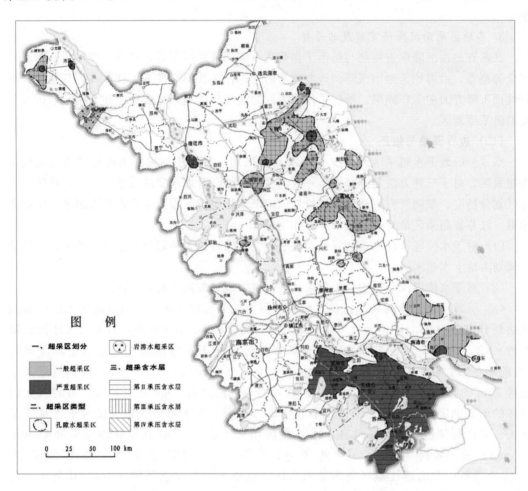

图6-4　江苏省地下水超采区分布图（2013年）

各地下水超采区面积、数量、分布、地下水类型、超采程度、超采区分级详见表6-11。

和2005年江苏省政府批复公布的超采区相比，2013年全省地下水超采区总面积减少了832.2km²。其中苏锡常超采区面积减小了903.0km²，苏北超采区面积变化不大，但分布格局明显变化，原来分散分布在盐城市北部响水、滨海，淮安市涟水，连云港市灌南等城区的多个中小型超采区连成一片，形成一个大型地下水超采区，面积达2258.5km²。

七、超采区管理

地下水开发利用中存在的问题，对江苏省经济社会发展和生态环境造成了很大的危害，而且对今后江苏省水资源可持续利用和经济社会可持续发展构成了严重威胁，必须从

表6－11

2013年江苏省地下水超采区明细表

序号	超采区名称	所在市县	编号	分布位置	面积/km²	主要超采层次	超采程度	超采区级别	可开采量/(万m³/a)	年均开采量/(万m³/a)	超采量/(万m³/a)
1	江苏省无锡市大型孔隙水超采区	无锡市区及江阴	32022111	无锡市区（含各区，环太湖带除外）、江阴月城-长寿以南及夏港以西（S338省道以北沿江带除外）	1553.0	第Ⅱ承压	严重	大型		已禁采	
2	江苏省徐州市中型孔隙水超采区	徐州市丰县	32033111	丰县凤城及周围王沟、宋楼、大沙河、常店、师寨等乡镇	420.1	第Ⅱ、Ⅲ承压	一般，其中凤城为严重超采区	中型	2577.86	3436.06	858.20
3	江苏省徐州市小型孔隙水超采区	徐州市沛县	32034111	沛县浦城镇	50.4	第Ⅱ、Ⅲ承压	严重	小型	854.00	1390.00	536.00
4	江苏省徐州市中型岩溶水隐伏型超采区1	徐州市区	32033391	徐州市区七里沟水源地大黄山三堡一带	262.0	岩溶水	一般	中型	5290.10	5315.67	25.57
5	江苏省徐州市中型岩溶水隐伏型超采区2	徐州市区	32033392	徐州市区丁楼水源地九里山-大彭一带	148.0	岩溶水	一般	中型	4577.00	5106.43	529.43
6	江苏省常州市大型孔隙水超采区	常州市区	32042111	常州市区（含各区，S338省道以北沿江带除外）	1528.0	第Ⅱ承压	严重	大型		已禁采	
7	江苏省苏州市特大型孔隙水超采区	苏州市区、昆山、常熟、太仓、张家港	32051111	苏州市大部分地区（环太湖及S338省道以北沿江带除外）	5223.0	第Ⅱ承压	严重	特大型		已禁采	
8	江苏省南通市大型孔隙水超采区	南通市区、海门及启东	32062111	海门市大部分地区（除三阳、海永）、通州区东社、余，启东市吕四港、岔河、三甲、三余、北新等乡镇	1277.1	第Ⅲ承压	一般，其中海门三厂、城区、常乐为严重超采区	大型	1951.43	2296.08	344.65
9	江苏省南通市中型孔隙水超采区	南通市如东	32063111	如东县掘港及其西部马塘、洋口、丰利等乡镇	773.8	第Ⅲ承压	一般	中型	673.42	728.98	55.56
10	江苏省南通市小型孔隙水超采区	南通市启东	32064111	启东市汇龙镇	44.9	第Ⅲ承压	一般	小型	237.78	293.20	55.42
11	江苏省连云港市中型孔隙水超采区	连云港市灌南、灌云	32073111	灌云县燕尾港及灌南新安、李集、新集、五队、长茂、田楼、三口、堆沟港等乡镇	599.1	第Ⅱ、Ⅲ承压	一般，其中燕尾港-堆沟港为严重超采区	中型	711.95	842.71	130.76

续表

序号	超采区名称	所在市县	编号	分布位置	面积/km²	主要超采层次	超采程度	超采区级别	可开采量/(万m³/a)	年均开采量/(万m³/a)	超采量/(万m³/a)
12	江苏省淮安市中型孔隙水超采区1	淮安市区	32083111	淮安市城区（含王营及淮城）及其周边徐池、城东、席桥、南马厂、新渡等乡镇	396.2	第Ⅱ、Ⅲ承压	一般	中型	927.72	1340.33	412.61
13	江苏省淮安市小型孔隙水超采区2	淮安市金湖	32084111	金湖县黎城及戴楼镇	61.2	第Ⅱ、Ⅲ承压	一般	小型	470.00	597.59	127.59
14	江苏省淮安市中型孔隙水超采区2	淮安市涟水	32083112	涟水县涟城及其东北部大东、东湖集、红窑、蒋庵、石湖、五港、义兴、朱码等乡镇	691.7	第Ⅱ、Ⅲ承压	一般，其中涟城为严重超采区	中型	886.20	1076.37	190.17
15	江苏省盐城市大型孔隙水超采区	盐城市区及大丰	32092111	盐城市区（含盐都、亭湖、大纵湖）及大丰市大部分地区（除盐东、黄尖、葛武、运河、大冈、刘庄、西团等乡镇）	1577.1	第Ⅱ、Ⅲ、Ⅳ承压	一般	大型	1762.53	2053.45	290.92
16	江苏省盐城市中型孔隙水超采区1	盐城市响水、滨海	32093111	响水县响水镇及其周边老舍、小尖、运河、六套、七套、陈家港、滨海县陈坎及其周边大套、天场、正红、阜宁县羊寨等乡镇	967.7	第Ⅱ、Ⅲ、Ⅳ承压	一般，其中滨海东为严重超采区	中型	1052.37	1392.97	340.60
17	江苏省盐城市中型孔隙水超采区2	盐城市阜宁	32093112	阜宁县阜城及其周边三灶、新沟、陈良、东沟等乡镇	425.7	第Ⅱ、Ⅲ、Ⅳ承压	一般	中型	395.11	456.81	61.70
18	江苏省盐城市中型孔隙水超采区3	盐城市射阳	32093113	射阳县合德及海通、耦耕等乡镇	280.4	第Ⅱ、Ⅲ、Ⅳ承压	一般	中型	373.44	378.22	4.78
19	江苏省盐城市小型孔隙水超采区1	盐城市东台	32094111	东台市东台镇	83.2	第Ⅱ、Ⅲ、Ⅳ承压	一般	小型	286.08	196.73	
20	江苏省盐城市小型孔隙水超采区2	盐城市建湖	32094112	建湖县上冈镇、冈东镇	53.7	第Ⅱ、Ⅲ、Ⅳ承压	一般	小型	245.47	277.57	32.10
21	江苏省泰州市小型孔隙水超采区	泰州市兴化	32124111	兴化市张郭镇	47.7	第Ⅱ、Ⅲ承压	一般	小型	78.59	116.30	37.71
22	江苏省宿迁市中型孔隙水超采区	宿迁市市区	32133111	宿迁市区东南部洋河、洋北镇	132.8	第Ⅱ、Ⅲ承压	严重	中型	354.74	443.23	88.49
合 计					16596.8				23419.71	27541.97	4122.26

注 为实行最严格水资源管理制度，凡地下水超采区涉及的乡镇，不论涉及面积大小，整个乡镇全部按超采区进行管理。

生态文明建设的战略高度出发，充分认识加强地下水资源管理和保护的紧迫性，切实抓好地下水超采区治理工作。

1. 加强对地下水资源管理工作的领导

各级人民政府要把加强地下水资源管理作为落实科学发展观、建设生态文明的重要举措，全面落实最严格的水资源管理制度，切实加强对地下水资源管理工作的领导，加大对超采区治理的投入，及时研究解决超采区治理中的重大问题。省各相关部门要按照各自的职责，分工负责，密切配合，做好相关工作。

2. 认真落实地下水禁采、限采工作措施

一是科学编制地下水超采区禁采和限采方案，限期达到地下水超采区治理目标。苏锡常地区继续实行地下水禁采，海门市和高铁沿线地区3年内完成地下水禁采区的禁采工作。二是根据地下水开采布局、水资源利用现状和存在问题，统筹配置地表水、地下水和非传统水源。三是加强替代水源工程建设，大力推进城乡区域供水，凡地表水自来水管网到达的地下水超采区，除特殊行业用水和留存少量应急备用井外，一律实行"水到井封"。四是落实超采区和非超采区差别水价政策及超计划累进加价水资源费政策，大幅度提高超采区地下水资源费标准，充分发挥水资源费的价格杠杆作用。五是进一步加强节水型社会建设，建设一批节水减排示范工程，提高用水效率，减少地下水开采量。

3. 实施地下水取水总量和地下水水位双控制度

实行严格的地下水计划开采和考核制度，层层落实取用水总量控制制度，并落实到具体的地下水取水单位。在控制取用水总量的基础上，推进地下水水位控制制度的实施。严格执行地下水水位控制红线，高于限采水位埋深的区域，按照规划实行科学有序开采；对已经接近或者达到限采水位埋深的区域，严格控制新凿井和地下水开采；对已经低于禁采水位埋深的区域，禁止新凿井，并由当地政府组织实施综合治理，压缩地下水开采量，直至地下水水位恢复。省水利厅每年要向各市、县（市）政府通报地下水水位动态变化情况，提出地下水水位控制和地下水开采管理要求。

4. 加强地下水管理能力建设

一是加强地下水超采区和重点开采区地下水动态监测、地面沉降监测基础设施建设，建设一批地下水专用监测站，实行远程自动监控。二是组织开展新一轮地下水资源及其开发利用评价，进一步查明地下水开发利用和地下水环境现状。三是严格地下水取水许可，规范地下水资源论证工作；地下水禁采区禁止开凿深井，已有深井由当地人民政府限期封填（存）；地下水限采区不得新增深井数量，当地人民政府要采取措施逐步压缩地下水开采量。确需凿井的，实行"打一封一"制度，新增地下水取水主要用于地表水供水管网未到达地区生活用水以及特殊行业用水。四是强化地下水取水工程管理，对超采区内已有的地下水取水工程，进一步落实"一表、一证、一牌、一账"的地下水"四个一"管理制度，统一井台设计、管道颜色、表阀缩节位置等。五是加强地下水管理信息化建设，进一步推进地下水取水水量和水位自动监控，规模以上取水单位的相关数据接入全省水资源管理信息系统。

5.进一步强化执法监督和宣传教育

健全完善地下水管理、节约和保护等方面的政策法规体系，制定并出台《江苏省地下水管理条例》等法规规章。严格水资源执法管理，严肃查处违反水法律法规的水事违法行为，维护正常的地下水管理秩序。对落实最严格水资源管理制度不力的地区、部门和单位，视情况采取约谈、通报等形式予以督促落实。完善公众参与机制，开展多层次、多形式的地下水水情宣传教育，增强全社会水忧患意识和水资源节约保护意识，形成节约用水、合理用水的良好风尚。

第三节　地下水水量和红线水位"双控"管理

随着地下水管理水平的日益提高、监测网络的逐步完善，地下水管理将逐步由过去的开采量控制转变为水量、水位双控制。相对于取水总量而言，地下水水位控制更有利于实时管理。

一、地下水控制水位及水位红线定义

（一）地下水控制水位定义及分类

地下水控制水位是指具有明确物理概念的一系列水位值的总称，对应于地下水不同开发利用状态下的一系列水位值。根据地下水水位升降所引发的生态环境问题，地下水控制水位可分为抬升型和下降型。抬升型控制水位，是指地下水位高于某一水位值后，可能引起土壤次生盐渍（碱）化、甚至沼泽化等生态环境问题。下降型控制水位是指地下水位低于某一水位值后，可能引起土壤沙化和荒漠化、地面沉降、地裂缝、海水入侵等生态、环境地质问题。前者主要针对浅层地下水，控制的是水位上限，后者针对浅层地下水及深层地下水均可，控制的是水位下限。无论是抬升型控制水位还是下降型控制水位，均可细分为黄线水位（预警线）和红线水位（警示线）。

（二）地下水水位红线定义

江苏省主要开发利用第Ⅱ承压、第Ⅲ承压和岩溶地下水，不合理开发利用引发的环境地质问题主要是地面沉降、地裂缝、岩溶塌陷等，故地下水控制水位为下降型控制水位，即控制的是水位下限。

本书所指地下水水位红线为上文所述地下水控制水位中的红线水位，是指地下水开采量大于可开采量，水位降至某个阈值后，可能引起疏干开采、明显地面沉降、地裂缝、岩溶塌陷等环境地质问题时所对应的临界水位值。

二、地下水水位红线控制管理目标

地下水水位红线控制目标是避免或控制地下水开采引发疏干开采、地面沉降、地裂缝、岩溶地面塌陷等环境地质问题的发生、发展，实现地下水资源的可持续利用。

根据省政府《关于实行最严格水资源管理制度的实施意见》（苏政发〔2012〕27号），确定禁采水位埋深为地下水水位红线。为保证一般情况下不突破地下水水位红线，在地下水水位达到红线水位前，设置限采水位埋深对地下水水位进行预警。

三、地下水水位红线控制管理分区

由于江苏省水文地质条件复杂，地下水资源分布不均，再加上各地区社会经济发展程度差异较大，区域供水推进步伐不一，地下水开发利用程度迥异，开采引发的环境地质问题不同。为合理利用地下水资源，保护地质环境，需分区对全省开展地下水水位红线控制管理，因地制宜地划分水位红线。

（一）分区原则

地下水水位红线控制管理分区主要考虑水文地质条件、地下水开采特点、地质环境特征及行政区划等几个方面，突出科学性与实用性。

1. 以水文地质条件为基础

地下水资源具有矿产资源和水资源的双重属性，地下水资源的形成条件、埋藏分布条件、化学组成等特征都严格受到地质条件的控制，同时又具有水资源的流动性、可再生性和可恢复性。不同水文地质分区，地下水资源分布特征不同。同一水文地质分区的地下水是个相对统一的整体，具有相对统一的水力联系，所以水位红线控制管理时也要和水资源评价一样，以水文地质分区为基础。

2. 兼顾地质环境特征

地下水不仅具有资源供给功能，还有保护生态系统和维持地质环境安全作用。环境地质问题的发生、发展是内、外因共同作用的结果，在水位降到一定的前提下，地质环境特征不同引发的环境地质问题类型、程度也不同。所以，水位红线控制管理分区要兼顾地质环境特征，充分考虑地下水与环境的相互制约关系。

3. 便于管理，实用可行

本次地下水水位红线控制研究是为江苏省今后实施水量、水位双控提供技术依据。地下水水位红线控制管理分区除了考虑以上有关地下水资源、地质环境等主客观条件外，还应结合行政区划界线，已形成的地下水开采特点，便于水行政主管部门管理。

（二）分区结果

据上述地下水水位红线控制管理分区原则，江苏省地下水主要开发利用地区分为9个地下水水位红线管理区，见图6-5。

Ⅰ区：行政区划包括苏锡常大部分地区，属太湖水网平原水文地质亚区。地面标高多在2~7m。第四系松散层厚80~240m，分布发育有潜水、第Ⅰ承压、第Ⅱ承压、第Ⅲ承压4个含水层组，其中第Ⅱ承压含水层组曾经为区内主采层。该含水层岩性颗粒粗，透水性和富水性好，单井涌水量1000~3000m³/d，且可通过第Ⅰ承压含水层接受长江水的间接补给，地下水资源丰富，但由于2000年以前超量开采地下水，引发了明显地面沉降、地裂缝。

Ⅱ区：行政区划属盐城市，处于盐城滨海平原水文地质亚区。地面标高多在1.5~5m。第四系松散层厚200~350m，分布发育有孔隙潜水、第Ⅰ承压、第Ⅱ承压、第Ⅲ承压含水层组，下伏新近系地层中发育有第Ⅳ、第Ⅴ承压含水层组（第Ⅰ承压水、第Ⅱ承压水水质为微咸水、半咸水、咸水），其中第Ⅱ承压、第Ⅲ承压、第Ⅳ承压含水层为地下水主采层。该区地处东部沿海，第Ⅱ承压、第Ⅲ承压、第Ⅳ承压含水层主要依靠上部越流补给，地下水资源富水性一般，再加上局部地区存在"三集中"开采现象，自 20 世纪 80 年代以来，先后在盐城市区、大丰市区、响水城区、阜宁城区、东台城区、滨海城区、射阳城区等地出现地面沉降，并有愈演愈烈之势。

Ⅲ区：行政区划属南通市，地处长江三角洲冲积平原，地面标高多在 2～5m。第四系松散层厚 100～320m，发育分布有潜水、第Ⅰ承压、第Ⅱ承压、第Ⅲ承压含水层组（第Ⅰ承压水、第Ⅱ承压水水质多为微咸水、半咸水、咸水），其中第Ⅲ承压含水层为地下水主采层，下伏新近系上新统地层中发育有第Ⅳ承压含水层，目前仅在局部有开采。第Ⅲ承压含水层组主要以一套长江河口三角洲相粗颗粒沉积为主，地下水资源较丰富。但由于局部地区超量开采，引发了地面沉降。

Ⅳ区：行政区划包括徐州市丰沛及铜山区西部，处于丰沛黄泛冲积平原水文地质亚区。地面标高 35～45m。松散层厚多在 120～360m，发育有潜水、第Ⅰ承压、第Ⅱ承压、第Ⅲ承压、第Ⅳ承压含水层组，主要开采第Ⅱ承压、第Ⅲ承压含水层。因区域供水推进缓慢，地下水仍作为城市供水水源之一。由于地下水开采强度较大，丰沛城区出现地面沉降。

Ⅴ区：徐州市区大部分地区，地貌上属低山丘陵岗地区，山前平原地面标高多在 30～50m。主要赋存的地下水类型为岩溶水，地下水超量开采后引发的环境地质问题主要是岩溶地面塌陷。

Ⅵ区：行政区划包括徐州市邳州、睢宁、新沂及宿迁市，多属新沂-泗洪波状平原水文地质亚区。地面标高多在 10～30m，松散层厚 80～200m，发育有孔隙潜水、第Ⅰ承压、第Ⅱ承压、第Ⅲ承压 4 个含水层组，主要开采第Ⅱ承压、第Ⅲ承压含水层。该区松散层沉积明显受郯庐断裂构造影响，含水层厚度及顶板埋深变化较大，松散层沉降时代相对较老。随着地下水位的持续下降，该平原区最早出现的环境地质问题不是地面沉降，而是疏干开采。

Ⅶ区：行政区划包括淮安市区、金湖、洪泽及盱眙，地面标高多在 5～15m。250m 以浅松散层中分布发育有孔隙潜水、第Ⅰ承压、第Ⅱ承压、第Ⅲ承压 4 个含水层组，主要开采第Ⅱ承压、第Ⅲ承压含水层。该区第Ⅱ承压、第Ⅲ承压含水层是由第四纪早中更新世河及新近纪上新世堆积中细砂、中粗砂、含砾中粗砂所组成，蕴藏有较为丰富的地下水资源。除淮安城区、金湖城区外，大部分地区水位埋深在 20m 以浅，未发现明显地面沉降。

Ⅷ区：行政区划包括连云港市灌云南、灌南、淮安涟水，属连云港滨海平原水文地质亚区。地面标高多在 2～8m。松散层厚 100～250m，发育有第Ⅰ承压、第Ⅱ承压、第Ⅲ承压含水层组（第Ⅰ承压水多为半咸水、咸水），主要开采第Ⅱ承压、第Ⅲ承压含水层。由于超量开采，20 世纪以来大部分地区水位呈下降趋势，并在灌南城区、灌云燕尾港等地引发地面沉降。

Ⅸ区：行政区划包括扬州市及泰州市。地面标高多在 1.5～5m。第四系松散层厚 120～300m，主要发育有孔隙潜水、第Ⅰ承压、第Ⅱ承压、第Ⅲ承压含水层组，其中第Ⅱ承压、第Ⅲ承压含水层为地下水主采层。该区南部主要以一套长江河口三角洲相粗颗粒沉积为主，北部属里下河低洼湖荡平原水文地质亚区。虽然目前区内尚无明显地面沉降，但由于里下河低洼湖荡平原区第四纪沉积物厚度大、颗粒细（以黏性土为主），含水层层次多、厚度薄，一旦水位持续下降易引发地面沉降。

（三）各区地下水水位控制管理主要目标层

由于水文地质条件及开发利用状况的差异，各区地下水水位红线管理主要目标层有所差异。

全省地下水以松散岩类孔隙承压水为主，总体地下水水位红线管理主要目标层为第Ⅱ承压、第Ⅲ承压含水层，盐城滨海平原区兼第Ⅳ承压含水层。南通地区因第Ⅱ承压水水质差，鲜有开采，地下水水位红线管理主要目标层为第Ⅲ承压含水层。徐州中部赋存的地下水类型主要为岩溶水，故地下水水位红线管理主要目标层为碳酸盐岩类裂隙岩溶含水层，见表 6-12、图 6-5。

表 6-12　　　　　　　　各区地下水水位红线管理主要目标层一览表

分区	分布范围	地 质 环 境 背 景	水位红线管理主要目标层
Ⅰ区	苏锡常大部分地区	属太湖水网平原水文地质亚区。地面标高多在 2～7m。第四系松散层厚 80～240m，分布发育有潜水、第Ⅰ承压、第Ⅱ承压、第Ⅲ承压 4 个含水层组，其中第Ⅱ承压含水层组曾经为区内主采层	第Ⅱ承压
Ⅱ区	盐城市	处于盐城滨海平原水文地质亚区。地面标高多在 1.5～5m。第四系松散层厚 200～350m，分布发育有孔隙潜水、第Ⅰ承压、第Ⅱ承压、第Ⅲ承压含水层组，下伏新近系地层中发育有第Ⅳ、第Ⅴ承压含水层组（第Ⅰ承压水、第Ⅱ承压水水质为微咸水、半咸水、咸水），其中第Ⅱ承压、第Ⅲ承压、第Ⅳ承压含水层为地下水主采层	第Ⅱ承压 第Ⅲ承压 第Ⅳ承压
Ⅲ区	南通市	地处长江三角洲冲积平原，地面标高多在 2～5m。第四系松散层厚 100～320m，发育分布有潜水、第Ⅰ承压、第Ⅱ承压、第Ⅲ承压含水层组（第Ⅰ承压水、第Ⅱ承压水水质多为微咸水、半咸水、咸水），其中第Ⅲ承压含水层为地下水主采层，下伏新近系上新统地层中发育有第Ⅳ承压含水层，目前仅在局部有开采	第Ⅲ承压
Ⅳ区	徐州市丰沛及铜山区西部	处于丰沛黄泛冲积平原水文地质亚区。地面标高 35～45m。松散层厚多在 120～360m，发育有潜水、第Ⅰ承压、第Ⅱ承压、第Ⅲ承压、第Ⅳ承压含水层组，主要开采第Ⅱ承压、第Ⅲ承压含水层	第Ⅱ承压 第Ⅲ承压
Ⅴ区	徐州市区大部分地区	地貌上属低山丘陵岗地区，山前平原地面标高多在 30～50m。主要赋存的地下水类型为岩溶水，处于徐州低山丘陵水文地质亚区	岩溶水
Ⅵ区	徐州市邳州、睢宁、新沂及宿迁市	多属新沂-泗洪波状平原水文地质亚区。地面标高多在 10～30m，松散层厚 80～200m，发育有孔隙潜水、第Ⅰ承压、第Ⅱ承压、第Ⅲ承压 4 个含水层组，主要开采第Ⅱ承压、第Ⅲ承压含水层	第Ⅱ承压 第Ⅲ承压
Ⅶ区	淮安市区、金湖、洪泽及盱眙	地面标高多在 5～15m。250m 以浅松散层中分布发育有孔隙潜水、第Ⅰ承压、第Ⅱ承压、第Ⅲ承压 4 个含水层组，主要开采第Ⅱ承压、第Ⅲ承压含水层	第Ⅱ承压 第Ⅲ承压
Ⅷ区	连云港市灌云南、灌南、淮安涟水	属连云港滨海平原水文地质亚区。地面标高多在 2～8m。松散层厚 100～250m，发育有第Ⅰ承压、第Ⅱ承压、第Ⅲ承压含水层组（第Ⅰ承压水多为半咸水、咸水），主要开采第Ⅱ承压、第Ⅲ承压含水层	第Ⅱ承压 第Ⅲ承压
Ⅸ区	扬州市及泰州市	多属里下河低洼湖荡平原水文地质亚区。地面标高多在 1.5～5m。第四系松散层厚 120～300m，主要发育有孔隙潜水、第Ⅰ承压、第Ⅱ承压、第Ⅲ承压含水层组，其中第Ⅱ承压、第Ⅲ承压含水层为地下水主采层	第Ⅱ承压 第Ⅲ承压

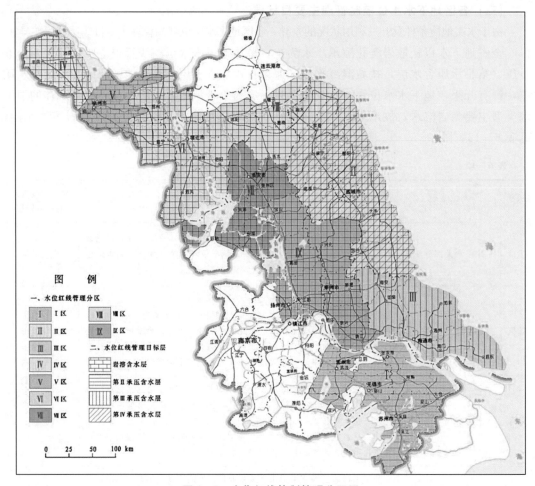

图 6-5 水位红线控制管理分区图

四、地下水水位红线划分原则及方法

(一)划分原则

地下水水位红线的划分是基于江苏省水文地质条件及地下水开采引发的环境地质问题，并结合地形地貌条件、地质环境条件及地下水开采状况等进行。其制订原则如下：

1. 促进地下水资源可持续利用

地下水资源的开发利用应立足于区域的、长期的、可持续的战略。它包括两层含义：一是代际公平，是从时间尺度衡量资源共享的"公平"性，在考虑当代人的需求与消费时，也要为后代人的需求与消费负起历史与道义的责任；二是区域公平，是从空间尺度衡量资源共享的"公平"性，即上下游之间水资源的可持续利用。

水位红线的划分应以地下水资源可持续利用为宗旨，限采水位埋深应充分考虑地下水补径排特点，确保东部、北部平原地区始终能获得西部、南部的侧向补给，促进地下水采补平衡。对地质环境条件较好，对地面沉降、岩溶塌陷不敏感地区，禁采水位埋深应突出保护地下水环境，防止出现疏干开采，引起地下水资源衰竭。

2. 保护地质环境

随着地下水开采时间的推移，江苏省地下水开采引发的环境地质问题日益凸显。苏锡常平原、苏北沿海平原、丰沛平原因地下水过量开采引发了不同程度的地面沉降，徐州市区七里沟水源地因岩溶水开采引发了数次岩溶地面塌陷。已有研究表明，无论是地面沉降、地裂缝还是岩溶地面塌陷的发生发展，其诱发因素均是当地地下水水位持续下降，环境地质问题的发生发展和地下水水位息息相关。因此在划分禁采水位埋深时，应突出保护地质环境原则，根据各地实际的地质环境条件，划分地下水水位红线，控制地下水水位下降，在开发利用地下水的同时切实保护好地质环境。

3. 从严控制地下水超采

地下水超量开采后引发的生态环境问题很多，如地面沉降、地裂缝、岩溶地面塌陷、海水入侵、水质咸化等。

江苏省地下水超量开采引发的主要问题有地面沉降、地裂缝、岩溶地面塌陷、疏干开采等。同一地区可能发生两种甚至多种环境地质问题。如苏锡常地区，地面沉降与地裂缝并存；徐州东部及宿迁地区，随着水位的持续下降，首先引起疏干开采，继而发生地面沉降。这类地区在确定水位红线时，将按照就小原则，以地下水超采后首先发生的环境地质问题为约束条件，从严控制本区地下水水位红线。

4. 注重实用，服务管理

由于环境地质问题的产生及严重程度受到地质环境背景及人为活动强度等多种因素影响，即使是在发生条件相近的同一个区，同等水位降深条件下引发的地面沉降、岩溶地面塌陷等环境地质问题也不尽相同。从水行政管理的可操作性角度出发，同一县（市）级行政区尽可能统一控制目标。本次水位红线划分兼顾地质环境背景与行政区划，将江苏省地下水主要开发利用地区划分为9个水位红线管理区。对同一个水位红线管理区，选取开发利用历史相对较长、开采井相对密集的地下水降落漏斗中心且具有水文地质钻孔资料的地区，采用定性、定量等多种分析方法划分禁采水位埋深，以此作为该区的地下水水位红线控制指标。

（二）划分方法

限采水位埋深主要从水资源的可持续利用角度出发。苏政发〔2012〕27号提出的接近或者达到限采水位的区域，要严格控制地下水开采量，等同于《全国地下水超采区评价技术大纲》中定义的地下水超采区——地下水实际开采量超过可开采量，造成地下水水位呈持续下降趋势的区域。所以限采水位埋深直接采用《江苏省水资源综合规划》中地下水可开采量计算时对应的控制水位埋深。

禁采水位埋深主要从保护地质环境及防止疏干开采的角度出发。根据江苏省地质环境背景条件，江苏省地下水开采可能引发的问题主要有地面沉降、地裂缝、岩溶地面塌陷和疏干开采等（已有研究未见海水入侵、水质咸化）。由于地裂缝是地面沉降发展到一定程度的产物，控制了地面沉降的发生发展也就能控制地裂缝。

故本次水位红线——禁采水位埋深的划分主要考虑三个约束条件：一是徐州岩溶地区岩溶水以控制岩溶地面塌陷为约束条件；二是在平原区承压水以控制地面沉降为约束条

件；三是在徐州东部及宿迁承压水以防止疏干开采为约束条件。其制订方法主要基于地下水超量开采后引发的环境地质问题状况。由于不同环境地质问题的地质背景、发生机理不同，具体方法也就有所差异。

（三）以控制岩溶地面塌陷为约束条件

对以控制岩溶地面塌陷为约束条件的徐州岩溶地区，由于岩溶塌陷的发生是在一定的地质环境背景下，在水位降的外力作用下产生，难于准确刻画水位与岩溶塌陷的关系式，只能通过定性分析徐州已有岩溶塌陷的空间分布规律及形成机理划分水位红线。

（四）以控制地面沉降为约束条件

对以控制地面沉降为约束条件的平原区承压水，根据地面沉降研究程度，采用相关分析、模型计算或类比分析等方法。

据《江苏省地质灾害危险性评估技术要求》，累计地面沉降量大于 800mm 时地质灾害危险性多为中等-大，结合江苏省地面沉降现状及各地地质环境特征，确定地面标高在 40m 左右的丰沛地区累计地面沉降量控制目标为 800mm，徐州东部及宿迁市累计地面沉降量控制目标为 700mm，其他地区为 600mm。

（五）以防止疏干开采为约束条件

Ⅵ区（徐州东部及宿迁）由于可压缩的松散层厚度小、时代老，抗压缩性强等，地质环境背景条件较好，不易产生地面沉降，对该区禁采水位埋深的划定，不能只考虑保护地质环境，更要突出保护地下水环境，通过定性分析当地开采井主要开采层、已有水文地质钻孔中含水层顶板埋深等，防止疏干开采，避免地下水资源衰竭。

五、应用验证

全面收集了水利、国土部门 2011—2013 年地下水水位动态及地面沉降监测资料，通过分析地下水水情及开采引发的环境地质问题发育现状，验证本次研究结果的合理性。

（一）地下水水情

1. 监测点概况

由于以往江苏省地下水监测井多以生产井为主，受企业生产、封井等因素影响，2011—2013 年水位监测点分布在 2010 年监测网点基础上有所调整。

据统计，目前江苏省水位红线控制管理区内共有 523 眼水位监测点，其中水利部门 424 眼，国土部门 99 眼，各区水位监测点密度在 2～11 个/1000km² 不等，见表 6-13。

2. 地下水水情

（1）第Ⅱ承压水。苏锡常地区：2011—2013 年间，常州、无锡第Ⅱ承压水水位继续以上升为主，最大升幅达 6.0m/a（常州塑编总厂）；苏州第Ⅱ承压水水位以稳定为主。2013 年苏锡常区域地下水降落漏斗面积缩至 1041km²（水位埋深 40m 范围），中心最大水位埋深为 64.2m（江阴市利达毛纺厂）。

表 6-13　　　　　　　　　　2013 年水位红线控制管理区水位监测点一览表

分区	分布范围	水位红线控制目标含水层	监测点数			监测点密度/(个数/1000km²)
			水利部门	国土部门	合计	
Ⅰ区	苏锡常大部分地区	第Ⅱ承压	77	24	101	11
Ⅱ区	盐城市	第Ⅱ承压	30	14	44	3
		第Ⅲ承压	49	18	67	4
		第Ⅳ承压	30	4	34	2
Ⅲ区	南通市	第Ⅲ承压	36	8	44	5
Ⅳ区	徐州市丰沛及铜山区西部	第Ⅱ+Ⅲ承压	32		34	10
Ⅴ区	徐州市区大部分地区	岩溶含水层	30		30	9
Ⅵ区	徐州市邳州、睢宁、新沂及宿迁市	第Ⅱ+Ⅲ承压	19	7	26	2
Ⅶ区	淮安市区、金湖、洪泽及盱眙	第Ⅱ承压	31	3	34	6
		第Ⅲ承压	11	7	18	2
Ⅷ区	连云港市灌云南、灌南、淮安涟水	第Ⅱ+Ⅲ承压	26	7	33	8
Ⅸ区	扬州市及泰州市	第Ⅱ承压	22	3	25	2
		第Ⅲ承压	31	2	33	3
合　计			424	99	523	

长江以北：大部分地区水位以基本稳定为主（年均变幅小于 0.5m），但在淮安涟水-灌云灌南水位埋深继续呈下降趋势，年降幅大于 0.5m，其中涟水北部、灌南年均降幅大于 1m，原位于连云港北部-盐城北的 20m 地下水降落漏斗进一步扩展，与淮安城区地下水降落漏斗合二为一；另外丰县第Ⅱ承压水水位也呈明显下降趋势，地下水降落漏斗（水位埋深 20m 范围）面积增至 1000 多 km²，城区及其周围年均降幅大于 1m，最大降幅达 5.7m/a（宋楼镇自来水厂），其他地区水位埋深和 2010 年相比变化不大，见图 6-6。

（2）第Ⅲ承压水。2011—2013 年间，江苏省大部分地区第Ⅲ承压水水位基本稳定，但在南通、淮安、连云港、徐州、盐城等部分地区水位动态变化较大。南通市近 3 年来第Ⅲ承压水水位稳中有升，尤其是南通市区、启东西部、如东南部原地下水降落漏斗区（水位埋深 30m 范围）年均水位升幅多在 0.5～2m/a，最大升幅达 2.4m/a（掘港水公司 6 号井），地下水降落漏斗面积缩小了上千平方公里，漏斗中心最大水位埋深为 43.1m（江苏三通科技）；丰沛、连云港、淮安涟水等地由于第Ⅱ承压水及第Ⅲ承压水混采，淮安涟水-连云港灌云灌南及丰县等地第Ⅲ承压水水位普遍下降，此外，盐城滨海东部及盐都西南局部地区水位也呈下降趋势，年均降幅多在 0.5～2m；其余地区水位基本稳定，见图 6-7。

（3）第Ⅳ承压水。近 3 年来江苏省第Ⅳ承压水水位基本稳定，仅在射阳城区等局部地段出现下降趋势，年均降幅多在 0.5～2m/a，地下水降落漏斗（水位埋深 40m 范围）依然位于盐城市区，中心最大水位埋深为 49.3m（万源化工），见图 6-8。

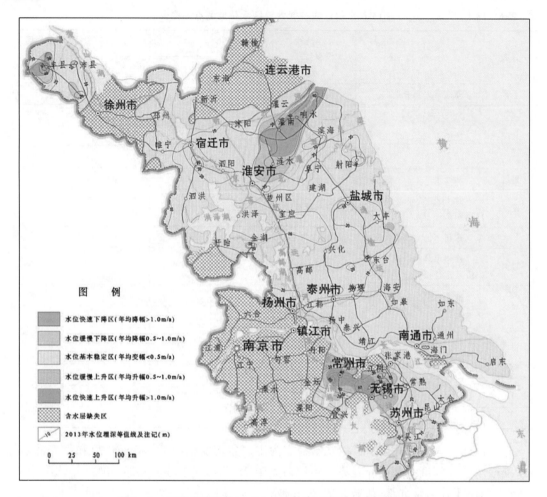

图 6-6 江苏省第Ⅱ承压水水位埋深及变化速率图（2013 年）

（4）岩溶水。徐州市岩溶水开采主要集中于茅村、七里沟和张集水源地，2011—2013年间总体水位基本稳定，最深的漏斗依然位于丁楼水源地，漏斗面积无明显变化，但漏斗中心水位上升了 2.8m（2011 年 44.7m，2013 年升至 41.9m）。但张集水源地有监测点水位呈下降趋势，年均降幅达 2.5m（张集乡豆奶粉厂，由 7.5m 降至 12.5m）。

（二）应用验证

从现有监测资料分析，水位超红线区主要分布在苏锡常地区，此外在徐州丰县、连云港灌南、盐城等地也有个别监测点水位超红线。

1. 苏锡常地区（Ⅰ区）

苏锡常地区自 2000 年实施地下水禁采以来，地下水水位明显回升。水位埋深超过 25m 预警线的区域主要分布在常州市区、无锡市区及江阴南部，累计面积约 2000km²。水位超红线区（水位埋深大于 50m）主要分布在常州市区-无锡市区-江阴南部一带，受前期地下水超采影响，该区累计地面沉降量多在 600mm 以上。据长江三角洲最新地面沉降监测网数据，目前该区地面沉降速率多在 5mm/a 以内，但江阴南部沉降速率仍达 5～

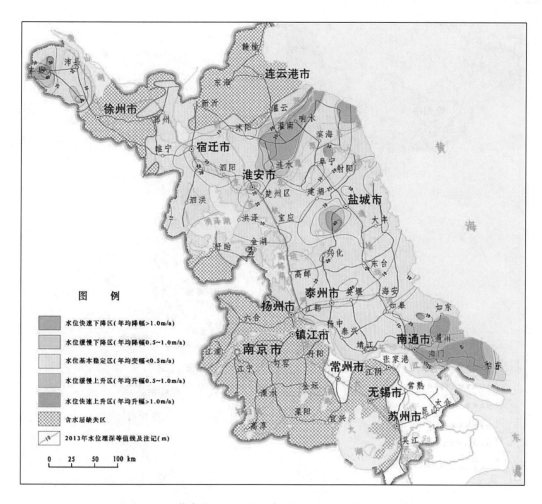

图6-7 江苏省第Ⅲ承压水水位埋深及变化速率图 (2013年)

20mm/a。

2. 盐城市 (Ⅱ区)

盐城市水位红线控制目标层为第Ⅱ承压、第Ⅲ承压、第Ⅳ承压含水层,目前各承压水位总体以稳定为主,但在局部地段出现下降趋势,个别监测点水位甚至超过红线,但未见同一地段第Ⅱ承压、第Ⅲ承压、第Ⅳ承压水同时出现超红线的现象。

第Ⅱ承压水:大部分地区水位埋深在20m以浅,但有10个监测点水位埋深超红线(27m),其中盐城市区龙冈2个(31.8~32.7m),射阳4个(城区3个30~35.8m;临海1个27.7m),滨海4个(城区及其西南部29.7~35.5m);水位埋深超预警线区(水位埋深大于20m)分布范围较广,主要位于盐城市区-大丰、盐城北部阜宁-滨海-响水一带、射阳城区周围等地,累计分布面积约3600km²。

第Ⅲ承压水:水位埋深多在30m以浅,但在盐城市区、阜宁城区及其西南部、响水城区等地水位埋深超过预警线(面积约1900km²),甚至有11个监测点超红线,其中盐城市区8个(城区西南37.8~42.1m),阜宁1个(阜城镇新桥水厂36.1m),射阳1个(长

241

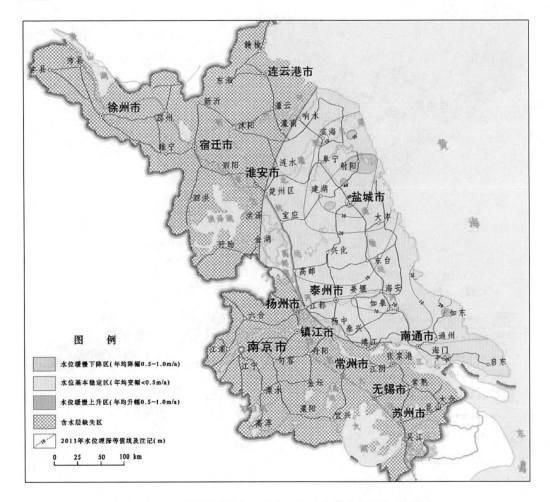

图 6-8　江苏省第Ⅳ承压水水位埋深及变化速率图（2013 年）

荡东厦村，35.5m），响水 1 个（响水县自来水厂 35.8m）。

第Ⅳ承压水：大部分地区水位埋深在 10～30m，盐城城区北部-新兴及建湖冈东一带（约 170km²）水位埋深超过预警线（40m），地下水降落漏斗中心最大水位埋深为 49.3m（城区万源化工），超过水位红线。

各承压水位埋深超红线监测点主要位于盐城市区、射阳城区、滨海城区等地，超红线区虽然累计地面沉降量未达 600mm，但据江苏省全球导航卫星连续运行参考站综合服务系统（Jiangsu Continuously Operating Reference Stations，JSCORS）、中国国土资源航空物探遥感中心 Interferometric Synthetic Aperture Radar（InSAR）监测资料，近年来地面沉降速率多在 10～25mm/a。

3. 南通市（Ⅲ区）

2011—2013 年间，区内主采层（第Ⅲ承压含水层）水位稳中有升，尤其是原地下水降落漏斗区，水位升幅多在 0.5～2m/a，漏斗中心最大水位埋深为 43.1m，全市尚无监测点水位埋深超红线。但海门大部分地区、启东北新、通州东社、三余等地水位埋深超过预警线（35m），面积约1400km²。

南通市地面沉降监测资料显示，目前海门、如东已形成两个沉降漏斗，累计地面沉降量多在200～300mm，近年来地面沉降速率多小于5mm/a。

4. 徐州丰沛平原区（Ⅳ区）

由于区域供水发展滞缓、农村饮水安全工程推广等因素影响，徐州丰沛平原部分地区地下水出现下降趋势，尤其是丰县，大部分地区水位埋深已降至25m以下，超过预警线（面积约1100km²），漏斗中心水位埋深大于50m，超过本区水位红线（中心最大水位埋深达62.8m，北关第二中学）。

该区地面沉降研究起步较晚，研究程度较低，从现有资料分析，丰沛城区已发生明显地面沉降，累计地面沉降量超过200mm。同时据江苏测绘局CORS、中国国土资源航空物探遥感中心INSAR监测资料，近年来丰县城区及其周边地面沉降速率达10～15mm/a。

5. 徐州中部低山丘陵区（Ⅴ区）

2013年共有3个监测点水位埋深略超红线，2个位于丁楼水源地（丁楼水厂40.5m，小山子水厂41.9m），另1个位于大庙侯集中学（25.2m）。自2006年以来，徐州市区未见因地下水开采而引发岩溶地面塌陷。

6. 徐宿地区（Ⅵ区）

徐宿地区地下水监测点密度及地面沉降研究程度均处于全省较低水平，从现有资料分析，未见监测点水位超红线，也无明显地面沉降。但在宿迁洋河洋北一带水位埋深超过预警线（25m）。

7. 淮安市（Ⅶ区）

淮安市水位红线控制目标层为第Ⅱ承压、第Ⅲ承压含水层，目前各承压水位总体以稳定为主，淮安城区第Ⅲ承压水甚至开始回升，仅淮安市区东北部受涟水影响，第Ⅱ承压水出现缓慢下降趋势。全区尚无监测点水位超过红线；但淮安城区及其东北部、金湖城区共计约1050km²范围内第Ⅱ承压水位埋深超过预警线，第Ⅲ承压水仅淮安城区及金湖城区不足200km²范围超过预警线。

已有地面沉降资料表明，淮安城区出现地面沉降迹象，累计地面沉降量不足200mm，远低于600mm的沉降控制目标。近年来地面沉降速率多小于5mm/a。

8. 连南-涟水地区（Ⅷ区）

连南-涟水地区第Ⅱ、第Ⅲ承压多为混合开采，由于区域供水发展滞缓、农村饮水安全工程推广以及沿海大开发等因素影响，区内大部分地区地下水水位持续下降，涟水及灌南近2000km²范围内水位埋深超过预警线（25m），漏斗中心最大水位埋深达46.3m（灌南堆沟），超过本区水位红线。

该区地面沉降研究起步较晚，研究程度较低，从现有资料分析，目前本区最大累计地面沉降量不足400mm，但据江苏测绘局CORS、中国国土资源航空物探遥感中心INSAR监测资料，近年来淮安涟水及灌南大部分地区地面沉降速率多在5mm/a以上，灌南堆沟一带甚至高达30mm/a。

9. 扬泰地区（Ⅸ区）

该区水位红线控制目标层为第Ⅱ、第Ⅲ承压含水层，目前第Ⅱ承压水位埋深多在

20m 以浅，地下水降落漏斗中心最大水位埋深为 22.7m（扬州发电厂），仅扬州城区、泰州城西等局部地段出现超预警线；第Ⅲ承压水位埋深多在 30m 以浅，现有监测点尚未发现超预警线。第Ⅱ、第Ⅲ承压监测点水位均未出现超红线现象。

区内未发生明显地面沉降，仅泰州城区出现沉降迹象，累计地面沉降量小于 200mm，远低于 600mm 的沉降控制目标。近年来地面沉降速率多小于 5mm/a。

从目前地下水水情分布来看，水位超红线监测点主要分布在苏锡常地面沉降漏斗区（累计地面沉降量大于 600mm），其次零星分布于苏北丰县、连云港、盐城等地（表 6 - 14），后者虽然地面沉降未超过控制目标（600～800mm），但现状地面沉降速率多在 10～30mm/a，应采取措施促使其水位回升，防止地面沉降进一步加剧。

表 6 - 14　　　　　　　　　　　　2013 年水位埋深超红线监测点一览表

分区	分布范围	水位红线控制目标含水层	超红线监测点分布	地质环境问题发育现状
Ⅰ区	苏锡常大部分地区	第Ⅱ承压	共 21 个监测点超红线，其中无锡市区西北部及江阴南部 19 个（50～64.2m），常州市区 3 个（61.6～64.8m）	超红线区累计地面沉降量多在 600mm 以上，地面沉降速率多在 5mm/a 以内，但江阴南部等地沉降速率仍达 5～20mm/a
Ⅱ区	盐城市	第Ⅱ承压	共 10 个监测点超红线，其中盐城市区龙冈 2 个（31.8～32.7m），射阳 4 个（城区 3 个，30～35.8m；临海 1 个 27.7m），滨海 4 个（城区及其西南部，29.7～35.5m）	超红线区累计地面沉降量多在 200～600mm，地面沉降速率多在 10～25mm/a
		第Ⅲ承压	共 11 个监测点超红线，其中盐城市区 8 个（城区西南，37.8～42.1m），阜宁 1 个（阜城镇新桥水厂，36.1m），射阳 1 个（长荡东厦村，35.5m），响水 1 个（响水县自来水厂，35.8m）	
		第Ⅳ承压	1 个点超红线，位于城区的万源化工，2013 年平均水位埋深为 49.3m	
Ⅲ区	南通市	第Ⅲ承压	无	海门及如东南部累计地面沉降量多在 200～300mm，地面沉降速率多小于 5mm/a
Ⅳ区	徐州市丰沛及铜山区西部	第Ⅱ+Ⅲ承压	共 2 个监测点超红线，第一中学东院（62.2m）及北关第二中学（62.8m）	丰沛城区累计地面沉降量超过 200mm。2012 年丰县城区及其周边地面沉降速率达 10～15mm/a
Ⅴ区	徐州市区大部分地区	岩溶含水层	共有 3 个监测点水位埋深略超红线，2 个位于丁楼水源地（丁楼水厂 40.5m，小山子水厂 41.9m），另 1 个位于大庙侯集中学（25.2m）	2006 年后未发生岩溶地面塌陷

分区	分布范围	水位红线控制目标含水层	超红线监测点分布	地质环境问题发育现状
Ⅵ区	徐州市邳州、睢宁、新沂及宿迁市	第Ⅱ+Ⅲ承压	无	未发生明显地面沉降，地面沉降速率多小于5mm/a
Ⅶ区	淮安市区、金湖、洪泽及盱眙	第Ⅱ承压	无	未发生明显地面沉降，地面沉降速率多小于5mm/a
		第Ⅲ承压	无	
Ⅷ区	连云港市灌云南、灌南、淮安涟水	第Ⅱ+Ⅲ承压	1个监测点超红线，灌南堆沟（46.3m）	最大累计地面沉降量不足400mm，但地面沉降速率多在5mm/a以上，灌南堆沟一带甚至高达30mm/a
Ⅸ区	扬州市及泰州市	第Ⅱ承压	无	未发生明显地面沉降，近年来地面沉降速率多小于5mm/a
		第Ⅲ承压	无	

全省未见有现状水位埋深尚未超过红线，但现状累计地面沉降量超过控制目标的地区。说明本次研究划分的水位红线能够满足实现控制地面沉降的目标。

第四节　地下水（备用）水源地应急利用规划（以无锡为例）

进入21世纪以来，我国频繁发生地震、台风、干旱、水体污染等自然灾害和人为突发性事件。例如，2005年松花江流域的重大水污染事件，2007年太湖蓝藻事件，2008年"5·12"汶川特大地震，2009年入秋以来的西南地区持续特大干旱。这些突发性灾害和极端性气候事件，不仅直接威胁人类的生命财产安全，而且往往造成原有供水系统供水能力大幅度下降甚至瘫痪，危及群众的饮水安全和区域社会的稳定。居安思危，未雨绸缪，事前开展应急和战略储备水源规划和建设工作，构建"平战结合"的危机管理体系和机制，具有重要的现实意义和长远的战略意义。

2008年1月19日，江苏省第十届人民代表大会常务委员会第三十五次会议通过了《江苏省人民代表大会常务委员会关于加强饮用水源地保护的决定》，2009年江苏省政府办公厅出台了《省政府办公厅关于切实加强饮用水安全监管工作的通知》（苏政办发〔2009〕54号），明确要求各市、县人民政府要按照"原水互备、清水联通、井水应急"的原则进一步加强饮用水设施建设。

为进一步保障饮用水安全，维护人民生命健康，促进社会和谐发展，江苏省水行政主管部门未雨绸缪，拟在现状居民饮用水主要依靠长江水、太湖水水源的基础上，充分利用区域面上分布较广、水量较丰富、水质优良、安全卫生的地下水水源作为应急备用水源，建立应急备用水源地，对有效预防水污染、地震、恐怖袭击、战争等突发事件引发的供水危机，保障供水安全，维护社会稳定，确保城市经济建设可持续发展具有重大意义。本次研究以无锡市为例，介绍江苏省地下水（备用）水源地应急利用规划的相关研究成果。

自太湖蓝藻引发公共饮用水危机后，无锡市加快了长江供水工程建设，于 2008 年实现了"江湖并举、双源互补"的供水格局，不仅提高了无锡市的供水能力，同时结束了无锡只有太湖一个水源地的历史，有效地规避由于太湖突发事件而可能发生的"水危机"，提高了供水可靠性。一般情况下，长江水和太湖水互备互联，供水能力可达 195 万 m^3/d。正在实施无锡市太湖、长江双水源供水保障性能扩建工程完工后，四大主力净水厂的供水规模将从现有的 195 万 m^3/d 增加到 245 万 m^3/d，即使仅靠单一水源也可满足全市供用水需要，有效提高了任意水源地发生水源水质波动和突发性变化时的应对能力；江阴市正在新建利港水源地、并规划扩建长江窑港、长江肖山水源地及建设绮山湖应急备用水源地，到 2015 年，形成"扎根长江、多源互补"的饮用水源地调配体系。

鉴于无锡市区及江阴市已建或规划建设应急备用水源地，本次规划中无锡市区应急供水主要考虑地震、恐怖袭击、战争等极端事件发生时导致供水管网瘫痪时的应急供水；江阴市地下水应急备用水源地主要考虑在长江江阴段全面暴发水污染事件导致江阴市现有饮用水源地全面停止供水时，和绮山湖应急备用水源地同时启用，也可在地震、恐怖袭击、战争等极端事件发生时导致供水管网瘫痪时启用。

本书中地下水应急备用水源地规划主要依据区内地下水资源分布状况而定，对于地下水资源丰富的长江三角洲平原孔隙地下水区，规划建设地下水应急备用水源地集中取水井群，除了满足当地居民饮用水（含厨用水）外，还可适当考虑学校、医院等与人民群众生活息息相关的公共用水及居民基本生活用水要求；对于地下水资源丰富程度一般的太湖平原孔隙地下水区和基岩地下水区，规划分散建设或充分利用已有地下水取水井，用于应对地震、恐怖袭击、战争等突发事件导致供水管网瘫痪时供应居民生活饮用。

一、规划原则

1. 正常期储备、应急期开采

对应急备用水源地的取水条件加以限制，坚持正常期储备、应急期开采的原则，只有地震、恐怖袭击、战争或长江江阴段全面水污染等突发事件，并对居民基本生活用水造成严重威胁时才可动用。地下水的开采具有间歇性、短期性特点，这样即使应急期有所超采，通过之后长时间的停产和地下水系统的自然循环补给，也不会产生明显环境地质问题。

2. 总量控制、因地制宜

由于水文地质条件的差异，各地区地下水资源分布迥异，应急供水能力也不同。应急备用井建设规模应以当地的水文地质为依据，尤其是集中取水井群，尽量将取水量控制在可采资源量范围内。

3. 应急备用与日常监测相结合

以地下水监测井建设为契机，将地下水日常监测井与应急备用井紧密结合，平时用于日常水位动态监测，应急期用于应急开采，一井两用，最大程度的发挥资源效益。

4. 集中开采与分散开采相结合

对于地下水资源丰富的长江三角洲平原孔隙地下水区，可建设地下水应急备用水源地集中取水井群。对于地下水资源丰富程度一般的太湖平原孔隙地下水区和基岩地下水区，分散建设地下水取水井。

二、地下水应急备用水源地勘察

（一）无锡市区

2011年4—5月，先后两次派出技术人员，深入到无锡市区各个乡镇开展水文地质调查，并对具有水位测量条件的深井进行了水位统测，同时选取了11个井进行地下水水质样品采集及测试，其中3个为基岩水样，8个为第Ⅱ承压水样。从已有研究成果及本次调查结果分析，无锡市区水文地质条件一般（第Ⅱ承压含水层厚度多小于40m，主要补给源为第Ⅰ承压水越流补给、侧向径流补给和基岩水补给），地下水水位埋深多在20～60m，累计地面沉降量多在400mm以上，不具备建设集中供水水源地的可行性，只宜分散建设应急备用取水井。

（二）江阴市

1. 水文地质勘察

2010年，江阴市水利农机局曾委托江苏省地质调查研究院在利港江边开展应急备用水源地勘察。共布设了11个勘探孔，其中4个为抽水试验井孔（3个Ⅱ承压抽水井孔深113.0m，1个抽水井孔深190.0m），另7个钻孔用于抽水试验时不同含水层的水位观测（1个Ⅰ承压观测孔深36.0m，5个Ⅱ承压观测孔深84.0m，另1个Ⅲ承压观测孔深170.0m）。共完成六组抽水试验。先针对Ⅱ承压含水层进行单井、双井、三井不同流量抽水试验，再针对Ⅲ承压含水层进行单井抽水试验，每次抽水试验时均同时观测Ⅰ、Ⅱ、Ⅲ承压水位。抽水试验结果见表6-15。

表6-15　　　　　　　　　　抽水试验结果统计表

阶　段		抽水井	涌　水　量		观测孔水位降深/m						
					Ⅰ承压	Ⅱ承压					Ⅲ承压
			m^3/h	万 m^3/d	观1	观2	观4	观5	观6	观7	观3
Ⅱ承压抽水	单井	抽1	265.92	6382.08	0.04	1.21	1.0	0.98	0.98	0.75	0
	单井	抽1	326.86	7844.64	0.05	1.61	1.42	1.4	1.5	1.05	0
	两井	抽2 抽3	346.6	8318.4	0.05	1.32	1.14	1.05	1.03	0.91	0
	三井	抽1 抽2 抽3	606.25	14550.0	0.07	2.71	2.39	2.32	2.34	1.91	0
Ⅲ承压抽水	单井	抽4	333.4	8001.6	0	0	0	0	0	0	1.91
	单井	抽4	238.03	5712.72	0	0	0	0	0	0	1.37

试验结果表明：

（1）Ⅱ、Ⅲ承压含水层富水性佳。拟建应急备用水源地场地区第四纪松散层厚 200 多 m，其间发育有孔隙潜水、第Ⅰ、第Ⅱ、第Ⅲ承压 4 个含水层组，其中Ⅱ、Ⅲ承压含水层呈巨厚状分布。

Ⅱ承压含水层由中更新世时期长江古河道流经区内堆积形成，顶板埋深 58m，砂层厚达 50m，且与第Ⅰ承压含水层相连。砂层岩性颗粒粗，以粉细砂、中细砂、含砾中粗砂为主，抽水试验时单井最大出水量达 326.86m³/h。

Ⅲ承压含水层由一套下更新统冲积、冲湖积相粉细砂、含砾中细砂组成，顶板埋深 125m，砂层厚 80m 以上，抽水试验时单井最大出水量达 333.40m³/h。

（2）Ⅱ、Ⅲ承压含水层补给条件好。

1）Ⅱ、Ⅲ承压水与长江水联系密切。沿江一带水位受长江潮汐影响明显，地下水水位动态变化与潮汐同步，呈周期性变化。但各含水层水位变幅差异较大。第Ⅰ承压含水层水位变幅仅为 6cm，第Ⅱ、第Ⅲ承压含水层水位变幅近似，约为 30～40cm。说明沿江带Ⅱ、Ⅲ承压水与长江水联系密切。

2）群孔抽水试验时水位稳定快、降深小。三井以 606.25m³/h 的水量抽水，14.5h 后观测孔水位基本稳定，中央观测孔最大降深仅 2.71m，影响半径约 200m，距抽水井越近，水力坡度越大（距抽水井 20m 范围内水力坡度为 0.0144，是距抽水井 20～50m 间水力坡度的 1.7 倍），见图 6-9。说明沿江带Ⅱ、Ⅲ承压水开采时补给量极为丰富。

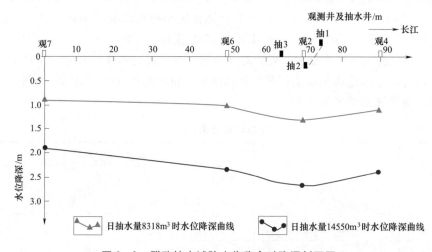

图 6-9　群孔抽水试验水位稳定时降深剖面图

3）抽水试验过程中地下水质量无明显变化，抽水后观测到的地面沉降范围及幅度很小。

2. 应急取水规模

据抽水试验成果，利用模型预测了不同应急取水规模下的水位变化。

据模型预测，水源地按 6 万 m³/d 开采 7 天后，Ⅱ、Ⅲ承压水最大水位埋深可能降至 16m，按 12 万 m³/d 开采 7 天后，Ⅱ、Ⅲ承压水最大水位埋深可能降至 24m、22m，而按 18 万 m³/d 开采 7 天后，Ⅱ承压水最大水位埋深则可能降至 35m 左右（表 6-16）。

表 6 - 16　　　　　　　　不同应急取水规模下Ⅱ、Ⅲ承压水水位预测一览表

应急取水规模	Ⅱ承压最大水位埋深/m			Ⅲ承压最大水位埋深/m
	K 选用小参数（42.52）	K 选用中参数（53.06）	K 选用大参数（69.85）	
6 万 m^3/d	16.3	15.3	14.6	15.5
12 万 m^3/d	23.8	21.8	20.4	22.3
18 万 m^3/d	35.4	29.2	25.9	28.3

从苏锡常地区地面沉降与地下水水位发展历程分析，开采单一含水层（Ⅱ承压）时，水位埋深在 40m 以浅地面沉降不明显。应急备用水源地将同时开采Ⅱ、Ⅲ承压水，综合分析认为，应急供水时按 6 万 m^3/d 或 12 万 m^3/d 短期开采地下水对地质环境产生明显影响的可能性小。

从应急需求角度考虑，可供水量以大为宜，建议江阴市应急备用水源地Ⅱ、Ⅲ承压水合计取水规模 12 万 m^3/d。

三、地下水应急备用水源地规划

（一）地下水应急取水模式

地下水作为应急供水水源，其取水模式主要受制于水文地质条件。我国目前对含水层厚度大、岩性颗粒粗、补给条件好的地区一般采用集中取水模式，如北京怀柔地区；而对富水条件一般的地区则采用分散取水。

根据工作区水文地质条件，工作区可采取集中取水和分散取水相结合的取水模式，在江阴西部沿江带富水区，建立集中取水水源地，其他地区建设分散取水井。

（二）地下水应急备用水源地规划

1. 地下水应急取水方案

集中取水：在江阴利港西部沿江边建集中取水井群，以第Ⅱ、Ⅲ承压含水层为取水目的层，主要用于长江江阴段全面暴发水污染事件引起江阴市饮用水源地全面停止供水时应急备用，也可在地震、恐怖袭击、战争等极端事件发生时导致供水管网瘫痪时启用。

分散取水：锡山区、惠山区、滨湖区、新区以乡镇为单位，根据人口、用水定额预测应急时当地居民饮用水需水量。太湖平原孔隙地下水区依据当地水文地质条件，在便于市民拎水、便于应急井日常管理的地区规划建设应急备用井；基岩地下水分布区充分利用已有取水井；城区（崇安区、南长区、北塘区）应急备用井建设密切结合人防设施分布情况。根据预测的应急需水量和水文地质条件，规划建设应急备用井。

2. 地下水应急备用水源地规划

（1）无锡市区。

1）城区（崇安区、南长区、北塘区）。无锡三大主城区建筑物、人口密集，水文地质条件较差--一般（崇安区Ⅱ承压含水层厚度多在 30m 以上，北塘区在 10～40m 不等，南长区多小于 10m），当地的地下水资源量难于满足居民饮用水需求（多年平均弹性储存增量为 68.48 万 m^3/a，折合为 0.19 万 m^3/d，而居民饮用水需水量高达 1.6 万 m^3/d），应急备用井建设只能以满足应急避难场所居民饮用水为主。

据无锡市民防局资料，崇安区有 5 个应急避难场所，疏散人数累计为 2.675 万。按人均 10L/d 计，5 个应急避难场所居民饮用水需水量总计为 267.5m³/d。各应急避难场所规划建设 1 眼应急备用井，按当地水文地质条件预测，可供水量可达 5600m³/d，在满足本应急避难场居民饮用水的同时，还有 5000 多 m³/d 的余额，首先用于其他区应急避难场所居民饮用（部分应急避难场所因所处位置水文地质条件差，不宜布设应急备用井或应急备用井出水量难于满足避难所居民生活饮用），有盈余再考虑学校、医院等公益单位的公共用水及周围居民生活饮用。

北塘区有 2 个应急避难场所，其中北塘区行政服务中心疏散人数为 28500，居民生活饮用水需水量约 285m³/d。规划建设 1 眼应急备用井，预计可供水量达 1200m³/d，满足应急避难所居民饮用；运河公园疏散人数为 132356，居民生活饮用水需水量约 1323.56m³/d。据区域水文地质条件，当第Ⅱ承压含水层厚 20~30m，岩性以细砂、中细砂、粉砂为主，预计单井出水量约 800m³/d。考虑到该避难所面积较大（321366m²），规划建设 2 眼应急备用井，预计可供水量达 1600m³/d，基本满足应急避难所居民饮用。

南长区有 2 个应急避难场所，其中金星街道小公园疏散人数为 7000 人，居民生活饮用水需水量约 70m³/d。规划建设 1 眼应急备用井，预计可供水量达 120m³/d，满足应急避难所居民饮用；太湖广场疏散人数为 4.1 万人，居民生活饮用水需水量约 410m³/d。据区域水文地质条件，中更新世时期太湖广场地处长江古河道边缘，第Ⅱ承压含水层厚度小于 10m，岩性以细砂、粉砂为主，预计单井出水量约 120m³/d。考虑到该避难所面积较大（10 万 m²），规划建设 2 眼应急备用井，预计可供水量达 240m³/d，但和应急避难所居民饮用水需水量仍差 170m³/d，只能通过从周边应急避难所（北塘区行政服务中心、国联广场、火车站广场、东林广场、基督教绿地广场等）或滨湖区现有基岩井拉水予以解决。

无锡城区（崇安区、南长区、北塘区）共有 9 个应急避难场所，合计疏散人数为 235606 人，预计应急需水量约 2356m³/d。各应急避难场所布设 1~2 眼Ⅱ承压井，合计 11 眼，预计出水量可达 8760m³/d（表 6-17），应急时可供 87.6 万人生活饮用，能够满足应急避难场所居民应急饮用。

表 6-17　　　　　　　　　　无锡城区应急备用水源规划一览表

所在区	应急避难场所	疏散人数	预计应急需水量/(m³/d)	取水层	井数	预计出水量/(m³/d)		应急备用井可供人口/万人
						单井	合计	
崇安区	无锡市国联广场	2250	22.5	Ⅱ承压	1	1200	1200	12
	无锡市火车站广场	17500	175	Ⅱ承压	1	1200	1200	12
	无锡市基督教绿地广场	1500	15	Ⅱ承压	1	800	800	8
	无锡市东林广场	2500	25	Ⅱ承压	1	1200	1200	12
	广益睦邻中心	3000	30	Ⅱ承压	1	1200	1200	12
	小　计	26750	267.5		5		5600	56

所在区	应急避难场所	疏散人数	预计应急需水量 /(m³/d)	取水层	井数	预计出水量 /(m³/d) 单井	预计出水量 /(m³/d) 合计	应急备用井可供人口 /万人
北塘区	北塘区行政服务中心	28500	285	Ⅱ承压	1	1200	1200	12
北塘区	运河公园	132356	1323.56	Ⅱ承压	2	800	1600	16
北塘区	小　计	160856	1608.56		3		2800	28
南长区	金星街道小公园	7000	70	Ⅱ承压	1	120	120	1.2
南长区	太湖广场	41000	410	Ⅱ承压	2	120	240	2.4
南长区	小　计	48000	480		3		360	3.6
总　　计		235606	2356		11		8760	87.6

2）惠山区。惠山区下辖洛社、阳山 2 个镇及堰桥、长安、钱桥、前洲、玉祈 5 个街道。据预测，2020 年惠山区户籍人口将达 44.45 万，暂住人口及流动人口按户籍人口80％计，总人口将达 80.01 万。按人均 10L/d 计，预计全区 2020 年应急需水量（限于生活饮用及厨用）约 8001m³/d。

据区域水文地质条件，惠山区除东部堰桥街道及南部钱桥街道、阳山镇为基岩地下水区，缺失Ⅱ承压含水层外，大部分地区位于太湖平原孔隙地下水区，Ⅱ承压含水层厚度多在 20～60m，单井涌水量多在 500～2000m³/d。经估算，惠山区自禁采以来，年均增加弹性储存量约 267.11 万 m³/a，日均增加弹性储存量约 7318m³。而目前惠山区仅有 4 眼Ⅱ承压保留井，年开采量 3.98 万 m³，远低于年均增加的弹性储存量。而且本规划应急备用水源仅限于地震、恐怖袭击、战争等突发事件，并对居民基本生活用水造成严重威胁时才启用，最长开采时间不超过 15 天，所以全区 8001m³/d 的应急需水总量是可以保证的，但由于地下水分布不均，个别乡镇如阳山难于满足当地居民应急饮用所需，需从周边应急备用井拉水解决。

据无锡市民防局资料，惠山区有 3 个应急避难场所，分别位于南惠路边绿化、胡家渡公园、惠山湿地公园。从区域水文地质条件分析，3 个应急避难场所均处于基岩地下水区，缺失Ⅱ承压含水层。而基岩地下水富水性很不均一，开采技术条件复杂，打井前必须做好前期论证工作，投入一定的实物工作量（如地面调查、物探等）才可确定布井方案，所以本次规划暂不在这 3 个应急避难场所布设应急备用井，应急避难所居民饮用水通过从周边乡镇应急备用井拉水予以解决。

本次惠山区应急备用水源规划以乡镇或街道为单位，根据预测的应急需水量和水文地质条件，规划建设应急备用井。预计全区 2020 年应急需水量（限于生活饮用及厨用）约8001m³/d，除阳山镇外，其余乡镇或街道各打 1～2 眼井（阳山镇位于基岩地下水区），全区共计布设 8 眼应急备用井，可供水量达 8200m³/d（表 6 - 18），应急时可供 82 万人生活饮用，能够满足惠山区当地居民饮用。

3）锡山区。锡山区下辖羊尖、鹅湖、锡北、东港 4 个镇及东亭、安镇、云林、厚桥、东北塘 5 个街道。

表 6-18　　　　　　　　　无锡市惠山区应急备用水源规划一览表

街道乡镇	预计 2020 年应急需水量/(m³/d)	井位	取水层	井数	预计出水量/(m³/d)		应急备用井可供人口/万人	备注
					单井	合计		
堰桥及长安	1809	西漳中学	Ⅱ承压	1	500	500	5	新打
		长安中学	Ⅱ承压	1	500	500	5	新打
		堰桥中学	Ⅱ承压	1	800	800	8	新打
前洲	995	前洲中学	Ⅱ承压	1	1800	1800	18	新打
玉祁	1056	玉祁中学	Ⅱ承压	1	1200	1200	12	新打
洛社	2716	洛社中学	Ⅱ承压	1	800	800	8	新打
		石塘湾中学	Ⅱ承压	1	1800	1800	18	新打
钱桥	901	胜丰小学	Ⅱ承压	1	800	800	8	新打
阳山	524							
总计	8001			8		8200	82	

云林、厚桥、锡北、安镇、东北塘大部分地区缺失Ⅱ承压含水层或虽有分布但厚度薄、出水量小。该区主要赋存岩溶水和基岩裂隙水，水质良好，但由于裂隙、溶洞发育不均，单井涌水量大小不一。从降低打井风险及成本角度考虑，本次地下水应急备用水源规划不在云林、厚桥、锡北、安镇、东北塘布设应急备用井，该地区应急避难场所疏散人口及当地居民应急饮用水需从当地已有基岩井及周边东港、鹅湖等地应急备用井拉水解决。

本次锡山区地下水应急备用水源规划主要针对东亭、羊尖、鹅湖、东港及应急避难场所。

锡山区现有 2 个应急避难场所，一个位于羊尖绿羊农场，另一个位于安镇农博园。前者疏散人数为 10.23 万人，居民生活饮用水需水量约 1023m³/d。从区域水文地质条件分析，该避难所地处太湖平原孔隙地下水区，Ⅱ承压含水层厚 10～20m，岩性以细砂为主，预计单井出水量约 300～500m³/d。考虑到羊尖远离无锡市沉降漏斗及水位降落漏斗中心区，现状水位埋深小于 30m，累计地面沉降量不足 400mm，且该应急避难所面积大，达55.85 万 m²，规划建设 3 眼应急备用井，基本满足应急避难所居民饮用；安镇农博园位于基岩地下水区，本次规划暂不布设应急备用井，应急避难所居民饮用水通过从周边已有基岩取水井或其他乡镇应急备用井拉水予以解决。

锡山区东亭、羊尖、鹅湖、东港四镇，根据预测的应急需水量和水文地质条件，规划建设应急备用井。鹅湖及东港在水文地质条件许可的前提下，适当增布应急备用井，以供云林、厚桥、锡北、安镇、东北塘及城区等地下水应急供水量难于满足的地区居民生活饮用。规划在东亭、羊尖、鹅湖、东港 4 镇共布设 11 眼应急备用井，可供水量达 8400m³/d，再加上锡山区有 5 眼基岩井可用于应急开采，可供水量约 1170m³/d，合计锡山区应急供水量可达 9570m³/d（表 6-19），应急时可供 95.7 万人生活饮用。除可满足锡山区居民应急时生活饮用外（预计 2020 年锡山区居民应急需水量约 7979m³/d），还可增援城区。

表 6 - 19　　　　　　　　　无锡市锡山区应急备用水源规划一览表

乡镇街道	井　位	取水层	井数	预计出水量/（m³/d）		应急备用井可供人口/万人	备注
				单井	合计		
东港	港下中学	Ⅱ承压	1	1200	1200	12	新打
	江苏省怀仁中学	Ⅱ承压	1	1200	1200	12	新打
	勤新小学	Ⅱ承压	1	1200	1200	12	新打
	小　计		3		3600	36	
鹅湖	中共青荡村党校	Ⅱ承压	1	800	800	8	新打
	荡口中学	Ⅱ承压	1	800	800	8	新打
	甘露学校	Ⅱ承压	1	300	300	3	新打
	小　计		3		1900	19	
羊尖	严家桥小学	Ⅱ承压	1	800	800	8	新打
	绿羊农场（应急避难场所）	Ⅱ承压	3	300	900	9	新打
	小　计		4		1700	17	
东亭	东亭中学	Ⅱ承压	1	1200	1200	12	新打
安镇	迎阳山泉水厂	基岩水	1	240	240	2.4	已有
	查桥纤之纯净水站	基岩水	1	150	150	1.5	已有
	小　计		2	390	390	3.9	
厚桥	无锡洪汇新材料科技股份有限公司	基岩水	1	240	240	2.4	已有
锡北	无锡先进化工有限公司	基岩水	1	300	300	3	已有
	无锡尚品食品有限公司	基岩水	1	240	240	2.4	已有
	小　计		2	540	540	5.4	
合　计			16		9570	95.7	

自苏锡常地区禁采深层承压水以来，锡山区水位不断回升，目前除东港外，多升至30m以浅，和禁采前相比，升幅在 10～20m。经估算，锡山区自禁采以来，第Ⅱ承压水年均增加弹性储存量约 304.83 万 m³/a，日均增加 8352m³，所以全区Ⅱ承压水 8400m³/d的应急供水量是可以保证的。

4）滨湖区。滨湖区下辖胡埭 1 个镇及河埒、荣巷、蠡湖、蠡园、马山、华庄、太湖、雪浪 8 个街道。由于滨湖区水文地质条件复杂，除东部太湖街道及华庄街道外，其余街道或乡镇多处于基岩地下水区。滨湖区建有 12 个应急避难场所，其中鑫湖公园高子水居、大桥公园、市民广场 3 个应急避难场所位于太湖街道，地处太湖平原孔隙地下水区，其余9 个应急避难场所均处于基岩地下水区，缺失Ⅱ承压含水层，因基岩地下水富水性很不均一，所以本次规划暂不在基岩地下水区布设应急备用井（基岩地下水井布设方案需在开展物探等前期论证工作的基础上方可进行）。

滨湖区地下水应急备用水源规划以充分利用现有基岩井为主，新建应急备用井仅限于地处太湖平原孔隙地下水区的太湖街道及华庄街道。

太湖街道：分布有鑫湖公园高子水居、大桥公园、市民广场3个应急避难场所，疏散人数分别为15万、6万、30万，生活饮用水需水量约5100m³/d。但由于中更新世时期太湖街道地处长江古河道边缘，Ⅱ承压含水层厚度小于10m，岩性以细砂、粉砂为主，预计单井出水量约120m³/d。考虑到该三处避难所面积较大（鑫湖公园高子水居为28.9万m²，大桥公园11.1万m²，市民广场60万m²），各避难所规划建设2眼应急备用井，预计可供水量达720m³/d，但和应急避难所居民饮用需水量仍差4380m³/d，只能通过从周边应急避难所（行政服务中心、国联广场、火车站广场、东林广场、基督教绿地广场等）或滨湖区现有基岩井拉水予以解决。

华庄街道：和太湖街道水文地质条件相似，Ⅱ承压含水层厚度小于10m，应急备用水源规划只能以水文地质条件为限。规划在华庄中学、太湖实验小学、华庄中心小学龙渚分校各建设1眼应急备用井，合计应急供水量可达360m³/d。

据预测，2020年滨湖区户籍人口将达50.31万，暂住人口及流动人口按户籍人口80%计，总人口将达90.56万，预计应急量9056m³。但受水文地质条件限制，全区仅在太湖街道及华庄街道布设新打应急备用井，累计应急供水量为1080m³/d，另外滨湖区现有16眼基岩井可作为应急备用井，预计应急供水量可达4640m³/d。全区合计应急供水量可达5720m³/d（表6-20），应急时可供57.2万人生活饮用，无法满足当地滨湖区居民应急饮水需求量，届时只能通过从其他区应急备用井拉水补充予以解决。

表6-20 无锡市滨湖区应急备用水源规划一览表

乡镇街道	井位	取水层	井数	预计出水量/(m³/d) 单井	预计出水量/(m³/d) 合计	应急备用井可供人口/万人	备注
太湖	鑫湖公园高子水居	Ⅱ承压	2	120	240	2.4	新打
	大桥公园	Ⅱ承压	2	120	240	2.4	新打
	市民广场	Ⅱ承压	2	120	240	2.4	新打
	小计		6		720	7.2	新打
华庄	华庄中学	Ⅱ承压	1	120	120	1.2	新打
	太湖实验小学	Ⅱ承压	1	120	120	1.2	新打
	华庄中心小学龙渚分校	Ⅱ承压	1	120	120	1.2	新打
	小计		3		360	3.6	
雪浪	无锡第二橡胶有限公司	基岩水	1	240	240	2.4	已有
	宏达光电有限公司	基岩水	1	240	240	2.4	已有
	小计		2		480	4.8	
胡埭	无锡唯琼生态农业集团有限公司	基岩水	1	240	240	2.4	已有
	江苏天山水泥厂	基岩水	1	240	240	2.4	已有
	白药山水泥厂	基岩水	1	240	240	2.4	已有
	胡埭化工助剂厂	基岩水	1	240	240	2.4	已有
	小计		4		960	9.6	

乡镇街道	井　位	取水层	井数	预计出水量/(m³/d)		应急备用井可供人口/万人	备注
				单井	合计		
马山	铁道部南康院	基岩水	1	300	300	3.0	已有
	铁道部干部基地	基岩水	1	240	240	2.4	已有
	江苏电力公司高级管理培训中心	基岩水	1	240	240	2.4	已有
	无锡振太酒业有限公司	基岩水	1	720	720	7.2	已有
	无锡市华侨公墓	基岩水	1	240	240	2.4	已有
	建行疗养院（桃源）	基岩水	1	240	240	2.4	已有
	无锡灵山泉饮料有限公司	基岩水	1	240	240	2.4	已有
	华瑞制药有限公司	基岩水	1	240	240	2.4	已有
	龙头渚公园	基岩水	1	240	240	2.4	已有
	小　计		9		2700	27.0	
河埒	无锡华润微电子公司		1	500	500	5.0	
	合　计		25		5720	57.2	

5）新区。新区下辖新安、旺庄、硕放、江溪、梅村、鸿山6个街道。预计全区3个应急避难场所疏散人口及当地居民应急需水总量（限于生活饮用及厨用）约8503m³/d。

据无锡市民防局资料，新区有3个应急避难场所。从区域水文地质条件分析，该三处避难所富水性较好，Ⅱ承压含水层厚30～40m，岩性以细中砂、中粗砂为主，预计单井出水量可达1200m³/d。泰佰文化广场和新城中央公园疏散人数分别为5万、6万，预计居民生活饮用水需水量分别为500m³/d、600m³/d，各规划建设1眼应急备用井，预计应急供水量可达2400m³/d，满足避难所居民饮用所需；新洲生态园应急避难所疏散人数多（33.6万），应急饮用水需求量大（3360m³/d），考虑到该所使用面积大，达70.1万m²，且现状水位埋深小于30m，累计地面沉降量不足600mm，现状沉降速率小于5mm，规划建设2眼应急备用井，预计应急供水量2400m³/d，与避难所居民应急饮水需求尚有差距，届时只能通过从泰佰文化广场和新城中央公园应急备用井拉水予以解决。因三个应急避难所疏散人口数超过了所在的新安、旺庄、江溪街道的人口总数，所以这三个街道应急备用井在应急避难所布设即可。

梅村、鸿山、硕放3个街道未设应急避难场所，其应急备用水源规划以街道为单位，根据预测的应急需水量和水文地质条件，规划建设应急备用井。考虑到该区水文地质条件、地质环境条件相对较好，应急备用井建设规模在水文地质条件许可的前提下略大于应急需求量。

预计全区2020年应急需水量（限于生活饮用及厨用）约8503m³/d，各应急避难所或街道打1～2眼井，共计布设9眼应急备用井，可供水量达13200m³/d，应急时可供132万人生活饮用（表6-21）。除满足当地居民应急时生活饮用外，还可通过送水车给滨湖区、城区等当地应急备用井供水规模不能满足应急饮用需求的地区居民送水。

街道（避难场所）	预计 2020 年应急供水人口/万人	预计 2020 年应急需水量/(m³/d)	井 位	取水层	井数	预计出水量/(m³/d)		应急备用井可供人口/万人	备注
						单井	合计		
应急避难场所	33.60	3360	新洲生态园	Ⅱ承压	2	1200	2400	24	新打
	5.00	500	泰佰文化广场	Ⅱ承压	1	1200	1200	12	新打
	6.00	600	新城中央公园	Ⅱ承压	1	1200	1200	12	新打
梅村	12.34	1234	梅村中学	Ⅱ承压	1	1200	1200	12	新打
鸿山	16.34	1634	后宅中学	Ⅱ承压	1	1800	1800	18	新打
			后宅中心小学	Ⅱ承压	1	1800	1800	18	新打
硕放	11.75	1175	硕放中学	Ⅱ承压	1	1800	1800	18	新打
			南星苑小学	Ⅱ承压	1	1800	1800	18	新打
合计	85.03	8503			9		13200	132	

从区域水文地质条件分析，新区水文地质条件相对较好，全区均位于太湖平原孔隙地下水区，Ⅱ承压含水层厚度多在 30～50m，单井涌水量多在 1000～2000m³/d。自苏锡常地下水禁采以来，全区所有深井均已封井，Ⅱ承压水位明显上升，目前多已升至 30m 以浅，升幅多在 20m 以上。经估算，新区自禁采以来，年均增加弹性储存量约 267.03 万 m³/a，日均增加弹性储存量约 7316m³，应急供水最长开采时间不超过 15 天，所以全区 1.32 万 m³/d 的应急供水量是可以保证的。

由于地下水资源分布不均，城区、滨湖区应急备用井的可供水量难以满足当地全部居民应急生活饮用所需，但从无锡市区整体考虑，预计 2020 年应急需水量为 46278m³/d，规划新打 48 眼Ⅱ承压应急备用井，预计出水量为 39640m³/d，再加上区内有 21 眼基岩井及 12 眼保留深井（表 6-22）可作为应急备用井，预计出水量为 11810m³/d，合计无锡市区应急备用井出水量可达 51450m³/d（表 6-23），应急时可供 514.5 万人生活饮用，能够满足无锡市区全部居民应急生活饮用所需。

序号	所在市（县）、区	取 水 单 位 名 称	所属行业	取水用途
1	江阴市	江阴市小湖水产批发市场	农业	特种养殖
2		江阴怡达化工厂（1）	化工	工业
3		江阴怡达化工厂（2）	化工	工业
4		江阴苏利精细化工厂	化工	工业
5		江阴润华化工制品有限公司	化工	工业
6		江阴星达生物工程有限公司	生化	工业
		小　计		

续表

序号	所在市（县）、区	取 水 单 位 名 称	所属行业	取水用途
7	锡山区	无锡赛德生物工程有限公司	化工	工业
8		锡山区东亭磁性粉厂	其他	工业
9		锡山区兴达泡塑材料厂	其他	工业
10		无锡市太湖麦芽厂	食品	工业
11		无锡晶海氨基酸厂（1）	食品	工业
12		无锡晶海氨基酸厂（2）	食品	工业
		小 计		
13	新区	纽迪希亚制药（无锡）有限公司	制药	工业
14		江苏圣宝罗药业有限公司	制药	工业
		小 计		
15	惠山区	无锡市西漳蚕种场	养殖	农业
16		无锡祁胜生物有限公司	酿酒	工业
17		罗地亚无锡制药有限公司（1）	制药	工业
18		罗地亚无锡制药有限公司（2）	制药	工业
		小 计		
		合 计		

表 6-23　　　　　　　　　　无锡市区地下水应急备用水源规划汇总表

所在区	2020年应急供水人口/万	预计应急需水量/（m³/d）	取水层	井数/眼	预计出水量/（m³/d）		应急备用井可供人口/万人	备注
					单井	合计		
崇安区	36.35	3635	Ⅱ承压	5	800～1200	5600	56.0	新打
南长区	65.26	6526	Ⅱ承压	3	800～1200	360	3.6	新打
北塘区	49.93	4993	Ⅱ承压	3	120～360	2800	28.0	新打
锡山区	79.79	7979	Ⅱ承压	11	360～1200	8400	84.0	新打
			Ⅱ承压	6	480～560	3000	30.0	已有
			基岩水	5	150～300	1170	11.7	已有
惠山区	80.01	8001	Ⅱ承压	8	500～1800	8200	82.0	新打
			Ⅱ承压	4	360～720	2000	20.0	已有
滨湖区	90.56	9056	Ⅱ承压	9	120	1080	10.8	新打
			基岩水	16	120～720	4640	46.4	已有
新区	60.89	6089	Ⅱ承压	9	1200～1800	13200	13.2	新打
			Ⅱ承压	2	500	1000	10.0	已有
合计	462.78	46278		81		51450	514.5	

经估算，自禁采以来无锡市区Ⅱ承压水弹性储存量以 944 万 m³/a 的速率增加，平均每天增加 25863m³。因本规划应急备用水源仅限于地震、恐怖袭击、战争等突发事件，并对居民基本生活用水造成严重威胁时才启用，最长开采时间不超过 15 天，所以全区 45640m³/d 的Ⅱ承压水应急供水量是可以保证的。

（2）江阴。通过水文地质勘察，本着水文地质条件优越、便于接管等选址原则，同时结合《江阴市城市总体规划（2002—2020 年）》及《江阴市城镇布局规划（2004—2020 年）》，地下水应急备用水源地初步选定在黄丹港东侧、澄西水厂南侧。

取水方式：集中取水。

取水层位：第Ⅱ、Ⅲ承压含水层。

取水规模：江阴西部Ⅱ承压地下水可开采资源量为 3650 万 m³/a，平均 10 万 m³/d。第Ⅲ承压含水层厚度远比Ⅱ承压大，岩性也较Ⅱ承压略粗，单井出水能力强于Ⅱ承压井。据模型预测，应急供水时，Ⅱ、Ⅲ承压水取水规模可达 12 万 m³/d。

井数：江阴西部沿江带第Ⅱ、第Ⅲ承压含水层厚度大（115～160m）、岩性颗粒粗（以细砂、中细砂、含砾中粗砂为主），透水性和富水性好，单井涌水量多大于 5000m³/d。据模型预测，应急取水规模可达 12 万 m³/d（Ⅱ、Ⅲ承压各 6 万 m³/d），但群井开采时各井之间会相互干扰，对出水量有一定影响。暂按 200m³/h 初步测算，预计需布置 28 眼深井。

井深：该区第Ⅱ承压含水层厚达 45～60m，底板埋深多在 100～110m；第Ⅲ承压含水层厚达 70～100m，底板埋深多在 180～210m。故Ⅱ承压井深度初步定为 120m 左右，以钻穿第Ⅱ承压含水层底板为宜；Ⅲ承压井深度初步定为 200m 左右。

此外，江阴市尚有 6 眼保留深井可作为应急备用井，预计应急供水量可达 6000m³/d以上。

（三）年度实施计划

江阴市：2013 年年底前完成地下水应急备用水源地建设。

无锡市区：2013—2020 年间分批建设地下水应急备用井（表 6-24），2020 年年底前完成 48 眼应急备用井建设。

表 6-24　　　　　无锡市区地下水应急备用水源地建设年度实施计划表

年份	崇安区	南长区	北塘区	锡山区	惠山区	滨湖区	新区	合计
2013	1	1	1	1			1	6
2014	1	1	1	1	1		1	6
2015	1	1	1	1	1		1	6
2016	1			2	2	2	1	8
2017	1			2	2	2	1	8
2018				2	1	2	1	6
2019				1		2	1	4
2020				1		1	2	4
总计	5	3	3	11	8	9	9	48

四、地下水应急备用水源地保护

1. 划分地下水应急备用水源地保护区

饮用水地下水源一级保护区位于开采井的周围，二级保护区位于饮用水地下水源一级保护区外，以保证集水有足够的滞后时间，防止水质污染。

在地下水应急备用水源地建设之后，应该根据国家五部委《饮用水水源保护区污染管理规定》《江苏省人大常委会关于饮用水源地保护的决定》《饮用水水源保护区划分技术规范》（HJ－T 338—2007）等法规、技术标准，以保障应急备用水源地的水质可靠性为目标，严格按照饮用水源地的要求划分水源保护区。

2. 地下水水源地保护设施建设

地下水水源地保护不同于地表水水源地，首先是严格规范取水工艺，控制成井过程中的每一个环节，包括扩孔、下管、过滤器包扎、洗井、止水等，请专业的施工队伍进行施工。

其次是在水源地保护区划分的基础上，开展水源地保护设施建设，包括水源保护区隔离防护工程、水源地生态保护工程、保护区标识与警告设施等工程。

水源保护区隔离防护工程：包括物理隔离工程和生物隔离工程。物理隔离工程主要是修建围墙，生物隔离工程有种植草坪、灌木等绿色植物。

地下水水源地生态保护工程：生态系统是指生物群落和它的周围环境所组成的具有一定结构和功能，并有一定自我调节能力相对稳定的综合体。林业是生态环境建设的主体，发展绿化，形成乔、灌、草结合的濒水生态绿地。在水源地营造水源涵养林，对增加水源地自身对污水的洁净能力，有着十分重要的作用。

保护区标识与警告设施等工程：在饮用水水源保护区的边界设立明确的地理界标和明显的警示标志。

3. 地下水应急备用水源地监测

（1）水位监测。每个乡镇或街道选择一眼应急备用井安装水位自动监测仪器，建立水源地地下水监测网络，建设水位在线实时监测自动系统，为全面了解地下水水位动态情况提供第一手资料。

（2）水质监测。平时水源井每年采样一次（江阴应急备用水源地固定1眼井取水样，无锡市主城区、惠山、锡山、滨湖、新区各固定1眼井取水样），监测指标参照《生活饮用水卫生标准》（GB 5749—2006）执行。发现水质变化异常适当增加监测频次。

（3）地面沉降监测。建设一套高效的地面沉降监测网络，监测范围控制整个无锡地区。该地面沉降监测网络由若干GPS标石组成，尤其是江阴西部集中取水水源地，围绕水源地布置地面沉降十字监测剖面（一条线沿长江流向东西向布置，另一条线垂直长江流向布置），另外建一座地面沉降自动化监测系统（基岩深标）。GPS标石按每半年一次的频率进行水准测量。一旦发现异常情况，应当及时重新核定江阴应急备用水源地应急取水时的开采量，为政府加强地下水资源管理、防治地面沉降等地质灾害提供支撑。

4. 日常监督管理

（1）管理机构。本次无锡市区应急备用井规划布设在人员集中、场地开阔的应急避难场所或中小学校，既便于市民在应急供水时能就近、有序取水，同时又无需另外征地，降低建设成本。

但从地下水资源管理角度出发，建议全市新打的应急备用井由水行政主管部门统一监管。

（2）管理措施。在建设应急备用水源地，提高饮用水源战略储备能力基础上，健全饮用水源应急保障体系。

1）坚持长期监测。首先是做好长期监测工作，监测内容包括地下水水位、水质、地面沉降，监测频率、手段等如前所述。

2）重视日常保养。为保证应急备用井在应急使用时能正常开启供水，平时应重视对应急备用井的维护保养，定期开泵及洗井，使之处于可以时刻开启使用的状态。

3）完善应急预案，组织应急演练。根据无锡市饮用水源地供水特点，针对每个饮用水源地，针对可能发生的水污染突发事件，分别制定饮用水源地突发污染事件应急处置预案，定期组织应急演练。主管部门建立相应的环境预警机制和事件报告制度，定期开展应急演练，确保能在最短时间内高效处理突发事件。

4）提高对饮用水源地污染事件的处置能力。根据国家有关法律、法规要求，按照"以人为本，饮用水源安全与保护优先"的指导思想，遵循预防为主、常备不懈的方针，在属地管理为主、各级政府对管辖范围内的饮用水源污染事件负总责的前提下，贯彻统一领导、分级负责、反应及时、措施果断、加强合作的原则，规范和强化应对水源污染事件应急处置工作，形成和完善防范有力、指挥有序、快速高效和协调一致的水源污染事件应急处置体系。

第五节　地下水位预测管理的数值模型范例

一、长江三角洲区域（苏南）地下水流数值模拟

（一）水文地质概念模型

1. 含水层（组）结构的概化

本次工作的模拟含水层（组）是第 Ⅰ、Ⅱ、Ⅲ、Ⅳ 承压含水层。各含水层与各弱透水层的岩性及水文地质条件如前所述。本次模拟将各承压含水层概化为非均质各向同性含水层。将各含水层的顶、底板标高等值线图扫描、数字化并导入到 GMS 中，各含水层间的弱透水层的厚度可由各含水层的顶、底板标高间接得到。若某一局部地区某一弱透水层的厚度为零，则表示该地区这一弱透水层上下的两个含水层是连通的。各含水层的缺失区也可在 GMS 中直接处理。这样就将研究区各含水层（组）及各弱透水层的实际空间分布状况（包括各层的分布范围及每一层各点的厚度）定量地表现于可视化软件 GMS 中。图 6-10 为研究区含水层（组）立体结构示意图。

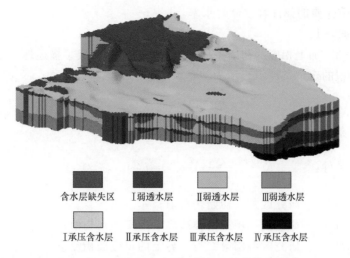

含水层缺失区　　Ⅰ弱透水层　　Ⅱ弱透水层　　Ⅲ弱透水层

Ⅰ承压含水层　　Ⅱ承压含水层　　Ⅲ承压含水层　　Ⅳ承压含水层

图6-10　研究区含水层（组）立体结构示意图

2. 边界条件的确定

由于研究区各含水层的空间分布差别较大，各含水层的边界条件差别也较大。原则上对各含水层边界上具有完整观测序列资料的观测孔作为第一类边界处理，其他边界均作第二类边界处理，根据所提供的资料对各边界分段量化取值。第Ⅳ承压含水层的全部底部边界及第Ⅲ承压含水层的部分底部边界作隔水边界处理。第Ⅰ承压含水层的顶部边界也作第二类边界处理，根据所提供的资料分区量化取值。

3. 源（补给）汇（排泄）项的处理

研究区各含水层的侧向补给在侧向边界条件中处理，垂向降水补给潜水含水层，潜水含水层再越流补给第Ⅰ承压含水层，这部分补给量在顶部边界条件中处理（概化为不同的补给强度，分区量化取值）。研究区内有很多注水井及大量的抽水井，根据所提供的资料（仅提供了乡镇总抽、注水量），本次模拟均概化为大井计算（根据每一乡镇陆地面积大小，其抽、注水量概化为1～4口大井的抽、注水量）。

4. 地下水流态的概化

显然，研究区地下水流为三维的非稳定运动，受提供的观测资料限制，本次模拟虽采用三维模型，但只有不同层的二维资料，故只能是作为一种准三维的非稳定地下水流动来模拟。

（二）数学模型及数值方法

根据研究区的水文地质概念模型，在不考虑水的密度变化的前提下，地下水在三维各向同性孔隙介质中的运动可以用下面的偏微分方程来表示：

$$\frac{\partial}{\partial x}\left(K\frac{\partial h}{\partial x}\right)+\frac{\partial}{\partial y}\left(K\frac{\partial h}{\partial y}\right)+\frac{\partial}{\partial z}\left(K\frac{\partial h}{\partial z}\right)-W=S_s\frac{\partial h}{\partial t} \tag{6-3}$$

式中　K——渗透系数，LT^{-1}；

　　　h——水头，L；

　　　W——单位体积垂向流量，T^{-1}，用以表示源汇项；

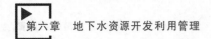

S_s——孔隙介质的弹性释（储）水率，L^{-1}；

t——时间，T。

方程式（6-3）加上相应的初始条件和边界条件，就构成了描述地下水运动体系的数学模型。本次模拟的定解条件可表示为

初始条件：
$$H(x,y,z,0)=H_0(x,y,z) \tag{6-4}$$

第一类边界条件：
$$H(x,y,z,t)|_{\Gamma_1}=H_1(x,y,z,t) \tag{6-5}$$

第二类边界条件：
$$K\frac{\partial H(x,y,z,t)}{\partial n}\bigg|_{\Gamma_2}=q(x,y,z,t) \tag{6-6}$$

式中　$H_0(x,y,z)$——研究区各层初始水头值；

　　　$H_1(x,y,z,t)$——研究区各层第一类边界上的实测水头值；

　　　$q(x,y,z,t)$——研究区各层第二类边界上的单位面积流量。

上述数学模型可用各种各样的数值法来求解。MODFLOW 计算模块用的是有限差分法。采用有限差分法（向后差分法）对上述数学模型进行空间离散和时间离散，则可获得计算单元 (i,j,k) 的地下水渗流计算的有限差分公式。如果所有的流量项均以某一时间步长的结束时间 t_m 为准，则有

$$CR_{i,j-\frac{1}{2},k}(h^m_{i,j-1,k}-h^m_{i,j,k})+CR_{i,j+\frac{1}{2},k}(h^m_{i,j+1,k}-h^m_{i,j,k})$$

$$+CC_{i-\frac{1}{2},j,k}(h^m_{i-1,j,k}-h^m_{i,j,k})+CC_{i+\frac{1}{2},j,k}(h^m_{i+1,j,k}-h^m_{i,j,k})$$

$$+CV_{i,j,k-\frac{1}{2}}(h^m_{i,j,k-1}-h^m_{i,j,k})+CV_{i,j,k+\frac{1}{2}}(h^m_{i,j,k+1}-h^m_{i,j,k})$$

$$+P_{i,j,k}h^m_{i,j,k}+Q_{i,j,k}=SS_{i,j,k}(\Delta r_j\Delta c_i\Delta v_k)\frac{h^m_{i,j,k}-h^{m-1}_{i,j,k}}{t_m-t_{m-1}} \tag{6-7}$$

式中　$CR_{i,j-\frac{1}{2},k}$——位于 k 层 i 行中格点 $(i,j-1,k)$ 和 (i,j,k) 之间的传导系数，L^2T^{-1}，它等于渗透系数 $KR_{i,j-1,k}$ 和横断面积 $\Delta c_i\Delta v_k$ 的乘积除以格点间距 $\Delta r_{j-i/2}$；$CR_{i,j+\frac{1}{2},k}$、$CC_{i-\frac{1}{2},j,k}$、$CC_{i+\frac{1}{2},j,k}$、$CV_{i,j,k-\frac{1}{2}}$、$CV_{i,j,k+\frac{1}{2}}$ 的含义类似；

　　　$h^m_{i,j,k}$——时间 t_m 时计算单元 (i,j,k) 之水头，L；

　　　$P_{i,j,k}$——$P_{i,j,k}=\sum\limits_{n=1}^{N}P_{i,j,k,n}$，$P_{i,j,k,n}$ 为与外部源汇项有关的常数，L^2T^{-1}，N 为外部源汇项数；

　　　$Q_{i,j,k}$——$Q_{i,j,k}=\sum\limits_{n=1}^{N}q_{i,j,k,n}$，$q_{i,j,k,n}$ 为与外部源汇项有关的常数，L^2T^{-1}，N 为外部源汇项数；

　　　$SS_{i,j,k}$——计算单元 (i,j,k) 的弹性释（储）水率，L^{-1}；

　　　$\Delta r_j\Delta c_i\Delta v_k$——计算单元 (i,j,k) 的体积，L^3；

　　　t_m——时间段 m 结束时的时间，T。

为建立起线性方程组的矩阵形式，将所有包括未知水头的项移到方程的左侧，而将所

有的已知项移到方程的右侧，则有：

$$CR_{i,j-\frac{1}{2},k}h_{i,j-1,k}^{m} + CC_{i-\frac{1}{2},j,k}h_{i-1,j,k}^{m} + CV_{i,j,k-\frac{1}{2}}h_{i,j,k-1}^{m}$$

$$+ (-CV_{i,j,k-\frac{1}{2}} - CC_{i-\frac{1}{2},j,k} - CR_{i,j-\frac{1}{2},k} - CR_{i,j+\frac{1}{2},k}$$

$$- CV_{i,j,k+\frac{1}{2}} - CC_{i+\frac{1}{2},j,k} + HCOF_{i,j,k})h_{i,j,k}^{m}$$

$$+ CR_{i,j+\frac{1}{2},k}h_{i,j+1,k}^{m} + CC_{i+\frac{1}{2},j,k}h_{i+1,j,k}^{m} + CV_{i,j,k+\frac{1}{2}}h_{i,j,k+1}^{m} = RHS_{i,j,k} \qquad (6-8)$$

$$HCOF_{i,j,k} = P_{i,j,k} - SCI_{i,j,k}/(t_m - t_{m-1})$$

$$RHS_{i,j,k} = -Q_{i,j,k} - SCI_{i,j,k}h_{i,j,k}^{m-1}/(t_m - t_{m-1})$$

$$SCI_{i,j,k} = SS_{i,j,k}\Delta r_j \Delta c_i \Delta v_k$$

如果对模型所包含的计算单元逐个写出类似于式（6-6）的差分公式，则可得到一个线性方程组。这个方程组可用矩阵的形式表示为

$$[A]\{h\} = [q] \qquad (6-9)$$

式中　$[A]$——水头的系数矩阵；

　　　$\{h\}$——所求的水头列向量；

　　　$[q]$——各个方程中所包含的所有常数项和已知项，也称右端项。

在 MDOFLOW 中，系数矩阵和右端项是通过各个软件包来逐步建立起来的，最后 MODLFOW 根据这两个矩阵，通过迭代法对 $\{h\}$ 求解。MODFLOW 计算模块的计算框图见图 6-11。

（三）数学模型的识别

为提高模拟精度，本次模拟将研究区在平面上剖分成 300m×300m 的矩形网格单元，在垂向上剖分成 7 层。即研究区共剖分为 63 万个长方体单元，每个单元的最长边小于 600m。如此精细的剖分计算在研究区内属首次。

为确保解的唯一性，每层均选择了具备条件的观测孔作第一类边界，各层的第一类边界点数不等。

1. 模型的拟合（参数识别）

参数识别阶段的初始流场是用所提供的 1995 年 12 月 30 日各含水层流场图扫描、数字化后导入 GMS 软件。图 6-12～图 6-15 为研究区各含

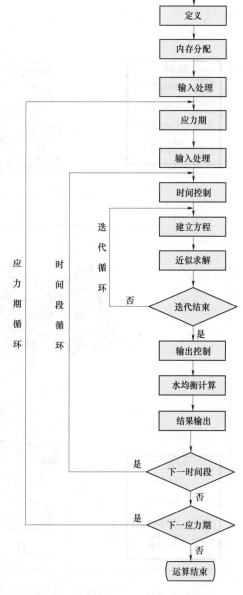

图 6-11　MODFLOW 模块计算框图

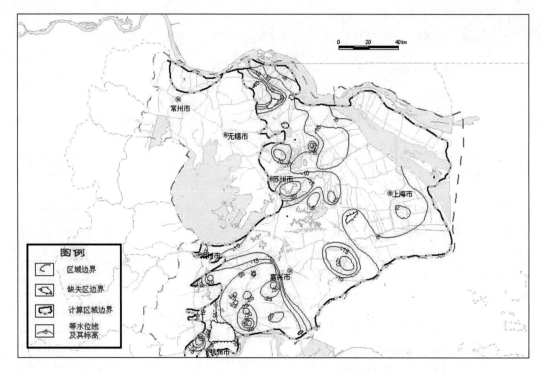

图 6-12　研究区第Ⅰ承压含水层的初始流场图

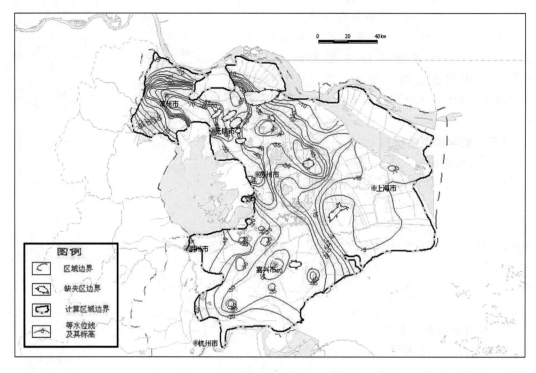

图 6-13　研究区第Ⅱ承压含水层的初始流场图

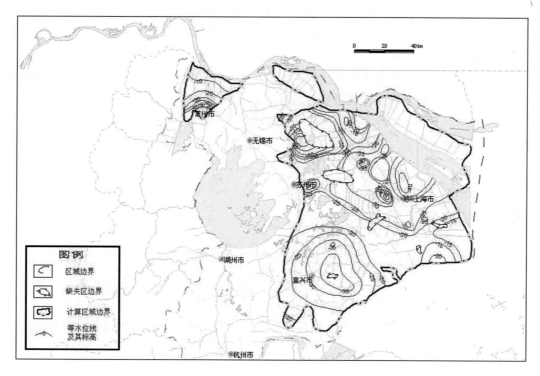

图 6-14　研究区第Ⅲ承压含水层的初始流场图

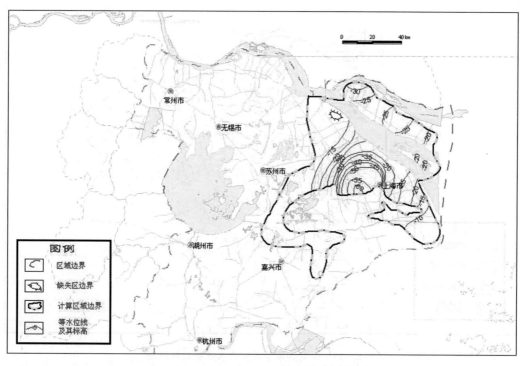

图 6-15　研究区第Ⅳ承压含水层的初始流场图

水层的初始流场图。选取 1996—1998 年的观测资料用于参数识别，每年的 3 月 30 日、8 月 30 日及 12 月 30 日为每一时段末时刻，即参数识别阶段共分 9 个时段，时间步长为 91～153 天不等。

所提供的有效观测孔除去用于作第一类边界的孔外，其余全用于模型拟合。先根据所提供的地质、水文地质综合资料对各层进行初步的参数分区，并选用野外试验所得参数值作为初值代入模型中，计算出各观测孔在各时段的水头，并将该计算水头与实测水头进行比较，其评价函数的表达式为

$$E = \sum_{i=1}^{M} \sum_{j=1}^{N} W_j (H_{ij}^c - H_{ij}^o)^2 \tag{6-10}$$

式中 M、N——拟合的时段总数和观测孔总数；

H_{ij}^c、H_{ij}^o——i 时段末 j 号观测孔的计算水头和实测水头；

W_j——各观测孔的权函数。

然后不断调整未知参数值（必要时还须调整参数分区），当目标函数 E 达到"最小"，则认为参数达到了"最优"。

图 6-16～图 6-22 为"拟合"所得各层参数分区图，表 6-25 列出了"拟合"所得各参数分区的参数值。

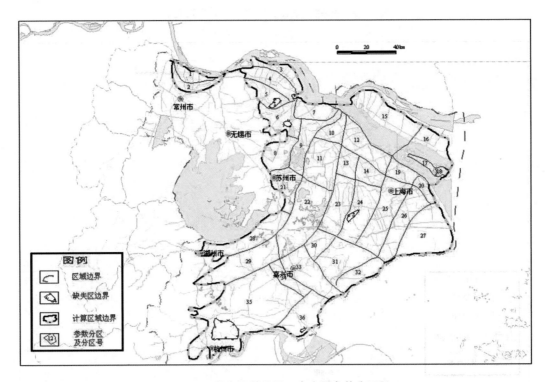

图 6-16   研究区第Ⅰ承压含水层参数分区图

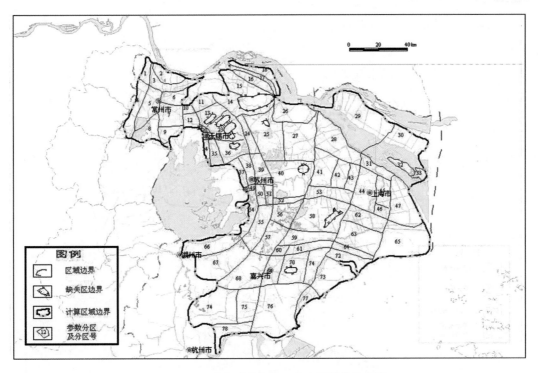

图 6-17　研究区第Ⅱ承压含水层参数分区图

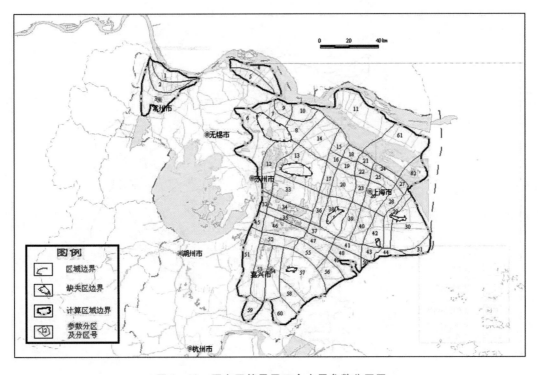

图 6-18　研究区第Ⅲ承压含水层参数分区图

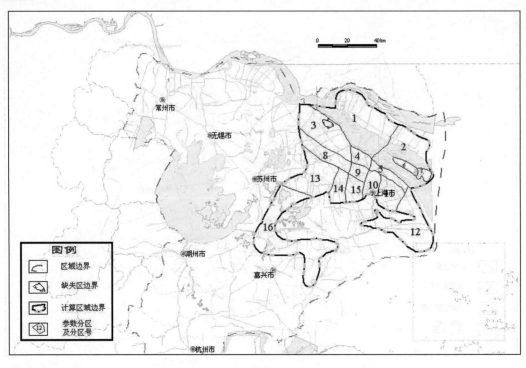

图 6-19 研究区第Ⅳ承压含水层参数分区图

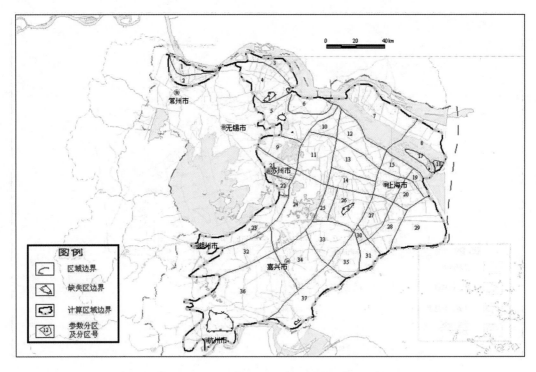

图 6-20 研究区第Ⅰ弱透水层参数分区图

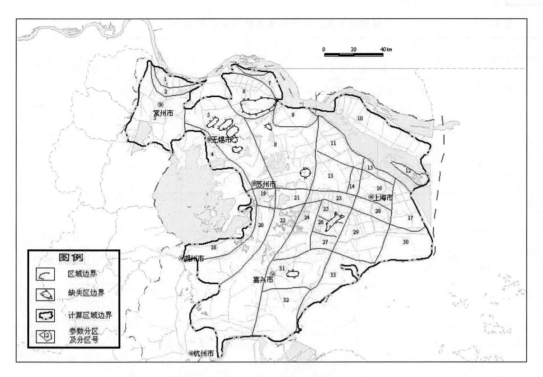

图 6-21 研究区第Ⅱ弱透水层参数分区图

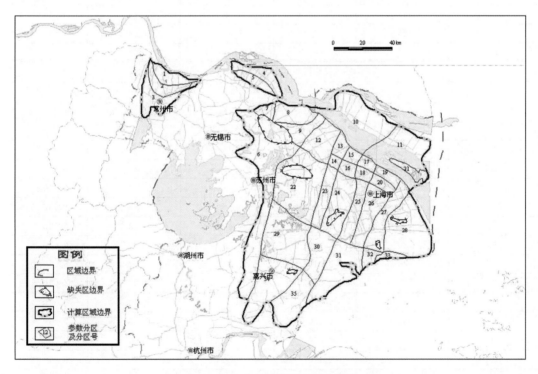

图 6-22 研究区第Ⅲ弱透水层参数分区图

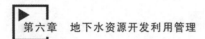

表 6－25 　　　　　　　　　研究区各承压含水层各参数分区的参数值

第 I 承压含水层					
分区编号	参 数 值		分区编号	参 数 值	
	渗透系数 K /(m/d)	贮水率 S /(1/m)		渗透系数 K /(m/d)	贮水率 S /(1/m)
1	40	8×10^{-4}	19	26	4×10^{-5}
2	18	7×10^{-4}	20	30	9×10^{-4}
3	40	2×10^{-4}	21	18	3×10^{-6}
4	15	2×10^{-6}	22	23	3×10^{-4}
5	20	2×10^{-5}	23	26	2×10^{-5}
6	20	3×10^{-5}	24	32	6×10^{-5}
7	40	2×10^{-6}	25	26	8×10^{-4}
8	18	2×10^{-5}	26	29	6×10^{-6}
9	12	7×10^{-4}	27	25	4×10^{-4}
10	27	5×10^{-4}	28	40	4×10^{-4}
11	19	4×10^{-4}	29	40	3×10^{-4}
12	30	8×10^{-4}	30	25	4×10^{-5}
13	22	2×10^{-5}	31	12	2×10^{-7}
14	32	5×10^{-5}	32	30	7×10^{-4}
15	40	5×10^{-4}	33	40	5×10^{-4}
16	44	1×10^{-5}	34	43	6×10^{-4}
17	25	8×10^{-4}	35	28	3×10^{-5}
18	27	2×10^{-4}	36	32	2×10^{-7}
第 II 承压含水层					
分区编号	参 数 值		分区编号	参 数 值	
	渗透系数 K /(m/d)	贮水率 S /(1/m)		渗透系数 K /(m/d)	贮水率 S /(1/m)
1	10	8×10^{-4}	15	35	4×10^{-4}
2	40	9×10^{-4}	16	20	6×10^{-5}
3	60	9×10^{-4}	17	5	2×10^{-5}
4	1	8×10^{-4}	18	60	8×10^{-4}
5	1	9×10^{-4}	19	23	3×10^{-6}
6	30	4×10^{-4}	20	20	2×10^{-6}
7	20	3×10^{-6}	21	22	6×10^{-6}
8	6	9×10^{-4}	22	20	4×10^{-6}
9	30	6×10^{-4}	23	33	2×10^{-4}
10	30	4×10^{-4}	24	46	3×10^{-4}
11	40	8×10^{-4}	25	30	6×10^{-5}
12	20	2×10^{-4}	26	70	8×10^{-4}
13	30	1×10^{-4}	27	40	5×10^{-5}
14	40	7×10^{-4}	28	26	2×10^{-6}

分区编号	参　数　值		分区编号	参　数　值	
	渗透系数 K /(m/d)	贮水率 S /(1/m)		渗透系数 K /(m/d)	贮水率 S /(1/m)
29	25	5×10^{-5}	54	22	1×10^{-4}
30	12	8×10^{-4}	55	26	6×10^{-4}
31	22	2×10^{-5}	56	15	2×10^{-4}
32	20	9×10^{-4}	57	30	9×10^{-4}
33	15	9×10^{-4}	58	32	7×10^{-4}
34	25	3×10^{-4}	59	8	3×10^{-6}
35	2	2×10^{-4}	60	5	6×10^{-7}
36	32	2×10^{-4}	61	3	2×10^{-7}
37	25	2×10^{-5}	62	14	3×10^{-6}
38	20	5×10^{-5}	63	20	5×10^{-6}
39	36	2×10^{-5}	64	14	3×10^{-6}
40	40	9×10^{-4}	65	26	3×10^{-4}
41	26	5×10^{-7}	66	20	5×10^{-4}
42	25	3×10^{-5}	67	22	6×10^{-4}
43	24	2×10^{-5}	68	25	6×10^{-4}
44	18	8×10^{-7}	69	20	3×10^{-6}
45	23	6×10^{-6}	70	10	2×10^{-6}
46	20	3×10^{-7}	71	10	6×10^{-7}
47	22	7×10^{-4}	72	32	9×10^{-4}
48	37	6×10^{-4}	73	28	6×10^{-5}
49	35	5×10^{-5}	74	28	6×10^{-4}
50	25	4×10^{-4}	75	24	8×10^{-5}
51	25	6×10^{-5}	76	28	4×10^{-4}
52	12	6×10^{-4}	77	20	6×10^{-4}
53	20	6×10^{-5}	78	30	8×10^{-4}

第Ⅲ承压含水层

分区编号	参　数　值		分区编号	参　数　值	
	渗透系数 K /(m/d)	贮水率 S /(1/m)		渗透系数 K /(m/d)	贮水率 S /(1/m)
1	40	2×10^{-6}	8	20	3×10^{-5}
2	38	5×10^{-5}	9	20	7×10^{-4}
3	36	2×10^{-5}	10	20	7×10^{-4}
4	40	2×10^{-4}	11	20	9×10^{-4}
5	28	4×10^{-4}	12	15	9×10^{-4}
6	20	4×10^{-6}	13	25	8×10^{-4}
7	25	6×10^{-4}	14	15	8×10^{-4}

分区编号	参 数 值		分区编号	参 数 值	
	渗透系数 K /(m/d)	贮水率 S /(1/m)		渗透系数 K /(m/d)	贮水率 S /(1/m)
15	18	2×10^{-6}	39	26	3×10^{-5}
16	2	8×10^{-4}	40	30	6×10^{-4}
17	27	9×10^{-4}	41	23	9×10^{-4}
18	14	2×10^{-5}	42	30	7×10^{-4}
19	6	2×10^{-4}	43	22	8×10^{-4}
20	23	6×10^{-4}	44	20	2×10^{-6}
21	12	3×10^{-4}	45	26	8×10^{-4}
22	5	2×10^{-5}	46	24	7×10^{-6}
23	25	8×10^{-4}	47	8	1×10^{-7}
24	15	6×10^{-4}	48	22	1×10^{-5}
25	35	2×10^{-5}	49	20	2×10^{-4}
26	22	7×10^{-5}	50	22	3×10^{-4}
27	18	9×10^{-4}	51	15	5×10^{-6}
28	8	7×10^{-4}	52	18	2×10^{-7}
29	32	9×10^{-4}	53	12	2×10^{-7}
30	22	8×10^{-4}	54	10	1×10^{-7}
31	18	4×10^{-7}	55	30	2×10^{-5}
32	22	8×10^{-5}	56	15	5×10^{-5}
33	15	9×10^{-4}	57	10	1×10^{-5}
34	22	2×10^{-5}	58	13	2×10^{-6}
35	20	7×10^{-5}	59	22	2×10^{-4}
36	25	8×10^{-4}	60	28	2×10^{-4}
37	10	6×10^{-5}	61	8	9×10^{-4}
38	18	2×10^{-5}	62	12	2×10^{-4}

第Ⅳ承压含水层

分区编号	参 数 值		分区编号	参 数 值	
	渗透系数 K /(m/d)	贮水率 S /(1/m)		渗透系数 K /(m/d)	贮水率 S /(1/m)
1	35	1×10^{-7}	9	3	4×10^{-5}
2	30	3×10^{-4}	10	1	5×10^{-7}
3	21	2×10^{-4}	11	2	3×10^{-7}
4	8	6×10^{-5}	12	20	2×10^{-7}
5	4	1×10^{-7}	13	7	3×10^{-4}
6	13	1×10^{-7}	14	3.5	5×10^{-5}
7	26	4×10^{-5}	15	9	6×10^{-4}
8	5	3×10^{-4}	16	8	4×10^{-4}

分区编号	弱透水层 参数值 渗透系数 $K/(m/d)$			贮水率 $S/(1/m)$		
	Ⅰ弱透水层	Ⅱ弱透水层	Ⅲ弱透水层	Ⅰ弱透水层	Ⅱ弱透水层	Ⅲ弱透水层
1	60	40	40	5×10^{-10}	5×10^{-10}	5×10^{-10}
2	40	5	1×10^{-7}	5×10^{-10}	5×10^{-10}	5×10^{-10}
3	40	0.006	1×10^{-7}	5×10^{-10}	5×10^{-10}	5×10^{-10}
4	0.004	5×10^{-7}	40	5×10^{-10}	5×10^{-10}	5×10^{-10}
5	1×10^{-6}	5×10^{-7}	1×10^{-7}	5×10^{-10}	5×10^{-10}	5×10^{-10}
6	4×10^{-6}	5×10^{-7}	1×10^{-7}	5×10^{-10}	5×10^{-10}	5×10^{-10}
7	3×10^{-7}	40	1×10^{-7}	5×10^{-10}	5×10^{-10}	5×10^{-10}
8	1×10^{-7}	5×10^{-7}	1×10^{-7}	5×10^{-10}	5×10^{-10}	5×10^{-10}
9	4×10^{-6}	40	1×10^{-7}	5×10^{-10}	5×10^{-10}	5×10^{-10}
10	2×10^{-4}	5×10^{-7}	1×10^{-7}	5×10^{-10}	5×10^{-10}	5×10^{-10}
11	1×10^{-6}	5×10^{-5}	1×10^{-7}	5×10^{-10}	5×10^{-10}	5×10^{-10}
12	2×10^{-4}	5×10^{-7}	1×10^{-7}	5×10^{-10}	5×10^{-10}	5×10^{-10}
13	8×10^{-5}	4×10^{-5}	1×10^{-7}	5×10^{-10}	5×10^{-10}	5×10^{-10}
14	1×10^{-6}	2×10^{-6}	1×10^{-7}	5×10^{-10}	5×10^{-10}	5×10^{-10}
15	1×10^{-6}	5×10^{-7}	1×10^{-7}	5×10^{-10}	5×10^{-10}	5×10^{-10}
16	1×10^{-7}	5×10^{-7}	1×10^{-7}	5×10^{-10}	5×10^{-10}	5×10^{-10}
17	2×10^{-4}	5×10^{-7}	1×10^{-7}	5×10^{-10}	5×10^{-10}	5×10^{-10}
18	5×10^{-7}	5×10^{-7}	1×10^{-7}	5×10^{-10}	5×10^{-10}	5×10^{-10}
19	1×10^{-6}	5×10^{-7}	1×10^{-7}	5×10^{-10}	5×10^{-10}	5×10^{-10}
20	1×10^{-6}	5×10^{-7}	1×10^{-7}	5×10^{-10}	5×10^{-10}	5×10^{-10}
21	3×10^{-6}	5×10^{-7}	1×10^{-7}	5×10^{-10}	5×10^{-10}	5×10^{-10}
22	2×10^{-6}	5×10^{-7}	1×10^{-7}	5×10^{-10}	5×10^{-10}	5×10^{-10}
23	1×10^{-6}	5×10^{-5}	1×10^{-7}	5×10^{-10}	5×10^{-10}	5×10^{-10}
24	5×10^{-6}	5×10^{-7}	1×10^{-7}	5×10^{-10}	5×10^{-10}	5×10^{-10}
25	1×10^{-9}	5×10^{-4}	1×10^{-7}	5×10^{-10}	5×10^{-10}	5×10^{-10}
26	4×10^{-4}	4×10^{-4}	1×10^{-7}	5×10^{-10}	5×10^{-10}	5×10^{-10}
27	7×10^{-4}	5×10^{-6}	1×10^{-7}	5×10^{-10}	5×10^{-10}	5×10^{-10}
28	8×10^{-4}	5×10^{-7}	1×10^{-7}	5×10^{-10}	5×10^{-10}	5×10^{-10}
29	1×10^{-6}	1×10^{-4}	1×10^{-7}	5×10^{-10}	5×10^{-10}	5×10^{-10}
30	1×10^{-4}	5×10^{-7}	1×10^{-7}	5×10^{-10}	5×10^{-10}	5×10^{-10}
31	1×10^{-6}	5×10^{-7}	1×10^{-7}	5×10^{-10}	5×10^{-10}	5×10^{-10}
32	1×10^{-6}	5×10^{-7}	1×10^{-7}	5×10^{-10}	5×10^{-10}	5×10^{-10}
33	1×10^{-5}	5×10^{-7}	1×10^{-7}	5×10^{-10}	5×10^{-10}	5×10^{-10}
34	1×10^{-6}		1×10^{-7}	5×10^{-10}		5×10^{-10}
35	1×10^{-4}		1×10^{-7}	5×10^{-10}		5×10^{-10}
36	1×10^{-5}			5×10^{-10}		
37	1×10^{-8}			5×10^{-10}		

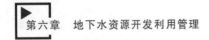

2. 模型的检验

为进一步考核所建的数学模型，将以上参数识别阶段得到的参数值作为已知参数代入模型中，来模拟另一段时间研究区的地下水运动，模型计算可得到各观测孔的地下水位。如果模型计算水位与实测水位符合误差要求，则表明所建模型能够反映研究区的水文地质特征，模型可用来预报；否则，需要分析其中的原因，返回到识别阶段甚至是含水层的概念模型阶段重新拟合。本次模型检验选取 1998 年 12 月 30 日的流场作为初始流场，1999—2000 年的观测资料用于检验，共分 6 个时段，时间步长为 91～153 天不等。

综合分析模拟结果和检验结果，研究区各含水层中地下水流场模拟结果与实际相符，绝大多数观测孔的模拟结果与实测结果吻合良好。少数观测孔模拟结果不太理想（如观测孔 5028、5083、5085、5088、5126、3074、3213、3204），主要是由于这些观测孔的实测水位变幅太大（可能是开采井或位于开采井附近），而模拟所用的开采量是乡镇开采量，不可能和实际开采情况一致，故有些开采井附近的观测孔不可能模拟好。还有个别孔可能实测资料有误（如第Ⅲ含水层的 7601054 观测孔及 4701024 观测孔）。

3. 模拟结果分析

综合分析模型"拟合"结果和检验结果，研究区各含水层中地下水流场模拟结果与实际相符，绝大多数观测孔的模拟结果与实测结果吻合良好。少数观测孔模拟结果不太理想，主要是由于这些观测孔的实测水位变幅太大（可能是开采井或位于开采井附近），而模拟所用的开采量是乡镇开采量，不可能和实际开采情况一致，故有些开采井附近的观测孔不可能模拟好。上述结果说明所建模型能反映研究区实际水文地质条件，再现研究区地下水流场的实际变化规律，可以用于预报。

（四）数学模型的预报

根据要求，利用已经识别校正并检验过的数学模型，对研究区进行了两个开采方案的地下水位预报，以及两个地下水位控制方案的开采量预报。四个方案均假设研究区计算边界年平均补给量保持不变。四个预报方案的总体要求分别如下。

第一预报方案：在 2000 年开采布局和开采量以及现状补给量的前提条件下，研究区各层 2005 年及 2010 年地下水位预报。

第二预报方案：在 2000 年开采布局和开采量以及现状补给量的基础上，假定江苏境内的开采量每年压缩 20％、2005 年后全面禁采，上海及浙江境内的开采量每年压缩 10％、2010 年后全面禁采，对研究区各层 2005 年及 2010 年地下水位进行预报。

第三预报方案：在 2000 年开采布局和开采量及现状补给量的基础上，以地下水位控制为原则（研究区各地区各含水层最低控制水位见表 6-26），假设只对各地区各含水层超采区的开采量进行不同程度的压缩，要求满足表 6-26 所列最低水位控制标准，对年平均开采量进行预报。

第四预报方案：在 2000 年开采布局和开采量及现状补给量的基础上，以地下水位控制为原则（研究区各地区各含水层最低控制水位见表 6-26），假设对各地区各含水层全区的开采量均进行不同程度的压缩，要求满足表 6-26 所列最低水位控制标准，对年平均开采量进行预报。

表6-26　　地下水位控制预报方案各地区各含水层2010年最低控制水位　　单位：m

含　水　层	浙江境内	上海境内	江苏境内
第Ⅰ承压含水层	－20	－18	－20
第Ⅱ承压含水层	－35	－20	－40
第Ⅲ承压含水层	－40	－60	－40
第Ⅳ承压含水层		－60	

1. 第一预报方案

在2000年开采及现状补给的前提条件下（研究区各含水层现状开采量及现状边界补给量详见表6-27），上海境内除第Ⅲ承压含水层地下水位持续下降外，其他含水层水位或下降幅度很小，或有所回升，说明研究区上海境内的地下水现状开采方案超采并不严重，而江苏和浙江境内除第Ⅲ承压含水层地下水变化幅度很小外，第Ⅰ承压含水层和第Ⅱ承压含水层的地下水位均持续下降（各含水层最低地下水位变化对比结果详见表6-28），有的含水层降落漏斗已连成一体，说明研究区江苏和浙江境内的第Ⅰ承压含水层和第Ⅱ承压含水层地下水超采较严重，必须采取有力措施制止地下水位大面积持续下降，防止含水层疏干及地面沉降、地裂缝等地质灾害的进一步加剧。

表6-27　　　　研究区各含水层现状开采量及现状边界补给量　　单位：m^3/a

含　水　层	江苏境内		上海境内		浙江境内	
	开采量	补给量	开采量	补给量	开采量	补给量
第Ⅰ承压含水层	8.4×10^7	3.6×10^7	6.1×10^6	1.5×10^7	1.7×10^7	8.8×10^6
第Ⅱ承压含水层	2.0×10^8	8.5×10^7	1.0×10^7	1.5×10^7	7.5×10^7	2.1×10^7
第Ⅲ承压含水层	2.3×10^7	1.8×10^7	5.6×10^7	1.8×10^7	2.1×10^7	8.8×10^6
第Ⅳ承压含水层			1.3×10^7	1.7×10^6		
小　计	3.1×10^8	1.4×10^8	8.5×10^7	5.0×10^7	1.1×10^8	3.9×10^7

表6-28　　　　研究区各含水层最低地下水位变化对比结果　　单位：m

含　水　层	江苏境内		上海境内		浙江境内	
	2000年	2010年	2000年	2010年	2000年	2010年
第Ⅰ承压含水层	－45.4	－46.4	－6.1	－6.9	－36.8	－42.3
第Ⅱ承压含水层	－86.5	－90.3	－10.4	－10.3	－44.6	－51.0
第Ⅲ承压含水层	－54.6	－54.9	－54.2	－56.0	－44.6	－45.5
第Ⅳ承压含水层			－69.2	－63.5		

2. 第二预报方案

各含水层最低地下水位点水位回升对比结果详见表6-29。

表 6-29   研究区各含水层最低地下水点水位回升对比结果   单位：m

含 水 层	江苏境内		上海境内		浙江境内	
	2000 年	2010 年	2000 年	2010 年	2000 年	2010 年
第Ⅰ承压含水层	−45.4	−19.1	−6.1	−2.6	−36.8	−22.8
第Ⅱ承压含水层	−86.5	−59.6	−10.4	−5.3	−44.6	−34.0
第Ⅲ承压含水层	−54.6	−44.3	−54.2	−30.0	−44.6	−30.5
第Ⅳ承压含水层			−69.2	−58.9		

    对比表 6-29 的预测结果及表 6-26 的控制水位要求，显然第二预报方案的开采布局及开采量对上海来说，各含水层的地下水位均已满足控制水位要求，各层开采量均可适当增加。对浙江来说，只有第Ⅰ承压含水层还需进一步压缩开采量。而对江苏只有第Ⅰ承压含水层地下水位满足要求，第Ⅰ承压含水层和第Ⅱ承压含水层均需进一步压缩开采量。

    3. 第三预报方案

    表 6-30 所列为第三预报方案各地区各含水层预报年平均开采量。

表 6-30   第三预报方案各地区各含水层预报年平均开采量   单位：m^3/a

含 水 层	江苏境内	上海境内	浙江境内	小 计
第Ⅰ承压含水层	$4.41×10^7$	$6.10×10^6$	$9.70×10^5$	$5.11×10^7$
第Ⅱ承压含水层	0	$1.00×10^7$	$2.41×10^7$	$3.41×10^7$
第Ⅲ承压含水层	$2.25×10^7$	$5.63×10^7$	$2.08×10^7$	$9.96×10^7$
第Ⅳ承压含水层	0	$1.13×10^7$	0	$1.13×10^7$
小 计	$6.66×10^7$	$8.37×10^7$	$4.59×10^7$	$1.96×10^8$

    该开采方案下研究区各含水层最低地下水位点水位回升对比结果详见表 6-31。

表 6-31   研究区各含水层最低地下水点水位回升对比结果   单位：m

含 水 层	江苏境内		上海境内		浙江境内	
	2000 年	2010 年	2000 年	2010 年	2000 年	2010 年
第Ⅰ承压含水层	−45.4	−19.4	−6.1	−5.0	−36.8	−19.4
第Ⅱ承压含水层	−86.5	−41.9	−10.4	−8.2	−44.6	−33.9
第Ⅲ承压含水层	−54.6	−33.2	−54.2	−54.4	−44.6	−40.0
第Ⅳ承压含水层			−69.2	−59.9		

    从预报结果可以看出，江苏的第Ⅱ承压含水层即使从 2001 年 1 月 1 日开始全面禁采，也不能满足表 6-26 所列的控制水位要求。江苏的其他含水层及浙江、上海的各含水层地下水位均满足表 6-26 所列的控制水位要求。

    4. 第四预报方案

    表 6-32 所列为第三预报方案各地区各含水层预报年平均开采量。

表 6 - 32　　　　　　　第四预报方案各地区各含水层预报年平均开采量　　　　　　单位：m^3/a

含水层	江苏境内	上海境内	浙江境内	小　计
第 I 承压含水层	$2.50×10^7$	$6.10×10^6$	$8.30×10^5$	$3.19×10^7$
第 II 承压含水层	0	$1.00×10^7$	$2.30×10^7$	$3.30×10^7$
第 III 承压含水层	$2.20×10^7$	$5.60×10^7$	$2.10×10^7$	$9.90×10^7$
第 IV 承压含水层	0	$8.60×10^6$	0	$8.60×10^6$
小　计	$4.70×10^7$	$8.10×10^7$	$4.50×10^7$	$1.73×10^8$

该开采方案下研究区各含水层最低地下水位点水位回升对比结果详见表 6 - 33。

表 6 - 33　　　　　　研究区各含水层最低地下水点水位回升对比结果　　　　　　单位：m

含水层	江苏境内		上海境内		浙江境内	
	2000 年	2010 年	2000 年	2010 年	2000 年	2010 年
第 I 承压含水层	−45.4	−19.7	−6.1	−4.1	−36.8	−19.8
第 II 承压含水层	−86.5	−42.0	−10.4	−7.3	−44.6	−34.8
第 III 承压含水层	−54.6	−32.8	−54.2	−54.4	−44.6	−39.8
第 IV 承压含水层			−69.2	−60.0		

从预报结果可以看出，该开采方案下各含水层的地下水位变化与第三预报方案的类似。考虑到所有预报方案均未考虑补给量的变化，第四预报方案的预报开采量应该更安全。

二、徐州市张集水源地（苏北）地下水数值模拟

水源地由孔隙含水层和裂隙岩溶含水层组成。除基岩山区外，广大地区都为第四系松散沉积物所覆盖。第四系以下则为震旦系的灰岩和白云岩组成的裂隙岩溶含水层，它是水源地的主要取水层，裂隙岩溶含水层和第四系孔隙水有水力联系，孔隙水是大气降水和地表水补给裂隙岩溶含水层的中间体。对于裂隙岩溶含水系统，虽然溶蚀裂隙发育不均，但地下水流具有统一的水面，可近似的运用多孔介质渗流理论模型来描述。本次采用与徐州市张集水源地供水水文地质详查报告相同的等参有限元三维流数学模型，该模型经过专家论证，认为方法选择得当，单元剖分合理，拟和精度满足规范要求。我们利用此模型严格按照《地下水资源管理模型工作要求》（GB/T 14497—93）（简称《工作要求》）来进行允许开采量的计算。

（一）地下水模型与计算方法

1. 概念模型

模拟范围：地下水流场模拟范围的确定，应该以研究区水文地质条件为依据，同时还应充分考虑地下水系统的完整性和独立性。张集水源地位于一个比较完整的地下水系统内。其模拟范围：在平面上，北以王山-帽垫山-大寨山-崔贺庄水库北堤-路山为界，南至安徽省省界，东起温刘-路山，西至邓楼-吴楼-高庄一带，面积 356.41km²；在垂向上，考虑到裂隙岩溶一般在浅部较为发育（在断裂带和岩体接触带可达−200m 以下），所以本次模拟垂向范围，自潜水面起，下至−150m 深度。

含水层结构：从水文地质角度分析，计算区含水系统主要包括第四系松散沉积物孔隙含水层和裂隙岩溶含水层。我们研究的对象是裂隙岩溶含水系统。该系统在地貌上分为两个部分：一部分是裸露和半裸露的岩溶丘陵，面积约为 $166.61km^2$；另一部分为浅埋于冲、洪、湖积平原之下的隐伏岩溶区，面积约为 $189.90km^2$。尽管由于非可溶岩相对隔水地层的分割，但由于裂隙、断层切割，各层间还有一定的水力联系，仍可将裂隙岩溶含水层概化为单一的、存在越流补给的裂隙岩溶含水系统处理。该含水系统在裸露或半裸露区为潜水，在数值计算中处理为两层，上层为潜水，下层为承压水；而在覆盖区为承压水。由于研究区岩溶地层岩性及构造控水特征明显，岩溶发育程度及富水程度极不均匀。渗透特征沿各方向变化大，岩溶分布具有明显的水平及垂直分带特征。考虑到研究区存在分层取水，而岩溶水除在裸露或半裸露区直接接受大气降水补给以外，还会接受第四系越流、水库渗漏以及侧向补给等，地下水存在垂向运动；再加上模拟区存在分层观测孔（岩溶水22眼，孔隙水13眼），因此，本区裂隙岩溶含水系统的结构及水动力条件可概化为非均质各向异性的承压-无压三维流。

边界条件：模拟区的边界条件可概化为两类边界条件，具体如下。

北部边界：沿王山-帽垫山-大寨山-崔贺庄水库北堤-路山（典河北堤）组成地表分水岭，也是地下分水岭，作为水源地隔水边界。

东南部和西南部边界：在现状条件下地下水向区外径流排泄，但在开采条件下可作为岩溶水的补给边界。

西部边界：为潘塘断陷槽地，沉积很厚的第三系红层，可作为水源地隔水边界。

南部边界：伴山-白山沿山脊线可作为零流量边界。

此外，我们将位于模拟区边界上的岩溶水 007 号、041 号以及 108 号观测孔作为第一类边界条件处理。

地下水补给和排泄项的处理同详勘报告。

计算区剖分：我们根据详勘报告剖分各计算区，全区剖分为三层，总共 1518 个单元，2228 个节点。第一、二、三层网格分布俯视图相同，只是纵向坐标不同而已。

坐标系选取是根据计算区的地质与水文地质条件，渗透系数张量的一个主轴方向与岩层的走向大致相同，另一个方向与岩层的走向大致垂直，也即沿废黄河断裂带方向。因此在计算时，将标准直角坐标系沿顺时针方向旋转 $40°$，使坐标系 X、Y 方向分别与 K_{xx}、K_{yy} 方向一致，这样可以简化即将建立的数学模型。

2. 数学模型

根据水文地质概念模型，研究区的岩溶地下水流可概化为非均质各向异性介质的三维 Darcy 流，其微分方程为

$$\begin{cases} \dfrac{\partial}{\partial x}\left(K_{xx}\dfrac{\partial H}{\partial x}\right)+\dfrac{\partial}{\partial y}\left(K_{yy}\dfrac{\partial H}{\partial y}\right)+\dfrac{\partial}{\partial z}\left(K_{zz}\dfrac{\partial H}{\partial z}\right)+W=S_s\dfrac{\partial H}{\partial t} & (x,y,z)\in\Omega \\[2mm] H(x,y,z,0)=H_0(x,y,z) \\[2mm] H(x,y,z,t)\,|_{\Gamma_1}=\varphi(x,y,z,t) & (x,y,z)\in\Gamma_1 \\[2mm] K_{xx}\dfrac{\partial H}{\partial x}\cos(n,x)+K_{yy}\dfrac{\partial H}{\partial y}\cos(n,y)+K_{zz}\dfrac{\partial H}{\partial z}\cos(n,z)=q\,|_{\Gamma_2} & (x,y,z)\in\Gamma_2 \end{cases}$$

其中
$$W = W_p + W_s + W_r - W_e - Q$$

式中　K_{xx}、K_{yy}、K_{zz}——渗透系数张量，LT^{-1}；

$\quad\quad H = H(x,y,z,t)$——研究区内 t 时刻水头，L；

$\quad\quad\quad\quad S_s$——贮水率，L^{-1}；

$\quad\quad\quad\quad W$——源、汇项，即单位体积排出和流入的水量；

$\quad\quad\quad\quad W_p$——降水入渗补给量；

$\quad\quad\quad\quad W_s$——灌溉入渗补给强度；

$\quad\quad\quad\quad W_r$——水库渗漏补给强度；

$\quad\quad\quad\quad W_e$——蒸发强度；

$\quad\quad\quad\quad Q$——开采强度；

$\quad\quad\quad\quad \Gamma_1$——第一类边界；

$\quad\quad H_0(x,y,z)$——初始水头；

$\quad H_1(x,y,z,t)$——第一类边界 Γ_1 上的水头；

$\quad\quad q(x,y,t)$——第二类边界 Γ_2 上的单位面积流量，流入为正，流出为负。

3. 数值解法

空间区域：部分为有限个六面体单位，取单元的 8 个角点为节点，应用 Garlerkin 有限元技术于上述方程，同时由定解条件可得：

$$\iiint_\Omega \left(K_{xx} \frac{\partial \hat{H}}{\partial x} \frac{\partial N_i}{\partial x} + K_{yy} \frac{\partial \hat{H}}{\partial y} \frac{\partial N_i}{\partial y} + K_{zz} \frac{\partial \hat{H}}{\partial z} \frac{\partial N_i}{\partial z} \right) \mathrm{d}x\mathrm{d}y\mathrm{d}z + \iiint_\Omega N_i S_s \frac{\partial \hat{H}}{\partial t} \mathrm{d}x\mathrm{d}y\mathrm{d}z$$

$$- \iiint_\Omega N_i W \mathrm{d}x\mathrm{d}y\mathrm{d}z - \iint_{s_2^e} N_i q \mathrm{d}s = 0 \quad (i = 1, 2, \cdots, n) \tag{6-11}$$

式中　M——单元数；

$\quad\quad i$——单元 e 上节点号；

$\quad\quad N_i$——节点基函数；

$\quad\quad \hat{H}$——单元 e 上的水头试函数；

$\quad\quad n$——水位未知节点（除位于第一类边界上的结点以外的所有结点）总数，可表达为

$$\hat{H} = \sum_{i=1}^8 H_i N_i \tag{6-12}$$

将式（6-8）代入式（6-7），则可求得

$$\sum_{e=1}^M \left\{ \sum_{j=1}^8 \left[\iiint_e \left(K_{xx}^e \frac{\partial N_i}{\partial x} \frac{\partial N_j}{\partial x} + K_{yy}^e \frac{\partial N_i}{\partial y} \frac{\partial N_j}{\partial y} + K_{zz}^e \frac{\partial N_i}{\partial z} \frac{\partial N_j}{\partial z} \right) \mathrm{d}x\mathrm{d}y\mathrm{d}z \right] H_j \right.$$

$$\left. + \sum_{j=1}^8 \left[\iiint_e N_i N_j S_s^e \mathrm{d}x\mathrm{d}y\mathrm{d}z \right] \frac{\mathrm{d}H_j}{\mathrm{d}t} \right\} - \sum_{e=1}^M \left(\iiint_e W^e N_i \mathrm{d}x\mathrm{d}y\mathrm{d}z + \iint_L N_i q \mathrm{d}s \right) = 0 \tag{6-13}$$

用矩阵表示下列方程组

$$[d]\{\hat{H}\} + [p]\left\{\frac{\mathrm{d}\hat{H}}{\mathrm{d}t}\right\} = \{f\} \tag{6-14}$$

式中

$$d_{il} = \iiint_e \left(K_{xx}^e \frac{\partial N_i}{\partial x} \frac{\partial N_l}{\partial x} + K_{yy}^e \frac{\partial N_i}{\partial y} \frac{\partial N_l}{\partial y} + K_{zz}^e \frac{\partial N_i}{\partial z} \frac{\partial N_l}{\partial z} \right) \mathrm{d}x\mathrm{d}y\mathrm{d}z \qquad (6-15)$$

$$p_{il} = \iiint_e S_s^e N_i N_l \mathrm{d}x\mathrm{d}y\mathrm{d}z \qquad (6-16)$$

$$f_l = \iiint_e W^e N_l \mathrm{d}x\mathrm{d}y\mathrm{d}z \qquad (6-17)$$

因为单元为任意形状的六面体,在总体坐标下对它求三重积分比较困难。所以我们通过坐标变换,把它变换为局部坐标 (ξ, η, ζ) 下的正方形,用等参有限元方法(Isoparameteric Finite Element Method)求解。

基函数采用 Pinder 和 Frind 等人提出的形式。角节点基函数为

$$N_i(\xi, \eta, \zeta) = \frac{1}{8}(1+\xi\xi_i)(1+\eta\eta_i)(1+\zeta\zeta_i) \qquad (6-18)$$

根据整体坐标和等参坐标之间的转换关系(薛禹群等,1980;朱学愚等,2001),式(6-15)~式(6-17)可转化为以下表达形式

$$d_{il} = \int_{-l}^{l}\int_{-l}^{l}\int_{-l}^{l} \left(K_{xx}^e \frac{\partial N_i}{\partial x} \frac{\partial N_l}{\partial x} + K_{yy}^e \frac{\partial N_i}{\partial y} \frac{\partial N_l}{\partial y} + K_{zz}^e \frac{\partial N_i}{\partial z} \frac{\partial N_l}{\partial z} \right) \mid J \mid \mathrm{d}\xi\mathrm{d}\eta\mathrm{d}\zeta \qquad (6-19)$$

$$p_{il} = \int_{-l}^{l}\int_{-l}^{l}\int_{-l}^{l} S_s^e N_i N_l \mid J \mid \mathrm{d}\xi\mathrm{d}\eta\mathrm{d}\zeta \qquad (6-20)$$

$$f_l = \int_{-l}^{l}\int_{-l}^{l}\int_{-l}^{l} W^e N_l \mid J \mid \mathrm{d}\xi\mathrm{d}\eta\mathrm{d}\zeta \qquad (6-21)$$

式中 $\mid J \mid$——雅可比行列式的绝对值。

第二类边界条件采用以下方式处理:如单元 e 的一个面(如 1234)落入第二类边界面 s_2 上,该面在参数坐标系上为 $\zeta = -1$。如用 N_{Di} 表示曲面 1234 上的基函数,则

$$N_{Di}(\xi, \eta) = [N_i(\xi, \eta, \zeta)]_{\zeta=-1} = \frac{1}{8}(1+\xi\xi_i)(1+\eta\eta_i)(1+\zeta\zeta_i) \quad (i=1,2,3,4) \qquad (6-22)$$

根据式(6-21),同时利用总体坐标和参数坐标的关系,可得到上述条件下第二类边界条件的积分公式

$$Q'_l = \iint_D q N_D \mathrm{d}s = \int_{-l}^{l}\int_{-l}^{l} q N_{Dl} \sqrt{EG - F^2} \mathrm{d}\xi\mathrm{d}\eta \quad (l=1,2,3,4) \qquad (6-23)$$

式中 E、G、F——整体坐标和等参坐标间关系的不同表达式。计算出它们在各高斯点上的值后,可用高斯求积公式对式(6-22)进行积分。

将已知条件代入,同时对式(6-13)应用全隐式格式,有

$$\left([d] + \frac{1}{\Delta t}[p] \right)\{H^{K+1}\} = \frac{1}{\Delta t}[p]\{H^k\} + \{f\} \qquad (6-24)$$

4. 数值模拟与校正

由于此次采用与《江苏省徐州市张集水源地供水水文地质详查报告》相同的计算模型,所以分区与相关参数相同。模型识别的各种有关裂隙岩溶含水层的参数见表 6-34 和表 6-35。经模型识别的各种参数基本符合水文地质勘查结果。模型识别的结果观测孔总数为 31 个,每孔各时段的平均误差为 0.667,按规范要求合格的占总观测孔的 74%。

表 6 - 34　　　　　　　　　　　张集水源地地下水流量模拟合参数值

部分层号	分区编号	主轴方向渗透系数/(m/d)			给水度或贮水率	主要地层代号及构造带
		K_{xx}	K_{yy}	K_{zz}		
第一剖分层	1	1.20	1.20	0.01	0.012	Q
	2	2.00	2.00	0.0016	0.005	Q 废黄河漫滩
	3	3.15	4.74	3.10	0.00074	Z_w、Z_{un}
	4	0.00001	0.00001	0.00001	0.000001	β_2
	5	5.00	1.20	1.20	0.0014	$\in_{1m}\in_{2z}\in_{3g}\in_{3c}$
	6	5.40	1.30	1.06	0.0018	Z_{zh}、Z_{jd}
	7	5.00	1.14	1.21	0.0036	Z_n
	8	0.75	0.21	0.012	0.00012	Z_c、Z_z
	9	2.32	12.0	0.96	0.0032	Z_{zh}
	10	2.00	2.00	0.0015	0.0036	Q 废黄河断裂带覆盖层
	11	2.00	2.00	0.0015	0.0026	Q 废黄河断裂带覆盖层
	12	2.00	2.00	0.0015	0.0028	Q 废黄河断裂带覆盖层
	13	2.00	2.00	0.0023	0.0038	Q 废黄河断裂带覆盖层
第二剖分层	14	1.60	2.80	0.00011	0.00012	Z_w、Z_{un}
	15	2.32	3.00	0.80	0.000006	Z_{zh}、Z_{jd}
	16	2.42	2.34	1.10	0.000020	Z_{un}
	17	4.00	2.80	1.04	0.000020	Z_n
	18	1.10	5.40	1.00	0.0000238	$\in_{1m}\in_{2z}\in_{3g}\in_{3c}$
	19	1.00	6.40	1.90	0.00000244	Z_{zh}、Z_{jd}
	20	1.34	5.70	1.88	0.000022	Z_n
	21	0.20	1.70	0.62	0.000006	Z_c、Z_z
	22	293.00	2.61	1.41	0.000062	Z_n 废黄河断裂带
	23	12.00	2.00	0.75	0.000055	Z_{zh}、Z_{jd} 废黄河断裂带
	24	45.00	1.25	3.40	0.0000022	Z_w、Z_{un} 废黄河断裂带
	25	5.00	1.18	0.001	0.000004	Z_{zh}、Z_{jd} 废黄河断裂带
	26	299.00	1.20	0.142	0.000023	Z_w、Z_s 废黄河断裂带
	27	106.00	1.12	0.12	0.000044	Z_{zh}、Z_{jd} 废黄河断裂带
	28	33.00	5.00	0.0002	0.000009	Z_{jd} 废黄河断裂带
	29	65.00	2.50	1.12	0.000043	$\in_{2x}\in_{3g}$ 废黄河断裂带

续表

部分层号	分区编号	主轴方向渗透系数/（m/d）			给水度或贮水率	主要地层代号及构造带
		K_{xx}	K_{yy}	K_{zz}		
	30	1.45	2.75	0.10	0.000018	Z_w、Z_{un}
	31	1.24	2.90	0.92	0.0000019	Z_{zh}、Z_{jd}
	32	1.41	1.32	1.10	0.000018	Z_w
	33	3.50	2.40	0.00003	0.0000223	Z_n
	34	1.00	3.70	0.00002	0.0000231	$\in_{1m} \in_{2z} \in_{3g} \in_{3c}$
	35	0.91	3.10	0.000022	0.000024	Z_{zh}、Z_{jd}
	36	1.68	4.68	0.00002	0.000023	Z_n
第三剖分层	37	0.21	1.64	0.00002	0.000006	Z_c、Z_z
	38	192.00	2.30	1.41	0.000042	Z_n 废黄河断裂带
	39	10.00	2.00	0.00044	0.000011	Z_{zh}、Z_{jd} 废黄河断裂带
	40	32.00	3.16	0.00042	0.0000225	Z_w、Z_{un} 废黄河断裂带
	41	4.00	1.14	0.0001	0.000008	Z_{zh}、Z_{jd} 废黄河断裂带
	42	195.00	5.20	0.0002	0.00023	Z_w、Z_s 废黄河断裂带
	43	83.00	4.30	0.00011	0.000025	Z_{zh}、Z_{jd} 废黄河断裂带
	44	10.00	4.90	0.0002	0.000018	Z_{jd} 废黄河断裂带
	45	54.00	4.90	0.00019	0.000026	$\in_{2x} \in_{3g}$ 废黄河断裂带

表 6-35　　　　　　　　张集水源地降水入渗系数及蒸发系数拟合参数

分区号	1	2	3	4	5	6	7
降水入渗系数 α	0.26	0.29	0.27	0.0001	0.31	0.34	0.29
蒸发系数 β	0.16	0.025	—	—	—	—	—
分区号	8	9	10	11	12	13	14
降水入渗系数 α	0.24	0.38	0.38	0.32	0.36	0.35	0.32
蒸发系数 β	—	0.023	0.023	0.023	0.023	0.023	0.023

（二）模型预测和可开采量评价

此次论证的目标年限为 2007 年年底，为了保证论证的可靠性，我们对降雨量的预测采用频率计算预测，其他各项参数有模型拟合校正后给出。

1. 降雨量预测方案的确定

该建设项目开采水源地的主要补给来源为大气降雨入渗补给，同时其他补给来源归根到底取决于大气降水的多寡及其分配状况。因此大气降雨的组合直接影响岩溶地下水资源的评价结果。在取水水源地选用区域内分布比较均匀的三堡、张集、双沟三站的实测资料，采用算术平均法计算区间逐年平均降水量，资料系列长为 1964—2002 年计 39 年，通过频率分析，得出该地区多年平均降水量和各种保证率的类型年降水量。多年平均年降水量为 829.4mm；最大年降水量为 1113.7mm（1964 年）；最小年降水量为 609.2mm

（1978 年）。年降水量适线情况见图 6-23，多年平均降水量及典型年降水量的月分配见表 6-36。区内连枯水年和丰枯交替年实测降水量状况，见表 6-37。

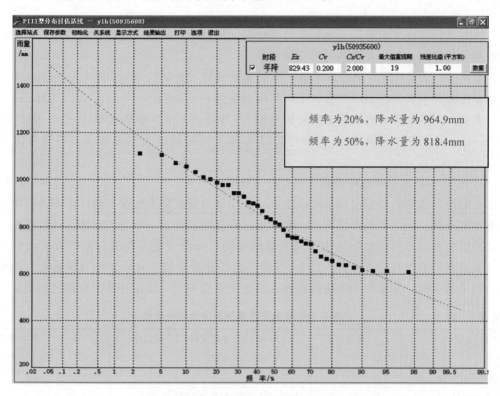

图 6-23　区域面平均降水量（1964—2002 年）频率曲线图

表 6-36　　　　　　　　　　　　多年平均及典型年降水量月分配表　　　　　　　　　　　单位：mm

年别	一	二	三	四	五	六	七	八	九	十	十一	十二	年总量
多年平均	18	21.6	34.53	53.9	68.11	110.1	246.8	124.5	69.7	46.51	21.4	14.3	829.4
丰水年	45.5	23	43.23	58.5	38.8	223.6	299.3	43.37	168	0.033	4.4	31.5	979.3
平水年	12.8	18.5	32.2	47	170.6	12	138.4	183.3	89.2	80.4	14.2	21.9	820.4
偏枯水年	8.8	13.3	119.7	42.8	9.6	116.6	301.7	44.9	0.7	12.6	9.1	17.6	697.4
特枯水年	0.2	18.2	22.4	4.7	13.1	103.4	127.4	213.2	41.2	32.6	24.2	8.6	609.2

表 6-37　　　　　　　　区域内连枯水年和丰枯交替年实测降水量表

连枯水年			枯-丰-枯-枯交替年		
年份	降水量/mm	频率/%	年份	降水量/mm	频率/%
1986	739.2	65.0	1999	665.4	77.5
1987	674.5	75.0	2000	1057.9	10.0
1988	613.1	92.5	2001	627.7	87.5
1989	637.5	85.0	2002	612.9	95.0

根据 1964—2002 年降雨量经验频率及历年降雨量资料分析，同时考虑城市供水的保证程度的要求，即无论天气如何干旱，都要保证供水。我们得出了整个开采期降雨量的三种不同分配方案。

方案 A：首先考虑降雨量比较极端的情况，即整个开采期内全部遭遇特枯水年，采用特枯水年的降雨量作为开采期的预测降雨量。

方案 B：采用有降水记录以来最干旱的连枯水年（4 年），即 1986—1989 年这 4 年的降雨量作为开采期的预测降雨量，平均年降雨量为 666.1mm。

方案 C：整个开采期采用丰枯交替年型（1 个丰水年，3 个枯水年），组合方式为枯-丰-枯-枯，采用历史降雨组合 1999—2002 年作为开采期的预测降雨量，平均年降雨量为 741.0mm。

2. 地下水资源量和允许开采量的分析与计算

岩溶地下水的补给应由以下几项组成：露头区的直接降水入渗补给；第四系孔隙水对岩溶水的补给；区内水库渗漏补给；水源地以外的侧渗补给。需要说明的是补给量和大气降水密切相关，不同年型下的由于降雨量的不同，补给量是不同的。根据数值计算的结果，裂隙岩溶水的补给量见表 6-38，这里所说的补给量是在开采条件下补给量，当岩溶水的开采量不同，其水位和第四系孔隙水的水位差也不同，越流补给量也随之变化。

表 6-38　　　　　不同年份开采条件下裂隙岩溶水的补给量

年份	降雨量/mm	直接入渗/m³	越流补给/m³	水库渗漏/m³	侧向补给/m³	总补给量/m³	平均补给量/m³
多年平均	829.4	21436891	18563824	2733584	3000	42737299	
丰水年	879.3	23236578	17321456	2879433	400	43437867	
平水年	820.4	21356423	18862314	2723562	44260	42986559	42610978
偏枯水年	697.4	18430399	21356411	2613450	64260	42464520	
特枯水年	609.2	15275496	23517429	2571458	64260	41428643	

通过不同年型的计算，我们得出水源地的年可开采总量为 42610978m³，即 11.67 万 m³/d。在供水保证率 95% 下年可开采量为 41428643m³，即 11.35 万 m³/d。根据《江苏省徐州市张集水源地供水水文地质详查报告》确定岩溶地下水资源储量约为 2.55 亿 m³，但在多年均衡的情况下，开采地下水不能使用岩溶地下水资源的储量。

3. 开采井与开采方案的确定

本次论证的目的是徐州市在张集建设日产 10 万 m³ 的水厂，因此，我们采用了预先给定各井的开采量方案，计算水位降深，考虑各种布设方案的合理性以及水源地取用水源是否能够满足需要。

根据《江苏省徐州市张集水源地供水水文地质详查报告》《关于开发张集地下水作为徐州市供水水源地可行性研究报告》和甲方提供的布设方案，我们结合区域内的水文地质条件以及地下水现状开采，确定了 4 种井位的布设方案（表 6-39）。这里需要说明的是此次增加的集中供水井沿废黄海断裂带分布，全部用于徐州市的城区供水。该水源地原有供水井地开采量保持不变，仍然照常供给用户生活用水及工农业生产用水。

表 6-39　　　　　　　　　　　张集水源地地下水开采方案　　　　　　　　单位：万 m³/a

拟建开采井位置	开采方案Ⅰ		开采方案Ⅱ		开采方案Ⅲ		开采方案Ⅳ	
	井数/眼	开采水量	井数/眼	开采水量	井数/眼	开采水量	井数/眼	开采水量
邓楼果园	3	1.2	4	1.8	4	1.8	4	1.2
梁堂城头	7	3.5	7	3.5	7	3.5	10	3.8
吕梁小刘庄	6	4.1	5	3.5	4	3.1	7	3.6
庐套路山	2	1.2	2	1.2	3	1.6	3	1.8
合　计	18	10	18	10	18	10	24	10.4

为了直观地反映不同的开采方案，将 4 种方案在模型剖分网格上的位置绘制成图，详见图 6-24～图 6-27。

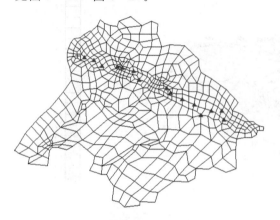

图 6-24　开采方案Ⅰ开采井位置图

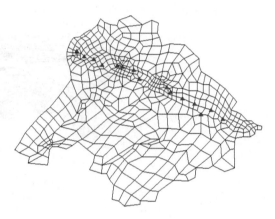

图 6-25　开采方案Ⅱ开采井位置图

图 6-26　开采方案Ⅲ开采井位置图

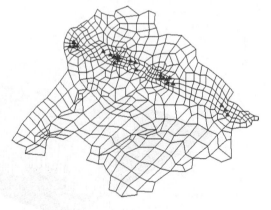

图 6-27　开采方案Ⅳ开采井位置图

4. 不同方案下的模型预测

本次预测时段是三年半，即从 2004 年 7 月至 2007 年年底，根据上述 4 种开采方案和未来三年半降雨量的不同组合方案，我们利用拟合好的数学模型进行预测。现选取 2007 年 12 月的预测结果作为参考对象，并将其绘制成图（单位为 m）。

图 6-28～图 6-30 为 2007 年 12 月开采方案 I 在 A、B、C 降水方案地下水流场平面和波面对照图。

图 6-31～图 6-33 为 2007 年 12 月开采方案 II 在 A、B、C 降水方案地下水流场平面和波面对照图。

图 6-34～图 6-36 为 2007 年 12 月开采方案 III 在 A、B、C 降水方案地下水流场平面和波面对照图。

图 6-37～图 6-39 为 2007 年 12 月开采方案 IV 在 A、B、C 降水方案地下水流场平面和波面对照图。

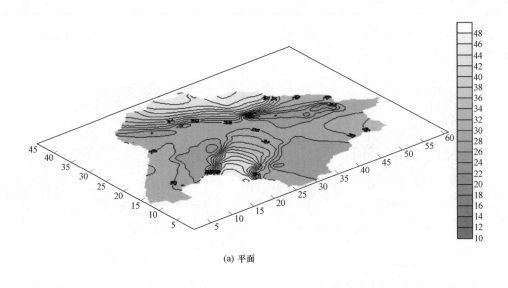

(a) 平面

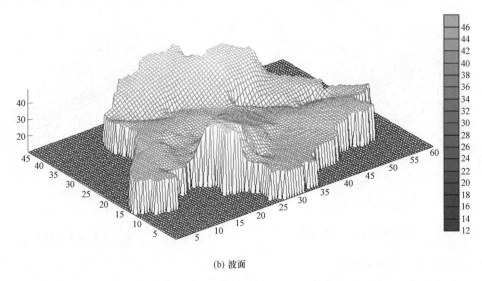

(b) 波面

图 6-28　开采方案 I 在 A 降水方案地下水流场平面和波面对照图

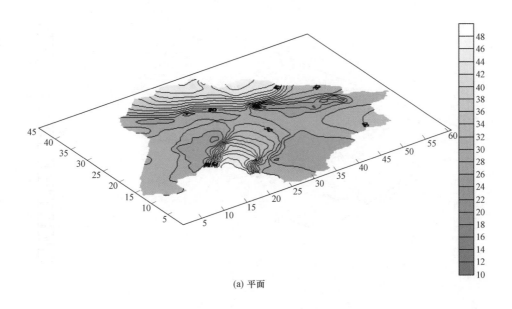

(a) 平面

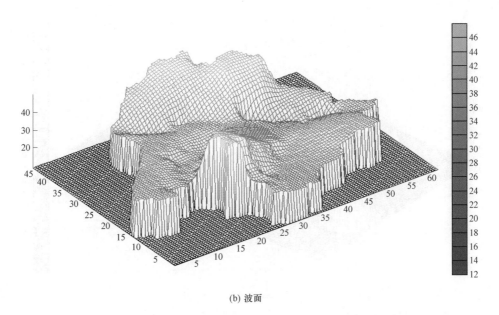

(b) 波面

图 6 - 29　开采方案 I 在 B 降水方案地下水流场平面和波面对照图

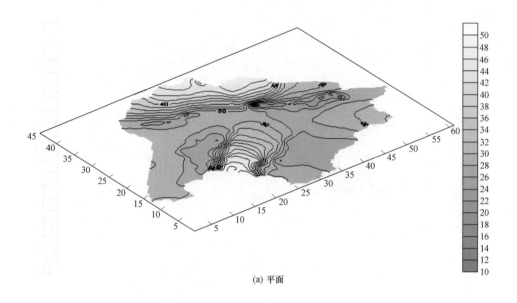

(a) 平面

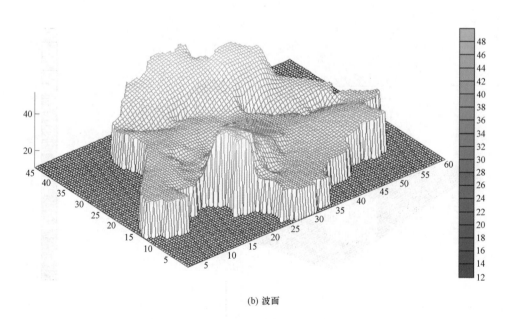

(b) 波面

图 6-30　开采方案 I 在 C 降水方案地下水流场平面和波面对照图

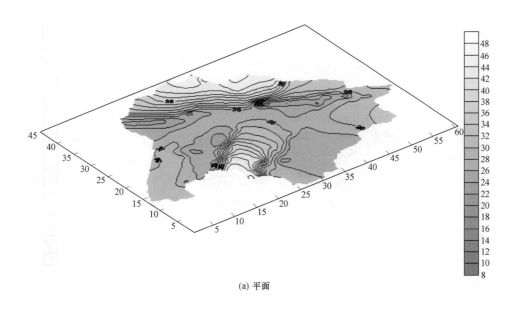

(a) 平面

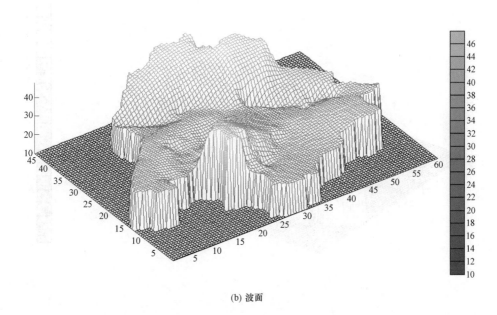

(b) 波面

图 6-31　开采方案 Ⅱ 在 A 降水方案地下水流场平面和波面对照图

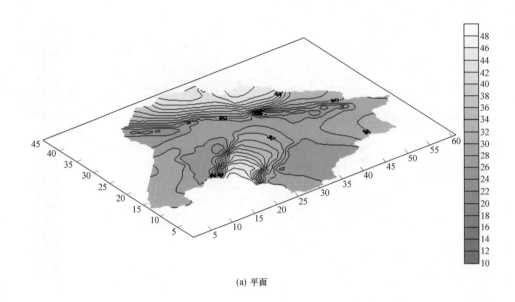

(a) 平面

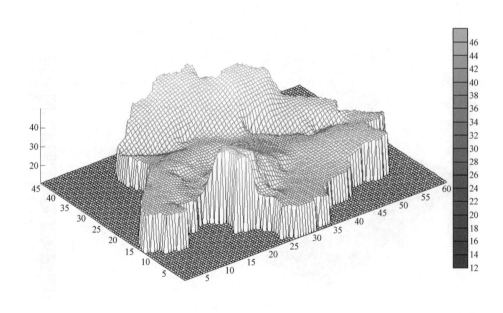

(b) 波面

图 6-32 开采方案Ⅱ在 B 降水方案地下水流场平面和波面对照图

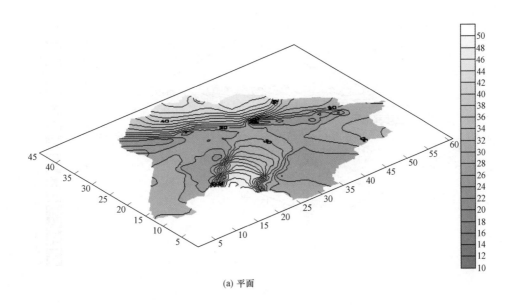

(a) 平面

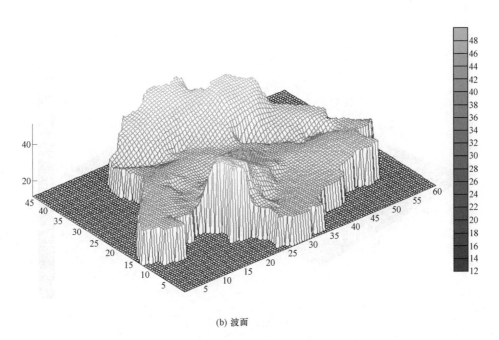

(b) 波面

图 6-33　开采方案Ⅱ在 C 降水方案地下水流场平面和波面对照图

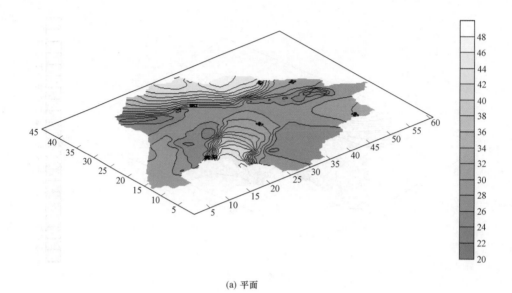

(a) 平面

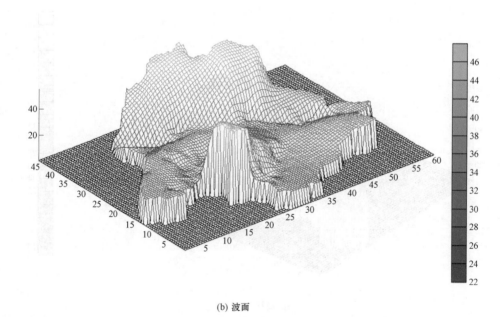

(b) 波面

图 6-34　开采方案Ⅲ在 A 降水方案地下水流场平面和波面对照图

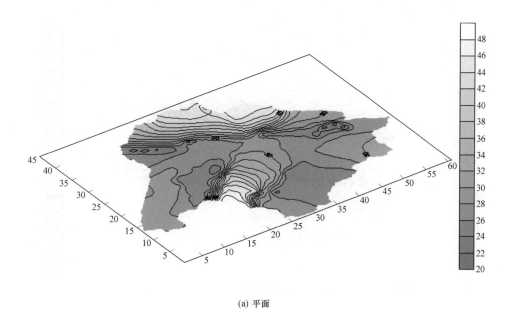

(a) 平面

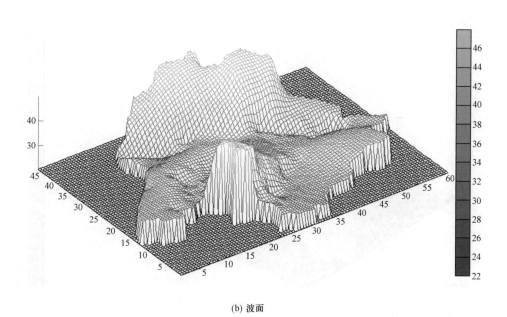

(b) 波面

图 6-35 开采方案Ⅲ在 B 降水方案地下水流场平面和波面对照图

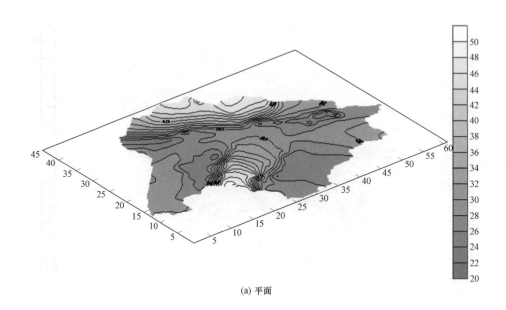

(a) 平面

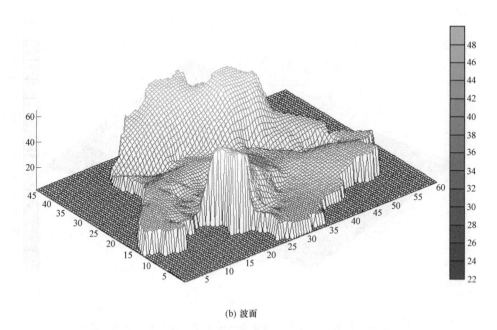

(b) 波面

图 6-36　开采方案Ⅲ在 C 降水方案地下水流场平面和波面对照图

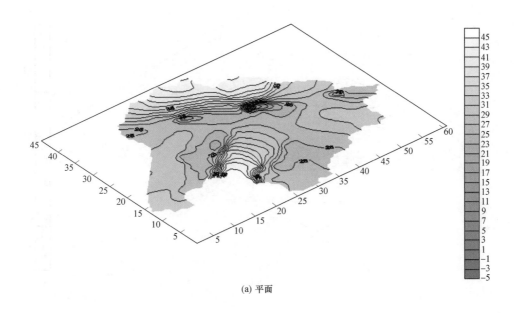

(a) 平面

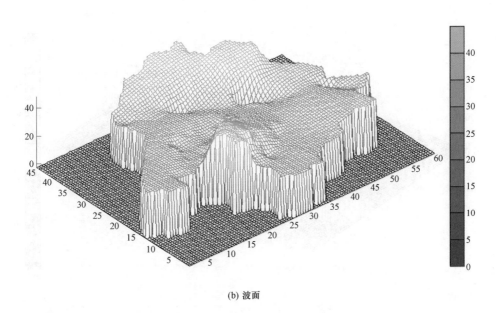

(b) 波面

图 6-37 开采方案Ⅳ在 A 降水方案地下水流场平面和波面对照图

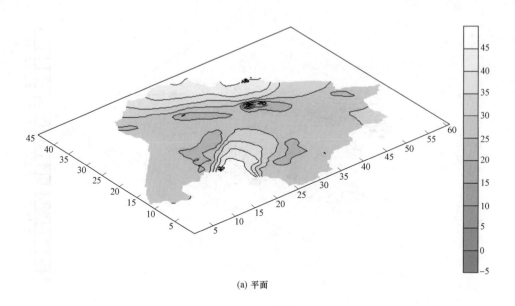

(a) 平面

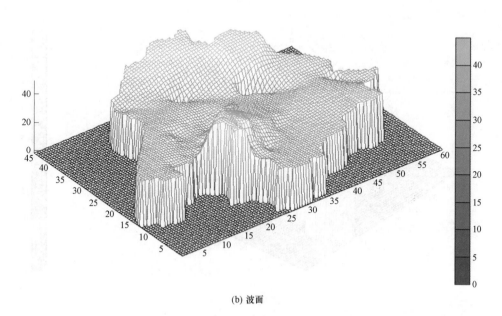

(b) 波面

图6-38 开采方案Ⅳ在B降水方案地下水流场平面和波面对照图

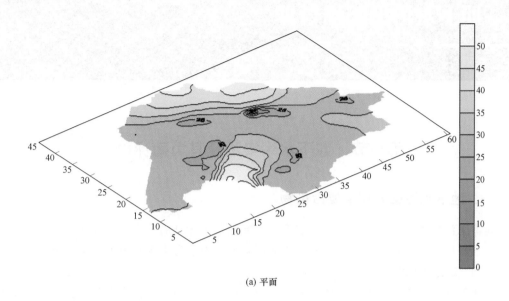

(a) 平面

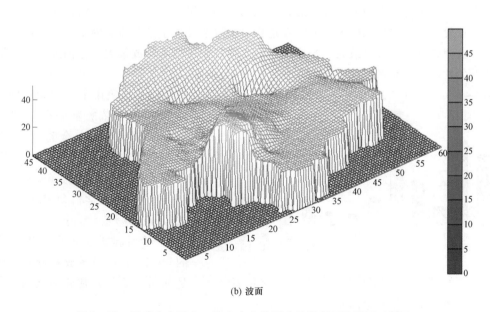

(b) 波面

图 6 - 39　开采方案Ⅳ在 C 降水方案地下水流场平面和波面对照图

第七章
地下水污染防治管理

第一节　地下水污染源及其负荷评价

一、地下水污染源及主要污染物

地下水污染源是指在人类活动影响下，引起地下水污染的污染物来源或活动场所。江苏省地下水污染源主要有工业污染源、生活污染源、农业污染源及地表污染水体四大类。

（一）工业污染源

主要包括工业废水及工业固体废物。一般为点状污染源，主要集中分布在城区、郊区及工业园区，农村工业污染源数量少且排放量小。

1. 工业废水

江苏省2006年工业废水排放总量为28.7亿t，其中达标排放率为97.7%，污染物以化学需氧量、氨氮、石油类、挥发酚、氰化物、砷、铅、汞、镉、六价铬为主。

工业废水的排放量取决于工业的发达程度、废水处理水平等诸多因素，一般而言，城区、工业园区废水排放量最大，平原区较低，山丘陵区废水排放量大，苏南经济发达地区较苏北欠发达地区废水排放量大。

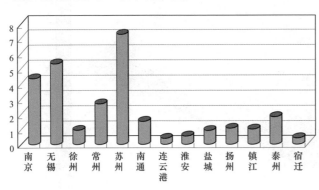

图7-1　2006年度各地级市工业废水排放量直方图

13个地级市中工业废水排放量位于前四位的依次为苏州、无锡、南京和常州，分别占全省的25.7%、18.8%、15.1%和9.6%，4市合计占全省排放总量的69.2%（图7-1）。其中化学需氧量的主要排放区域在苏州、无锡、常州和南京4市，合计排放量占全省排放总量的59.0%；氨氮排放量较大的地区是苏州、扬州、常州和无锡4市，合计排放量占全省排放量的63.3%。

2. 工业固体废物

工业固体废物不仅占用大量的土地资源，而且是土壤、地表水体和地下水的重要污染源。2006年江苏省工业固体废物产生量7195.2万t，主要以粉煤灰、炉渣、冶炼废渣为主,危险废物量产生量为 98.6 万 t,不足总废物量的 1.5%。其构成情况如图 7 - 2 所示。

(1)空间分布。苏州市、南京市、徐州市和无锡市是江苏省工业固体废物主要产生区域,各市工业固体废物产生量分别占全省产生总量的 22.5%、17.8%、14.6% 和 10.7%。危险废物主要产生区域是南京市、镇江市、苏州市和无锡市,4 市累计产生量占全省产生总量的 71.7%,见表 7 - 1。

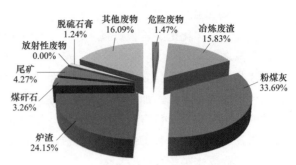

图 7 - 2　2006 年度全省工业固体废物产生量构成情况

表 7 - 1　　　　　　2006 年全省工业固体废物产生及排放情况

地　区	工 业 固 体 废 物				危 险 废 物		
	产生量/万 t	占全省比例/%	排放量/t	占全省比例/%	产生量/万 t	占全省比例/%	排放量/t
南京	1277.5	17.75	120	44.53	23.1	23.43	0
无锡	773.1	10.74	0	0	11.8	11.97	0
徐州	1051.2	14.61	0	0	0.1	0.10	0
常州	368.9	5.13	49.5	18.37	8.7	8.82	0
苏州	1620.4	22.52	0	0	15.8	16.02	0
南通	305.1	4.24	0	0	10.7	10.85	0
连云港	271.2	3.77	0	0	0.5	0.51	0
淮安	258.8	3.60	0	0	0.3	0.30	0
盐城	169.7	2.36	0	0	1.2	1.22	0
扬州	218.9	3.04	100	37.11	3.5	3.55	0
镇江	634.9	8.82	0	0	20.0	20.28	0
泰州	204.7	2.84	0	0	2.9	2.94	0
宿迁	40.8	0.57	0	0	0	0	0
合计	7195.2	100	269.5	100	98.6	100	0

2006 年全省工业固体废物排放量 269.5t,南京、扬州和常州是江苏省工业固体废物的主要排放区域,其他地区均实现了零排放。各地区危险废物均实现零排放。

(2)行业分布。江苏省工业固体废物主要来自电力、热力的生产和供应业、黑色金属冶炼及压延加工业、化学原料及化学制品制造业、煤炭开采和洗选业、非金属矿物制品业和造纸及纸制品业,这 6 个行业产生量之和约占总产生量的 88.6%。危险废物主要来自石油加工、炼焦及核燃料加工业、化学原料及化学制品制造业、纺织业、医药制造业、仪器仪表及文化、办公用机械制造业和金属制品业,这 6 个行业产生量之和约占总产生量的 89.9%。

3. 石油工业

石油开采、化工、销售过程中产生的废水排放、溢油、油田注水等石油污染也是地下水污染源之一。

江苏省油田主要分布在淮河流域的淮安洪泽、金湖、扬州江都、泰州市区、姜堰及盐城东台等地局部地区。加油站分布面广量大，凡是公路途径的乡镇基本多设有加油站，苏锡常地区甚至每个乡镇有若干个加油站。对于油田及加油站的分布、规模及污染情况等目前尚未开展过专项调查工作，有待于在下一阶段的工作填补空白。石油化工行业的废水排放归入工业废水类统计。

（二）生活污染源

生活污染源包括生活污水及生活垃圾。

1. 生活污水

2006 年江苏省城镇生活污水排放量为 22.8 亿 t，集中处理率为 51.8%。生活污水中污染物以化学需氧量、氨氮为主。2006 年全省生活污水中 COD 排放量为 63.9 万 t，占废水排放中 COD 排放总量的 68.7%。氨氮排放量为 6.0 万 t，占废水排放中氨氮排放总量的 72.6%。

各地区生活污水排放量主要取决于城市的规模、乡镇的城市化进程和废水处理水平等因素，13 个地级市中南京、苏州生活污水排放量超过 4 亿 t，分别占全省生活污水排放总量的 17.9%、17.5%（图 7-3）。其中化学需氧量的主要排放区域在南京、南通、苏州、盐城四市，合计排放量占全省排放总量的 49.0%；氨氮排放量较大的地区是南通、盐城、南京和苏州 4 市，合计排放量占全省排放量的 44.6%。

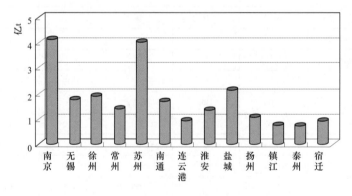

图 7-3　2006 年各市生活废水排放量直方图

2. 生活垃圾

城市生活垃圾目前以掩埋为主，防护措施不当极易造成地表水、地下水污染。

省内每个市均有规模不等的垃圾填埋场，平原区的垃圾填埋场选址以荒地为主，填埋深度一般在 8m 以浅，丘陵山区以弃坑及山谷为主，填埋深度在 15～155m 不等。处理方式以卫生填埋为主，13 个省辖市都按照新标准建有规范的垃圾填埋场，苏南、苏中地区县级垃圾填埋场也基本建成，苏北地区的县一级垃圾填埋场建设相对滞后一些。

农村生活垃圾一般随意堆放在房前屋后、河边桥头，成为地下水污染源之一。随着人们生活水平的不断提高，曾经大量兴建变废为宝的沼气池，由于费工费时而大量消失，农村垃圾又因其塑料制品增加，大多已不再制作成农家肥。近年来，围绕国家提出建设新农村的要求，江苏省正在开展农村环境综合整治，农村生活垃圾问题有望得到更好的处置。

（三）农业污染源

农业是影响地下水范围最大的人类活动之一，化肥和农药的使用都会对地下水产生污染影响。

1. 化肥

江苏省目前耕地约 4.7 万 km³，农作物以水稻、麦子、棉花及蔬菜为主。化肥主要施用碳酸氢铵、尿素、复合肥、钾肥及磷肥，微肥施用量很少。据不完全统计，2006 年江苏省 10 个地区施肥总量为 342.52 万 t，其中氮肥 176.04 万 t、磷肥 70.67 万 t、钾肥 32.89 万 t、复合肥 60.52 万 t，各地区化肥施用情况详见表 7-2。

表 7-2　　　　　　　　　江苏省部分地区化肥施用量统计表

地　区	农用化肥施用总量 /t	其　中			
		氮肥/t	磷肥/t	钾肥/t	复合肥/t
扬州	424813	139405	48515	145670	91223
徐州	652134	301369	144624	69151	126335
连云港	573000	362500	109200	18500	76400
盐城	820655	366952	317665	41718	91320
南京	149590	75929	13230	8551	51880
无锡	91262	45086	4606	6251	35319
常州	89864	54652	3897	2647	28668
南通	155450	128000	27450		
镇江	142339	78578	8221	28336	23124
泰州	326127	207893	29246	8052	80936

土壤中施用大量的化肥后，小部分被植物吸收，大部分储存在土壤中。在降水和灌溉的作用下经土壤层渗入到地下水体，形成硝酸盐氮等含量升高。

2. 农药

据不完全统计，2006 年江苏省南京、徐州等 8 个地区农药施用量为 30015486kg（表 7-3）。农药使用以有机磷、有机氯类为主，其中 4 种高毒的农药（甲胺磷、甲基 1605、乙基 1605、久效磷）使用量较大，高毒农药中又以甲胺磷为主。

表 7-3　　　　　　　　　江苏省部分地区农药施用量统计表

地　区	农药使用量/kg	地　区	农药使用量/kg
徐州市	4955721	南京市	793540
连云港市	5911000	无锡市	5936000
泰州市	1582280	常州市	6584328
扬州市	2189133	镇江市	2063484

施用的农药部分被作物叶面截留用于杀虫，部分被蒸发，部分经雨水冲刷渗入地下，或转入地表水并随污染水体入渗补给污染浅层地下水。据南京大学试验资料表明，淮河干流表层水体三个断面均检测到了六氯苯、α-六六六、β-六六六、γ-六六六、4,4′-DDD、4,4′-DDE、2,4′-DDT、4,4′-DDT、艾氏剂、七氯、环氧七氯、α-硫丹、狄氏剂、异狄氏剂、β-硫丹和甲氧滴滴涕共 16 种有机氯农药。总 HCHs 含量介于 $1.11 \sim 7.55\mathrm{ng} \cdot \mathrm{L}^{-1}$，总 DDTs 含量介于 $4.45 \sim 78.87\mathrm{ng} \cdot \mathrm{L}^{-1}$，水体中 DDT/(DDE＋DDD) 比值较大，表明此类化合物环境滞留期较长；六六六的两种异构体 α/γ 比值接近 1，表明此类物质可能为近期输入淮河水域，有机氯农药的总量在 $26.27 \sim 124.39\mathrm{ng} \cdot \mathrm{L}^{-1}$ 之间。

3. 畜禽养殖

江苏省的畜禽养殖在近 20 年发展迅速，并逐步走向规模化、集约化。畜禽粪便的年排放量不容忽视，以徐州市为例，全年畜禽粪便年产生量达 251 万 t。

目前江苏省畜禽粪便大部分不经处理或简单处理后直接堆放，废弃物中含有大量的有机污染物和氮、磷、钾等元素，极易随径流或雨水向土壤及水体迁移，污染土壤及水环境。

（四）地表水体

1. 外来水污染

淮河上游如安徽、山东直接向下游排放未经处理的污水，是全区的又一重要污染源，经常造成数十万沿淮居民无水可吃，如每年通过苏鲁边界由山东省进入江苏省的污水约有 3 亿 t 之多。

2. 地表污染水体

据江苏省 2005 年水资源公报，全省 310 余条河流，628 个地表水河流水质断面（控制河长为 9091km）水质综合评价结果表明，超标断面（劣于Ⅲ类水）444 个，占 70.7%（图 7-4），超标河长 5972km，占 65.7%。主要超标项目依次为氨氮、化学需氧量、总磷、高锰酸盐指数、五日生化需氧量、溶解氧、挥发酚。

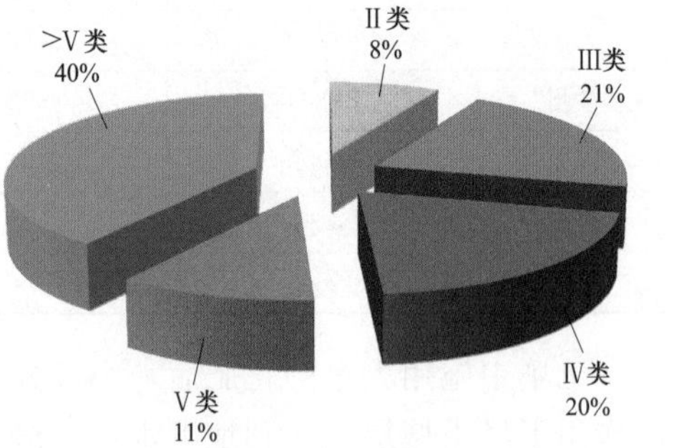

图 7-4 2005 年江苏省河流水质状况比例图

二、地下水污染源负荷评价

（一）评价对象及评价方法

地下水污染源负荷评价主要针对工业废水。评价方法采用综合法。据工业废水中污染物的构成，选择化学需氧量、氨氮、挥发酚、石油类、五项剧毒化学物质（氰化物、砷、六价铬、镉、汞）以及铅十个项目为主要污染物指标，对每一指标采用等标污染法进行评价。

评价过程如下：

1. 首先计算某污染物的等标污染负荷 P_i

$$P_i = \frac{C_i}{C_{0i}}Q \qquad (7-1)$$

式中 C_i——污染物的实测浓度；

C_{0i}——污染物的排放标准；

Q——废水排放量。

2. 某污染源的等标污染负荷 P_n

$$P_n = \sum_{i=1}^{n} P_i \quad i = 1, 2, 3, \cdots, n \tag{7-2}$$

（二）污染负荷评价

1. 主要污染物

2006 年江苏省工业废水排放总量为 28.7 亿 t，10 种主要废水污染物中，化学需氧量和氨氮的等标污染负荷分别为 29176.15t、45521.12t，合计占等标污染负荷的 85.67%（图 7-5），其他污染物的等标污染负荷中挥发酚占 8.84%、石油类占 4.76%，五项剧毒化学物质（氰化物、砷、六价铬、镉、汞）以及铅的等标污染负荷合计占 0.73%。

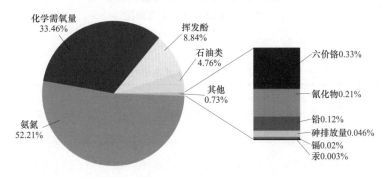

图 7-5 2006 年工业废水中主要污染物等标污染负荷比例图

2. 空间分布

2006 年江苏省工业废水中 10 种主要污染物的等标污染负荷总量为 8.73 万 t，其中苏州市等标污染负荷为 2.14 万 t，居 13 个地级市之首（占全省等标污染负荷总量的 24.5%），其次为扬州市、南京市、常州市、无锡市，等标污染负荷分别为 1.00 万 t、0.96 万 t、0.90 万 t、0.90 万 t，4 市合计占全省的 43.2%。其余各市工业废水中 10 种主要污染物的等标污染负荷为 0.14 万~0.68 万 t，见图 7-6。

化学需氧量主要排放区域在苏州、无锡、常州和南京 4 市，合计等标污染负荷占全省化学需氧量的 59.0%；氨氮主要排放区域在苏州、扬州、常州和无锡 4 市，合计等标污染负荷占全省氨氮的 63.3%。石油类污染物主要在泰州、南京、无锡 3 市排放，等标污染负荷分别占全省石油类污染物的 26.6%、26.2%、10.9%。南京、镇江、苏州、无锡 4 市为挥发酚主要排放区域，合计等标污染负荷占全省挥发酚的 66.5%。

3. 行业分布

工业废水中污染物主要排污行业是化学原料及化学制品制造业，10 项污染物等标污染负荷占所有行业排污负荷总量的 42.9%，其砷、挥发酚、氰化物、石油类、化学需氧量、氨氮的排放量都居各行业之首。其次为纺织业和黑色金属冶炼及压延加工业，等标污染负荷分别为 13.4% 和 8.5%。全省主要排污行业工业废水及污染物排放情况见表 7-4，

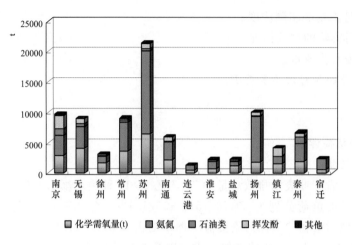

图 7 - 6　2006 年各地区工业废水中
主要污染物等标污染负荷图

不同行业其污染因子差异较大。

表 7 - 4　　　　　　2006 年全省主要排污行业工业废水中污染物排放情况　　　　　　单位：t

行业名称	化学需氧量	氨氮	石油类	挥发酚	氰化物	砷	铅	汞	镉	六价铬	等标污染负荷比/%
化学原料及化学制品制造业	6582.0	19849.5	1858.4	5490.2	79.5	37.32	5.42	0	0.3	51.230	42.9
纺织业	5993.3	4547.1	7.8	29.8	0	0	0	0	0	0.072	13.4
黑色金属冶炼及压延加工业	1392.5	3709.6	1071.8	443.7	36.3	0	83	0	12.4	22.316	8.5
造纸及纸制品业	3202.7	420.3	10.3	142.8	0.008	0	0	0	0	0.002	4.8
食品制造业	589.8	1913.9	1.5	5.1	0	0	0	0	0	0.046	3.2
水的生产和供应业	652.2	1786.5	0	0	0	0	0	0	0	0.002	3.1
医药制造业	865.2	1403.2	39.1	127.7	0.2	0	0	0	0	0	3.1
化学纤维制造业	1061.5	1019.8	2.2	2	0	0	0	0	0	0	2.6
石油加工、炼焦及核燃料加工业	504.1	654.8	351.0	461.7	17.0	0.95	0	0	0	0	2.5
火力发电	1066.5	234.2	129.0	32.8	0	0	0	0	0	0	1.8
通信设备、计算机及其他电子设备制造业	510.4	547.8	43.0	72.2	2.5	0.66	7.95	1.6	1.39	13.796	1.5
皮革、毛皮、羽毛（绒）及其制品业	226.8	762.2	8.1	0	0	0	0	0	0	7.168	1.3
燃气生产和供应业	50.3	440.0	0.04	439.7	2.6	0	0	0	0	0	1.2
饮料制造业	589.6	281.7	0.2	25.5	0	0	0	0	0	0	1.1

续表

行业名称	化学需氧量	氨氮	石油类	挥发酚	氰化物	砷	铅	汞	镉	六价铬	等标污染负荷比/%
研究与试验发展	180.9	564.0	0	50.0	0	0	0	0	0	0	1.0
纺织服装、鞋、帽制造业	235.7	423.9	0.6	0	0	0	0	0	0	0	0.8
农副食品加工业	337.7	259.2	34.6	0	0	0	0	0	0	0	0.8
金属制品业	274.1	95.2	38.5	24	18.6	0.31	3.7	0	0	167.62	0.8
电气机械及器材制造业	124.0	174.0	27.2	218	21.7	0	1.005	1	1.2	1.36	0.7
仪器仪表及文化、办公用机械制造业	294.1	239.0	24.0	0	1.4	0	0.47	0	0.03	1.44	0.7

4. 污染趋势分析

进入 21 世纪以来，全省废水排放量总体呈缓慢上升趋势。其中工业废水排放量基本稳定，生活废水排放量呈增长趋势（从 2001—2006 年生活废水排放量由 15.8 亿 t 增至 22.8 亿 t，图 7-7）。两种主要污染因子 COD 及氨氮，来自生活污水的排放量呈增长趋势，工业废水中 COD 排放量基本稳定，氨氮缓慢增长，见图 7-8、图 7-9。

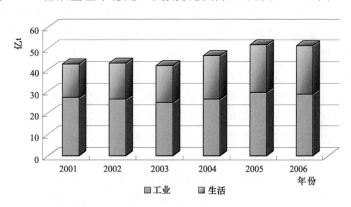

图 7-7　历年废水排放量变化趋势图

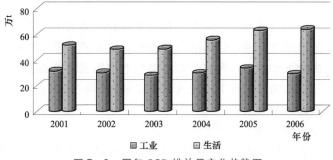

图 7-8　历年 COD 排放量变化趋势图

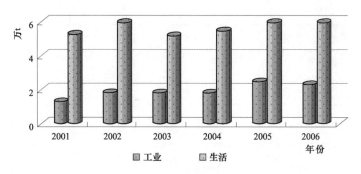

图 7-9　历年氨氮排放量变化趋势图

2001—2006 年，江苏省规模以上工业总产值由 11747 亿元增至 41410 亿元，平均每年增长率保持在 15％以上，但工业废水排放量基本稳定，做到增产不增污。这主要得益于江苏省各级政府部门高度重视环保工作，水利、环保等有关部门积极推广节水、减污等系列措施，企业环保意识、社会责任感增强等方面。

另一方面，随着城市规模化、农村城镇化，居民生活水平不断提高，用水量逐渐提高，生活污水量亦不断增加。因污水处理能力跟不上，致使大量的生活污水排向河流和沟渠，对地表水污染影响较大。

三、地下水污染途径分析

地下水在补给、径流、排泄过程中受到污染的可能性与地貌、地质环境、地下水赋存的介质条件、运动特征及污染源分布特点等有密切关系。根据区域条件分析，地下水污染途径主要有以下几种。

1. 水平渗透型

工业和生活废、污水未经处理就近直接排入河、沟、塘等地表水体，受污染的地表水体携带污染物以侧向水平渗透方式扩散补给地下水。在丰水期或大量开采地下水导致地下水水位下降后，水力坡度增加，加速污染地表水体对地下水的补给作用，致使地下水污染速度加快，污染范围不断扩大。

本次工作在清安河（淮安市区的污水排放河流）东岸 5m 处收集的 1 个潜水水质资料显示，尽管清安河有岩石护壁，但仍有少量的有机物检出，检出项包括二氯甲烷、总六六六等，表明污染河道对两侧地下水具有一定的污染影响作用。

2. 垂直入渗型

工业固体废物、生活垃圾堆放后，由于自身水分和外部水的渗入，形成了污染物组分复杂、污染浓度大的渗滤液，通过降雨淋滤等作用，渗滤液中污染物通过包气带垂直入渗迁移至地下水，造成地下水污染，尤其是对浅层地下水构成潜在威胁。

此外，工业废气、车辆尾气等进入大气后，以酸雨等形式通过土壤层、包气带垂直下渗进入地下水，从而污染地下水。

3. 垂直与水平渗透混合型

区内农药、化肥施用量普遍较高，往往以面状形式散布于土壤中，部分氮元素及有害或有毒组分平时残留在浅层土壤中，在降水及灌溉的作用下，垂直入渗至地下水，或溶入雨水、灌溉水以面流形式进入地表水后再下渗至地下水中。

4. 越流补给污染型

由于地下水的过量开采，引起地下水水位大幅度下降，水位降落漏斗不断加深和扩展，改变了水动力条件，上覆含水层中水质不佳的地下水越流补给下部含水层，使开采层水质恶化。

5. 原生污染型

在某些沉积物中存在着某些原生性物质，经溶解、溶滤或运移作用进入含水层，使含水层地下水水质受到污染，如沿海浅层地下水水中氯离子、钠离子，长江三角洲平原和淮河平原地区地下水中的铁离子、锰离子等含量异常或超标。

第二节　长江三角洲（江苏地区）地下水污染评价

一、评价方法

1. 计算方法

（1）污染指数计算。以环境背景值和《地下水质量标准》（GB/T 14848—1993）中Ⅲ类水的水质指标为参考对照，构建如下计算公式：

$$P_{ki} = \frac{C_{ki} - C_0}{C} \quad （\text{pH 值除外}） \tag{7-3}$$

$$P_{ki} = \begin{cases} \dfrac{C_{i\min} - C_{ki}}{C_{i\min}} & （C_{ki} \leqslant \overline{CO_i}） \\[2mm] \dfrac{C_{ki} - C_{i\max}}{C_{i\max}} & （C_{ki} > \overline{CO_i}） \end{cases} \quad （\text{pH 值}） \tag{7-4}$$

式中　　P_{ki}——水样第 i 个指标的污染指数；

　　　　C_{ki}——水样第 i 个指标的测试结果；

　　　　C_0——对于无机组分，代表 k 水样所在区域指标 i 的背景值；

　　　　C——对于有机组分，取指标的检出限；

　　　　$C_{\text{Ⅲ}}$——《地下水质量标准》中指标 i 的Ⅲ类指标限值；

　　　　$\overline{CO_i}$——pH 值标准均值；

　　　　$C_{i\max}$——pH 值标准上限；

　　　　$C_{i\min}$——pH 值标准下限。

（2）单指标评价。利用上述公式分别计算各水样点单因子污染指数结果 P_{ki}，并同表 7-5 中污染分级标准对照划分污染等级，得出各水样单因子污染等级划分结果。

表 7-5　　　　　　　　　　　　　　　　单因子污染指数分级标准

污染类别	未污染	轻污染	中污染	较重污染	严重污染	极重污染
污染分级	Ⅰ	Ⅱ	Ⅲ	Ⅳ	Ⅴ	Ⅵ
指数范围	$P \leqslant 0$	$0 < P \leqslant 0.2$	$0.2 < P \leqslant 0.6$	$0.6 < P \leqslant 1.0$	$1.0 < P \leqslant 1.5$	$P > 1.5$

（3）综合污染评价。对单因子污染评价完成并依次划分好等级后，将各水样单因子污染等级做比对，规定其中污染等级最高因子的等级划分结果作为该水样点的地下水污染综合评价结果。

2. 评价内容

（1）单指标评价。根据公式计算结果，分别对地下水样品每一个指标进行污染评价，掌握每一个指标对地下水的污染状况。

（2）综合评价。运用确定地下水样品综合污染等级方法，采用所有参评指标对地下水样品进行综合污染评价，确定地下水综合污染等级。

二、评价指标选取

浅层地下水污染评价指标选择人类活动产生的有毒有害物质，包括28项无机指标和37项有机指标。

无机样组分检测指标（28项）：pH值、钾＋钠、铁、氯化物、硫酸根盐、硝酸盐、亚硝酸盐、氨根、化学需氧量、氟化物、TDS、总硬度、锰、铝、硫化物、砷、汞、氰化物、铬、镉、铜、铅、锌、硒、铍、钡、镍、钼。

有机组分检测指标（37项）：卤代烃类（三氯甲烷、四氯化碳、1,1,1-三氯乙烷、三氯乙烯、四氯乙烯、二氯甲烷、1,2-二氯乙烷、1,1,2-三氯乙烷、1,2-二氯丙烷、溴仿、氯乙烯、1,1-二氯乙烯、1,2-二氯乙烯）；氯代苯类（氯苯、邻二氯苯、对二氯苯、三氯苯）；单环芳烃类（苯、甲苯、乙苯、二甲苯、苯乙烯）；有机氯农药（总六六六、γ-BHC、总滴滴涕、六氯苯、七氯）；有机磷农药（敌敌畏、甲基对硫磷、马拉硫磷、乐果）；多环芳烃〔蒽、荧蒽、苯并（b）荧蒽、苯并（a）芘、萘〕；多氯联苯。

根据所收的历史数据资料，参与深层地下水污染评价无机指标有13种，有机指标37项。

无机指标：pH值、钾＋钠、氯化物、硫酸盐、硝酸盐、亚硝酸盐、氨根离子、化学需氧量、TDS、总硬度、砷、钙离子、镁离子。

有机指标：与浅层地下水污染评价指标一致。

分类指标评价中，工作区浅层地下水污染评价分六类：一般化学指标、毒理指标类、毒性重金属类、三氮类、挥发性有机指标类、半挥发性有机指标类，各类所包含因子见表7-6。

表7-6　　　　　　　　　　浅层地下水污染评价指标分类表

指 标 类 别	指 标 名 称
一般化学指标（13项）	pH、TDS、总硬度、硫酸盐、氯化物、铁、锰、铜、锌、铝、化学耗氧量、硫化物、钠＋钾、硒
无机三氮指标（3项）	硝酸盐、亚硝酸盐、铵
无机毒理指标（12项）	氟化物、汞、砷、镉、铬、铅、铍、钡、镍、钼、银、氰化物
毒性重金属指标	汞、砷、镉、铬、铅
挥发性有机指标（22项）	三氯甲烷、四氯化碳、1,1,1-三氯乙烷、三氯乙烯、四氯乙烯、二氯甲烷、1,2-二氯乙烷、1,1,2-三氯乙烷、1,2-二氯丙烷、溴仿、氯乙烯、1,1-二氯乙烯、1,2-二氯乙烯、氯苯、邻二氯苯、对二氯苯、总三氯苯、苯、甲苯、乙苯、二甲苯、苯乙烯
半挥发性有机指标（15项）	六氯苯、总六六六、γ-BHC、总滴滴涕、七氯、敌敌畏、甲基对硫磷、马拉硫磷、乐果、苯并（a）芘、萘、蒽、荧蒽、苯并（b）荧蒽、多氯联苯总和

三、浅层地下水污染评价

（一）各行政区分布特征

作区浅层地下水都已遭受严重污染，且相连成片。严重和极重污染分布区总面积约2.43 万 km²，占全区面积的 2/3；中污染和较重污染总面积约 1.54 万 km²，占全面积的38.45%；轻污染区仅占 1.03%；整个工作区已未污染区已不存在（图 7-10）。

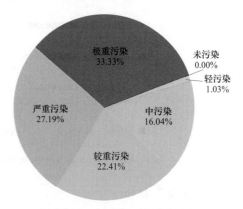

图 7-10 浅层地下水污染综合
评价统计饼图（含铁锰）

从空间分布上，江北污染重于江南，污染相对较轻的地区主要分布于山前平原区。

轻污染：分布区总面积约 413.39km²；零散面状分布于南京六合芝麻岭、冶山，江阴山前平原，常熟东北部，泰兴市东部，宝应北部和中南部等，其他地区呈点状分布。

中污染：南京地区主要分布六合、江浦广大地区，总面积约 1097.30km²；宜兴市山前平原地区，面积约 708.27km²；丹阳市广大区域，面积约 502.53km²；无锡和苏州市主要分布于环太湖附近，江阴山前平原、张家港中南部，常熟沿江区域。江北片状分布于江都、宝应，其他皆小面积分布。

较重污染：大面积分布的区域有仪征市、茅山山脉山前平原区（包括高淳、溧阳平原区），苏州地区中部区域，其面积分别为 538.28km²、1628.13km²、1231.25km²；其次还分布于江都、海安北部以及宝应县-高邮地区等；其他呈零散分布南通地区。

严重污染：总面积 10920.69km²。主要分布于江北扬泰通地区（5001.56km²）、南京东南部-溧水一线区域（854.38km²），其他地区呈带状分布。

极重污染区：总面积 13385.05km²。江北区域广泛分布，且已相连一片；南京地区主要分布南京市区和江宁区；常州地区主要分布于金坛市和常州市区东部区域，溧阳函山东部；无锡地区主要分布于环太湖周围；苏州地区张家港沿江地区，常熟-昆山-苏州市区一线，吴江东南部，成面状分布。

（二）不同水文地质单元浅层地下水污染特征

1. 一般化学指标

工作区根据水文地质单元可以分为五个区，分布在太湖平原区、长江三角洲平原区、宁镇低山丘陵区、茅溧山脉山前波状平原区、里下河平原区。根据测试数据统计显示山前波状平原及宁镇低山丘陵区浅层地下水污染相对较轻（图 7-11），污染最为严重的为里下河平原区，极重污染占该区总数的 50%，其次为长江三角洲平原区，极重污染点占该区的 46.8%。这与各区沉积环境一致，里下河地区为泄湖沉积，一般化学指标相对污染较重，长江三角洲平原区和太湖平原由于海侵作用，加之人类活动较为强烈（工厂排污等），导致其水质相对较差，而山前平原区和宁镇低山丘陵区浅层地下水利用率较低，人为影响因素相对较低，水质污染较轻。

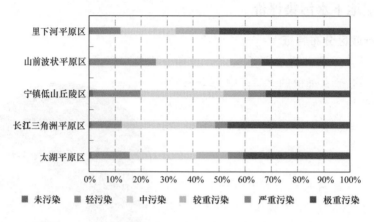

图 7-11　各水文地质单元浅层地下水一般指标污染统计图

2. "三氮" 指标

工作区浅层地下水中 "三氮" 污染最严重的区域分布于长江三角洲平原区（图7-12），中污染以上点占总区的 62.63%；其次为太湖平原区；山前波状平原区污染最轻，宁镇低山丘陵区和里下河平原处于中等。这与长江三角洲和太湖平原区农业、工业以及城市化发展较快集中分布相一致，由于农业过度使用化肥、工业和城镇排污严重造成浅层地下水三氮污染较为严重；而山前波状平原分布田地及工厂企业相对较少，污染相对较轻；宁镇地区由于山地分布较多，企业集中分布于个别工业区，因此大多区域污染较轻，仅化工企业分布区域污染相对较重。

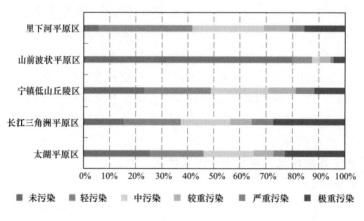

图 7-12　各水文地质单元浅层地下水三氮污染统计图

3. 毒性重金属指标

工作区浅层地下水毒性重金属整体来说相对污染较轻（图 7-13）。长江三角洲平原区污染最为严重，极重污染点占该区总样点的 13.81%；其次为里下河平原区，极重污染占总样点 12.73%，山前波状平原污染最轻。

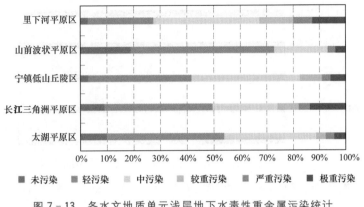

图 7-13　各水文地质单元浅层地下水毒性重金属污染统计

4. 半挥发性有机物

工作区浅层地下水中半挥发性有机物污染相对较轻，大多数属于未污染区（图 7-14），其中较为污染的为太湖平原区和长江三角洲平原，但大多属于点状，且分布点多位于工厂企业附近，这与两区域工业分布相对较集中相一致。

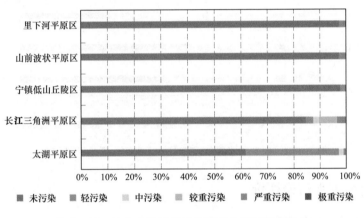

图 7-14　各水文地质单元半挥发性有机污染统计

5. 挥发性有机物

各水文地质单元区浅层地下水中挥发性有机物大多未检出（图 7-15），里下河平原区未污染点占该区总数的 94.55％，其余区域都在 50％以上，极重污染点都在 5 组以下。挥发性有机物检出较少与其易挥发有很大的关系，易在取样、运输过程中挥发，导致测试值减低。其实际情况挥发性有机物造成的污染亦不可轻视。

6. 综合评价

工作区内各水文地质单元浅层地下水皆遭受不同程度的污染，未污染区已不复存在（图 7-16）。各区对比来说，长江三角洲平原区、里下河平原区以及太湖平原区污染最为严重，山前波状平原区和宁镇低山丘陵区相对较轻，里下河平原区由于其独特的地质沉积环境，泄湖分布区，常规指标污染相对较较重，导致综合污染较重，而太湖和长江三角洲平原区主要与工业、农业以及城市化发展较快所排放废物较多，导致其区域浅层地下水污染严重。

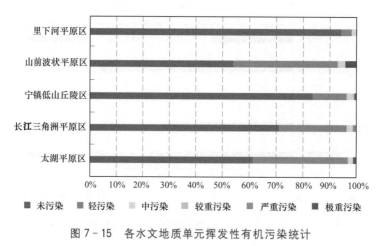

图 7-15　各水文地质单元挥发性有机污染统计

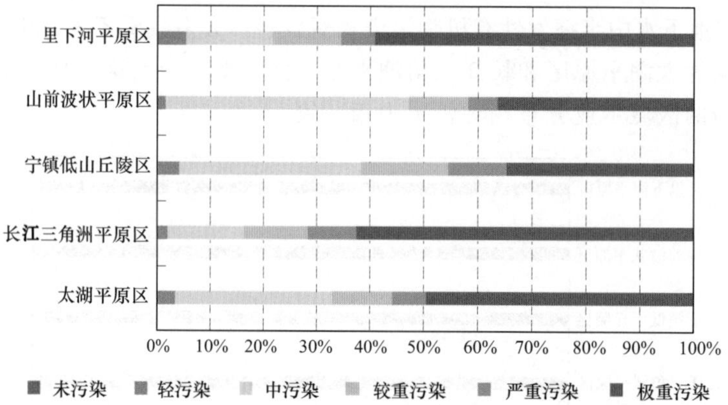

图 7-16　各水文地质单元浅层地下水综合评价污染统计

四、深层地下水污染评价

（一）污染程度统计分析

工作区深层地下水样点中，未污染样点仅占 1.20%，较重以上污染点占总样点 50%，其中极重污染占总样点近 1/3（图 7-17）。说明工作区深层地下水污染现状较为严重。

从各含水层水质污染评价结果来看（图 7-18），Ⅰ承压水质污染最为严重，水质极重污染点占其总数的 45.45%；其次为Ⅲ承压水，极重污染占其总数的 30.26%；相对来说，水质较好的含水层为Ⅱ承压。

（二）水污染的空间分布特征

1. 基岩水

工作区基岩水皆有遭受不同程度的污染。

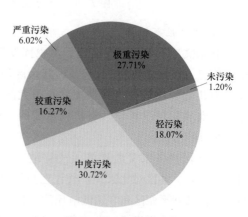

图 7-17　深层地下水污染评价结果统计

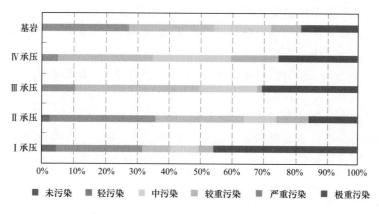

图 7-18　各含水层污染评价结果统计图

未污染点呈零分布；轻污染有 2 处未污染点，分别分布于句容磨盘和镇江丹徒区；中污染点分布于南京东善桥和溧水拓塘镇。较重污染分布于丹阳建山镇和镇江丹徒区。

严重污染点 1 处，位于镇江金江，主要污染影响因子为 TDS、砷等。

极重污染点 2 处，分布于南京汤泉镇和汤山镇；其主要影响因子为硫酸盐、钙和镁。

2. Ⅰ承压水

工作区内Ⅰ承压水质污染现状较为严重。未污染点仅 1 处，分布于高邮天山镇；轻污染点 4 处，分别分布于高邮天山镇、扬州市邗江区、江都双沟镇以及南通平潮镇；中污染点 2 处，分布于江都市塘头、常熟磨城镇。较重污染点 2 处，分布于江都吴桥镇、昆山淀山湖镇。

严重污染 1 处，分布于昆山张浦镇，主要影响因子为氨、COD 等。

极重污染分布较多，多集中于扬州市区和仪征市，扬中市分布 1 处，泰兴市河市镇 1 处，如皋市袁桥镇和常青镇各 1 处；其污染影响因子为砷、氨、亚硝酸盐、钠、镁、COD、氯化物、TDS、总硬度以及氯乙烯等，其中砷、氨对Ⅰ承压水质达到极重污染的贡献率分别为 26.67%、20%。

3. Ⅱ承压水

工作区内Ⅱ承压水质污染相对较轻。大多为未污染和轻污染，主要分布于高邮市、常州和无锡；中污染点主要分布于宝应县、兴化市、高邮市、常州的前黄镇、无锡市港下镇、常熟莫城镇、苏州浒墅关镇以及昆山周市。较重污染点主要分布于兴化市南部、宝应县西部以及苏州市陆慕镇。

严重污染点分布于兴化海南镇、丹阳导墅镇和吴江同里镇，其主要影响污染因子为砷、氯化物和镁。

极重污染主要分布于苏州市区和兴化竹泓镇，主要污染影响因子为砷、氨和亚硝酸盐，其中砷污染指数最高达 6.2。

4. Ⅲ承压水

工作区内Ⅲ承压样点主要分布于江北，江南未取Ⅲ承压水样。

区内Ⅲ承压水质整体都遭受不同程度污染，区域上来看，扬州地区污染轻于泰州地区，南通地区Ⅲ承压水污染现状最为严重。

轻污染样点主要分布于扬州邵伯湖周沿、高邮市周山镇-横泾镇-龙虬镇一带、宝应县柳堡镇、泰州九龙镇；中污染点主要分布于高邮市-泰州市-兴化市-宝应县一带；较重污染主要分布于泰州市、南通市区。

严重污染仅分布 1 处，位于泰州市华港镇；其主要污染影响因子为砷、氯化物和 TDS。

极重污染点主要分布于泰兴市-如皋市-南通市区-通州市-启东市一带，其中启东市极重污染点分布较为集中；主要影响因子为亚硝酸盐、砷、钠、镁、氯化物、TDS 以及奈，其中亚硝酸盐对极重污染的贡献率达 57.69%，污染指数最高为 38，是极重污染标准 1.5 的 25.3 倍。

5. Ⅳ承压水

区内Ⅳ承压取样点分布于如东市、如皋市、海安市以及姜堰市。

区内所取Ⅳ承压水质皆遭受不同程度污染。轻污染仅分布 1 处，位于如皋市雪岸镇；中污染主要分布于姜堰市西南部、海安李堡镇、如皋东陈镇和如东茝镇、长沙镇；较重污染点分布于姜堰曲塘镇、海安西场镇以及如东河口镇、丰利镇以及掘港镇。

严重污染点主要分布于如东岔河镇和马塘镇、姜堰梁徐镇，其主要影响因子为砷，污染指数最高达 1.34。

极重污染点主要分布于如东市，其主要影响因子为砷、氨和奈，其中砷评价污染指数最高达 6.14，远高于其标准值 1.5。

第三节　淮河流域（江苏北部平原）
地下水污染评价

一、评价方法

此部分内容与本章第二节中内容一致，不再赘述。

二、地下水污染评价指标选取

地下水污染评价指标选择人类活动产生的有毒有害物质，包括 25 项无机指标、49 项有机指标。

1. 无机指标（25 项）

pH 值、钾、钠、总铁离子、氯离子、硫酸根离子、硝酸根离子、亚硝酸根离子、氨根离子、化学需氧量、氟离子、矿化度、总硬度、锰、砷、汞、总铬、镉、铜、铅、锌、硒、钡、镍、钼。

2. 有机指标（39 项）

卤代烃（13 项）：三氯甲烷、四氯化碳、1,1,1-三氯乙烷、四氯乙烯、二氯甲烷、三氯乙烯、1,2-二氯乙烷、1,1,2-三氯乙烷、1,2-二氯丙烷、三溴甲烷、氯乙烯、1,1-二氯乙烯、1,2-二氯乙烯。

氯代苯类（4 项）：氯苯、邻二氯苯、对二氯苯、三氯苯总量。

单环芳烃（6 项）：苯、甲苯、乙苯、二甲苯、苯乙烯、邻二甲苯。

有机氯农药（5 项）：总六六六、γ–BHC（林丹）、总滴滴涕、六氯苯、七氯。

有机磷农药（5 项）：乐果、马拉硫磷、甲基对硫磷、敌敌畏、对硫磷。

多环芳烃（5 项）：萘、蒽、荧蒽、苯并（b）荧蒽、苯并（a）芘。

多氯联苯类（1 项）：多氯联苯总量。

三、区域地下水污染评价

运用本章第二节中所示评价方法，对区域内 603 组潜水样和 466 组深层地下水样在单指标污染分析研究的基础上，进行综合污染评价。

（一）潜水污染综合评价

1. 统计结果

潜水污染综合评价统计结果见图 7–19。

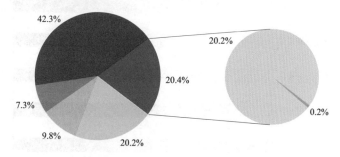

图 7–19　潜水污染综合评价结果统计图

区内潜水污染程度严重，未污染与轻度污染样品仅占 20.4%，其中未污染样品仅有 1 组；严重污染与极重污染样品占 49.6%，其中极重污染样品占总数的比例达 42.3%。

2. 空间分布

从空间分布上来看，东部沿海地区污染程度比西部地区重，污染相对较轻的地区主要分布在山前地带和洪泽湖周边地区。

轻度污染：主要分布在洪泽县和宝应县、邳州市南部，呈大面积的片状分布；在丰县和睢宁县呈狭长带状分布；在赣榆县、阜宁县、新沂市有小面积的块状分布。总面积约 2710.5km²。

中度污染：主要分布在丰沛平原、徐州市至赣榆县的山前地带、盱眙县和泗洪县丘岗区、洪泽湖东部的洪泽县和宝应县，在沿海地区的灌云县、建湖县，里下河平原的兴化市、江都市也有小面积的块状分布。总面积约 9392.8km²。

较重污染至极重污染：分布区域广泛，在滨海平原、里下河平原和淮沭泗平原呈大面积的片状分布，总面积分别为：较重污染区 17218.5km²、严重污染区 16818.1km²、极重污染区 15208.2km²。

各水文地质单元潜水综合评价结果表明（表 7–7 和图 7–20）：总体上平原地区人口密集，工业发达，城市化进程快，排放污染物较多，进而导致区域内污染相对较重，因此以里下河沿海平原和沂沭河平原污染最为严重，盱眙丘陵区污染最轻。

表7-7 潜水综合污染评价结果分水文地质单元统计表

地下水系统	水文地质亚区	未污染	轻度污染	中度污染	较重污染	严重污染	极重污染
淮河下游地下水系统	里下河沿海平原亚区	1	48	47	18	11	83
	盱眙丘陵亚区	0	0	3	2	0	2
沂沭河下游地下水系统	沂沭河平原亚区	0	30	35	19	14	96
	北部丘岗亚区	0	9	7	4	5	21
	徐淮丘陵亚区	0	30	20	12	12	43
南四湖平原地下水系统	丰沛平原亚区	0	5	10	4	2	10

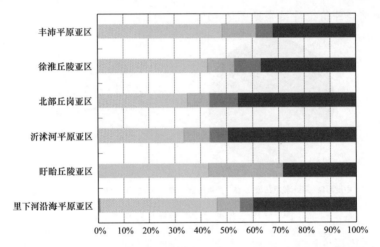

图7-20 潜水污染综合评价结果分水文地质单元统计图

里下河沿海平原区，主要污染指标是铁、锰、氯化物、COD、亚硝酸盐和砷；盱眙丘陵区，主要污染指标是硝酸盐；沂沭河平原区，主要污染指标是铁、锰、COD、三氮、氯化物和砷；北部丘岗区，主要污染指标是铁、锰、硝酸盐；徐淮丘陵区，主要污染指标是铁、锰、硝酸盐、亚硝酸盐、氟化物，还有一项有机指标四氯化碳；丰沛平原区，主要污染指标是锰、亚硝酸盐和氟化物。

（二）微＋Ⅰ承压水污染综合评价

1. 统计结果

微＋Ⅰ承压水污染综合评价统计结果见图7-21。

区内微＋Ⅰ承压水污染较为严重，未污染与轻度污染样品仅占37.1%，其中未污染样品仅有30组；严重污染与极重污染样品占29.3%，其中极重污染样品占总数的比例达22.13%。

2. 空间分布

从空间分布上来看，东部沿海地区污染程度比西部地区重，未污染、轻度污染地区主

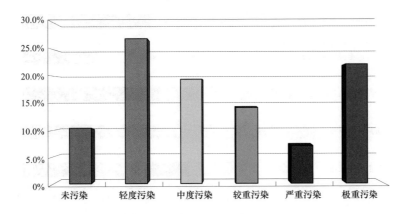

图 7-21　微＋Ⅰ承压水污染综合评价结果统计图

要分布在大运河宿迁至江都段沿线、环洪泽湖以及丰沛部分地区，丘陵、山前倾斜平原区主要以轻度污染、中度污染为主。

未污染区：主要分布在里下河平原西部、邳睢地区、丰沛的局部地区。

轻度污染：普遍分布在泰州-涟水-东海以西地区，以东仅有个别点存在。

中度污染：除丰沛、连云港以南的地区外，全区普遍存在，以山前倾斜平原最为密集。

较重污染：主要存在于里下河平原以及徐淮丘陵、平原等地区。

严重-极重污染：以射阳以南盐城地区、里下河南部、徐州市区至睢宁以及连云港部分地区为主。

各水文地质单元潜水综合评价结果表明（表7-8、图7-22）：总体上平原地区污染比较严重，以里下河沿海平原和沂沭河平原污染较为严重，其他地区如徐淮丘陵水文地质亚区因其工业发达，污染也比较严重。

表 7-8　　　　　微＋Ⅰ承压水综合污染评价结果分水文地质单元统计表

地下水系统	水文地质亚区	未污染	轻度污染	中度污染	较重污染	严重污染	极重污染
淮河下游地下水系统	里下河沿海平原亚区	8	7	13	13	10	14
沂沭河下游地下水系统	沂沭河平原亚区	4	33	17	4	8	28
	北部丘岗亚区	1	2	7	5	1	2
	徐淮丘陵亚区	12	22	19	18	2	17
南四湖平原地下水系统	丰沛平原	4	15	1	2	0	4

里下河沿海平原区，主要污染指标是铵氮、砷；宿沭平原、新东赣丘岗台地等地区是微＋Ⅰ承压水污染程度最轻的地区，仅个别点为中重度污染，其中污染程度硝酸盐大于铵氮；徐淮丘陵区主要污染指标是硝酸盐、四氯化碳以及少量的砷污染等；丰沛平原区主要污染指标是硝酸盐、亚硝酸盐和砷。

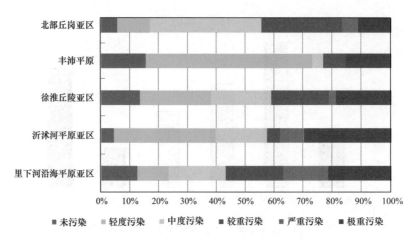

图 7-22 微+Ⅰ承压水污染综合评价分区统计图

(三) 深层地下水污染综合评价

1. 统计结果

区内深层地下水未污染与轻度污染样品仅占总数的 26.4%（图 7-23），其中未污染样品仅有 2 组；中度污染样品达 32.8%，153 组；较重污染与严重污染样品占 14.4%；极重污染样品达 123 组，占总数的比例达到了 26.4%。

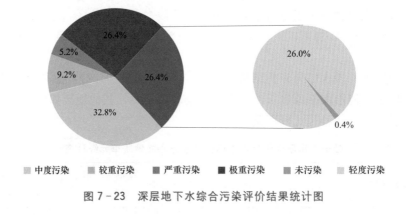

图 7-23 深层地下水综合污染评价结果统计图

2. 空间分布

从空间分布上来看，深层地下水污染较重区主要分布在沿海平原区和徐州地区，污染相对较轻区主要分布在洪泽湖与高邮湖周边地带。

未污染：仅在新沂市新店镇和睢宁县凌城镇有零星分布。

轻度污染：主要分布在洪泽湖周边的淮安市、泗洪县、盱眙县，高邮湖周边的高邮市、江都市、扬州市、金湖县，里下河平原的建湖县，在新沂市、响水县和海安县也有零星分布。

中度污染：分布范围较广，主要分布在邳州市至泗阳县一带，沿海的响水县、灌南县、盐城市，里下河平原的兴化市、宝应县一带；在丰沛平原和海安县有少量分布。

较重污染至极重污染：主要分布在邳州市至睢宁县一线以西的徐州地区，沭阳县以北

的连云港地区，滨海县至东台市的沿海地带，里下河平原的兴化市和姜堰市；在洪泽县、
宝应县、盐城市、宿迁市也有少量分布。

分水文地质单元的统计结果来看，污染最严重的是丰沛平原区和徐淮丘陵区（表7-9、图
7-24），其次是里下河沿海平原区，盱眙丘陵区遭受污染最轻。深层地下水受污染的程度
与该地区对地下水的开发利用相关，丰沛平原等地对深层水的开发利用量大，依赖程度
高，人类活动对其造成的污染也就较重。

表7-9   深层地下水综合污染评价结果分水文地质单元统计表

地下水系统	水文地质亚区	未污染	轻度污染	中度污染	较重污染	严重污染	极重污染
淮河下游 地下水系统	里下河沿海平原亚区	0	55	40	11	12	40
	盱眙丘陵亚区	0	1	1	0	0	0
沂沭河下游地下水系统	沂沭河平原亚区	0	51	40	4	3	16
	北部丘岗亚区	1	3	7	4	0	5
	徐淮丘陵亚区	1	10	63	20	7	51
南四湖平原地下水系统	丰沛平原亚区	0	1	2	4	2	11

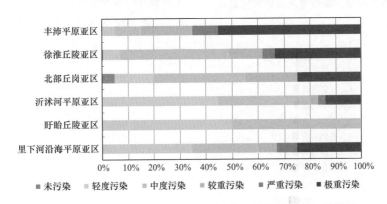

图7-24 深层地下水综合污染评价结果分水文地质单元统计图

里下河沿海平原区，主要污染指标是铁、锰、铬、亚硝酸盐和氟化物；盱眙丘陵区，
主要污染指标是铬和二氯甲烷；沂沭河平原区，主要污染指标是锰、氟化物、砷和铬；北
部丘岗区，主要污染指标是砷、锰、硝酸盐；徐淮丘陵区，主要污染指标是铁、锰、硝酸
盐、氟化物、铬，还有一项有机指标四氯化碳；丰沛平原区，主要污染指标是重金属和氟
化物。

四、区域地下水污染影响指标分析

（一）潜水污染影响指标分析

用评价指标在某污染级别中的样品数除以该污染级别总样品数，即可得到所评价的指
标在该污染级别的贡献率。

潜水极重污染：贡献指标共23种（图7-25），其中有机贡献指标6种，最大的是四
氯化碳，为1%；无机主要贡献指标包括锰（贡献率38.2%）、铁（贡献率29.9%）、亚

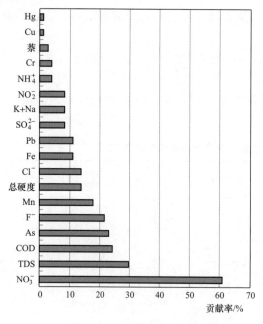

图 7-25 极重污染级潜水单指标贡献率

硝酸盐（贡献率 19%）、砷（贡献率 18.5%），贡献率超过 5% 的还有硝酸盐（贡献率 11.4%）、COD（贡献率 9%）、氯化物（贡献率 8%）、氟化物（贡献率 7.5%）、钾钠离子（贡献率 6.6%）和氨氮（贡献率 6.1%）。

潜水严重污染：贡献指标共 18 种（图 7-26），其中有机指标只有 1 种，为萘，贡献率 2.7%；无机贡献指标 17 种，主要是硝酸盐（贡献率 60.8%）、TDS（贡献率 29.7%）、COD（贡献率 24.3%）、砷（贡献率 23%）、氟化物（贡献率 21.6%），贡献率超过 10% 的还有锰（贡献率 17.6%）、总硬度（贡献率 13.5%）、氯化物（贡献率 13.5%）、铁（贡献率 10.8%）和铅（贡献率 10.8%）。

潜水较重污染：贡献指标共 22 种（图

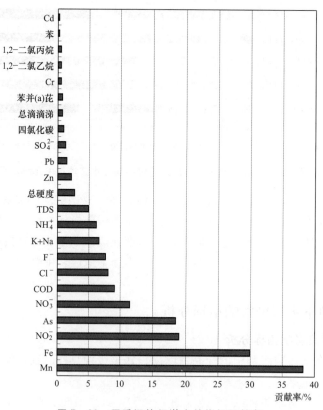

图 7-26 严重污染级潜水单指标贡献率

7-27），其中有机贡献指标 4 种，贡献率最大的是二氯甲烷，为 3.2%；无机主要贡献指标是硝酸盐（贡献率 44.1%）、TDS（贡献率 41.9%），贡献率超过 20% 的还有钾钠离子（贡献率 28%）、COD（贡献率 24.7%）、总硬度（贡献率 23.7%）、氯化物（贡献率 21.5%）、氟化物（贡献率 21.5%）、砷（贡献率 21.5%）。

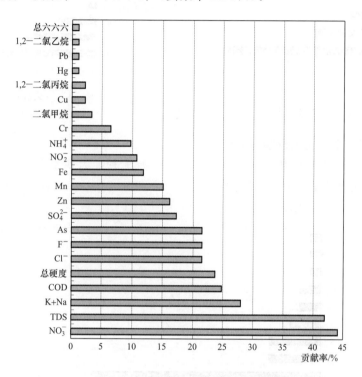

图 7-27 较重污染级潜水单指标贡献率

综上所述，工作区内潜水污染主要影响指标为三氮、锰、铁、TDS、COD 和砷。

（二）微＋Ⅰ承压水污染影响指标分析

极重污染：贡献指标共 8 种，其中有机指标 2 种，分别为四氯化碳、苯，其贡献率合计 6.2%；无机贡献率较高的分别是砷（贡献率 66.2%）、亚硝酸盐（贡献率 36.9%）、硝酸盐（贡献率 10.8%），其余贡献率均不到 4%（图 7-28）。

严重污染：贡献指标仅 5 种，其中有机指标为萘，其贡献率 4.8%；无机贡献率以铵氮为主，达 57.1%，其次砷、亚硝酸盐贡献率分别为 28.6%、14.3%，另 1 项为铅 4.8%（图 7-29）。

较重污染：贡献指标 7 种，其中有机指标 1 种，为 1,2-二氯丙烷，贡献率 2.4%（图 7-30）；无机贡献率较高的分别是硝酸盐（贡献率 57.1%）、铵氮（贡献率 28.6%）、砷（贡献率 14.3%）。

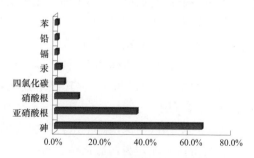

图 7-28 极重污染级微＋Ⅰ承压水
单指标贡献率

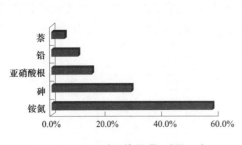

图 7-29 严重污染级微+I承压水
单指标贡献率

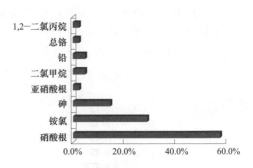

图 7-30 较重污染级微+I承压水
单指标贡献率

（三）深层地下水污染影响指标分析

极重污染：贡献指标共 12 种，其中有机指标 1 种，为四氯化碳，其贡献率高达 20.3%；无机贡献率较高的分别是亚硝酸盐（贡献率 24.4%）、锰（贡献率 22%）、铁（贡献率 17.9%），其余贡献率均不到 4.5%（图 7-31）。

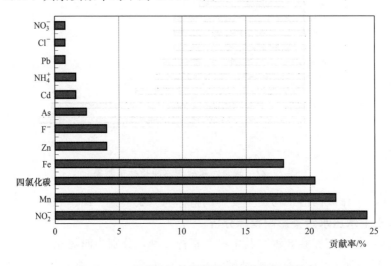

图 7-31 极重污染级深层地下水单指标贡献率

严重污染：贡献指标共 15 种，无机贡献率最高的是铬、铁和氟化物，都为 29.2%，其次是锰，为 25%，其余的均不到 10%；有机贡献指标 3 种，贡献率均不到 10%，最高四氯化碳为 8.3%（图 7-32）。

较重污染：贡献指标共 17 种，其中有机指标 2 种，四氯化碳贡献率 4.5%；无机贡献率最高的是锰，为 40.9%，其次是氟化物，为 36.4%，超过 20% 的还有砷和硝酸盐，均为 22.7%（图 7-33）。

因此，工作区内深层地下水污染主要的影响指标是硝酸盐、亚硝酸盐、氟化物、铁、锰，有机指标一项，为四氯化碳。

综上所述，工作区内深层地下水污染主要影响的分类指标是一般化学指标、无机毒理指标和毒性重金属指标。

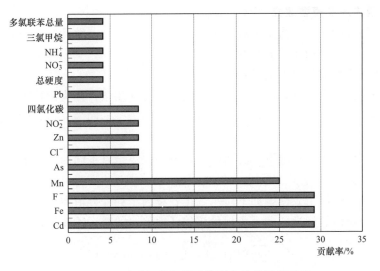

图 7－32 严重污染级深层地下水单指标贡献率

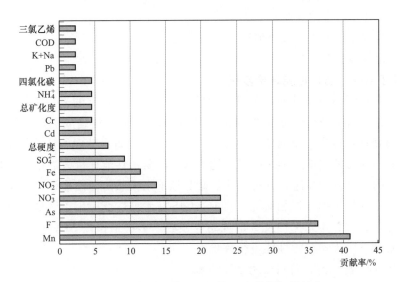

图 7－33 较重污染级深层地下水单指标贡献率

第四节 地下水污染防治分区

地下水污染防治分区主要根据地质环境及污染源分布特征，结合地下水开发利用规划及社会经济发展状况等，通过分析地下水污染的危险性、危害性，对地下水污染防治进行分区。污染的危险性主要取决于地下水天然防污性能。

一、地下水天然防污性能评价

地下水天然防污染性能指在一定的地质、水文和水文地质条件下，人类活动产生的所有污染物进入地下水的难易程度，天然防污性能与污染物性质无关。

（一）评价方法及模型建立

地下水防污性能评价方法一般有三种：点评分指数模型、统计学模型和模拟模型，地下水天然防污性能多采用点评分指数模型。

点评分指数模型的基本方法是：

（1）选择对地下水污染影响最明显的地质、水文地质条件作为评价因子。

（2）对各因子的评分范围进行划分，各评分范围给予不同的分值，防污性能好的分值低，反之则高。

（3）根据各评价因子对地下水防污性能影响的大小给以不同的权重值，影响大的权重值大，反之则小。

（4）建立防污性能指数模型如下所示，把各单因子的评分值通过模型变为无量纲的防污性能指数，以防污性能指数的大小评价该地区地下水的防污性能的好与差。

$$V = \sum_{i=1}^{n}(P_i W_i) \quad (i = 1, 2, 3, \cdots, n) \tag{7-5}$$

式中　V——地下水防污性能指数；

P_i——各评价因子的评分；

W_i——对应评价因子的权重值；

i——评价因子。

（二）基于 GIS 的防污性能评价步骤

由于各评价因子本身及其相互关系的信息量十分庞大，数据的采集、处理和信息的综合及更新对传统的计算方法是极大的挑战。随着 GIS 技术的日趋成熟，其综合分析和空间建模的能力使评价过程变得简便、容易，为地下水天然防污性能的评价提供了有力的支持。GIS 图形中的矢量或栅格单元可以和地下水天然防污性能评价方法中的评价单元相对应，GIS 软件的分类分析和选置分析过程正好与地下水天然防污性能评价方法中的因子评分过程和各因子加权和的分析相对应。目前，GIS 技术已广泛应用于区域水资源开发和保护的研究、环境评价、生态保护及城市规划等领域。本次工作以 MAPGIS 软件为主要工具，对江苏省地下水天然防污性能进行评价。

基于 GIS 的防污性能评价可分为如下步骤：

（1）资料的收集和处理：需要收集的资料包括地下水井的抽水、观测资料和水文地质报告、地下水资源调查评价报告、钻孔柱状图等。

（2）评价因子及权重的确定：分析与地下水天然防污性能有关的地质环境因素，提取主要影响因素，并进行重要性相互比较，确定各自权重。

（3）绘制各因子评价图：若是数字型评价因子，可用等值线或分区图表示；若为介质型评价因子，只能用分区图表示，并用不同的颜色来表示参数的不同值。图层要数字化，用数字化仪或其他方法将其输入计算机，将线状要素转化为面状要素，每个要素层均应量化。

（4）利用 MAPGIS 的空间分析功能，运用综合加权评价模型，将已制作好的各影响因素专题图层按照权重进行多重叠加操作，进行地下水天然防污性能分区。

（三）评价对象及评价因子选择

目前国内外现有的防污染性能评价模型多达 30 多种，其中应用较为广泛的是美国环保局（U. S. EPA）提出的 DRASTIC 模型，该模型选取了 7 个因子：D 为地下水埋深（Depth to water-table）；R 为地下水净补给量（Net recharge）；A 为含水层介质（Aquifer media）；S 为土壤介质（Soil media）；T 为地形坡度（Topography）；I 为包气带影响（Impact of the vadose）；C 为水力传导系数（Hydraulic conductivity of the aquifer）。在 DRASTIC 模型中的 7 个因子都不同程度地影响潜水的防污性能。

实际上，由于各地水文地质、气候等条件及评价对象不同，DRASTIC 方法存在一定的局限性。在实际评价过程中，评价因子应根据实际情况进行选择。

根据江苏省地下水分布及开发利用特点，本次评价对象确定为广大平原区的松散岩类孔隙水及徐州水源地岩溶裂隙水。由于松散岩类孔隙水及岩溶裂隙水是赋存条件差别很大的两类含水层，其防污性能的影响因子也不同，故采用两个模型来分开评价。

松散岩类孔隙水根据区域地质、水文地质条件及资料获取的难易程度，确定以下三个影响因子：包气带岩性、地下水水位埋深、浅层地下水富水性。徐州水源地岩溶水主要考虑含水层上覆松散层岩性、厚度及岩溶水水位埋深。

（四）地下水防污性能评价

1. 松散岩类孔隙水

（1）评价因子赋值。根据松散岩类孔隙含水层的水文地质条件，确定各评价因子的值，各因子的评分范围均为 1～5，分值越低，防污染性能越强；反之，分值越高，防污染性能弱。

包气带岩性：是对防污染性能影响最明显的因子。岩性对防污性能的影响主要表现在其颗粒的粗细上。如颗粒越细污染物迁移慢，污染物与介质接触时间越长，吸附容量大，污染物经历的各种反应（吸附、化学反应、生物降解等）充分，故其防污性能好，反之则相反。各种岩性分值见表 7-10。

表 7-10　　　　　　　　　　　包气带岩性评分

岩性	黏土	粉质黏土	淤泥质粉质黏土	粉土、粉质黏土	粉土	粉砂
评分	1	2	2.5	3	4	5

包气带一般由多种介质组成，评价时选择防污染性能最好且其厚度超过包气带总厚度 75％的介质进行评分。若有两种介质厚度相当，则用其综合岩性表示。

地下水水位埋深：是对浅层地下水防污性能影响较大的因子。埋深越大，污染物与土层介质的接触的时间越长，污染物经历的各种反应（吸附、化学反应、生物降解等）越充分，衰减越显著，其防污性能也越好，反之则相反。

根据江苏省浅层地下水水位埋深分布状况，分为大于 3m、2～3m、1～2m、小于 1m 共 4 个等级。各级分值见表 7-11。

表 7-11　　　　　　　　　　浅层地下水水位埋深评分

水位埋深/m	>3	2～3	1～2	<1
评　分	2	3	4	5

浅层地下水富水性：选择浅层地下水富水性作为评价因子主要考虑其稀释能力。潜水含水层和微承压含水层水力联系密切，所以选用60m以浅浅层地下水富水性来表征。富水性越大稀释能力越强，反之则相反，各级分值见表7-12。

表7-12　　　　　　　　　　浅层地下水富水性评分

富水性/(m³/d)	>1000	500~1000	100~500	10~100	<10
评分	1	2	3	4.5	5

（2）防污性能指数计算。首先根据各因子对防污性能的影响程度赋予其权重。影响程度大的，权重也相应大些，总累加值为1。具体的分配为：包气带岩性取0.55，地下水水位埋深取0.3，浅层地下水富水性取0.15。然后根据式（7-6）计算防污性能指数。

（3）防污性能分级。根据计算结果，将防污性能共分为4级：Ⅰ级，$V<2.2$，防污性能良好；Ⅱ级，$2.2 \leqslant V < 3.0$，防污性能较好；Ⅲ级，$3.0 \leqslant V < 3.6$，防污性能一般；Ⅳ级，$V \geqslant 3.6$，防污性能较差，见表7-13。

表7-13　　　　　　　　　　地下水防污性能综合评价分级标准

综合指数V	$V<2.2$	$2.2 \leqslant V < 3.0$	$3.0 \leqslant V < 3.6$	$V \geqslant 3.6$
防污性能分级	良好区（Ⅰ级）	较好区（Ⅱ级）	一般区（Ⅲ级）	较差区（Ⅳ级）

（4）防污性能评价结果。防污性能分区结果见图7-34。

1）防污性能良好区。分布于地势较高、坡度较大、包气带岩性颗粒较细的丘陵岗地区，面积约0.13万km²。主要位于以下两个区域：

盱眙南部丘陵区：面积约670km²，该区浅层地下水富水性虽差（单井涌水量多小于100m³/d），但包气带岩性为粉质黏土，水位埋深3~10m，污染物即使入渗，迁移速度慢，与介质接触时间长，衰减显著，故防污性能良好。

泗洪天岗湖-归仁：以岗地为主，面积约570km²，该区包气带岩性为黏土，且浅层地下水富水性较好（单井涌水量100~500m³/d），稀释能力较强，加之水位埋深大（北部为2~3m，南部地势较高，水位埋深加深至3~7m），地下水不易被污染。

2）防污性能较好区。分布面积约4.47万km²，该区主要特征是包气带岩性颗粒较细，富水性一般-较好。主要位于以下四个区域：

徐州-连云港北部丘陵及山前平原：包气带岩性为粉质黏土，除连云港滨海平原水位埋深较浅（1~2m），其他地区多在2m以上，浅层地下水单井涌水量多在100~500m³/d，沭阳、邳州等局部地区达500~1000m³/d。

环洪泽湖-高邮湖-里下河平原：包括泗洪、洪泽、盱眙、金湖、高邮、兴化及宝应南部地区，包气带岩性为粉质黏土，水位埋深1~2m左右，浅层地下水单井涌水量以100~500m³/d为主，洪泽湖东岸达500~1000m³/d。

宁镇丘岗及山前平原：包气带岩性为粉质黏土，水位埋深在2m以上，单井涌水量多小于100m³/d。

太湖平原：包气带岩性为粉质黏土，水位埋深多在1~2m，浅层地下水单井涌水量

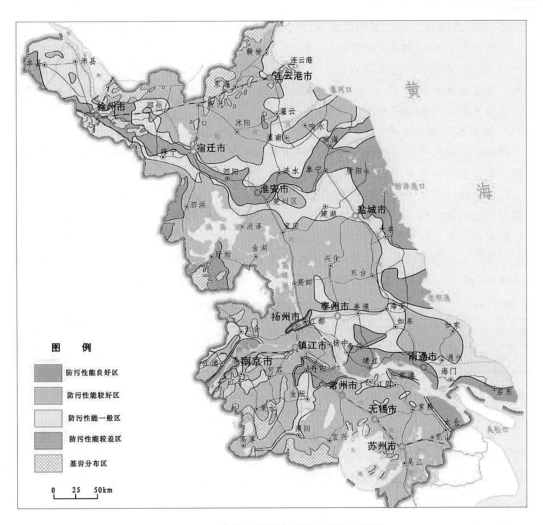

图 7-34 松散岩类孔隙水防污性能分区图

多在 100~500m³/d。

3）防污性能一般区。分布面积约 2.66 万 km²，主要特征是包气带岩性颗粒较粗，富水性一般-较好。主要发育于废黄河主河道高漫滩两侧，呈东西向条带状贯穿于省域北部，淮安以下呈喇叭口状展开，北侧扩至连云港，南侧扩至盐城，面积约 1.68km²，该区包气带岩性为粉质黏土与粉土互层，多属河流泛滥沉积，颗粒明显细于高漫滩相，水位埋深在宿迁以西地区为 2~3m，以东地区以 1~2m 为主（连云港地区仅有 0.7~1m），浅层地下水富水性较好，单井涌水量多在 100~500m³/d，丰沛、淮安-建湖-涟水等局部地段达 500~1000m³/d。其次分布于长江北部三角洲平原，区内包气带岩性以粉土为主（南通局部地区为粉质黏土与粉土互层），水位埋深 2~3m，但富水性好，单井涌水量多在 500~1000m³/d，江都-泰州南部达 1000m³/d 以上。此外，宁镇山前平原滁河、秦淮河、丹金溧漕河、胥河等河漫滩区，单井涌水量多在 100m³/d 左右，水位埋深多在 2~3m，但包气带岩性较粗（以粉土为主），防污性能一般。

4）防污性能较差区。主要位于废黄河两侧高漫滩区、盐城射阳-东台沿海地区及仪征以上、扬中以下沿江两岸，面积约 1.61 万 km² 。区内富水性变化较大，单井涌水量在 100～1000m³/d 不等，包气带岩性主要为粉土、粉砂，泗阳以西地区水位埋深以 2～3m 为主，其他地区多在 1～2m，阜宁-射阳局部地段水位埋深小于 1m。该区包气带岩性较粗，是地下水防污性能较差的主要原因。

2．徐州水源地岩溶水

徐州水源地位于徐州低山丘陵区，各水源地赋存的地下水类型均为岩溶水，岩性以白云岩、灰岩为主，部分裸露，局部被第四系覆盖。

（1）评价因子赋值。上覆松散层岩性：对埋藏型岩溶水，上覆松散层岩性是对防污染性能影响最明显的因子。岩性颗粒越细，一方面污染物迁移慢，污染物与介质接触时间越长，吸附容量大，污染物经历的各种反应（吸附、化学反应、生物降解等）越充分，另一方面污染物随孔隙水迁移进入岩溶水的可能性小，故其防污性能好，反之则相反；对裸露型岩溶水，该因子用包气带岩性表示。各种岩性评价分值见表 7-14。

表 7-14 上覆松散层（包气带）岩性评分

岩性	粉质黏土	淤泥质粉质黏土	粉土	粉土、粉砂	白云岩、灰岩
评分	2	2.5	4	5	10

上覆松散层一般由多种介质组成，评价时选择防污染性能最好且其厚度超过包气带总厚度 75% 的介质进行评分。若有两种介质厚度相当，则用其综合岩性表示。

上覆松散层厚度：埋藏型岩溶水防污性能除了与上覆松散层岩性有关外，与上覆松散层厚度也密切相关。厚度越大防污性能越好，其原因如上所述。对裸露型岩溶水，上覆松散层厚度为零，污染物途经包气带后直接进入含水层，防污性能较埋藏型岩溶水差之甚远。各级分值见表 7-15。

表 7-15 上覆松散层厚度评分

厚度/m	>40	20～40	0～20	0
评分	1	3	5	10

水位埋深：对埋藏型岩溶水而言，水位埋深越大，孔隙水越流补给岩溶水的强度越大，污染物随孔隙水迁移进入岩溶水的可能性也就越大，防污性能越差；裸露型岩溶水则刚好相反，水位埋深越大，污染物与包气带介质的接触时间越长，污染物经历的各种反应（吸附、化学反应、生物降解等）越充分，衰减越显著，防污性能则越好。各级分值见表 7-16。

表 7-16 地下水水位埋深评分

水位埋深/m		>40	30～40	20～30	10～20	<10
评分	埋藏型	5	4	3	2	1
	裸露型	1	2	3	4	5

（2）防污性能指数计算。防污性能指数计算方法同前述松散岩类孔隙水，首先根据各因子对防污性能的影响程度赋予不同的权重（上覆松散层岩性取 0.45，上覆松散层厚度取 0.40，地下水水位埋深取 0.15），然后根据公式计算防污性能指数。

（3）防污性能分级及评价。分级标准同前述松散岩类孔隙水。计算结果表明，徐州市岩溶水防污性能以较差及一般为主。

防污性能较差区分布面积约 965km²，主要位于碳酸盐岩裸露区及废黄河两岸大部分地区。裸露区岩溶水为潜水，污染物经包气带后即到达含水层，由于包气带岩性为碳酸盐岩，岩溶发育，渗透性好，且水位埋深多在 10m 以浅，污染物渗流途径和渗流长度较小，与包气带介质接触的时间较短，其防污性能较差；废黄河两岸岩溶水虽为承压水，但由于上覆松散层岩性为粉土、粉砂，岩性较粗、渗透性较好，且其厚度较小（多在 20m 以浅，局部在 20～40m），污染物向下迁移进入岩溶裂隙含水层的可能性也较大，故其防污性能较差。此外，大庙-紫庄等局部地段上覆松散层岩性为粉土，厚度不足 20m，下伏岩溶水也较易受污染，防污性能较差。

防污性能一般区主要分布在山前地带，面积约 733km²，该区上覆松散层厚度小于 20m，岩性以粉质黏土、淤泥质粉质黏土为主，水位埋深多在 10m 以浅（图 7-35～图 7-38）。此外中部冲积平原城区以西废黄河两岸虽上覆松散层厚度在 20m 以上，但岩性较粗（以粉土或粉土及粉砂为主），且西废黄河两岸水位埋深大于 40m，防污性能一般。

防污性能较好区分布零散，面积约 244km²，主要位于房村、大许、柳新等上覆松散层厚度在 40m 以上，岩性以粉土为主，水位埋深多在 10m 以浅的地段。

防污性能良好区仅在汉王山前等地零星分布，该区上覆松散层厚达 40 多 m，岩性以粉质黏土为主，水位埋深多在 30m 以浅，地下水不易被污染。

二、地下水污染防治分区

（一）分区原则及依据

地下水污染防治分区是地下水污染防治工作的重要依据，本次分区所遵循的原则如下。

1. 以人为本，饮水优先

突出以人为本的原则，把人民群众饮水放在首位，将城市集中式地下水饮用水源地作为地下水污染防治重点区。

2. 主导因素，综合分析

影响地下水污染危险性的因素很多，但实际工作中只能根据地质环境条件及资料获取的难易程度，选择地下水天然防污性能、污染荷载等起主导作用而且容易量化的因素作为分区的依据。在确定主导因素后，对各因素进行综合分析并有所侧重（侧重于天然防污性能评价）。

3. 定性与定量相结合

地下水污染的危险性和危害性与地质环境密切相关，但地质环境是一个复杂系统，仍有许多不确定因素，在实际评价过程中，采用定性分析与定量评价相结合的原则，对易量

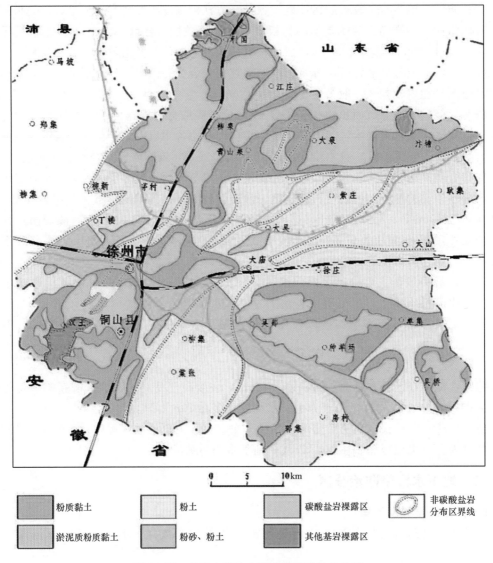

图 7‑35 徐州水源地上覆松散层岩性分布图

化的地下水天然防污性能采用点评分指数模型进行定量评价，而对污染的危害性大小则通过定性分析得到。

基于以上原则，地下水污染防治分区主要根据地质环境背景条件及污染源分布特征，结合地下水开发利用及社会经济发展状况等，从污染的危险性、污染的危害性两个方面（突出污染的危险性）综合分析。污染的危险性取决于地下水天然防污性能及污染荷载，评价时采用就大的原则。因污染荷载难于获取真实的数据，所以在评价污染的危险性时侧重于地下水天然防污性能，只有当污染荷载特别大时才予以考虑。污染的危害性主要受地下水的富水程度、水质状况及使用功能三个方面影响。

（1）污染的危险性。

1）地下水天然防污性能。地下水天然防污性能是地下水系统的固有属性，取决于含

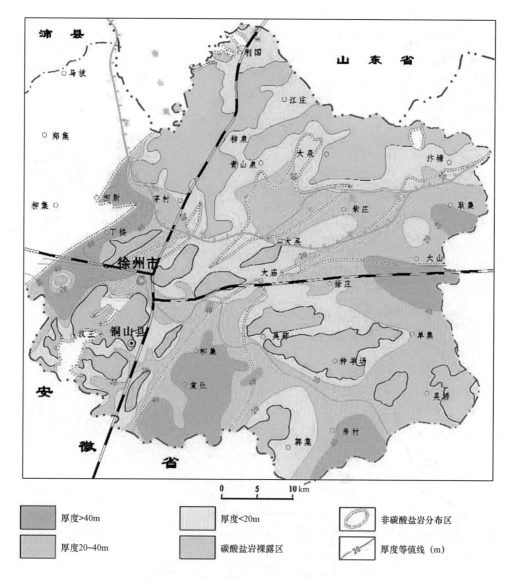

厚度>40m　　　　　厚度<20m　　　　　非碳酸盐岩分布区

厚度20~40m　　　　碳酸盐岩裸露区　　　　厚度等值线（m）

图7-36　徐州水源地上覆松散层厚度分布图

水层及其上覆地层的特征，而与地面污染荷载无关。地下水天然防污性能越好，污染物越不易进入含水层，污染的危险性越小（表7-17）。

表7-17　　　　　　　　　地下水污染危险性分级标准

污染危险性 影响因素	大	中	小
天然防污性能	较差	一般	良好—较好
污染荷载〔工业废水排放强度 /万 t/(a·km²)〕	大（>15）	中（1~15）	小（<1）

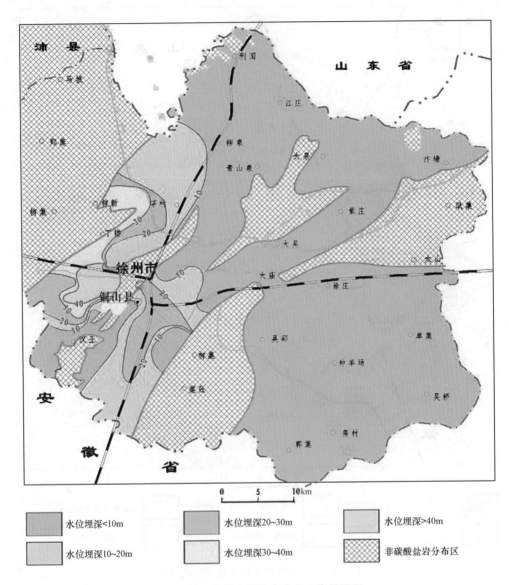

图 7-37　徐州水源地岩溶水水位埋深图

2）污染荷载。地下水天然防污性能的好坏是相对的，而污染是绝对的。对某一地区而言，地下水天然防污性能是固定的，污染荷载越大，地下水污染风险也越大。

现实中难于获取全部污染源的量化数据，农业及生活污染源各地污染强度虽有区别，但变化较工业污染源小很多，难于量化出各地的差别。所以评价时只能选取主要污染源——工业废水排放强度来表征。

此外，特定的含水层结构也一定程度的影响污染的危险性，如第Ⅰ、第Ⅱ、第Ⅲ承压含水层之间缺乏稳定隔水层，连通性好的地区，地下水遭受污染的危险性将直线上升，而

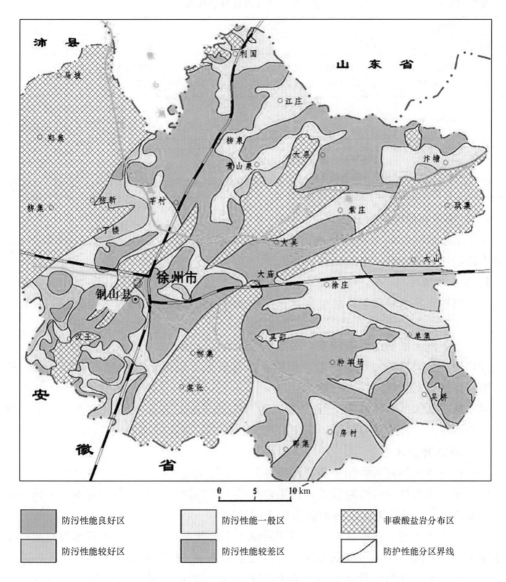

图 7 - 38 徐州水源地岩溶水防污性能分区图

对于上咸下淡地区（上部第Ⅰ甚至第Ⅱ承压水均为咸水，下部含水层为淡水），下部淡水因上覆有多层隔水层，遭受污染的危险性远低于浅层地下水。

（2）污染的危害性。受水量或水质制约，各地生产、生活对地下水的依赖程度有很大不同。如果当地因贫水或原生水质差基本不开采地下水（或不开采100m以浅地下水），或者只是以地下水作为补充水源的地区，地下水即使遭受污染，也不会对当地的生产、生活造成很大危害，而对以地下水作为饮用水源的地区，一旦遭受污染，其危害性可见一斑。故污染的危害性主要是从富水程度、水质及地下水的使用功能三个角度综合分析，分级标准见表7-18。

表7-18 地下水污染危害性分级标准

污染危害性 影响因素	大	中	小
富水程度 [单井涌水量/(m³/d)]	较好：>300（苏锡常）； >500（其他）	一般：100~300（苏锡常）； 100~500（其他）	差：<100
原生水质			差（矿化度大于2g/L 或含高铁、高锰等）
使用功能	以地下水为城市集中供水饮 用水源或备用水源	以埋于咸水层之下地下水为 城市集中供水饮用水源或备用 水源	

（二）地下水污染防治分区

基于上述分区原则和分级标准，将江苏省地下水污染防治划分为重点防治区（Ⅰ）、次重点防治区（Ⅱ）及一般防治区（Ⅲ）。

1. 重点防治区（Ⅰ）

（1）以地下水为城镇居民集中供水饮用水源或备用水源，地下水一旦污染，危害性大的地区。

（2）地下水天然防污性能较差，污染危险性大的地区。

（3）地下水天然防污性能一般，但第Ⅰ、第Ⅱ、第Ⅲ承压含水层之间缺乏稳定隔水层，连通性好，污染危险性大的地区。

（4）地下水天然防污性能一般-较好，但深层地下水已禁采，浅层地下水富水性较好（大于300m³/d），污染危害性大，且工厂密集、污染荷载大的地区。

2. 次重点防治区

（1）地下水天然防污性能一般，污染危险性中等地区。

（2）地下水天然防污性能较差，污染危险性大，但因原生水质差，基本不开采地下水或不开采100m以浅地下水，污染危害性小的地区。

（3）地下水天然防污性能较好，但深层地下水已禁采，浅层地下水富水性一般（单井涌水量100~300m³/d），污染危害性中等，且工厂密集、污染荷载大的地区。

（4）地下水天然防污性能较好，但地下水富水性较好（单井涌水量大于500m³/d），污染危害性大的地区。

3. 一般防治区

（1）地下水天然防污性能良好，污染危险性小的地区。

（2）地下水天然防污性能较好，但原生水质差，100m以浅地下水矿化度多大于3g/L的咸水或含高铁、高锰，目前基本不开采，污染危害性小的地区。

（3）地下水天然防污性能一般-较好，但富水性差，单井涌水量小于100m³/d，基本不开采地下水，污染危害性小的地区。

（三）地下水污染防治分区评价

地下水污染防治分区结果见图7-39。

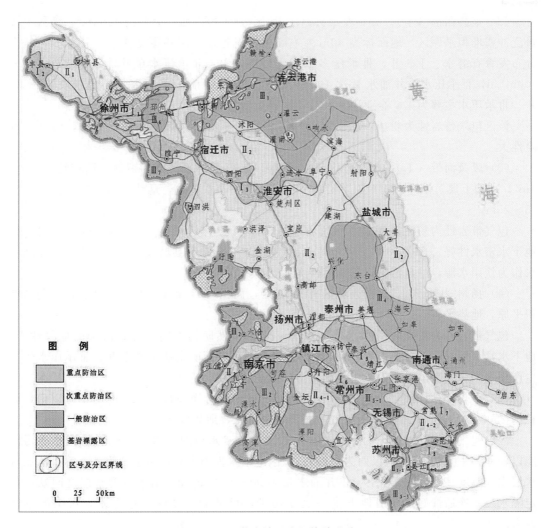

图 7 - 39　江苏省地下水污染防治分区图

1. 重点防治区（Ⅰ）

共分为 9 个区，总面积约 1.23 万 km²。

（1）徐州中部（Ⅰ₁）。包括徐州市区、铜山县柳新-刘集以东、邳州西北部车辐山、戴庄、连防等，面积约 2849km²。地貌形态以丘陵岗地为主。区内大面积裸露和隐伏分布的古生界、新元古界灰岩地层中赋存有极为丰富的地下水资源，据已有的勘探资料，发育分布有 7 个岩溶地下水水源地，目前已成为徐州城市区域供水的饮用水源地，污染的危害性大。

灰岩隐伏区上覆松散层岩性以粉土、粉砂为主，厚度多在 20m 以浅（局部在 20～40m），茅村、丁楼、七里沟水源地漏斗中心区水位埋深在 20m 以上，岩溶水天然防污性能一般-较差（碳酸盐岩裸露区及废黄河两岸大部分地区为较差，其他地区以一般为主）。徐州作为江苏省的重要能源和原材料基地，区内分布有众多规模不等的煤矿，其废弃矿坑、矿渣如不及时处理，对区内地下水构成严重威胁。

（2）丰县西部（I_2）。分布在丰县赵庄-城区-刘王楼以西，面积约445km²。地貌上属黄泛冲积堆积平原区，地面标高40m左右，第四纪松散层沉积厚度达180～220m，其间分布发育有潜水、Ⅰ、Ⅱ、Ⅲ承压多个含水砂层，Ⅰ、Ⅱ承压水单井涌水量多在100～500m³/d，Ⅲ承压水单井涌水量达1000～2000m³/d。目前Ⅰ承压水主要用于农业灌溉，Ⅱ、Ⅲ承压水主要为工矿企业用水及城镇居民生活饮用水。

该区包气带岩性为粉土，潜水水位埋深多在1～2m，天然防污性能较差，污染的危险性大。

（3）废黄河带（I_3）。包括睢宁-宿迁-泗阳-淮安-涟水沿废黄河两侧，面积约2700多km²。地貌上属黄淮海冲积平原，沿黄河古道为冲积垄状高地，地势由西向东微倾，标高15～25m。

包气带岩性为粉土，潜水水位埋深1～3m，天然防污性能较差，污染的危险性大。地下水富水性好，多在500～2000m³/d，区内睢宁、涟水等县城及多个乡镇开发利用地下水作为饮用水源，一旦污染，其危害性大。

（4）扬州-江都（I_4）。扬州城区-江都城区，面积约170km²。地貌上属长江三角洲堆积平原，地势平坦。

包气带岩性为粉土，潜水水位埋深1～2m，天然防污性能较差，污染的危险性大。地下水富水性好，单井涌水量在1000m³/d以上，区内厂矿企业多开采Ⅱ、Ⅲ承压水作为生产用水，个别乡镇以此为饮用水源，污染的危害性大。

（5）泰州-南通南部（I_5）。分布于泰州塘湾-姜堰蒋垛-靖江西来-南通小海以南，面积约2500多km²。地貌形态为长江三角洲堆积平原，地势低平，标高2～4m。

区内包气带岩性以粉土为主，局部为粉砂，潜水水位埋深多在1～3m，天然防污性能以较差为主（张甸-泰兴以西为一般）。该区地下水极为丰富，第Ⅰ、第Ⅱ、第Ⅲ承压含水层累计厚度多在120m以上，单井涌水量1000～5000m³/d。由于各含水层之间缺乏稳定隔水层，连通性好，浅层地下水一旦受污染，很可能危及深层地下水，污染的危害性大。

目前区内地下水主要为厂矿企业生产用水（仅泰兴及姜堰个别乡镇以地下水为饮用水源），地下水开发利用程度一般。区域供水水源取自长江水，但泰州港区、泰兴、靖江沿江带为备用水源地。

（6）常州及江阴北部（I_6）。分布于常州奔牛-牛塘-郑陆-江阴夏港以南，面积约620km²，地貌类型为长江三角洲堆积平原。

该区潜水水位埋深多在1～3m，沿江及安家镇-奔牛以西包气带岩性以粉土为主，天然防污性能较差，安家镇-奔牛以东包气带岩性以粉质黏土为主，天然防污性能一般-较好。区内地下水资源丰富，尤其是常州-江阴沿江带，第Ⅰ、第Ⅱ、第Ⅲ承压含水层累计厚度超过120m，单井涌水量大于3000m³/d。但由于苏锡常地区前期不合理开采引发了区域性地面沉降，目前已全面禁采深层地下水，区域供水水源取自长江水，常州-江阴沿江带地下水为备用水源地。

该区浅层地下水富水性较好（大于300m³/d），一旦污染其危害性大，且常州城区、工业园区工厂密集、污染荷载大，污染的危险性也大。

（7）张家港-常熟-太仓沿江带（I_7）。分布于张家港晨阳-南丰-常熟谢桥-支塘-太仓市区以北沿江带，面积约 1385km²。地貌形态为冲海积新三角洲平原，地面标高2.5～4.5m。

包气带岩性以粉土为主，潜水水位埋深多在 1～2m，天然防污性能较差，污染的危险性大。该区地下水极为丰富，第Ⅰ、第Ⅱ、第Ⅲ承压含水层累计厚度多在 120m 以上，单井涌水量大于 3000m³/d。但由于苏锡常地区全面禁采深层地下水，目前区内生产、生活用水主要依赖区域供水，区域供水水源为长江水，常熟王市-赵市、太仓沙溪、太仓浏家港等地地下水为备用水源。

（8）苏州东部（I_8）。包括苏州城区、工业园区及高新区通安等镇、昆山南部（正仪-城区-蓬朗以南）、吴江城区，面积约 1350km²。地貌形态为冲湖积水网平原，地势低平。

包气带岩性以粉质黏土为主，潜水水位埋深多在 1～2m，地下水天然防污性能较好。但本区云集了工业园区、高新技术开发区及多个城区，区内工厂密集、污染荷载大，故污染的危险性大。同时该区浅层地下水富水性较好（单井涌水量大于 300m³/d），有一定的开采潜力，在苏锡常地区全面禁采深层地下水的背景下，区内浅层水的用水规模将逐步扩大，故污染的危害性大。

（9）沛县、邳州、新沂、泗洪等县城（I_9）。沛县、邳州等县城包气带岩性为粉土、粉质黏土互层，潜水水位埋深 1～3m，地下水天然防污性能一般。新沂、泗洪包气带岩性以粉质黏土为主，潜水水位埋深多在 2～4m，地下水天然防污性能较好。但因其城区居民集中供水是以地下水为饮用水源，且城区相对本地其他地区而言，工业废水、废气、废渣、生活污水等污染源排污量较大，故将其列入重点防治区。

2. 次重点防治区（Ⅱ）

分布面积达 4.31 万 km²，占到省域面积的 42%。

（1）丰沛（II_1）。分布于铜山柳新-刘集以西大部地区，面积近 2600km²。地貌类型为黄泛堆积平原，地势平坦高亢。

包气带岩性以粉土或粉土与粉质黏土互层为主，潜水水位埋深多在 1～3m，地下水天然防污性能一般，污染的危险性中等。第四纪松散层沉积厚度达 180～220m，其间分布发育有潜水、Ⅰ、Ⅱ、Ⅲ承压多个含水砂层，Ⅰ、Ⅱ承压水单井涌水量在 100～1000m³/d 不等，Ⅲ承压水单井涌水量达 1000～2000m³/d。目前Ⅰ、Ⅱ承压水主要用于农业灌溉，Ⅱ、Ⅲ承压水主要为工矿企业用水及农村居民生活饮用水。

（2）徐、宿、淮地区（II_{2-1}）。分布于徐州市区以东废黄河两侧，地貌上在宿迁以西为波状平原，以东为冲积平原，面积约 1.3 万 km²。地势由西北向东南微倾，地面标高2～25m。

包气带岩性以粉质黏土为主，潜水水位埋深多在 1～3m，地下水天然防污性能较好（近废黄河两侧东西向条带内包气带岩性为粉土与粉质黏土互层，地下水天然防污性能一般）。

区内含水层组主要由第四纪更新世及新近纪上新世冲湖积相砂层组成。西部更新世砂层沉积物以粉土、中细砂组成，单井涌水量 100～1000m³/d，东部以粉细砂、中细砂、中粗砂为主，单井涌水量 500～2000m³/d。受郯庐断裂构造影响，新近纪上新世砂层埋深变化大，顶板埋深一般 30～90m，在断裂带中埋深浅，向两侧不断加深，厚 20～80m，单井涌水量 1000～3000m³/d。地下水富水性好，目前区内除开采 80m 以深地下水用于企业生产用水及城镇居民生产用水外，尚有相当数量的机井开采 60m 以浅地下水用于农业灌溉。

（3）扬泰地区（Ⅱ₂₋₂）。除仪征陈集-城区以西、兴化中堡-城区以东、泰州塘湾-姜堰蒋垛-靖江西来以南及扬州城区-江都城区以外，扬泰大部分地区多为次重点防治区，面积约 7800 多 km²。京杭运河以东、扬泰城区以北为里下河低洼湖荡平原，地面标高 1.5～4.5m；邗江、仪征西北部为丘陵岗地，海拔多在 10～60m；仪征-扬泰城区以南为长江三角洲冲积平原，地面标高 3～6m。

区内包气带岩性以粉质黏土为主，潜水水位埋深多在 1～3m，地下水天然防污性能以较好为主（江都-泰州城区南部包气带岩性为粉土，地下水天然防污性能一般），污染的危险性小-中。

仪征丘陵岗地区地下水主要赋存于第三系上新统六合组砂层，顶板埋深 15～20m，厚 5～15m，岩性为细砂、含砾中粗砂，透水性、富水性较好，单井涌水量 100～1000m³/d。目前区内陈集等部分乡镇以此作为乡镇水厂供水水源；长江三角洲平原区第四纪松散层沉积物厚度达 280m 以上，其间分布发育有潜水、Ⅰ、Ⅱ、Ⅲ 承压多个含水层，除潜水外各承压含水砂层岩性颗粒较粗，透水性和富水性良好，单井涌水量 1000～3000m³/d。目前区内主要开采Ⅱ承压水为工矿企业用水及个别乡镇水厂供水水源；里下河低洼湖荡平原区第四纪地层由西向东厚自 100～300m，其间分布发育有潜水、Ⅰ、Ⅱ、Ⅲ 承压多个含水层，各含水层富水性自上而下总体呈逐渐增大的变化趋势（Ⅰ、Ⅱ、Ⅲ承压水单井涌水量分别为 50～500m³/d、100～1000m³/d、300～2000m³/d），第四纪地层下巨厚的新近纪地层中又发育有第Ⅳ承压含水砂层，蕴藏有较为丰富的地下水资源。目前区内主要开采Ⅱ、Ⅲ、Ⅳ承压水，用于工矿企业生产用水及区域供水尚未到达的部分乡镇居民生活饮用。

因该区富水性较好，地下水开发利用程度较高，污染的危害性大。

（4）盐城、南通（Ⅱ₂₋₃）。分布于盐城滨海、阜宁、建湖、射阳及大丰、东台、盐城市区大部分地区及南通海门城区-启东城区沿江带、通州川港-海安雅周条带等地，面积约 1.33 万 km²。海安以北地貌类型为滨海平原，南通南部为长江三角洲冲积平原。

区内包气带岩性为粉土或粉土与粉质黏土互层，潜水水位埋深多小于 3m，地下水天然防污性能一般-较差，污染的危险性小-中等。

滨海平原区内主要赋存松散岩类孔隙地下水，自上而下可划分为潜水、第Ⅰ、第Ⅱ、第Ⅲ、第Ⅳ、第Ⅴ承压 6 个含水层组。但 100m 以浅Ⅰ承压水多为咸水，第Ⅱ、第Ⅲ承压含水层单井涌水量一般在 500～2000m³/d。第Ⅳ、Ⅴ承压含水层发育于第三纪地层，顶板埋深 160～370m，因砂层胶结程度差，孔隙极为发育，蕴藏有较为丰富的地下水资源。目前区内主要开采Ⅱ、Ⅲ、Ⅳ承压水，用于工矿企业生产用水及区域供水尚未到达的部分乡镇居民生活饮用；南部长江三角洲平原区第四纪松散层中虽分布发育有潜水、Ⅰ、Ⅱ、Ⅲ承压多个含水层，富水性良好，单井涌水量 1000～3000m³/d。但受沉积环境影响，海门以东 150m 以浅Ⅰ、Ⅱ承压水多为咸水，海门以西多为微咸水，目前区内主要开采埋于

150m 以下的第Ⅲ承压水。因其埋藏深，上覆有多层稳定隔水层，受污染的危险性远低于浅层地下水。

（5）南京长江沿岸（Ⅱ₃）。位于南京市区及镇江真州长江两岸，面积约 600km²。地貌形态为河谷漫滩平原。

该区包气带岩性以粉土为主，潜水水位埋深多在 1～2m，地下水天然防污性能较差。区内第四纪松散层沉积物中发育有孔隙潜水和第Ⅰ承压水两个含水层组。其中第Ⅰ承压含水砂层厚一般 20～40m，富水性良好，单井涌水量达 1000～3000m³/d，局部砂层巨厚分布地段单井涌水量达 5000m³/d。但由于该区地下水原生水质较差（铁、锰、砷等指标超标严重），即使工业使用也必须进行水质处理，目前区内基本不开采地下水，污染的危害性小。

（6）长江南部（Ⅱ₄）。包括苏州中部、无锡东部、常州及丹阳、扬中大部分地区，累计面积约 5608km²。西部丹阳、金坛为山前波状平原，东部为太湖堆积平原。

西部丹阳-金坛包气带岩性以粉土为主，潜水水位埋深多在 2～3m，地下水天然防污性能一般-较差，污染的危险性中-大，但该区含水层富水性差，单井涌水量小于 100m³/d，地下水使用价值低，污染的危害性小；其他地区包气带岩性多为粉质黏土，潜水水位埋深多在 1～3m，地下水天然防污性能较好。但该区浅层地下水单井涌水量 100～300m³/d，在苏锡常全面禁采深层地下水的背景下，浅层地下水有一定的开发利用价值，污染的危害性中等。

（7）灌南城区（Ⅱ₅）。包气带岩性为粉质黏土，潜水水位埋深 1～3m，地下水天然防污性能较好。受沉积环境影响，50m 以浅Ⅰ承压水为咸水，咸水层之下Ⅱ、Ⅲ承压淡水为城区居民集中供水饮用水源，故将其列入次重点防治区。

3. 一般防治区（Ⅲ）

主要分布于省域北部连云港、西南部盱眙、南部宁镇低山丘陵区及山前平原，以及南通-盐城局部平原区，累计面积约 3.97 万 km²。

（1）连云港-响水（Ⅲ₁）。分布位置包括连云港、新沂东部（城区-唐店-棋盘以东）、沭阳东北部（贤官-沂淘以东北）、宿豫晓店、涟水东部（高沟-南集以东）、盐城响水及滨海陈涛以东部分乡镇，面积约 1.15 万 km²。地貌形态多样，西北部为低山丘陵，东部为滨海海积平原，南部为淮北黄泛冲洪积平原。

本区西部（赣榆-连云港-灌云以西）包气带岩性为粉质黏土，潜水水位埋深以 1～5m 为主，地下水天然防污性能较好，且地下水资源贫乏，单井涌水量小于 100m³/d，污染的危险性及危害性小；东部包气带岩性为粉土、粉质黏土互层，潜水水位埋深多小于 2m，地下水天然防污性能一般，但受沉积环境影响，浅部Ⅰ承压水为咸水，目前有开发利用价值的淡水（Ⅱ、Ⅲ承压水）埋于 50～100m 以下，受污染的可能性小，且该区为江苏省工业欠发达区，污染荷载小。

（2）宁镇（Ⅲ₂）。包括南京（除长江两岸）、镇江市区、句容、丹阳胡桥-建山以北、仪征陈集-城区以西、金坛直溪-城区-河头以南、溧阳、宜兴新建-城区以南多个市县，面积约 1.18 万 km²。地貌形态以丘陵岗地及山前波状平原为主。

包气带岩性以粉质黏土为主，潜水水位埋深多在 2m 以上，地下水天然防污性能较好，且该区地下水资源贫乏，单井涌水量小于 100m³/d，污染的危险性及危害性均小。

（3）盱眙（Ⅲ₃）。分布于盱眙维桥-黄花塘以西南的丘陵岗地区，面积约 0.15 万km²。地势总体由西南部向北东方向倾。岗地区地面标高 10～35m，丘陵区 50～200m。

包气带岩性为粉质黏土，潜水水位埋深多在 3m 以上，地下水天然防污性能良好，污染的危险性小。且区内 60m 以浅地下水资源贫乏，单井涌水量多小于 100m³/d。

（4）盐城-南通（Ⅲ₄）。包括盐都秦南-便仓南部地区、大丰西团-草堰、东台台东-富安以西、兴化中堡-城区以东及南通除沿江带外大部分地区，面积近 9700km²。南通东部地貌类型为滨海平原，南部为长江三角洲平原，其他地区为里下河洼地平原。

海安以北包气带岩性以粉质黏土为主，潜水水位埋深多在 1～3m，地下水天然防污性能较好，海安以南包气带岩性变化复杂，沿海以粉土为主，中部以粉质黏土为主，其他地区以粉土与粉质黏土互层为主，潜水水位埋深多在 1～3m，地下水天然防污性能一般-较好。受沉积环境影响，海安以北 100m 以浅承压水多为咸水，海安以南 150m 以浅Ⅰ、Ⅱ承压水以咸水为主，目前区内主要开采埋于咸水层之下的Ⅱ或Ⅲ承压淡水。因其埋藏深，上覆有多层稳定隔水层，受污染的危险性远低于浅层水。

（5）无锡中部、苏州沿湖及吴江南部（Ⅲ₅）。包括三个小区，一是江阴-无锡条带，二是苏州环太湖带，三是吴江城区-昆山锦溪以南，面积约 3340km²。江阴北部及苏州环太湖带地貌类型为低山残丘，其他地区以太湖冲湖积平原为主。

区内包气带岩性为粉质黏土，潜水水位埋深多在 1～3m，地下水天然防污性能一般-较好。未予禁采的浅层地下水富水性差，单井涌水量小于 100m³/d，供水意义不大，污染的危害性小。

（6）邳州西部（Ⅲ₆）。位于邳州车辐山-戴圩-赵墩-八路以西，面积约 600km²。地貌形态为波状平原。

包气带岩性为粉土与粉质黏土互层，潜水水位埋深多在 1～3m，地下水天然防污性能一般-较好，且该区工业欠发达，污染荷载小，污染的危险性小。

（7）睢宁南部-泗洪西部（Ⅲ₇）。分布于睢宁南部-泗洪西部的安徽交界处，面积约 1250km²。地貌形态为波状平原，包气带岩性为粉质黏土、黏土，潜水水位埋深多在 1～3m，地下水天然防污性能良好-较好，且该区地处苏北，又远离城区，工业欠发达，污染荷载小，污染的危险性小。

第一节 环境地质灾害发展过程与现状

江苏省平原区接近全省面积70%，加之人类活动极为强烈，存在的主要环境地质灾害是大量的地下水开采引发的地面沉降，造成了建筑物地基下沉、房屋开裂、地下管道破裂、井管抬升、桥梁净空减少及洪涝灾害等一系列问题，给经济社会造成了巨大损失，江苏省地面沉降情况如图8-1所示。

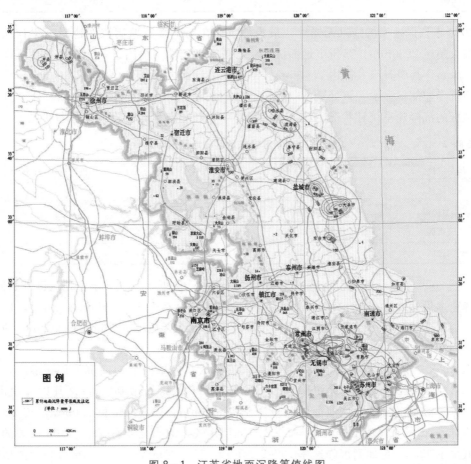

图8-1 江苏省地面沉降等值线图

一、苏锡常地区

苏锡常地区地面沉降开始显现于 20 世纪 50—60 年代，并于 70 年代中后期以来呈加重趋势。起始地面沉降主要出现在中心城市地区，以后逐渐向周边扩展，到 2000 年就形成了以苏锡常三城市为中心并包括周边乡镇在内的区域性沉降漏斗，累计沉降量超过 200mm 的区域面积达到 5000km²，500mm 沉降等值线所围的沉降区已将苏锡常三中心城市连成一片，面积近 2000km²，累计沉降量超过 1000mm 的沉降区面积超过 350km²（表 8−1）。

表 8−1 苏锡常地区地面沉降典型年的统计情况

时　间 /年	地面沉降区漏斗面积/km²		
	累计沉降量 （200～600mm）	累计沉降量 （600～1000mm）	累计沉降量 （＞1000mm）
1986	282	62	6
1991	1358	220	28
1999	3888	898	351

2000 年该区地面沉降以无锡地区最为严重，在锡山市石塘湾浒四桥附近累计地面沉降量最大超过 2000mm。苏州市地面沉降中心位于城区北寺塔附近，老城区累计沉降量超过 1000mm，其中齐门大街达 1550mm。常州市累计最大沉降量也超过 1800mm，清凉小学地面沉降监测标显示，该处 2000 年地面沉降量 20.88mm。表 8−2 为 1995—2000 年苏锡常地区的沉降速率统计状况。图 8−2 为 2002 年江苏省地面沉降漏斗分布状况。

表 8−2 1995—2000 年苏锡常地区的地面沉降速率

地　区	沉降速率/(mm/a)	地　区	沉降速率/(mm/a)
常州地区	10～20	江阴南部	40～120
武进东南部	30～60	苏州市区	20～50
无锡市区	10～30	吴县平原区	10～30
锡西地区	50～100	吴江东、东南部	10～20

虽然 2000 年以后苏锡常地区已禁采深层地下水，地下水位在大部分地区已开始回升，但沉降速率仍然维持在 10～30mm/a，部分乡镇区域高达 80～120mm/a。同时，地面沉降漏斗也在继续扩大。根据监测资料，2004 年苏锡常地区累计沉降量超过 200mm 的沉降区面积约 6000km²，较 2000 年增加了近 1000km²。

而与 2003 年相比，平面上沉降区基本没有扩大，但垂向上地面沉降仍在继续，年沉降速率多在 10～25mm，最大沉降量 31.5mm（位于无锡玉祁卫星村）。其中苏州市区、无锡市区、常州市区年平均地面沉降量分别为 8.8mm、18.5mm 和 7.6mm，较 2003 年分别降低了 12％、23％和 33％。与 2003 年同期比较，地面沉降速率小于 10mm/a 的地区面积减少了 32.3％，地面沉降速率 10～20mm/a、20～30mm/a 和 30mm/a 以上的地区面积分别减少了 58.2％、62.6％和 84.1％。由此说明大规模缩减开采量对控制地面沉降具

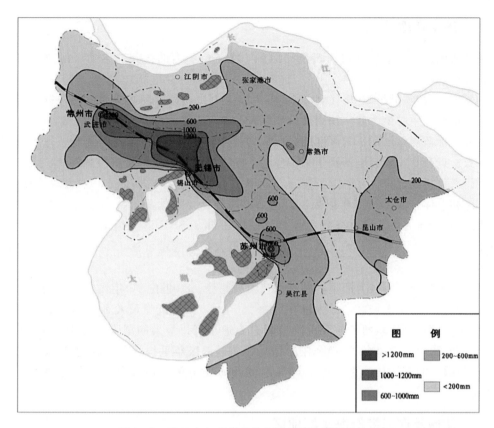

图 8-2 2002 年江苏锡常地区地面沉降漏斗分布图

有积极的效果。

2005 年，仅在武进南部、江阴南部、吴江南部等地区存在年沉降量大于 10mm 的地区，沉降中心年沉降速率超过 20mm/a。2010 年，地面沉降仍表现出"孤岛"形态，年沉降量大于 10mm 的地区有常州武进的牛塘、前黄、礼嘉一带，无锡江阴南部的磺塘、文林、河塘、长径及锡山东北部东港一带，吴江南部的汾湖、盛泽、震泽等地，面积约 500km²。累积沉降量大于 200mm 的区域面积已超过 6000km²，超过苏锡常平原地区总面积的 1/2，最大沉降量 3.0m 左右，500mm 累积沉降量等值线已连片圈合了三个中心城市，面积超过 1500km²。

1990 年后苏锡常地区因地面沉降还发生了特有的地质灾害——地裂缝。据有关调查资料，已发现 20 余处地裂缝灾害，发育规模较大地区已形成长数千米、宽数十米不等的地裂缝带，主要分布在常州横林以东到苏州黄棣以西地区，这些地裂缝的产生都与过量开采地下水形成的不均匀地面沉降有关。地裂缝发育特征呈明显的方向性和对称性，即地裂缝发生区一般由一条主裂缝和若干次裂缝组成，次级裂缝基本平行于主裂缝的两侧，空间上呈对称性；且受下伏基岩构造控制，地裂缝走向有近东西向、北北东向和近南北向。从锡山钱桥毛村园和无锡洛社这两条地裂缝带的监测剖面结果分析，各监测点相对于基准点的沉降量在 1~13mm 之间变化，反映出地裂缝带沉降差异还在继续发展，地裂缝并未稳定。目前苏锡常地区的地裂缝还处于高发时期，应予以高度关注。

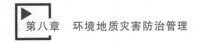

二、扬泰通地区

扬泰通地区主要指的是长江三角洲地区，涵盖范围内的扬州、泰州、南通三市平原地区。

扬州地区自20世纪80年代到2004年，市区中北部存在轻微地面沉降，以电厂、化肥厂等水位漏斗中心最严重，扬州发电厂累积沉降量达217mm，为全市之最。2005年以来扬州分层标监测显示，不同深度的分层标均呈微弱波动上升态势，并与地下水水位上升规律一致。近几年，随着地下水限采工作的不断推进，地面沉降进一步减弱。

泰州南部沿江地带含水层上下连通，地下水资源丰富，补给充分，未出现严重超采，地面沉降亦总体较弱。2005年以来市区西郊基岩标监测数据显示，2007—2010年间最大沉降量约为4mm，且呈波动态势。据2008—2010年InSAR监测结果，泰州地区地面沉降主要分布于城南、城西和城北等局部地区，最大年沉降量可达15mm左右，其他大部分地区地面沉降轻微。

南通地区地面沉降较为严重，并有加速发展趋势。20世纪90年代末资料表明，地面沉降已波及南通整个老城区，最大沉降量为166mm，累积沉降量大于50mm的地区面积达100km^2。海门、启东两市地面沉降已超过南通市区，最大的沉降量分别为119mm和186mm。据2008—2010年InSAR监测结果，南通地区年平均沉降量超过10mm的地区主要分布在以海门为中心的南通中东部地区及海安地区，年最大沉降量分别为12mm和11mm。

三、盐城及连云港沿海平原地区

盐城及连云港沿海平原地区主要包括盐城、连云港两市的滨海平原地区。据2008年盐城南部地区InSAR反演资料，1992—2002年分布有盐城-大丰、大丰-方强、掠港-老坝港、东台时堰等沉降带，其中盐城市区、大丰市北部新丰镇、东台市时堰镇三大沉降中心的多年平均沉降量分别为15～18mm；2003—2007年分布有龙岗-盐城、盐城-伍佑-大丰、东台-时堰、白驹-小海、东台-安丰、老坝港等沉降带，其中龙岗镇、伍佑镇、时堰镇、老坝港、白驹镇为主要沉降中心，其多年平均沉降量分别为15～19mm；据2008—2010年InSAR监测结果，年平均沉降量超过10mm的地区包括响水县城、阜宁县城、射阳县城、盐城市区西北部、盐城市区西部、盐城市区以东地区、大丰县城以东裕华镇等地，呈"孤岛"状分布，局部最大年平均沉降量超过30mm。据江苏省测绘局2010全省CORS站点监测结果，连云港市东南部燕尾港一带最大年沉降量超过50mm，盐城北部响水滨海一带最大年沉降量超过15mm。至2010年，沿海地区地面累积沉降量大于200mm的区域面积超过4500km^2，最大累积沉降量已超过1m。

四、淮河下游平原地区

淮河下游平原地区包括宿迁市、淮安市、长江三角洲平原未涵盖的扬州市及泰州市北部里下河地区等。

据江苏省测绘局2010全省CORS站点监测资料，宿迁市泗阳县最大年沉降量超过

10mm，淮安市涟水县最大年沉降量超过 15mm。2008—2010 年 InSAR 监测结果表明，兴化南部、北部均存在明显沉降，最大年平均沉降量接近 20mm。另外，高邮、宝应等扬州北部地区地下水开采较为强烈，在泰州兴化还分布有油气开采区并已经监测到地面沉降迹象，而扬州及泰州北部里下河地区地势低洼，地表平均高程低于 2.0m，其高程资源显得尤其宝贵，应加强地面沉降调查评价工作。

五、丰沛平原

丰沛平原是指分布于徐州西北部的丰县、沛县平原地区。

目前，丰沛平原地区已经形成了区域地下水降落漏斗，漏斗中心水位埋深超过 40mm。据沛县大屯 1988—2005 年监测结果，大屯中心区累积地面沉降量超过了 500mm，多年平均沉降量 26.32mm。据其中 1998 年、2005 年监测数据，中心区在 1998 年最大累积沉降量 330mm，到 2005 年最大累积沉降量 600mm，累积沉降量大于 100mm 的区域面积达到 11.57km²。据江苏省测绘局 2010 年全省 CORS 站点监测资料，丰县县城年最大沉降量超过 35mm。

六、其他地区

除了上述广大平原地区以外的主要城市地区亦存在局部沉降现象，并主要分布于城市区，地面沉降诱发因素多以工程建设活动有关，目前未专门开展相关方面的监测研究。

第二节　地下水超采引起地质灾害防治规划
——以地面沉降为例

一、地面沉降防治面临的形势

1. 地面沉降影响将长期存在

受前期几十年地面沉降累积的影响，在江苏省尤其是苏锡常地区形成了最大累积沉降量 3.0m 以上的沉降洼地，导致城市内涝，威胁城市安全与社会稳定，同时随着地面沉降的不断发展，对诸如京沪高铁、沪宁城际铁路、西气东输、地铁、高速公路等重要生命线工程的威胁亦日益加大。当前，江苏省沿海发展规划正在逐步实施，苏北沿海地区城市化进程的进一步加快，经济活力不断增长，对地质环境资源的需求和压力不断加大，地下水压采面临的困难与矛盾日益突出。从资源与环境角度考虑，如何保障沿海地区经济可持续发展、如何在发展过程中避免地面沉降带来的威胁都是保证沿海社会经济发展的重要问题，因此也对沿海地区地面沉降调查、监测、防治提出了更高的要求。由于地面沉降具有缓变型、不可逆转的特点，这些影响与威胁将长期存在。

2. 重点地区沉降速率依然较大，不均匀沉降依然严重

目前，得益于苏锡常地区深层地下水禁采工作的顺利实施，全区普遍沉降的严峻形势得以遏制，随着各项地下水资源管理制度的不断落实，苏锡常地区地面沉降将进一步趋缓，但武进南部、江阴南部、吴江南部等个别地区地面沉降速率仍较大，需要不断开展跟

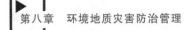

踪调查与监测工作，寻找原因，提出进一步防治措施。此外，在无锡、苏州等地由于不均匀地面沉降导致的地裂缝地质灾害仍具活动性，不断威胁着当地的基础设施安全，迫切需要开展相关的专门调查与系统研究。

3. 区域工作程度极不平衡，地面沉降防治全面铺开难度大

整体而言，长江三角洲地区总体工作程度较高，苏锡常地区工作程度最高，而扬泰通地区在未开展环境地质调查背景下提前与苏锡常地区合并开展了地面沉降监测网建设及后续的风险管理、控制管理等研究工作，虽然后续工作部署中补充开展了环境地质综合调查评价，但其工作程度、工作目的性、系统性、连续性等方面均未达到苏锡常地区水平。除此以外，沿海平原地区、淮河下游平原、丰沛平原等地区无论是在环境地质调查或是地面沉降调查方面几近空白，甚至连 1∶5 万区域地质调查都未实现全面覆盖，工作基础薄弱。

《全国地面沉降防治规划（2011—2020）》的实施标志着地面沉降防治工作的全面铺开，江苏省平原区面积大，进一步加强全省地面沉降防治工作亦提上日程。但在长江三角洲地区地面沉降形势整体稳定局部仍存问题，省内其他平原地区地面沉降调查监测与防治工作并未开展的形势下，如何进一步提炼长江三角洲地区地面沉降防控工作经验，如何做好沿海地区及省内其他平原区的地面沉降基础调查、监测与研究，如何形成全省地面沉降防控的整体局面，都意味着全省地面沉降防治工作全面铺开的难度很大。

4. 地面沉降监测网维护与建设有待进一步推进

长江三角洲地区目前虽已建成了比较全面的地面沉降监测网，但随着社会经济的不断发展，基础建设和土地开发利用使得已经建成的地面沉降监测设施不断受到威胁，有的已丧失监测功能甚至遭到破坏被迫重建，直接影响到监测数据的连续性和可参考性。此外，与地面沉降监测密切相关的地下水动态监测网是 20 世纪 80 年代以前建立，且大多数为生产井，其监测精度、难度有待提高，已无法满足当前全省地下水动态监测需要，更无法满足地下水与地面沉降耦合模型等相关基础研究的需要，因此应结合国家级地下水监测工程的逐步落实推进，跟进省级、地市级地下水动态监测网建设，形成地下水环境监测网与地面沉降专项监测网的有机融合（图 8-3 和图 8-4）。

5. 地下水超采与地面沉降治理难度大

虽然江苏省属于水资源较为丰富地区，但过境水量占大多数且地表水污染较为严重，许多城市和广大农村地区不得大规模开发利用地下水，从而造成了地下水严重超采并引发地面沉降。由于近期无法实现区域供水的目标，在饮水安全、粮食安全、经济社会发展的强力推动下，在很长一段时间内将无法有效压缩地下水开采量，地下水压采与对地下水的需求矛盾长期存在，地下水超采区和地面沉降治理难度大。

6. 省、地市级地面沉降防治联动机制有待健全

目前，长江三角洲地区地面沉降监测区域协作联席会议制度已经建立，对区域地面沉降的联防联控起到了重要作用。随着城市建筑密度不断增大、城市轨道交通不断发展，城市发展如何避免地面沉降威胁的需求日益高涨，迫切需要建立一种协调机制，以将区域性地面沉降、建筑地面沉降、城市轨道交通地面沉降统筹协调，确保经济社会的可持续发展。但江苏省内未建立有效的地面沉降防治联动机制，与地面沉降有关的国土、水利、交

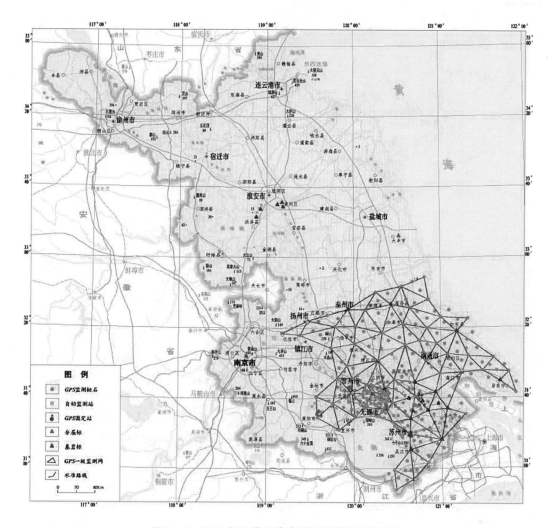

图 8-3　2011 年以前江苏省地面沉降监测网络图

通、规划、城建、财政、铁路等部门未形成长期有效的沟通协调机制，各部门在单独开展
与地面沉降有关的监测与研究工作，未形成有效整合，重复投资现象严重，最基本的数据
共享目标目前亦未全面实现，省内地面沉降防治联动机制有待健全。

二、地面沉降防治目标

（一）总体目标

查明全省地面沉降现状、分布规律、形成原因及发展趋势，建立健全全省地面沉降监
测网；建立政府主导、部门协同、区域联动、制度保障的地面沉降防治体系；形成适合江
苏省实际的地面沉降监测、地面沉降防治、地下水控采技术方法体系；地面沉降防治管理
制度、防灾减灾体系进一步健全完善，地面沉降监测、地下水控采、地面沉降综合防治能
力明显提高，重点沉降区地面沉降恶化趋势得到有效遏制，防治地面沉降的长效机制进一
步健全。

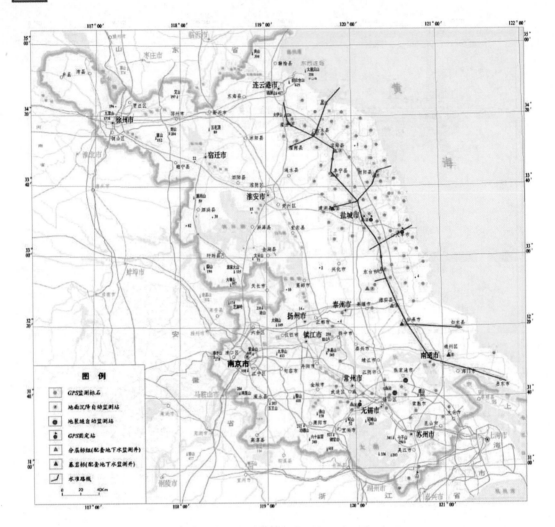

图 8 - 4 2011—2015 年江苏省新建成地面沉降监测站点图

1. 2011—2015 年已完成目标

地面沉降调查评价向沿海推进：完成盐城及连云港沿海平原地区地面沉降调查评价，查清地面沉降现状、分布规律及形成原因。

地面沉降监测覆盖不断扩大：初步建成国家级、省级地下水动态监测网；优化完善长江三角洲地区地面沉降监测网，建设盐城及连云港沿海平原地区地面沉降监测网，逐步推广地面沉降、地下水自动化监测技术，建立地面沉降自动化监测系统；运用多技术方法开展全区地面沉降监测，实时监测全区地面沉降动态，监测方法体系不断优化。

地下水资源管理不断加强：严格地下水资源管理，完成全省地下水超采区复核，划定地下水禁采区、限采区和地下水水位控制红线，控制并逐步压缩地下水开采规模，尤其加强重点沉降区地下水资源管理工作。完成新一轮地下水资源调查评价工作。

地面沉降综合研究不断深入：继续推进地面沉降及地裂缝成因机理及防控研究、长江三角洲地区（江苏域）地面沉降监测与控制管理研究等基础研究工作，选择重点地区开展包括地下水回灌在内的地面沉降防治工程措施试验，逐步开展深基坑排水、地面荷载、轨道交通工程等工程活动引起的工程性地面沉降监测与研究。

地面沉降防治管理体系日趋完善：建立地面沉降信息管理与服务系统，提高地面沉降监测预警能力；建立专门地面沉降监管机构，建立省、地市级地面沉降联防联控制度，落实地质灾害评估制度。

2. 2016—2020 年目标

地面沉降调查评价向内陆推进：完成淮河下游平原及丰沛平原地区地面沉降调查评价，查清地面沉降现状、分布规律及形成原因。

地面沉降监测全省覆盖：建成完善的国家级、省级地下水动态监测网；优化维护已经建成的地面沉降监测网，建设淮河下游平原、丰沛平原地面沉降监测网，实现整个江苏省平原地区的地面沉降监测网全覆盖，建成全省地面沉降、地下水自动化监测系统；运用多技术方法开展全区地面沉降监测，实时监测全区地面沉降动态，为地面沉降防控奠定基础。

地下水资源管理持续加强：进一步加强地下水资源管理并不断跟进评价地面沉降防治效果，推进地下水压采，沿江沿海地区在严格保护条件下开展地下水应急水源地建设。

地面沉降综合研究进一步深入：逐步推进江苏省平原区尤其是沿海地区地面沉降监测与控制管理研究工作；开展包括地下水回灌在内的地面沉降防治工程措施试验与推广；继续开展工程性地面沉降监测、研究及防治工作，将工程性地面沉降纳入监管范围完善地面沉降信息管理与服务系统。

地面沉降防治体系进一步完善：继续完善省际、省内地面沉降联防联控制度，建立与地面沉降有关的数据共享机制，完善地面沉降防治体系。

（二）各地区地面沉降控制目标

根据不同地区的地质环境条件，地面沉降形势、发展趋势及防治效果，结合各地区经济社会发展水平及发展规划、替代水源条件，综合确定不同地区的地面沉降防治目标。

1. 苏锡常地区

2015 年，苏锡常地区地面沉降中心沉降速率控制在 20mm/a 以内，区域地面沉降速率控制在 15mm/a 以内；地裂缝活动得到初步控制。

到 2020 年，苏锡常平原地区地面沉降中心沉降速率控制在 15mm/a 以内，区域地面沉降速率控制在 10mm/a 以内；地裂缝活动基本得到控制。

2. 扬泰通地区

2015 年，扬泰通地区地面沉降中心沉降速率控制在 20mm/a 以内，区域地面沉降速率控制在 15mm/a 以内。

到 2020 年，扬泰通地区地面沉降中心沉降速率控制在 15mm/a 以内，区域地面沉降速率控制在 10mm/a 以内。

3. 盐城及连云港沿海平原地区

2015 年，盐城及连云港沿海平原地区地面沉降中心沉降速率控制在 30mm/a 以内，区域地面沉降速率控制在 20mm/a 以内。

到 2020 年，地面沉降中心沉降速率控制在 20mm/a 以内，区域地面沉降速率控制在

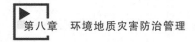

15mm/a 以内。

4. 淮河下游平原地区

2015 年，丰沛平原及淮河下游平原地区地面沉降中心沉降速率控制在 40mm/a 以内，区域地面沉降速率控制在 30mm/a 以内。

到 2020 年，地面沉降中心沉降速率控制在 30mm/a 以内，区域地面沉降速率控制在 20mm/a 以内。

5. 丰沛平原地区

2015 年，丰沛平原及淮河下游平原地区地面沉降中心沉降速率控制在 50mm/a 以内，区域地面沉降速率控制在 40mm/a 以内。

到 2020 年，地面沉降中心沉降速率控制在 30mm/a 以内，区域地面沉降速率控制在 20mm/a 以内。

（三）地面沉降防治的主要任务

1. 2011—2015 年已完成任务

（1）加强地面沉降调查评价。

1）不断跟进长江三角洲地区（江苏域）地面沉降跟踪调查。推进苏锡常、扬泰通地区地面沉降监测与控制管理研究工作，完成苏锡常地区地下水禁采的地质环境效应分析；完成重点沉降区及重大工程沿线 1∶5 万地面沉降调查及全区 1∶10 万 InSAR 监测工作，查清地面沉降时空变化规律。

2）完成盐城及连云港沿海平原地区地面沉降调查评价。全力推进沿海地区综合地质调查，完成重点沉降区 1∶5 万及全区 1∶10 万地面沉降调查工作以及基于基底构造、第四系结构、含水层结构等为研究内容的地面沉降专项调查评价，查清地面沉降现状、分布规律及形成原因；完成沿海地区港口、重要经济区地面沉降专项研究。

（2）推进地面沉降监测网建设。

1）进一步完善长江三角洲地区（江苏域）地面沉降监测网。通过重点沉降区基岩标升级为分层标、新建分层标及配套地下水监测井、补充建设重点地区 GPS 固定站、补充建设地裂缝活动地段的地裂缝自动化监测站、维护 GPS 监测点、改造地下水自动化监测站点等手段，对长江三角洲地区已经建成的地面沉降监测网进行维护与完善；建成基岩标分层标 6 座，在国家级地下水监测工程配合下配套建设配套地下水监测井 12 眼，GPS 固定站 1 座，地裂缝自动化监测站 2 座，维护升级 GPS 监测点 32 座，地下水自动化监测点 40 个。

2）建设盐城及连云港沿海平原地区地面沉降监测网。通过新建基岩标分层标、GPS 监测点、GPS 固定站、地下水监测井、水准剖面等手段，建立盐城及连云港沿海平原地区地面沉降监测网络，进一步扩大地面沉降监测网覆盖范围，初步建立覆盖江苏省东部平原的地面沉降监测网络；共建成基岩标分层标 11 座，在国家级地下水监测工程配合下配套建设地下水监测井 25 眼，GPS 固定站 2 座，GPS 监测墩 68 座，地下水自动化监测点 60 个，Ⅱ等水准测量剖面 750km。

3）健全完善地下水动态监测网。结合国家级地下水监测工程的推进，开展省、地市级地下水监测网优化调网工作，建立国家、省两级控制的地下水动态监测网络，与地面沉降监测网形成有机结合，构建完善的地质环境监测网。

4）建立完善全省地面沉降自动化监测系统。在以前建成的江苏省地面沉降自动化监测系统基础上，将新建的监测设施、有条件升级的监测设施开展地面沉降及地下水自动化监测系统建设，不断完善江苏省地面沉降自动化监测系统；共建成地面沉降、地裂缝自动化监测站 50 座，GPS 固定站 3 座，地下水自动化监测站点 100 个。

5）利用多技术手段开展地面沉降监测。充分运用基岩标、分层标、水准测量、GPS 测量、InSAR 监测等多技术手段开展地面沉降监测，尤其注重 GPS – InSAR 地面沉降融合监测研究，实施把握全区地面沉降动态规律。

（3）严格地下水资源管理。全面落实最严格水资源管理制度，统筹配置地表水、地下水和其他水源，合理利用地下水，实现区域水资源的合理开发和有效保护。

1）实施地下水取用水总量和地下水水位"双控"工程。组织开展地下水超采区复核，公布地下水超采区名录，划定地下水禁采区、限采区和地下水控制红线。在控制取用水总量基础上，全面实施地下水水位控制，加强地下水开采动态监测与监控。对高于限采水位的区域，实行科学有序开采；对于已经接近或达到限采水位的区域，严格控制新凿井和地下水开采量；对于已经低于禁采水位的区域禁止新凿井，并由当地政府组织实施综合治理，压缩地下水开采量，直至地下水水位恢复。

2）实施地下水压采工程。依据地下水超采区复核和划定成果，综合运用水源替代措施以及经济和法律杠杆，加快地下水超采区的地下水压采、限采工作。组织实施南水北调东线受水区和沿海地区地下水压采，逐步削减地下水开采量。在饮用水源结构单一、难以抵御突发性水污染事件的地区，开展地下水应急水源地建设论证工作。

3）地下水控采示范区建设。苏锡常地区作为"禁采"地下水的典型地区，已经对本地区的地面沉降防治起到了明显的效果。因此以苏锡常地区为典型区，以地下水禁采的效应分析研究、苏锡常地区地面沉降防治措施研究、苏锡常地区地面沉降监测与控制管理研究为基础，开展地下水控采示范区建设。

4）加强地下水资源调查评价。组织开展新一轮地下水资源及开采利用调查评价，进一步查明各水文地质单元、行政区域浅层地下水、深层承压水地下水的补径排条件及其变化过程，科学核定地下水可开采量。加强全省平原区、重点开采区地下水动态调查评价，查明地下水降落漏斗时空分布特征，为地面沉降地下水耦合研究奠定基础。

5）加强水资源论证管理工作。进一步落实水资源论证制度实施，加强对矿藏开采、地下水工程建设疏干排水行为管理，科学布局地下水开采量。

（4）实施地面沉降防治工程。

1）地面沉降形成机理及防控综合研究。开展地面沉降区基底构造、第四系结构、含水层结构模型研究，开展不同地区的土层应力-应变关系的实验研究、地下水开采作用下压缩层的渗透变形和土层释水压缩变形诱发地面沉降的机理研究和对比分析，查明不同地区、不同含水层结构地下水开采诱发地面沉降的机理差异；开展包括地下水人工回灌在内的地面沉降防治工程措施试验研究与论证工作；研究提出地面沉降分区控制目标和防治对策建议，为地面沉降防治工作提供决策依据。

2）开展地裂缝地质灾害专项研究。以苏锡常平原地区地裂缝为主要研究对象，在地面沉降成因机理研究与监测方法体系基础上，通过系统监测、物理模型、数值模型等定量化方法，深入研究地裂缝成因机理，建立地裂缝地质灾害预警预报体系，提出地裂缝防治技术与措施。

3）开展工程性地面沉降监测与防控综合研究。以城市建筑密集区、城市轨道交通、重大线性工程为目标，结合地方社会经济发展需要，开展工程性地面沉降的监测与防控综合研究。

（5）建立完善地面沉降防治体系。

1）建立符合江苏实际的地面沉降监测方法体系。在已建成的地面沉降监测网基础上，运用基岩标分层标、水准测量、GPS 测量、InSAR 监测、自动化监测等多种方法开展区域地面沉降监测，获取地面沉降动态特征，并开展不同方法的优化组合研究，形成符合江苏地面沉降形势的监测方法体系。

2）建立地面沉降防治信息管理与服务系统。按照统一标准、安全可靠、动态开放的原则，建立地面沉降防治信息管理与服务系统，完善地面沉降监测数据库和综合减灾网络平台，完善信息系统基础设施，保障信息源全面准确，实现数据采集、传输、统计、分析、查询自动化，为政府及相关部门和单位提供及时准确的地面沉降信息和快速便捷的管理平台。

3）地面沉降防治技术支撑体系的建立、健全及完善。参与制定地面沉降防治相关技术标准，进一步研究制定和完善地面沉降测量、地面沉降调查、监测与防治等技术标准，规范地面沉降监测与防治工作；加强地面沉降防治技术研究，不断总结、探索地面沉降监测与防治技术，深化地面沉降调查与监测技术应用研究，开展地面沉降的成因机理和预测预报研究，加强地面沉降灾害的防治关键技术研究，提高地面沉降预测与防治能力。

4）地面沉降防治管理体系的建立、健全及完善。建设专门的江苏省地面沉降监测与防控机构；建立省、地市级地面沉降联防联控制度，落实地面沉降区域防治政策及措施；继续加强建设项目地面沉降地质灾害评估管理制度，避免不合理建设项目引发地面沉降问题。

2. 2016—2020 年主要任务

（1）推进地面沉降调查评价。不断跟进长江三角洲地区、盐城及连云港沿海平原地区地面沉降跟踪调查；开展淮河下游平原、丰沛平原地区的 1∶10 万地面沉降调查评价工作，查明地面沉降分布特征，明确地面沉降成因机理，研究地面沉降防控措施。

（2）推进地面沉降监测网建设。进一步维护完善长江三角洲地区、盐城及连云港沿海平原地区地面沉降监测网，建设淮河下游平原、丰沛平原地区地面沉降监测网，共建成基岩标分层标 12 座，GPS 监测墩 55 座，在国家级地下水监测工程配合下建成配套地下水监测井 20 眼、地下水自动化监测点 50 个；维护完善地下水动态监测网；不断推进地面沉降自动化监测系统建设工作，实现地面沉降监测与管理信息化；继续利用多技术手段开展地面沉降监测，获取全区地面沉降动态，为地面沉降综合防治提供依据。

（3）严格地下水资源管理。继续实施地下水取用水总量和地下水水位"双控"工程、地下水压采工程、地下水控采示范区建设，在查清地下水开采对地面沉降影响基础上，在沿江、沿海地区开展应急水源地建设工作，提高城市供水应急能力；进一步加强水资源论证管理工作。

（4）不断推进地面沉降防治工程。继续深入开展地面沉降及地裂缝成因机理及防控、地面沉降监测与控制管理等基础研究工作；在地面沉降防治工程措施充分论证工作基础上，逐步开展重点地区的地面沉降防治工程的试验和推广；继续加强工程性地面沉降监测、防控研究与管理。

（5）继续完善地面沉降防治体系。继续完善江苏地面沉降监测方法体系、地面沉降防治技术支撑体系、地面沉降防治管理体系；完善地面沉降信息管理与服务系统，进一步提高监测预警能力。

（四）地面沉降防治工作部署

1. 地面沉降易发及防治区划分

（1）地面沉降易发区（图 8-5）。地面沉降易发区是地下水集中开采容易或者可能导致地面沉降的区域。根据江苏省的松散层厚度、含水层发育分布情况等地质环境条件及地下水开采等人类活动特征，结合地面沉降现状，对地面沉降易发程度进行分区，分为高易

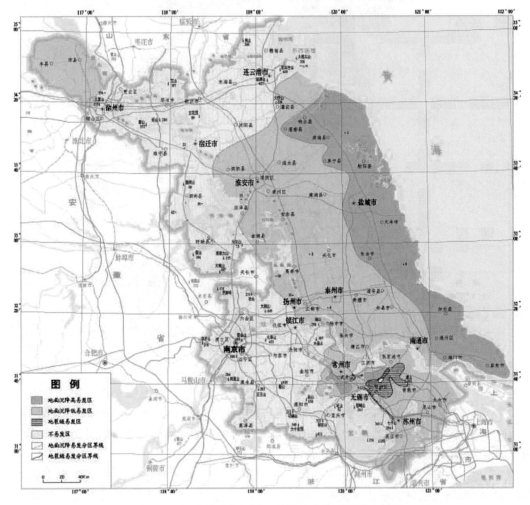

图 8-5　江苏省地面沉降、地裂缝灾害易发区分布图

发区、低易发区、不易发区三个级别。地面沉降不易发区主要是孔隙承压含水层缺失区，第四系厚度薄，未发现地面沉降迹象的地区。

地面沉降易发区主要分布在苏州、无锡、常州、扬州、泰州、南通、盐城、连云港、淮安及徐州北部丰沛平原地区，总面积 5.68 万 km²，其中高易发区面积 1.53 万 km²，主要分布在沿海地区及常州南部、江阴和吴江南部地带，低易发区面积 4.15 万 km²。

（2）地面沉降防治区（图 8-6）。

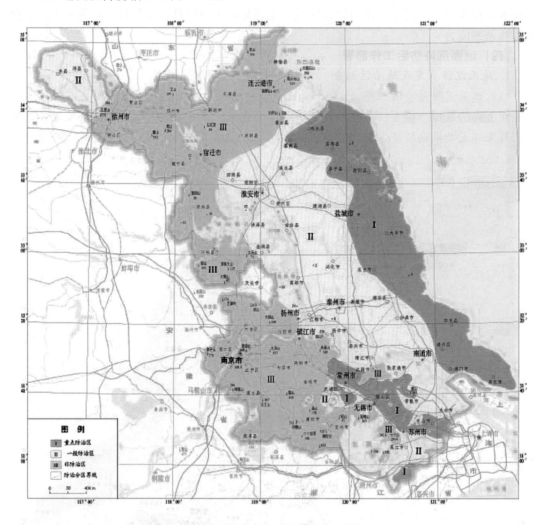

图 8-6　江苏省地面沉降防治区划图

1）地面沉降重点防治区。重点防治区包括地面沉降高易发区、地裂缝易发区及分布有京沪高铁等重大工程的地面沉降低易发区。主要分布在苏州、无锡、常州、南通-盐城-连云港一线 204 国道以东沿海地区，面积 2.08 万 km²。

2）地面沉降一般防治区。一般防治区是重点防治区以外的地面沉降易发区。主要分布在淮安-扬州一线以东至盐城及连云港一线 204 国道以西的里下河平原、长江三角洲北部淮河下游平原地区，面积 3.60 万 km²。

2. 防治工作部署

(1) 苏锡常地区。

1) 地面沉降重点防治区。重点防治区包括常州武进南部的牛塘、鸣凰、南夏墅、前黄、礼嘉等地区，无锡江阴南部的磺塘、祝塘、长径、文林、河塘及无锡锡山的东港等地区，苏州吴江南部的盛泽、震泽等地区及京沪高铁常州-昆山段两侧 10km 范围内的地区，共计面积 3900km^2。

2) 2011—2015 年已完成的地面沉降防治工作部署。地面沉降调查工程——不断跟进苏锡常地区地面沉降形势的跟踪调查，完成常州南部、江阴南部、吴江南部共计 0.25 万 km^2 的 1:5 万地面沉降调查工作；完成京沪高铁沿线 0.1 万 km^2 的 1:5 万地面沉降调查工作。

地面沉降监测工程——适时维护现有地面沉降监测网；运用多技术手段继续开展苏锡常地区地面沉降监测；将江阴磺塘基岩标扩建为分层标，同步建成地下水监测井 2 眼，建成地面沉降自动化监测站；将马杭基岩标扩建为分层标，同步建成地下水监测井 2 眼；在常州南部新建分层标 1 座，同步建成地下水监测井 2 眼，建成地面沉降自动化监测站及 GPS 固定站；补充建设盛泽分层标配套地下水动态监测井 3 眼；在地裂缝易发区建成地裂缝自动化监测站 2 座；维护升级 GPS 监测点 24 座，改建地下水自动化监测点 20 个；完善地面沉降自动化监测系统。

严格地下水资源管理——建设苏锡常地下水控采示范区；2015 年前维持孔隙承压地下水禁采格局，并加大全区尤其是重点沉降区地下水资源管理制度落实情况的检查与督导力度；开展沿江地带地下水应急水源地建设论证工作，有条件地区在严格保护前提下可提早开工建设；加强地下水动态调查评价，查明地下水降落漏斗时空分布特征；不断落实水资源论证制度。

地面沉降防治工程——进一步开展地面沉降及地裂缝形成机理、地面沉降监测与控制管理综合研究，开展人工回灌等地面沉降治理工程试验研究工作与论证工作；开展地裂缝专项研究；开展工程性地面沉降监测与防控研究。

地面沉降防治管理体系——充分总结苏锡常地区地面沉降调查、监测与防治经验，建立地面沉降防治信息管理与服务系统，建立符合地面沉降监测方法体系，进一步完善地面沉降防治技术支撑体系和地面沉降防治管理体系。

3) 2016—2020 年地面沉降防治工作部署。不断跟踪调查地面沉降迹象，实时把握地面沉降发展形势。适时维护已建成的地面沉降监测网和地面沉降自动化监测系统；运用多技术方法开展地面沉降监测，实时把握地面沉降动态，为地面沉降防控奠定基础。严格地下水资源管理，继续苏锡常地下水控采示范区建设，沿江地区开展应急水源地建设，严格保护前提下适度开发利用地下水。继续开展地面沉降地裂缝防控综合研究，选择典型地区开展人工回灌等防治工程措施；继续加强工程性地面沉降监测、防控研究与管理。进一步完善地面沉降防治体系。

(2) 扬泰通地区。

1) 地面沉降重点防治区。重点防治区包括海门-通州-如东西部-海安东部一线以东地区，尤其注重沿海港口开发过程中面临的地面沉降问题，面积 5300km^2。

2）2011—2015 年已完成的地面沉降防治工作部署。地面沉降调查工程——完成扬泰通地区 1.2 万 km² 的 1∶10 万地面沉降调查工作；完成泰州城区及周边、海安城区及周边、海门-通州一带共计 0.3 万 km² 的 1∶5 万地面沉降调查工作。

地面沉降监测工程——适时维护现有地面沉降监测网；继续开展扬泰通地区地面沉降监测；将南通海安基岩标扩建为分层标，同步建成配套地下水监测井 3 眼，建成地面沉降自动化监测站；新建南通通州、如皋基岩标，同步建成配套地下水监测井 2 眼，建成地面沉降自动化监测站 2 座；维护升级 GPS 监测点 8 座；改建地下水自动化监测点 20 个；完善地面沉降自动化监测系统。

严格地下水资源管理——划定地下水禁采区、限采区和地下水控制红线，实施地下水取用水总量和地下水水位"双控"；开展地下水压采工作，重点沉降区可采取限采甚至禁采措施；开展沿江地带地下水应急水源地建设论证工作；开展新一轮地下水资源调查评价；加强水资源论证管理工作。

地面沉降防治工程——进一步开展地面沉降监测与控制管理研究工作；开展地面沉降地下水耦合模型研究。

地面沉降防治管理体系——借鉴苏锡常地区地面沉降调查、监测与防治经验，建立地面沉降防治信息管理与服务系统，建立地面沉降监测方法体系，进一步完善地面沉降防治技术支撑体系和地面沉降防治管理体系。

3）2016—2020 年地面沉降防治工作部署。不断跟踪调查地面沉降迹象，实时把握地面沉降发展形势。适时维护已建成的地面沉降监测网和地面沉降自动化监测系统；运用多技术方法开展地面沉降监测。严格地下水资源管理。继续开展地面沉降防控综合研究；选择重点地段、典型工程开展工程性地面沉降监测与防治研究。进一步完善地面沉降防治体系。

（3）盐城及连云港沿海平原地区。

1）地面沉降重点防治区。重点防治区包括东台-盐城-阜宁-滨海-灌南一线以东地区，尤其注重沿海大开发过程中部署的重要港口、重大工程等地区，面积 11600km²。

2）2011—2015 年已完成的地面沉降防治工作部署。

地面沉降调查工程——完成盐城及连云港沿海平原地区共计 1.5 万 km² 的 1∶10 万地面沉降调查工作；完成以灌云-响水、滨海县城、阜宁县城、建湖县城、盐城城区及周边、大丰城区、东台城区等重点沉降区、石油天然气等地下油气资源开采区共计 0.5 万 km² 的 1∶5 万地面沉降调查工作。

地面沉降监测工程——在连云港灌云、盐城建湖建设基岩标 2 座，配套地下水监测井 2 眼，建成地面沉降自动化监测站；在盐城市区、大丰、盐城东台、射阳、阜宁、滨海、响水及连云港灌南东部沿海建设分层标 9 座，配套地下水监测井 23 眼，建成地面沉降自动化监测站；在盐城市区、大丰建设 GPS 固定站 2 座；盐城及连云港沿海平原地区建设 GPS 监测点 68 座；布设 Ⅱ 等水准测量剖面 750km；改建地下水自动化监测点 60 个；补充建设并不断完善地面沉降自动化监测系统；建成盐城及连云港沿海平原地区地面沉降监测网，与长江三角洲地区地面沉降监测网结合，运用多技术方法开展地面沉降监测，实时把握地面沉降动态。

严格地下水资源管理——划定地下水禁采区、限采区和地下水控制红线，实施地下水取用水总量和地下水水位"双控"；通过增加替代水源及改水工作的深入，不断推进地下水压采、限采的推进工作，重点沉降区、重大港口、重要经济区可采取限采甚至禁采措施；开展沿海地带地下水应急水源地建设论证工作；开展新一轮地下水资源调查评价；加强水资源论证管理工作，尤其是新建、改建和扩建建设项目、油气开采项目的地下水取水管理。

地面沉降防治工程——借鉴长江三角洲地区成功经验，开展地面沉降成因机理的综合研究，开展港区、重要经济区地面沉降专项研究，提出地面沉降防治政策措施，通过地下水地面沉降耦合模型研究提出以防控地面沉降为主要目标的科学地下水开发利用方案。

地面沉降防治管理体系——加强建设项目尤其是沿海开发大型工程、港口工程的地面沉降地质灾害评估管理制度的落实；建立地面沉降防治信息管理与服务系统、地面沉降监测方法体系、地面沉降防治技术支撑体系和地面沉降防治管理体系。

3）2016—2020 年地面沉降防治工作部署。不断跟踪调查地面沉降迹象，实时把握地面沉降发展形势。优化维护已经建成地面沉降监测网及自动化监测系统，运用多技术手段与长江三角洲地区同步开展地面沉降监测。严格地下水资源管理，继续开展地面沉降防控综合研究，完善区域地面沉降地下水耦合模型及地下水开发利用方案；完善地面沉降防治信息管理与服务系统；完善地面沉降防治体系。

（4）淮河下游平原。

1）地面沉降重点防治区。淮河下游平原地区无重点防治区分布，均为一般防治区，总面积共计 15400km²。

2）2011—2015 年已完成的地面沉降防治工作部署。地面沉降调查工程——在全区 InSAR 监测、区域地下水动态监测基础上，结合盐矿开采区、油气开采区地质灾害防治工作需要，查明地下水漏斗区、地面沉降分布区，查明地面沉降发育分布规律，初步开展地面沉降成因机理研究。

地面沉降监测工程——以开展全区 InSAR 监测获取区域地面沉降动态规律为主，结合区域地下水动态监测，基本查明本地区地面沉降形势。

严格地下水资源管理——划定地下水禁采区、限采区和地下水控制红线，实施地下水"双控"制度；不断推进地下水压采、限采的推进工作；开展新一轮地下水资源调查评价；加强水资源论证管理工作，尤其是新建、改建和扩建建设项目的地下水取水管理。

地面沉降防治工程——开展盐矿开采区、油气开采区、地下水漏斗区地面沉降成因机理研究，提出初步的地面沉降防治措施。

地面沉降防治管理体系——加强建设项目地面沉降地质灾害评估管理制度的落实；建立地面沉降防治信息管理与服务系统、地面沉降监测方法体系、地面沉降防治技术支撑体系和地面沉降防治管理体系。

3）2016—2020 年地面沉降防治工作部署。根据前期地面沉降调查获取的地面沉降形势，开展 1：10 万地面沉降调查评价，明确本地区地面沉降诱发因素，为后续地面沉降防治奠定基础。在查明本地区地面沉降发育分布规律基础上，开展地面沉降监测网建设工作，初步规划建成洪泽、淮安、楚州、泗阳、涟水、兴化、高邮、宝应等地基岩标分层标 9 座，在国家级地下水监测工程配合下配套建设地下水监测井 14 眼，GPS 监测墩 40 座，地下水自动化监测点 30 个，建设地面沉降自动化监测系统。严格地下水资源管理，深入开展盐矿开采区、油气开采区、地下水漏斗区地面沉降成因机理研究，明确淮河下游平原地面沉降主要诱发因素，以前期地面沉降防治工作经验为基础逐步开展本地区地面沉降防治工作，完善地面沉降防治体系。

（5）丰沛平原地区。

1）地面沉降重点防治区：丰沛平原地区均为一般防治区，总面积共计 $3200km^2$。

2）2011—2015 年已完成的地面沉降防治工作部署。

地面沉降调查工程——结合丰沛平原地区煤矿开采形成地面塌陷问题及地下水开采现状，在区域地下水动态监测基础上查明地下水漏斗区，在全区 InSAR 监测配合下，初步查明地面沉降发育分布规律，初步开展地面沉降成因机理研究。

地面沉降监测工程——以开展全区 1∶10 万 InSAR 监测获取区域地面沉降动态规律为主，结合地下水动态监测，基本查明本地区地面沉降形势。

严格地下水资源管理——划定地下水禁采区、限采区和地下水控制红线，实施地下水"双控"制度；不断推进地下水压采、限采的推进工作；开展新一轮地下水资源调查评价；加强水资源论证管理工作，尤其是煤矿开采区疏干排水管理工作。

地面沉降防治工程——开展盐矿开采区、煤矿开采区、地下水漏斗区地面沉降成因机理研究，提出初步的地面沉降防治措施。

地面沉降防治管理体系——加强重大建设项目地面沉降地质灾害评估管理制度的落实；建立地面沉降防治信息管理与服务系统、地面沉降监测方法体系、地面沉降防治技术支撑体系和地面沉降防治管理体系。

3）2016—2020 年地面沉降防治工作部署。结合地面沉降形势，开展 1∶10 万地面沉降调查评价，明确本地区地面沉降诱发因素，为后续地面沉降防治奠定基础。继续开展全区 1∶10 万 InSAR 监测，查明地面沉降发育分布规律；开展地面沉降监测网建设工作，初步规划建成丰县、沛县基岩标分层标 2 座，在国家级地下水监测工程配合下，配套建设地下水监测井 6 眼，GPS 监测墩 15 座，地下水自动化监测点 20 个，建设地面沉降自动化监测系统。严格地下水资源管理。在查明丰沛平原地下水漏斗区、煤矿开采区、盐矿开采区地面沉降形势基础上，开展地面沉降诱发机理研究，明确丰沛平原地区地面沉降主要诱发因素，以前期地面沉降防治工作经验为基础逐步开展本地区地面沉降防治工作。完善地面沉降防治体系。

（6）其他地区。因其他地区地面沉降为局部地面沉降，且多为工程活动引起，因此近期、远期均以加强工程性地面沉降监测、研究为主要工作，提高对工程性地面沉降的管理能力。

第三节　苏锡常地区地下水超采引起的地面沉降问题定量分析

一、地面沉降产生的原因分析

（一）地面沉降机理

从地面沉降机理上分析，地面沉降来自于以下两种变形：有效应力引起的变形和蠕变引起的变形。

1. 有效应力增加引起的变形

地面沉降的产生与地下水开采尤其是过量开采密切相关，这是因为地下水开采往往导致含水层和黏土层的释水压密。释水压密的土层变形机理可以采用"有效应力"原理解释。在开采地下水之前，含水层上覆荷载由含水层骨架及水体共同承担达到平衡，即

$$\sigma_T = \sigma_e + P \tag{8-1}$$

式中　σ_T——上覆荷载总应力；

　　　σ_e——含水层骨架承担的压力，称为有效应力；

　　　P——孔隙水体承受的压力，称为孔隙水压力。

随着地下水开采的增加，孔隙水压力 P 减小，而上覆荷载总应力 σ_T 并未改变，含水层中有效应力 σ_e 必然会增加，即原来由孔隙水体承担的一部分荷载转向由土体骨架承担。骨架由于附加应力作用而受到压缩，由于土颗粒的压缩量与孔隙压缩量相比可以忽略，所以骨架压缩实际上是土体孔隙的压缩，土体孔隙压缩传至地面则表现为地面沉降。

根据以上 Terzaghi 有效应力原理，当抽水引起含水层地下水压力改变后，土层中的有效应力也随之改变。地下水位下降，孔隙水压力减小，有效应力增加，土层压缩；反之，有效应力减小，土层回弹。含水层中地下水位的改变影响到相邻的弱透水层的孔隙水压力，原来处于稳定流动状态的弱透水层中的地下水成为不稳定流，弱透水层中的孔隙水向含水层流动，孔隙水压力减小，有效应力增加，弱透水层产生压缩变形，这就是弱透水层的固结。这一固结过程直到弱透水层中的地下水达到新的稳定渗流状态才结束。

2. 蠕变引起的变形

土体变形不同于其他固体材料的一个显著特性是它的变形与时间有关，即使作用于土体上的有效应力保持不变，土体的变形仍随时间的延长而增加，这就是土体的蠕变性。许多发生地面沉降的地区都存在地面沉降滞后的现象，在水位不再下降，甚至略有回升的情况下，地面仍在下沉。过去人们普遍认为组成弱透水层的黏性土具有蠕变性，并对此做过研究，在一些地面沉降模型中也考虑了黏土层的蠕变性。但对含水砂层的蠕变性认识不足，在地面沉降的研究中，通常将含水砂土层作为弹性体，甚至忽略砂土层的变形在地面沉降中的作用。

土体是否表现出蠕变性不仅与土的类型有关，而且与观测时间的长短有关。在抽取地下水引起的地面沉降问题中，地下水位缓慢、反复地变化，在这种情形下，砂土层有足够的时间发展蠕变变形。

（二）研究区地面沉降成因

综合分析，苏锡常地区地面沉降的成因可归纳为以下主要原因。

1. 过度、无序开采地下水是地面沉降的主要原因

苏锡常地区地面沉降的主要原因是由于大量开采地下水。20 世纪 60 年代初期，苏锡常地区地下水埋深基本处于天然状态，为 2～3m；60 年代中期，随着开采量的增加（苏锡常 3 市开采量分别达到 0.82 万 m³/d、4.56 万 m³/d、5.95 万 m³/d），使 3 市的地下水

位埋深分别加大到 10m、35m 和 27m，并分别出现相互独立的面积约 50km² 的地下水位下降区；70 年代开始，由于大规模开采（1979 年 3 市开采量达到 18 万 m³/d、7.7 万 m³/d 及 28 万 m³/d），地下水位迅速下降，下降速率达 2～3m/a，开采区中心地下水位埋深在 1979 年分别达到 55m、59m 和 58m，地下水位埋深 15m 的等值线覆盖面积约为 1500km²，并将 3 个城市连在一起；80 年代以后，围绕苏锡常 3 个城市的许多县级城市及小城镇的迅速扩张，地下水开采的范围迅猛扩大，绝大部分乡镇企业的工业用水以及小城镇的生活用水均以地下水为主水源，这就导致地下水位降落漏斗的面积不断增加，在苏锡常地区沿沪宁线形成了宽约 30km、长约 125km、面积超过 5000km² 的大型地下水位降落漏斗。90 年代初开采深层地下水的深井总数已达到 2800 余眼，开采地下水总量为 108.5 万 m³/d（即平均每年开采 3.96 亿 m³），至 1995 年，深井总数达到 4355 眼，年开采量达到 4.54 亿 m³，苏锡常 3 市的地下水位埋深分别加大到 68.7m、82m 和 80m，2000 年已接近 88m。苏锡常地区在实现农村城市化、城市现代化的进程中，对地下水资源的珍惜与保护显得越来越重要。据江苏省地矿部门调查，禁采决议执行前苏锡常地区实际开采量为可开采资源量 1.7 倍的范围达 1431km²，开采量为可开采量 1.3 倍的面积达 2504km²。常州市区的实际开采量亦接近可开采量的 2 倍，锡山、武进、江阴、吴县、吴江等 9 个市时常出现超强度开采地下水的情况。由于缺乏统一规划和有效的管理监督，无论在城市、城镇，还是乡镇（村），众多企业和单位争先恐后打井抽取地下水，盲目性和随意性很大，造成开采布局混乱，分布极不合理；许多打井施工单位无资质认定，不规范操作，打井不留任何资料，造成地下水资源的人为破坏；"三集中"（井位、层位、时间）开采现象十分普遍，严重打破了地下水资源的采补平衡；在抽取的地下水中，只有约 30% 供生活饮用，70% 左右用于工业生产；甚至用作工业冷却水，造成大量优质地下水资源的浪费。

从 1982—2000 年苏州市地下水开采量、水位及沉降量监测资料（图 8-7）看出，苏州市地面沉降量的升降变化趋势与地下水开采量的变化趋势相一致。1984—1987 年期间，地下水开采量逐渐增加，地面沉降量呈递增趋势，最大年沉降量达 90mm；1988 年以后

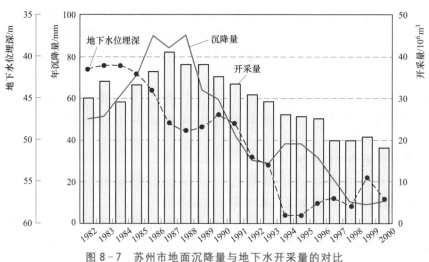

图 8-7　苏州市地面沉降量与地下水开采量的对比

随着地下水开采量逐渐减少，地面沉降量也逐渐减缓，尤其是 1995 年之后，每年的地面沉降量基本上控制在 30mm 以下。常州、无锡情况与此相似。

在苏锡常地区地下水主要开采层之上普遍发育软土层，它们具有含水量高、孔隙比大、压塑性高、渗透性较差等共同特点。在长期超量开采地下水的条件下，承压含水层水头降低，上部高压塑软土层中孔隙水压力下降，土体内有效应力增加，从而产生压密固结作用，即压塑变形，其变形量大小与土层厚度有关，厚度越大，变形越大，地面沉降也越大。土层达到最终固结所需时间取决于土层孔隙水在垂向上的压力传导性能，即土层的渗透性能越差或厚度越大，压密固结作用则缓慢，达到最终固结所需时间也越长，反之则短。根据常州市清凉小学分层标监测资料（表 8-3），沉降主要发生在 Ⅱ 承压含水层顶板以上的黏土层中，尤其是埋深为 35.4～92.8m 的黏性土，其累计沉降量占总沉降量的一半以上。黏土层的总沉降量与土层厚度成正比。对单位厚度的黏性土层而言，越靠近开采含水层，其单位土层厚度的沉降量越大，按黏土层距含水层的距离由近到远，分 4～分 5、分 3～分 4 和分 2～分 3 从 1984 年到 1997 年平均每米黏土层的沉降量依次为 11.20mm，2.97mm 和 0.24mm。土层的沉降量与其物理力学性质有关，超固结比越小，黏土含水量越高，天然孔隙比越大，液性指数越大的土其沉降量越大。

表 8-3 常州清凉小学分层标监测数据分析结果

序号	沉降层	含水层	层底深度/m	厚度/m	岩 性	分层标（标头位置）/m	1984—1994 年沉降量/mm	1995—2001 年沉降量/mm
1	第一沉降层		5.48	5.48	粉质黏土	分 1(5.48)		
2		第Ⅰ承压含水层	18.55	13.07	粉砂	分 2(18.55)	6.53	2.50
3	第二沉降层		28.66	10.11	粉土及软塑粉质黏土	分 3(35.40)	5.65	-0.20
4			35.40	6.74	粉质黏土底见粉砂			
5			71.32	35.92	粉质黏土	分 4(71.32)	90.62	17.48
6			92.80	21.48	软塑状粉质黏土	分 5(92.80)	218.83	36.91
7	第三沉降层	第Ⅱ承压含水层	95.50	2.70	粉砂	分 6(107.80)	66.26	13.02
8			107.80	12.30	细砂			
9	第四沉降层		117.65	9.85	黏土及粉质黏土	分 7(117.65)	32.77	10.54
10			143.6	25.95	粉细砂底部中砂夹数层黏土	分 8(143.6)	91.88	44.03

由此可见，导致苏锡常地区地面沉降的因素主要是由于长期超量开采承压含水层中的地下水，使承压水头下降，高压塑软土层被压密固结的结果。沉降量的大小不仅取决于开采量，同时受高压塑软土层的岩性、结构特征、厚度大小及空间分布规律等因素制约。

2. 高密度的城市高层建筑是地面沉降的重要原因

苏锡常城市建筑的"硬壳化"现象也相当严重。混凝土、大理石、花岗岩的地面、广场、路面和人行道；超大面积的厂房，无限扩张的工业园区等使城市不透水区域下渗水量过快减少，土壤水分补给减少，补给地下含水层的水量减少，致使基流减少，地下水补给来源也随之减少，促使地下水位急剧下降。有学者指出城市建设的高密度、摩天大楼的鳞次栉比一方面增加了土地的承重，另一方面加剧了地面"硬壳化"，对地面沉降也有较大影响，应引起重视。上海市地质调查研究院的研究表明，上海地面沉降的原因有七成要归因于城市地下水的过量开采，而其余三成则来自高层建筑和重大工程项目的影响。

3. 自然因素是地面沉降的次要原因

一类自然界的原因是由于第四纪以来的新构造运动的影响，使我国一些地区处在整体沉降的环境中，这种由于构造运动产生的沉降是长周期的缓变过程，沉降率不超过10mm/a；另一类自然界的原因是第四纪沉积物的天然固结，即第四纪以来的沉积物在温度、压力作用下的成岩过程中由于体积收缩而产生的地面沉降。国外有人推算过，在泻湖地区地面沉降速率为 0.4mm/a，在我国长江三角洲地区，这一数值约为 1～2mm/a。太湖流域普遍存在海相或湖相沉积的软土，软土基具有松软、孔隙比大、压缩性高和强度低的特点，在建筑荷载的作用下变形量很大，易造成墙体开裂、地面裂缝等危害。

总之，地面沉降的机理是相当复杂的，但可以肯定的是，城市化、城市现代化进程中，对地下水资源无序、超量的滥开采，珍惜与保护意识的薄弱是苏锡常地区地面沉降的主要原因。

二、地面沉降特征

前已述及，苏锡常地区地面沉降与地下水主采层（第Ⅱ承压含水层）关系密切。沉降漏斗基本上沿着古河道方向扩展，并大体上呈椭圆状分布。同时，本区地质环境条件十分复杂，第四系土层结构差异性强，于军等（2004）根据本区地貌所在的北部沿江新长江三角洲平原、中部冲洪积高亢平原和东南部湖沼积平原等三个单元，将本区地面沉降划分为相应的三个分区。

Ⅰ区：新长江三角洲堆积区。总的来说，该区岩性较单一，与长江水力联系密切，水位下降缓慢，有轻微的地面沉降或沉降不明显。同时根据含水层中软土层的发育情况划分为两个亚区，其中：①Ⅰ-1亚区，软土欠发育，地面沉降不明显；②Ⅰ-2亚区，软土层发育，厚达20m，地面沉降轻微。

Ⅱ区：与太湖平原堆积区对应。该区地面沉降情况比较复杂，根据沉积物特征和相应的沉降发生特征，本区又划分为6个亚区：①Ⅱ-1亚区，含水层较薄，不利于地面沉降的发育；②Ⅱ-2亚区，位于长江古河道上，含水层发育，地下水位下降明显，地面沉降严重；③Ⅱ-3亚区，基岩出露较集中，含水层厚度分布不均，易产生不均匀沉降，从而引起地裂缝；④Ⅱ-4亚区，与古河道北汊吻合，地面沉降中等发育；⑤Ⅱ-5亚区，地处无锡西部和苏州两个沉降中心的中间地带，与Ⅱ-2亚区的沉降类似，但该亚区的含水层相对比较封闭，第Ⅱ含水层的顶板埋藏深度近100m；⑥Ⅱ-6亚区，处于古河道南北汊间的含水层次发育地带，主采层水位一般在-40m左右，地面沉降轻微至中等发育。

Ⅲ区：山前边缘沉积区。根据含水层岩性和地质条件划分为3个亚区，地面沉降发育不等。

综合起来，本区地面沉降分区和不同特征总结见表8-4。

表 8－4　　　　　　　　　　　研究区地面沉降分区及其沉降特征

分区	亚区	地质条件	沉降特征
Ⅰ区	Ⅰ-1	属第四纪晚更新世沉积区，岩性单一，含水层后，赋水性强，与长江水力联系密切，水位下降缓慢，软土不发育	＜20mm
	Ⅰ-2	与Ⅰ-1亚区类似，但软土层相对发育，厚度约20m	20～200mm
Ⅱ区	Ⅱ-1	沉积层较薄，一般在100m以内，含水层向西逐渐尖灭，不利于地面沉降的发育	＜20mm
	Ⅱ-2	位于长江古河道上，含水层发育，仅第Ⅱ承压层厚达40m，水位下降明显，软土层厚10～20m，地面沉降严重	＞600mm
	Ⅱ-3	基岩出露较集中，含水层厚度分布不均，易产生不均匀沉降，从而引起地裂缝	200～400mm
	Ⅱ-4	与古河道北汊吻合，地面沉降中等发育	400～600mm
	Ⅱ-5	地处无锡西部和苏州两个沉降中心的中间地带，与Ⅱ-2亚区的沉降类似，但该亚区的含水层相对比较封闭，沿古河道发育一个近椭圆形的含水层系统，第Ⅱ含水层的顶板埋藏深度近100m，地面沉降发育	＞600mm
	Ⅱ-6	处于古河道南北汊间的含水层次发育地带，第四系厚达200m左右，主采层水位一般在-40m左右，水力坡度较缓，地面沉降轻微至中等发育	20～600mm
Ⅲ区	Ⅲ-1	含水层、软土层均发育，地面沉降容易发生	＞600mm
	Ⅲ-2	受基底隆起控制，含水层不发育，沉降受到限制	20～200mm
	Ⅲ-3	地势低洼，含水层、软土层较发育，地面沉降不同程度发生	20～600mm

同时，于军等（2004）根据以上各分区中具有代表性的地面累计沉降量与地下水水位埋深的相关资料，并利用1980—2000年的观测数据，建立了各亚区地面沉降累计量与地下水位埋深的相关关系曲线，其一般表达式为

$$S=\frac{S_{max}}{1+\exp[-K(S_i-S_c)]} \tag{8-2}$$

式中　S——累计沉降量，mm；

　　S_{max}——最大理论沉降量，mm；

　　K——传导系数，m^{-1}；

　S_i、S_c——地下水位埋深和对应 $S_{max}/2$ 时的地下水水位埋深，m。

其中最大理论沉降量可由 Terzaghi 一维压缩理论确定为

$$S_{max}=\frac{\alpha\sigma_z B}{1+e_1} \tag{8-3}$$

式中　α——压缩系数；

　　σ_z——含水层水位下降产生的有效应力；

　　B——压缩层的厚度；

　　e_1——孔隙比。

同时得到各亚区相关模型的参数（表8-5）。

表8-5　　　　　　　　　　研究区地面沉降分区相关模型参数取值

分区	亚区	S_{max}/mm	K/m^{-1}	S_c/m
Ⅰ区	Ⅰ-1	200	0.70～0.80	38
	Ⅰ-2	100	0.13～0.70	35
Ⅱ区	Ⅱ-1	280	0.12～0.20	36
	Ⅱ-2	3500	0.05～0.30	80
	Ⅱ-3	670	0.03～0.20	65
	Ⅱ-4	2500	0.20～0.30	62
	Ⅱ-5	2800	0.17～0.30	60
	Ⅱ-6	2000	0.05～0.28	45
Ⅲ区	Ⅲ-1	3000	0.10～0.40	50
	Ⅲ-2	200	0.17～0.40	37
	Ⅲ-3	2500	0.03～0.20	70

　　以上这些特征反映了苏锡常地区地面沉降的基本状况，同时避开了地面沉降研究中一些复杂问题（如地面沉降与抽水、灌水等的回弹变形，土层变形的参数变化等），这种简单的相关模型为认识和预测地面沉降提供了一种比较直观的尺度。

　　为了更为深入地研究本区的地面沉降问题，在下面的章节中，我们将通过大量的室内试验和数值模拟来详细研究苏锡常地区的地面沉降，从而为本区地面沉降的有效治理和预警预报提供科学的决策依据。

三、地面沉降数值模型

（一）概念模型

1. 水文地质条件概化

（1）研究区范围和含水系统的概化。研究区包括江苏省的苏州、无锡、常州等地区。整个数值模拟区作为一个统一的水文地质系统来处理，面积（不包括太湖）约 $9000km^2$。模拟区的含水系统由覆盖在前第四系地层之上的第四系松散沉积物构成，包括浅部的潜水含水层、微承压含水层以及下部的第Ⅰ、第Ⅱ、第Ⅲ等三个承压含水层，各个含水层的岩性及水文地质条件如前（第一章）所述。由于各含水层之间的弱透水层均有不同程度的缺失，使得各相邻含水层具有垂向上不同程度的水力联系，在水头差的作用下，整个地区的地下水流呈现明显的三维流动特征。

　　考虑到各个弱透水层的实际资料很少，本次模拟过程中将整个含水系统在垂向上概化为4个模拟层，自上至下分别为：第1层由潜水含水层、微承压含水层和第Ⅰ承压含水层的上段组成；第2层由第Ⅰ承压含水层的下段及其下部的弱透水层组成；第3层由第Ⅱ承压含水层及其下部的弱透水层组成；第4层为第Ⅲ承压含水层及其下部的弱透水层。

　　由于每个模拟层都包括含水层和弱透水层，因此，可以把整个研究区地下水流概化为三维非均质各向异性地下水非稳定流模型。

　　（2）源汇项概化。大气降水是研究区地下水的主要补给来源，在研究区的不同区段，随着基础地质、水文地质条件的不同，有效降水入渗量也不同。由于模拟时段内，研究区潜水含水层的水位变化很小，根据实际观测资料分区取值作为已知水头边界，这样，大气降水入渗可以直接通过潜水面的水位变化来处理。

人工开采是研究区地下水的主要排泄方式，主要提供工业生产和城市生活用水，兼有部分农业用水。地下水开采集中于每年的 7—9 月。根据所提供的资料将地下水开采井概化为数量不等的大井，分布于研究区各个城市和乡镇。

（3）边界条件。第一类边界条件：在含水层边界上观测孔较多的地段由于观测系列较全，可作为已知水头边界。

第二类边界条件：含水层系统底部为前第四系不透水岩层，可作为隔水边界处理；在研究区的东南部边界（与上海、浙江接壤处），由于处于分水岭边界，随着开采情况的变化会发生变化，但由于该边界处于模拟区的外围，对整个含水系统的影响较小，可近视作为固定的隔水边界来处理。

2. 土层变形的概化

由于研究区潜水含水层的水位已知，而且变化很小，所以假定研究区土层的总应力保持不变。根据 Terzaghi 有效应力原理，孔隙水压力的减少量等于有效应力的增加量。

（1）土层变形的方向。真实土层的变形都是三维的，但研究区广大地面并未见明显的水平位移，所以本次研究忽略土层的水平变形，假设土层变形为垂向一维的。

（2）含水层和弱透水层的变形特征。根据含水层和弱透水层的变形特征，含水层和弱透水层的土层可分别概化为弹性变形、弹塑性变形和黏弹塑性变形等多种情况。

（二）数学模型及数值计算

地面沉降模型包括地下水流模型和沉降模型两部分，根据以上建立的概念模型可以给出相应的具体数学模型。

1. 地下水流模型

对于具有弹性变形特征的土层，采用基于弹性应力应变关系的三维非均质各向异性地下水流方程，即

$$\frac{\partial}{\partial x_i}\left(K_{ij}\frac{\partial H}{\partial x_j}\right)=S_s\frac{\partial H}{\partial t} \quad (i,j=1,2,3) \tag{8-4}$$

式中　H——水位；

K——渗透系数；

t——时间；

S_s——贮水率，且 $S_s=\gamma(\alpha+n\beta)$，其中 α 为土层的弹性压缩系数；

β——水的体积压缩系数；

γ——水的容重；

n——孔隙度。

对于具有弹塑性变形特征的土层，水流方程式（8-4）中贮水率的取值由下式来确定：

$$S_s=S_{ske}=\gamma(\alpha_{ke}+n\beta) \quad (H>H_p) \tag{8-5a}$$

$$S_s=S_{skv}=\gamma(\alpha_{kv}+n\beta) \quad (H\leqslant H_p) \tag{8-5b}$$

式中　S_{ske}、S_{skv}——弹性贮水率和塑性贮水率；

$\quad\quad\quad\alpha_{ke}$、$\alpha_{kv}$——土层是弹性压缩系数和塑性压缩系数；

$\quad\quad\quad H_p$——先期最低水位。

对于具有黏弹性变形特征的土层，采用 Merchant 模型应变解析表达式可得到如下地下水流方程

$$\frac{\partial}{\partial x_i}\left(K_{ij}\frac{\partial H}{\partial x_j}\right)=\gamma n\beta\frac{\partial H}{\partial t}+\gamma\alpha_1\frac{\partial H}{\partial t}+\frac{\gamma}{q''_1}\frac{\partial}{\partial t}\int_0^t H(\tau)\exp\frac{-(t-\tau)}{\alpha_2 q''_1}\mathrm{d}\tau\quad(i,j=1,2,3)$$

$$(8-6)$$

式中　q''_1——黏滞系数；

$\quad\alpha_1$、α_2——主、次压缩系数。

而对于具有黏弹塑性变形特征的土层，采用基于 Merchant 模型得出的黏弹塑性应力应变关系的三维非均质各向异性地下水流方程，即

$$\frac{\partial}{\partial x_i}\left(K_{ij}\frac{\partial H}{\partial x_j}\right)=\gamma n\beta\frac{\partial H}{\partial t}+\gamma\alpha_1\frac{\partial H}{\partial t}-\mu\left[\gamma(\alpha_1+\alpha_2)(H_0-H)+\frac{e-e_0}{1+e_0}\right]\quad(i,j=1,2,3)$$

$$(8-7)$$

式中有关贮水率取值的参数由修正的 Merchant 模型来确定。

初始条件：$\quad\quad\quad H(x,y,z,0)=H_0(x,y,z)\quad(x,y,z)\in\Omega$ $\quad\quad(8-8)$

边界条件：

第一类边界条件：$\quad\quad H(x,y,z,t)|_{\Gamma_1}=H_1(x,y,z,t)\quad(x,y,z)\in\Gamma_1$ $\quad\quad(8-9)$

第二类边界条件：

$$K_{xx}\frac{\partial H}{\partial x}\cos(n,x)+K_{yy}\frac{\partial H}{\partial y}\cos(n,y)+K_{zz}\frac{\partial H}{\partial z}\cos(n,z)=q(x,y,z,t)\quad(x,y,z)\in\Gamma_2$$

$$(8-10)$$

式中　$H_0(x,y,z)$——研究区的初始水头，L；

$\quad\quad H_1(x,y,z,t)$——第一类边界 Γ_1 上的已知水头函数，L；

$\quad\quad q(x,y,z,t)$——第二类边界 Γ_2 上的单位面积法向流量，L^2T^{-1}；对于隔水边界，

$\quad\quad\quad\quad\quad\quad q=0$。

由于降雨资料和潜水位观测资料序列不全，但研究区潜水位基本可以由实际监测得到，本文假定潜水位在整个模拟阶段为给定水位［式（8-9）］。

基于不同变形特征的水流控制方程与初始条件式（8-8）和边界条件式（8-9）、式（8-10）组成了研究区的地下水流数学模型。虽然地下水流模型中不同土层地下水流控制方程的具体形式不同，但它们都是根据质量守恒定律和达西定律推导出来的，所以整个模型同样满足质量守恒定律。

2. 沉降模型

对于具有弹性变形特征的土层，采用基于弹性应力应变关系的沉降模型，即

$$\Delta L=\int_0^L\alpha\gamma\Delta H\mathrm{d}z$$

$$(8-11)$$

式中　L——土层厚度。

对于弹塑性变形特征土层的沉降模型与弹性变形条件下的沉降模型类似，只是体积压

缩系数在弹性变形和塑性变形条件下取不同的值：

$$\alpha = \alpha_{ke} \quad (\sigma' > \sigma_p) \tag{8-12a}$$

$$\alpha = \alpha_{kv} \quad (\sigma' \leqslant \sigma_p) \tag{8-12b}$$

式中　σ'——有效应力；

　　　σ_p——前期最大固结压力。

对于具有黏弹性变形特征的土层，采用基于黏弹性应力应变关系的沉降模型，即

$$\Delta L = \int_0^L \left[\alpha_1 p(t) + \frac{1}{q''_1} \int_0^t p(\tau) \exp \frac{-(t-\tau)}{\alpha_2 q''_1} \mathrm{d}\tau \right] \mathrm{d}z \tag{8-13}$$

式中　p——孔隙水压力。

对于具有黏弹塑性变形特征的土层，采用基于黏弹塑性应力应变关系的沉降模型，即

$$\Delta L = \int_0^L \frac{\gamma \alpha_1 \Delta H + \mu \gamma \Delta t (\alpha_1 + \alpha_2) \Delta H}{1 + \mu \Delta t} \mathrm{d}z \tag{8-14}$$

式中土层体积压缩系数的取值由 Merchant 模型来确定。

沉降模型式（8-11）在数值计算中采用下式：

$$\Delta L = \sum_{i=1}^N \gamma \alpha_i \Delta H_i \Delta l_i \tag{8-15}$$

式中　ΔL——土层变形量，压缩为正，回弹为负；

　　　N——该土层中的单元数；

　　　γ——水的容重；

　　　α_i——该土层中第 i 个单元的体积压缩系数；

　　ΔH_i——第 i 个单元的水头变化，水头下降为正，上升为负；

　　ΔL_i——第 i 个单元的厚度。

沉降模型式（8-14）在数值计算中采用下式：

$$\Delta L = \sum_{i=1}^N \left[\frac{\gamma \alpha_{1i} + \gamma \mu_i \Delta t (\alpha_{1i} + \alpha_{2i})}{1 + \mu_i \Delta t} \right] \Delta H_i \Delta L_i \tag{8-16}$$

式中　α_{1i}、α_{2i}——该土层中第 i 个单元的主、次体积压缩系数；

　　　μ_i——第 i 个单元与黏滞系数有关的参数$\left(\dfrac{1}{\mu_i \alpha_{2i}} \right.$为第 i 个单元的黏滞系数$\Big)$；

　　　Δt——时间步长；

其他符号同上。

3．地面沉降模型的参数变化及非线性模型的求解

上述地下水流模型和沉降模型中的参数都是变量，渗透系数是孔隙比的函数，其中黏土渗透系数与孔隙比之间的关系为

$$K(e) = K_0 \times 10^{m(e-e_0)} \tag{8-17}$$

式中　K_0——初始渗透系数；

　　　m——参数。

而砂土的渗透系数与孔隙比的关系为

$$K(e) = K_0 \left(\frac{e}{e_0} \right)^3 \left(\frac{1+e_0}{1+e} \right) \tag{8-18}$$

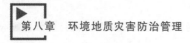

式中　e_0——初始孔隙比；

　　　e——孔隙比。

土层的体积压缩系数是有效应力和孔隙比的函数

$$\alpha = 0.434 \frac{C_c}{(1+e_0)\sigma'} \quad (\sigma' \geqslant \sigma_p) \tag{8-19a}$$

$$\alpha = 0.434 \frac{C_s}{(1+e_0)\sigma'} \quad (\sigma' < \sigma_p) \tag{8-19b}$$

式中　C_c、C_s——压缩系数和膨胀系数。

地下水流模型与沉降模型的耦合就是通过参数随有效应力和孔隙比变化来实现的。当参数为有效应力和孔隙比的函数时，地下水流方程和沉降方程都成为非线性方程，需要通过迭代的方法来求解。渗透系数表达式、体积压缩系数表达式中涉及的参数，如 C_c、C_s、m、K_0、e_0、$\sigma_p(H_p)$ 等需要通过模型识别校正来确定。整个地面沉降模型求解的流程图见图8-8。

　4. 模型的数据采集

用数值方法求解地面沉降模型时，需要已知含水系统的空间结构、模拟时间、采灌水量、观测资料、参数分布等数据。

（1）含水层的空间结构数据。研究区在平面上的面积约 $9000km^2$，含水层系统的总厚度大致在 $180 \sim 220m$，包括 4 个含水层及其相应的弱透水层。含水系统采用六面体网格剖分，为防止单元过分畸形，在垂向上将含水系统划分为 4 层，即 1 个含水层和 1 个弱透水层为一层，每层的平均厚度约 50m；在水平方向上基本采用的是等距四边形网格剖分，为了将观测孔或开采井放在结点上，网格大小约 $1200m \times 1200m$，局部地方的网格距变得不均匀。单元水平方向与垂直方向的比值约 24 倍，稍微偏大，但考虑到计算量而没有在水平方向上再加密，不过若采用传统有限元方法，水平方向采用和本次计算相同的网格划分的话，对于一些厚度很小的薄层，则单元水平方向与垂直方向的比值会达到上百倍，单元过分畸形。各含水层、弱透水层的缺失造成各层面积不同，每层划分的单元数也不同。

本次模拟在垂向上的 4 个模拟计算层共剖分了 21230 个单元，29903 个结点。其中，第 1 层由潜水含水层、微承压含水层及第 I 承压含水层上段组成，剖分 6310 个单元，6808 个节点；第 2 层由第 I 承压含水层下段及其下弱透水层组成，剖分 5870 个单元，6367 个节点；第 3 层由第 II 承压含水层及其下弱透水层组成，剖分成 5870 个单元，6367 个节点；第 4 层由第 III 承压含水层及其下弱透水层组成，剖分成 3180 个单元，3553 个节点。网格剖分见图8-9～图8-12。

（2）模拟时间。模拟时间从 1995 年 12 月至 2004 年 12 月，划分为 36 个时段，每个时段 3 个月，即 90d，其中第 1～24 时段为模型参数识别校正阶段，第 25～36 时段为模型参数检验阶段。时间以 d 为单位。

（3）初始条件和边界条件。地下水流模型以 1995 年 12 月 30 日为初始时刻，将该时刻各含水层水位观测资料经过 Kriging 方法插值后作为计算的初始水位。各含水层的初始水位见图8-13～图8-16。

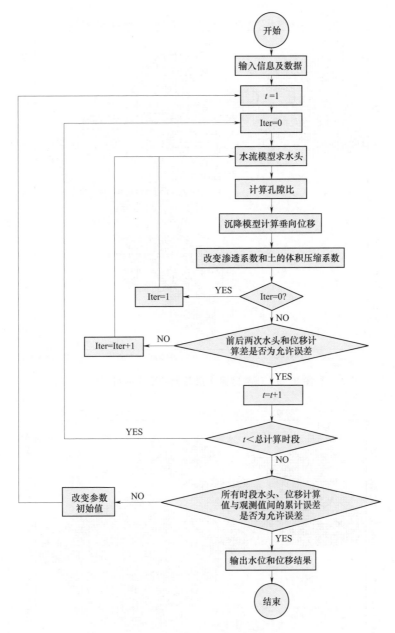

图 8 - 8　地面沉降计算流程图

　　沉降计算同样以 1995 年 12 月 30 日为初始时刻，以该时刻分层标或水准点位置作参考，即初始时刻所有结点的相对位移为 0，这就是沉降计算的初始条件（图 8 - 17）。

　　地下水流模型中各层的一类边界条件由边界附近观测孔数据经 Kriging 插值得到。顶部为潜水面，底部为隔水边界。一维垂向沉降模型顶面是地面，是自由面可上下位移，底面是限制面，不发生位移。

　　（4）开采井和观测孔。研究区在第 1 模拟层位的开采量基本可忽略不计，开采井主要分布在第 2、第 3 和第 4 等 3 个模拟层，其中主要的开采量主要集中于第 3 模拟层，也就

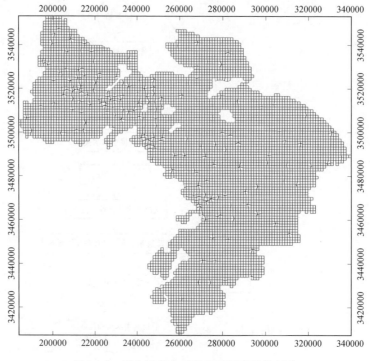

图 8－9　研究区第 1 层单元的平面网格剖分

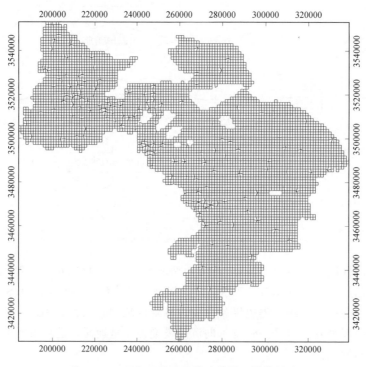

图 8－10　研究区第 2 层单元的平面网格剖分

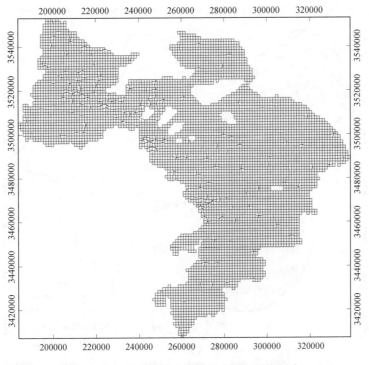

图 8-11 研究区第 3 层单元的平面网格剖分

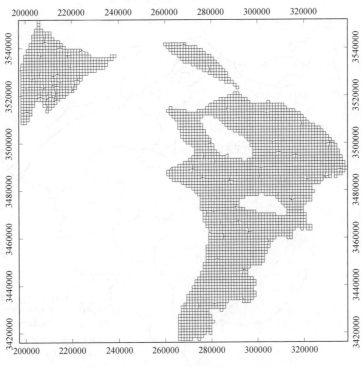

图 8-12 研究区第 4 层单元的平面网格剖分

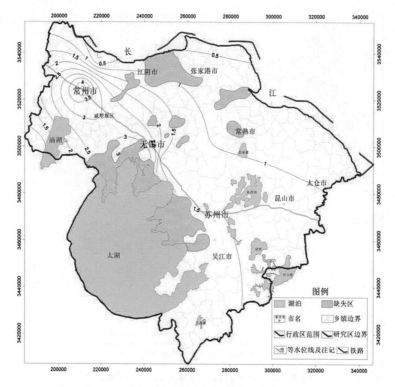

图 8-13　潜水初始等水位线

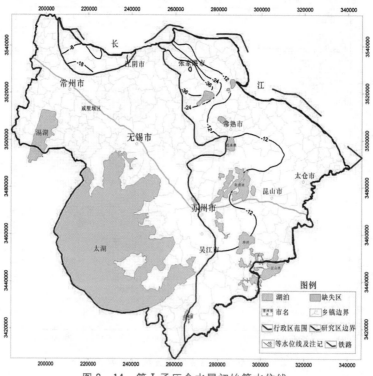

图 8-14　第Ⅰ承压含水层初始等水位线

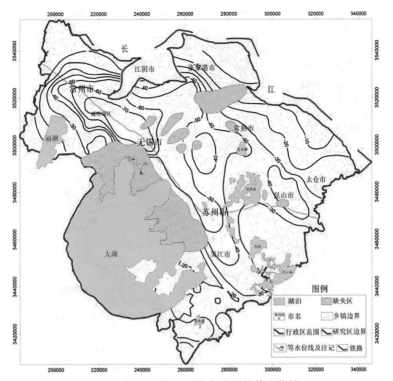

图 8-15 第Ⅱ承压含水层初始等水位线

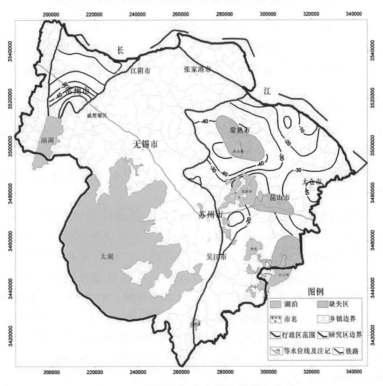

图 8-16 第Ⅲ承压含水层初始等水位线

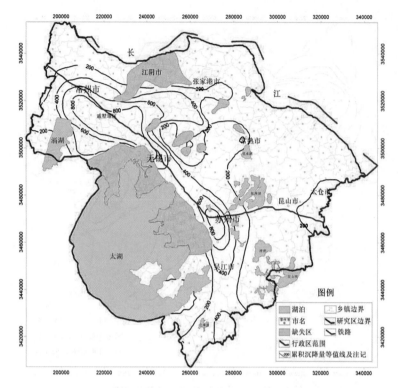

图8-17　模拟初始时刻研究区地面沉降量累积分布状况

是第Ⅱ承压含水层。各模拟层中的开采井分布如图8-18～图8-20所示。

　　研究区地下水位观测孔的分布如图8-21所示。其中第2模拟层（相当于第Ⅰ承压含水层）6个，第3模拟层（第Ⅱ承压含水层）80个，第4模拟层（第Ⅲ承压含水层）6个。

　　地面沉降观测资料主要由两部分组成：一部分是水准点资料，水准点给出的是地面沉降总量，本次计算采用了127个水准点资料，但由于水准点的监测序列较短，只能为模型校正提供参考依据；另一部分是地面沉降分层标监测资料，在常州市清凉小学设立的一组9个分层标记录了不同土层在计算时间内的垂向变形，它们为研究各土层的变形特征和沉降模拟提供了十分重要的信息。

　　（5）模型参数。地面沉降数学模型建立之后，必须通过模型的识别校正确定参数值，经检验后模型才最终完成，并用于地面沉降的预测。本次计算涉及的模型参数包括：渗透系数，贮水率（土的体积压缩系数）。考虑渗透系数、贮水率、土的体积压缩系数为变量时，则需要确定的参数有：土的初始孔隙比 e_0，土的前期最大固结压力，压缩指数 C_c，回弹指数 C_s，初始渗透系数 K_0，参数 m、μ。渗透系数、贮水率、土的体积压缩系数可根据抽水实验、室内土工实验或根据岩性给出一个初始值，由它们的初始值再给出上述 e_0、σ_p、K_0、C_c、C_s 等参数的初始值，然后通过模型识别校正最终确定。

　　此外，还有流量边界的侧向流量也需要通过模型识别来校正确定。

　　5. 模型参数的确定方法

　　地面沉降一般主要由弱透水层排水固结引起，因此，在模拟地面沉降时，必须对弱透

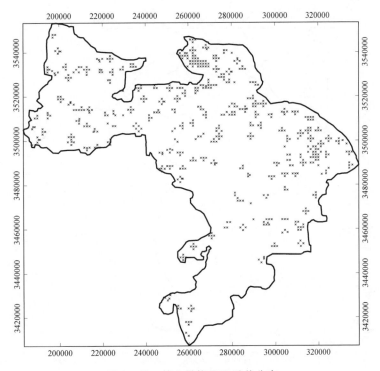

图 8 - 18　第 2 模拟层开采井分布

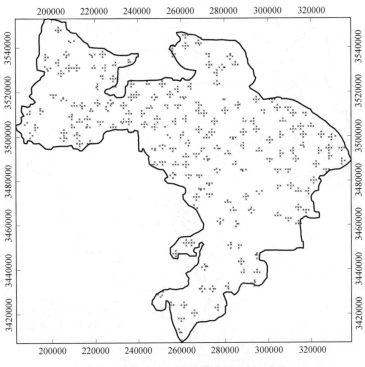

图 8 - 19　第 3 模拟层开采井分布

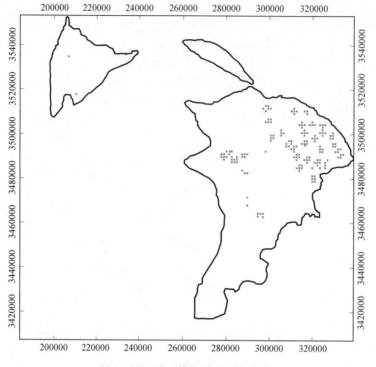

图 8-20　第 4 模拟层开采井分布

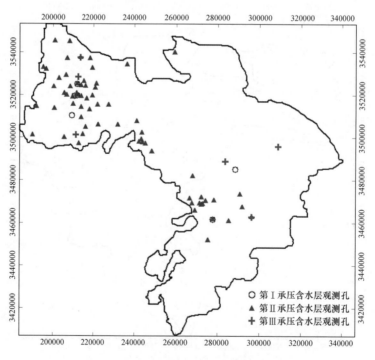

图 8-21　研究区地下水位观测孔分布图

水层建立相应的地下水流模型（固结模型）。对一个由多个含水层和弱透水层组成的越流含水系统来说，无论建立准三维或三维模型，都需要确定弱透水层的有关参数，而这些参数的确定往往是这类模型应用时遇到的一个难点。

本次研究过程中从现有的几种获取水文地质参数的方法着手，借鉴上海地区弱透水层的有关参数及室内土工实验结果确定模型的初始参数。然后采用试估-校正方法，利用长期观测的水位和沉降变化资料，通过求解逆问题来获得模型的参数值。

由于实际模拟问题的复杂性，传统有限单元方法很难求解以上建立的数值模型。叶淑君等首次将多尺度有限元方法成功地应用于区域地面沉降模型的求解，本次研究同样采用该方法求解该数值模型。

（三）数值模拟结果及分析

模型识别阶段末各含水层的水头计算结果见图 8-22～图 8-25；模型检验阶段末各含水层的水头计算结果见图 8-26～图 8-29，这些流场基本反映了研究区的实际开采状况。

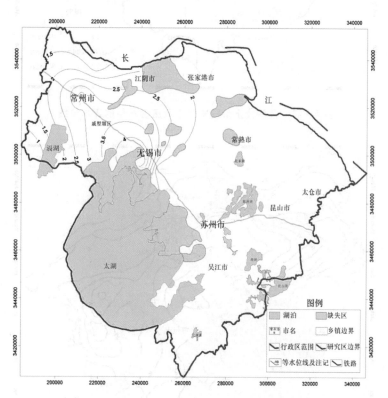

图 8-22　模型校正阶段末潜水或微承压含水层的等水位线

模型识别结果表明，拟合阶段：地下水位平均误差小于 0.5m 或误差小于变幅 10% 的观测孔占总观测孔的 74%，误差大于变幅 10% 小于 20% 的占 21%，误差大于变幅 20% 小于 30% 的占 5%。拟合精度完全达到了中华人民共和国国家标准《地下水资源管理模型工作要求》（GB/T 14497—93）的标准。而在检验阶段：地下水位平均误差小于 0.5m 或误差小于变幅 10% 的观测孔占总观测孔的 70%，误差大于变幅 10% 小于 20% 的占 23%，误

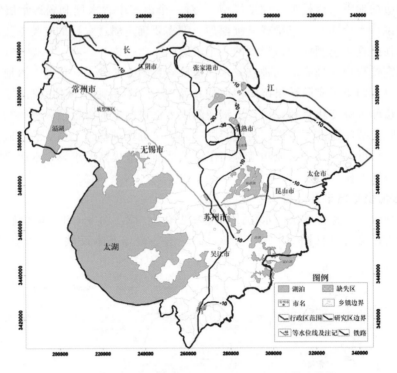

图 8-23 模型校正阶段末第 I 承压含水层的等水位线

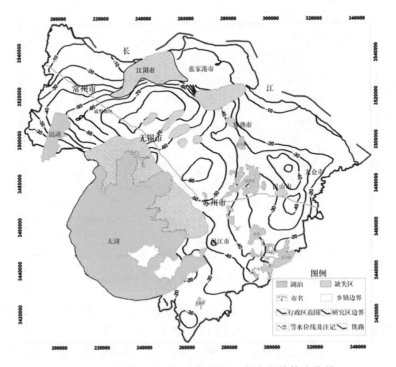

图 8-24 模型校正阶段末第 II 承压含水层的等水位线

图 8-25 模型校正阶段末第Ⅲ承压含水层的等水位线

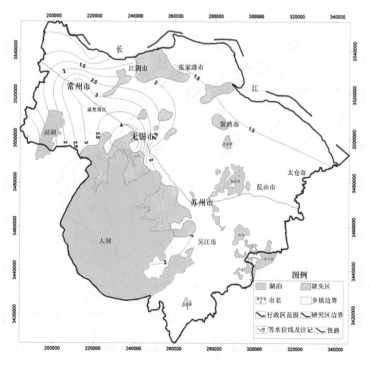

图 8-26 模型检验阶段末潜水或微承压含水层的等水位线

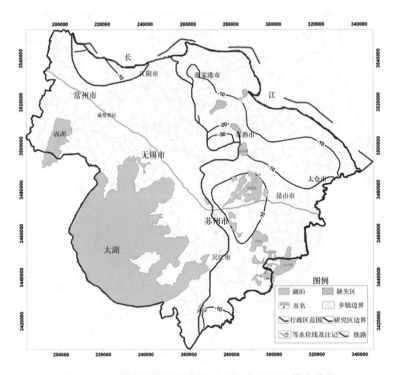

图 8-27 模型检验阶段末第Ⅰ承压含水层的等水位线

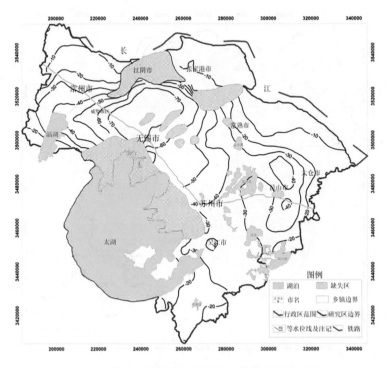

图 8-28 模型检验阶段末第Ⅱ承压含水层的等水位线

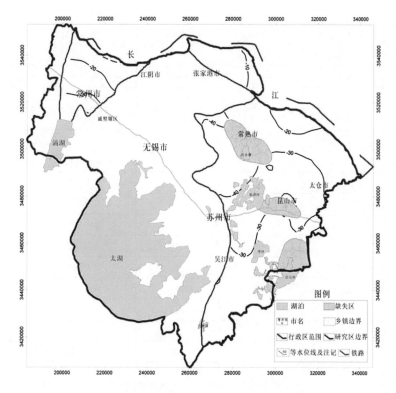

图 8-29 模型检验阶段末第Ⅲ承压含水层的等水位线

差大于变幅 20% 小于 30% 的占 7%。其精度同样达到了 GB/T 14497—93 标准要求，即"对于降深小的地区，要求水位拟合小于 0.5m 的绝对误差节点必须占已知水位节点的 70% 以上；对于降深较大的地区（大于 5m），要求水位拟合小于 10% 的相对误差节点必须占已知水位节点的 70% 以上"。同时"对水文地质条件复杂的地区，拟合精度均可适当降低"。

由于研究区条件复杂，而且参数随着水头和孔隙比的变化而变化，因此我们在此只列出部分参数的初值（表 8-6）。需要说明的是，随着水流的变化，参数随着时间的变化而变化。

表 8-6 模型中参数初始取值状况

分区号	K_{xx}/(m/d)	K_{yy}/(m/d)	K_{zz}/(m/d)	C_s（回弹指数）	C_c（压缩指数）
1	1.5	1.5	0.75	0.002	0.004
2	1.2	1.2	0.6	0.002	0.004
3	1	1	0.5	0.002	0.004
4	0.9	0.9	0.45	0.0025	0.005
5	0.8	0.8	0.4	0.003	0.006
6	0.5	0.5	0.5	0.001	0.0038
7	0.5	0.5	0.25	0.005	0.01
8	0.4	0.4	0.2	0.006	0.012

续表

分区号	K_{xx}/(m/d)	K_{yy}/(m/d)	K_{zz}/(m/d)	C_s（回弹指数）	C_c（压缩指数）
9	0.2	0.2	0.1	0.0075	0.015
10	0.75	0.75	0.075	0.005	0.025
11	0.5	0.5	0.05	0.003	0.03
12	0.25	0.25	0.025	0.01	0.04
13	3.6	3.6	1.8	0.0137	0.06855
14	8	8	4	0.0016	0.00785
15	8	8	4	0.0392	0.09585
16	3	3	1.5	0.0039	0.0196
17	4	4	2	0.0392	0.09585
18	8	8	4	0.0039	0.0196
19	4	4	2	0.0588	0.2938
20	2.4	2.4	1.2	0.0137	0.06855
21	5.4	5.4	2.7	0.0979	0.48965
22	6	6	3	0.0157	0.07835
23	3.6	3.6	1.8	0.0392	0.19585
24	3.8	3.8	1.9	0.0783	0.3917
25	4.4	4.4	2.2	0.0392	0.19585
26	3.6	3.6	1.8	0.0059	0.0294
27	5.2	5.2	2.6	0.0392	0.19585
28	4.6	4.6	2.3	0.0059	0.0294
29	8	8	4	0.0783	0.3917
30	8	8	4	0.0588	0.2938
31	2	2	1	0.00857	0.2834
32	12	12	6	0.0176	0.08815
33	8	8	4	0.0076	0.03815
34	12	12	6	0.0157	0.07835
35	1	1	0.5	0.0392	0.19585
36	7	7	3.5	0.0183	0.0917
37	4	4	2	0.0118	0.059
38	0.2	0.2	0.1	0.00857	0.27835
39	1	1	0.5	0.00876	0.28815
40	6	6	3	0.00783	0.3917
41	8	8	4	0.0137	0.06855
42	8	8	4	0.0157	0.07835
43	14	14	7	0.00857	0.02785

分区号	K_{xx}/(m/d)	K_{yy}/(m/d)	K_{zz}/(m/d)	C_s(回弹指数)	C_c(压缩指数)
44	2	2	2	0.0015	0.0255
45	6	6	3	0.002	0.0098
46	6	6	3	0.0418	0.20875
47	1.2	1.2	0.6	0.0176	0.08815
48	6.6	6.6	3.3	0.00892	0.09585
49	4	4	2	0.00892	0.09585
50	8	8	4	0.00979	0.098965
51	9.2	9.2	4.6	0.00859	0.07938
52	5.2	5.2	2.6	0.0039	0.0196
53	4.6	4.6	2.3	0.0059	0.0294
54	4	4	2	0.0039	0.0196
55	4.4	4.4	2.2	0.00812	0.05875
56	4	4	2	0.00783	0.0917
57	5	5	2.5	0.00859	0.2938
58	0.4	0.4	0.2	0.00839	0.09585
59	6.4	6.4	3.2	0.00839	0.09585
60	5.2	5.2	2.6	0.0098	0.04895
61	7.2	7.2	3.6	0.0039	0.0196
62	4	4	2	0.01	0.04895
63	5	5	2.5	0.0039	0.0196
64	7	7	3.5	0.0098	0.04895
65	5	5	2.5	0.0078	0.03915
66	7.4	7.4	3.7	0.0118	0.05875
67	5	5	2.5	0.00812	0.05875
68	4.4	4.4	2.2	0.0196	0.09795
69	2.4	2.4	1.2	0.0118	0.05875
70	6.4	6.4	3.2	0.0137	0.06855
71	3	3	1.5	0.0392	0.19585
72	5.2	5.2	2.6	0.0118	0.05875
73	6	6	3	0.0176	0.08815
74	4	4	2	0.00979	0.098965
75	4.4	4.4	2.2	0.118	0.05875
76	5	5	2.5	0.118	0.005875
77	6.4	6.4	3.8	0.0098	0.0979
78	5	5	3.6	0.002	0.03

续表

分区号	K_{xx}/(m/d)	K_{yy}/(m/d)	K_{zz}/(m/d)	C_s(回弹指数)	C_c(压缩指数)
79	8	8	4	0.0039	0.0392
80	5.6	5.6	2.8	0.0783	0.7834
81	4	4	2	0.0137	0.1371
82	5	5	2.5	0.0118	0.1175
83	4	4	2	0.0783	0.7834
84	4	4	2	0.0388	0.3876
85	3	3	1.5	0.0107	0.1067
86	3.6	3.6	1.8	0.0039	0.0392
87	3	3	1.5	0.01763	0.17627
88	5	5	2.5	0.0016	0.0157
89	5.4	5.4	2.7	0.0176	0.1763
90	4.4	4.4	2.2	0.0016	0.0157
91	4.4	4.4	2.2	0.0039	0.0392
92	4	4	2	0.0137	0.1371
93	5.2	5.2	2.6	0.0157	0.1567
94	4.8	4.8	2.4	0.0137	0.1371
95	3	3	1.5	0.0098	0.0979
96	3.6	3.6	1.8	0.0039	0.0392
97	2.4	2.4	1.2	0.0039	0.0392
98	0.0005	0.0005	5×10^{-5}	0.04	0.1
99	0.0001	0.0001	1×10^{-5}	0.045	0.21
100	1×10^{-5}	1×10^{-5}	1×10^{-6}	0.05	0.25
101	1×10^{-6}	1×10^{-6}	1×10^{-7}	0.06	0.28
102	5×10^{-7}	5×10^{-7}	5×10^{-8}	0.065	0.3
103	0.0005	0.0005	5×10^{-5}	0.001	0.05
104	0.0003	0.0003	3×10^{-5}	0.0013	0.055
105	0.0001	0.0001	1×10^{-5}	0.0015	0.045
106	1×10^{-5}	1×10^{-5}	1×10^{-6}	0.0025	0.055
107	5×10^{-6}	5×10^{-6}	5×10^{-7}	0.003	0.055
108	5×10^{-6}	5×10^{-6}	5×10^{-7}	0.018	0.18

　　总体结果表明所建立的区域地面沉降模型能够基本反映本区土层的变形特征，可以为研究区的地面沉降防治提供预警预报。根据本研究所建立的沉降模型可以得到自建模以来研究区不同时刻的累积沉降量分布。根据沉降模型得到校正阶段末和检验阶段末研究区的累积沉降量分布（即由模型直接计算得到的沉降量与1995年沉降量的叠加结果）分别如图 8-30 和图 8-31 所示。

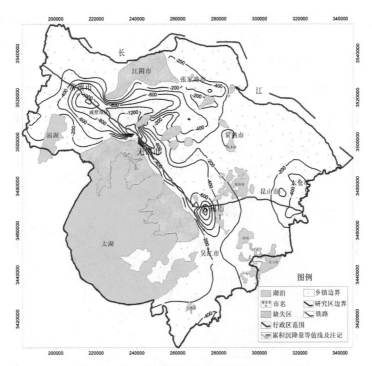

图 8－30　校正阶段末研究区的累积沉降量分布
（即由模型直接计算得到的沉降量与 1995 年沉降量的叠加结果）

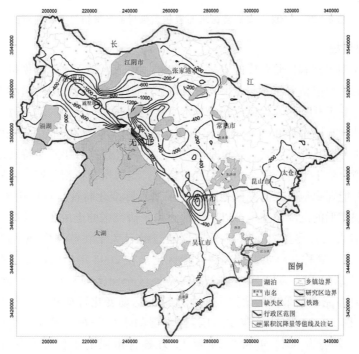

图 8－31　检验阶段末研究区的累积沉降量分布
（即由模型直接计算得到的沉降量与 1995 年沉降量的叠加结果）

图 8-32 为 2002 年年底研究区地面累积沉降量的计算值与实测值对比情况。不难看出，由模型计算得到的地面沉降分布与实测的沉降分布非常吻合，说明建立的沉降模型可靠度高，可以用来预报未来的地面沉降。

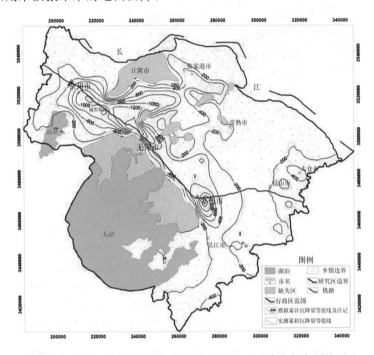

图 8-32　2002 年底研究区地面累积沉降量的计算值与实测值对比

（四）模型预报

综合以上模型识别和检验阶段的定量分析结果，研究区地下水流场模拟结果与实际基本相符，各观测孔的模拟结果与实测结果吻合良好。个别观测孔的模拟结果不太理想，主要是由于这些观测孔处于开采井的附近或开采井本身就是观测孔，其中的动水位变幅较大，很难能够客观地反映含水层中静止水头的真实变化。同时由于模型中所用的开采量是乡镇开采量，与实际开采分布状况不一致，这也是导致个别观测孔模拟效果不是特别理想的缘故。但从模型的总体拟合效果来看，完全达到了有关标准，说明所建模型能够反映研究区的实际水文地质条件，并能客观地再现研究区地下水流场的实际变化特征，可以用来预报。类似地，研究区垂向土层变形的沉降模型也可以用来预测未来研究区的土层变形状况。

根据江苏省人大常委会 2000 年 8 月审议通过的《关于在苏锡常地区限期禁止开采地下水的决定》（以下简称《决定》），苏锡常地区已经在 2003 年年底在地下水超采区基本实现了禁止开采，并在 2005 年年底在整个苏锡常地区全面实现禁止开采。因此，本次研究的预报方案就是在完全禁采以后研究区地下水流的运动变化特征和土层变形状况。

图 8-33～图 8-35 为 2008 年 12 月各含水层的水位分布；图 8-36～图 8-38 和图 8-39～图 8-41 分别为 2011 年和 2014 年 12 月各含水层的水位分布状况。类似地，图 8-42、图 8-43 和图 8-44 分别为 2008 年、2011 年和 2014 年 12 月研究区地面累积沉降量分布。由这些图件可以看出，随着禁采决议的全面执行，研究区各层地下水位都有不同

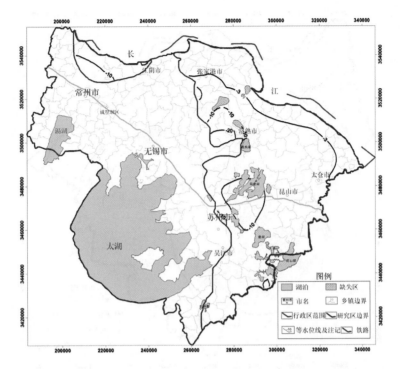

图 8-33　2008 年 12 月第 I 承压含水层的预报水位分布

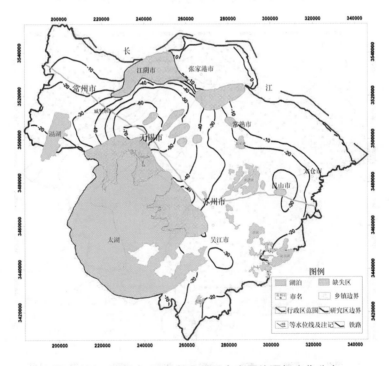

图 8-34　2008 年 12 月第 II 承压含水层的预报水位分布

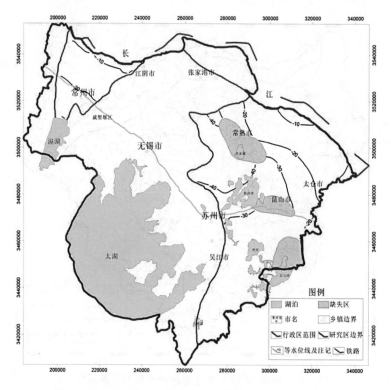

图 8-35 2008 年 12 月第Ⅲ承压含水层的预报水位分布

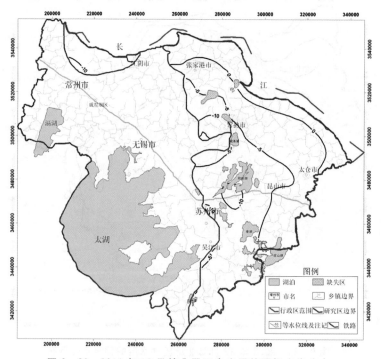

图 8-36 2011 年 12 月第Ⅰ承压含水层的预报水位分布

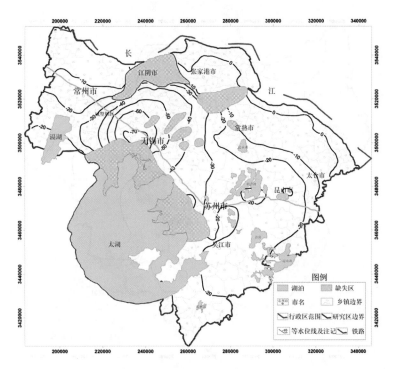

图 8-37　2011 年 12 月第Ⅱ承压含水层的预报水位分布

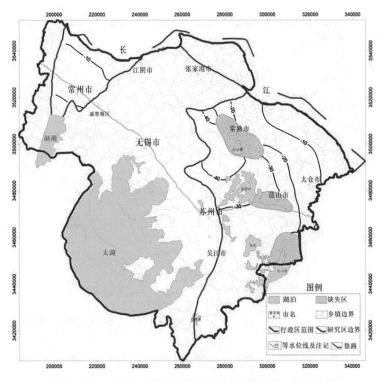

图 8-38　2011 年 12 月第Ⅲ承压含水层的预报水位分布

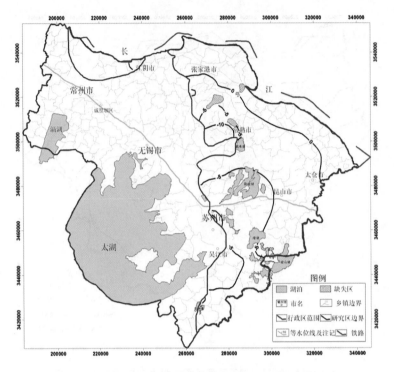

图 8-39 2014 年 12 月第 Ⅰ 承压含水层的预报水位分布

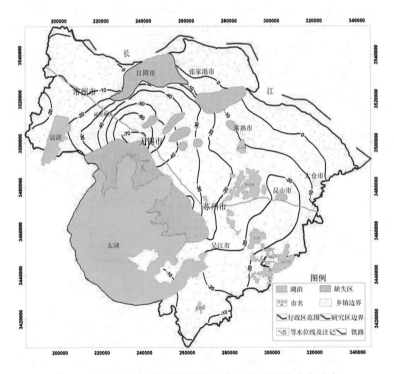

图 8-40 2014 年 12 月第 Ⅱ 承压含水层的预报水位分布

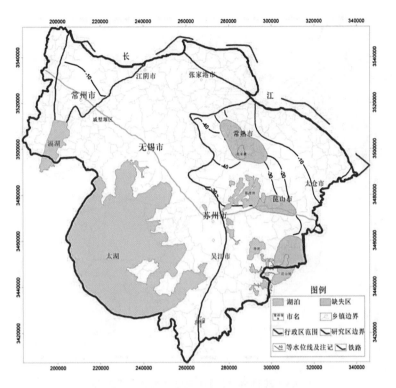

图 8-41 2014 年 12 月第Ⅲ承压含水层的预报水位分布

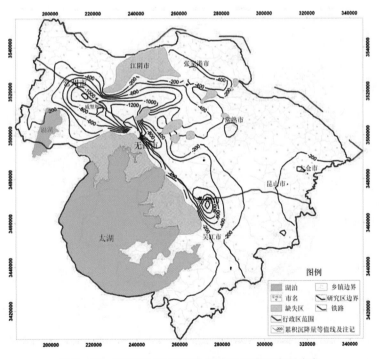

图 8-42 2008 年 12 月研究区地面累积沉降量分布

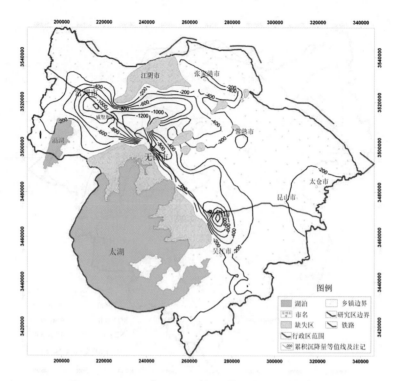

图 8-43 2011 年 12 月研究区地面累积沉降量分布

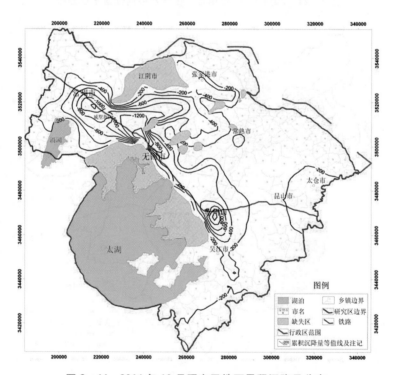

图 8-44 2014 年 12 月研究区地面累积沉降量分布

程度的上升，尤其是主采层（第Ⅱ承压含水层）上升的幅度较大。从地面沉降来看，土层稍微有所回弹，但总的说来，水位的变幅和土层的回弹都是相对目前的水位和沉降现状而言的。而对照 2008 年、2011 年和 2014 年各相应层位的水位和总的累积沉降分布情况，它们之间的差距不大，这主要是由于水位的恢复和变形的回弹主要集中体现在全面禁采初期的缘故。

第四节　苏锡常地区地下水禁采后地质环境效应分析

一、地下水开采量变化

为控制地面沉降，苏锡常三市从 20 世纪 90 年代中期开始限采地下水，当时的控制重点是以主城区为核心的严重超采区。此后，对地下水的开采量呈逐年下降趋势。

2000 年 8 月江苏省人大常委会下达了苏锡常地区禁采深层地下水的《决定》后，苏锡常三市积极响应，在水利厅、国土厅、建设厅组成的督察小组领导下开始了有计划的封井改水工程。至 2005 年 10 月底，苏锡常地区 4917 眼深井，除经省政府批准保留的 86 眼特殊行业用井外，需要封填的近 5000 眼井全部实施了封填。地下水开采量由 1995 年的 4.5 亿 m^3 下降到 2000 年的 2.88 亿 m^3、2005 年的 0.26 亿 m^3（表 8-7、图 8-45、图 8-46）。

表 8-7　　　　　　苏锡常地区 2000—2005 年地下水开采量汇总表

市（区）		2000 年开采总量 /(万 m^3/a)	开　采　量/(万 m^3/a)				
			2001 年	2002 年	2003 年	2004 年	2005 年
苏州市	市区	1294	2780	750	400	160	120
	吴中区	2053		490	300	93	50
	相城区			570	330	175	125
	吴江市	954	840	580	400	256	180
	昆山市	1616	1200	850	700	420	250
	太仓市	3530	2800	1960	1450	880	520
	常熟市	3100	2250	1450	950	400	200
	张家港	4258	3560	2650	1850	850	460
	小计	16805	13430	9300	6380	3234	1905
无锡市	市区	121	130	50	15		
	新区			40	30	15	14
	滨湖区	2191	1580	75	55	15	9
	锡山区			310	200	76	60
	惠山区			820	470	30	27
	江阴市	2946	2170	1455	1000	430	257
	小计	5257	3880	2750	1755	566	367

续表

市（区）		2000 年开采总量 /（万 m³/a）	开 采 量/（万 m³/a）				
			2001 年	2002 年	2003 年	2004 年	2005 年
常州市	市区	4245	2900	2100	1100	260	193
	武进区	2499	1860	1350	800	375	110
	新北区						
	小计	6744	4760	3450	1900	635	303
总 计		28806	22070	15500	10035	4435	2575

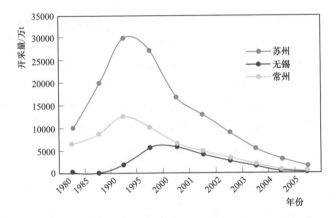

图 8-45 苏锡常三市地下水禁采前后开采量变化曲线图

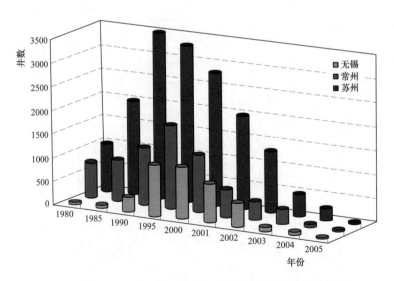

图 8-46 苏锡常三市地下水禁采前后开采井数变化柱状图

二、地下水流场变化

(一) 区域特征

1. 第Ⅱ承压水

(1) 水位历史动态。20 世纪 90 年代中期，超采地下水的危害已引起有关方面的重视，苏锡常三市水利部门开始制定限采地下水措施（多针对主城区范围）。此后，苏州、常州市区地下水位开始出现小幅度回升，无锡市区水位下降也开始减慢并逐渐稳定，但外围乡镇地下水水位持续下降的局面并没得到扭转。2000 年"禁采令"的推行为苏锡常地区水环境的改善起到了关键性作用，以第Ⅱ承压含水层为代表的地下水位开始加速回升，位于水位降落漏斗区的常州市区、苏州市区地下水位回升幅度逐年增加，从开始的<1m/a上升到 2004 年的 3m/a，相比而言，无锡市区地下水位回升稍慢，直至 2004 年后才达到 2m/a。2005 年后，苏州、无锡市区地下水位升速放缓，但常州市区依然快速回升（图 8-47）。对比 2000 年与 2009 年水位，苏锡常三市平均水位埋深分别由 46m、58m、50m上升至 20m、44m、42m，大部分地区升幅 10～30m，三市市区最为显著，最大回升幅度超过 30m，见图 8-48～图 8-50。

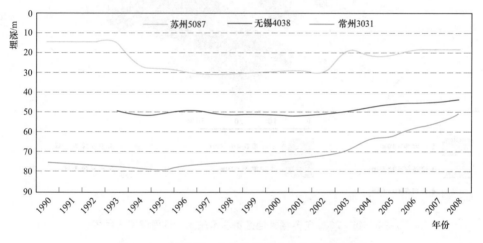

图 8-47 苏锡常三市第Ⅱ承压水水位动态曲线图

从地下水位回升区的空间分布来看，全区形成三大水位回升辐射区：西部以常州市区-戚墅堰为核心，逐渐向东部、北部扩展；东部则以苏州市区-车坊-千灯一线高水位控制区为源头，向西、北方向扩展，促进了苏州大部分地区以及无锡东部的地下水位上升；北部沿江地区水位相对较高，通过具有良好渗透性的含水层向南部的含水层进行补给，使沿线地下水位有所上升。

据统计，2000 年以来，苏锡常地区主采层水位上升区面积约 7025km²，水位稳定区面积 1315km²，局部地区略有下降，面积约 258km²。40m 水位漏斗区逐年缩小，平均减幅超过 10%，作为禁采的最后一年，2005 年的水位漏斗缩小逾 1000km²，如图 8-51所示。

(2) 水位现状。截止 2009 年，沿江地区水位普遍在 10m 以浅，向南逐渐变深。常

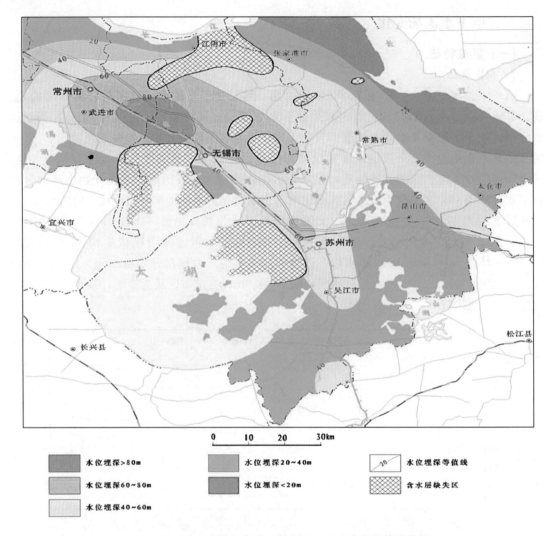

图例：
- 水位埋深>80m
- 水位埋深60~80m
- 水位埋深40~60m
- 水位埋深20~40m
- 水位埋深<20m
- 水位埋深等值线
- 含水层缺失区

图 8-48　2000 年苏锡常地区第Ⅱ承压水水位埋深等值线图

州、无锡、苏州三市平均水位埋深分别为 42.29m、44.43m、19.94m。苏州市区东部、昆山南部、张家港、太仓、常熟大部分地区水位埋深多在 20m 以浅，面积约 3800km²。40m 水位埋深漏斗区集中在锡西和常州东南部，总面积约 1200km²，其中地下水漏斗中心区位于常州市武进区的横林-无锡洛社-前洲-玉祁一带，2009 年最低水位埋深 75.46m（无锡洛社）。此外，在吴江盛泽等地存在 30m 以深水位漏斗，常熟梅李存在 10m 局部漏斗，可能是当地或周边浙江省对地下水的强烈开采所至。

2. 第Ⅰ、Ⅲ承压水

受第四纪沉积环境及区域构造影响，苏锡常地区第Ⅰ承压含水层下段和第Ⅲ承压含水层主要分布在苏州地区和常州市区北部。在沿江地区（江阴、太仓除外）三层含水层组上下勾通，水力联系密切。在苏州地区，第Ⅰ承压以含水层组形式出现，埋藏较深，由于底板厚度分布不均匀，在局部地区对第Ⅱ承压含水层存在天窗式越流补给，形成比较复杂的

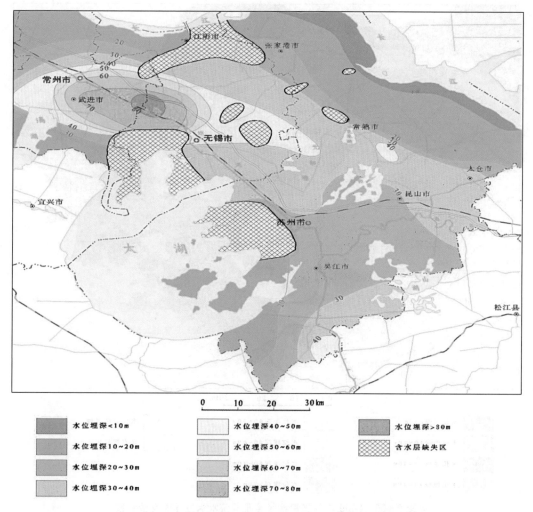

图 8-49　2005 年苏锡常地区第Ⅱ承压水水位埋深等值线图

水力联系。据观测资料，第Ⅰ承压与第Ⅱ承压水位动态一致性较好，2000 年以来，也呈现全面回升态势，20m 埋深漏斗区分布在阳澄湖以西地区和张家港南部地区，面积比禁采前有明显缩小。苏州规划区和昆山范围内的Ⅰ承压水位高于Ⅱ承压水位约 10m，向北两者趋于一致。第Ⅲ承压水位相对稳定，30m 漏斗区包括常州市区、常熟大部分地区、昆山北部至太仓东部地区、吴江南部地区，水位埋深略低于第Ⅱ承压水位，2000 年实施禁采令后，该层地下水水位普遍出现了回升的态势，但水位恢复缓慢，累计升幅一般在 2~3m。

（二）苏州市

在禁采措施的作用下，苏州地区地下水位普遍快速回升，大部分地区升幅在 10~30m。原来分布在常熟市区-湘城-苏州市区-同里一线西侧的 40m 水位漏斗区迅速向西收缩，至禁采任务完成的 2005 年，40m 的水位降落漏斗区仅分布在昆山的城北及苏州市区西北的望亭、东桥、浒墅关等小范围地区（图 8-52），面积由禁采前的 1345.63km² 缩至 126.81km²，平均每年缩减 18%。

397

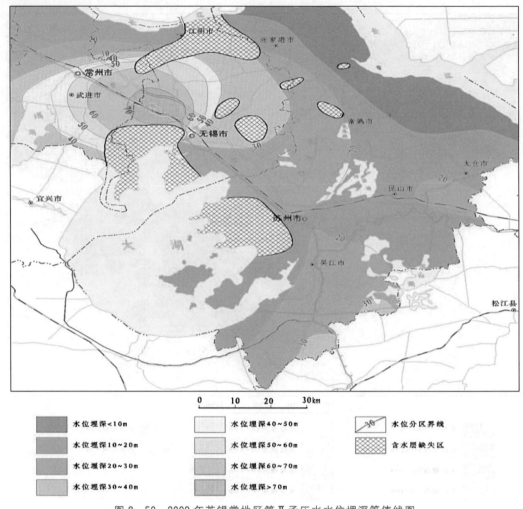

图 8 - 50   2009 年苏锡常地区第Ⅱ承压水水位埋深等值线图

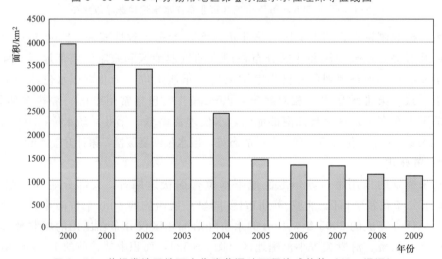

图 8 - 51   苏锡常地区地下水位降落漏斗面积缩减趋势（40m 埋深）

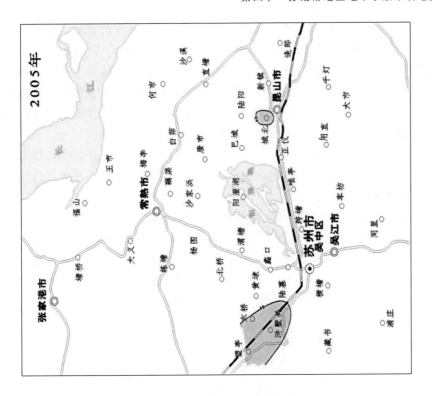

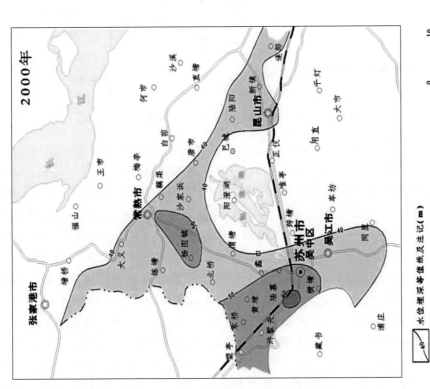

图 8 – 52　苏州市第Ⅱ承压含水层禁采前后水位降落漏斗演变

至 2008 年，40m 水位漏斗已全线退出苏州边界，靠近苏锡边界的望亭、黄埭、北桥三镇的自来水厂观测井水位埋深分别是 31.73m、25.61m、21.61m，常熟的练塘、冶塘水厂水位埋深分别是 24.37m 和 21.52m。在全面禁采的基础上，优良的水文地质条件对于促进地下水资源恢复至关重要，苏锡常地区第 Ⅱ 承压含水层介质属于典型的古河道沉积，望亭-苏州-千灯一线位于古河道的主泓线附近，砂层颗粒粗，导水性强，而向南北两侧逐渐过渡为漫滩相，砂层变薄，导水性减弱。因此，在地下水位回升过程中，东西向效应较南北向更为突出，古河道范围内的望亭-同里一线地下水位普遍上升 20m，核心区域超过 30m，显示主泓线方向是侧向径流的快速补给通道，常熟南部的杨园-藕渠一线在地下水位恢复过程中也体现了类似规律。

苏州市区是禁采的重点，关停井群最为集中，开采量压缩也最大。从 2002 年起，位于南部的车坊、郭巷一带地下水位开始迅速回升，车坊回升速率达到 3m/a，郭巷更是达到 6m/a。位于苏州老城区内的罐头食品厂（5049 井）、安利化工厂（5023 井）水位同期升幅接近 10m/a，如图 8-53 所示。2003 年以后，全区呈现水位同步上升，水力梯度减小局面，直至 2007 年，主城区及以南水位趋于接近，而西北片依然快速上升。

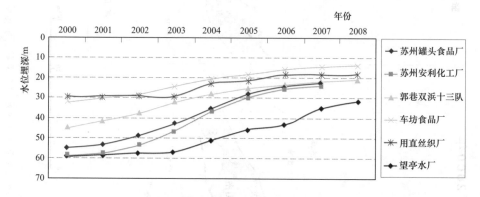

图 8-53 苏州市区典型井水位回升动态曲线

如表 8-8 所示，至 2005 年年底，昆山市各观测孔水位回升幅度一般在 1.02～4.62m 之间，全市平均水位埋深为 34.4m，与禁采前平均水位埋深 37.0m 相比，回升幅度为 2.6m，明显存在水位恢复过慢的现象，位于新镇的 5068 号观测井水位 2000 年以来甚至略有下降，究其原因，主要与局部保留开采量有关（如三得利啤酒厂），2005—2008 年，花桥、千灯地下水位又出现两次显著回升，累计超过 20m。自 2000 年禁采以来，常熟各观测孔第 Ⅱ 承压水水位回升幅度多在 15～40m，除北部的东张、赵市、梅李等地外，大部分地区升幅超过 20m，多年积累形成的包围常熟市区至杨园区间的 40m 水位漏斗在 2004 年就基本消失。吴江各观测孔水位回升幅度不一，在 0.29～20.79m 之间，目前全市平均水位埋深已恢复至 22.01m，与 2000 年禁采前相比，回升幅度为 11.29m。其中，北部和西部地区水位回升相对较快，如：松陵垂虹丝织厂 5 年间水位上升 20.79m，横扇水厂 1 号井水位上升 19.18m，而东部邻接上海浙江的汾湖-盛泽-铜罗一线乡镇水位上升较慢，最大升幅 4.35m（芦墟），而盛泽、铜罗两地几乎没有回升。

表 8-8　　　　　　　　　　　苏州市区禁采后地下水水位变化一览表　　　　　　　单位：m

位　置	2000年	2001年	2002年	2003年	2004年	2005年	2006年	2007年	2008年	2009年
郭巷双浜十三队	45.31	41.56	37.75	32.30	28.19	25.16	23.35	21.7	20.92	19.52
车坊食品厂	32.23	30.23	28.03	24.08	20.51	18.23	15.65	14.47	13.68	13.02
用直丝织厂	29.71	29.34	29.33	29.35	23.02	21.41	18.49	18.55	18.29	18.19
望亭水厂	59.19	58.66	57.83	57.17	51.19	45.80	43.39	35.01	31.73	
黄埭水厂	54.08	54.37	53.29	47.64	39.40	33.23		32.35	25.61	
北桥水厂	42.73	42.73	41.80	41.22	39.57	37.59	23.09	23.47	21.61	
太平镇政府	25.14	24.04	23.14	22.90	24.49	24.16	12.58	12.9	10.79	
陆阳水厂一厂2号	40.04	40.03	40.30	39.99	39.87	37.97	21.47	18.89		
周市水厂1号	43.07	43.02	42.52	42.96	42.69	39.54	22.37	20.03		17.79
蓬朗水厂	42.08	35.40	36.83	41.94	41.96	38.75	25.83	22.55		
浏河何桥水厂	22.88	22.02	22.76	22.55	19.98	17.35	14.52	14.05		11.21
归庄葛桥水厂	18.09	18.10	17.21	16.94	16.99	17.18	17.08	16.73		
直塘太仓色织厂	24.21	24.11	24.16	24.42	24.44	22.95	22.56	22		
岳王水厂	25.33	24.81	23.55	21.95	20.60	20.57	20.34	19.73		
芦墟汾湖电力公司	40.33	39.59	37.96	36.32	38.65	35.98		33.26	32.88	33.01
金家坝天水味精厂	37.16	37.88	36.79	33.61	29.48	26.26		23.53	23.36	23.34
铜罗棉纺厂	23.48	24.75	25.58	24.15	21.87	23.19		21.3	21.77	21.72
桃源皮革厂	33.93	28.45	23.20	21.89	24.35	22.39		22.97	22.98	22.90
莫城东青村水厂	55.57	53.39	51.01	44.80	38.66	38.53	32.36	21.77	23.03	
练塘张桥床单厂	45.41	47.17	40.76	37.76	29.91	25.29	22.39	20.2	17.7	
市国棉纺织厂	51.72	53.55	43.66	42.24	33.46	26.27	18.55	15.2	12.01	
扬园幸福化工厂	55.06	51.12	48.47	45.74	42.25	38.92	29.77	23.6	22.81	22.81
梅李珍门水厂	19.7	18.96	18.13	17.06	13.65	13.46	12.99	12.9	7.5	7.59
练塘敬老院水厂	48.62	48.69	46.60	42.31	38.60	37.08	30.27	26.12	24.37	23.81
王庄冶塘水厂	44.93	43.47	41.32	36.80	34.64	32.53	28.4	27.02	21.52	21.47
支塘任阳水厂	26.04	22.40	19.52	17.50	15.76	13.83	11.85	11.3	9.12	9.14
虞山大义水厂	45.45	44.37	39.72	28.77	22.90	22.53	22.68	22.44	21.6	21.16
梅李旋力集团	19.61	19.66	19.36	19.50	19.51	19.31	19.36	19.58	20.28	13.94
沙家浜水厂	48.78	45.15	43.35	37.29	36.29	36.43	29.78	24.13	18.28	16.56
古里水厂	28.59	23.23	16.66	14.78	14.17	12.85	12.84	12.5	11.92	8.38

　　北部沿江地区受长江水补给充分，地下水位较为稳定，平均埋深小于 10m，属于非超采区。禁采后，沿江地区地下水位也出现不同程度上升，总的规律是：近江岸地带基本稳定，远江岸地区升幅较高，张家港晨阳-合兴-妙桥-常熟-古里一线平均上升超过 5m，20m 水位线向南推进约 10km。常熟地区水位基本稳定，但梅李镇旋力钢管厂水位埋深持续多年在 20m 附近，是该区唯一较深的降落漏斗，其影响范围较小，应为局部强烈开采所致。与张家港、常熟地区不同的是，太仓境内地下含水层系统垂向界限明确，各层均有

开采，归庄-浮桥以南地区Ⅱ承压水位埋深大于10m，向南渐深，在新湖、南郊一带接近30m，与禁采前相比，地下水位上升缓慢，空间格局变化不大，只有浏河镇何桥水厂水位上升超过10m，新毛水厂（Ⅲ承压）上升超过10m。尽管太仓市大部分地区为非超采区，但其含水层介质导水性不及张家港、常熟沿江地区，Ⅱ承压埋藏较深，隔水顶板对长江水有一定的阻隔作用，深层地下水主要由浏河、陆渡附近接受侧向径流补给，目前，含水层补排平衡，处于较稳定状态。

（三）无锡市

1997年后，当苏锡常大部分地区地下水位下降趋于停止并略有回升时，无锡地区地下水位仍持续缓慢下降，直到2001年前后才达到历史最低点，最低水位88.6m（2001年洛社镇）。2002年起，除局部地区地下水位有所波动下降外，无锡大部分地区地下水位进入恢复阶段，回升过程中东部地区相对西部地区快（图8-54，表8-9），全区出现黄巷-坊前-硕放和新桥-长泾-张泾一线的两大快速回升区。至2006年年底，在全区31眼Ⅱ承压监测井中，锡山区最大累计回升30.87m、江阴市最大累计回升27.98m、惠山区最大累计回升6.19m、无锡城区最大累计回升10.17m。但从2005年起，除锡西地区及无锡市区水位上升趋势较为稳定外，东部地区地下水位回升开始趋缓。2008年，位于江阴地下水位漏斗中心的祝塘镇利达毛纺厂监测埋深为67.22m，较上一年同期下降了4.10m。

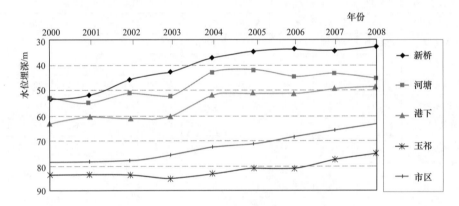

图8-54　无锡地区地下水位回升动态曲线

表8-9　　　　　　　无锡市禁采后地下水水位变化一览表　　　　　　单位：m

位　置		2000年	2001年	2002年	2003年	2004年	2005年	变幅
江阴市	利港镇	18.4	15.0	15.2			12.9	5.5
	青阳镇	66.1	65.8	70.7	60.4	58.8	59.1	7.0
	马镇镇	59.4		65.2	65.3	57.0	58.3	1.1
	璜塘镇	61.8	62.4	55.8	55.6	56.3	56.4	5.4
	新桥镇	53.7	52.2	46.0	42.6	37.4	34.6	19.1
	长泾镇	48.9	53.1	47.2	46.2	37.0	36.1	12.8
	河塘镇	53.2	55.3	51.4	52.4	43.0	42.0	11.2
	祝塘镇	68.2	70.8	69.8	67.5	60.5	59.1	9.1

续表

位　　置		2000 年	2001 年	2002 年	2003 年	2004 年	2005 年	变幅
锡山区	羊尖镇	48.6	45.0	48.1	46.3	38.9	37.0	11.6
	东湖镇	51.1	51.1	51.0	51.0	47.0	45.43	5.57
	港下镇	63.2	60.7	61.2	60.3	52.2	51.4	11.8
	张泾镇	61.2	58.9	55.9	33.3	28.3	30.7	30.5
惠山区	堰桥镇	79.47	80.8		82.3	74.5	74.35	5.12
	前洲镇	84.86	85.0	85.1	84.9	85.4	82.99	1.87
	玉祁镇	83.5	83.4	83.7	85.1	82.9	81.2	2.3
	石塘湾	84.14	84.3	84.7	83.6	81.7	81.0	3.14
	洛社镇	88.06	88.6	86.9	86.9	70.1	83.10	4.96
	钱桥镇	83.99	82.9	84.0	74.3	74.9	76.4	7.59
无锡城区		78.5	78.3	77.9	75.7	72.6	71.2	7.3

　　地下水资源的恢复还可从基岩裂隙水和第 I 承压水水位的逐渐回升得到验证。以前，由于第 II 承压水大量开采，使其不得不掠夺基岩裂隙水和 I 承压地下水水量，引起基岩裂隙水和第 I 承压水水位下降；如今基岩裂隙水和第 I 承压水水位的逐渐回升。据水利部门资料，2000—2007 年年底，在 5 眼可比较的基岩裂隙水监测井中，除申港牌楼下村监测井外（非超采区），其余皆有回升，其中位于锡山区安镇的嵩山浜沿上监测井回升了 18.83m。属于第 I 承压的无锡第一丝织厂水位回升了 9.96m，江阴峭歧驼绒毛纺厂水位回升了 11.85m，位于锡山区的无锡佳安名车修配厂水位回升了 11.71m。

　　随着禁采政策的贯彻实施，无锡地区地下水开采量实现大幅压缩，2002 年的实际开采量已减至禁采之初的一半，市区开始呈现地下水位持续回升局面。原为市区水位漏斗中心的黄巷至坊前一线，通过禁采恢复，至 2008 年年底，水位上升近 20m，效果显著。目前，市区平均水位已恢复至 50m 以浅，风雷新村水位埋深 43.5m，是所测井中最深点，向东水位渐浅，接近苏州的硕放地下水位埋深 31.5m。锡山与江阴相邻地区水位上升也较明显，其中张泾镇水位升幅最大（30.5m），新桥、长泾、河塘地下水位埋深分别是 34.6m、36.1m 和 42m，原来包围上述地区的 50m 水位埋深线已收缩至港下镇。

　　与东部相比，以洛社为中心的西部地区禁采效应出现较迟，地下水位直到 2005 年才开始有所回升，平均升幅不足 10m。截止 2009 年，洛社-石塘湾-前洲一带地下水位回升到 75m 埋深附近，70m 水位埋深线依然圈定杨市玉祁、前洲、石塘湾、洛社等乡镇区域。锡西水位漏斗形态更像是一个"平底"锅，区内的水位埋深总体比较接近，随着洛社镇地下水位缓慢上升，而惠山与江阴相邻地区地下水位又相对稳定，前洲作为区域漏斗中心的次数增多，2004 年为 85.4m，2007 年为 79.99m。虽然按长时间周期（2000—2008 年）统计，所有观测井水位都呈上升趋势，但期间内的前洲、璜塘、马镇等地的地下水位出现阶段性下降（2005 年），无锡驾培中心的地下水位年内变幅达 8m 以上，类似的现象还出现在璜塘、长泾、河塘等地。种种迹象表明，突出的地质环境问题正由锡西向澄南迁移。

　　江阴西北部沿江地区，含水层巨厚，同时直接受长江边界补给影响，水文地质条件良好，水位埋深一直在 10m 附近波动，如夏港福澄医卫公司观测井多年平均水位埋深 8.8m，申港水位从 2000 年的 10.23m 回升到 7.45m。南部璜土镇处于常州地下水位降落漏斗的北部边缘区，受其影响，水位稍低，多年平均埋深 27.64m，在地下水禁采后，该地段水位也稍有回升迹象，但回升幅度较小，不足 5m，显示常州北部地区地下水位恢复不足。

无锡市以锡西地区为中心的地下水位漏斗格局没有变化，但 40m 埋深范围明显减小，其东部边界已从禁采前所在的苏锡行政界苏州一侧向西移动到长寿-文林-东北塘-无锡市区一线，西部边界延伸至常州境内。

（四）常州市

在 20 世纪 90 年代中期执行的限采措施作用下，常州市区地下水位最先得到控制，从 1997 年，市区的以国棉一厂、石油化工厂为代表的深井水位开始小幅波动上升，平均升幅不足 1m/a，但湖塘以南和横林以东的外围地区地下水位持续下降到 2003 年才基本得到控制，如图 8-55、图 8-56、表 8-10 所示。进入 2000 年以后，常州市区地下水位进入快速回升期，南闸至横林一线水位年升幅达 2m 以上，其中 2002—2004 年间达到了 4m/a。至 2008 年，三井-化工学院一线以西地区水位已恢复至 40m 以浅，常州变压器厂Ⅱ承压（3074井）水位 25m（2007 年），累计升幅达 32.05m，为主城区最高水位，而常州市所有监测井中最深水位 68.79m（3208 井，2008 年）位于横林钢铁厂。禁采 5 年间，地下水位累计升幅超过 20m 区域面积约 160km²，城北的龙虎塘、郑陆、东青，城南的永红、马杭等地也有 10m 回升量。

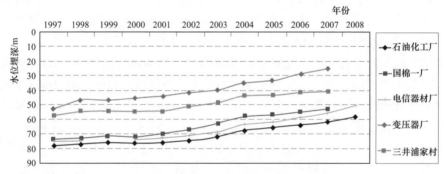

图 8-55 常州市区地下水位动态曲线图

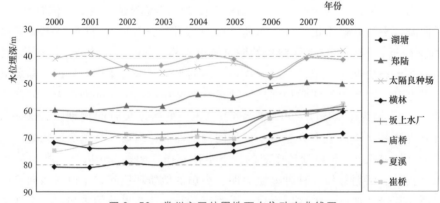

图 8-56 常州市区外围地下水位动态曲线图

表 8 - 10　　　　　　　　　　　常州市禁采后地下水水位变化一览表

监测点位置	年平均水位埋深/m									
	2000 年	2001 年	2002 年	2003 年	2004 年	2005 年	2006 年	2007 年	2008 年	2009 年
湖塘劳务市场	71.81	73.7	73.75	73.68	72.64	72.43	68.83	65.71	60.38	59.25
九里古庄	11.46	11.29	9.94	11.7	11.2	10.69	10.27	9.82	9.62	9.22
魏村新华村	11.86	12.41	12.94	13.25	12.48	12.6	12.46	11.7	11.03	10.6
郑陆镇陈家头	60.01	59.93	58.45	58.25	54.2	55.46	51.02	49.84	50.12	49.29
太隔良种场	40.65	38.78	44.26	45.83	43.6	42.15	46.82	39.88	37.74	34.59
安家镇邹家村	16.59	16.75	17.14	16.83	15.54	15.34	13.67	12.89	12.08	11.23
东青文化宫	63.38	63.71	62.91	60.79	56.24	56.41	54	53.04	52.37	52.02
横山桥第三毛纺厂	81.7	63.43	55.54	57.68	58.83	56.42	45.97	45.31	49.23	
横林武进钢铁厂	80.7	80.91	79.33	80.14	77.55	75.14	71.84	69.19	68.79	
寨桥风机厂	15.67	17.71	15.74	16.64	15.37	12.08	12.88	14.1	13.57	
坂上水厂	67.61	67.74	68.83	68.7	67.71	67.52	61.15	60.14	58.4	56.04
鸣凰办事处	62.21	22.45	0	24.63	24.9	24.03	24.42			
庙桥威利来电子公司	62.27	63.36	65.09		63.88		61.07	60.32	59.68	59.34
九里涂塑机械厂	23.57	23.43	21.1	19.12	19.44	18.87	19.2	18.86	18.91	19.02
夏溪水厂	46.31	45.92	43.59	43.32	39.91	40.92	47.7	40.69	41.05	37.06
武进市崔桥镇浴室	74.92	72.43	68.57	70.5	69.43	70.32	62.53	61.38	57.4	53.41
遥观自来水厂	79.86	79.33	79.47	79.02	0	69.02	70.32	68.1		

常州南部及东部地下水位恢复相对缓慢，其中的夏溪、牛塘、礼嘉等乡镇主采层水位一直处于波动状态，没有明显回升，甚至出现局部显著下降。位于礼嘉的江南塑料厂（3207 井）水位埋深一直持续稳定在 26m 以浅，但于 2003 年迅速下降至 54.72m，之后又逐渐降至 2005 年的 56.33m。

此外，太隔良种场和牛塘两地的观测数据显示，2006 年的地下水位比 2000 年同期大约下降 6m 和 12m。严峻的地下水环境为地面沉降的发生提供了条件，而同期的监测数据也证实了当地存在明显沉降。夏溪-厚余一带大致于 2000 年前后形成 40m 埋深的小范围水位漏斗，但在禁采作用下，该地区水位保持稳步回升态势，漏斗面积向北收缩，2009 年的夏溪水厂水位已上升至 37.06m。位于东部的庙桥、坂上等地靠近苏锡常地下水超采区的核心地带，水位长期低于 60m 埋深，直到 2005 年才出现一次近 6m 的升幅，此后又进入了缓慢的恢复阶段，其动态显然受突发性外界因素影响（如集中关停开采井），需要继续密切关注。

由于受北部沿江地下水补给充分，龙虎塘以北地区没有形成较明显的水位降落漏斗，魏村-圩塘一线水位埋深多年保持在 10m 左右，但安家舍-百丈一线受南部地下水开采影响，2000—2003 年间，水位略有下降，降幅多在 4m 以内，但从 2004 年起，水位又逐渐上升至 90 年代中期水平，百丈镇最低水位 23.45m（2003 年），现状为 20.13m。

总体而言，常州地区地下水位控制过程中以市区执行力度最大，效果也最显著，南部和北部少数乡镇地下水情相对复杂，有局部和阶段性加剧现象。虽然从 2000 年起，全市已着手对深层地下水的禁采，但初期力度有限，多年形成的超采局面并没有得到根本性扭转。随着关停井数量不断增加，地下水的开采量进一步减少，从 2003 年起，外围地区开始进入地下水的全面回升阶段，地下水位漏斗向东南方向收缩。现状中 40m 水位埋深线包括东青-市区-夏溪一线以南和嘉泽-鸣凤-前黄以北地区，位于核心区的崔桥、横林两地水位埋深分别是 53.41m 和 68.79m；60m 水位埋深线大致包围湖塘以东，北至崔桥，南至洛阳的箕形漏斗区，开口与锡西漏斗对接。

三、地下水水质变化

（一）水质现状

1. 水样概况

Ⅱ承压含水层为苏锡常地区禁采前地下水主采层，为了解其水质变化，本次共采集了 20 个水样。

本次所采集水样主要进行全分析、五项毒物及微量元素测试，全分析测试项目有：HCO_3^-、SO_4^{2-}、Cl^-、CO_3^{2-}、NO_2^-、NO_3^-、F^-、K^+、Na^+、Ca^{2+}、Mg^{2+}、NH_4^+、总 Fe、矿化度、硬度、pH 值、耗氧量等。五项毒物测试项目包括砷、氰化物、挥发酚、Hg 及 Cr^{6+}。微量元素测试项目有锰 Mn、铜 Cu、锌 Zn、钼 Mo、钴 Co、硒 Se、镉 Cd、铅 Pb、铝 Al 等。

2. 水质现状

根据舒卡列夫分类，苏锡常地区水化学类型一般为 $HCO_3 - Na$、$HCO_3 - Na \cdot Ca$ 型，局部为 $HCO_3 \cdot Cl - Ca$、$HCO_3 \cdot Cl - Na \cdot Ca$ 型，pH 值多在 $7.5\sim8.5$，总硬度一般在 $50\sim300mg/L$ 之间，矿化度一般在 $300\sim800mg/L$ 之间，除铁锰外，其他化验指标多符合生活饮用水卫生标准。

（二）水质变化

由于诸多原因，有水质监测系列数据的Ⅱ承压井为数不多。从常州国棉一厂、苏州太仓刘河沿河水厂、苏州吴江市芦墟镇水厂等地禁采以来的水质分析结果来看，其化学组分如 HCO_3^-、SO_4^{2-}、Cl^-、CO_3^{2-}、NO_2^-、NO_3^-、F^-、K^+、Na^+、Ca^{2+}、Mg^{2+}、NH_4^+、总 Fe 及砷、氰化物、挥发酚、Hg、Cr^{6+} 等指标含量基本稳定，而矿化度、总硬度检出值在部分地区略有下降，见图 8-57～图 8-65。

四、地面沉降

（一）区域特征

2000 年实施地下水禁采之前，苏锡常地区地面沉降速率以 $10\sim40mm/a$ 为主，局部地区高达 $80\sim120mm/a$，见图 8-66。禁采深层地下水后，苏锡常地区地面沉降形势明显好转，全区出现不同程度的减缓特征。2000—2003 年间，东部大部分地区年沉降量开始缩小至 10mm 以内，伴随着地下水位由东向西的逐步抬升，苏州至无锡区间的一些沉降漏斗趋于稳定，常州-无锡地区年平均沉降速率从 26mm/a 减小至 16mm/a。原来三市连成一片的沉降格局发生改变，由集中转向分散，一些人口集中、经济发达的中心镇正以地面沉降"孤岛"或"岛链"的形态渐渐显现出来。

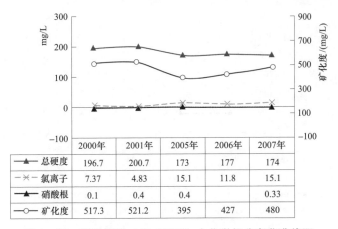

	2000年	2001年	2005年	2006年	2007年
▲ 总硬度	196.7	200.7	173	177	174
─╳─ 氯离子	7.37	4.83	15.1	11.8	15.1
▲ 硝酸根	0.1	0.4	0.4		0.33
─○─ 矿化度	517.3	521.2	395	427	480

图 8－57　常州国棉一厂（3279）水化学组分变化曲线图

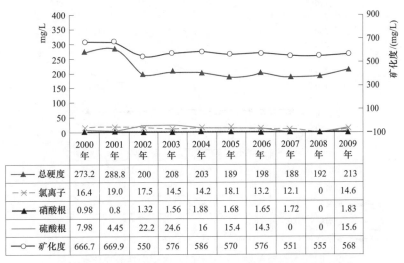

	2000年	2001年	2002年	2003年	2004年	2005年	2006年	2007年	2008年	2009年
▲ 总硬度	273.2	288.8	200	208	203	189	198	188	192	213
─╳─ 氯离子	16.4	19.0	17.5	14.5	14.2	18.1	13.2	12.1	0	14.6
▲ 硝酸根	0.98	0.8	1.32	1.56	1.88	1.68	1.65	1.72	0	1.83
── 硫酸根	7.98	4.45	22.2	24.6	16	15.4	14.3	0	0	15.6
─○─ 矿化度	666.7	669.9	550	576	586	570	576	551	555	568

图 8－58　武进九里机械厂（3242）水化学组分变化曲线图

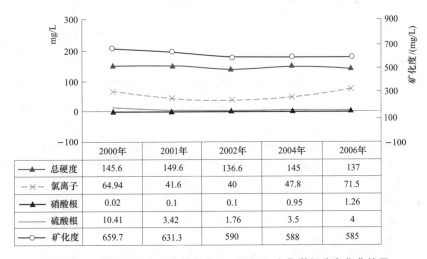

	2000年	2001年	2002年	2004年	2006年
▲ 总硬度	145.6	149.6	136.6	145	137
─╳─ 氯离子	64.94	41.6	40	47.8	71.5
▲ 硝酸根	0.02	0.1	0.1	0.95	1.26
── 硫酸根	10.41	3.42	1.76	3.5	4
─○─ 矿化度	659.7	631.3	590	588	585

图 8－59　苏州太仓市直塘曾湾水厂（5164）水化学组分变化曲线图

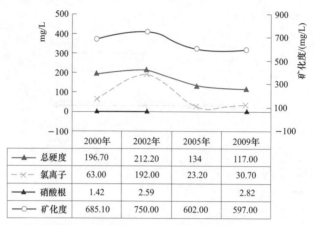

	2000年	2002年	2005年	2009年
总硬度	196.70	212.20	134	117.00
氯离子	63.00	192.00	23.20	30.70
硝酸根	1.42	2.59		2.82
矿化度	685.10	750.00	602.00	597.00

图 8-60　苏州太仓刘河沿河水厂（5160）水化学组分变化曲线图

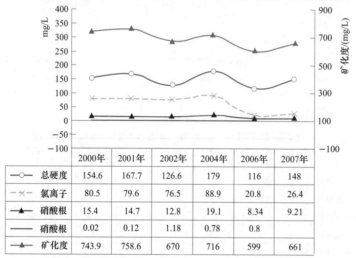

	2000年	2001年	2002年	2004年	2006年	2007年
总硬度	154.6	167.7	126.6	179	116	148
氯离子	80.5	79.6	76.5	88.9	20.8	26.4
硝酸根	15.4	14.7	12.8	19.1	8.34	9.21
硝酸根	0.02	0.12	1.18	0.78	0.8	
矿化度	743.9	758.6	670	716	599	661

图 8-61　太仓市新湖水厂（5161）水化学组分变化曲线图

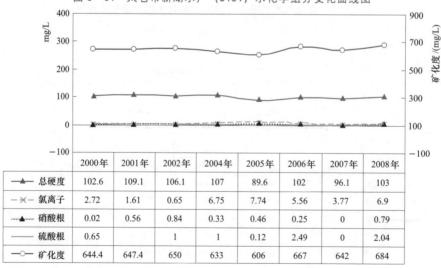

	2000年	2001年	2002年	2004年	2005年	2006年	2007年	2008年
总硬度	102.6	109.1	106.1	107	89.6	102	96.1	103
氯离子	2.72	1.61	0.65	6.75	7.74	5.56	3.77	6.9
硝酸根	0.02	0.56	0.84	0.33	0.46	0.25	0	0.79
硫酸根	0.65		1	1	0.12	2.49	0	2.04
矿化度	644.4	647.4	650	633	606	667	642	684

图 8-62　苏州吴江市金家坝味精厂（5170）水化学组分变化曲线图

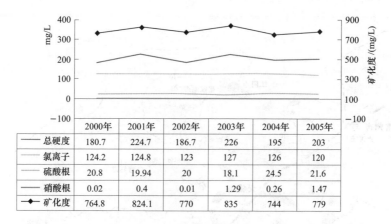

	2000年	2001年	2002年	2003年	2004年	2005年
总硬度	180.7	224.7	186.7	226	195	203
氯离子	124.2	124.8	123	127	126	120
硫酸根	20.8	19.94	20	18.1	24.5	21.6
硝酸根	0.02	0.4	0.01	1.29	0.26	1.47
矿化度	764.8	824.1	770	835	744	779

图 8-63 苏州昆山市石牌镇水厂 (5154) 水化学组分变化曲线图

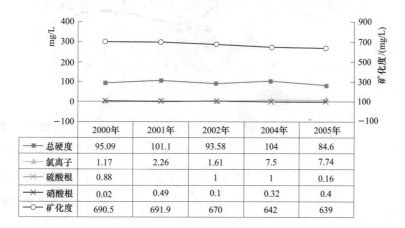

	2000年	2001年	2002年	2004年	2005年
总硬度	95.09	101.1	93.58	104	84.6
氯离子	1.17	2.26	1.61	7.5	7.74
硫酸根	0.88		1	1	0.16
硝酸根	0.02	0.49	0.1	0.32	0.4
矿化度	690.5	691.9	670	642	639

图 8-64 苏州吴江市芦墟镇水厂 (5182) 水化学组分变化曲线图

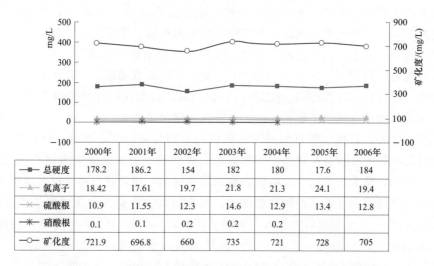

	2000年	2001年	2002年	2003年	2004年	2005年	2006年
总硬度	178.2	186.2	154	182	180	17.6	184
氯离子	18.42	17.61	19.7	21.8	21.3	24.1	19.4
硫酸根	10.9	11.55	12.3	14.6	12.9	13.4	12.8
硝酸根	0.1	0.1	0.2	0.2	0.2		
矿化度	721.9	696.8	660	735	721	728	705

图 8-65 常州武进夏溪水厂 (3243) 水化学组分变化曲线图

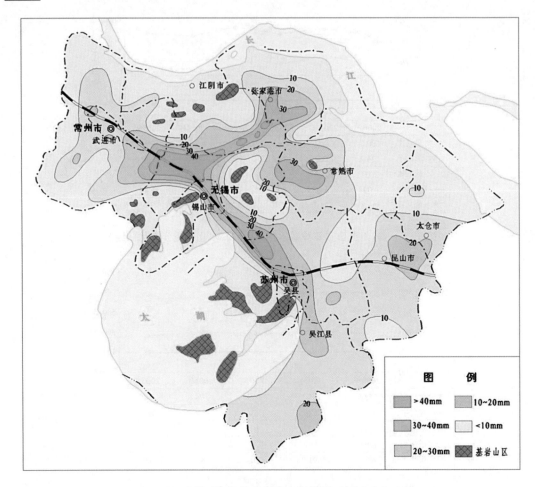

图 8-66　禁采初期苏锡常地区现状地面沉降速率图

如图 8-67 所示，现状（2008 年）中的区域地面沉降（＞5mm）主要分布在常州南部、无锡惠山区、江阴南部、锡山区北部和吴江南部地区；年沉降量＞10mm/a 的地区有常州牛塘、前黄、礼嘉，江阴南部的璜塘、文林，无锡东部的东港镇，吴江南部的汾湖、盛泽、震泽等地，面积约 500km²。而 2010 年地面沉降状况如图 8-68 所示。

自 2003 年以后，地面沉降监测基岩标、分层标、自动化站点相继投入使用，为掌握更详细的地面沉降动态提供了数据支持，部分监测结果见表 8-11，除璜塘监测点多年沉降速率保持不变外，其他监测点的地面沉降均有不同程度减缓，甚至一些点连续呈现反弹。经对以往资料的统计分析后认为，苏锡常平原区遭受地面沉降灾害面积约 8100km²，如图 8-69 所示，禁采实施后，总的沉降范围没有增加，随着对一些重点沉降区的防治率先取得成效，沉降区内开始了结构性的调整，原来的显著沉降区向次级发生程度区过渡，5～10mm/a 沉降范围出现暂时性扩大，对轻度沉降区（＜5mm/a）的控制相对滞后，直到禁采全面结束后的 2007 年，才出现又一次较大的面积缩减，从 2003 年到 2008 年的 5 年间，大于 5mm/a 的沉降区面积由 4000km² 缩减到 1200km²，减小幅度达 70％。原先以锡西（洛社、玉祁、前洲）为核心的沉降区平均沉降速率由＞20mm/a 减小到＜10mm/a，

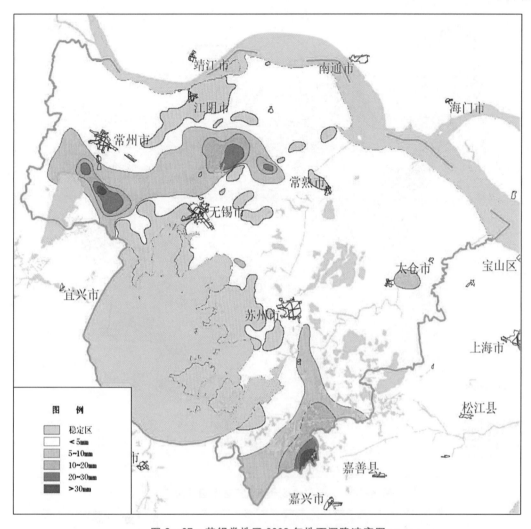

图 8-67　苏锡常地区 2008 年地面沉降速率图

而常州南部、江阴南部、吴江南部沉降控制相对较慢，依然＞20mm/a，成为新的控制重点区。

表 8-11　　　　　　　　　　部分地点人工观测地面沉降成果　　　　　　　　　单位：mm

序号	地　点	2004—2005 年	2005—2006 年	2006—2007 年	2007—2008 年
1	清凉小学	−4.1	+1.4	+4.9	+9.2
2	前洲	−18.3	−10.5	−10.1	−5.3
3	璜塘	−15.8	−14.0	−21.5	−14.7
4	渭塘	+4.1	−1.4	−1.8	+0.7
5	松陵	−6.8	−3.9	−4.0	−3.9
6	沙溪	−0.4	−2.4	+2.3	+3.4
7	碧溪	+0.6	−1.8	+1.5	+1.4
8	千灯	+3.9	+0.9	+2.1	+1.2
9	妙桥	+1.1	−1.3	+1.9	+0.7

注　"＋"表示地面回弹，"－"表示地面沉降。

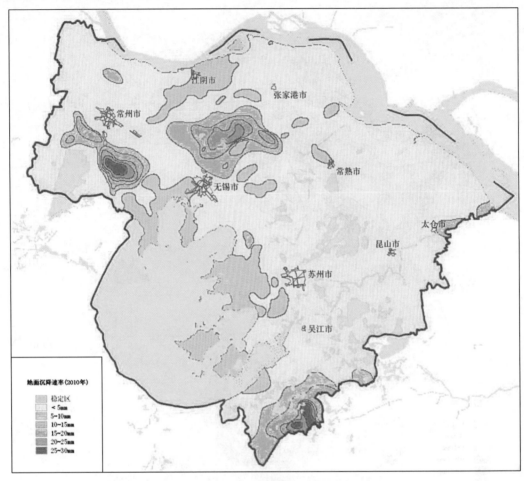

图 8-68 苏锡常地区地面沉降速率图 (2010 年)

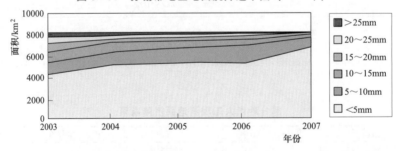

图 8-69 苏锡常地面沉降区结构性变化图

在整个禁采控沉过程中,依然可以看到地面沉降与地下水位之间的密切相关性(图
8-70),凡是地下水位回升地区,地面沉降均出现不同程度减弱甚至是停止,而现状中的
水位漏斗区依然是地面沉降集中发生区。同时,地面沉降动态还受松散地层物理力学性质
作用,总体上,含水砂层和相邻的弱透水层是固结压缩的主要地层空间,岩性结构简单的
砂层压缩沉降对地下水动态的响应较快,而软土发育区,这种动态关系相对复杂,具体特
征将在下文结合分层标监测数据进行描述。

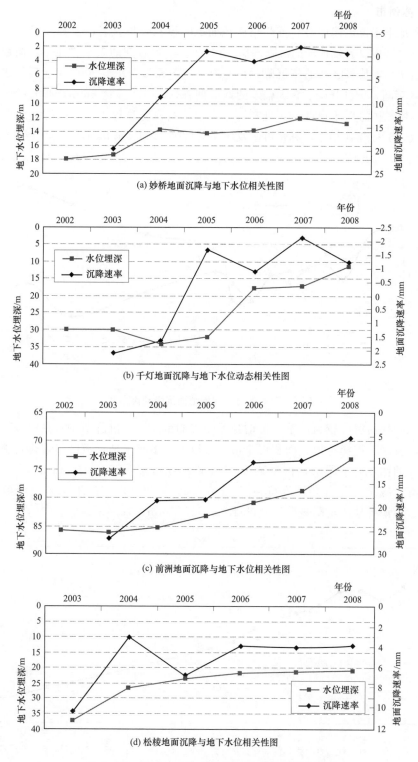

(a) 妙桥地面沉降与地下水位相关性图

(b) 千灯地面沉降与地下水位动态相关性图

(c) 前洲地面沉降与地下水位相关性图

(d) 松棱地面沉降与地下水位相关性图

图 8-70　地下水位与地面沉降动态相关性比较

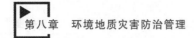

（二）苏州市

伴随着地下水位迅速回升，苏州市区地面沉降控制效果显著，实测表明多年平均沉降量<3mm/a，区内没有发现新的沉降迹象。在90年代中后期的限采作用下，渭塘、千灯沉降速率不断减小，禁采之初的年沉降量已只有2～3mm/a，并于2005年达到稳定，此后的2005—2008年间，千灯开始了较大幅度的地面回弹，3年回弹达8mm，渭塘所处的城北地区地下水位恢复稍滞后于市区，正处在地下水位不断恢复过程中，地面沉降略呈小幅波动（图8-71）。与90年代相比，苏州市区及城北的黄埭-蠡口沉降区现已全面得到控制。

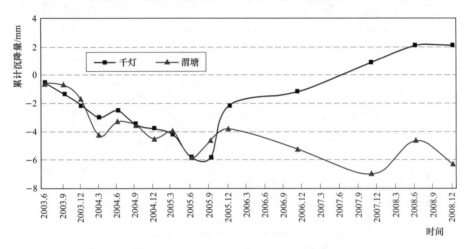

图8-71　千灯、渭塘地面沉降动态曲线

吴江地区地面沉降较为严重，可谓是苏州市的重灾区，沉降范围包括松陵镇南部、汾湖、平望、盛泽、震泽等地，面积占全市一半以上，多年来地面沉降虽取得进展，但形势依然严峻。如图8-72所示，松陵镇2003年以前年沉降量可达15mm以上，通过禁采，地面沉降有所减缓，此后多年维持在4～6mm/a。另据2008年的GPS监测数据，淀山湖、莘塔、桃源等地年沉降量分别是6.4mm、12.5mm、16.4mm。

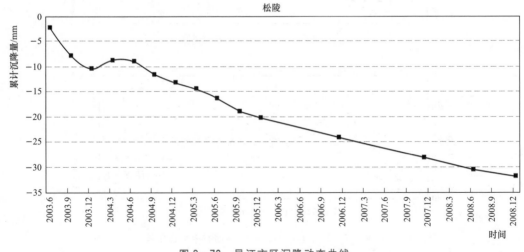

图8-72　吴江市区沉降动态曲线

盛泽地区地面沉降一直处于快速发展期，平均每年达到 40mm 以上，为当前苏锡常地区之最。位于盛泽中学的分层标组实时监测了不同深度地层中发生的沉降，如图 8－73所示，F4－D、F4－1、F4－2、F4－3 四个分标对应的标底深度分别是 0m、31m、94m、108m。显然，31m 以深层位是地面沉降的主要发生空间，31～94m、94～108m 和 108m以下地层间压缩量比为 6∶2∶1。结合水文地质条件分析认为，第Ⅰ承压含水层及弱透水层成为沉降的主体，深部的Ⅲ承压对地面沉降也有所贡献。严重的沉降与当地持续偏低的地下水位有着密切关系，2007 年镇区水位埋深 40m，与 2000 年相比有所上升，但仍为吴江地区最深处。虽然吴江市实行全区禁采政策，但对地下水的开采具有隐蔽性，管理中不可能百分之百到位，盛泽镇是我国著名的丝绸产业基地，全镇集中了近 1500 家纺织印染类企业，每年对水资源的需求量巨大，在地表水全面污染的大环境下，不能排除一些企业偷采优质深层地下水的可能性，同时，该镇地处苏浙边界，与邻省的嘉兴市同属一个水文地质单元，地下水位受周边的水力条件影响也是可能的。地面沉降动态曲线表现出周期性速率变化规律，如每年的 6—10 月为加速沉降期，11 月至次年 5 月沉降相对减缓，说明地面沉降与地下水开采有必然联系。

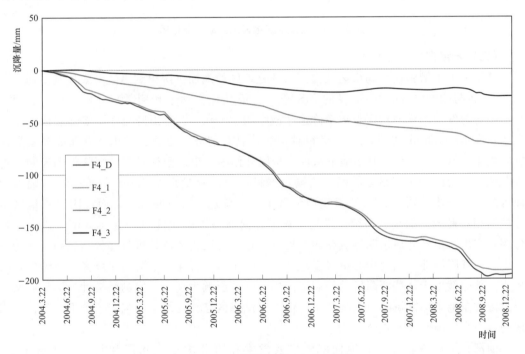

图 8－73　盛泽分层标沉降动态曲线

张家港-太仓的新长江三角洲地区由于地下水受长江水补给，水位恢复快，目前平均水位埋深在 20m 以浅，地面沉降基本停止，以妙桥、碧溪和沙溪三个监测点为代表的沉降观测记录真实反映了这一控制过程（图 8－74）。20 世纪 80 年代妙桥曾是张家港地区沉降漏斗，平均沉降速率达 40mm/a 以上，于 90 年代中期发现的张家港水利农机局第 0033 号地下水开采井井台悬空 0.5m，成为当地地面沉降的强有力证据。2000 年后，地面年沉降仍在继续，2003 年全年沉降约 22mm，但进入 2004 年，地下水位出现一次较快的回升（3.7m），随之地面出现反弹并逐渐趋稳，2005—2007 年的监测数据显示，妙桥中学所处位置年沉降量已在＋1.9～－1.3mm 之间波动。碧溪与沙溪历史沉降量较轻，2004 年以前的年沉降量在10mm 左右，同样于 2004 年趋于停止，并于 2007 年后，出现轻微的地面反弹现象。三处沉降观测点的动态具有很好的时间一致性，这主要是因为同处于沿江地带，地质背景相似（长江新三角洲沉积区），在接受地下水补给时具有同步性，而地面沉降受地下水开采影响又基本消失，原本复杂的沉降作用机制在单一地质条件下已变得相对简单。

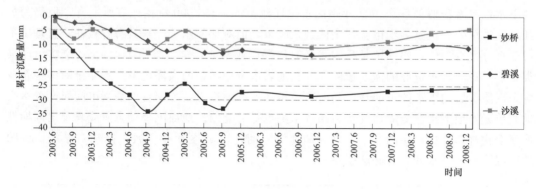

图 8-74　沿江地区地面沉降动态曲线图

（三）无锡市

禁采地下水措施使无锡市区及锡西大部分地区的地面沉降得到迅速有效控制，通过对比 2003 年与 2000 年间地面沉降的 InSAR（合成孔径雷达干涉测量）分析成果，发现原来沉降普遍发育的锡西地区整体沉降速率减小约 10mm/a，惠山区与江阴南部连成一个年沉降量在 10～30mm 的区域，沉降相对均衡，只有前洲、玉祁、马镇、祝塘等乡镇局部沉降大于 20mm/a。受同时期地下水位稳步回升作用，市区至梅村区域沉降得到控制，进入轻微沉降阶段，对南站分层标的监测数据显示年沉降量在 2.7mm（2007 年）。随着地面沉降的进一步减弱，2005 年，锡西地区平均沉降已小于 10mm/a，而江阴南部地区沉降控制相对迟缓，桐歧、马镇、璜塘、祝塘、河塘等地的沉降维持在 15mm/a 以上，形势相对突出。虽然此后沉降继续减弱，但以上述中心镇为核心地区沉降依然较高，成为一个个新的沉降漏斗，估计中心沉降量达 20～30mm/a，而现今已发现的众多地裂缝中，有相当一部分就处于这些沉降区的控制范围内，受其影响表现出一定的活动性（详见后文）。锡山区的东港镇原来沉降也较为严重，但现在沉降区已大为缩小，仅限于港下一处，与当地的地下水位漏斗大致重合。

前洲分层标数据显示，地面沉降主要发生在第 Ⅱ 承压含水层和其顶板弱透水层，2003—2008 年累计沉降 89.1mm，其中第 Ⅱ 承压含水砂层压缩 49.6mm，隔水层顶板压缩达 27.8mm，浅部地层固结压缩 11.7mm（图 8-75）。沉降速率从 2000 年的＞50mm/a 逐步下降至 2008 年的 5.3mm/a，每年平均减小幅度达 5mm，且在地层中的分布比较均匀，体现了由浅至深地层固结动态的一致性。

相对西部地面沉降持续减缓，江阴南部地区基本维持原有发展水平，璜塘基岩标沉降监测点多年的年沉降量为 14mm/a 以上，没有减缓迹象。受短期地下水情波动影响，2007 年地面沉降达到了 21.5mm，比上一年增加 50%，但 2008 年又降至 14.7mm（图 8-76）。

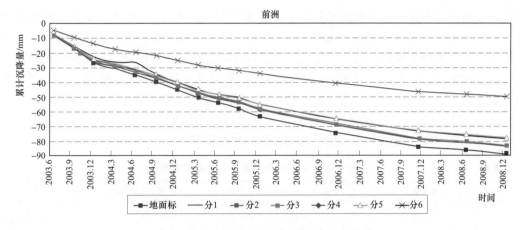

图 8-75　无锡前洲分层标沉降动态曲线图

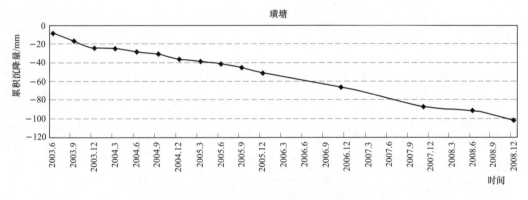

图 8-76　璜塘地面沉降动态曲线

另据江阴水利部门资料，20 世纪 80 年代以来，青阳、璜塘一带沉降严重，沉降普遍超过了 500mm，青阳镇塘头桥水准点累计沉降量更是达到了 1294mm，马镇镇水准点截止 1997 年的累计沉降量就达到了 1003mm，是一个严重沉降中心。1999—2005 年间的监测数据显示，江阴市的地面沉降主要发生在南部，向北、向东沉降量逐渐减小；大部分地区的累计地面沉降量小于 200mm；局部地区大于 200mm，主要是马镇、文林、河塘、璜塘、祝塘、陆桥、长泾等乡镇，其中马镇、文林一带沉降最严重，最大累计沉降量大于 400mm。

（四）常州市

常州市区地面沉降最严重时期在 20 世纪 80 年代，年沉降量可达 100mm/a 以上，90 年代以后，政府部门保护地质环境意识渐渐增强，常州市区开始缩减对地下水的开采量，地面沉降逐步得到控制，1993—1998 年间，平均沉降速率约 40mm/a。2000 年以后，市区水位降落漏斗面积开始逐年向东南方向收缩，标志着地质环境的全面改善。根据对布置在市区东西、南北两个方向的水准剖面测量数据（表 8-12），禁采初期，市区地面沉降以富强村以东至戚墅堰一线最为严重，平均沉降 25mm/a，市区西部的大吴家村一带沉降量约 17mm/a，三井以南的市区沉降量平均在 6mm 左右，龙虎塘以北沉降相对轻微，但百丈、圩塘沉降稍大，应该与该地区含水层埋藏浅（30～40m），而地下水位波动较大有关。2004 年以后，除城东地区（雕庄-横林一线）沉降量略高外，主城区内及西部至南闸一带地面沉降被快速遏制，纺仪厂-海关-四院以北，三井以南地区开始出现轻微的地面反弹，并且区域逐渐扩大，2007 年，城中及城西片地面沉降基本停止。值得注意的是，常州市区地面沉降控制所经历的由西向东的发展过程与地下水位恢复过程是一致的，前文述及的 30m 水位回升区也是地面沉降控制成效显著区，如纺仪厂、海关等地多年呈现地面反弹，可见地下水位大幅上升对控制地面沉降的积极作用。

表 8－12　　　　　　　常州市各水准点历年沉降测量成果汇总表　　　　　　单位：mm

片区	水准点位置	2000 年	2002 年	2003 年	2004 年	2005 年	2006 年	2007 年
城东	祥明电机厂	26.6	15.4	15.5	16.5	6.6		11.05
	气雾器厂	27.1	26.5	20.6	14.4	7.3	8.6	9.31
	雕庄 Bm	24.3		15.9	9.9	1.3	10.1	
	轻校	25.6	7.3	13.7	14.0	15.9	5.6	
	纺校 Bm	25.1	15.6	10.9	5.2		4.2	−0.55
城中	富强村	27.1	15.6	10.8	1.0	3.2	−0.6	
	浦前茶山巷 51 号		17.7	14.4	3.9	5.9	−1.7	
	纺仪厂	22.7	8.1	5.6	−5.0	−0.4	−2.0	−1.42
	海关 Bm2		7.3	4.2	−4.8	1.4	−2.2	−3.31
	四院 Bm2		4.8	5.8	11.4	−1.9	1.6	−3.81
	常衡有限公司		22.8	19.4	11.8	6.0	5.9	−2.05
	常州化工厂	25.7	14.7	11.6	7.5	4.7	−1.9	−2.92
	新坊桥	18.8	8.3	7.8	−10.6	4.0	−2.9	−2.82
	102 医院 Bm1			5.2	−9.4	1.8		−0.8
	北太平桥 Bm1			6.5	−11.3	−0.6		0.4
	常工院	5.1	0.7	0.6	−11.1	0	10.0	−0.42
城西	西新桥 Bm1	6.4	1.5		−13.2	−0.9		
	化工安装公司 Bm		8.1		−12.6	2.8	2.5	−4.45
	变压器厂 Bm1	17.8	19.5	21.4	2.3	25.8		
	大吴家村	16.9	8.1	5.0	−14.6	8.2	0.2	−4.82
城北	天安工业村	4.5		3.6	−11.4	−1.8	3.3	4.63
	龙虎塘中学	3.6		6.4			6.2	
	明达新四路口 Bm							
	龚家头电站 Bm1	8.5		5.7	−7.0		6.5	
	百丈桥 Bm	2.4		6.2	−8.2	−4.2	7.8	
	圩塘镇政府	2.6		7.0	−5.5	−3.7	6.5	

注　"－"表示地面反弹。

　　与市区地面沉降逐年减缓不同的是，常州北部和南部形势相对复杂。虽然龙虎塘以北地区水文地质条件优越，水位埋深浅，水资源丰富，但对比多年观测数据可发现，在过去的 10 年里，20～30m 水位埋深区面积有所扩大，这主要由于南侧水位回升的同时，北侧水位埋深却有所下降，因此，局部水文地质环境并未好转。尽管 2005 年、2006 年两年地区地面沉降有所减轻，但 2007 年的沉降量又与 2003 年持平，从空间上看向北地面沉降明显偏高，规律性十分明显，为掌握其今后的发展趋势，必须从空间和时间两个尺度上加密对地下水及地面沉降的同步观测。

目前，常州全市沉降最严重区主要集中在湖塘镇以南。据测绘部门在禁采初期的监测成果，牛塘、邹区、庙桥等地年沉降量均在 40mm/a 以上（2002 年），而通过 InSAR 监测也证实牛塘-前黄一带存在显著沉降，面积约 120km²，年沉降量在 10～30mm/a。从水文地质条件分析，常州地区受基底构造形态控制，第四系以来的古河道沉积形成了稳定的第 Ⅱ 承压含水层，顶板埋深在 60～70m 间，厚度由北向南渐薄，前黄、礼嘉等地钻孔揭露平均小于 10m，与之相对应，深层地下水富水性也呈北多南少格局分布，市区及以北单井涌水量在 1000～5000m³/d，而湖塘以南一般＜1000m³/d。虽然地下水资源有限，但在强烈开采作用下，水文地质条件急剧恶化。

1995 年前后，苏锡常地区深层地下水漏斗发展至空前程度，常州市区向东至无锡南部主采层水位埋深在 70m 以深，30m 埋深线包围了从厚余经鸣凤至前黄的城郊乡镇。而在经历了 2000 年禁采之后，南部地区的深层地下水位依然超过 30m，恢复缓慢。从空间形态分析，这一水位下降区恰恰与现状中的地面沉降中心区域十分吻合，验证了地下水位下降引起地面沉降这一普遍规律。

位于常州城南的马杭地面沉降自动监测站建于 2004 年，监测结果表明，当地地面沉降在经历多年减缓发展后，于 2007 年年底达到最大，2008 年全年基本没有再沉降（图 8-77），而人工水准监测显示地面反弹 1.79mm（与自动监测点不是同一点），在综合考虑各种误差影响基础上，可以判定常州城区地面沉降已得到有效控制，处于轻微沉降阶段。

位于常州市区的清凉小学分层标组始建于 1983 年，在此后的每年都实施了人工水准测量，不同深度地层固结压缩情况如图 8-78 所示，90 年代中期以前为快速沉降期，平均每年的沉降量达 48.12mm；1995—2003 年间，市区限采控制沉降措施成效明显，地面沉降迅速减缓，多年平均沉降量降至 18.63mm/a；2004 年以来，该点的沉降趋于停止，近两年甚至出现轻微的地面反弹现象。结合地层岩性分析，发现第 Ⅰ 承压含水层（分 3～分 4 间，厚 32.65m）、第 Ⅱ 承压顶板隔水层（分 4～分 5 间，20.82m）、第 Ⅱ 承压含水层（分 5～分 8 间，52.12m）共同构成沉降压缩的主体，累计沉降量分别为 117.29mm、241.25mm、250.86mm。其中第 Ⅰ 承压与第 Ⅱ 承压之间的隔水层为淤泥质软土，具有高压缩性，平均每米厚度产生 11.6mm 的压缩量，压缩比为平均值的 4 倍。

（五）地面沉降层位特征

分析各分层标提供监测成果不难得出，地面沉降是松散地层孔隙释水过程中的固结作用，普遍性分布于地表以下不同深度，只是地层结构在地区间的差异，会使沉降的垂向分布有所区别。总体上，第 Ⅱ 承压含水层及以上层位是苏锡常地区地面沉降的主要地层。值得注意的是，随着深部沉降得到控制，浅部地面沉降可能成为今后苏锡常地区沉降的主

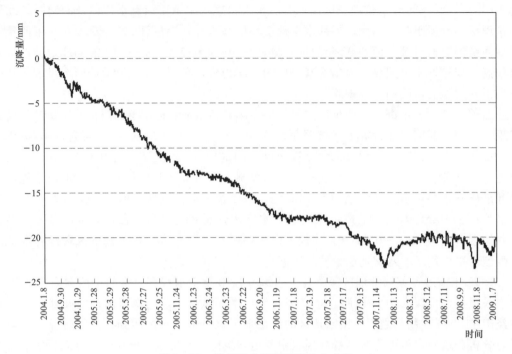

图 8-77　常州马杭地面沉降动态曲线

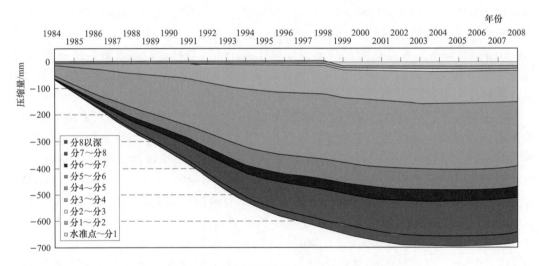

图 8-78　常州清凉小学分层标沉降动态

体，这一深度是人类工程建设和浅层水开发的集中区，应格外关注。如图 8-79 所示，位于蒌葑的分层标监测成果显示 73m 埋深 F3-2 标以下地层（即第Ⅱ承压含水层及以下地层）受地下水位回升作用，沉降作用基本停止并有所回弹，2006 年以来累计回弹量约 2.5mm，但同时由于浅部地层受城市建设和浅层承压水的开采影响，产生了较明显的沉降，约 4mm，因此，在沉降与回弹共同作用下，地面（对应 F3-D 标）依然有 1.5mm 左右的下沉。

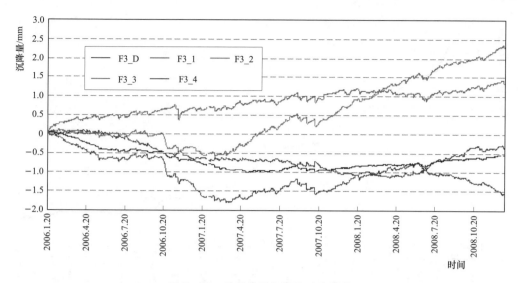

图 8 - 79　苏州分层标沉降动态曲线

五、地裂缝

苏锡常地裂缝是特定地质条件下的不均匀地面沉降所致，集中发生于 1990—1996 年间，其间也正是地面沉降发展的高峰期，地裂缝多分布在古河道边缘位置，呈北东走向，地面迹象一般长达几百米至上千米不等，多以地裂缝簇的形式并列出现。地裂缝两侧均具有明显的地形差异，即含水层发育一侧地势相对较低，应为地面沉降积累所致。在众多地裂缝中，以石塘湾、长泾、河塘、横林、钱桥等地最为典型，大致集中在无锡市区北部、江阴南部、常州东部三个沉降区。2006—2008 年间，对其中 7 条地裂缝进行了定期的人工水准测量，通过对数据的分析，证实了地裂缝与区域地面沉降相一致的规律性活动存在。

（一）无锡地裂缝

无锡城市规划区内的地裂缝主要有石塘湾、钱桥、堰桥、东亭 4 条，大致位于锡西地面沉降漏斗和地下水位漏斗的南侧和东侧，其中钱桥地裂缝所在的毛村园因道路建设被拆迁，地面迹象被消灭，其余三处均纳入监测工作。

石塘湾地裂缝位于石塘湾社区的因果岸，于 1993 年发生显性破坏作用，路面开裂，长约 1000m，呈北东走向，破坏 30 余间民房。从现场水泥地坪约 40cm 的错断推测，如果以 20 年的沉降时间计算，平均每年发生的差异性沉降大于 20mm。随着禁采措施的执行到位，锡西地区地面沉降减缓，地裂缝活动也逐年减弱，据对位于主裂缝两侧相距 14.9m 的两点实测数据，该地裂缝 2004—2007 年的三年时间内，年垂向差异性运动分别是 5.5mm、3mm、2.5mm（图 8 - 80），而 2008 年全年的活动量接近零。虽然该数据不代表地裂缝的最大活动量，但其在地下水禁采以后的动态规律已一目了然。

东亭地裂缝和堰桥地裂缝的监测剖面均沿东西方向与地裂缝斜交，监测数据显示，东亭地裂缝东侧相对稳定，其西侧 50m 区间内年差异性沉降约 2mm，堰桥地裂缝因监测点受破坏，待进一步观测。

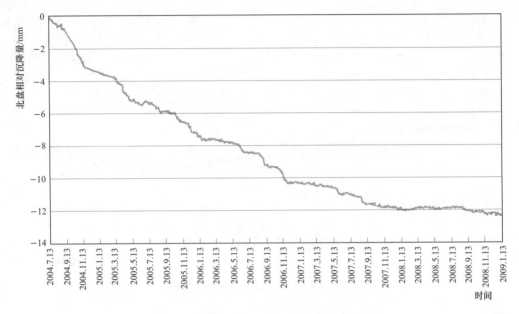

图 8-80 石塘湾地裂缝垂向差异沉降动态曲线

结合锡西地区地面沉降整体趋缓认识，地裂缝监测数据进一步证实了这一结论的正确。石塘湾地理位置上处于洛社、前洲、无锡市区三地中间，地裂缝属于潜山型成因，物探资料显示北东向的基岩隆起上切第Ⅱ承压含水层，顶部埋深约 50m，地裂缝位于隆起区的北翼，下伏含水层与基岩面成 50°~60°角接触，砂层厚度突变。锡西地区历史沉降严重，主采层多年处于疏干型开采状态，石塘湾最低水位达 86.19m（2002 年），而现状中的地下水位埋深已接近 70m，含水层孔隙承压性质得到恢复，是地面沉降减缓，地裂缝趋稳的主要动力。依此推测，地处锡西沉降区南缘的钱桥地裂缝也应具有趋稳特征。

（二）江阴地裂缝

江阴南部地裂缝多分布在东青河古河道南侧，以长泾、河塘、文林三处最为典型，均呈北东走向，平均间隔约 3km，几乎首尾相连，应为同一巨型地裂缝的三处地面表象，其地表形迹与区域地面沉降空间分布规律一致，即北侧低于南侧，印证了差异性沉降导致地裂缝的基本原理。

为获取地裂缝的活动性特征，分别沿垂直地裂缝或斜交地裂缝方向布设水准测量点进行定期测量，长泾地裂缝测量剖面长 300m，河塘地裂缝长 200m，由于没有绝对稳定点作参考，因此所获取的各点在垂向上的形变量只代表相对变化。2007—2008 年监测结果如图 8-81、图 8-82 所示，地裂缝带上的地面沉降大致以地裂缝为轴呈对称分布，地裂缝簇分布区（长泾剖面上的 a6~a16 区间，河塘剖面上的 a14~DL3 区间）沉降相对最轻，向两侧逐渐增加，长泾地裂缝监测剖面上相对沉降量最大值为 19.1mm，河塘地裂缝为 10.0mm，说明其活动性仍然较强，这与江阴南地面沉降现状是一致的。

长泾监测剖面两端相对沉降趋于稳定，说明地裂缝的影响宽度有限，一般限于以主缝为轴的 200m 范围内；河塘监测剖面略短，没能控制到两侧的均匀沉降区，特别是地裂缝

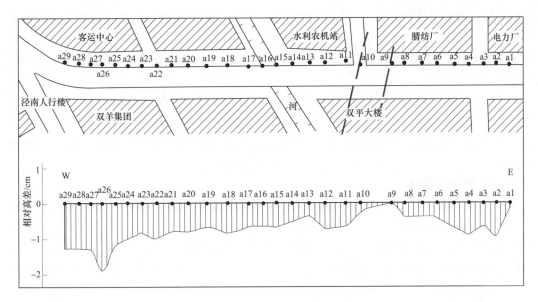

图 8 - 81　长泾地裂缝监测剖面形变

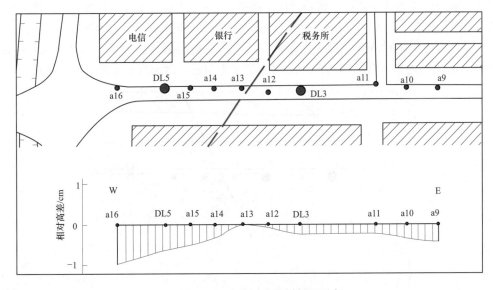

图 8 - 82　河塘地裂缝监测剖面形变

的西侧（沉降相对严重区）沉降梯度较大，在今后的监测中应适当延长剖面线路。

据河塘地裂缝勘察资料，当地下伏的基岩潜山埋深 60m 左右，坡度在 $10°\sim20°$ 间，浅部以粉质黏土为主，含水砂层多分布在 70m 以深，且不发育，平均厚度不足 10m。黏性土根据物理力学性质，自上而下可划分出 20 多层工程地质单元，存在岩性结构差异、分布不均特征。槽探发现地表以下 1.2m 深处有明显的地层错断，张性地裂缝一直向下延伸，未见底。禁采地下水以来，长泾、祝塘所在的澄南地区水位上升较快，平均达 10m 以上，长泾镇局部超过 20m 升幅，为控制地裂缝活动起到积极作用。回顾历史，长泾地裂缝曾造成当地 700 余间房屋、两座桥梁和多处公路、地下管线的不同程度破坏，主裂缝穿越了镇上当时最高的建筑——8层高的双平大楼发生墙体开裂，建筑整体西倾而不得不拆除，成为灾害最醒目生动的案例。2000年5—9月间的地裂缝水准观测数据显示，当时短短4个月内，最大差异性沉降达29mm，与之相比，现状中的地裂缝活动性已明显减小。

本次对文林湘南村地裂缝也进行了监测，但受当地地形限制（以河、塘、水田为主），测线不便展开，只设定了8个控制点组成两条近东西向平行剖面，间距约300m。所测结果与长泾、河塘两地规律性基本一致，北侧剖面上50m区间内差异沉降为1.4mm，南侧剖面上200m区间差异沉降为8.2mm，相对沉降西部强于东部。

（三）常州地裂缝

横林-戚墅堰一带是常州地裂缝最为集中的发生地，共发生5条，总长度超过3000m，这与当地的清明山隆起带和长江古河道叠加的地质条件关系密切，地裂缝带上的基底隆起为埋藏型潜山，南北两侧均被长江古河道包围。位于横林镇孟瑶头和戚墅堰原常州第三制药厂的两条地裂缝均呈近东西走向，长度300～500m，最具代表性。因此，结合当地地形特点，分别布设了水准剖面进行监测，监测表明，地裂缝南侧沉降相对较大，这与宏观上的沉降规律一致。

第三制药厂地裂缝紧邻沪宁铁路（位于铁路北侧），沿115°方向（东偏南）穿越了厂房、围墙、公路、民房等一系列建筑，地表迹象在与铁路线接近处灭失。实地勘查与高精度水准均显示主裂缝南侧相对沉降量较大，原第三制药厂已被迫搬迁。2007—2008年间，跨越主裂缝的40m区间内相对沉降达4.2mm，并且紧靠主裂缝，剖面形变如图8-83所示。

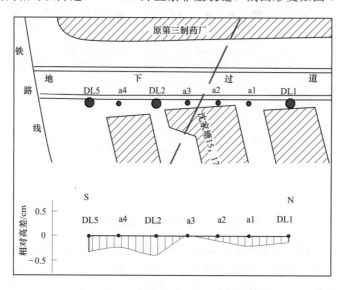

图8-83 戚墅堰地裂缝监测剖面形变

据统计，孟瑶头地裂缝从1991年始发时起，10年内所造成的民房损毁由13户上升至50余户，地面高差30cm，鼎盛期的年差异沉降量超过30mm。"禁采"后，地面沉降有所控制，但地裂缝活动性依然存在，2007—2008年的剖面形变如图8-84所示。近两年监测数据中的DL3和DL4两点代表了主裂缝两侧50m范围内的最大差异沉降，分别为

4.1mm（2006—2007 年）和 7.4mm（2007—2008 年）。

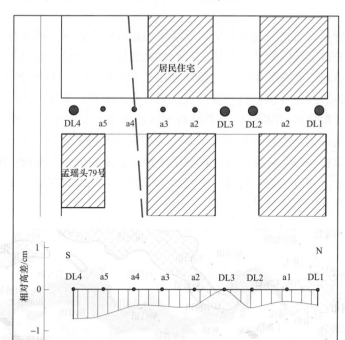

图 8-84　横林孟瑶头地裂缝活动性特征

与过去的发展高峰期相比，现在的常州地裂缝活动已有所减弱，但并未停止，年差异沉降量大约维持在 10mm 以内。值得注意的是，横林-戚墅堰一线为常州重工业集中区，如电厂、钢铁厂、机车厂都是耗水型企业，在 20 世纪 80 年代曾经大量抽取深层地下水资源，给当地造成今天的地面沉降局面。

如今，虽然地下水开采量已大幅度减小，但随着产业经济增长，这一地区对水资源必然保持高需求状态，地裂缝身陷工矿企业包围中，与之直线距离都在千米之内，即使是个别型企业开采地下水造成局部水位降落漏斗，也势必引起地裂缝灾害加剧，因此前景不容乐观。

（四）地裂缝易发区评价

对于苏锡常地区地裂缝研究已有 10 多年历史，就其成因模式已形成了较为系统的认识，对地裂缝易发性评价经历了初期的定性到现在的定性-定量相结合过程。早期关于苏锡常地区地裂缝易发区的分类，重点围绕含水层与基底接触关系进行讨论，此后在 GIS、人工神经网络（ANN）和灰色系统理论的支持下，更深入地探讨了地面沉降、地下水位、基底形态、第四系岩性等因素的综合作用。

显然，随着地面沉降的趋缓，地裂缝活动性正在减弱，易发性也在相应调整，有必要适时更新关于其易发区的划分，指导对土地资源的合理利用。本次研究依然采用前期基于 GIS 的地裂缝易发区评价模型，但对具有动态性质的输入因子（如地下水位、地面沉降）进行了数据更新，应用了最新成果，评价结果中过滤了轻度易发区和中度易发区，只保留与地裂缝现状活动性最相关的高度易发区作为最终成果，这主要是考虑到在当前区域地质环境总体趋势下，高度易发区在今后一段时期内对于地裂缝防治更具针对性。

　　如图 8-85 所示，与禁采初期相比，现状中的地裂缝易发区（指高度易发区）有所收缩，空间上出现分散、隔离特征。总体上，西部地裂缝易发区缩减最显著，江阴南部成为易发区的主要集中地。常州的牛塘、前黄地处主采含水层边缘，地面沉降形势相对严峻，理论上存在发生地裂缝的可能，但实际并没迹象，有待观察；受锡西地区地面沉降显著减缓作用，惠山北麓的杨市-钱桥一线地裂缝易发区范围也明显缩小，石塘湾地裂缝易发区基本消失；江阴南部的地裂缝易发区分南北两条呈东西向条带分布，北侧为桐歧-青阳-祝塘一线，南侧为堰桥-河塘-长泾一线，现状中的地裂缝主要集中在南侧，但北侧依然需要重点关注。在基础地质（构造、岩性）不变的大背景下，地面沉降动态是左右地裂缝易发性的主要因素，在今后依然如此。

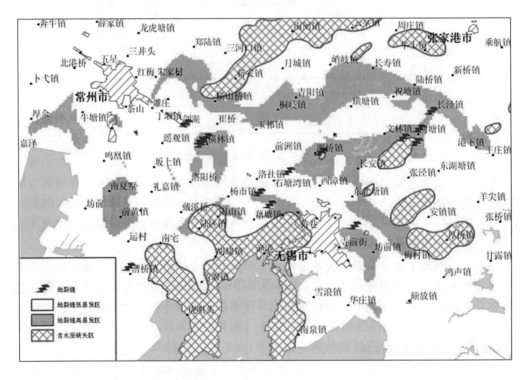

图 8-85　地裂缝易发区分布

六、地下水资源进一步开发利用的建议

（一）现阶段全面禁采的不足之处

　　"禁采"只是手段而不是目的，它为苏锡常平原区水环境的改善及地面沉降的控制起到了关键作用。自 2000 年实施地下水禁采以来，区内地下水环境、地质环境及社会大环境已发生明显改变，现阶段继续实施全区统一的地下水资源管理标准（禁采）存在以下不足。

1. 不利于地下水资源合理开发利用

从水文地质来看，苏锡常南北水文地质条件迥异。北部沿江为长江新三角洲平原区，南部为太湖平原区。长江新三角洲平原区紧靠长江，水文地质条件得天独厚，为长江古河道沉积地区，含水砂层厚达 80～150m，历年来水位埋深多在 15m 以浅。

20 世纪 80 年代江阴利港船厂对第Ⅱ承压含水层进行的一次群孔抽水试验（历时 20天）显示：以 1.6 万 m³/d 抽水 20 天后，漏斗中心水位降深仅 4m。沿江一带第Ⅰ、第Ⅱ、第Ⅲ水位与潮汐同步，呈周期性变化（但各含水层变幅不一），进一步证明沿江带含水层富水性、导水性好，且可接受长江水补给。

在地下水水位已全面回升，地面沉降、地裂缝等灾害控制效果显著的今天，如果仍然坚持一刀切的方法全面禁采地下水，不利于沿江带地下水资源的合理开发利用。

2. 未发挥地下水作为补充备用水源的功能

在 2006 年松花江、黄河特大水污染事件、2007 年无锡太湖蓝藻事件之后，各级政府充分认识到：建立应急备用水源地，对有效预防水污染或特干旱年缺水等突发事件引发的供水危机，保障供水安全，维护社会稳定，确保地区经济建设可持续发展具有重大的意义。

地下水作为水资源的重要组成部分，它具有不同于地表水的特点，例如多年水量丰枯调节能力、上覆松散地层天然渗滤保护作用，使地下水在水质和水量方面具有更好的稳定性和优越性。国外发达国家的普遍做法就是利用地下水的优势，建立地下水应急备用水源地。苏锡常北部沿江为长江古河道沉积地区，水文地质条件得天独厚，赋存的水量极为丰富，具备建立应急供水水源地的客观条件。

禁采令的贯彻实施中未考虑到地下水可作为应急备用水源，一概禁采地下水，未能发挥地下水作为补充备用水源的功能。

3. 限制了深部基岩地下水的开发利用

为控制区域地下水水位下降及地面沉降、地裂缝灾害，2000 年 8 月 26 日，江苏省九届人大常委会第十八次会议审议通过了《关于在苏锡常地区限期禁止开采地下水的决定》，用法律的形式规定了禁止开采Ⅱ承压以下地下水。

已有研究表明：苏锡常地面沉降产生的主要原因是由于长期大量开采松散岩类孔隙水，造成砂层中的孔隙水压力降低导致地层内部压力失衡，含水层本身及其上覆地层被压密而引发的。地面沉降的幅度主要取决于含水层及其顶底板的可压缩性和地下水水位的下降幅度。地裂缝灾害主要由地面的不均匀沉降引起。而深部基岩地下水因埋藏于基岩裂隙中，含水层可压缩性小，开采后引发地面沉降的可能性极小。

由于禁采令未明确禁止开采Ⅱ承压以下地下水仅指松散岩类孔隙水，不包括深部基岩地下水，各地水行政主管部门在贯彻执行禁采令过程中本着从严的原则对深部基岩地下水也一并禁止。而随着社会经济的发展、水文地质勘探技术的提高，社会对深部基岩地下水的需求越来越大。

目前这种不分深度、层次的全面禁采地下水（深部基岩地下水一并禁采）和出台禁采令的初衷——控制地面沉降有一定的偏差，一方面不利于资源的合理开发利用；另一方面也压制了市场的合理需求。

（二）下一步地下水资源开发利用建议

1. 地下水资源量

据江苏省地质调查研究院完成的《苏锡常地面沉降预警预报工程》，苏锡常地区Ⅱ承压地下水年可开采资源总量 7793.08 万 m³/a，各市可开采量见表 8-13。

表 8-13　　　　　　　　　各市地下水可开采量一览表

城　市	可 开 采 量/(万 m³/a)		
	非沿江区	沿江区	合　计
常州市	280.00	80.46	360.46
无锡市	400.00	288.45	688.45
苏州市	1320.00	5424.17	6744.17
总　计	2000.00	5793.08	7793.08

计算结果表明，苏州市Ⅱ承压地下水可开采资源较丰富，而无锡和常州都较少。特别是在无锡西部和常州南部地区，为了满足水位控制条件，Ⅱ承压基本不能进行地下水开采活动。

按照本开采方案，当模型运行至相对稳定阶段，研究区地下水位分布基本满足设定的水位控制目标（图 8-86）。常州北部地区，如罗溪镇、春江镇等控制在了 20m 以浅，奔

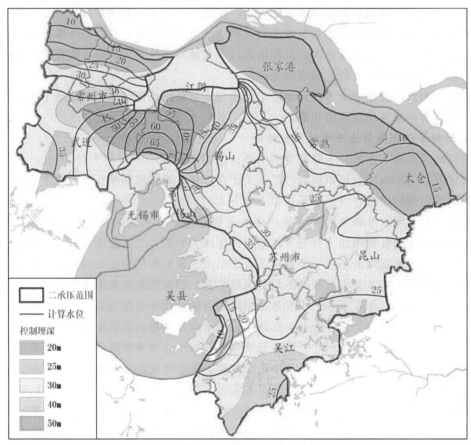

图 8-86　规划开采条件下水位分布预测图

牛镇、焦溪镇等控制在了 30m 以浅，常州市天宁区、新闸镇等控制在了 40m 以浅，遥观镇、湖塘镇等控制在了 50m 以浅；无锡的霞客镇和青阳镇等水位埋深控制在了 50m 以浅，长泾镇和锡山区控制在了 40m 以浅，无锡其他乡镇基本控制在了 30m 以浅；苏州的沿江乡镇水位埋深都控制在 20m 以浅。部分区域地下水位分布没有达到设定的水位控制目标，主要表现在常州南部地区，锡西地下水位漏斗中心区附近的洛社镇、惠山区等，这是因为常州南部地区地下水补给较差，同时还受到锡西地下水降深漏斗的影响。锡西地区地下水补给较差，并且形成的水位漏斗有了较大的深度和广度，尽管在规划开采方案中本区域没有安排开采，其恢复相比其他区域还是较困难。

2. 地下水资源合理开发利用建议

（1）地下水合理利用的必要性。苏锡常地区的地面沉降防治是一个复杂且艰巨的课题，而解决复杂问题决不能采取简单的"一刀切"。禁采是非常时期的非常之举，其目的在于实现地面沉降的快速"刹车"，其短期目标已经实现。苏锡常地面沉降虽然源于地下水开采，但也不能因噎废食。在历经多年禁采、地面沉降已明显减缓的今天，按地下水资源赋存和分布规律，实施区域地下水资源开发与保护战略显得尤为重要。

在下一步地下水资源管理中，必须遵循地下水资源本身所具有的客观规律，转变地下水资源开发利用思路。既要深刻认识到地下水资源的有限性——绝不是"取之不尽、用之不竭"，可以无节制地开采和利用；也要充分认识到地下水资源具再生性——不是一点都不能动用，关键是如何把握地下水资源开发利用中的量和度的问题，从而实现地下水资源可持续利用。

苏锡常地区地质条件复杂，地下水资源存在区域不平衡性。东部地区地下水资源相对丰富，沿江地区地下水资源尤其丰富。科学计算表明，目前在保证地面沉降不加剧的前提条件下，苏锡常地区地下水可采资源量为 7793 万 t/a。深层地下水资源是优质资源，可满足许多特种行业需求，具有较高的经济价值，弃之不用无异于资源浪费。适量开采不但不会促进地面沉降发展，反而会促进地下水的循环，对改善地质环境起到积极作用。

近年来，突发性的水污染危机事件呈上升态势，深层地下水资源作为应急情况下的供水战略地位突显。无锡市在封井期间，对部分成井工艺和水质较好的深井实施封而不填，留作城市应急备用水源。2007 年，太湖蓝藻大面积爆发，周边城市饮用水安全受到影响，在危急形势下，无锡市果断启用 28 口备用深井向附近居民供水，对于缓解水危机起到重要作用。

地下水既具有环境属性，又具有资源属性。只有在对地质环境有效保护的同时，最大限度地实现其经济价值，才更符合地区社会经济的科学发展方向。

（2）地下水资源合理利用原则。在经历"超采-限采-禁采"之后，重新提出对苏锡常地区地下水的开采方案，必须持谨慎态度合理规划对地下水的开采，必须保证对地质环境的影响最小化，即实现地下水位埋深分布较合理，地面沉降得到有效控制，同时开采水量达到最优。地下水开采方案的制定原则如下：

1）根据地下水补给条件差异，对沿江地区和非沿江地区应分别考虑，还应结合历史条件分析，过去的超采程度可作为制定当前计划的参考因素。

2）根据含水层的埋藏分布及补径排条件，对不同深度、不同类型地下水区别对待。

3）地下水的开发应兼顾社会效益和环境效益，体现"优水优用"，发挥有限资源的最大收益。

4）以地面沉降和地下水位漏斗两项指标约束开采行为，地面沉降严重区不能开采可能加重地面沉降的松散岩类孔隙地下水，地下水位漏斗区不能开采可能引起该水位漏斗扩展的地下水。

5）避免"三集中"开采模式的重演，过去30多年的开采经验已经说明，过于集中的开采是诱发地面沉降的主要原因。

（3）地下水资源开发利用建议。

1）因地制宜，合理开发利用第Ⅱ承压地下水。已有研究表明，苏锡常南北水文地质条件迥异。常州-江阴、张家港-常熟-太仓北部沿江带为长江新三角洲平原区。自第四纪以来，一直为长江河床的活动区域，堆积有厚度 $180\sim300m$ 的松散物，岩性以粗颗粒的粉细砂、中粗砂、含砾中粗砂为主，含水砂层极为发育，所蕴藏的地下水资源极为丰富。南部太湖平原区虽含水层厚度、岩性、补给条件总体劣于北部长江新三角洲平原区，但在中更新世时期长江古河道流经区域，沉积有厚 $30\sim50m$ 的细砂、含砾中粗砂层，赋存有较丰富的地下水资源。

前述模型计算评价结果也显示，在满足一定原则的前提下，苏锡常全区第Ⅱ承压地下水年可开采量约为 7793 万 m^3，其中沿江区 5793 万 m^3，非沿江区 2000 万 m^3。

鉴于吴江南部、无锡西部、常州南部、江阴南部等地目前水位恢复缓慢，地面沉降控制不明显的现状，非沿江区地下水开采布局在近期以维持现状为宜，原则上不再新增开采井。而沿江区因其水量丰富，利于补给，可本着"优水优用"的原则合理开发利用，年开采量控制在 5800 万 m^3，基本不会引起明显的水位下降，也就不影响南部的水位恢复。

2）适度开发利用浅层地下水。苏锡常地区浅层地下水资源广为分布发育，又可直接接受大气降水的入渗补给，其补给资源量较为丰富，据以往水质资料反映，水质较好，基本能够满足乡镇企业以及居民的生活用水需求，开发利用前景较好。

开发利用浅层地下水不仅能缓解苏锡常地区的用水矛盾，发挥浅层地下水具有接受降水补给量大、更新速度快的调节功能和优势，同时可通过降低浅层地下水水位有效地改变苏锡常地区的生态环境与建设环境，具有较好的社会效益和环境效益。

但由于以往苏锡常地区水、工、环地质工作重点是针对深层地下水的水文地质条件和资源方面的勘察研究及评价，对于浅层地下水资源的研究甚少。在开采前先要系统评价其资源量，制订合理的开采规划，并从严控制其开采规模，防止出现禁采后大规模开采浅层地下水的局面。

3）有序开发深部基岩地下水。地下水开采引发的环境地质问题主要是地面沉降、地裂缝及岩溶地面塌陷。

已有研究表明，地面沉降一般发生在孔隙承压水开采区，主要原因是由于强烈开采地下水，造成地下水位下降导致地层内部压力失衡，含水层本身及其上覆地层被压密而引发。地裂缝灾害主要由地面的不均匀沉降引起，而岩溶地面塌陷发生在上覆松散较薄（一般小于 $60m$）的岩溶水开采区，主要是由于人为大量开采岩溶地下水使该地区岩溶地下水位出现大幅度变化，并通过裂隙带走松散沉积物而形成空洞，最终使上覆土体失去平衡形成塌陷。而深部基岩地下水因埋藏于基岩裂隙中，含水层可压缩性小，开采后含水层本身压缩的可能性极小。含水层顶板之上分布有厚达数百米隔水层，只要成井时严格规范取水工艺，确保止水质量，一般不可能引起上覆松散岩类地下水水位下降，引发地面沉降、岩溶地面塌陷及地裂缝等地质灾害的可能性极小。

近年来，随着社会经济的发展、水文地质勘探技术的提高，社会对深部基岩地下水，尤其是地热水的需求越来越大，开采深部基岩地下水既有利于提高对深部含水层的认识，又能满足社会需求，充分利用资源。

但由于深部基岩水分布、富水性受岩性特征及构造发育程度所控制，存在一定成井风险。即使在研究程度较高的地区或者已经有深部基岩井成功出水的地区同样存在开发风险。因此，为保证地下水资源的合理开发和管理，深部基岩水开采需在勘查开采技术及经济条件允许的情况下，结合市场需求，逐渐推进、有序开发。打井前必须做好前期论证工作，投入一定的实物工作量（如地面调查、物探等），研究其水质、水量变化规律，在确有把握后再上钻；有关部门应组织开展基础地质和地热地质条件研究、开发利用规划等工作，基本摸清全区地热资源分布、可开发利用家底，圈定开发有利地段，进行地热资源潜力和远景评价，促进地热水资源的保护与可持续开发利用。

4）切实加强应急备用水源地建设。2006 年松花江、黄河特大水污染事件和 2007 年无锡太湖蓝藻暴发事件的经验教训表明，建立应急备用水源，对有效预防水污染或特干旱年缺水等突发事件引发的供水危机，保障供水安全，构建和谐社会，确保地方经济可持续发展具有重大的意义。保障饮水安全，除了对现有地表水水源地进行严格保护外，国外发达国家的普遍做法，就是利用地下水资源丰富、分布广泛、水质优良等优势，建立地下水应急备用水源地。

苏锡常北部长江新三角洲平原区紧靠长江，水文地质条件得天独厚，为长江古河道沉积地区，第四系松散层中发育有第Ⅰ、第Ⅱ、第Ⅲ承压含水层组，含水砂层累计厚度达 80～150m（其中常州-江阴西部、张家港三兴-常熟海虞沿江带第Ⅰ、第Ⅱ承压含水层之间基本缺失稳定隔水层，构成巨厚含水砂层分布区），岩性颗粒粗，以细砂、中细砂、含砾中粗砂为主，富水性好。由于长江部分主泓线直接切割第Ⅰ承压含水砂层顶板，使沿江带地下水与长江水之间水力联系极为密切，开采条件下有利于增强长江水激化补给，地下水资源极为丰富，多年来，苏锡常北部沿江带水位埋深多在 10m 以浅。且大部分地段地下水水质良好，符合国家生活饮用水标准。

20 世纪 80 年代江阴利港船厂对第Ⅱ承压含水层进行的一次群孔抽水试验，以 1.6 万 m³/d 抽水 20 天后，漏斗中心水位降深仅 4m。2008 年，太仓璜泾对第Ⅰ承压含水层再次开展群孔抽水试验（历时 15 天），当以 1.4 万 m³/d 的水量抽水时，抽水井最大降深仅 2.5m。试验结果表明，长江水与试验开采层水力联系密切，应急开采时，可获得长江水补给，而且补给量极为丰富。抽水试验进一步说明沿江带地下水可采资源量极为丰富，具备建设地下水应急备用水源地的条件。

但应急备用水源地的建设需要在查明含水层系统的地质结构、地下水补给、径流和排泄条件的基础上，科学合理地确定地下水的开采地段、开采层位、开采布局和开采量。

5）加强对地质环境的统一监管。苏锡常地区以平原区为主，地面沉降及地下水位下降是主要的地质环境问题，处理不好会引发严重的地质灾害。禁采只是阶段性保护措施，而地质环境的保护需要从长远角度考虑，加强对地质环境的统一监管既是对禁采成果的维护，也是地区社会经济可持续发展的需要。

对地质环境的监管主要有两层含义，一是监测，二是管理。监测指以地下水和地面沉降为核心内容的监测工作。地下水与地面沉降息息相关，是一个有机的整体。当前，虽然已建立了地下水监测网和地面沉降监测网，但适应区域地质环境变化的监测机制尚不到位，监测井分布不尽合理，信息化、自动化程度低。在今后，需要进一步完善地下水动态和地面沉降监测网络，建立与地面沉降监测相协调的地下水观测机制，做到二者同步观测；建立区域控制与重点地区重点观测的地面沉降监测机制，宏观上借助 GPS、InSAR 手段获取地面沉降趋势，在吴江南部、江阴南部及常州南部等沉降相对严重地区通过水准测量加强对其动态的掌握；加强对整个地下水系统的监测，掌握不同深度含水层、弱透水层的水理性质、水力联系，可以锡西地区为试点，建立一定密度的不同层位的地下水观测孔，通过较均匀的面上和垂向双向控制，全面了解浅层地下水与深层地下水的径流特征，为该地区地下水位恢复缓慢寻找答案。

管理指以控制地面沉降为目标的地下水资源管理和规避地面沉降危害的土地管理。建立国土、水利、建设部门长期的协调机制，共享相关的信息、成果。以地面沉降控制与经济发展的最佳结合为目标，指导对地下水资源的合理利用。水利部门应缩短对地下水资源的规划周期，尽可能快地对由地下水开采引发的地质环境问题作出反应；确立地下水资源"稀缺"观念，通过类似"排污权交易"的市场化模式促进有限优质资源在一定区域内（如区、镇）的分配与流转。城市建设规划部门在设计建设之初，就应充分考虑地面沉降、地裂缝灾害的影响，避免后期不必要的经济损失。总之，地面沉降防治一方面指导对地下水的管理；另一方面又决定着对土地的开发利用，一个问题牵涉 3 个部门，如果说监测是前提，那么统一协调的管理机制则是苏锡常地区地质环境能否持续改善的关键。

有关部门组织编制地下水通报，定期向社会发布地下水动态信息，推进地下水管理信息化、自动化监控和预警系统建设，提高地下水资源管理水平。

6）加大深井管理力度，建立长效管理机制。目前，苏锡常地区地面沉降速率趋缓，但地面沉降并未停止，少数地区地下水位还没有回升到控制水位，还要继续加强管理。

保留井：对省政府批准保留的特种行业用水深井，要加强管理和督查，指导用水单位计划用水、节约用水，推行智能水表，严格根据上级核准的取水量按月进行考核，发现有超计划用水、超范围用水的，要责令限期整改，并加价征收水资源费、还将下月计划中予以削减，以维护计划的严肃性。

已封井：加强日常监督检查，对已封深井开展动态巡查，防止已封闭深井被违法启用，一经发现依法严惩。

违法凿井：结合日常水政执法巡查并发动群众举报，对未经批准违法凿井案件发现一起，查处一起，严格执法，严厉查处各种擅自凿井和非法取用地下水的案件。

7）定期开展地下水资源评价。由于受气候变化、人类工程经济活动及地下水开采量变化等诸多因素的影响，区域水循环条件在不断改变，在一定时期后地下水资源无论在数量、质量和区域分布上都可能发生较大变化。各级水行政主管部门应会同有关部门，每5年左右开展一次地下水资源调查评价工作，合理评价地下水可开采量，调整规划开采方案，划定地下水超采区和控制开采区。对地下水严重超采地区，应划定地下水禁止开采区。地下水禁止开采区和超采区由省政府批准并公告。

参 考 文 献

[1] Adrian Ortega Guerrero，L. Rudolph David，A. Cherry John. Analysis of long term land subsidence near Mexico City: Field investigations and predictive modeling [J]. Water Resources Research，1999，35 (11)，3327 - 3341.

[2] Bear J. , Verruijt A. . Modeling groundwater flow and pollution [M]. D. Reidel Publishing Co. , Holland，1987.

[3] Bear，J. , M. Y. Corapcioglu. Mathematical model for regional land subsidence due to pumping, Integrated aquifer subsidence equations for vertical and horizontal displacements [J]. Water Resour. Res. , 1981，17 (4)：947 - 958.

[4] Bear，J. . Dynamics of fluids in porous media [M]. American Elsevier publishing Company, Inc. 1972. （中译本：贝尔著，李竞生，陈崇希译，孙讷正校. 多孔介质流体动力学. 中国建筑工业出版社，1983）.

[5] Biot，M. A. . General theory of three - dimensional consolidation [J] J. Appl. Phys. , 1941，12: 155 - 164.

[6] Freeze R. A. , A. Freeze. Groundwater. Prentice Hall，Englewood Cliffs，New Jersey. 1979.

[7] Gambolati G，Ricceri G，Bertoni W. . Land subsidence due to gas - oil removal in layered anisotropic soil by a finite element model. Land Subsidence, International Association of Hydrological Sciences，Publication No. 151，pp 29 - 41，1984.

[8] Gambolati G. , R. Allan Freeze. Mathematical simulation of the subsidence of Venice: 1. Theory [J]. Water Resources Research，1973，9 (3)：721 - 733.

[9] Gambolati G. , et al, Mathematical simulation of the subsidence of Ravenna [J]. Water Resources Research，1991，27 (11)：2899 - 2918.

[10] Gambolati G. , Paolo Gatto and R. Allan Freeze. Mathematical simulation of the subsidence of Venice: 2. Result [J]. Water Resources Research，1974，10 (3)：563 - 577.

[11] Gu Xiaoyun, Ran Qiquan. A 3 - D coupled model with consideration of rheological properties, Land Subsidence [J]. Proceedings of the Sixth International Symposium on Land Subsidence, 2000，11：355 - 365.

[12] Helm D. C. . Field - based computational technique for predicting subsidence due to fluid withdrawal [J] . Reviews of Engineering Geology，1984，4：1 - 30.

[13] Helm D. C. . Horizontal aquifer movement of a Thesis - Thiem confined system [J] . Water Resources Research，1994，30 (4)：953 - 964.

[14] Helm D. C. . One - dimensional simulation of aquifer system compaction near Pixley, California, (1) constant parameters [J]. Water Resources Research，1975，11：198 - 212.

[15] Helm D. C. . One - dimensional simulation of aquifer system compaction near Pixley, California, (2) stress - dependent parameters [J]. Water Resources Research，1976，12：121 - 130.

[16] Hu R. L. , Z. Q. Yue, L. C. Wang, etc. Review on current status and challenging issues of land subsidence in China [J]. Engineering Geology，2004，76：65 - 77.

[17] Lambe，T. W. , R. V. Whitman. Soil mechanics, six version, pp533, 1979.

[18] Leake S. A. . Simulation of vertical compaction in models of regional groundwater flow [J]. Land

Subsidence，International Association of Hydrological Sciences. 1991（200）：565－74.

[19] Liu CH，Pan YW，Liao JJ，et al. Characterization of Land subsidence in the Choshui River Alluvial Fan，Taiwan. Environmental Geology，2004，45（8）：1154－1166.

[20] McCann，G. D.，C. H. Wilts. A Mathematical Analysis of the Subsidence in the Long Beach－San Pedro Area，Pasadena，California，Internal. Report，California Institute of Technology，1951.

[21] Meladotis J.，C. Demiris. Variation du coefeicient d'emmangasinement de l'aquifere stratifie de la plaine de Salonique（Grece）［J］. Rev. Franc. Geotech.，1988，45：51－58.

[22] Neuman S. P.，Christian Preller，T. N. Narasimhan. Adaptive explicit－implicit quasi three dimensional finite element model of flow and subsidence in multiaquifer systems ［J］. Water Resources Research，1982，18（5）：1551－1561.

[23] Poland J. F.，Guidebook to studies of land subsidence due to groundwater withdrawal. UNESCO，PHI Working Group 8. 4，305pp，1984.

[24] Rivera A，Ledoux E，Marsily G. Nonlinear modeling of groundwater flow and total subsidence of the Mexico City aquifer－aquitard system ［J］. Land Subsidence，International Association of Hydrological Sciences，1991（200）：45－58.

[25] Shearer T. R.. A numerical model to calculate land subsidence applied at Hangu in China ［J］. Engineering Geology，1998，49：85－93.

[26] Terzaghi，K.，Theoretical Soil Mechanics，John Wiley & Sons，Inc.，New York，pp 510，1943.

[27] 比利时列日大学工程地质、水文地质、地球物理勘探实验室，比利时地质调查所，上海经济区地质中心. 长江三角洲上海地区第四纪地质、水文地质、工程地质及地面沉降的数学模型研究 ［R］. 1989.

[28] 陈崇希，裴顺平. 地下水开采-地面沉降数值模拟及防治对策研究——以江苏省苏州市为例 ［M］. 武汉：中国地质大学出版社. 2001.

[29] 陈锁忠，陶芸，潘莹. 苏锡常地区地下水超采引发的环境地质问题及其对策 ［J］. 南京师大学报（自然科学版），2002，25（2）：67－71.

[30] 陈文芳. 中国典型地区地下水位控制管理研究 ［D］. 北京：中国地质大学，2010.

[31] 冯志祥. 江苏落实总量控制制度 科学利用地下水资源 ［J］. 中国水利，2011（1）：66.

[32] 郭高轩，吴吉春. 应用 GPR 获取多孔介质水力参数研究进展 ［J］. 河海大学学报（自然科学版），2005，33（1）：18－23.

[33] 郭高轩，吴吉春. 应用 GPR 获取水文地质参数研究初探 ［J］. 水文地质工程地质，2005，33（1）：89－93.

[34] 黄晓燕，冯志祥，李朗，等. 江苏省地下水超采区变化趋势分析 ［J］. 地下水，2014（4）53：54.

[35] 黄晓燕，冯志祥，李朗，等. 江苏省地下水超采区划分方法对比研究 ［J］. 水文地质工程地质，2014，41（6）：26－31.

[36] 黄晓燕，李朗，姚炳魁. AHP 在地下水防污性能评价中的应用——以江苏浅层孔隙地下水为例 ［J］. 地下水，2014（2）：51－53.

[37] 江苏省地质矿产局（吴士良和方家骅主编），江苏省地下水资源研究 ［M］. 南京：江苏科学技术出版社，1991.

[38] 江苏省地质调查研究院. 江苏地区地下水污染调查评价（长江三角洲）［R］. 2011.

[39] 江苏省地质调查研究院. 江苏平原地区地下水污染调查评价（淮河流域）报告 ［R］. 2012.

[40] 江苏省地质调查研究院. 江苏省地下水污染防治规划 ［R］. 2008.

[41] 江苏省国土资源厅，江苏省地面沉降防治规划（2011—2020 年）［R］. 2012.

[42] 江苏省国土资源厅，江苏省地质灾害防治规划 ［R］. 2011.

［43］ 江苏省节约用水办公室，江苏省地质调查研究院，江苏省水文水资源勘测局. 江苏省地下水水位红线控制管理研究［R］. 2014.

［44］ 江苏省节约用水办公室，江苏省地质调查研究院. 苏锡常地区地下水禁采效果评价与研究［R］. 2011.

［45］ 江苏省人民代表大会常务委员会（2000 年 8 月 26 日江苏省第九届人民代表大会常务委员会第十八次会议通过）. 关于在苏锡常地区限期禁止开采地下水的决定［J］. 江苏水利，2000（10）：9.

［46］ 江苏省水利厅，江苏省地质调查研究院，江苏省水文水资源勘测局. 江苏省地下水超采区评价报告［R］. 2013.

［47］ 江苏省质量技术监督局. DB32/791—2005 江苏省地下水利用规程［S］. 2005.

［48］ 姜蓓蕾，吴吉春，杨仪. 张家港合兴地块浅层地下水资源评价［J］. 水利水电科技进展，2005，25（增刊）：8-10.

［49］ 姜蓓蕾. 苏锡常典型地区浅层地下水资源评价［D］. 南京：南京大学，2005.

［50］ 姜洪涛. 苏锡常地区地面沉降及其若干问题探讨［J］. 第四纪研究，2005，25（1）：29-33.

［51］ 解晓南，许朋柱，秦伯雄. 太湖流域苏锡常地区地面沉降若干问题探析［J］. 长江流域资源与环境，2005，14（1）：127-131.

［52］ 李朗，姚炳魁，黄晓燕. 长江北部三角洲-里下河沉积典型过渡区承压地下水数值模拟［J］. 四川理工学院学报（自然科学版），2014，27（1）：73-76.

［53］ 刘聪，袁晓军，朱锦旗，等. 苏锡常地裂缝［M］. 武汉：中国地质大学出版社，2004.

［54］ 骆祖江，姚炳魁，王晓梅. 复合含水层系统地下水资源评价三维数值模型［J］. 吉林大学学报（地球科学版），2005，35（2）：188-194.

［55］ 南京地质矿产研究所，江苏省地质调查研究院，上海市地质调查研究院，等. 长江三角洲地区地下水资源与地质灾害调查评价［R］. 2003.

［56］ 钱家忠，吴剑锋，董洪信，等. 徐州市张集水源地裂隙岩溶水三维等参有限元数值模拟［J］. 水利学报，2003（3）：37-41.

［57］ 钱家忠，吴剑锋，朱学愚，等. 徐州市张集水源地裂隙岩溶水群孔抽水试验研究［J］. 水科学进展，2003，14（5）：598-601.

［58］ 施小清，冯志祥，姚炳魁，等. 江苏省地下水水位控制红线划定研究［J］. 中国水利，2015（1），763：46-49.

［59］ 施小清，冯志祥，姚炳魁，等. 苏锡常地区深层地下水禁采后土层变形特征分析［J］. 第四纪研究，2014，34（5）：1062-1071.

［60］ 施小清，薛禹群，吴吉春，等. 常州地区含水层系统土层压缩变形特征研究［J］. 水文地质工程地质，2006，33（3）：1-6.

［61］ 孙文盛. 长江三角洲地区地面沉降防治工作调研工作报告［C］. 全国地面沉降学术研讨会论文集. 上海，2002.

［62］ 王则任. "竭泽而渔"贻害无穷防患未然持续发展——江苏省苏锡常地区地面沉陷灾害的发生、危害及治理［J］. 中国地质灾害与防治学报，1998，9（2）：18-26.

［63］ 吴吉春. 开展含水层非均质性数据融合研究［J］. 高校地质学报，2006，12（2）：216-222.

［64］ 吴泽毅，季红飞，张嘉涛，等. 推进江苏省节水型社会建设的调查及建议［J］. 水利发展研究，2011，11（5）49-53.

［65］ 伍周云，余勤，张云. 苏锡常地区地裂缝形成过程［J］. 水文地质工程地质，2003，30（1）：67-72.

［66］ 伍洲云. 常州市地面沉降现状及分析［J］. 水文地质与工程地质，1999，26（3）：46-47.

［67］ 谢新民，柴福鑫，颜勇，等. 地下水控制性关键水位研究初探［J］. 地下水，2007，29（6）：47-50.

［68］ 薛禹群，谢春红. 水文地质学的数值法［M］. 北京：煤炭工业出版社，1980.

［69］ 薛禹群，张云，叶淑君，等. 中国地面沉降及其需要解决的几个问题［J］. 第四纪研究，2003，

23 (6)：585－593.

[70] 叶淑君. 区域地面沉降模型的研究与应用 [D]. 南京：南京大学，2004.

[71] 于军，王晓梅，武健强，等. 苏锡常地区地面沉降特征及其防治建议 [J]. 高校地质学报，2006，12 (2)：179－184.

[72] 于军，武健强，王晓梅，等. 基于"区域分解"思想的苏锡常地区地面沉降相关预测模型研究 [J]. 水文地质工程地质，2004，31 (4)：92－95.

[73] 于军，王晓梅，苏小四，等. 苏锡常地区地裂缝地质灾害形成机理分析 [J]. 吉林大学学报（地球科学版），2004，34 (2)：236－241.

[74] 于军，吴吉春，叶淑君，等. 苏锡常地区非线性地面沉降耦合模型研究 [J]. 水文地质工程地质，2007，34 (5)：11－16.

[75] 袁伟民，张金平. 地面沉降成灾临界水位的识别及意义 [J]. 灾害学，2007，22 (2)：67－69.

[76] 张秫渼. 江苏省节水型社会建设载体评价指标体系设计 [J]. 中国水利，2008，(13) 18－20.

[77] 张秫渼，陈锁忠，都娥娥. 基于同位素与水化学分析法的地下水补径排研究——以苏锡常地区浅层地下水为例 [J]. 南京师大学报（自然科学版），2011，34 (2).

[78] 张秫渼，韦诚. 江苏省水资源管理信息系统建设初探 [J]. 江苏水利，2008 (3) 13：15.

[79] 张云，薛禹群，施小清，等. 饱和砂性土非线性蠕变模型研究 [J]. 岩土力学，2005，26 (12)：1869－1872.

[80] 张云. 苏南地区地面沉降概述 [J]. 地质灾害与环境保护，1999，10 (3)：66－71.

[81] 张宗祜，李烈荣. 中国地下水资源-江苏卷（"新一轮全国地下水资源评价"项目成果）[M]. 北京：中国地图出版社，2005.

[82] 朱蓉，朱学愚. 江苏苏锡常地区地下水开采出现的问题及对策研究 [J]. 高校地质学报，1999，5 (2)：221－227.

[83] 祝晓彬，吴吉春，叶淑君，等. 考虑地面沉降因素长江三角洲（长江以南）深层地下水资源管理模型 [J]. 地面沉降研究，2006 (5)：62－68.

[84] 祝晓彬，吴吉春，叶淑君，等. 长江三角洲（长江以南）地区深层地下水三维数值模拟 [J]. 地理科学，2005，25 (1)：68－73.

[85] 祝晓彬. 长江三角洲（长江以南）地区深层地下水资源评价及管理模型研究 [D]. 南京：南京大学，2005.